国家卫生健康委员会“十三五”规划教材

教育部生物医学工程专业教学指导委员会“十三五”规划教材

全国高等学校教材
供生物医学工程等专业用

神经工程导论

主　审　顾晓松　高上凯

主　编　明　东　尧德中

副主编　王　珏　杨　卓　侯文生　封洲燕

编　委（以姓氏笔画为序）

王　珏	西安交通大学	陈　琳	重庆大学
尧德中	电子科技大学	陈艳妮	西安交通大学
吕宝粮	上海交通大学	明　东	天津大学
伏云发	昆明理工大学	罗　程	电子科技大学
李延海	西安交通大学	封洲燕	浙江大学
杨　卓	南开大学	赵景霞	天津医科大学
杨帮华	上海大学	侯文生	重庆大学
何　谐	陆军军医大学	倪广健	天津大学
张引国	天津大学	徐桂芝	河北工业大学
张杨松	西南科技大学	窦祖林	中山大学

编写秘书　安兴伟　天津大学

人民卫生出版社

·北　京·

图书在版编目（CIP）数据

神经工程导论 / 明东，尧德中主编 .—北京：人民卫生出版社，2022.10

全国高等学校生物医学工程专业首轮“十三五”规划教材

ISBN 978-7-117-32997-2

Ⅰ. ①神… Ⅱ. ①明…②尧… Ⅲ. ①神经生物学－医学院校－教材 Ⅳ. ①Q189

中国版本图书馆 CIP 数据核字（2022）第 049686 号

神经工程导论

Shenjing Gongcheng Daolun

主　　编：明　东　尧德中

出版发行：人民卫生出版社（中继线 010-59780011）

地　　址：北京市朝阳区潘家园南里 19 号

邮　　编：100021

E - mail：pmph @ pmph.com

购书热线：010-59787592　010-59787584　010-65264830

印　　刷：北京顶佳世纪印刷有限公司

经　　销：新华书店

开　　本：850 × 1168　1/16　　印张：19

字　　数：562 千字

版　　次：2022 年 10 月第 1 版

印　　次：2022 年 11 月第 1 次印刷

标准书号：ISBN 978-7-117-32997-2

定　　价：65.00 元

打击盗版举报电话：010-59787491　E-mail：WQ @ pmph.com

质量问题联系电话：010-59787234　E-mail：zhiliang @ pmph.com

数字融合服务电话：4001118166　E-mail：zengzhi @ pmph.com

出版说明

生物医学工程(biomedical engineering,BME)是运用工程学的原理和方法解决生物医学问题,提高人类健康水平的综合性学科。它在生物学和医学领域融合数学、物理、化学、信息和计算机科学,运用工程学的原理和方法获取和产生新知识,促进生命科学和医疗卫生事业的发展,从分子、细胞、组织、器官、生命系统各层面丰富生命科学的知识宝库,推动生命科学的研究进程,深化人类对生命现象的认识,为疾病的预防、诊断、治疗和康复,创造新设备,研发新材料,提供新方法,实现提高人类健康水平、延长人类寿命的伟大使命。

1952年,美国无线电工程学会(IRE)成立了由电子学工程师组成的医学电子学专业组(Professional Group on Medical Electronics,PGME)。这是BME领域标志性事件,这一年被认为是BME新纪元年。1963年IRE和美国电气工程师学会(AIEE)合并组建了美国电气电子工程师学会(IEEE)。同时PGME和AIEE的生物学与医学电子技术委员会合并成立了IEEE医学和生物学工程学会(IEEE Engineering in Medicine and Biology Society,IEEE EMBS)。1968年2月1日,包括IEEE EMBS在内的近20个学会成立了生物医学工程学会(Biomedical Engineering Society,BMES)。这标志着BME作为一个新型学科在发达国家建立起来。

1974年南京军区总医院正式成立医学电子学研究室,后更名为医学工程科。这是我国第一个以BME为内涵的研究单位。1976年,以美籍华人冯元祯教授在武汉、北京开设生物力学讲习班为标志,我国的BME学科建设开始起步。1977年协和医科大学、浙江大学设置了我国第一批BME专业,1978年BME专业学科组成立,西安交通大学、清华大学、上海交通大学相继设置BME专业,1980年中国生物医学工程学会(CSBME)和中国电子学会生物医学电子学分会(CIEBMEB)成立。1998年,全国设置BME专业的高校17所。2018年,全国设置BME专业的高校约160所。

BME类专业是工程领域涵盖面最宽的专业,涉及的领域十分广泛。多学科融合是

BME 类专业的特质。关键领域包括:生物医学电子学,生物医学仪器,医学成像,生物医学信息学,生物医学材料,生物力学,仿生学,细胞、组织和基因工程,临床工程,矫形工程,康复工程,神经工程,制药工程,系统生理学,生物医学纳米技术,监督和管理,培训和教育。

BME 在国家发展和经济建设中具有重要战略地位,是医疗卫生事业发展的重要基础和推动力量,其涉及的医学仪器、医学材料等是世界上发展迅速的支柱性产业。高端医学仪器和先进医学材料成为国家科技水平和核心竞争力的重要标志,是国家经济建设中优先发展的重要领域,需要大量专业人才。

我国 BME 类专业设置四十余年,涉及高校一百多所,却没有一部规划教材,大大落后于当前科学教育发展需要。为此,教育部高等学校生物医学工程类教学指导委员会(下称“教指委”)与人民卫生出版社(下称“人卫社”)经过深入调研,精心设计,启动“十三五”BME 类规划教材建设项目。

规划教材调研于 2015 年 11 月启动,向全国一百余所高校发出调研函,历时一个月,结果显示开设 BME 类课程三十余门,其中(因被调研学校没有回函)缺材料类相关课程。若计及材料类课程,我国 BME 类专业开设的课程总数约 40 门。2015 年 12 月教指委和人卫社联合召开了首次“十三五”BME 类规划教材(下简称“规划教材”)论证会。提出了生物医学与生物医学仪器、生物医学光子学、生物力学与康复工程、生物医学材料四个专业方向第一轮规划教材的拟定目录。确定了主编、副主编及编者的申报与遴选条件。2016 年 12 月教指委和人卫社联合召开了第二次规划教材会议。会上对规划教材的编著人员的审查和教材内容的审定进行了研究和落实。2017 年 7 月召开了第三次规划教材会议,成立了规划教材评审委员会(见后表),进一步确定编写的规划教材目录(见后表)和进度安排。与会代表一致认为启动和完成“十三五”规划教材是我国 BME 类专业建设意义重大的工作。教材评审委员会对教材编写提出明确要求:

(1) 教材编写要符合教指委研制的本专业教学质量国家标准。

(2) 教材要体现 BME 类专业多学科融合的特质。

(3) 教材读者对象要明确,教材深浅适度。

(4) 内容紧扣主题,阐明原理,列举典型应用实例。

本套教材包括三类共 18 种,分别是导论类 3 种,专业课程类 13 种,实验类 2 种。详见后附整套教材目录。

本套教材主要用于 BME 类本科,以及在本科阶段未受 BME 专业系统教育的研究生教学使用,也可作为相关专业人员培训教材使用。

主审简介

顾晓松

男，1953 年 12 月生于江苏南通，南通大学教育部·江苏省神经再生重点实验室主任，国家药品监督管理局组织工程技术产品研究与评价重点实验室主任，现任天津大学医学部主任，获首届国家杰出青年科学基金，2015 年当选中国工程院院士，2019 年任中国医学科学院学部委员。

长期从事组织工程神经与神经再生研究，全国高等学校优秀骨干教师、全国先进教育工作者、国家有突出贡献的中青年科技专家。提出“构建生物可降解组织工程神经”的学术观点，被载入英国剑桥大学教科书；发明构建组织工程神经的新技术和新工艺；发明生物可降解人工神经移植物，在国际上率先将壳聚糖人工神经移植物应用于临床，为我国组织工程神经研究与转化走在国际前沿做出了突出贡献。

高上凯

女，1946 年 8 月生于上海。清华大学医学院生物医学工程系教授、博士生导师。1970 年毕业于清华大学电机系，1982 年在该系获生物医学工程专业硕士学位。长期从事生物医学工程的教学与科研工作。

主要的研究方向是神经工程学，特别是脑 - 机接口。因在脑 - 机接口中的贡献当选美国电气电子工程师学会（IEEE）和美国医学与生物工程院（AIMBE）Fellow。现任 *Journal of Neural Engineering* 杂志的副主编，兼任 *IEEE Transactions on Biomedical Engineering*、*Physiological Measurement*、*IEEE Transactions on Neural System and Rehabilitation Engineering* 等杂志的编委。

主编简介

明　东

男，1976 年 7 月生于山东烟台。教育部科学技术委员会委员，全国生物医学工程专业学位研究生教育协作组组长，天津大学讲席教授，天津大学科研院常务副院长、天津大学医学工程与转化医学研究院院长、国家健康医疗大数据研究院院长、教育部智能医学工程研究中心主任、天津脑科学与类脑研究中心主任。

国家杰出青年科学基金获得者，首批国家优秀青年科学基金获得者，国家"万人计划"专家，中组部 / 科技部中青年科技创新领军人才，国务院政府特殊津贴专家，获第二十四届中国科协求是杰出青年奖、第二届转化医学创新奖、"宝钢奖教金"全国优秀教师特等提名奖等多项荣誉，相关成果入选国家"十三五"科技创新成就展。

尧德中

男，1965 年 8 月生于重庆南川。国际脑电磁图学会（ISBET）和全球脑科学联盟（GBC）执委会成员；中国生物医学工程学会副理事长，中国脑电联盟理事长；电子科技大学信息医学研究中心主任，神经信息教育部重点实验室主任，四川省脑科学与类脑智能研究院院长。

从 1993 年入职电子科技大学以来，从事教学科研工作 28 年，国家杰出青年科学基金获得者，先后获评教育部长江特聘教授、全国优秀教师和美国医学生物工程院（AIMBE）Fellow；提出脑器交互概念，创办国际期刊 *Brain-Apparatus Communication-A Journal of Bacomics* 并任主编；已主编 / 参编教材 3 本，发表 SCI 论文 200 余篇；先后获教育部自然科学奖一等奖、Elsevier 中国高被引学者、国际脑电图与临床神经科学学会（ECNS）Roy John Award 等。

副主编简介

王　珏

女，1955年1月生于南京，留美博士。现任西安交通大学生命学院健康与康复科学研究所所长、二级教授、博士生导师；国家医疗保健器具工程技术研究中心西安交通大学分部副主任；民政部神经功能信息与康复工程重点实验室主任；*Frontiers in physiology* 等10余种国内外学术期刊的编委/客座编委、理事。

从事教学工作37年，创建了以多学科交叉为特色的康复科学与技术学科方向和20门专业课程的教学体系，任教育部生物医学工程类专业教学指导委员会"十三五"规划"康复科学与技术"系列教材编委会主任。主编/参编国内外教材/专著14部。

杨　卓

女，1957年12月生于天津，现为南开大学医学院教授、博士生导师。已从事生理学教学近20年。自2003年起讲授医学院长学制医学生的生理学总论、细胞生理学和神经生理学的相关内容至今，同时还讲授相关的研究生课程，如神经生理学和神经科学进展。

主持了多项国家自然科学基金、教育部和天津市科委重点基金等项目，作为子课题负责人参与了科技部"973"课题。实验室的研究方向主要围绕神经系统重大疾病，通过相关的动物模型，进行行为学、神经电生理、免疫组化及突触传递的机制等研究。

副主编简介

侯文生

男，1968 年 11 月生于四川阆中。现担任重庆市医疗电子工程中心副主任，中国电子学会生物医学电子分会副秘书长，中国生物医学工程学会医学神经工程分会、医学人工智能分会委员。

从事教学工作 20 余年，主要从事生物医学信息检测、神经工程与康复技术领域研究工作，承担国家及省部级等科研课题 20 余项；在国内外期刊发表学术论文 100 余篇；获权国家发明专利 20 余项；主编《生物医学传感与检测原理》等教材 3 本；先后荣获教育部高等学校技术发明二等奖、中国产学研促进奖（个人奖）、重庆市教学成果一等奖等。

封洲燕

女，1963 年 5 月生于浙江杭州。现任浙江大学生物医学工程与仪器科学学院教授、博士生导师。

从事教学工作至今 30 余年。主要研究方向是生物医学信号处理和神经工程，长期致力于研究神经电信号检测方法和电刺激调控脑神经系统的机制。主持了多项国家自然科学基金项目，已在国内外核心期刊上发表论文 80 余篇。已参编《生物医学工程学概论》《生物医学工程技术导论》《医疗电子仪器的设计与开发》和《信号统计分析方法》等译著 7 部，参编《定量生理学》等编著多部。

前言

神经工程是一个多学科交叉融合的新兴领域，它融合神经科学和工程学方法分析神经功能，解决与神经科学相关的问题，并为神经系统的康复，以及健康人的机体功能提升提供有效的解决方案。神经工程虽是一门十分年轻的学科，未来必将是中国脑计划、“十四五”规划中脑科学领域实施前瞻性、战略性国家重大科技项目中不可或缺的部分。然而目前缺少对神经工程方向系统介绍的教材，同时为推动学科的发展，完善国内相关学科方向教材体系，为我国在神经工程领域开展人才培养和教学实践开展提供有力保障，本教材应运而生。

本教材按照国家卫生健康委员会与教育部高等学校生物医学工程类专业教学指导委员会规划的首套生物医学工程专业系列教材的要求进行编写。教材内容编写力图做到体现时代性、前沿性、先进性和科学性，让读者既能系统了解该领域的基本概念、基本原理及相关的技术，又能把握该领域内前沿应用。教材编写过程中得到了众多院校专家的支持，由国内多所高校从事神经工程领域研究且教学经验丰富的教师和研究人员共同编写而成。教材的编写得到了中国工程院顾晓松院士及清华大学高上凯教授的大力支持，特邀请两位专家担任教材主审。

全教材共分为九章。第一章绪论，由西南科技大学张杨松和电子科技大学尧德中共同编写；第二章神经系统概述，由西安交通大学王珏和李延海共同编写；第三章认知与心理，由重庆大学侯文生和陆军军医大学何谐编写；第四章神经系统的病理基础，由南开大学杨卓、天津医科大学赵景霞和天津大学张引国共同编写；第五章神经康复基础，由西安交通大学王珏、陈艳妮和中山大学窦祖林共同编写；第六章神经电信号及其检测分析方法，由浙江大学封洲燕编写；第七章神经功能成像基础，由电子科技大学罗程和尧德中共同编写；第八章神经调控基础，由重庆大学侯文生和陈琳编写；第九章神经工程技术及应用，由天津大学明东、昆明理工大学伏云发、河北工业大学徐桂芝、天津大学倪广健、上海大学杨帮华和上海交通大学吕宝粮共同编写。教材由明东和尧德中最终统稿。

教材的编写和出版受到了国家重点研发计划、国家自然科学基金及天津大学研究生创新人才培养项目等的共同支持，教材编写中也参考和引用了众多学者的研究成果，所参阅的主要文献资料均已在书后列出，作者向项目资助及相关研究者表示衷心的感谢。教材编写中得到教育部高等学校生物医学工程类专业教学指导委员会和人民卫生出版社的大力支持和帮助，在此一并致谢！

本教材配套教学资源丰富，每章附有复习思考题，配套附有数字资源如教学课件、同步练习，供读者选用。本教材适用于生物医学工程类专业以及与生物医学工程专业相关的交叉专业本科生及研究生作为神经工程学相关课程教材，也可作为所有对该领域感兴趣的科研与工程技术人员的入门参考书。

全体编写和审定人员为本教材的定稿付出了辛勤的劳动，在此表示衷心感谢。由于神经工程学是一门新兴且多学科交叉的学科，发展迅速，很多内容还在逐步完善的过程中，限于编者水平，本教材难免有不足之处，恳请读者批评指正，以求后续予以修正和补充。

明　东　尧德中

2021年6月

目　录

第一章　绪　论

神经工程是一个多学科交叉融合的新兴领域，它融合神经科学和工程学方法分析神经功能，解决与神经科学相关的问题，并为神经系统的康复，以及健康人的机体功能提升提供有效的解决方案。一方面，神经工程为神经系统疾病的诊断、治疗和康复提供工程化的解决方案；另一方面，神经工程提供了定量研究神经系统功能和结构的有效技术手段。本章将从神经工程的概念、研究与应用范畴和未来发展方向等几个方面进行介绍。

第一节　神经工程概述

一、神经工程的基本概念

神经工程（neural engineering）是一个前沿交叉学科领域，它运用神经科学和工程学的方法，致力于理解、修复、替代、增强、拓展或补充神经系统功能，同时运用神经科学知识仿生性地开发新的工程技术。它的主要任务：一是解决脑与神经科学中的工程性问题；二是为神经系统功能康复提供新的手段。神经工程与传统神经科学（如神经生理学）的区别在于它强调神经系统相关的工程学问题及其定量分析方法，强调神经科学与工程学的整合，这又使它有别于人工神经网络等其他工程领域。

神经疾病与精神疾病是严重威胁人类健康的重大疾病，其中包括各种意外或疾病造成的神经系统损伤、各类神经系统发育疾病、退行性疾病和许多发病原因尚不明确的精神疾病。这些疾病严重影响着患者的正常生活。许多患者失去了与外界交流或运动控制能力，而长期的生活不能自理也给患者和他们的家庭带来了巨大的痛苦和烦恼。临床上处理此类疾病的常规方法是药物和手术治疗。但实践证明，现有的方法和疗效还是十分有限的。面对这样的困境，生物医学工程领域的研究人员设法将现代工程技术方法与医学相结合，在脑疾病的诊断、监测、康复等方面寻找新方法，而这些工作大都属于神经工程研究的范畴。

神经工程从实验、计算及理论等不同方面研究神经系统的功能，并为神经系统的功能缺失与异常等问题提供了新的解决方案。它涉及的学科包括：实验神经科学、计算神经科学、临床神经病学、电子工程学、组织工程学、材料科学、计算机科学、物理学、化学、数学、信息科学等，它从这些学科领域整合吸收最新的研究成果应用于分子层次、细胞层次、系统层次、行为层次和认知层次的神经系统功能研究。

神经工程的研究从实验、理论、临床和应用等层面至少包含了如下领域：脑-机接口（brain-computer interface，BCI）、神经接口（neural interface）、神经技术（neurotechnology）、神经电子学（neuroelectronics）、神经调控（neural modulation）、神经修复（neural prostheses）、神经控制（neural control）、神经康复（neural rehabilitation）、神经诊断（neuro diagnostics）、神经治疗（neuro therapeutics）、神经机

械系统(neuromechanical systems)、神经机器人(neurorobotics)、神经信息学(neuroinformatics)、神经影像学(neuroimaging)、人工与生物神经回路(neural circuits: artificial and biological)、神经形态工程(neuromorphic engineering)、神经组织再生(neural tissue regeneration)、神经信号处理(neural signal processing)、理论与计算神经科学(theoretical and computational neuroscience)、系统神经科学(systems neuroscience)、转化神经科学(translational neuroscience)、脑信息学(brainformatics)、脑器交互(brain apparatus conversations, BAC)等。神经工程学既涉及许多基础性的科学研究门类,也与许多临床医学领域密切相关,特别是各类神经功能异常的诊断、治疗与康复。很显然,神经工程与传统的神经科学之间既有密不可分的联系,也有明显的差异,神经工程更强调将基础神经科学研究的成果应用到实践中去。

神经工程作为一个新兴学科,国际上于2004年创办了第一份专门的学术期刊——《神经工程学杂志》(*Journal of Neural Engineering*),同时 *IEEE Transactions on Neural Systems and Rehabilitation Engineering*, *IEEE Transactions on Biomedical Engineering*、《中国生物医学工程学报》等也是当前发表神经工程相关研究成果较多的期刊。最早产生的专门针对该领域的学术会议是2003年4月于意大利卡普里岛举办的首届国际神经工程学大会。神经工程在国际上方兴未艾,每两年一届的IEEE EMBS神经工程国际会议已经受到越来越多相关领域专家的关注和参加。国内相关研究人员主要集中在中国生物医学工程学会下属的医学神经工程分会及其脑 - 机接口学组。

二、神经工程系统的基本构成

神经工程系统的核心模块主要涉及:神经信息的获取与监测、外部调控刺激的输入、神经信号的解析以及应用接口等。不同类型的神经工程系统的组成模块不尽相同。下面对这几个模块进行简单的介绍。

(一) 神经信息的获取与监测模块

神经信息的获取与监测分为非植入式技术和植入式技术两种类型。

非植入式技术主要包括:

1. 脑电(electroencephalogram, EEG) 人类脑电由Hans Berger于1924年发现,1929年正式发表,它是由头表电极记录下来的大脑细胞群的生物电活动,是大量神经元同步活动产生的突触后电位经总和后形成的。它是脑神经细胞的电生理活动在大脑头皮表面的总体反映。脑电具有时间分辨率高、无创、操作简便、价格便宜、维护费用低等优势,是神经工程系统最常涉及的脑信息检测手段之一。但是,由于脑电传导固有的容积效应、脑神经过程的非平稳性等影响,脑电信号的信噪比、空间分辨率较低。此外,脑电采集过程中,电极需要跟头皮充分接触,通常要借助于生理盐水或导电膏等介质来增强信号采集质量,造成了一定程度上的使用不便。为克服这一局限,人们一直在努力发展干电极技术,但其信号质量还不理想,使用范围还很有限,有待进一步发展。尽管如此,脑电仍然是目前无创脑科学与脑疾病研究最主要的手段之一,被广泛运用于认知神经科学和临床实践,相关的更多内容将在第六章介绍。

2. 脑磁图(magnetoencephalography, MEG) 脑磁图最早由David Cohen于1972年报道,它利用人脑神经细胞活动过程中带电离子迁移形成的局部微弱电流产生的微弱磁场,来无创地测量大脑的电活动。目前常用的脑磁图仪是借助超导量子干涉装置(super-conducting quantum interfere device, SQUID)来测量大脑产生的微弱磁信号,未来有可能出现基于原子磁强计的脑磁图技术。脑磁图与脑电图一样是无创的脑信息检测手段,且脑磁信号不受容积传导的影响,相对易于确定磁信号产生的源部位,目前已在神经内、外科疾病的诊断及治疗中得到应用。然而,基于SQUID的脑磁设备昂贵且必须安装在特定的磁屏蔽室,它的线圈必须用液态氦保持冷却状态,因此难以被大规模地推广应用。脑磁图的主要优点包括:①磁场不受颅骨、头皮软组织等结构的影响;②具有良好的空间分辨率,定位较精确,误差可小于数毫米;③与脑电一样具有很好的时间分辨率(毫秒级),能实时反映脑神经

活动信息;④对人体无侵害、无接触,检测方便。

3. **功能磁共振成像(functional magnetic resonance imaging,fMRI)** 它是根据磁共振成像(magnetic resonance imaging,MRI)技术对组织磁化高度敏感的特点来研究人脑功能,特别是开展大脑功能区的划分或定位的无创性测量技术。fMRI 可测定大脑活动区对任务刺激的反应,也可以测定无任务静息态下的大脑功能活动情况。fMRI 具有高空间分辨率和一定的时间分辨率。更多内容将在第七章介绍。

4. **功能近红外成像技术(functional near-infrared spectroscopy,fNIRS)** 以氧合血红蛋白、脱氧血红蛋白和细胞色素氧化酶等为指标,考察与神经元活动、细胞能量代谢以及血流动力学相关的大脑功能状况。该技术具有便携性强、价格低廉、时空分辨率较高和无创等优点,在认知神经科学和神经工程等研究中也得到了越来越广泛的应用。fNIRS 设备由光源和检测器两部分组成。光源发射近红外光进入大脑,经大脑组织散射返回后由检测器检测。根据光源的输入特征,主要有三种类型:①连续波动:入射光源的强度在测量过程中保持恒定,通过出射光的强度变化来检测脑部活动;②频率调制:入射光的强度由一个正弦波调制,通过波形的强度和相位变化检测脑部活动;③短时脉冲:入射光是一个个可达秒级的脉冲,通过脉冲响应检测脑部活动。

植入式技术主要包括:

1. **皮质脑电图(electrocorticography,ECoG)** 它是通过手术在硬脑膜外或下方安放组织相容性电极记录到的皮质电活动。ECoG 信号是来自神经元群活动的场电位,而不是来自单个神经元的动作电位。与 EEG 相比,ECoG 具有更高的空间分辨率,更大的信号幅度,更宽的信号带宽,不容易受到肌电或眼电等噪声的影响。

2. **锋电位(spike potential)信号、局部场电位(local field potential,LFP)** 它们是由植入大脑皮质(其他脑区)的微丝电极或微电极阵列记录到的神经元(群)活动。信号的时间和空间分辨率高,能精细解码大脑活动意图。

(二) 外部调控刺激的输入

外部调控刺激的输入主要用于实现神经调控,同样有植入式和非植入式两种技术。通过电、光、磁、药物、力(声学)和化学手段等来调节大脑特定神经元或特定脑区的神经活动,从而达到改变或修复大脑神经活动的目的。目前常用的手段包括深部脑刺激、皮质电刺激、经颅磁刺激、经颅电刺激等。

1. **深部脑刺激(deep brain stimulation,DBS)** 通过在疾病相关的异常脑区植入刺激电极,直接将电刺激定向施加到病灶区域。DBS 是一种可逆性的神经调节治疗方法,不破坏脑组织和神经组织,能有效控制治疗不良反应,提升靶向性和治疗效果,已在帕金森等脑疾病的治疗中展示了很好的效果。

2. **皮质电刺激(electric cortical stimulation,ECS)** 通过植入到大脑皮质的微电极阵列对大脑皮质神经元施加微电流刺激,从而达到调节神经元活动的目的。目前已有的皮质电刺激技术主要包括运动皮质刺激及小脑刺激。以运动皮质电刺激为例,它是在运动皮质施加电刺激期望达到类似深部脑刺激的治疗效果。相比于深部脑刺激,大脑皮质电刺激操作简单,易于掌握,对脑组织损伤小,且治疗后并发症少,已成为当前研究热点。

3. **经颅磁刺激(transcranial magnetic stimulation,TMS)** 通过脉冲磁场从体外作用于大脑,在大脑皮质特定区域产生感应电流,从而改变神经细胞的膜电位,影响脑内代谢和神经动作电位,进而达到调节大脑神经活动的目的。经颅磁刺激在神经系统疾病的治疗方面已得到了较广泛的应用,包括癫痫、抑郁、精神分裂和脑瘫等疾病的治疗。此外经颅磁刺激在认知神经科学领域的研究中也发挥了重要作用。

4. **经颅电刺激(transcranial electrical stimulation,tES)** 它通过低强度电流作用于大脑,达到调节脑活动的目的。经颅电刺激电极通常安置在一个电极帽内,电源采用普通九伏电池,电流强度

低，通常为1~2mA，且不良反应很小。与药物治疗相比，经颅电刺激技术不仅不良反应较小，而且疗效稳固，在欧美等国家已被普遍使用，成为治疗失眠、抑郁、焦虑以及部分儿童疾病的一种安全而有效的方法。

（三）神经信号的解析模块

神经信号的解析是脑信息科学的主要研究领域之一，包括采用各种先进的信号与信息处理方法来分析各种神经信号，并期望从中获得有用的脑信息。国内学者在不同层次的脑神经信号解析方面，都取得了许多可喜的成绩，在本领域重要国际期刊上发表了大量高质量的学术论文，并推出了基于云技术的云端脑信息平台（WeBrain）。本教材在第六章和第七章将会详细介绍神经电信号和功能磁共振数据的分析等。

（四）神经应用接口模块

不同的神经工程系统是针对不同的应用而设计的，它对神经活动的解码输出也自然不同，有的将大脑活动通过机器学习算法变成控制命令控制外部设备，有的则通过信号分析方法来研究大脑功能的特征与变化等。因此，不同应用系统的应用接口模块也就不同。以脑 - 机接口系统为例，它的应用接口模块可能是辅助轮椅、机械手臂控制系统、假肢、拼音打字系统、外骨骼、音乐播放器、游戏接口等。

三、神经工程的分类及简介

根据不同的分类准则，神经工程的分类会有所不同。这里，从用工程技术手段怎么样影响神经系统，以及如何基于神经系统的功能和结构去仿生性地启发工程技术两个方面来介绍。

从用工程技术手段怎么样影响神经系统这方面，根据大脑与外部设备间信息传输方向的不同，可将神经工程系统进一步分为输入型和输出型两种系统。对大多数神经工程研究人员来说，最理想的是输入输出复合型系统。

（一）输入型系统

输入型系统主要用于向大脑传入感知觉信息，通常是利用电子设备产生特定电信号，刺激大脑组织，向大脑传送某种感知觉信息（如视觉、听觉或触觉等）。该类型系统主要包括神经调控（neuromodulation）、神经假体（neural prosthesis）等。

神经调控是采用电磁刺激或其他物理手段改变和调节中枢神经、周围神经或自主神经系统的活动从而改善患病人群的症状，提高生命质量的工程技术。当前，神经调控领域的研究已经取得了很大的进展，比如，可以通过电刺激来定位脑区，并已形成了侵入式和非侵入式两种刺激技术。近些年来，神经调控已经成为神经工程领域的一个主要研究方向，它使得与神经系统的双向交互成为可能。神经刺激技术可以一种可控的方式激励、抑制或中断大脑的神经网络活动，具体取决于刺激参数和使用方式。该技术的针对性通常比药物治疗更高，与手术方案相比还具有可逆性。目前大多数神经调控技术利用电刺激和磁刺激技术，光刺激和超声刺激等新的神经调控技术也开始使用。神经调控系统跨越多种尺度，按与神经系统作用的层面大概能分为两类，即侵入式神经调控系统和非侵入式神经调控系统。

神经调控源于外科手术过程中对大脑皮质进行的直接刺激，现已发展出针对不同疾病的多种形式的刺激治疗方案，如深部脑刺激（deep brain stimulation，DBS）和颅内脑皮质刺激（intracranial electrical cortical stimulation）。这类侵入式神经调控的主要优势在于能直接与神经组织作用，针对性更强，然而这种直接的接触也会带来一些风险，如发炎、胶质增生和细胞死亡。

深部脑刺激最早是在20世纪50年代由Hassler等引入的。当前，深部脑刺激系统需要将电极引线通过手术的方式植入大脑，通常是埋在深层的大脑结构中或丘脑附近，同时在胸腔内植入一个植入式脉冲发生器。典型的刺激频率范围为60~185Hz，幅度为0~10V。深部脑刺激的效果取决于组织的生理特性、刺激参数和电极组织的接口。该技术最早的临床应用是运动障碍治疗，通过刺

激丘脑、下丘脑核或苍白球来减少震颤。此外,深部脑刺激也被应用于癫痫的治疗,通过刺激丘脑的前核或海马体来减少癫痫的发作。深部脑刺激的应用还扩展至慢性疼痛、肌张力障碍和强迫症治疗等。

1954 年,颅内脑皮质电刺激被引入来调控大脑活动。这种皮质刺激通常需要在颅骨与皮质表面之间植入一个电极阵列,通过植入式脉冲发生器来激励植入的电极,这与深部脑刺激类似。皮质刺激的效果取决于电极极性、刺激参数和受刺激神经对象与电极之间的距离。皮质刺激设备通常包括电极阵列,其中把电极置于硬脑膜外是最常见的,将电极直接置于硬脑膜下也是可行的,并且可以得到更高的精确度。除了平面电极,直接穿透皮质的电极也得到了发展,这种电极可以到达更深的脑组织,并可以针对特定患者设计相应的皮质电极。皮质刺激最主要的临床应用是癫痫的干预治疗,比如结合闭环控制来终止癫痫的活动。

非侵入式神经调控的目标是在无需进行侵入式手术的情况下,实现对神经组织的调控。当前已有多种方法被研发出来,例如上面已经提到的经颅磁刺激和经颅电刺激,以及经颅聚焦超声刺激(transcranial focused ultrasound stimulation,tFUS)。与侵入式方法相比,虽然非侵入式方法的空间分辨率较低,但它非侵入的特性降低了潜在的风险。

经颅磁刺激利用电磁感应原理,在大脑内产生感应电流。自从 1985 年被首次引入以来,经颅磁刺激已经成为许多神经疾病的神经调控疗法。在经颅磁刺激作用期间,脉冲电流流过线圈产生随时间变化的磁场,当该时变磁场进入导体大脑时,会在大脑内感应产生涡电流。该涡电流可以大到足以引起神经同步活动和动作电位。经颅磁刺激线圈通常是“8”字形结构,以确保在两个线圈邻接边缘得到最大的响应。标准的 TMS 线圈是 50mm 或 70mm 的环,皮质激活区域小至 $1cm^2$,具体取决于刺激参数。除此之外,还有其他形式的线圈,如 Hesed 线圈(H-coil),它可以刺激到更深的大脑结构。虽然 Hesed 线圈的聚焦度比传统线圈差一些,但它可以产生在深度方向上衰减较慢的感应磁场,从而可以刺激更深部位的大脑神经组织。经颅磁刺激的调控效果由刺激强度、持续时间和刺激频率决定。高频率的刺激(>5Hz)被认为是兴奋性的,低频率的刺激(<1Hz)被认为是抑制性的。调控范围也取决于电流的流动方向(相对于神经元群)、刺激脉冲的波形和组织导电性等。经颅磁刺激的应用包括抑郁症治疗、卒中康复、癫痫、帕金森病治疗以及定位性的脑功能研究等。

经颅电刺激技术将微弱电流作用于大脑皮质来调节皮质活动。它又分为经颅直流电刺激(transcranial direct current stimulation,tDCS)和经颅交流电刺激(transcranial alternating current stimulation,tACS)两种。经颅直流电刺激使用微弱的直流电引起皮质兴奋性的变化和自发的神经活动的变化,而经颅交流电刺激使用极性变化的电流去改变自发的活动并引起神经振荡。经颅电流刺激总体上是一项阈值下的刺激技术,因为它只调节兴奋性而不直接产生动作电位。通常将两个较大的(5cm×7cm)浸有生理盐水的海绵电极置于头皮,在两个电极间注入 0.5~2mA 的电流并持续 10~20min。通常阳极刺激被认为是兴奋性的,而阴极刺激被认为是抑制性的,激活的皮质面积通常在几平方厘米范围内。与两电极经颅直流电刺激相比,最近提出的高密度经颅直流电刺激具有更高的聚焦度和强度。经颅直流电刺激已经被用于探索治疗多种疾病,如抑郁症、精神分裂症和帕金森病等。

经颅聚焦超声刺激是近些年出现的另一项神经调控技术。多年来,超声波被广泛应用于诊断成像。用超声来刺激神经元组织的概念其实早在 1929 年就已经被提出,然而采用脉冲超声波在体调控大脑活动而不破坏基础组织的理念直到最近才引起神经科学领域的注意。超声波神经调控使用低强度、低频率的脉冲式超声波,对声压场内的细胞群体进行无选择性的刺激。热力学研究显示,短时间的超声刺激不会在组织中引起热效应,但机械波可以通过神经元膜传播,从而影响离子通道和细胞膜的流动性和兴奋性。尽管研究人员已经广泛探索了超声波在动物模型中的应用,但经颅聚焦超声刺激在最近才被证明可以调控人脑回路中的神经元活动。目前经颅聚焦超声刺激已在帕金森病、脑肿瘤等疾病的治疗中得到广泛应用,也被用于抑郁症等精神疾病的治疗。经颅聚焦超声刺激具有无创安全性、高时间和空间分辨率、高穿透能力等特点,其成为了一种新的物理刺激神经调控手段,值得进

一步研究。

神经假体是一类基于体内电极植入和人工电刺激帮助神经损伤患者进行功能恢复的高科技装置，较成型的应用包括人工耳蜗、人工视觉等。

人工耳蜗是现代神经工程研究中最为成功的案例之一。它是通过体外语音处理器替代人体耳蜗将声音刺激信号转换为按一定规则编码的电刺激的电子装置。语音转化成电信号后，通过发射线圈经皮肤传输至植入耳内的接收和电刺激系统，直接兴奋未受损的听神经来恢复或重建听觉功能。人工耳蜗已是国际上认可的、治疗双侧重度或极度感音神经性耳聋患者使其恢复听觉的唯一有效装置。人工耳蜗发展迅速，随着电生理学、语音学、耳显微外科学、电子技术、计算机技术等多学科技术的发展，人工耳蜗已经从实验研究进入到临床。人工耳蜗走出实验室并得到临床应用是以 1972 年美国 House-3M 单通道人工耳蜗成为第一代商品化人工耳蜗作为标志的。到 2016 年，全世界共有 30 余万听力受损者接受了人工耳蜗植入。

人工视觉是指利用人工视觉感受器和刺激器替代受损视网膜或其他视觉感受组织功能的技术。这项技术需要在患者眼内植入集成电子芯片。根据刺激部位的不同，人工视觉主要有两大类：一种是人工视网膜技术，适用于视网膜受损而其他视觉通路环节未受损的人群；另一种是电刺激视觉中枢技术，适用于高位视觉通路功能正常的人群。人工视网膜是模拟生理上视网膜的工作原理，利用安装在眼镜上的摄像头拍摄外界环境中的视觉影像，将视觉影像通过数模转换转变为电信号，该电信号经过人工视网膜处理后，传递到并刺激与人体视觉神经相连的电极，此后便利用人体本身的视觉信号传导通路，将视觉信号传达至大脑，最终形成视觉。人工视网膜目前在美、德等国家已逐步进入临床应用阶段。

电刺激视觉中枢技术的工作原理是根据电刺激作用于视皮质时会产生幻视觉。绝大多数视觉障碍是由视网膜损伤导致的，而视皮质功能并未受到影响。因此直接刺激视皮质来产生视觉感知是可行的。视皮质视觉假体透过颅骨把电极植入脑部的视皮质，视像信息从患者眼镜上的摄像机获得然后通过导线传入。电刺激视觉中枢技术的方法越过了视觉通路上的前部阶段直接刺激视觉中枢，这种方法只要是视皮质功能完好者均可实施，因而应用范围广。但是如何通过直接的电极刺激产生有效视觉信息是一个难点。另外，需要打开颅骨侵入大脑皮质的视觉假体，安全性和稳定性十分重要。

除了上述视网膜和视皮质的刺激方案外，还有一种方案是在两者之间的视觉神经刺激方案，就是将摄像头捕捉的视觉信息，通过编码处理后，直接刺激从视网膜向视皮质传递视觉信号的神经。

（二）输出型系统

输出型系统是从脑电或神经元放电等类型的信号中提取出控制信号，用于控制计算机、假肢或其他电子设备，其最大特点是不依赖于脑的正常输出通路（周围神经系统及肌肉），直接实现大脑对外部环境（设备）的控制。该类型系统主要包括，脑 - 机接口、神经反馈（neurofeedback，NFB）等。

脑 - 机接口是在大脑与计算机或其他电子设备之间建立的一种直接交流和控制的通道，它不依赖于大脑的正常输出通路（周围神经系统及肌肉组织），是一种全新的大脑与外界进行信息交流和控制的方式。根据信号采集方式不同，又分为侵入式和非侵入式两种。脑 - 机接口概念的提出源自大量严重衰弱的神经肌肉病状和损伤的病例，如肌萎缩侧索硬化（amyotrophic lateral sclerosis，ALS）和脊髓损伤（spinal cord injury，SCI）。对于这些人群，他们的认知功能并没有受到影响，然而，他们的下行运动通路脱离了大脑的控制。非侵入式脑 - 机接口中以基于头表脑电的系统应用最为广泛，大脑信号通过贴在头皮外的电极进行采集。头皮脑电具有较高的时间分辨率，且信号采集方式无创，使用设备相对廉价且容易携带，是当前脑 - 机接口领域的最主要的研究方向。除了脑电，功能磁共振成像、脑磁图、功能近红外成像技术等也被用于非侵入式脑 - 机接口系统。由于近红外光谱价格低廉，便携性好，且具有较好的时间解析度，近年的研究中功能近红外成像技术的运用逐步增多。

常见的用于实现非侵入式系统的脑电信号有感觉运动节律(sensorimotor rhythms,SMR)、事件相关电位(event-related potentials,ERP)、稳态视觉诱发电位(steady-state visual evoked potential,SSVEP)等。感觉运动节律建立在事件相关同步(event-related synchronization,ERS)现象和事件相关去同步(event-related desynchronization,ERD)现象的基础上。20 世纪 90 年代初,人们借助左手和右手的运动或运动想象(motor imagery,MI)的脑电,首次实现了对电脑鼠标的一维控制。随后,人们通过对多种运动想象任务的编码,逐步实现了三维控制,可实时遥控直升机模型和轮椅。采用事件相关电位搭建脑 - 机接口系统的构想首先出现在 20 世纪 80 年代末,并于 2000 年实现应用。这一范式利用事件相关电位的 P300 成分在计算机拼写应用中获得了成功。P300 成分是指在出现"小概率"的外部(内部)刺激后,在 300ms 附近出现的正向头表电位。在经典的视觉 oddball 范式中,当以不同的规律性(概率)向被试者呈现两类事件时,通常会诱发此类信号,较少呈现的事件会引发内源性 P300 电位。稳态视觉诱发电位是另一种脑信号,自 20 世纪 90 年代起被应用于脑 - 机接口系统。稳态视觉诱发电位具有与视觉刺激相同的基频及谐波频率成分,它主要通过枕叶皮质的电极进行记录。采用这种系统的被试者通过注意外部闪烁刺激,实现对特异性刺激(频率)的筛选,被试者只需少量甚至几乎不需要训练就可以很好地操作这类系统。相比其他信号,当前基于稳态视觉诱发电位的脑 - 机接口系统的信息传输率最高,已超过了 300bit/min。此外,由于上述三种脑信号特性不同,近些年来有不少研究人员将它们组合在一个系统中,称为混合脑 - 机接口(hybrid BCI)。混合脑 - 机接口可以发挥每种信号类型的优势,克服单一信号模式的缺点,增强整个脑 - 机接口系统的功能。

侵入式脑 - 机接口则需要向大脑皮质植入一个或多个微电极(阵列),记录单个神经元或神经元群的活动。早在 20 世纪 80 年代,研究人员就已经发现初级运动皮质中的单个神经元能进行运动信息编码。此后的研究证明,神经元群能更敏锐地响应运动信号。利用这种方法可以精确检测肢体的多个自由度的预期运动。基于这些基础性理论,侵入式系统已于 21 世纪初实现了仅用神经信号连续控制电脑鼠标的操作,并被迅速应用于机器人手臂,实现了灵长类动物的伸手 - 抓取范式。然而,现行电极接口的性能随着时间的推移会下降,导致对神经动作电位的检测下降,此时局部场电位(local field potential,LFP)可作为替代的信息来源。使用局部场电位信号的系统已在灵长类动物中表现出稳定的仿生控制能力。已有研究称,综合利用动作电位和局部场电位可以延长侵入式系统的使用时间。

与基于皮质内信号的侵入式系统不一样,基于皮质电图(electrocorticography,ECoG)的脑 - 机接口利用的是放置于硬脑膜下皮质表面的电极阵列记录的局部场电位信号。与皮质内电极阵列相比,硬脑膜下电极阵列记录到的空间信息范围更大,但牺牲了空间特异性。在 21 世纪初,ECoG 开始被用于脑 - 机接口技术中,并成功实现了鼠标的一维控制,被试者是正在接受临床观察的癫痫患者。脑皮质电图电极阵列绕过头骨,避免了脑电的容积传导问题,而且可以从较大的感觉区域采集信号。研究发现,基于脑皮质电图的脑 - 机接口系统既可以检测单个手指的活动,也可以检测整个手臂的运动信息,并可以成功控制假肢。基于脑皮质电图的脑 - 机接口面临的主要挑战是如何延长其使用时间。

对于神经系统的功能和结构去仿生性地启发工程技术方面,主要是类脑智能等方面的研究。类脑智能是以计算建模为手段,受脑神经机制和认知行为机制启发并通过软硬件协同实现的机器智能。类脑智能系统在信息处理机制上类脑,认知行为和智能水平上类人,目标是使机器实现各种人类具有的多种认知能力及其协同机制,最终达到或超越人类智能水平。以下从类脑算法模型、类脑芯片两个方面来进行简单介绍。

1. 类脑算法 以人工神经网络为代表的连接主义的出发点正是对脑神经系统结构及其计算机制的初步模拟,人工神经网络的研究可以追溯到 20 世纪 40 年代。感知机(perceptron)是浅层人工神经网络的代表,当前发展出各种类型的深度神经网络模型。随着计算能力的大幅度提升和大数据的出现,使得在大规模数据上训练深层神经网络成为可能,深度学习(deep learning,DL)算法逐步流行起

来，例如，卷积神经网络（convolutional neural networks，CNN），循环神经网络（recurrent neural network，RNN），生成式对抗网络（generative adversarial networks，GAN）等等，使得语音、图像处理、自然语言等领域的研究取得了突破性的进展，同时出现了不少开源算法软件框架。当前，深度学习算法也被逐步应用于神经信号的分析处理。

2. 类脑芯片 在硬件方面，传统的冯·诺依曼体系结构中计算模块和存储模块是分离的，中央处理器（CPU）在执行命令时需要先从存储单位读取数据，无疑增加了计算的延时和功耗，大规模数据处理需要突破传统冯·诺依曼体系结构对处理器性能的束缚，需要从芯片底层架构寻求重构和变革。当前，类脑芯片和计算平台的研究领域受到国内外学者的广泛关注。类脑芯片本质是参考人脑神经元结构和人脑感知认知方式来设计的芯片。类脑芯片研究包括两大研究方向，其一是“神经形态芯片”，它侧重于参照人脑神经元模型及其组织结构来设计芯片结构，例如 TrueNorth 和 Zeroth。其二是参考人脑感知认知的计算模型而非神经元组织结构，也就是设计芯片结构来高效支持成熟的认知计算算法，例如中科院计算所研制支持深度神经网络处理器架构芯片“寒武纪”。类脑芯片研究的这两大方向只是侧重点不同，而并非彼此互斥，而且很多研究会逐渐模糊化这两个方向之间的界限。虽然类脑芯片距离成熟商用还有一定的距离，但类脑芯片最有可能带来计算的体系变革与架构变革。

第二节 神经工程的研究与应用范畴

神经工程研究在发达国家已成为科学研究“皇冠上的明珠”，自 2003 年于意大利卡普里岛举办的首届国际神经工程学大会开始，国内外知名高校已陆续成立了 100 余家神经工程方向的专业研究中心。目前，该方向已经成为国际上生命、医学、信息、航天等领域的热点方向之一，并在 *Nature*、*Science* 等期刊上发表较多的研究论文。过去十年来，神经工程经历了一个快速发展时期，从神经信号处理、神经成像、神经假体、神经形态芯片、脑 - 机接口等各个方向都取得了有革命性意义的重要成果，在脑科学研究、信息计算、神经疾病防治、康复医学、运动医学、智能控制、航空航天、安全反恐等多个行业部门得到初步的应用，显然，该领域有着重要的科学意义、经济社会价值和广阔的发展前景。与国外相比，国内神经工程研究整体起步较晚，研究机构还相对较少，但发展迅速，已经取得了大量具有国际先进水平的研究成果。“脑科学与类脑研究”在我国“十三五”重大科技创新项目和工程中得到高度重视，神经工程是其中最主要的板块之一，因而极具发展前景。

一、神经工程的研究范畴

神经工程将工程技术方法与神经科学研究有机融合在一起，从分子、细胞、神经网络直至认知和行为学的层面来研究神经系统的构成及其工作机制，并操作或仿生其行为应用于工程与临床。神经工程的研究范围较广，包括神经系统的构成及其工作机制、正常生理或病理状态，涉及的研究内容有神经生理、神经认知与心理、神经病理等几个方面，这三部分的内容将在本教材后续第二章到第四章中分别进行介绍；从不同层次来获取和分析神经系统的信号，需要研究神经信号检测与分析、神经功能成像，相关内容将分别在第六章和第七章进行介绍；从工程和临床等应用来讲，需要研究神经康复、神经调控、脑 - 机接口、神经工程技术应用等，相关内容将分别在第五章、第八章和第九章进行介绍。当今的神经工程学科发展迅速、研究范畴日新月异，限于篇幅，本小节将从神经信息获取、神经信息解析、神经电极等几个方面进行简单介绍。在后续章节中，还将对相关内容做进一步的介绍。

（一）神经信息的获取

神经信息的获取是神经工程研究最基础的工作。神经信息的获取主要包括神经电生理与神经影像学两个方面。目前常用的脑神经信息测量方法有无创的脑电图、脑磁图、功能磁共振成像、近红外

光谱技术等，以及有创的神经元放电信号测量和皮质脑电的测量等。如果按照所记录信号的特征来分类，这些测量方法大致可以分为与神经电活动直接相关的电磁信号的记录（如神经元放电信号、皮质脑电图、头表脑电图和脑磁图）以及与电活动间接相关的代谢信号的记录，如功能磁共振成像和近红外光谱技术等。在理想的情况下，我们希望测量到的信号具有高的时空分辨率，然而在实际测量中，时空两方面的性能并不容易兼而得之。例如，脑电信号有毫秒量级的时间分辨率，但空间分辨率却是厘米量级的；反之，功能磁共振成像具有毫米量级的空间分辨率，但时间分辨率只有秒量级。因此在应用中，应根据实际任务的需求，权衡不同的成像模式做出合理的选择。当然，也可以在单一成像模式的基础上，构建多模式的成像系统，有可能实现优势的集成，这可能是应对神经成像挑战的重要途径。近些年来，利用磁共振成像的高空间分辨率和脑电信号的高时间分辨率，将两方面的信息整合在一起，成为了领域内人们非常关注的一个重要方向。2016 年国内也出版了一部相关的学术著作，对此进行了较详细的解析。

（二）神经信息的解析

在神经信息获取后，需要面对的就是神经信息的解析问题，它涉及正常脑功能或异常脑疾病的所有方面，其本质是对脑机制的认识问题。通过对神经信息的解析，一方面可以揭示大脑的奥秘；另一方面，也使得直接用神经信号来控制外部设备等成为可能。最后，如何验证人们对脑信息解释的正确性？一些可能的途径包括基于解析获得的认识对脑功能进行模拟与模仿、开展脑疾病的干预调控和脑功能增强等方面的研究。当前，神经信息数据覆盖了从行为、力（超声）、热（红外）、电、光、生化、代谢到基因的几乎所有方面或层次，已然成为多尺度、大规模的异构数据，神经信息的解析问题已是典型的大数据问题。国内学者通过几十年的研究，已经发展和积累了许多重要的核心方法。面对日益增长的大数据，如何利用当前深度学习、机器学习和现代信号处理的方法开展神经信息解析研究，是非常值得探索的问题。

与神经信息解析最相关的一个学科方向是神经信息学（neuroinformatics）或脑信息科学（brainformatics）。作为神经科学和信息科学结合的一门新兴交叉学科，神经信息学是多个重大人类脑计划的核心内容，如美国的 Brain 计划（2013）和欧洲的人脑计划（human brain project，HBP）。神经信息学的最终目标是建立一个与神经系统有关的所有数据的全球知识管理系统和网络协同研究环境，以便协调和组织世界顶尖的研究机构和科学家，开展世界范围内脑科学研究的协作。脑信息科学则希望从理论上阐明大脑的信息学工作机制及其干预调控的途径与方法，为更好地理解脑、保护脑和增强脑提供理论支持。

大脑的极度复杂性使得神经科学家们需要充分运用现代生物学、物理学和信息科学中能用的所有工具来研究它，包括基因、细胞、解剖、电生理、行为、进化和计算的工具与方法。只有将以上所有层次的数据和知识协同起来，才有可能真正弄清楚大脑如何发育、如何执行其功能以及怎样出现疾病等问题，进而真正做到“了解脑”“保护脑”和“创造脑”。因此，一直以来普遍采用的个人奋斗或小团队研究模式，已无法满足这个领域的研究需要，团队合作、开放共享正在成为新的潮流。

我国近年来在神经信息学领域的研究发展迅速，在当今这个神经科学大数据时代，如何构建中国特色的神经信息学协作框架，以促进医学、心理、神经、信息、数学、物理、工程和计算机等多学科研究的协同合作与资源共享，强化与国际学术界的对接交流，实现大脑研究方面某些问题上的原创性突破，从而在国际脑科学研究领域中占有一席之地，具有重要的意义。事实上，当前的脑科学正在从传统的“实验科学”向“实验与计算并重”的范式转变，“开放科学”正在成为新的发展动力，“数据资源、计算资源和工具资源”的全球共享正在成为新的潮流。

（三）神经电极

神经电极是一种用于记录或干扰神经活动的关键器件。根据电极的功能又分为记录电极和刺激电极。其中，记录电极用来记录神经电活动，刺激电极用来调控或改变神经电活动。根据电极安放的位置，分为侵入式和非侵入式电极。侵入式电极需要通过手术插入大脑皮质内或放置在大脑皮质，非

侵入式电极则放置在头皮表面。头表的电极在使用时需要在电极与被试者头皮之间注入导电膏或生理盐水等增强导电性，给实际使用带来很大的不便。为此，头皮电极的一个重要发展方向是研究不需要导电膏的干式电极，它对普及脑电信号的测量和推进相关的神经工程系统走向实际应用均十分重要。国内许多高校和科研院所均开展了相关的研究，并在各类脑-机接口系统中进行了初步的应用，但目前还没有完全商业化的干电极产品推出。植入式电极的使用是有创伤的，其手术过程可能带来感染等风险。目前的多数电极在植入后所记录的信号还需要通过导线传输到体外，这给使用带来了很大的不便。此外，由于电极与生物体间的排异反应，目前植入式电极的长期有效性也是急需解决的问题。对该类型的电极，重要的发展方向是为提高电极性能、改善生物相容性进行的电极表面修饰以及小型化研究，发展出高信号检测灵敏度、高通量的高性能小尺寸电极并具有无线传输功能的一体化高密度植入电极阵列。

二、神经工程的应用范畴

神经工程的应用范畴十分宽泛，涉及认知、心理、康复、航天、教育、艺术、军事等众多领域。

1. 外部设备控制与信息交流 这类应用是脑-机接口的典型应用。它为大脑思维能力完整，丧失了对肌肉和周围神经系统的自主控制能力，无法有效地向外界表达自己的需求和想法的一类人群，例如脊髓侧索硬化症患者、因事故导致高位截瘫的患者等重度运动障碍患者群体，提供了一种与外界进行信息交流或外部设备控制的途径。常见的应用包括：拼音打字、轮椅控制、假肢控制、电视等家用电器或其他辅助装置的控制等。

2. 神经反馈 神经反馈是生物反馈的一种，它将大脑活动信号转换为某种形式的反馈信号使得被试者通过训练有选择性地调节脑功能。研究表明，该技术不仅对神经与精神疾病的治疗有积极意义，对提升健康人群的认知功能也有明显的效果。神经与精神疾病是一类特殊的疾病，不仅给患者带来极大痛苦，还会给家庭和社会带来沉重的负担。已有的研究表明，神经反馈对儿童多动症、注意力失调、认知障碍、焦虑症、自闭症、癫痫、强迫症、脑卒中等疾病均有病情缓解或治疗的效果。对于健康人群，神经反馈可以提高其行为能力，如操作、空间分辨、记忆、认知水平、学习与记忆等。

3. 神经康复工程 神经康复是根据各种神经功能障碍的特点，采用物理和医学的康复方法，减轻疾病和损伤所导致的残损、残疾等程度。临床上，常见有脑卒中、脑瘫、脑外伤、脊髓损伤等引起的神经功能障碍，例如肢体运动障碍、认知障碍、言语障碍等。此外，由各种意外和病理因素造成的身心功能障碍或丧失也同样需要用神经康复方法进行功能的恢复和代偿。作为神经工程的重要研究领域之一，神经康复工程通过研究神经系统损伤或丧失后神经功能的恢复和重建，进而研发神经功能康复技术与实际康复系统，用以恢复或改善神经功能障碍患者及神经功能缺失患者的机体功能，最大限度地减少或补偿因神经系统问题带来身心功能障碍，从而提高他们的生活和工作质量。我国在神经康复方面的研究得到了广泛的关注，一些相关产品已开始临床试用。

4. 神经调控 神经调控依靠电、光、磁、药物和化学等手段来调节大脑特定神经元或特定脑区的神经活动，从而改善人类生命生活质量。神经调控技术已为多种脑功能失常疾病的治疗带来了全新的调节手段，正如前面已提到利用深部脑刺激来治疗帕金森病，延缓慢性疼痛和抑郁。它对神经系统顽症的治疗具有巨大的发展潜力。此外，神经调控对认知能力的增强等也有巨大的研究价值。例如，2017年11月，美国埃默里大学首次证实对人脑杏仁核进行电刺激能够提升记忆，他们发现在人观看图像之后立即用电刺激其脑部杏仁核，能够增强其第二天对图像的识别能力。这种研究的潜在应用包括对严重记忆障碍患者的治疗，比如创伤性脑损伤或与各种神经退行性疾病相关的轻度认知障碍。在我国，深部脑刺激技术已达到世界先进水平。

5. 航空领域的应用 航天员在太空环境，完成复杂作业任务受到极大的限制，脑-机交互可以不依赖周围神经和运动系统，将航天员的思维活动转化为操作指令，同时又能监测航天员的脑力负荷

等神经功能状态，实现人机互适应，减轻作业负荷。脑力负荷与视功能测试系统可实时获取并解析航天员在作业任务时的感觉（视觉）和认知（脑力负荷）功能相关的生理信息变化。相关研究将为载人航天工程的新一代医学与人保障系统提供关键技术支撑。值得一提的是，自2016年以来，我国航天员已在空间站开展多项脑-机接口实验及相关研究。

6. 神经教育信息工程 它是神经工程和神经教育学交叉融合的前沿学科，其研究内容涉及广泛的工程和教育等多学科领域。随着近年可穿戴技术的飞速发展，可穿戴脑电信号采集技术日趋成熟，因此，基于可穿戴脑电采集技术的认知计算已成为一种具有美好前景的教学评估方法。该方法通过采集学生学习过程中的脑电信号进行认知计算，对学生的认知状态进行感知、分析、特征提取、识别、分类、跟踪、预测等，借助于信息论、系统论、控制论的方法和技术手段，对学生的行为、认知和情绪状态进行建模分析和量化。借助基于脑电的认知计算技术，教师可以实时掌握学生的行为、认知状态和情绪变化，对正在进行的教育过程进行感知和研判，这就为教师提供了一种教学形成性评估手段，进而为教师动态调整教学策略提供实证数据，为创造与学生心理需求同步的教学情境设计打开了思路，有助于提高教学效率和学习效能。

7. 情绪识别 情绪（emotion）是一种综合了人的感觉、思想和行为的状态，它包括人对外界或自身刺激的心理反应，也包括伴随这种心理反应的生理反应，在不同程度上影响着人的学习、记忆与决策，在日常生活中扮演着重要角色。由于伴随情绪的生理反应由神经和内分泌系统支配，具有自发性，不易受主观意念控制，因此基于神经生理信号的情绪识别能获得客观真实的结果。近年来，随着脑电信号采集设备的应用和推广，深度学习、机器学习和信号处理等技术的快速发展，以及计算机数据处理能力的大幅提高，基于脑电的情绪识别研究已经成为神经工程领域的热门课题。国内相关学者也在这方面做了大量的工作。

8. 图像检索与分类 脑-机接口一个有趣的应用是利用大脑的图像处理能力来对大量的图像数据进行快速的视觉搜索。哥伦比亚大学Paul Sajda教授及其同事开发了一种基于脑电的实时脑-机接口系统，该系统利用快速序列视觉呈现（rapid serial visual presentation，RSVP）范式来对图像进行分类。实验中，系统向被试者呈现连续的100幅图像，每幅图像持续100ms，当图像序列中突然出现目标图像就会诱发P300。系统借助分类器对诱发脑电信号进行分类，对图像序列进行重新排序，将检测到的目标图像放到前面。在2006年的一项研究中，Sajda教授等招募了5名被试者对2 500幅图像序列进行了搜索与分类的实验，结果显示他们提出的方法能把92%的目标图像从随机位置移动到序列前10%的位置上。

9. 信息安全 随着科学技术飞速发展，身份识别技术也在加速更新换代。传统的基于生物特征的身份识别技术主要有指纹识别、语音识别、人脸识别等，但这些信息存在被非法窃取的可能性。近些年来，基于脑电的身份认证研究引起了研究人员的兴趣。2016年，纽约宾汉姆顿大学科研人员研究出新一代加密认证方式——“脑纹”技术，可根据大脑活动来识别身份。人脑产生的特定脑电波波形，被称为“脑纹”，不同个体在观看特定图片时，大脑会产生有针对性的脑电波反应，这种反应是独一无二的，每个人都不尽相同。记录这些个人特有的脑电波信号，可以构建“脑纹”比对数据库。当需要进行身份认证时，只要再次浏览特定图片，就可以通过采集的“脑纹”信息与数据库进行比对，快速得出待识别个体的身份信息。相比于现有的生物识别技术，“脑纹”识别具有可撤销、可重新定义等优势，安全性相对较高。由于识别信息来源于大脑产生的实时脑电波信号，降低了非法窃取的可能性，进一步提升了“脑纹”伪造的技术难度。即使发生“脑纹”信息泄露事件，也可以通过更换识别内容快速重建比对数据库。

10. 状态识别与监测 这类应用主要通过脑-机接口识别和连续监测人的各项基础认知功能状态，如注意水平、认知负荷、疲劳程度、情绪状态等，有广泛的应用需求。例如，机动车驾驶员、飞行员、航空空中交通管制员等特殊作业岗位人员的认知负荷、疲劳程度等状态的检测，通过实时监测数据能够更好地保证人员安全和工作绩效。

11. 军事领域 21世纪初,美国就开始探讨脑-机接口技术的军事应用,投入巨资研究武器与人相互作用机制,研究用人的意念控制机器人士兵,以降低战争伤亡率。2004年,美军又资助多个实验室进行“思维控制机器人”研究。2013年,美国国防部披露了一项叫作“阿凡达”研究项目,计划在未来实现能够通过意念远程操控“机器战士”,以代替士兵在战场上作战,执行各种战斗任务。

12. 艺术领域 2010年,德国的一个研究团队首次使用脑-机接口技术,让患有肌萎缩侧索硬化症的人实现了大脑绘画,有效地展现了残疾艺术家的创造力。奥地利格拉茨技术大学的Gernot Müller-Putz领导的团队开发了由大脑控制的音乐创作程序。借助这款软件,人们可仅仅凭借脑海里的想法、意识来创作乐曲,并转化为相应的乐谱。研究人员首先在一群健康志愿者身上进行了测试,结果不仅能够复制音乐旋律而且能够准确进行音乐创作。国内也有相关团队开展了音乐创作的研究,他们提出的算法能将脑电或磁共振信号在无标度意义上直接翻译成音乐,并发现这些音乐对疼痛等具有一定的治疗效果。

13. 休闲娱乐 在休闲娱乐领域,脑-机接口提供了一种新型的娱乐交互方式,为玩家们提供了独立于传统游戏控制方式(如控制杆、手柄、手势识别等)之外的新的操作维度,丰富了游戏内涵并提升了游戏体验。

第三节 神经工程的未来发展方向

近年来,神经工程已经逐渐成为一门新兴交叉学科及领域,更是生物医学工程中备受关注的前沿热点研究领域。一方面,神经工程的飞速发展得益于现代科学技术的进步。作为一个高度交叉的学科领域,计算机科学、材料科学、电子技术、信息技术及影像技术等学科领域的飞速发展给神经工程的发展提供了强有力的技术支撑,也直接带动了神经工程领域的发展。随着科学技术日新月异地发展,必将有越来越多的新技术和新方法被引入神经工程领域,并带动神经工程进入更高的发展层次。另一方面,神经工程不仅为基础神经科学研究提供了强有力的技术支持,也为神经与精神疾病的早期诊断、有效治疗和康复等提供了新的思路及解决问题的新方案。随着现代科学技术的发展,尤其是各学科领域之间的深度交叉融合发展,神经工程必将展示其更加宽广的发展空间与应用前景。

神经工程未来的发展方向可从神经成像、临床应用以及人才队伍建设三个方面展开。

(一) 神经成像技术

基础神经科学研究强调从微观到宏观层次(从分子、细胞、神经网络直至认知和行为学)上对神经系统进行系统性的研究,以阐明其构成及其工作机制,这些工作往往需要高时空分辨率的神经成像模式和技术。在过去的几十年中,有关脑神经系统的神经成像技术取得了长足的进步。但是,现有的技术还是不能兼顾微观与宏观、静态与动态、高时间分辨率与高空间分辨率等多方面的要求。已有的各种成像模式一直需要在空间和时间分辨率上折中,单个模式很难二者兼备。发展具备高的空间和时间分辨率神经成像模式和技术是未来研究的一大挑战,而多模式成像系统集成可能是该领域的发展趋势。此外,在对现有系统性能进行继续改进的同时,继续寻找神经影像新方法是需要努力的重要方向。

当前,无创的脑电成像设备,需要借助于导电膏或生理盐水等来提高采集信号质量,这给使用者带来极大的不便。虽然干电极系统已经投入实验研究,但始终未达到理想的使用状态。从系统实用性的角度看,研发基于干电极的多通道、便携式、无线传输的高性能脑电成像系统具有巨大的需求和广阔的应用前景,这将依赖于材料科学、半导体与电子技术、信息科学与技术以及神经科学等领域的专家一起协同攻关。在这个方向上的突破将会极大地推动包括脑-机接口在内的一大批神经工程研究成果的推广应用。

（二）临床应用

医学领域的应用需求是推动神经工程领域飞速发展的动力之一。在当今社会中，神经与精神方面各种各样的疾病不仅给患者造成了极大的痛苦，也给家庭与社会带来了沉重的负担。但是针对这些疾病的诊断、治疗与康复的有效手段还十分有限。在许多情况下，药物治疗可能存在一定的副作用，心理治疗效果不显著、个体差异大，手术治疗也缺乏相关依据。因此，神经工程方法的介入为此类疾病的早期诊断、有效治疗及康复提供了全新的思路与方法。例如，研究表明神经反馈对儿童多动症、自闭症等有治疗或缓解病情的效果，且神经反馈被认为是对抑郁症最有前景的一种新型治疗方法。目前，许多神经与精神疾病的早期诊断还存在很大的困难，有效的治疗方法也不多。如何将传统的药物治疗等与基于神经工程的手段有效地结合在一起，寻找个性化的有效治疗手段仍然是一项十分艰巨的任务。

在临床神经康复领域，神经工程同样是大有可为。它使得我们可通过工程的方法来对各种意外或病理因素造成的身心功能障碍或丧失实现功能的恢复或代偿。临床上，需要实施神经康复的各种功能障碍众多，常见的有脑卒中、脑瘫、脊椎损伤等。当前的问题是，在很多情况下由于技术上的缺陷，大多数系统还不能直接在临床上推广使用。神经工程领域的研究人员还需要继续努力，让这些造福于人类的新技术真正进入更多的百姓家庭。

（三）人才队伍的建设

学科发展需要吸引多学科背景的人才投入本领域的研究中。每一种技术的产生、进步和发展，离不开人的主导。对每一个学科，不仅要研究技术本身，更要研究支撑技术发展的人才培养体系，因为人才梯队是技术发展的中坚力量。高校和科研院所作为人才培养的主要的机构，在相关专业的人才培养方案、课程设置方面应加大神经工程相关课程比例，吸引不同学科背景的学生加入到这个领域中。通过人才队伍建设，推动学科交叉，促进边缘学科和新兴学科发展，促进神经工程学科的繁荣发展。鼓励人才的创新创业，将实验室的成果进行转化，解决临床领域等所面临的问题。

神经工程领域的发展具有强劲的生命力。今后的十年至二十年中，在基础研究、仪器开发、临床应用以及人才队伍的建设等方面，神经工程必将迈上一个新台阶，也将为推动人类健康事业发展做出更大的贡献。

本章小结

本章主要对神经工程的基本概念、研究与应用范围，以及今后的几个发展方向进行了介绍。首先对神经工程的相关概念进行了简单描述；随后介绍了系统的基本构成，并对重要的神经信息的获取与监测、外部调控刺激的输入、神经信号的解析以及应用接口等进行了介绍。在神经工程的研究范围这部分，仅对神经信息获取、神经信息解析、神经电极等几个方面进行简单介绍，更多相关内容将在后续章节介绍；神经工程的应用范畴十分宽泛，本章采用举例的方式，介绍了其在康复、航天、教育、艺术、军事、状态识别与监测、休闲娱乐等众多领域的应用。在第三节中，从神经成像、临床应用以及人才队伍建设等三个方面对神经工程未来的发展方向进行了一定的论述。

神经工程将工程技术方法与神经科学研究有机融合在一起，由于临床神经科学、信息技术及生物医学工程技术的紧密结合与发展，神经工程已逐渐成为一门新兴交叉学科及领域。近些年，我国众多的科研院所加入到这个领域开展研究，发展速度较快，已经取得了大量具有国际前沿水平的研究成果。神经工程与人类的大脑神经活动密切相关，已成为脑科学研究计划的重要组成部分之一，极具发展前景。

思考题

1. 分析讨论不同神经信息的获取与监测方式的优缺点。
2. 神经工程应用领域十分广泛，结合自己所在学科领域，探讨神经工程的应用案例。
3. 结合自己所在学科领域，了解当前人工智能算法如何解决该领域的实际问题，并举例说明。

（张杨松　尧德中）

笔记

第二章　神经系统概述

神经系统(nervous system)是机体的主导系统,参与机体生理功能的调节与控制,机体的组织和器官在其直接和间接参与下,协调地完成各自的任务,实现和维持生命活动的正常运行。同时,神经系统还能对内、外环境的各种刺激做出迅速而完善的适应性响应。神经系统分为中枢神经系统和周围神经系统。中枢神经系统包括脑和脊髓。周围神经系统包括脑神经、脊神经和内脏神经,它们是中枢神经系统与周围器官之间的联络者。

神经系统主要由神经元(neuron)和神经胶质细胞(neuroglia cell)组成。神经元又称为神经细胞(neurocyte),其数量极其庞大,是神经系统结构和功能实现的基本单位,属可兴奋细胞。它们通过突触连接形成庞大而复杂的神经网络,并通过各种反射活动,使得机体实现多种多样的复杂活动。神经胶质细胞不仅对神经元具有支持、营养、形成髓鞘、再生和修复、摄取和分泌神经递质等多种功能,还对神经系统功能的完成具有重要的调节作用。

本章主要介绍神经系统的组成以及神经细胞的生物学机制。

第一节　神经系统的基本组织结构

神经系统分为中枢部和周围部,中枢部即中枢神经系统,包括位于颅腔内的脑(brain)和位于椎管内的脊髓(spinal cord)。周围部即周围神经系统,是指与脑和脊髓相连的神经,包括脑神经、脊神经和内脏神经。脑神经与脑相连,脊神经与脊髓相连,内脏神经通过脑神经和脊神经附于脑和脊髓。周围神经亦可根据其在各器官、系统中所分布的对象不同分为躯体神经(somatic nerve)和内脏神经(visceral nerve)。躯体神经分布于体表、骨、关节和骨骼肌;内脏神经则支配内脏、心血管、平滑肌和腺体。内脏神经中的传出神经即内脏运动神经(visceral motor nerve),支配心肌、平滑肌和腺体的活动,不受人的主观意志控制,故又称植物神经系统(vegetative nervous system)或自主神经系统(autonomic nervous system),它们又分为交感神经和副交感神经。

一、中枢神经系统

中枢神经系统(central nervous system)是人体神经系统的最主体部分,由脑和脊髓组成,脑和脊髓的外面包被着3层连续的被膜,由内向外依次为软膜,蛛网膜和硬膜。

(一) 脑

脑(brain)位于颅腔内,成年人脑的平均重量约1 400g,由端脑、间脑、中脑、脑桥、延髓和小脑6个部分构成。一般又将中脑、脑桥和延髓合称脑干(brainstem)。端脑和间脑具有感觉、运动、视觉和听觉等多种神经中枢,调节机体的多种生命活动;中脑、脑桥和延髓内具有许多重要的内脏活动中枢,如心血管运动中枢、呼吸中枢和吞咽中枢等。小脑主要使运动协调、准确,维持身体平衡和调节肌张力等。

1. 端脑　端脑(telencephalon)又称大脑(cerebrum),由左右两侧大脑半球(cerebral hemisphere)

借胼胝体连接而形成，是脑的最高级部位。端脑表面的一层灰质称为大脑皮质（cerebral cortex，又称大脑皮质），大脑皮质深面的白质称为大脑髓质（cercbral medullary substance）。深埋在髓质内的一些灰质团块，称为基底核（basal nuclei）。端脑半球内部的不规则腔隙称为侧脑室（lateral ventricle）。

（1）端脑外形：大脑半球在颅内发育时，其表面积增加较颅骨快。而且大脑皮质各部发育速度不均，发育慢的部分陷入深处，发育快的部分则露在表面，因而端脑表面出现许多隆起的大脑回（cerebral gyri）和凹陷的大脑沟（cerebral sulci）。左右两侧大脑半球的沟和回不完全对称，个体之间也存在差异。左右侧大脑半球之间有大脑纵裂（cerebral longitudinal fissure），纵裂的底部为胼胝体的背面。大脑与小脑之间的间隙称为大脑横裂（cerebral transverse fissure）。每侧大脑半球分为内侧面、背外侧面和下面（图 2-1~图 2-3）。内侧面平坦，背外侧面隆凸，两面以上缘为界。下面凹凸不平，和背外侧面之间以下缘为界，和内侧面之间无明显分界。每侧大脑半球借中央沟、顶枕沟和外侧沟分为额叶、顶叶、枕叶、颞叶和岛叶 5 个大脑叶。中央沟（central sulcus）起于大脑半球上缘中点稍后方，斜向前下方，下端与外侧沟隔一脑回，上端延伸至大脑半球内侧面。顶枕沟（parietooccipital sulcus）位于大脑半球内侧面枕部，由前下斜向后上并转延至上半球背外侧面。外侧沟（lateral sulcus）起于大脑半球下面，行向后上方，至背外侧面。中央沟前方的部分和外侧沟的上方是额叶（frontal lobe）；中央沟后方、外侧沟上方和枕叶以前的部分是顶叶（parietal lobe）；外侧沟下方的部分是颞叶（temporal lobe）；顶枕沟后方较小的部分是枕叶（occipital lobe）；岛叶（insula）则埋于外侧沟的底部，呈三角形岛状，其表面被额叶、顶叶和颞叶所覆盖。

1）大脑半球背外侧面：在大脑半球背外侧面，中央沟的前方有与其平行的中央前沟，两沟之间形成中央前回，自中央前沟向前方有上、下两条平行的额上沟和额下沟，是额上回、额中回和额下回的分界线。在中央沟的后方有与之平行的中央后沟，此沟与中央沟之间为中央后回，在中央后沟的后方有一条与半球上缘平行的顶间沟。顶间沟的上方为顶上小叶，下方为顶下小叶。顶下小叶又包括围绕外侧沟末端的缘上回和围绕颞上沟末端的角回。在外侧沟下方的颞叶外侧面上有与之平行的颞上沟和颞下沟，颞上沟的上方是颞上回，颞上沟和颞下沟之间的部分是颞中回，颞下沟的下方为颞下回。颞上回的上缘一部分在胚胎发育过程中翻入外侧沟内，此部被几条较短的自上外向下内的横沟分成几条横回称为颞横回（图 2-1）。

2）大脑半球内侧面：额叶、顶叶、枕叶和颞叶都有部分扩展到大脑半球内侧面。在大脑半球的内侧面，自大脑半球背外侧面的中央前回和中央后回延伸到内侧面的部分为中央旁小叶。在内侧面中部有前后方向上略呈弓形的连接两侧大脑半球的胼胝体。胼胝体下方的弓形纤维束称为穹窿，两者之间的薄板称为透明隔。在胼胝体后下方，有呈弓形的距状沟向后至枕叶的后端，此沟中部与顶枕沟

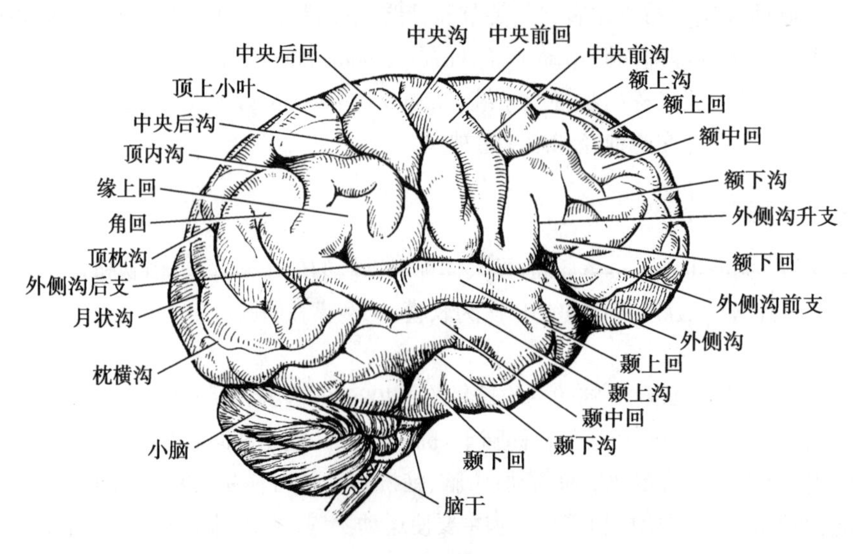

图 2-1　大脑半球背外侧面

相遇。距状沟与顶枕沟之间的部分称为楔回，距状沟下方为舌回。在胼胝体背面有胼胝体沟，此沟绕过胼胝体后方，向前移行于海马沟。在胼胝体沟的上方，有与之平行的扣带沟，此沟末端转向背方，称为边缘支。扣带沟与胼胝体沟之间为扣带回（图 2-2）。

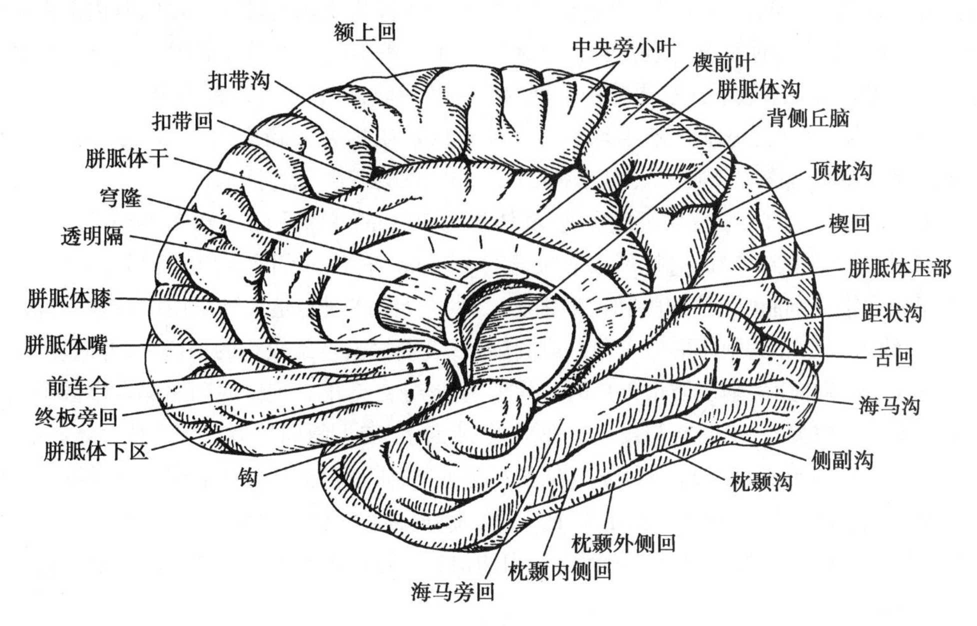

图 2-2 大脑半球内侧面

3）大脑半球底面：在大脑半球底面，额叶内有纵行的嗅束，其前端膨大为嗅球，后者与嗅神经相连。在颞叶紧紧围靠于中脑外侧面前后行走的回，称为海马旁回。海马旁回的前端弯成钩形，称为钩。在海马旁回上内侧为海马沟，其上方有呈锯齿状窄条皮质，称齿状回。在齿状回的外侧，侧脑室下角底壁上有一弓状的隆起称为海马。海马和齿状回构成海马结构（图 2-3）。

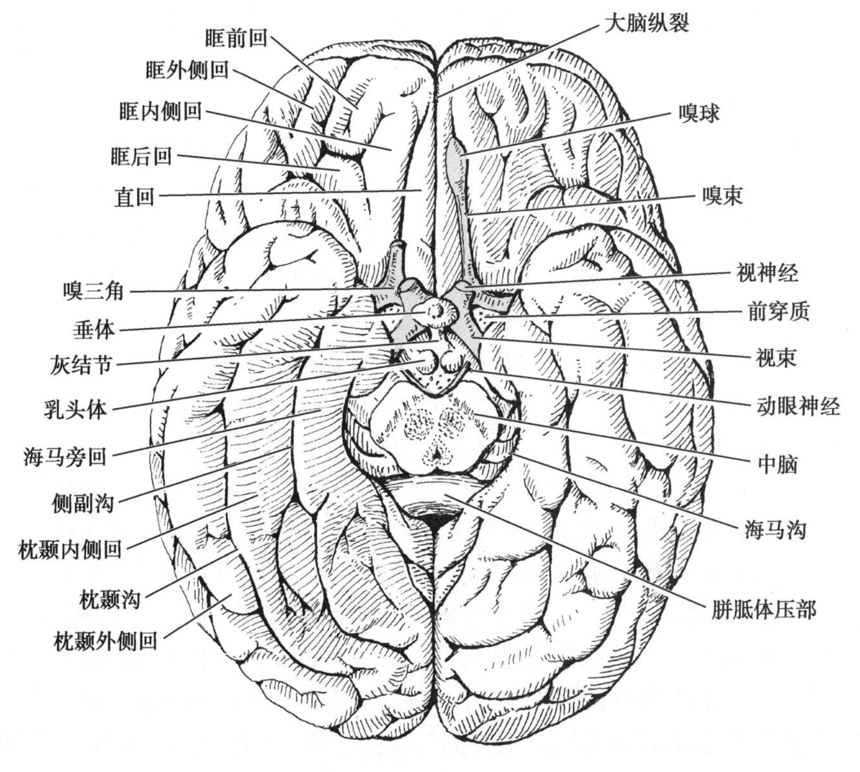

图 2-3 端脑底面

此外，根据进化和功能的区分，人们将半球内侧面胼胝体周围和侧脑室下角底壁周围的弧形部分称为边缘叶（limbus lobe）。它们包括隔区（胼胝体下区和终纹旁回）、扣带回、海马旁回、海马和齿状回等。将边缘叶与它密切联系的皮质下结构（杏仁体、隔核、下丘脑、上丘脑、背侧丘脑前核和中脑被盖等）合称为边缘系统（limbic system）。由于边缘系统在种系发生上出现较早，因此，其内部纤维联系十分复杂，并与神经系统其他部分存在广泛的联系。它主要参与内脏调节、情绪反应、学习记忆和生殖行为等。由于边缘系统通过下丘脑影响一系列内脏神经活动，故有人将之称为内脏脑。

(2) 端脑的内部结构：每个大脑半球表面被覆一层灰质称为大脑皮质，灰质层下的白质称为髓质。髓质内埋有左右对称的灰质团块称为基底核。端脑内的腔隙称为侧脑室。

1) 大脑皮质：人类的大脑皮质高度发达，其体积约 300cm^3，总面积 2 200~2 800cm^2，约 2/3 埋于沟内。中央前回皮质最厚约 4.5mm，枕部皮质最薄约 1.5mm。神经元约有 220 亿，都是多极神经元，按细胞的形态分为锥体细胞、颗粒细胞和梭形细胞三大类。锥体细胞是大脑皮质中特有的也是最多的一类神经元，约占 60%。其胞体形似三角形或圆锥形，尖端发出一条较粗的顶树突，伸向皮质表面，沿途可发出分支，末端伸达大脑皮质最外层时，呈“T”字形分支终止。胞体底角两侧发出数个比顶树突短小且有分支的基树突，其走向或与皮质表面平行，或向上、向下斜向伸展。轴突从胞体底部发出，较短者不越出所在皮质范围，较长者离开皮质，进入髓质（白质），组成投射纤维或联络纤维。颗粒细胞主要包括星形细胞、神经胶质样细胞、水平细胞和篮状细胞等。它们的轴突多数很短，终止于附近的锥体细胞或梭形细胞。其主要功能是传递皮质内的信息。梭形细胞数量较少，属于投射神经元，主要分布在皮质深层。

大脑皮质从种系发生上来说，可以分为原皮质、旧皮质、新皮质和中间皮质。原皮质又称古皮质，由海马和齿状回组成。旧皮质由梨状叶的嗅皮质及部分海马旁回组成。两者属于异形皮质或异型皮质，即这类区域的皮质在发生过程中及成年期均只有 3 层，如海马可分为三个基本层：分子层，锥体细胞层和多形细胞层。这种皮质占大脑皮质的 10%。新皮质又称同形皮质或同型皮质，占大脑皮质 90%，一般均可分为 6 层。中间皮质是指在细胞构筑上接近新皮质，但在功能上属于旧皮质的部分，如扣带回及部分海马旁回和钩。新皮质的 6 层结构是：①分子层；②外颗粒层；③外锥体细胞层；④内颗粒层；⑤内锥体细胞层；⑥多形细胞层。分子层较薄，约占皮质厚度的 10%，细胞很少，主要是水平细胞和星形细胞，还有许多与皮质表面平行的神经纤维；外颗粒层也很薄，约占大脑皮质厚度的 9%，主要由大量星形细胞和少量小锥体细胞构成；外锥体细胞层较厚，约占皮质厚度的 1/3，由许多锥体细胞和星形细胞组成；内颗粒层约占皮质厚度的 10%，由密集的星形细胞构成；内锥体细胞层又称节细胞层，约占大脑皮质厚度的 20%，由中型和大型锥体细胞组成；多形细胞层含有多种类型的细胞，主要以梭形细胞为主，还有锥体细胞和颗粒细胞，此层约占皮质厚度的 20%。虽然 6 层的新皮质结构是基本型，但不同区域的新皮质，各层的厚薄、细胞成分以及纤维的疏密都不同，根据上述不同可将大脑皮质划分若干区域，Brodmann 将大脑皮质分为 52 区（图 2-4）。

大脑皮质是脑高级神经活动的物质基础，机体各种功能活动的最高级中枢在大脑皮质上具有一定的定位关系，但这种大脑皮质的功能定位概念是相对的，如中央后回主要是管理全身感觉，但也能产生少量运动。大脑皮质除了一些具有特定功能的中枢外，还存在着广泛的联络区。

第Ⅰ躯体运动区（first somatic motor area）位于中央前回（Brodmann 4 区）和中央旁小叶前部，该中枢管理全身骨骼肌的运动，是躯体运动的皮质代表区。该区对骨骼肌运动的管理有一定的局部定位关系，其特点为：①上下颠倒，但头面部是正立的，即中央前回上部和中央旁小叶前部支配下肢肌的运动，中部与躯干和上肢的运动有关，下部支配头颈部肌的运动。②左右交叉，即一侧运动区支配对侧肢体的运动。但一些与联合运动有关的肌肉则受双侧运动区的支配。如面上部肌、眼球外肌、咽喉肌、咀嚼肌、躯干肌等。③身体各部分投影区的大小与各部形体大小无关，而取决于运动的复杂程度和精细程度。该区接受中央后回、丘脑腹前核、腹外侧核和腹后核的纤维，发出纤维组成锥体束，至脑干躯体运动核和脊髓前角（图 2-5）。如果第Ⅰ躯体运动区全部损伤，就会导致身体对侧产生痉挛性瘫痪。

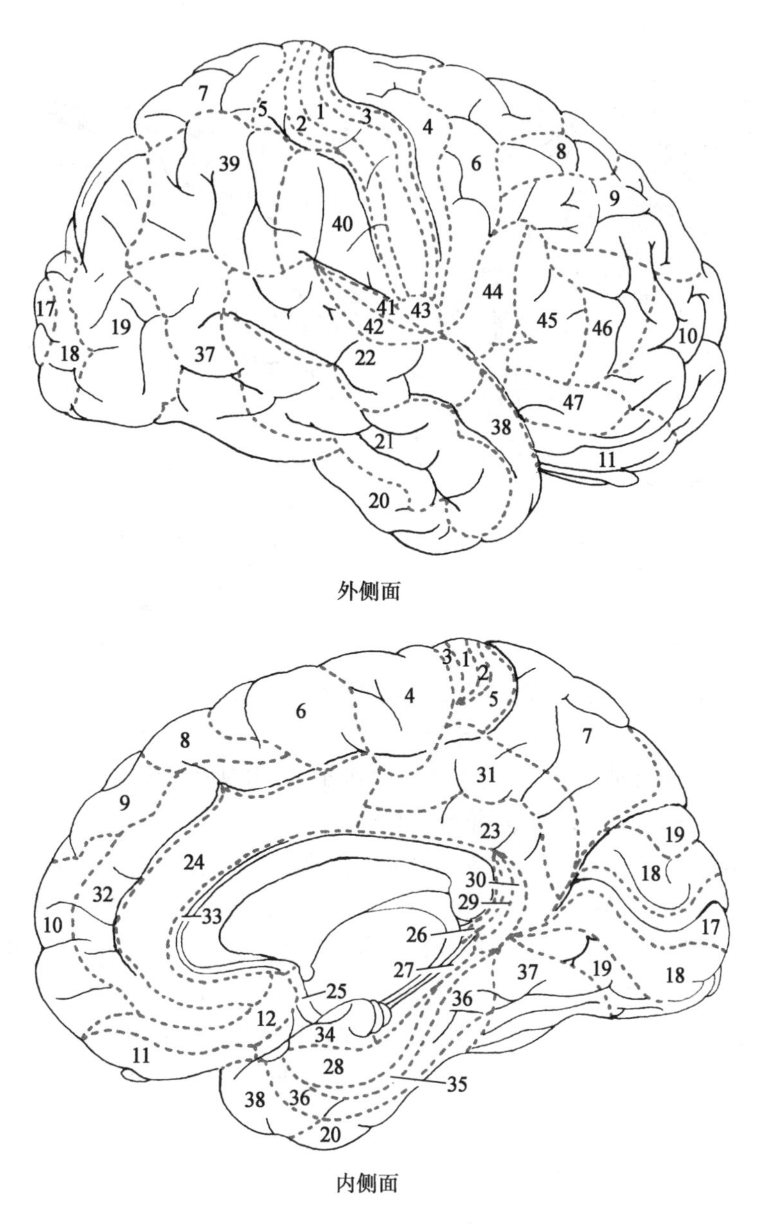

图 2-4　Brodmann 分区

第Ⅰ躯体感觉区(first somatic sensory area)位于中央后回和中央旁小叶后部,包括(Brodmann 3 区、1 区和 2 区),接受丘脑腹后核传来的对侧半身痛觉、温度觉、触觉、压觉以及本体感觉,身体各部投影和第Ⅰ躯体运动区相似,其投射特点是:①上下颠倒,但头面部是正立的;②左右交叉,即一侧肢体的浅感觉和深感觉投射到对侧的感觉区;③身体感觉敏感的部位其投射区面积较大,例如手指和唇的感受器密度最大,在感觉区的投射范围就最大(图 2-5)。视区(visual area)位于枕叶内侧面距状沟两侧的皮质(Brodmann 17 区),接受来自外侧膝状体的纤维。一侧视区接受双眼同侧半视网膜来的冲动,损伤一侧视区可引起双眼对侧视野偏盲(同向性偏盲)。听觉区(auditory area)位于颞横回(Brodmann 41 和 42 区),接受来自内侧膝状体的纤维。每侧听觉中枢都接受来自两耳的冲动,因此一侧听觉中枢受损,不致引起全聋。运动性语言中枢(motor speech area)又称说话中枢或 Broca 区,在额下回后部(Brodmann 44 和 45 区)。若该中枢受损,患者虽能发音,却不能说出具有意义的语言,称运动性失语症。听觉性语言中枢(auditory speech area)在颞上回后部(Brodmann 22 区),它能调整自己的语言和听取、理解别人的语言。此中枢受损后,患者虽能听到别人讲话,但不理解讲话的意思,自己讲的话也不能理解,故不能正确回答问题和正常说话,称感觉性失语症。

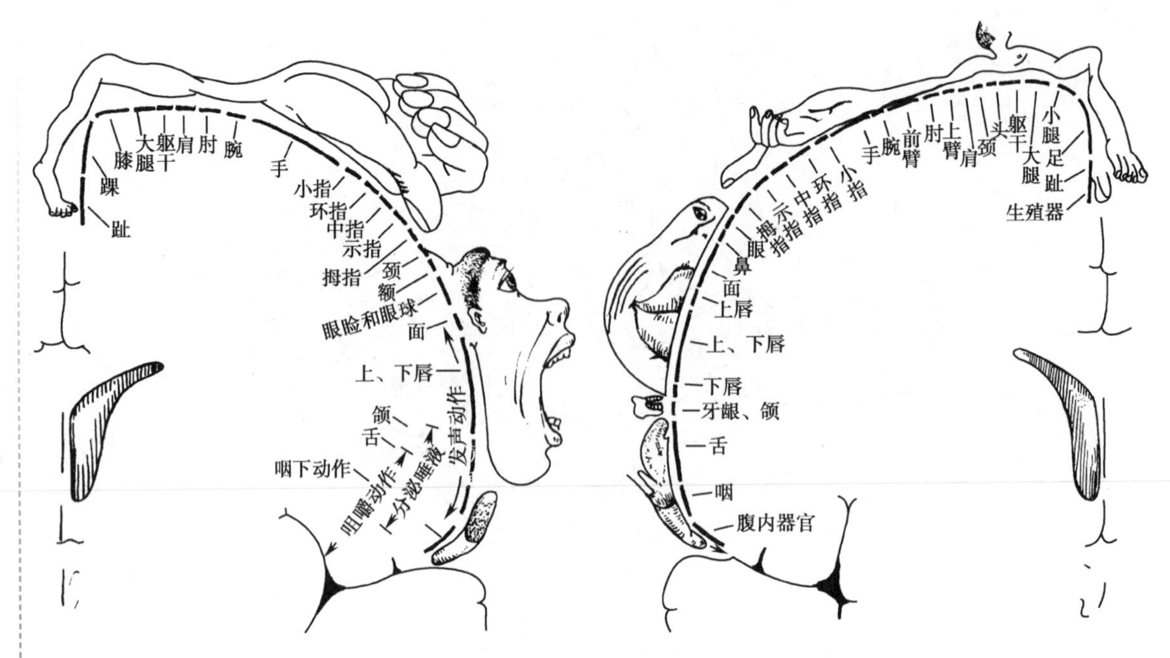

图 2-5　第Ⅰ躯体运动区的定位（左）和第Ⅰ躯体感觉区的定位（右）

2）大脑髓质：大脑半球的髓质由大量的神经纤维组成，实现皮质各部分之间以及皮质与皮质下结构间的联系，可分为3类：连合纤维、联络纤维和投射纤维。

连合纤维（commissural fibers）是连接左右半球皮质的纤维。包括胼胝体、前连合和穹窿连合。胼胝体（corpus callosum）位于大脑纵裂底部，由联系左、右半球新皮质的纤维构成，其纤维向两半球内部前、后、左、右辐射，广泛联系额、顶、枕、颞叶。在正中矢状切面上，胼胝体由前向后可分为嘴部、膝部、干部和压部四部分。胼胝体的下面即为侧脑室顶。前连合（anterior commissure）是在终板上方横过中线的一束连合纤维，主要连接两侧颞叶，有小部分联系两侧嗅球。穹窿（fornix）是由海马至下丘脑乳头体的弓形纤维束所组成，两侧穹窿经胼胝体的下方前行并互相靠近，其中一部分纤维越至对侧，连接对侧的海马，构成穹窿连合（fornical commissure）。

联络纤维（association fibers）是联系同侧大脑半球内各部分皮质之间的纤维，其中联系相邻脑回之间的短纤维称弓状纤维。长纤维联系同侧半球各叶，其中主要的有：①上纵束，在外侧沟的上方，连接额、顶、枕、颞4个叶；②下纵束，沿侧脑室下角和后角的外侧壁行走，连接颞叶和枕叶；③钩束，呈钩状绕过外侧裂，连接额叶和颞叶的前部；④扣带，位于扣带回和海马旁回的深部，连接边缘叶的各部。

投射纤维（projection fibers）是联系大脑皮质与皮质下各级中枢间的上下行纤维束。它们大部分在丘脑、尾状核和豆状核之间行走，构成内囊(internal capsule)。在水平切面上，内囊呈向外开放的“V”字形，分前肢、膝和后肢3部分。前肢（又称额部）位于豆状核与尾状核之间，内含额叶至脑桥的下行纤维束（额桥束）和丘脑至额叶皮质的纤维。中间弯曲的部分叫膝部，大脑皮质到脑干的纤维（皮质脑干束，又称皮质核束）由此通过；内囊后肢（又称枕部）位于丘脑和豆状核之间，经此下行的纤维束有皮质脊髓束、皮质红核束和顶桥束等，上行纤维束有丘脑中央辐射、丘脑后辐射（包含视辐射）和丘脑下辐射（包含听辐射）（图2-6）。内囊聚集了所有出入大脑半球的纤维，故当内囊广泛损伤时，会出现对侧偏身感觉丧失、对侧肢体运动丧失（偏瘫）和双眼对侧视野偏盲的“三偏综合征”。

3）基底核（basal nuclei）：又称基底神经节（basal ganglia），是位于白质内的灰质团块，位置靠近脑底，包括纹状体（豆状核和尾状核）、杏仁体和屏状核。尾状核和豆状核借内囊相分割，但两核在它们前部的腹侧靠近脑底处互相连接，故合称为纹状体。尾状核是由前向后弯曲的圆柱体，分头、体、尾3部分，位于丘脑背外侧，伸延于侧脑室前角、中央部和下角，其终端连接杏仁体。豆状核位于内囊的外侧，是由外侧部的壳和内部的苍白球所组成；尾状核与豆状核的壳在种系上发生较晚，合称新纹状体；

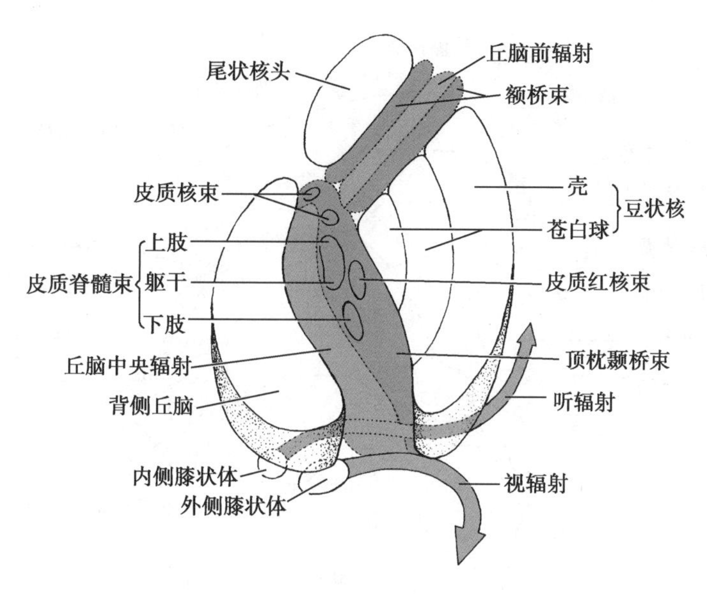

图 2-6　内囊模式图

苍白球是较古老的部分，称旧纹状体；纹状体是锥体外系的重要组成部分，具有协调肌群运动和维持肌张力的功能；杏仁体属边缘系统，其功能与情绪、内脏活动、行为和内分泌有关；屏状核位于豆状核和岛叶皮质之间，其纤维联系和功能尚未阐明。

4）侧脑室（lateral ventricle）：为大脑半球内的空腔，左右各一个，两侧的侧脑室通过左右室间孔与第三脑室相通。侧脑室可分为中央部、前角、后角和下角。中央部位于大脑半球顶叶内，其顶为胼胝体，底为背侧丘脑背面和尾状核体，是一狭窄的水平裂隙；前角伸入额叶内，室间孔以前的部分；后角是伸入枕叶内的较小部分；下角最长，于颞叶内伸向前方，几乎达到海马旁回的沟处。海马和齿状回都暴露于下角的底部。在中央部和下角有侧脑室脉络丛，是产生脑脊液的主要部位（图 2-7）。

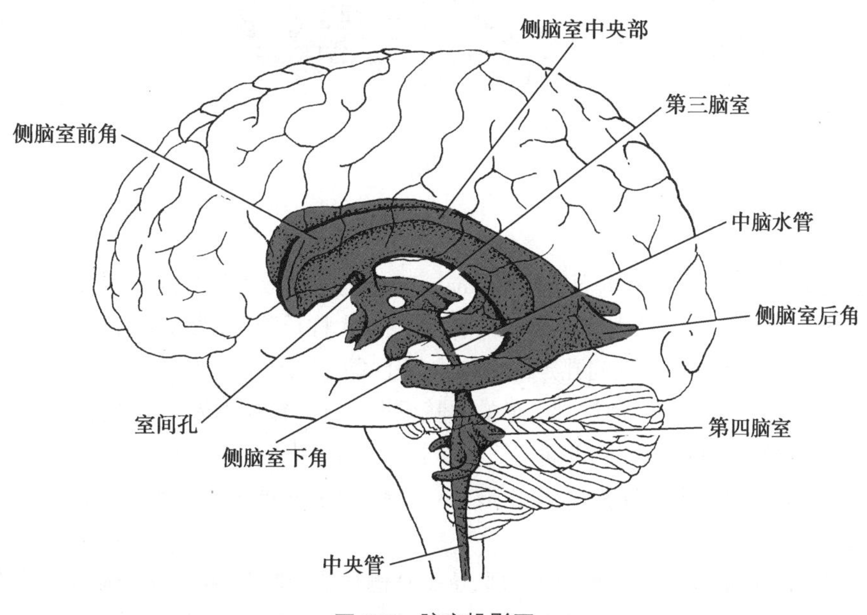

图 2-7　脑室投影图

2. 间脑　间脑（diencephalon）位于中脑与两个大脑半球之间，分为背侧丘脑、后丘脑、下丘脑、上丘脑和底丘脑 5 个部分（图 2-8）。间脑中间的狭窄腔隙为第三脑室（third ventricle），分隔左右间脑，其上方借左、右室间孔与左、右侧脑室相通，下方借中脑水管与第四脑室相通。

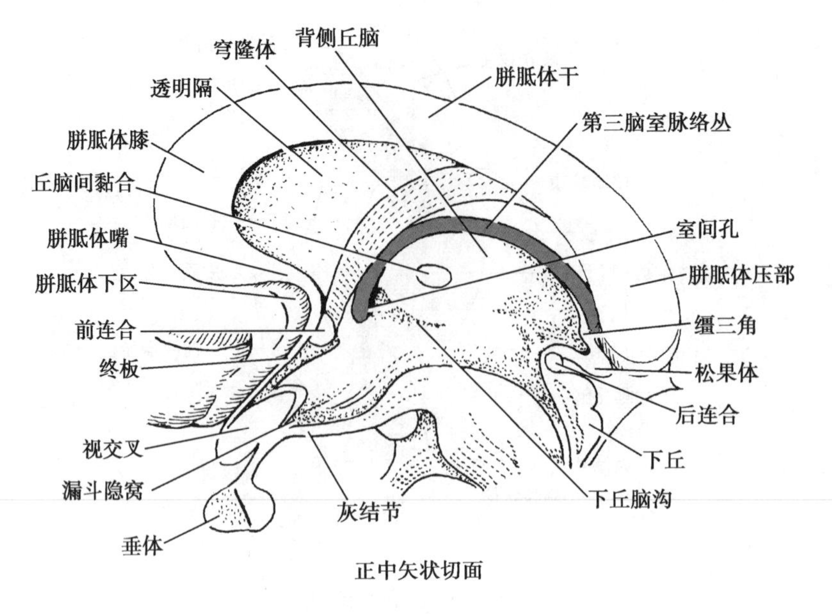

正中矢状切面

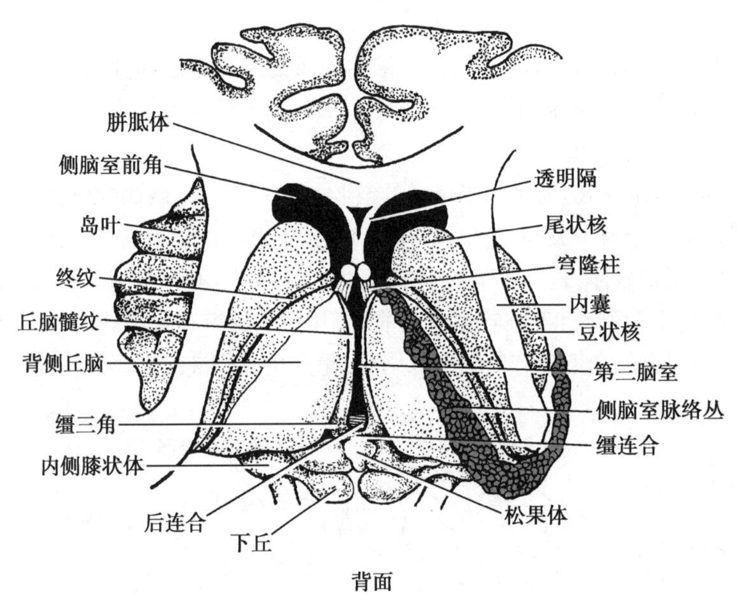

背面

图 2-8　间脑

(1) 背侧丘脑(dorsal thalamus):简称丘脑(thalamus),是间脑最大的神经核团,由一对首尾向长约4cm的卵圆形灰质团块组成。前端突起称前结节,后端膨大称丘脑枕;背面的外侧缘与端脑尾状核之间隔有丘脑髓纹,内侧面有一自室间孔走向中脑水管上端的浅沟,称下丘脑沟,它是背侧丘脑与下丘脑的分界线。背侧丘脑灰质的内部被“Y”形的内髓板将丘脑大致分隔为3个核群,即前核群、内侧核群和外侧核群。前核群与内脏活动、近期记忆的形成有关;内侧核群的功能可能是联合躯体和内脏感觉冲动的整合中枢;外侧核群传导头面部、上肢、躯干和下肢感觉纤维。因此,背侧丘脑在感觉的形成过程中起重要的作用。

(2) 下丘脑(hypothalamus):又称丘脑下部,位于背侧丘脑的腹侧,构成第三脑室侧壁的下部和底壁,上方借下丘脑沟与丘脑分界,其前端达室间孔,后端与中脑被盖相续,从脑底面看,视交叉(optic chiasma)位于下丘脑最前部,向后延伸为视束,视交叉后方的小隆起称为灰结节(tuber cinereum),灰结节向前下移行为漏斗(infundibulum)和垂体。灰结节后方的1对圆形隆起称为乳头体(mamillary body)。在脑的正中矢状面上,下丘脑从前向后可分为视前区、视上区、结节区和乳头体区4个部分。下丘脑内有许多核团,主要包括视前区的视前核、视上区的视上核、室旁核和下丘脑前核,在结节区的

漏斗核、腹内侧核和背内侧核，以及在乳头体区的乳头体核和下丘脑后核。视前核内有温度敏感型神经元，是体温调节中枢。视上核和室旁核的细胞中含有多种激素，因此，下丘脑是神经内分泌中心，它通过与垂体的密切联系，将神经调节和体液调节融为一体，调节机体的内分泌活动；下丘脑也是内脏活动的大脑皮质下较高级中枢，能对机体的摄食、生殖、情绪、水盐平衡及机体昼夜节律等功能进行广泛的调节，以维持机体内环境的相对恒定。

(3) 上丘脑(epithalamus)：位于第三脑室顶部周围，是丘脑与中脑顶盖前区相移行的部分。包括丘脑髓纹、缰三角、缰连合、后连合和松果体(pineal body)。在背侧丘脑的背侧面和内侧面交界处有一纵行纤维束，称为丘脑髓纹，它向后进入缰三角，缰三角内含有缰核。左、右缰三角间为缰连合，它的后方连有松果体，在松果体和中脑上丘之间，中脑导水管上口的背侧壁上有横行纤维束称为后连合。松果体为内分泌腺，分泌褪黑激素，具有抑制性腺发育和调节机体昼夜节律的功能。

(4) 后丘脑(metathalamus)：位于丘脑的后下方，中脑顶盖的上方，包括内侧膝状体和外侧膝状体，属于特异性感觉中继核。内侧膝状体是听觉通路在间脑的中继站，接受中脑下丘经下丘臂来的纤维，发出纤维形成听辐射，投射到大脑颞叶的听觉中枢。外侧膝状体是视觉通路的中继站，接受视束的传入纤维，发出纤维形成视辐射，投射到大脑枕叶的视觉中枢。

(5) 底丘脑(subthalamus)：又称腹侧丘脑，或丘脑底部，位于间脑与中脑之间的移行区，其背侧为丘脑，腹侧和外侧为中脑大脑脚和邻近的内囊，内侧和嘴侧为下丘脑，尾侧与中脑被盖连接。底丘脑中主要的核团是底丘脑核，参与锥体外系的功能。

3. 脑干　脑干(brainstem)位于间脑和脊髓之间，包括中脑(midbrain)、脑桥(pons)和延髓(medulla oblongata)三部分。中脑向上延续为间脑，脑桥和延髓的腹面与颅后窝的斜坡相邻，其背面与小脑相连，延髓向下经过枕骨大孔与脊髓相续。

(1) 脑干的外形：延髓的下半部分与颈髓相似，延髓的上半部分、脑桥、和小脑之间的腔隙称为第四脑室，脑干表面从上向下依次与第Ⅲ~Ⅻ对脑神经相连。

1) 腹侧面：脑干腹侧面自上而下依次为中脑、脑桥和延髓。

中脑(图 2-9)：腹侧面的上界为间脑的视束，与间脑乳头体和松果体邻近，下界为脑桥上缘。两侧各有一粗大的柱状隆起，称为大脑脚(cerebral peduncle)，主要由大脑皮质发出的下行神经纤维束构成。两侧大脑脚之间的凹陷称为脚间窝(interpeduncular fossa)，动眼神经根从脚间窝的下部、大脑脚的内侧出脑。

脑桥(图 2-9)：位于脑干中部，其腹侧面的宽阔隆起称为脑桥基底部，主要由大量的横行纤维和部分纵行纤维构成，其表面正中线上有纵行的浅沟，称为基底沟，容纳基底动脉。脑桥上缘与中脑的大脑脚相接，下缘以脑桥延髓沟与延髓分隔。其基底部向后外逐渐变窄，移行为小脑中脚(middle cerebellar peduncle)，又称脑桥臂(brachium pontis)，由进入小脑的脑桥小脑神经纤维束组成。在脑桥下缘和延髓之间的脑桥延髓沟中，自中线向外依次有展神经、面神经和前庭蜗神经出入。

延髓(图 2-9)：长约 3cm，其上端粗大，下端细小，形如倒置的圆锥体。其上端借横行的脑桥延髓沟与脑桥为界，下端在平齐枕骨大孔处与脊髓相接。延髓下部与脊髓外形相似，其腹侧面上有与脊髓相续的沟和裂。腹侧面正中线的纵裂称为前正中裂，在延髓上半部前正中裂两侧的纵行隆起，称为锥体(pyramid)，其内主要有皮质脊髓束通过。在锥体下端，皮质脊髓束的大部分纤维左右交叉，称为锥体交叉；在延髓上部，锥体外侧有一对卵圆形隆起称为橄榄(olive)，内含下橄榄核。橄榄和锥体之间有前外侧沟，舌下神经根丝由此出脑。在橄榄的后外侧有橄榄后沟，沟内自上而下依次有舌咽神经、迷走神经和副神经。

2) 背侧面：脑干背侧面自上而下依次为中脑、脑桥和延髓。除去小脑后，脑干背侧面存在第四脑室的底，呈菱形凹陷，故称为菱形窝。

中脑(图 2-10)：背侧面上、下各有两对圆形的隆起，合称四叠体(corpus quadrigemina)，又称中脑顶盖。上方的一对隆起称为上丘(superior colliculus)，是视觉反射(如瞳孔对光反射)的中枢。下方的一

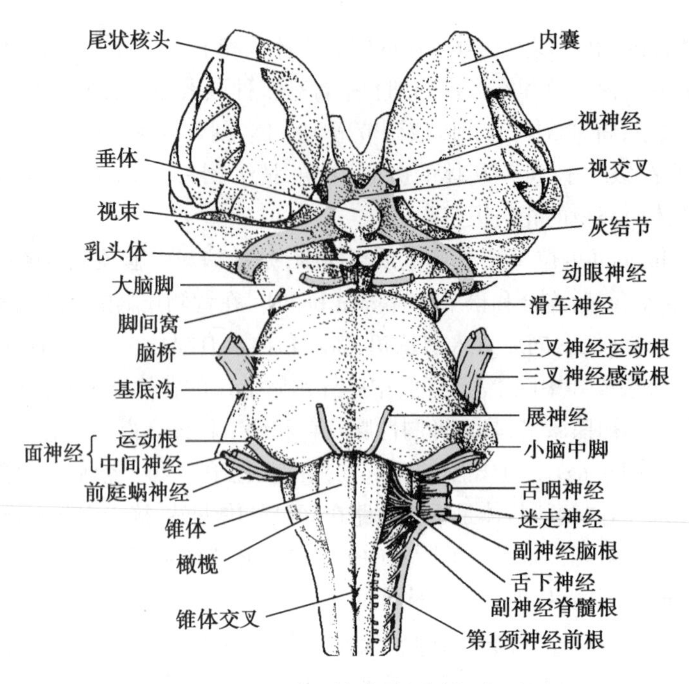

图 2-9　脑干的外形(腹侧面)

对隆起称为下丘(inferior colliculus),是听觉反射中枢。在上、下丘的外侧,各自向外上方伸出一对长隆起,称上丘臂和下丘臂,分别与丘脑后下部的外侧膝状体和内侧膝状体相连。在下丘的下方有滑车神经根出脑,它是唯一一对自脑干背侧面出脑的脑神经。

脑桥(图 2-10):脑桥背侧面构成第四脑室底上半部分,其左右两侧可见小脑上脚(superior cerebellar peduncle),又称结合臂(brachium conjunctivum)。结合臂是一对连接小脑与中脑的扁纤维束,它从小脑向前上方上升,至下丘尾侧平面入中脑。上髓帆是位于左右小脑上脚之间一片薄的白质层,构成第四脑室顶的上部,小脑小舌紧贴其上。

延髓(图 2-10):在延髓背面,延髓和脑桥之间一般以横行的髓纹作为界限。延髓背侧面的上部构成第四脑室底的下半部分,延髓下部形似脊髓,在后正中沟的两侧各有两个膨大,内侧为薄束结节(gracile tubercle),外上侧为楔束结节(cuneate tubercle),其深层分别有薄束核和楔束核。在楔束结节的外上方的隆起称为小脑下脚(inferior cerebellar peduncle),又称绳状体(restiform body),为一粗大的纤维束,其纤维向后侧进入小脑。在楔束结节与橄榄之间,有一不明显的纵行隆起,为三叉结节(又称灰小结节),其深面为三叉神经脊束和三叉神经脊束核。

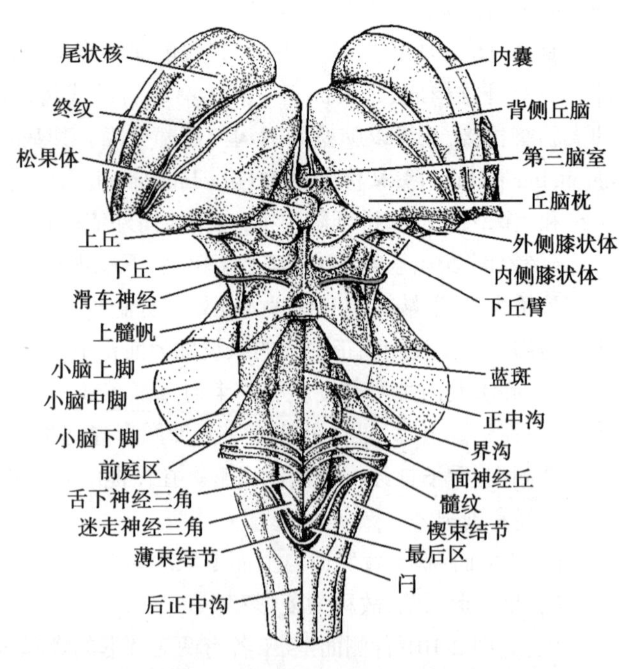

图 2-10　脑干的外形(背侧面)

菱形窝(rhomboid fossa)(图 2-10):又称第四脑室底,呈菱形,由延髓的上半部和脑桥背侧面构成。窝的外上界为小脑上脚,外下界自内下向外上依次为薄束结节、楔束结节和小脑下脚。窝的外侧角与其背侧的小脑之间为第四脑室外侧隐窝。在菱形窝的正中线上的纵沟,称为正中沟(median sulcus),其外侧各有一条大致与之平行的纵

沟为界沟，将每侧半的菱形窝又分成内、外侧部。界沟和正中沟之间的内侧部称为内侧隆起，界沟外侧部呈三角形，称为前庭区（vestibular area），深面为前庭神经核。前庭区外侧角上的小隆起称为听结节（acoustic tubercle），内含蜗神经核。在新鲜标本上，界沟上端的外侧可见一蓝灰色的小区域，称为蓝斑（locus ceruleus），内含蓝斑核，该核团内的细胞为富含黑色素的去甲肾上腺素能神经元。横行于菱形窝外侧角与中线之间浅表的纤维束称为髓纹，可作为脑桥和延髓在背面的分界线。靠近髓纹上方的内侧隆起处有一圆形隆凸，称为面神经丘（facial colliculus），其深面有面神经膝和外展神经核。其髓纹内侧端下方，紧靠后正中沟两侧，可见两个小三角区，内上方为舌下神经三角（hypoglossal triangle），内含舌下神经核；外下方为迷走神经三角（vagal triangle），内含迷走神经背核。

3）第四脑室（fourth ventricle）（图 2-11）：是位于脑桥、延髓和小脑之间的腔室，呈四棱锥形，内含脑脊液。顶朝向小脑，其底为菱形窝。第四脑室顶的前上部由左右小脑上脚及上髓帆构成，顶的后下部由下髓帆和第四脑室脉络组织形成。下髓帆亦为白质薄片，与上髓帆以锐角汇合，伸入小脑蚓。第四脑室脉络组织是由一层上皮性室管膜以及外面覆盖的软脑膜和血管共同构成。脉络组织上的部分血管反复分支成丛，夹带着室管膜上皮和软脑膜突入室腔，形成第四脑室脉络丛，脉络丛具有分泌脑脊液的功能。第四脑室向上借中脑水管与第三脑室相通，向下通延髓中央管，并借单一的第四脑室正中孔和成对的第四脑室外侧孔与蛛网膜下腔相通。

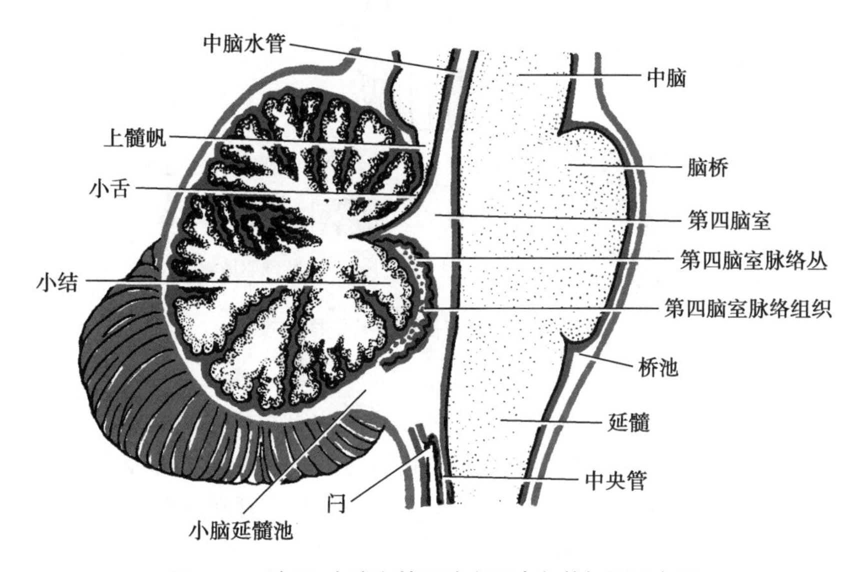

图 2-11 脑干、小脑和第四脑室正中矢状切面示意图

⑵ 脑干的内部结构：脑干内部结构非常复杂，主要由灰质、白质和网状结构构成。脑干的灰质在结构上不像脊髓内呈连续的柱状，而是功能相似的神经元聚结成团或柱形的神经核断续地存在于白质之间，但仍保持着与周围神经支配范围相适应的节段性排列，主要位于脑干背侧。脑干内的神经核主要分为三类：有脑神经核、中继核和网状结构核团。脑神经核是指与第Ⅲ~Ⅻ对脑神经相连的神经核；中继核是指脊髓、小脑、间脑和大脑之间传递信息的核团；网状结构核团是指存在于脑干网状结构内的核团。中继核和网状结构核团与脑神经无直接联系，故将这两类核团称为非脑神经核。脑干内的白质主要是上行、下行和出入小脑的纤维束，集中在脑干的外侧面和腹侧。灰、白质交织区主要位于脑干的中央，称为网状结构。

1）脑神经核（图 2-12）：由于头部功能的复杂化，脑神经核可分为 7 种，并与脑神经的 7 种神经纤维成分相对应。这 7 种功能核分别是：①一般躯体运动核；②特殊内脏运动核；③一般内脏运动核；④一般躯体感觉核；⑤特殊躯体感觉核；⑥一般内脏感觉核；⑦特殊内脏感觉核。其中，一般内脏感觉核和特殊内脏感觉核其实是同一个核，即孤束核。因此，脑干内实际存在 6 种不同功能的核团。

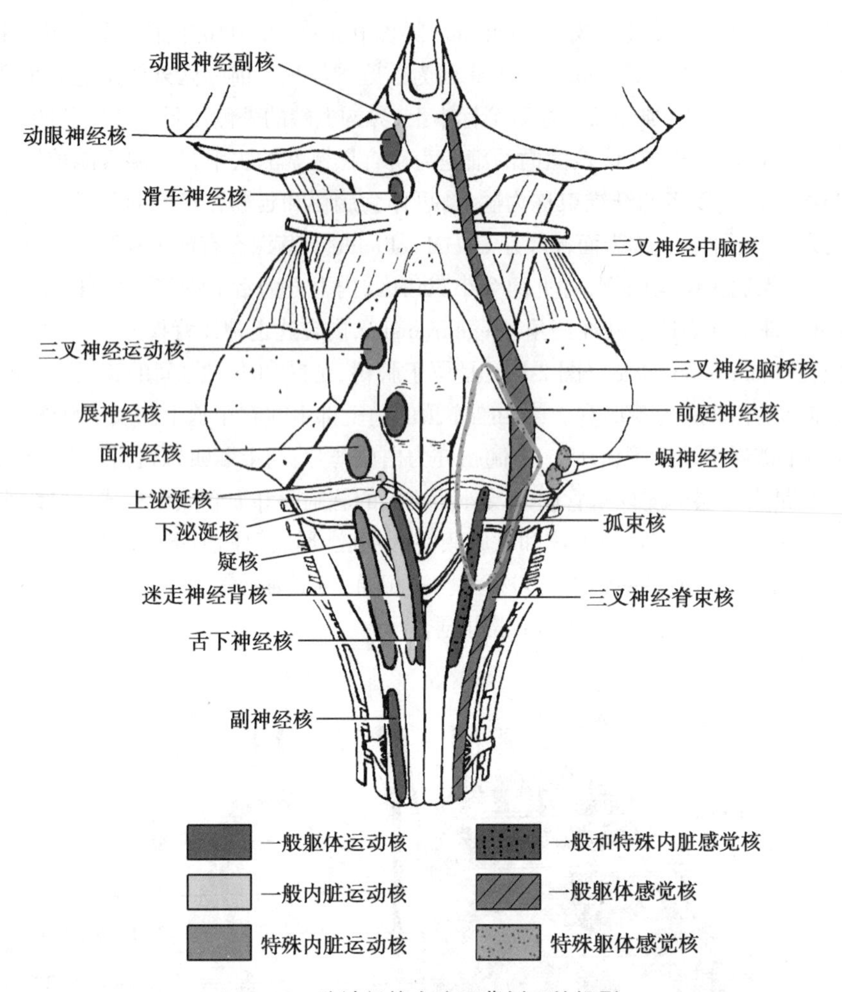

图 2-12　脑神经核在脑干背侧面的投影

A. 一般躯体运动核(general somatic motor nucleus,GSM):此核团邻近正中线,发出一般躯体运动纤维终止于眼外肌等骨骼肌,支配肌肉的随意运动,包括动眼神经核、滑车神经核、外展神经核和舌下神经核。动眼神经核(oculomotor nucleus)位于上丘平面中脑导水管周围灰质的腹侧,其发出纤维投射至同侧眼外肌的上直肌、下直肌、内直肌和下斜肌。滑车神经核(trochlear nucleus)位于中脑下丘平面,脑导水管周围灰质的腹侧,发出纤维支配上斜肌。外展神经核(abducens nucleus)位于脑桥中下部面神经丘深层,其发出纤维投射至同侧眼外肌中的外直肌。舌下神经核(hypoglossal nucleus)位于延髓背面舌下神经三角的深层。其传入纤维主要来自皮质核束纤维,发出纤维终止于同侧舌内肌和舌外肌。

B. 特殊内脏运动核(special visceral motor nucleus,SVM):位于一般躯体运动核的外侧,靠近界沟,发出特殊内脏运动神经纤维,支配由鳃弓间充质衍化来的骨骼肌。自上而下依次为三叉神经运动核、面神经核、疑核及副神经核。三叉神经运动核(motor nucleus of trigeminal nerve)位于脑桥中部的网状结构中,发出纤维支配咀嚼肌、鼓膜张肌、下颌舌骨肌等。面神经核(facial nucleus)位于脑桥下部被盖腹外侧的网状结构中,主要支配面部表情肌。疑核(ambiguous nucleus)位于延髓腹外侧网状结构内,发出的纤维加入舌咽神经、迷走神经和副神经。其上端的运动神经元支配茎突咽肌,下端的运动神经元支配咽喉肌。副神经核(accessory nucleus)位于延髓下部,由延髓部和脊髓部组成,支配喉肌、胸锁乳突肌和斜方肌的随意运动。

C. 一般内脏运动核(general visceral motor nucleus,GVM):位于一般躯体运动核的外侧,靠近界沟,发出一般内脏运动神经纤维支配头、颈、胸、腹部的心肌、平滑肌和腺体的活动。主要包括 4 对核

团，自上而下依次为动眼神经副核、上泌涎核、下泌涎核和迷走神经背核。动眼神经副核（accessory nucleus of oculomotor nerve）又称 Edinger-Westphal 核（简称 E-W 核），位于中脑上丘水平，动眼神经核上部的背内侧，该核接受视束和上丘来的纤维，发出纤维至睫状神经节换元，节后纤维支配瞳孔括约肌和睫状肌。上泌涎核（superior salivatory nucleus）位于脑桥下部，面神经核尾部周围的网状结构中。该核接受孤束核、网状结构和大脑皮质调节内脏活动的纤维，发出纤维换元后支配泪腺、口鼻腔黏膜腺、舌下腺和下颌下腺的活动。下泌涎核（inferior salivatory nucleus）位于延髓橄榄上部，迷走神经背核和疑核上方的网状结构内。该核接受孤束核、网状结构和大脑皮质调节内脏活动的纤维，发出的副交感节前纤维换元后分布于腮腺。迷走神经背核（dorsal nucleus of vagus nerve）位于舌下神经核的背外侧，迷走三角的深层。该核接受孤束核、网状结构和大脑皮质调节内脏活动的纤维，发出的副交感节前纤维加入迷走神经，分支到达胸腹腔脏器的器官旁节或壁内节换元，其节后纤维分布于上述器官的平滑肌、心肌和腺体。

D. 一般躯体感觉核（general somatic sensory nucleus，GSS）：即三叉神经感觉核，位于内脏感觉核的腹外侧，自上而下依次为三叉神经中脑核、脑桥核和脊束核。接受头面部皮肤及口、鼻腔黏膜的感觉信息。三叉神经中脑核（mesencephalic nucleus of trigeminal nerve）呈圆柱形，自三叉神经入脑平面至上丘上端平面，紧邻蓝斑核外侧。其主要功能是传导咀嚼肌、面肌和眼外肌等的本体感觉。三叉神经脑桥核（pontine nucleus of trigeminal nerve）又称三叉神经感觉主核，呈短圆柱形，位于脑桥中部被盖的背外侧，三叉神经运动核的外侧。其功能主要与头面部皮肤、牙齿和口腔软组织的触、压觉有关。三叉神经脊束核(spinal nucleus of trigeminal nerve）为一细长的柱状结构，位于延髓和脑桥下部的外侧区。该核接受三叉脊束的传入纤维，发出纤维交叉到对侧上行，一部分参与构成三叉丘系；另一部分终止于脑干运动神经核，参与头面部的反射活动。

E. 特殊躯体感觉核（special somatic sensory nucleus，SSS）：位于延髓上部和脑桥下部水平、菱形窝前庭区的深面，包括前庭神经核和蜗神经核。前庭神经核（vestibular nuclei）位于菱形窝外侧角前庭区的深面，由若干核团所组成，接受前庭蜗神经中前庭神经节发来、传导平衡觉的纤维。发出的纤维到达小脑、脊髓和大脑等，参与机体平衡的调节。蜗神经核（cochlear nucleus）包括背侧耳蜗核（dorsal cochlear nucleus）和腹侧耳蜗核（ventral cochlear nucleus），两核近似圆形，接受来自前庭蜗神经中传导听觉信息的纤维。

F. 一般内脏感觉核（general visceral sensory nucleus，GVS）和特殊内脏感觉核（special visceral sensory nucleus，SVS）：即孤束核(nucleus of solitary tract)，呈圆柱形，位于延髓界沟外侧。孤束核上部(味觉核）较小，为特殊内脏感觉核，因接受迷走神经、舌咽神经和面神经的味觉纤维而得名；孤束核下部较大，为一般内脏感觉核，接受舌咽神经和迷走神经中的一般内脏感觉纤维。

2）非脑神经核：为脑干上、下行传导通路的中继核和网状结构中的核团。中脑的中继核包括上丘、下丘、顶盖前区、红核、黑质和腹侧被盖区；脑桥的中继核包括脑桥核、上橄榄核、外侧丘系核和蓝斑核；延髓的中继核包括薄束核、楔束核、下橄榄核、楔外侧核和弓状核。

A. 中脑内的中继核团：上丘（superior colliculus）位于中脑背侧上部，内有分层的上丘灰质，是视觉反射中枢。下丘（inferior colliculus）位于中脑背侧下部，下丘是听觉传导通路上的重要中继站，也是听觉的反射中枢，它发出纤维到上丘，再经顶盖脊髓束完成反射活动。顶盖前区（pretectal area）位于中脑水管周围灰质的背侧，后连合与上丘上端之间，参与瞳孔对光反射。黑质（substantia nigra）仅见于哺乳类，位于中脑被盖和大脑脚底之间，延伸至中脑全长。黑质与纹状体之间有往返的纤维联系，参与躯体运动的调节。红核（red nucleus）是中脑的一对椭圆形神经核团，稍红色，位于中脑背侧部，自上丘高度一直延至间脑尾侧。红核是躯体运动通路中的重要中继站，参与躯体运动的控制。腹侧被盖区（ventral tegmental area）位于中脑红核和黑质之间，参与构成边缘系统。

B. 脑桥内的中继核团：脑桥核（pontine nucleus）位于脑桥基底部，是多个散在分布于纵横交错纤维束之间神经核团的总称，是设在脑桥传递大脑皮质运动信息的主要中继站。上橄榄核（superior

olivary nucleus)位于脑桥中下部,内侧丘系的背外侧,此核是听觉信息通路上的重要中继核团。外侧丘系核(nucleus of lateral lemniscus)位于外侧丘系纤维中,自脑桥中下部至中脑尾侧。此核接受来自外侧丘系的侧支传入,发出纤维交叉到对侧,参与对侧的外侧丘系。此核也是听觉传导通路上的重要中继核团。蓝斑核(nucleus ceruleus)位于脑桥上部,菱形窝界沟上端的深层,其功能与应激反应有关,参与唤醒与警戒。

C. 延髓内的中继核团:薄束核(gracile nucleus)和楔束核(cuneate nucleus)位于延髓背侧下部,分别在薄束结节和楔束结节的深面。薄束核和楔束核是向高位中枢传递躯干、四肢本体感觉和精细触觉的中继核团。下橄榄核(inferior olivary nucleus)位于延髓中上部,橄榄的深层。下橄榄核是大脑皮质、皮质下结构、脊髓和小脑之间信息联系的中继核团,主要参与小脑对躯体运动的协调。楔外侧核(lateral cuneate nucleus)又名楔束副核(accessory cuneate nucleus),位于延髓楔束核的背外侧,埋于楔束内。楔外侧核是同侧颈部和上肢的反射性本体感觉中继核团,引起小脑的反射性协调活动。弓状核(arcuate nucleus)位于延髓锥体束的腹侧,向上与脑桥核相续。此核是设在延髓的大脑皮质和小脑皮质之间进行运动信息传递的中继站。

3) 脑干的白质:脑干的白质包括长距离投射的上行、下行神经纤维束、脑干内神经核之间近距离信息传递的联系纤维和出入小脑的纤维束。上行纤维束主要有内侧丘系、脊髓丘系、三叉丘系、外侧丘系和内侧纵束。下行纤维束主要有锥体束、皮质脑桥束、红核脊髓束和网状脊髓束等。出入小脑的纤维束包括小脑上、中、下三对脚。

A. 上行纤维束:内侧丘系(medial lemniscus)由薄束核和楔束核发出的纤维在中央管前方左右互相交叉,称为内侧丘系交叉。交叉后的纤维上行组成内侧丘系,传导来自对侧躯干和四肢的意识性本体感觉和精细触觉信息。脊髓丘脑束(spinothalamic tract)也称脊髓丘系(spinal lemniscus),包括脊髓丘脑前束和脊髓丘脑侧束。该系由脊髓向上,在脑干处合并上行,大部分纤维终止于丘脑腹后外侧核。其功能是传导对侧躯干及四肢的温、痛、粗触和压觉信息。三叉丘系(trigeminal lemniscus)又名三叉丘脑束,由三叉神经脑桥核和三叉神经脊束核发出的纤维,大部分行向腹内侧,交叉到对侧上行,组成腹侧三叉丘系;小部分神经纤维不交叉行向背侧,构成背侧三叉丘脑束,二者合称为三叉丘系,终止于丘脑的腹后内侧核,上传双侧头面部痛、温、粗触和压觉信息。此外,上行纤维束还包括外侧丘系、内侧纵束、脊髓小脑前束和脊髓小脑后束等。

B. 下行纤维束:锥体束(pyramidal tract)是由至脊髓前角躯体运动神经元的皮质脊髓束(corticospinal tract)和至脑干躯体运动神经核的皮质核束(corticonuclear tract)构成,其功能为控制骨骼肌的随意运动。皮质核束主要由大脑中央前回下部皮质的锥体细胞发出,经内囊下行至双侧脑干运动神经核(动眼神经核、滑车神经核、三叉神经运动核、展神经核、面神经核、疑核和副神经核),调节头、颈部骨骼肌的随意运动。皮质脊髓束主要由大脑皮质中央前回上部和中央旁小叶前部和其他一些皮质区域的锥体细胞发出,经内囊、中脑的大脑脚底,穿越脑桥基底部后继续下行入延髓锥体,在锥体下端,大部分纤维越至对侧(锥体交叉),进入脊髓侧索内下行,称为皮质脊髓侧束;没有交叉的纤维在延髓腹侧降入脊髓前索,称为皮质脊髓前束。躯干肌是受两侧大脑皮质支配,而上肢肌和下肢肌只受对侧大脑皮质支配。皮质脑桥束(corticopontine tract)由大脑皮质额叶、顶叶、枕叶、颞叶广泛发出的纤维下行组成额桥束和顶枕颞桥束,经内囊、大脑脚底进入脑桥基底部,终止于脑桥核。脑桥核发出纤维越至对侧,聚为小脑中脚,折向背侧进入小脑,主要止于小脑半球的皮质。因此,脑桥基底部实为大脑皮质和小脑皮质通路上的一个中继站。此外,下行的纤维束还有红核脊髓束、顶盖脊髓束、前庭脊髓束和网状脊髓束等。

C. 小脑脚(cerebellar peduncle):位于脑干的背外侧,由出入小脑的纤维束构成。根据小脑脚内纤维的位置分为小脑上脚、小脑中脚和小脑下脚三部分。小脑上脚主要由小脑齿状核发出的纤维组成,投射到对侧中脑红核和背侧丘脑。脊髓小脑前束(脊髓后角的神经元轴突投射到小脑)的纤维也经小脑上脚进入小脑。小脑中脚是由对侧脑桥核神经元的纤维向后外方集结成束,入小脑终止于新小脑

皮质,是脑桥和小脑相连的神经纤维束。小脑下脚位于延髓上部的后外侧,其内有多个出入小脑的纤维束,入小脑的纤维束有网状小脑束、前庭小脑束、脊髓小脑后束等,出小脑的纤维束有顶核延髓束和小脑前庭束等。

4) 脑干网状结构(reticular formation of brainstem):在脑干中央部的腹侧内,神经纤维纵横交错,其间散在着大小不等、形态各异的神经核团,这一区域称为脑干网状结构。在脑干网状结构内散在分布着 40 余个细胞核团,这些核团的纤维与大脑、小脑、脊髓等均有密切联系。依据其所在的位置、纤维投射以及细胞构筑的不同将脑干网状结构中的核团分为中缝核群、内侧核群和外侧核群。中缝核群位于脑干中缝两侧,由若干个相互延续的核团组成,接受大脑、中脑、小脑和脊髓的信息,发出纤维投射到脊髓、小脑、间脑(丘脑和下丘脑)和大脑(纹状体、杏仁体、海马、隔区和皮质)。内侧核群位于中缝核的外侧,包括脑桥背盖网状核、巨细胞网状核、脑桥尾侧、嘴侧网状核、中脑楔形核和楔形下核。主要接受网状结构中外侧核群传来的信息,发出纤维广泛投射到脊髓和脑的各级中枢,构成脑干结构的"效应区"。外侧核群位于内侧核群的外侧,包括背侧网状核、腹侧网状核、小细胞网状核、臂旁内、外侧核和脚桥被盖网状核。该群主要接受脑干感觉神经核、上行感觉传导束的侧传入信息,发出纤维终止于内侧核群,是网状结构的"感觉区"。网状结构的主要功能包括:影响颅侧脑区特别是大脑皮质,与睡眠、觉醒的发生和交替有关;影响尾侧脑区,与肌紧张的维持、循环、呼吸和消化等自主性功能的调节有关。

4. 小脑　小脑(cerebellum)位于颅后窝,脑桥与延髓的背侧,大脑枕叶的下方。它与大脑、间脑、脑干和脊髓都有密切联系,是重要的躯体运动调节中枢,并对维持身体平衡有着重要作用。

(1) 小脑的外形与分叶(图 2-13~图 2-15):小脑上面平坦,借小脑幕与大脑枕叶下部相邻,下面中间凹陷,容纳脊髓。小脑中间缩窄的部位,称为小脑蚓(vermis),两侧部膨大,称为小脑半球(cerebellar hemisphere)。小脑表面存在许多平行的浅沟,两沟之间为小脑叶片,较深的沟称为裂。小脑借两条重要的裂,将小脑分为三个叶。小脑半球上面前 1/3 和后 2/3 交界处的深沟,称为原裂(primary fissure),将小脑分成前叶和后叶,前叶和后叶合称为小脑体(corpus of cerebellum)。下表面有横行的后外侧裂(posterolateral fissure),是小脑后叶和绒球小结叶(flocculonodular lobe)的分界。绒球小结叶是小脑中发生最早、最古老的部分,故称为古小脑(archicerebellum),又称为前庭小脑(vestibulocerebellum),主要与前庭神经和前庭神经核发出的神经纤维相联系,参与身体平衡的调节。小脑蚓和半球中间区共同组成旧小脑(paleocerebellum),又称为脊髓小脑(spinocerebellum),主要接受来自脊髓的信息(脊髓小脑束),参与肌张力的调节和肌肉的协调。小脑半球外侧区在进化中出现最晚,与大脑皮质的发展有关,为新小脑(neocerebellum),又称大脑小脑(cerebrocerebellum),它接受大脑皮质经脑桥核中继后的信息,从而控制上、下肢精确运动的计划与协调。

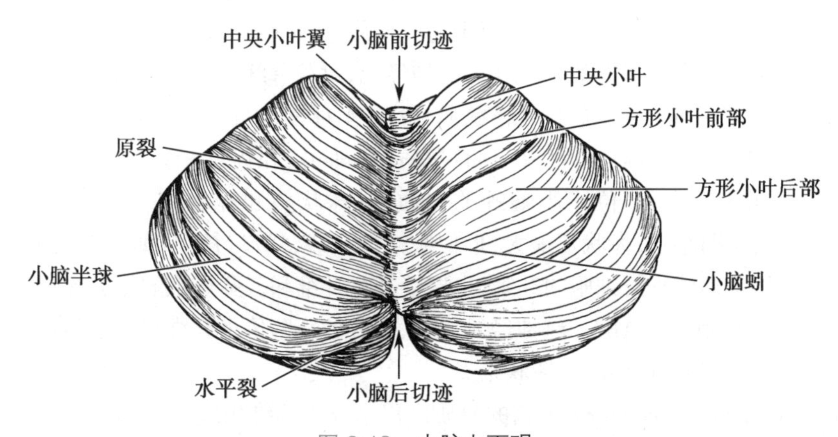

图 2-13　小脑上面观

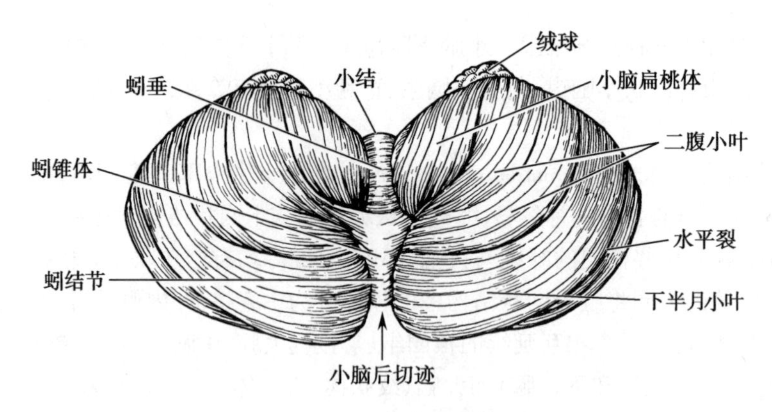

图 2-14 小脑下面观

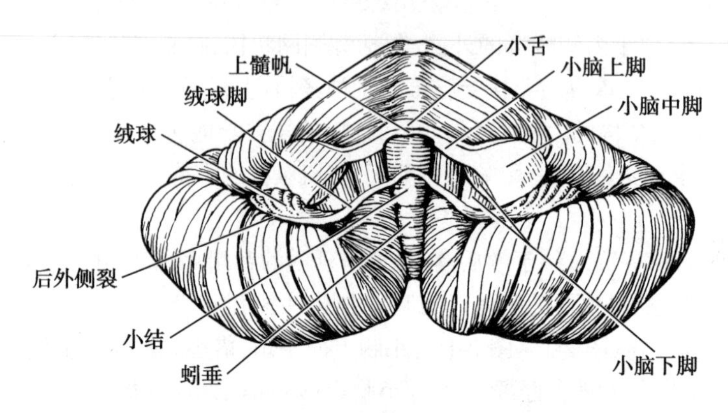

图 2-15 小脑前面观

(2) 小脑的内部结构:小脑主要由皮质、小脑髓质和小脑核构成。

1) 小脑皮质:小脑表面是一层灰质,即小脑皮质(cerebellar cortex),皮质下为白质(髓质)。小脑皮质从外到内分为 3 层,即分子层、浦肯野细胞(Purkinje cell)层和颗粒层。分子层较厚,主要由浦肯野细胞的树突、颗粒细胞轴突形成的平行纤维和对侧下橄榄核发出的攀缘纤维构成。该层神经元较少,主要为星形细胞和篮状细胞,其轴突末梢释放 γ- 氨基丁酸(GABA),对浦肯野细胞起抑制作用。浦肯野细胞层主要由单层的浦肯野细胞构成,是小脑皮质中最大的神经元,为 GABA 能神经元,也是唯一的传出神经元,其传出纤维到达小脑核。颗粒层由密集的颗粒细胞和一些高尔基细胞组成。颗粒细胞是小脑皮质中唯一的谷氨酸能兴奋性神经元,接收来自脊髓、脑桥核、前庭神经核和脑干网状结构发出的释放谷氨酸的苔藓纤维(mossy fiber),其轴突进入分子层呈"T"形分叉,形成与小脑叶片长轴平行的平行纤维(parallel fiber),平行纤维穿行于与其伸展方向垂直的浦肯野细胞的树突丛中,与这些树突丛形成兴奋性突触。高尔基细胞为 GABA 能神经元,对苔藓纤维起抑制作用。

2) 小脑核(cerebellar nuclei):位于小脑髓质内,有 4 对核,由内侧向外侧依次为顶核(fastigial nucleus)、球状核(globose nucleus)、栓状核(emboliform nucleus)和齿状核(dentate nucleus)(图 2-16)。其中顶核最古老,属于原小脑,位于小脑蚓的白质内;球状核和栓状核合称为间位核(interposed nucleus),在进化上属于旧小脑;齿状核最大,形似皱褶的口袋,袋口(核门)朝向前内侧,属于新小脑。小脑核主要接受小脑皮质浦肯野细胞的纤维,也接受攀缘纤维和苔藓纤维的侧支等;小脑核同时含有兴奋性(谷氨酸能)和抑制性(GABA 能)神经元,绝大部分的小脑传出纤维起自小脑核,这些纤维的侧支可返回小脑皮质,与小脑皮质形成反馈联系。

3) 小脑髓质(cerebellar medulla):小脑的髓质由以下 3 类纤维构成:①小脑皮质浦肯野细胞与小脑中央核之间的往返纤维;②小脑叶片间或各叶间的联络纤维;③小脑的传出和传入纤维,传入纤维要比传出纤维多 3 倍以上,即 3 对小脑脚。

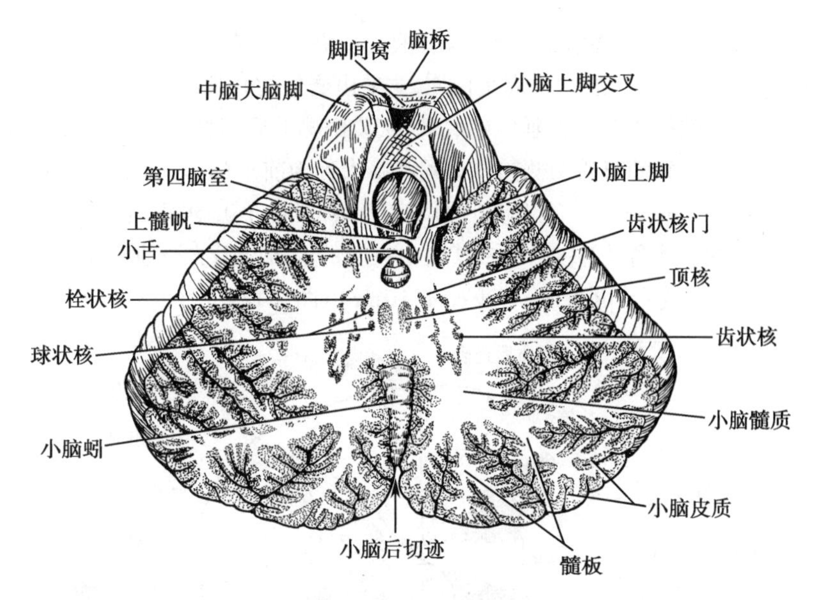

图 2-16　小脑水平切面示小脑核（柏林蓝染色）

（二）脊髓

脊髓（spinal cord）位于椎管内，上端在枕骨大孔处与延髓相连，下端变细呈圆锥状，称为脊髓圆锥（conus medullaris），其末端在成人约平对第 1 腰椎体下缘（新生儿在约平对第 3 腰椎下缘）。圆锥向下伸出一根细丝，称为终丝（filum terminate），终丝已无神经组织，止于尾骨背面，起到固定脊髓的作用（图 2-17）。脊髓能对外界或体内的各种刺激产生有规律的反应，还能将这些刺激的反应传导到大脑，是脑与躯干和内脏之间的联络通路。

1. 脊髓外形　脊髓呈前、后略扁圆柱状，并可见两处梭形膨大（图 2-17），分别为颈膨大（cervical enlargement）和腰骶膨大（lumbosacral enlargement）。这两处膨大是由于此处神经元和神经纤维数量增多所致，其膨大的程度与四肢功能的发达程度成正比。脊髓表面有 6 条平行的纵沟，腹面正中纵行的深沟称为前正中裂，后面正中纵行的浅沟称后正中沟。这两条沟将脊髓大致分为左右对称的两部分。每侧脊髓的前、后外侧面又各有一条沟，称为前外侧沟和后外侧沟，分别有脊神经前根和后根出入脊髓。脊髓共发出 31 对脊神经，即每一对脊神经前根和后根的根丝附着处是一个脊髓节段。相应地，脊髓也有 31 个节段，即颈髓 8 个（C_1~C_8）、胸髓 12 个（T_1~T_{12}）、腰髓 5 个（L_1~L_5）、骶髓 5 个（S_1~S_5）和尾髓 1 个节段（Co）。

2. 脊髓的内部结构　脊髓主要由中央部的灰质（gray matter）和外周部的白质（white matter）两部分构成。在脊髓的横切面上，中央有被横断的纵行小管，称中央管（central canal），该管纵贯脊髓全长，向上通第四

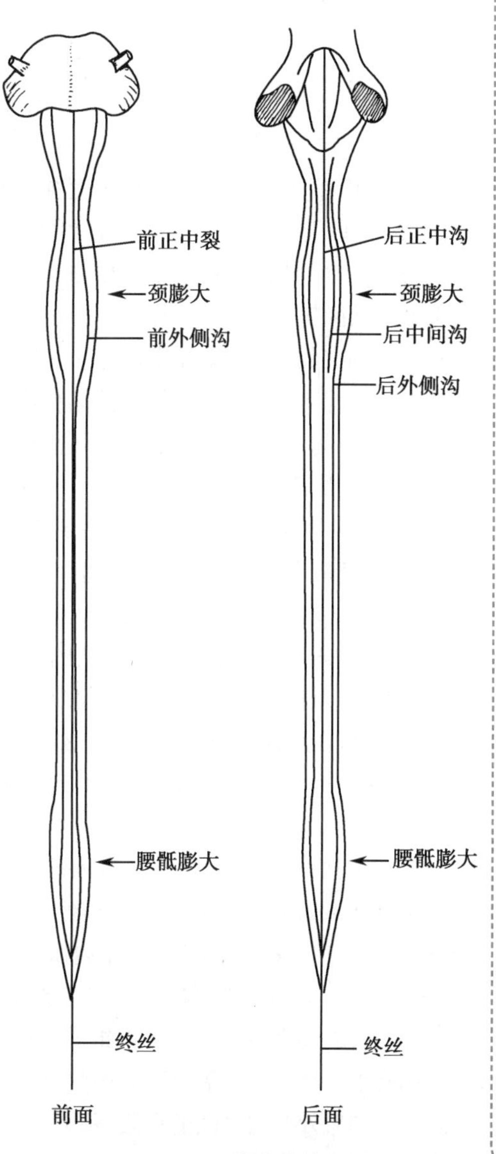

图 2-17　脊髓的外形

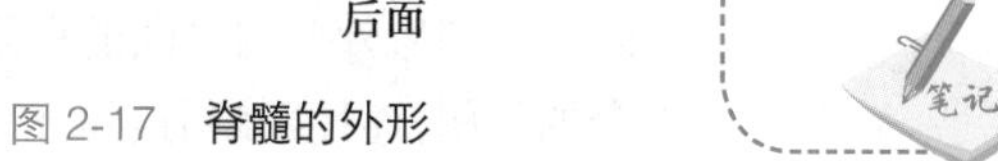

脑室，向下达脊髓圆锥处扩大成终室，管内含脑脊液。中央管周围是呈“H”形的灰质，主要由神经元和纵横交错的神经纤维组成。灰质的外周是白质，主要由密集的纤维束组成。

(1) 灰质：灰质从脊髓的顶部一直延伸到底部，灰质两侧的后半部狭长，几乎达到脊髓表面，称为后角(posterior gray horn)。脊髓灰质两侧前端呈角状膨大称为前角(anterior gray horn)，前、后角之间的灰质称为中间带(intermediate gray)。在脊髓的胸部和上腰部(T_1~L_3)，中间带向外突出形成侧角(lateral horn)。在中央管周围的灰质称为中央灰质，其在中央管的前方和后方分别称为灰质前连合(anterior gray commissure)和灰质后连合(posterior gray commissure)(图 2-18)。

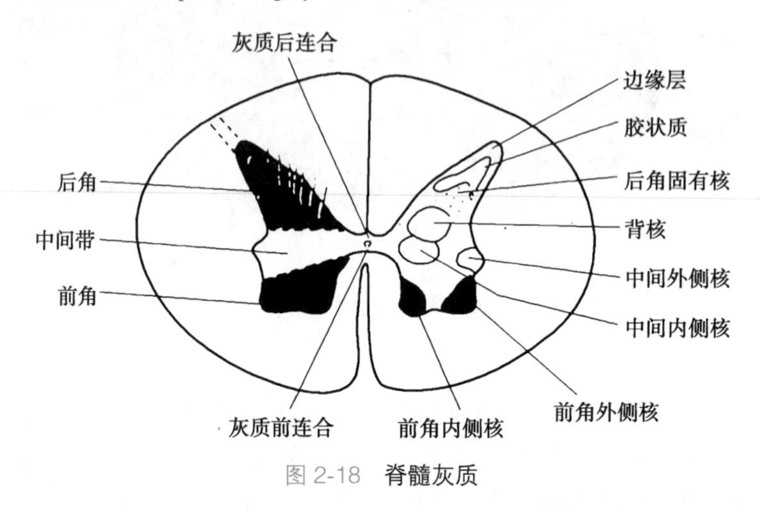

图 2-18　脊髓灰质

1) 前角：前角内含有大、中、小型神经元，大型神经元称 α 运动神经元，为胆碱能神经元，胞体直径在 25μm 以上，其轴突占前根运动纤维的 2/3，分布到骨骼肌的梭外肌纤维，产生随意运动。中型神经元为 γ 运动神经元，平均直径为 15~25μm，其轴突约占前根的 1/3，分布到骨骼肌的梭内肌纤维，对肌张力的维持起重要作用。还有一种小型的中间神经元，叫闰绍细胞(Renshaw's cell)，接受前角 α 运动神经元轴突的侧支，发出轴突反过来与同一个或其他的 α 运动神经元形成突触联系，末梢释放甘氨酸对前角运动神经元有反馈性抑制作用。脊髓前角运动神经元根据其位置和功能大致分成内侧群和外侧群，内侧群也叫内侧核，支配颈部和躯干的固有肌；外侧群也叫外侧核，主要存在于颈膨大和腰骶膨大处，支配四肢肌。

2) 后角：后角细胞分群较多，主要由连接后根传入纤维的中间神经元组成。后角稍扩大的末端称为尖部，其最表层的弧形区称为边缘区，内含后角边缘核(posteromarginal nucleus)，它接受来自后根的传入信息，发出纤维参与脊髓丘脑束。在边缘层腹侧有一呈“∧”形的贯穿脊髓全长的胶状结构，称为胶状质(substantia gelatinosa)，它的主要作用是联系脊髓的感觉信息及节段间联系。在胶状质的腹侧，细胞排列较大且松散，形成后角固有核(nucleus proprius cornu posterior)，是脊髓丘脑束的主要起始核。此外，在后角基底部内侧有一团大型细胞，称胸核(nucleus thoracicus)或背核(nucleus dorsalis)，又称 Clarke 柱，它是脊髓小脑后束的起始核，此核仅见于第 8 颈髓到第 3 腰髓，发出纤维构成脊髓小脑后束(图 2-18)。

3) 中间带：中间带位于前角和后角之间，在胸髓和上腰段(T_1~L_3)的侧角，内有中间外侧核(intermediolateral nucleus)，是交感神经节前纤维的起始核。中间带内侧为贯穿脊髓全长的中间内侧核(intermediomedial nucleus)，与内脏感觉有关。在骶髓 S_2~S_4 节段的侧角，有骶副交感核(sacral parasympatheticnucleus)，是副交感神经节前纤维的起始核(图 2-18)。

(2) 白质：主要由神经纤维束组成。根据纤维束传导信息的方向，将其分为上行传导束、下行传导束和固有束。每侧白质借脊髓表面的纵沟分为 3 个索。前正中裂和前外侧沟之间的白质，称为前索；前外侧沟和后外侧沟之间的白质，称为外侧索；后外侧沟和后正中沟之间的白质，称为后索；在灰质前连合的腹侧，连接两侧前索的白质，称白质前连合(图 2-19)。

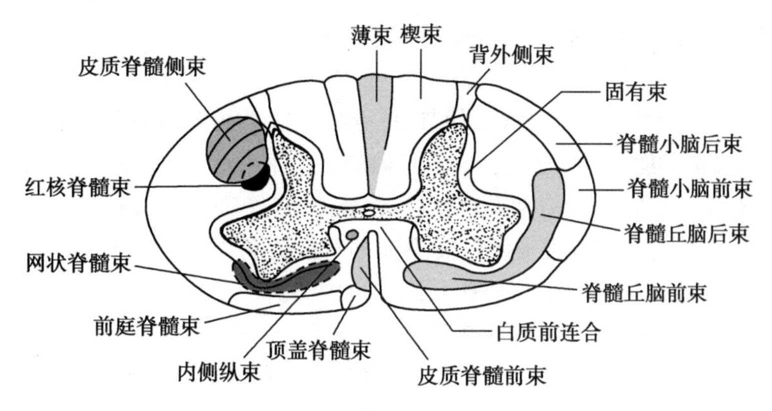

图 2-19 脊髓白质上行、下行纤维束

1）上行传导束：上行传导束又称感觉传导束，主要功能是将后根传入的各种感觉信息上传到脑的不同部位。其中包含如下主要纤维束：①薄束（fasciculus gracilis）和楔束（fasciculus cuneatus）位于后索（图 2-19）。薄束位于内侧，起自同侧 T_5 节段以下背根神经节细胞；楔束位于外侧，起自同侧 T_4 节段以上的背根神经节细胞。这些细胞的周围突分别至肌、腱、关节的本体感受器和皮肤的精细触觉感受器；中枢突则经脊神经后根进入脊髓后索上行至延髓内的薄束核、楔束核，由此发出二级纤维，绕中央管前方，在延髓下部横过中线形成交叉，即内侧丘系交叉，交叉后折向上行即为内侧丘系，内侧丘系上行脑干止于丘脑腹后外侧核，其发出的三级纤维经内囊后脚投射至大脑皮质的躯体感觉区。当脊髓后索损伤时，则导致损伤平面以下同侧意识性本体感觉和精细触觉的减退或消失。②脊髓丘脑束（spinothalamic tract）位于外侧索和前索（图 2-19）。在外侧索上行的纤维束称脊髓丘脑侧束（lateral spinothalamic tract），传导痛觉和温度觉的信息；在前索上行的纤维束称脊髓丘脑前束，传导粗触觉和压觉的信息。脊髓丘脑束的纤维均起自后角边缘层和固有核，其纤维上升 1~2 个节段交叉到对侧，在外侧索和前索内上行，终止于背侧丘脑。在脊髓白质内还有一些较小的上行纤维束，如脊髓小脑束、脊髓顶盖束、脊髓中脑束、脊髓网状束、脊髓橄榄束、脊髓前庭束和内脏感觉束等。

2）下行传导束：下行传导束又称运动传导束，起始于脑的不同部位，直接或间接止于脊髓前角或侧角。躯体性下行传导束传统地分为两大类：一类为锥体系，包括皮质脊髓束和皮质核束；第二类为锥体外系，主要包括红核脊髓束、顶盖脊髓束、网状脊髓束、前庭脊髓束等。这里主要介绍皮质脊髓束和红核脊髓束。①皮质脊髓束（corticospinal tract）是脊髓中最大且最重要的下行纤维束（图 2-19）。来自大脑皮质锥体细胞的神经纤维，下行经内囊、脑干，在延髓的锥体交叉处，大部分（75%~90%）纤维交叉到对侧，在脊髓外侧索中下行，下降过程中不断地终止于脊髓灰质前角，直至骶髓，称皮质脊髓侧束（lateral corticospinal tract），控制四肢肌的随意运动。小部分不交叉的纤维，于同侧脊髓前索最内侧下行，只达脊髓胸段，大部分纤维逐节经白质前连合交叉到对侧，终于对侧的脊髓前角运动元，称皮质脊髓前束（anterior corticospinal tract），控制躯干肌的随意运动。②红核脊髓束（rubrospinal tract）位于脊髓侧索，皮质脊髓侧束腹侧（图 2-19）。此束起始于中脑红核的大细胞，纤维发出后经被盖腹侧交叉下行，经脑桥、延髓后进入脊髓侧索，其功能主要是调节屈肌的张力和易化屈肌的运动。

3）固有束：固有束紧贴灰质表面，分布于白质的三个索内，分别称为前固有束、外侧固有束和后固有束（图 2-19）。固有束主要由后角细胞的轴突构成，其上行和下行伸展范围仅限于脊髓内的一定距离，具有联系脊髓不同节段的作用，并对脊髓的反射活动起重要作用。

二、周围神经系统

周围神经系统（peripheral nervous system）是指中枢神经系统（脑和脊髓）以外的神经组织，由神经和神经节构成。根据与中枢相连部位及分布区域的不同，通常将周围神经系统分为 3 部分：31 对与脊髓相连的脊神经，主要分布于躯干和四肢；12 对与脑相连的脑神经，主要分布于头面部；与脑和脊

髓相连的内脏神经，主要分布于内脏、心血管、平滑肌和腺体。

（一）脊神经

脊神经（spinal nerve）共 31 对，与脊髓的节段一致，每对脊神经由前根和后根在椎间孔处汇合而成。前根由脊髓前角内的躯体运动神经元和侧角内的交感神经元发出的轴突所组成。脊神经后根在椎间孔附近有椭圆形的膨大，称为脊神经节，也称背根神经节（dorsal root ganglion，DRG），内含假单极的感觉神经元，它们的中枢突构成脊神经后根，因此脊神经为混合性神经，含有躯体运动纤维、内脏运动纤维、躯体感觉纤维和内脏感觉纤维 4 种纤维成分（图 2-20）。

31 对脊神经包括 8 对颈神经、12 对胸神经、5 对腰神经、5 对骶神经和 1 对尾神经。脊神经干很短，出椎间孔后立即分为 4 支，即脊膜支、交通支、前支和后支。脊膜支又称脊膜返神经，经椎间孔返回椎管，分布于脊髓被膜、血管壁、骨膜、韧带、椎间盘等处。交通支为连于脊神经与交感干之间的细小分支，有白交通支和灰交通支 2 种。其中发自 T_1~L_3 脊神经连于交感干的为白交通支，而发自交感干连于脊神经的为灰交通支。后支为混合性神经，除骶神经后支穿骶后孔外，后支绕椎骨上关节突外侧，经相邻横突之间分为内侧支和外侧支，按节段地分布于项、背、腰、骶部深层肌肉和皮肤（图 2-20）。前支为混合性神经，分布于躯干前外侧和四肢。胸神经前支保持节段性分布，其余脊神经前支则交织形成 4 个脊神经丛，即颈丛、臂丛、腰丛和骶丛。

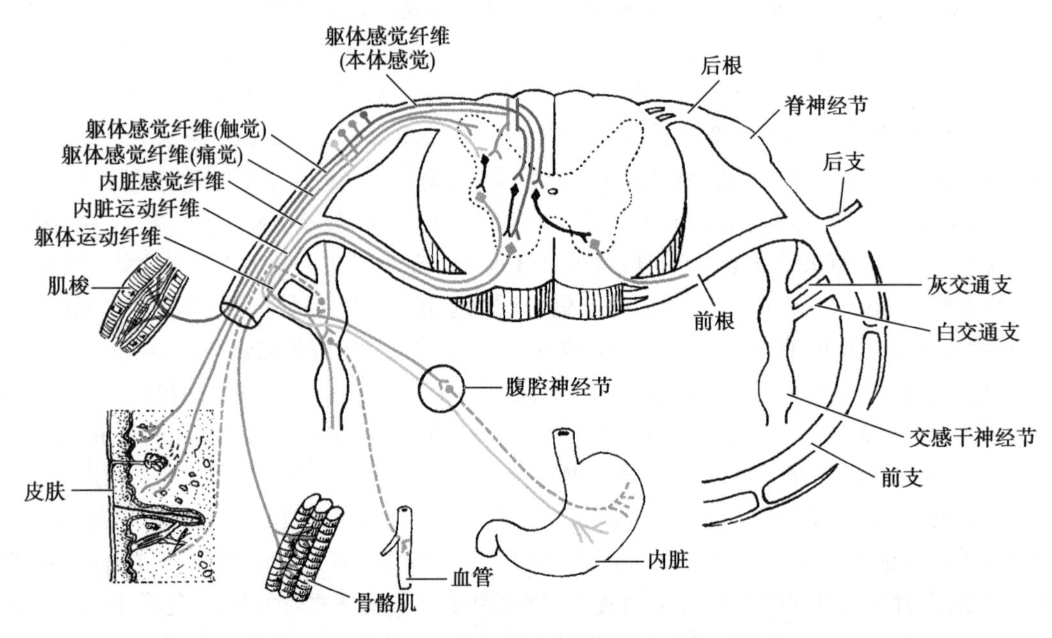

图 2-20　脊神经的分支和分布示意图

1. 颈丛（cervical plexus）　由第 1~4 颈神经前支组成，位于胸锁乳突肌上部的深面。颈丛的分支包括浅支和深支。浅支分布于皮肤，也称皮支，深支则多分布于肌肉。浅支的主要分支有枕小神经、耳大神经、颈横神经和锁骨上神经，分布于头、颈和胸上部的皮肤。深支的主要分支有膈神经、颈神经降支和肌支，支配膈、舌骨下肌群、颈深肌群和肩胛提肌。

2. 臂丛（brachial plexus）　由第 5~8 颈神经前支和第 1 胸神经前支的大部分纤维组成，经斜角肌间隙穿出，行于锁骨下动脉的后上方，经锁骨后方进入腋窝。臂丛的分支可依据锁骨为界分为锁骨上部分支和锁骨下部分支。锁骨上部分支多为短肌支，主要分支有胸长神经、肩胛背神经和肩胛上神经等，分布于颈深肌、背浅肌（斜方肌除外）、部分胸上肢肌及上肢带肌。锁骨下部臂丛分支分别发自 3 个束，多为长支，主要包括腋神经、肌皮神经、正中神经、尺神经和桡神经等。

3. 胸神经（thoracic nerve）　胸神经前支共 12 对，除第 1 胸神经前支大部分加入臂丛和第 12 胸神经前支小部分加入腰丛外，其余皆呈节段性分布。第 1~11 对胸神经前支位于相应肋间隙中，称

为肋间神经,第 12 对胸神经前支位于第 12 肋下方,故称为肋下神经。第 1 肋间神经分出一大支加入臂丛,一小支分布于第 1 肋间;第 2 至第 6 肋间神经行于相应肋间隙的肋间内、外肌之间,自肋角前方发出一侧支向下前行于肋间隙的下缘。上 6 对肋间神经的肌支分布于肋间肌、上后锯肌和胸横肌。皮支分布于胸侧壁、前壁的皮肤和肩胛区的皮肤。下 5 对肋间神经及肋下神经发出的肌支分布于肋间肌及腹肌前外侧肌群。皮支除分布于胸、腹壁皮肤外,还分布到胸、腹膜的壁层。

4. 腰丛(lumbar plexus) 由第 12 胸神经前支一部分及第 1~3 腰神经前支和第 4 腰神经前支一部分组成。腰丛组成后,除发出支配髂腰肌(髂肌和腰大肌)和腰方肌的肌支外,还发出许多分支,主要包括股神经、髂腹股沟神经、髂腹下神经、股外侧皮神经、闭孔神经和生殖股神经等,分布于腹股沟区、大腿内侧部和前部。

5. 骶丛(sacral plexus) 由第 4 腰神经前支一小部分和第 5 腰神经前支合成的腰骶干以及全部骶神经和尾神经前支组成,是全身最大的脊神经丛。骶丛位于盆腔后壁、骶骨及梨状肌的前面,外形呈三角形板状,尖端指向坐骨大孔下部,分支分布于盆壁、臀部、股后部、会阴、小腿和足部的肌肉及皮肤。骶丛直接发出许多短小的肌支分布于闭孔内肌、梨状肌和股方肌等,还有坐骨神经、阴部神经、臀上神经和臀下神经等重要分支。

(二) 脑神经

脑神经(cranial nerve)是与脑直接相连的周围神经,共 12 对,通常用罗马字表示其排列顺序:Ⅰ嗅神经、Ⅱ视神经、Ⅲ动眼神经、Ⅳ滑车神经、Ⅴ三叉神经、Ⅵ展神经、Ⅶ面神经、Ⅷ前庭蜗神经、Ⅸ舌咽神经、Ⅹ迷走神经、Ⅺ副神经、Ⅻ舌下神经(图 2-21)。脑神经的纤维成分较脊神经复杂,脊神经每对均为混合型神经,而脑神经总体有 7 种纤维成分,包括一般躯体感觉纤维、特殊躯体感觉纤维、一般内脏感觉纤维、特殊内脏感觉纤维、一般躯体运动纤维、一般内脏运动和特殊内脏运动纤维。但就每一对脑神经而言,根据其所含纤维成分的不同,可以将脑神经分为三类,即感觉性、运动性和混合性脑神经。

1. 嗅神经(olfactory nerve) 感觉性脑神经,由特殊内脏感觉纤维组成,起自鼻腔嗅区黏膜的嗅细胞中枢突(嗅神经),穿筛孔入嗅球传导嗅觉。

2. 视神经(optic nerve) 感觉性脑神经,由特殊躯体感觉纤维组成,由视网膜内的节细胞轴突穿过巩膜筛板构成视神经。视神经经视神经管入颅中窝,再经视交叉、视束与外侧膝状体相连,传导视觉冲动。

3. 动眼神经(oculomotor nerve) 运动性神经,发自动眼神经核和动眼神经副核,内含一般躯体运动纤维和一般内脏运动两种纤维,两种纤维合并成动眼神经。一般躯体运动纤维支配眼球的提上睑肌、上直肌、下直肌、内直肌和下斜肌;一般内脏运动纤维进入睫状神经节换神经元,其节后纤维进入眼球,分布于睫状肌和瞳孔括约肌,参与调节反射和瞳孔对光反射。

4. 滑车神经(trochlear nerve) 运动性神经,起于中脑下丘平面对侧的滑车神经核,自中脑背侧下丘下方出脑,经眶上裂入眶,支配眼上斜肌。

5. 三叉神经(trigeminal nerve) 混合性神经,含一般躯体感觉和特殊内脏运动两种纤维。特殊内脏运动纤维起于脑桥中段的三叉神经运动核,出颅后穿过三叉神经节,随下颌神经分布于咀嚼肌和下颌舌骨肌等。三叉神经以一般躯体感觉神经纤维为主,这些纤维的细胞体位于三叉神经节内(假单极神经元)。这些假单极神经元的周围突形成三叉神经的三大分支,即眼神经、上颌神经和下颌神经,传导头面部痛、温、触、压等多种感觉。其中枢突集中构成了粗大的三叉神经感觉根,由脑桥基底部与小脑中脚交界处入脑,传导痛、温觉的纤维止于三叉神经脊束核;而传导触觉的纤维止于三叉神经脑桥核。

6. 展神经(abducent nerve) 运动性神经,起于展神经核,发出纤维经眶上裂入眶,分布于眼球的外直肌。

7. 面神经(facial nerve) 混合性神经,含有 4 种纤维成分:①起于脑桥被盖部面神经核的特殊内脏运动纤维,主要支配表情肌的运动;②起于脑桥上泌涎核的一般内脏运动纤维,属副交感神经节

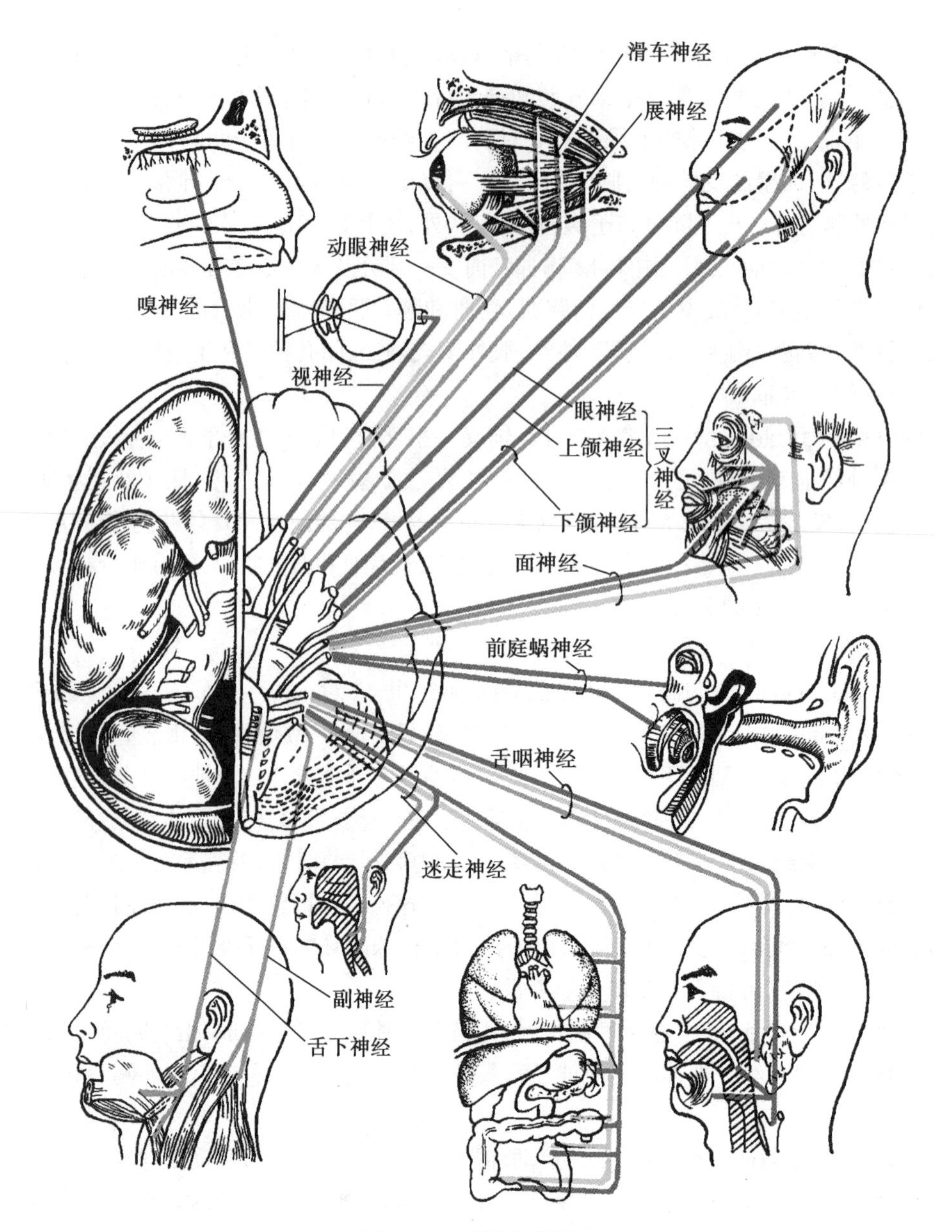

图 2-21　脑神经概况

前纤维，其节后纤维主要控制泪腺、下颌下腺、舌下腺及鼻腔和腭部黏膜腺的分泌；③特殊内脏感觉纤维，即味觉纤维，其胞体位于膝神经节，周围突分布于舌前 2/3 黏膜的味蕾，中枢突止于脑干内的孤束核；④一般躯体感觉纤维，其胞体亦位于膝神经节内，传导表情肌的本体感觉和耳部小片皮肤的浅感觉，止于脑干的三叉神经感觉核。

8. 前庭蜗神经（vestibulocochlear nerve）　又称位听神经，感觉性神经，由前庭神经和蜗神经两部分组成。前庭神经传导平衡觉，双极感觉神经元胞体在内耳道底聚集成前庭神经节，中枢突组成前庭神经与蜗神经伴行，经内耳门入颅，终于脑干的前庭神经核；其周围突分布于椭圆囊斑、球囊斑和壶腹嵴中的毛细胞。蜗神经传导听觉，双极感觉神经元胞体在耳蜗蜗轴内聚集成蜗神经节，中枢突在内耳道聚成蜗神经，终于脑干的蜗神经核；其周围突分布于螺旋器。

9. 舌咽神经（glossopharyngeal nerve）　混合性神经，含有 5 种纤维成分：①特殊内脏运动纤维，起于疑核，支配茎突咽肌；②一般内脏运动纤维，起于下泌涎核，在耳神经节内交换神经元后支配腮腺的分泌活动；③一般内脏感觉纤维，其神经元胞体位于舌咽神经的下神经节内，周围突分布于舌后 1/3、咽和鼓室等处的黏膜、颈动脉窦和颈动脉小球，中枢突终于孤束核下部；④特殊内脏感觉纤

维，传导舌后1/3味觉，神经元胞体亦位于下神经节内，中枢突终于孤束核的上部；⑤一般躯体感觉纤维，很少，其神经元胞体位于舌咽神经的上神经节内，周围突分布于耳后皮肤，中枢突止于三叉神经脊束核。

10. 迷走神经（vagus nerve） 混合性神经，是脑神经中行程最长、分布最广的一对。含有4种纤维成分：①一般内脏运动纤维，属副交感节前纤维，起于延髓的迷走神经背核，在器官旁节或壁内节交换神经元，分布于颈、胸、腹部器官的平滑肌、心肌和腺体；②特殊内脏运动纤维，起于延髓的疑核，支配咽喉肌；③一般躯体感觉纤维，其感觉神经元胞体位于迷走神经的上神经节内，其中枢突止于三叉神经脊束核，周围突分布于硬脑膜、耳廓和外耳道皮肤，传导一般感觉；④一般内脏感觉纤维，其神经元胞体位于迷走神经下神经节（结状神经节）内，中枢突止于孤束核，周围突分布于颈、胸、腹部的脏器，传导内脏感觉。

11. 副神经（accessory nerve） 运动性神经，副神经由延髓根和脊髓根两部分构成，延髓根起于延髓的疑核下部，加入迷走神经支配咽喉部肌肉；脊髓根起自脊髓颈段的副神经核，经颈静脉孔出颅后支配斜方肌和胸锁乳突肌。

12. 舌下神经（hypoglossal nerve） 运动性神经，起自舌下神经核，从延髓前外侧沟出脑，经舌下神经管出颅，分布于全部舌固有肌和大部分舌外肌。

（三）内脏神经

内脏神经（visceral nerve）（图2-22）通常存在于内脏、平滑肌、心血管和腺体。内脏神经与躯体神经一样，按照纤维的性质可分为内脏运动神经和内脏感觉神经两部分。内脏运动神经调节内脏、心血管的运动和腺体的分泌，参与调节机体的物质代谢，表现为不受主观意志的控制，是不随意的，故又称自主神经系统（autonomic nervous system）或植物性神经系统（vegetative nervous system）。和躯体感觉神经一样，内脏感觉神经的初级感觉神经元也位于脑神经节和背根神经节内，周围支则分布于内脏和心血管等处的感受器，把感受到的刺激传递至各级中枢，乃至大脑皮质，通过反射调节内脏、心血管等器官的活动，以维持机体内、外环境的动态平衡和正常的生命活动。

1. 内脏运动神经 内脏运动神经与躯体运动神经在结构和功能上存在着较大的差异：①纤维成分不同：躯体运动神经一般只有一种纤维成分，而内脏运动神经则有交感神经和副交感神经两种纤维成分，多数器官同时接受交感神经和副交感神经的双重调节；②支配器官不同：躯体运动神经支配骨骼肌，一般受意志的控制，而内脏运动神经则支配平滑肌、心肌和腺体，一般不受意志的控制；③神经元数目不同：躯体运动神经自低级中枢至骨骼肌之间只有一个神经元，而内脏运动神经从低级中枢至效应器之间有两个神经元（肾上腺髓质除外），第一个神经元称节前神经元，胞体位于脑干和脊髓内，其轴突构成节前纤维；第二个神经元称节后神经元，胞体位于内脏神经节内，其轴突构成节后纤维；④纤维直径不同：躯体运动神经纤维一般是比较粗的有髓纤维，而内脏运动神经纤维一般是比较细的纤维，其节前纤维有一层薄髓，节后纤维是属于无髓纤维；⑤节后纤维的分布形式不同：躯体神经以神经干的形式分布，而内脏神经节后纤维常攀附脏器或血管形成神经丛，之后再分支至效应器。

（1）交感神经（sympathetic nerve）：交感神经系统分为中枢和外周两部分，交感神经的低级中枢位于脊髓节段（T_1~L_3）灰质侧角的中间带外侧核。此核的细胞发出交感神经节前纤维，到达交感神经节。交感神经的周围部包括交感干、交感神经节以及由节发出的分支和交感神经丛等。根据所在位置不同，交感神经节又可分为椎旁节和椎前节。椎旁节位于脊柱两侧，每侧椎旁节有19~24个，尾部两侧合成1个节，即奇神经节。节间支将每个神经节相连形成交感干，所以椎旁神经节又称为交感干神经节。交感干上自颅底，下至尾骨，在尾骨前面两干合并于奇神经节。椎前节位于脊柱的前方，腹主动脉主要脏支动脉的根部。椎前神经节包括腹腔神经节，肠系膜上神经节，肠系膜下神经节及主动脉肾神经节等。每个椎旁节借灰、白交通支与相应的脊神经相连。白交通支是从T_1~L_3脊髓侧角细胞发出的节前纤维，因纤维带有髓鞘呈白色，故称之为白交通支。交感干神经节发出的节后纤维称为灰交通支，因纤维无髓鞘，故呈灰色。

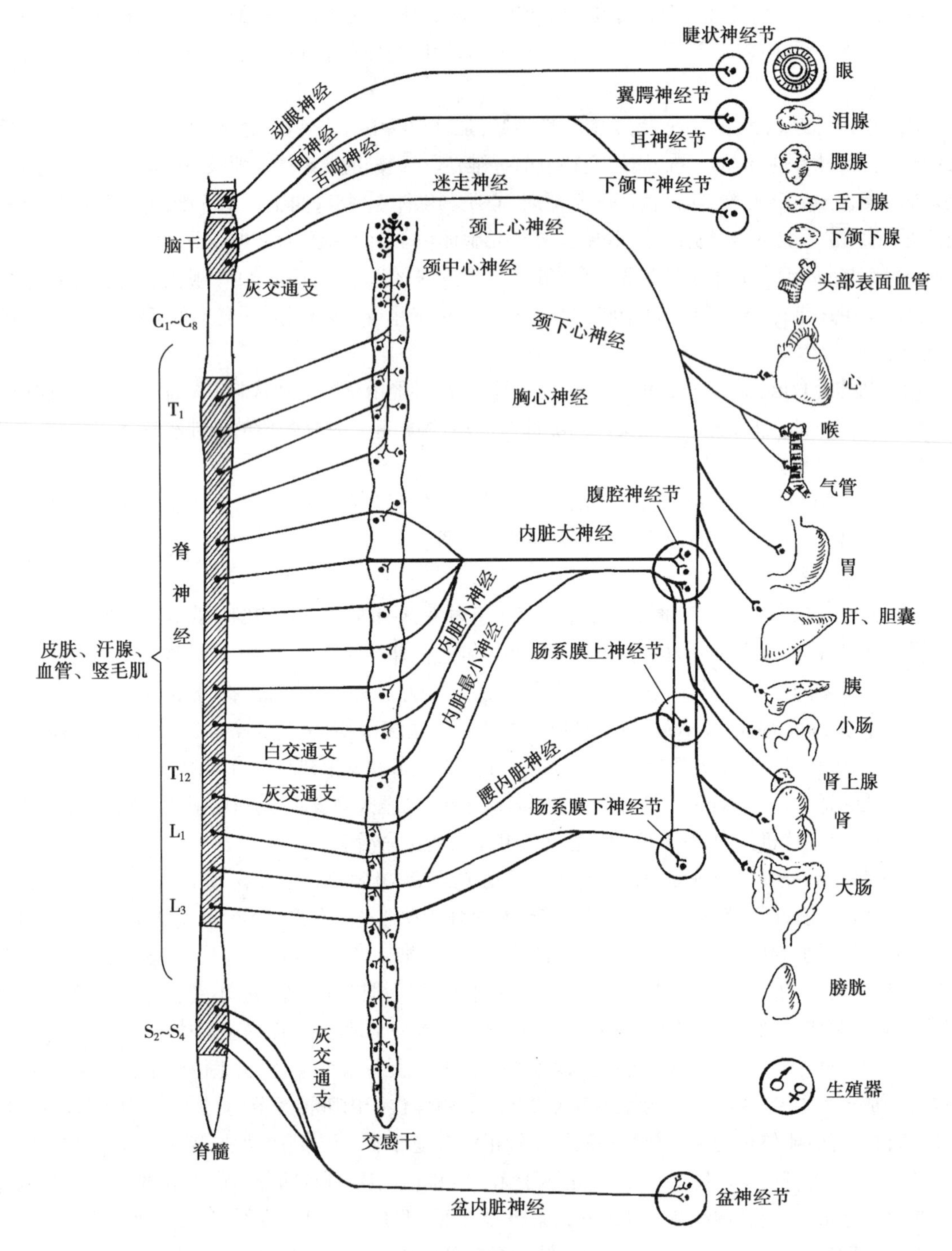

图 2-22　内脏运动神经的概况示意图

交感神经节前纤维由脊髓中间带外侧核发出，经脊神经前根、脊神经、白交通支后，进入交感干内，有 3 种去向：①终于相应的椎旁节，并交换神经元；②在交感干内上升或下降后，终于相应的椎旁节；③穿过椎旁节，至椎前节交换神经元。交感神经节后纤维也有 3 种去向：①起于椎旁节的节后纤维经灰交通支返回脊神经，并随脊神经分布到头颈、躯干及四肢的血管、汗腺和竖毛肌等处；②攀附在动脉行走，在动脉外膜形成神经丛，再随动脉到所支配的器官；③直接分布到所支配的脏器。

(2) 副交感神经(parasympathetic nerve)：副交感神经的低级中枢位于脑干的 4 对副交感核（动眼神经副核、上泌涎核、下泌涎核和迷走神经背核）和脊髓骶部 2~4 节段的骶副交感核。副交感神经的周围部由上述核的神经元发出节前纤维、副交感神经节、副交感神经节发出的节后纤维和神经丛组

成。副交感神经节位于器官的周围或器官的壁内，称为器官旁节或器官内节。位于颅部的副交感神经节有睫状神经节、下颌下神经节、翼腭神经节和耳神经节等。颅部副交感神经的节前纤维行于第Ⅲ、Ⅶ、Ⅸ、Ⅹ对脑神经内，节后纤维分布于头颈部、胸部和结肠左曲以上的腹部脏器。脊髓骶部2~4节段的骶副交感核发出的节前纤维，该纤维分布到盆腔脏器，在盆腔脏器附近或脏器壁内的副交感神经节处换元，节后纤维支配结肠左曲以下的消化管和盆腔脏器。

(3) 交感神经和副交感神经的主要区别：交感神经与副交感神经都是内脏运动神经，常对一个器官形成双重神经支配，但在神经来源、分布范围、形态结构和功能上又有明显的区别：①低级中枢的部位不同：交感神经低级中枢位于脊髓 T_1~L_3 灰质的中间带外侧核，副交感神经的低级中枢则位于脑干的4对副交感核和脊髓骶部2~4节段的骶副交感核；②周围部神经节的位置不同：交感神经节位于脊柱两旁(椎旁节)和脊柱前方(椎前节)，副交感神经节位于所支配的器官壁内或周围，因此副交感神经节后纤维比交感神经短，而节前纤维则较长；③节前神经元与节后神经元的比例不同：一个交感节前神经元的轴突可与许多节后神经元形成突触联系，而一个副交感节前神经元的轴突则与较少的节后神经元形成突触联系，所以交感神经的作用范围较广泛，而副交感神经的作用范围较局限；④分布范围不同：交感神经在周围的分布范围较广泛，除分布于头颈部、胸、腹腔脏器外，还遍布全身血管、腺体、竖毛肌等；而副交感神经的分布则比较局限，一般认为大部分血管、汗腺、竖毛肌、肾上腺髓质均无副交感神经支配；⑤对同一器官的作用不同：交感和副交感神经的活动对同一器官的作用既互相拮抗，又互相统一，机体才得以更好地适应环境的变化。

(4) 内脏神经丛：交感神经、副交感神经和内脏感觉神经在分布到器官前互相交织构成内脏神经丛，这些神经丛发出分支，分布于胸、腹和盆腔的内脏器官。体内除了颈外神经丛、颈内神经丛、锁骨下神经丛等没有副交感神经参与外，其余的内脏神经丛均由交感和副交感神经组成，如心丛、肺丛、腹腔丛(最大的内脏神经丛)、腹主动脉丛、腹下丛及盆丛等。

2. 内脏感觉神经 人体内各个脏器除接受交感和副交感神经的支配外，还接受感觉神经的支配。内脏感受器接受来自内脏的刺激，并转化为神经冲动，通过内脏感觉神经把冲动传到中枢，中枢则直接通过内脏运动神经或间接通过体液调节各效应器官的活动。内脏感觉神经元胞体位于脑神经节和背根神经节内，为假单极神经元，其周围突是粗细不等的有髓或无髓神经纤维，背根神经节内脏感觉细胞的周围突，随同交感神经和骶部副交感神经分布于内脏器官，中枢突随同交感神经和盆内脏神经进入脊髓，终于灰质后角。脑神经节包括膝神经节、舌咽神经下节、迷走神经下节，其周围突随同面神经、舌咽神经和迷走神经分布于内脏器官，中枢突随同面神经、舌咽神经和迷走神经进入脑干，终于孤束核。

内脏感觉神经在形态结构上虽与躯体感觉神经大致相同，但仍有不同之处。首先，内脏感觉纤维多为细纤维，且数目较少，痛阈较高，一般强度的刺激不引起主观感觉。如在外科手术过程中，挤压、切割或烧灼内脏并不引起患者产生疼痛感，但对牵拉和痉挛等刺激敏感；其次，内脏感觉的传入途径较分散，即一条脊神经包含来自几个脏器的感觉纤维，并且一个脏器的感觉纤维经过多个节段的脊神经进入中枢。因此，内脏痛往往是弥散的，且定位不准确。

三、神经传导通路

人体在生命活动中，感受器接受机体内、外环境的各种刺激，并将其转变为神经冲动，经传入神经传至中枢神经系统的相应部位，最后到达大脑皮质的高级中枢，形成感觉，这样的神经传导通路称为感觉传导通路。另一方面，大脑皮质对传入的感觉信息进行分析整合后，发出神经冲动，沿传出纤维，经脑干和脊髓的运动神经元到达躯体和内脏的效应器，引起相应的效应，这样的神经传导通路称为运动传导通路(motor pathway)。因此，在神经系统内存在着两大类传导通路(conductive pathway)：感觉(上行)传导通路和运动(下行)传导通路。

(一) 感觉传导通路

感觉传导通路（sensory pathway）包括本体感觉和精细触觉传导通路、痛觉、温度觉和粗触觉传导通路、视觉传导通路、听觉传导通路、平衡觉传导通路、味觉传导通路、嗅觉传导通路以及内脏感觉传导通路等，在此只介绍几种躯体感觉传导通路，内脏感觉传导通路参见内脏神经。

1. 本体感觉和精细触觉传导通路　本体感觉又称深感觉，是指肌、腱、关节等深部的位置觉、运动觉和振动觉。在本体感觉传导通路中除传导本体感觉外，还传导浅感觉中的精细触觉（如辨别两点距离和物体的性状及纹理粗细等）。躯干和四肢的本体感觉传导通路有两条，一条是传至大脑皮质，引起意识性感觉，称为意识性本体感觉通路。另一条是传至小脑，不产生意识性感觉，称为非意识性本体感觉传导通路。

(1) 躯干和四肢意识性本体感觉和精细触觉传导通路：该通路由 3 级神经元组成（图 2-23）。第 1 级神经元胞体位于背根神经节内，其周围突伴随脊神经分布于肌、腱、关节等处的本体感觉感受器和皮肤的精细触觉感受器，中枢突经脊神经的后根进入脊髓的后索，在同侧后索内上行组成薄束和楔

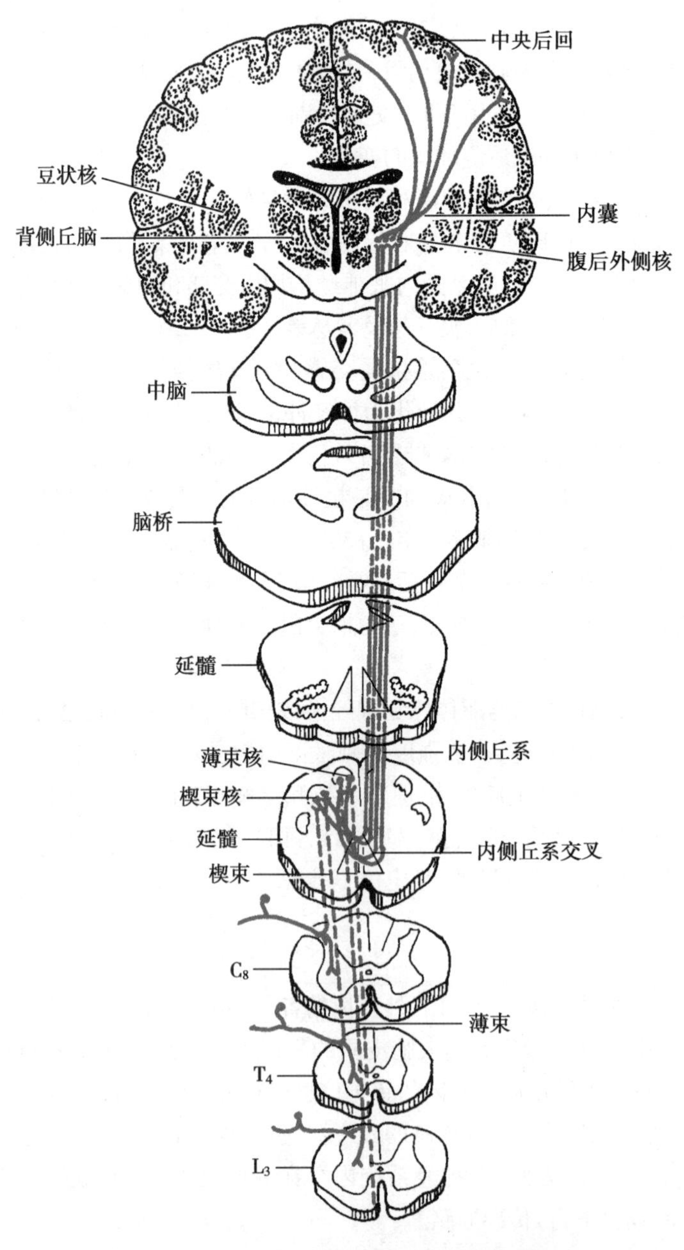

图 2-23　躯干和四肢意识性本体感觉传导通路

束，分别终止于薄束核和楔束核。在此更换第 2 级神经元后，纤维交叉到对侧，再转折向上，组成内侧丘系。内侧丘系在脑桥居被盖的前缘，在中脑被盖则居红核的外侧，再向上止于丘脑的腹后外侧核。第 3 级神经元胞体位于丘脑的腹后外侧核，其发出纤维组成丘脑皮质束，经内囊后肢，大部分纤维投射到大脑皮质中央后回的中、上部和中央旁小叶的后部，也有一些纤维投射到中央前回。

（2）躯干和四肢非意识性本体感觉传导通路：为传入小脑的本体感觉，由 2 级神经元组成。第 1 级神经元为背根神经节细胞，其周围突分布于肌、腱、关节等处的本体感受器，中枢突经脊神经后根的内侧部进入脊髓，终止于 C_8~L_2 节段胸核和腰骶膨大部，在此换元后发出纤维组成脊髓小脑后束和脊髓小脑前束。向上分别经小脑下脚和上脚进入旧小脑皮质，传导躯干（除颈部外）和下肢的本体感觉。传导上肢和颈部本体感觉的第 2 级神经元胞体在颈膨大部和延髓的楔束副核，这两处神经元发出的第 2 级纤维经小脑下脚进入小脑皮质。

2. 痛觉、温度觉和粗略触压觉传导通路　该通路由 3 级神经元构成，传导全身皮肤、黏膜的痛觉、温度觉和粗略触压觉，又称浅感觉传导通路（图 2-24）。

（1）躯干和四肢痛觉、温度觉和粗略触压觉传导通路：该通路的第 1 级神经元胞体位于背根神经节内，其周围突分布于躯干和四肢等处皮肤内的感受器，中枢突组成后根进入脊髓并终止于脊髓后角固有核。在此换元后发出的纤维上升 1~2 节段经白质前连合至对侧的前索和外侧索内上行，组成脊

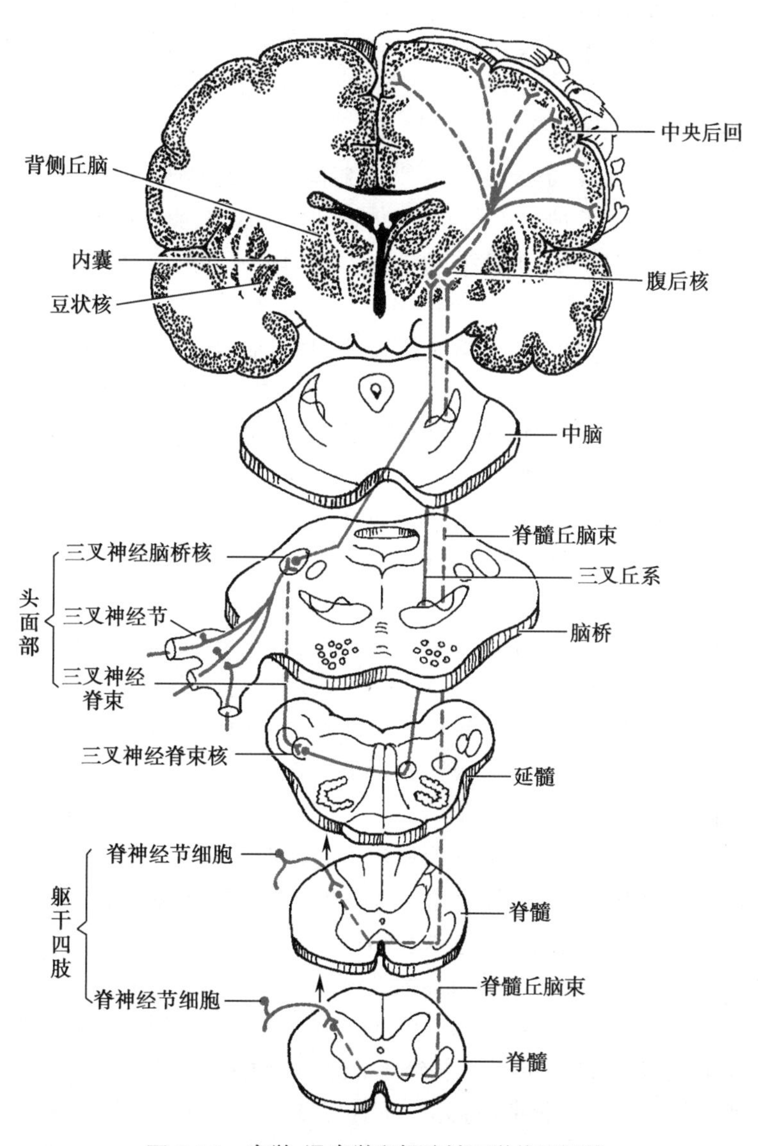

图 2-24　痛觉、温度觉和粗略触压觉传导通路

髓丘脑前束（传导粗触觉、压觉）和脊髓丘脑侧束（传导痛觉和温度觉），终止于丘脑的腹后外侧核。第3级神经元胞体位于丘脑的腹后外侧核，其发出纤维组成丘脑中央辐射（丘脑皮质束），经内囊后肢投射到大脑皮质中央后回的中、上部和中央旁小叶的后部。

（2）头面部痛觉、温度觉和粗略触压觉传导通路：第1级神经元胞体位于三叉神经节内，其周围突经三叉神经的感觉支分布于头面部皮肤和黏膜的感受器，中枢突经三叉神经感觉根进入脑桥，其中传导痛觉和温度觉的纤维下降，终止于三叉神经脊束核；传导粗略触觉的纤维上升终止于三叉神经脑桥核。在此两核换元后发出的纤维交叉到对侧组成三叉丘系，伴随内侧丘系上升至丘脑终止于腹后内侧核（第3级神经元）。换元后发出纤维组成丘脑皮质束，经内囊后肢，投射到中央后回的下部。

3. 视觉传导通路（visual pathway）　由3级神经元组成。第1级神经元为视网膜的双极细胞，其周围突连于视网膜的视杆细胞和视锥细胞，中枢突与视网膜节细胞（第2级神经元）形成突触。视网膜节细胞的中枢突在视神经盘处聚集成视神经，穿视神经管入颅，经视交叉、视束，终止于外侧膝状体的神经元，该处发出纤维组成视辐射，经内囊后肢投射到大脑皮质视区，产生视觉。

4. 听觉传导通路（auditory pathway）　听觉传导通路由4级神经元组成。第1级神经元为蜗螺旋神经节内的双极细胞，其周围突分布于内耳螺旋器，中枢突组成前庭蜗神经，在延髓和脑桥交界处入脑，止于蜗神经腹侧核和背侧核（第2级神经元）。换元后发出纤维大部分在脑桥内形成斜方体并交叉至对侧，向上折行形成外侧丘系。外侧丘系的大部分纤维止于下丘（第3级神经元），换元后发出纤维经下丘臂止于内侧膝状体（第4级神经元）。该处发出纤维组成听辐射，经内囊后肢，止于大脑皮质的听区颞横回。

（二）运动传导通路

运动传导通路（motor pathway）是指从大脑皮质至躯体运动效应器和内脏活动效应器的神经联系。从大脑皮质至躯体运动效应器的神经联系称为躯体运动传导通路，躯体运动传导通路依据其功能不同可分为锥体系和锥体外系两部分。两者在功能上互相协调、互相配合，共同完成人体各项复杂的随意运动。

1. 锥体系（pyramidal system）　锥体系是支配人体骨骼肌随意运动的主要传导路。由上运动神经元和下运动神经元两级神经元组成：上运动神经元为自大脑皮质至脑神经运动核和脊髓前角的传出神经元；下运动神经元为脑神经运动核和脊髓前角的运动神经元。上运动神经元由位于中央前回和中央旁小叶前半部的巨型锥体细胞（Betz细胞）和其他类型锥体细胞以及位于额、顶叶部分区域的锥体细胞组成。上述神经元的轴突组成下行的锥体束（pyramidal tract）经内囊下行，其中终止于脊髓灰质前角运动神经元的下行纤维束称为皮质脊髓束；终止于脑干内运动神经核的下行纤维束称为皮质核束。

（1）皮质脊髓束：主要由中央前回上、中部和中央旁小叶前部及中央后回、顶上小叶等皮质锥体细胞的轴突聚合组成，下行经内囊后脚的前部、中脑的大脑脚底、脑桥的基底部至延髓锥体。在锥体下端，大部分纤维交叉到对侧组成皮质脊髓侧束，在下行过程中止于同侧前角运动神经元，支配四肢肌（图2-25）。在延髓内未交叉的纤维在同侧脊髓前索内下行，称为皮质脊髓前束，该束仅达上胸节，并经白质前连合逐节交叉至对侧，终止于前角运动神经元，支配躯干和四肢骨骼肌的运动。皮质脊髓前束中有一部分纤维始终不交叉而止于同侧脊髓前角运动神经元，支配躯干肌。所以，躯干肌是受两侧大脑皮质支配的。故一侧皮质脊髓束在锥体交叉前受损，主要引起对侧肢体瘫痪，在锥体交叉后受损，主要引起同侧肢体瘫痪，躯干肌运动没有明显影响。

（2）皮质核束：中央前回下1/3皮质内锥体细胞轴突聚合组成，经内囊膝部下行，发出部分纤维止于脑神经运动核（图2-25）。也有纤维先至脑干中间神经元换元后再到脑神经运动核。动眼神经核、滑车神经核、三叉神经运动核、展神经核、面神经核上部（支配眼轮匝肌和额肌）、疑核和副神经的脊髓核都受双侧皮质延髓束（又称皮质核束）的支配；面神经核下部（支配口轮匝肌和颊肌）和舌下神经核只接受对侧皮质脑干束的支配。因此，一侧皮质核束损伤出现对侧睑裂以下面肌和舌肌瘫痪，一侧舌

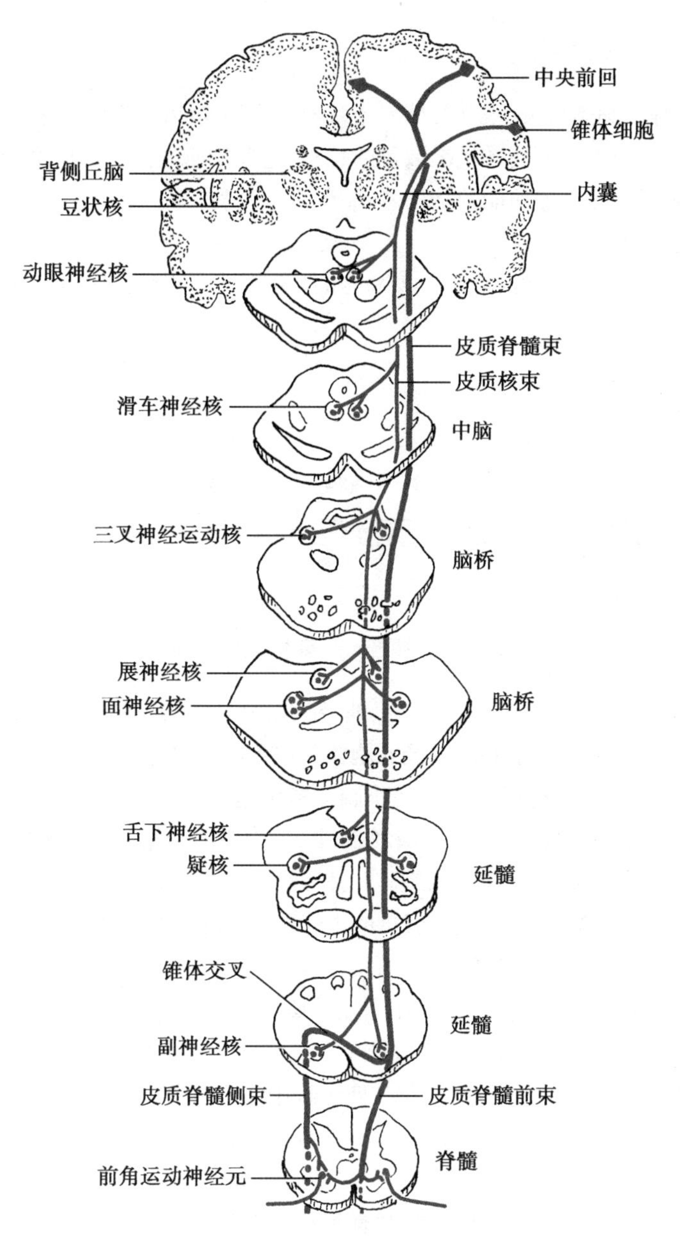

图 2-25　锥体系中的皮质脊髓束与皮质核束

下神经损伤则出现患侧舌肌全部瘫痪，一侧面神经损伤出现该侧面肌全部瘫痪。

2. 锥体外系（extrapyramidal system）　锥体系以外与躯体运动有关的传导通路统称为锥体外系。锥体外系较椎体系复杂，涉及许多脑结构，包括大脑皮质、壳核、尾核、苍白球、背侧丘脑、黑质、红核、脑桥核、前庭核和脑干网状结构等。锥体外系的纤维起自大脑皮质，在下行过程中与纹状体、小脑、红核、黑质及网状结构等发生广泛联系，并经多次更换神经元，最后经红核脊髓束、网状脊髓束等中继，下行终止于脑神经运动核和脊髓前角细胞。锥体外系的主要功能是调节肌张力、协调肌肉活动，以协助锥体系完成精细的随意运动。

第二节　神经元和胶质细胞的基本结构与功能

神经系统主要由神经组织构成，神经组织的细胞成分主要包含两类，分别为神经元（neuron）和神经胶质细胞（neuroglial cell）。

一、神经元的结构与功能

神经元，又称为神经细胞（nerve cell），是神经系统结构和功能的基本单位。人类中枢神经系统内约有1 000亿个神经元，相当于银河系星星数量的总和。这些细胞通过突触联系形成庞大的神经网络，是神经系统能够完成复杂的生理功能的结构基础。

（一）神经元的基本结构

神经元包括胞体（cell body）和神经突起（neurite）两部分。神经突起由胞体发出，分为轴突和树突两部分（图 2-26）。

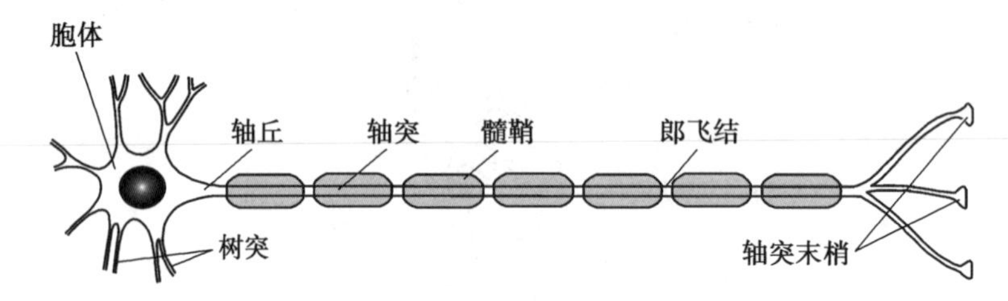

图 2-26　神经元的基本结构示意图

1. 胞体　胞体主要位于脑和脊髓的灰质、神经节以及某些器官的神经组织中，它是维持和控制神经元合成代谢以及功能活动的中心。神经元胞体只占神经元总体积的一小部分，其形态多样，大小不一。人类神经系统内最小的神经元之一是小脑颗粒细胞，胞体直径 5~8μm；而最大的神经元是脊髓前角运动神经元和大脑皮质运动区的贝茨细胞（Betz，中央前回第Ⅴ层的锥体细胞），胞体直径可达100μm 以上。神经元胞体的结构和所有的细胞胞体一样，由细胞膜、细胞质、细胞核和细胞器等组成。其中细胞器有许多种，包括线粒体（是提供能量的供能中心）、粗面内质网与核糖体（是蛋白合成中心）、高尔基体（是分泌蛋白的加工和包装中心）和溶酶体等。

2. 轴突（axon）　轴突是神经信息的传出部位，其基本功能是传导神经冲动（nerve impulse）。通常一个神经元只有一根轴突，长短不一。有的神经元轴突长达 1m 以上（如脊髓运动神经元），有的只有几微米（如局部环路神经元）。有的轴突在延伸过程中发出分支，称为侧支。轴突侧支往往是在远离细胞轴突主干上呈直角的分支，粗细与主干基本相同。轴突末梢与侧支呈纽扣样的末端膨大，称为终足或终扣（end button），它们分别与其他神经元的胞体和树突相联系，形成轴突 - 树突型或轴突 - 胞体型等多种形式的突触结构。轴突与胞体之间有着明显的功能分界，轴突从神经元胞体的一侧发出，发出部位呈锥状隆起，称为轴丘（axon hillock），轴丘逐渐变细形成轴突始段（initial segment），该处的细胞膜是电压门控钠离子通道密度最高的部位，使得该处细胞膜的兴奋阈值最低，是神经元动作电位的发起部位。大多细胞器，如粗面内质网和核糖体（尼氏体），不在轴突内出现，不能进行蛋白合成，因此神经元必须将胞体中合成的蛋白质通过轴浆运输（axoplasmic transport）运送到轴突。细胞器在神经元胞体、树突和轴突内的不同分布，决定了它们功能上的差异。轴突始段之后，轴突外面往往包裹有髓鞘（myelin sheath）或神经膜，有髓鞘包裹的轴突称为有髓神经纤维（myelinated nerve fiber）。大部分神经纤维都属于此类，其传导速度为 5~30m/s。没有髓鞘包裹的轴突称为无髓神经纤维（unmyelinated nerve fiber），其传导速度只有 0.5~1m/s。

3. 树突（dendrite）　树突是神经元胞体的延伸，一般较短，可有一个或多个树突，其起始部较粗，经反复分支形成树枝状突起结构。其主要功能是接受其他神经元传来的信息，并将信息传到细胞体。树突表面上有大量大小不同的棘状突起，长 0.5~1.0μm，粗 0.5~2.0μm，称为树突棘（dendritic spine）。如小脑浦肯野细胞的树突棘可达到十万个以上，它们极大地增大了输入信息的面积，是接受神经冲动的突触后部位。树突内的细胞器和分子组成均与胞体相同，且树突内的细胞骨架也与胞体相类似。树突与胞体之间没有分界，只是其所含细胞器的数量随着树突的延伸而减少。

(二) 神经元的功能

神经系统行使其功能依赖于神经元之间的信息传递，因此神经元被认为是神经系统结构和功能的基本单位，具有物质转运以及接受、传导、整合和输出信息的功能。神经元由细胞膜、细胞质和细胞核三部分组成。通过细胞膜，神经元可以获得营养物质、排出代谢废物和维持细胞内、外离子的不均衡分布。神经元细胞膜上镶嵌有特定的具有离子通透特性的跨膜蛋白(离子通道)，使细胞膜能在静息电位的基础上产生电信号。神经元产生的电信号分成两大类。第一类是局部电位(localized potential)，指在感受器及突触部位产生的信号，局限在起源部位，其扩布依赖于神经元的被动电学特性；第二类是动作电位(action potential)，它由阈刺激或阈上刺激产生，可以迅速地长距离传播。有关神经系统的电生理特性将在第六章做进一步介绍。神经元之间的信息传递主要通过突触(synapse)来完成，进而组成复杂的神经网络，实现神经系统纷繁多样的生理功能以及脑的高级功能活动(具体过程见本章第三节)。

(三) 神经元的分类

中枢神经系统内神经元的数量非常多，神经元胞体的形状和突起的长短、形态以及数目等均存在极大的差异，根据神经元的形态和功能的不同可以有多种分类方法。

1. 根据神经元的突起数目分类　根据神经元的突起数目可将神经元分为假单极神经元(pseudounipolar neuron)、双极神经元(bipolar neuron)和多极神经元(multipolar neuron)。如图2-27所示，假单极神经元从胞体发出一个突起，距胞体不远形成"T"字形分支，一支分布到周围的组织器官形成感觉末梢，称为周围突；另一支进入中枢神经系统，称为中枢突，如背根神经节细胞。假单极神经元的两个分支，按神经冲动的传导方向，中枢突相当于轴突，周围突相当于树突。双极神经元有两个突起，一个是树突，另一个是轴突，如视网膜中的双极神经元。多极神经元有一个轴突和多个树突，如脊髓运动神经元等，中枢内的神经元多属此类。

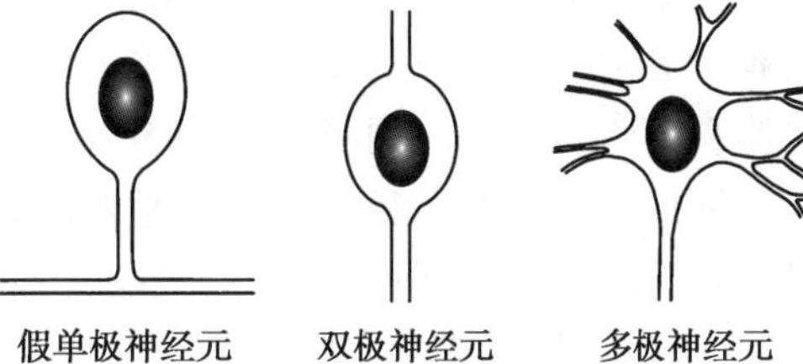

图2-27　神经元的分类

2. 根据神经元的功能分类　不同的神经元具有不同的功能，按神经元功能可分为3类，即感觉神经元(sensory neuron)、运动神经元(motor neuron)和中间神经元(interneuron)。感觉神经元又称传入神经元(afferent neuron)，多为假单极神经元，它们接受体内外刺激，并将感受信息传到中枢神经系统。一般而言，假单极神经元和双极神经元都属于传入神经元。运动神经元又称为传出神经元(efferent neuron)，多为多极神经元，它们把兴奋从中枢传到周围，支配骨骼肌、平滑肌和腺体等效应器官。中间神经元又称为联络神经元(association neuron)，多为多极神经元，一般具有大量的树突，而轴突很短甚至缺失，其主要功能是进行信息整合和局部信息传递。在人类的神经系统中，数量最多的是中间神经元。脑的高级功能主要是中间神经元活动的结果，脑组织实际上是以中间神经元为主构成的一个极为复杂的网络系统。

3. 根据轴突长短分类　根据轴突长短可将神经元分为高尔基Ⅰ型神经元(Golgi typeⅠneuron)和高尔基Ⅱ型神经元(Golgi typeⅡneuron)。高尔基Ⅰ型神经元又称投射神经元(projection neuron)，其轴突细长，可延伸到胞体以外较远的区域，如大脑皮质的锥体神经元等。高尔基Ⅱ型神经元又称局部环路神经元(local circuit neuron)，其轴突短，分支不超过其树突延伸的范围，仅与邻近神经元联系，如大脑皮质及小脑皮质的颗粒细胞。

4. 根据神经元所含的神经递质分类　通过组织化学或免疫细胞化学的方法，可以鉴定出神经元所含的神经递质，再按释放的神经递质不同，将神经元分为胆碱能神经元(cholinergic neuron)、去甲肾上腺素能神经元(noradrenergic neuron)、多巴胺能神经元(dopaminergic neuron)、5-羟色氨能神经元(5-hydroxytryptaminergic neuron)、氨基酸能神经元(aminoacidergic neuron)和肽能神经元(peptidergic

neuron)等。

此外，还可以按照神经元所处的位置将神经元分为中枢神经元和周围神经元，中枢神经元按所在脑区的不同进一步分为大脑皮质神经元、小脑神经元和海马神经元等。根据神经元被激活后产生的效应可以将神经元分为兴奋性神经元和抑制性神经元等。

二、神经胶质细胞的结构与功能

神经胶质(neuroglia)这一概念最初由德国病理学家 Rudolph Virchow 在 1846 年提出。“Glia”源自希腊文，意为胶水(glue)，即神经胶质将神经元“粘”在一起，为神经组织中的“胶样连接物”，对神经元起支持作用。19 世纪末至 20 世纪初，随着银染法的建立，人们才逐渐认识到，神经组织中除了神经元外，数量更多的细胞成分是神经胶质细胞(neuroglia cell)，简称胶质细胞(gliocyte/glia cell)，其数量为神经元的 10~50 倍，约占脑体积的一半。神经元处于神经胶质细胞的包绕之中，因此神经胶质细胞是神经组织中重要的组成成分，具有不可或缺的作用。神经胶质细胞形态多样，与神经元一样也具有突起，但不分树突和轴突。它们与神经元不同，终身具有分裂、增殖的能力。胶质细胞虽有去极化和复极化，但与神经元电位有区别，它是一个很慢的过程，没有主动的再生性 Na^+ 电流，不产生动作电位。

根据细胞大小的不同，神经胶质细胞分为大胶质细胞(macroglia)和小胶质细胞(microglia)两类。大胶质细胞在中枢神经系统和周围神经系统都有分布，中枢的大胶质细胞来自外胚层，包括星形胶质细胞和少突胶质细胞，周围神经系统的大胶质细胞包括来自神经嵴细胞的施万细胞和来自外胚层的卫星细胞等。小胶质细胞一般认为是来自中胚层的胚胎单核细胞。此外，根据细胞分布的位置不同，神经胶质细胞可分为两类：中枢神经胶质细胞与周围神经胶质细胞。

(一) 中枢神经胶质细胞

主要有下列几类：星形胶质细胞(astrocyte)、少突胶质细胞(oligodendrocyte)和小胶质细胞(microglia)等。

1. 星形胶质细胞　星形胶质细胞是神经胶质细胞中数量最多、分布最广和体积最大的胶质细胞，星形胶质细胞的胞体直径约 9~10μm，具有大量由胞体向外伸出形成的放射状突起，因此形态似星形。根据其所在部位及突起的形态特点，星形胶质细胞又可以分为原浆性星形胶质细胞(protoplasmic astrocyte)、纤维性星形胶质细胞(fibrous astrocyte)和辐射状胶质细胞(radial glial cell)三类。原浆性星形胶质细胞形似苔藓，又称苔藓细胞，细胞有很多粗短突起，分支多，表面粗糙，细胞质内胶原纤维较少，核较大且染色较浅，主要分布于灰质内。纤维性星形胶质细胞的突起细长，分支少，细胞内胶原纤维多，核染色较深，主要分布于白质内。辐射状胶质细胞是特殊类型的星形胶质细胞，分布于与脑室轴相垂直的平面，突起细长且很少有分支，从灰质跨越整个白质层。包括：①成年动物的视网膜 Müller 细胞，又称为放射状胶质细胞(radial gliocyte)，见于胚胎发育期，为迁移中的神经元提供支架；②小脑的 Bergmann 细胞，是小脑皮质的一种原浆性星形胶质细胞，其胞体位于 Purkinje 细胞的周围，其突起上升入分子层，称 Bergmann 纤维，此纤维有引导小脑颗粒细胞从外颗粒层向颗粒层迁移的作用；③室管膜上皮细胞，该细胞衬托在脑室和脊髓中央管内壁上的一层立方、柱状或扁平形细胞，表面有许多微绒毛，在脑室部的室管膜上皮细胞有纤毛，其摆动有推送脑脊液的作用。在哺乳动物有多种室管膜上皮细胞被覆的情况，如第三脑室侧壁覆盖灰质的室管膜、胼胝体深面覆盖白质的室管膜、脑室周围器(正中隆起、穹窿下器、终板血管器等)以及脉络丛上皮等。室管膜上皮细胞除了支持作用外，在脉络丛与分泌脑脊液有关，在脑室周围器参与向脑脊液中分泌或摄取某些激素控制因子，并参与血液、神经元和脑脊液之间的物质运输；④垂体细胞等。

2. 少突胶质细胞　在银染标本中，少突胶质细胞的突起较少，因此称为少突胶质细胞。少突胶质细胞的直径为 6~8μm，其细胞核小而圆，染色较深，细胞质内含有较多的线粒体、粗面内质网和核糖体，但不含胶原纤维，在白质和灰质中均有分布，其主要生理功能是在中枢神经系统中包裹轴突形

成髓鞘。少突胶质细胞的一个突起呈螺旋状包绕轴突，形成同心圆样的髓鞘结构。一个少突胶质细胞可发出数个突起与5~12个轴突形成髓鞘。根据被包绕轴突的粗细不同，少突胶质细胞形成髓鞘厚度也不相同。轴突越粗，髓鞘包绕层数越多，髓鞘也越厚。有的轴突没有髓鞘，则被单层的少突胶质细胞所覆盖。

3. 小胶质细胞　小胶质细胞是中枢神经系统内体积较小的一类胶质细胞，细胞突起少且粗短，有分支，其上有大量的棘刺，无血管周足。该细胞数量较少，占全部神经胶质细胞的5%~20%，小胶质细胞在中枢神经系统内均有分布，在灰质内的数量多于白质5倍。在中枢神经系统损伤等病理情况下，小胶质细胞具有吞噬作用，并能清除病变的细胞，被称为中枢神经系统的巨噬细胞。小胶质细胞还与中枢神经系统的内分泌和免疫功能有关。

（二）周围神经胶质细胞

周围神经胶质细胞主要有施万细胞（Schwann cell）和卫星细胞（satellite cell）等。施万细胞又称为神经膜细胞（neurolemmal cell），其形状不规则，细胞核呈扁圆形，居于髓鞘外面，细胞质在核周区。施万细胞的主要功能是在周围神经系统反复包绕轴突形成髓鞘。施万细胞的包绕方向是不定向的，与少突胶质细胞形成髓鞘的形式不同。每个施万细胞的细胞膜只能包绕一个轴突的一段区域，许多施万细胞沿着周围神经以纵链的方式分布并包裹周围神经纤维的轴突，形成髓鞘。此外，在周围神经系统受损时，施万细胞对周围神经的修复和再生起着至关重要的作用，并且还可以通过分泌多种细胞因子参与神经免疫反应。卫星细胞是周围神经系统中另一类神经胶质细胞，存在于神经节内，它包绕神经元的细胞体，形似被囊，因此又称为“被囊细胞”（capsular cell）或神经节胶质细胞（ganglionic gliocyte）。卫星细胞呈扁平或立方形，细胞核呈圆形或卵圆形。在背根神经节中，卫星细胞完全包裹节神经元胞体及其轴突呈T形分支前的盘曲段，并形成髓鞘，直到T形分支处被施万细胞所替代。卫星细胞具有营养和支持神经节细胞的作用。

（三）神经胶质细胞的功能

神经胶质细胞自被命名以来，人们对其认识曾经存在很大的局限性，认为它们只是一种神经间质或结缔组织，仅仅起被动的支持作用。自20世纪70年代以来，对胶质细胞的认识有了很大的发展，发现胶质细胞不仅对神经元有支持、形成髓鞘、营养、保护、再生和修复、分隔绝缘等多种功能，而且能积极调节神经元的代谢和内环境，参与神经元的活动，对整个神经系统正常的生理活动与病理变化都具有非常重要的作用。神经胶质细胞的主要功能有以下几方面：

1. 支持作用　星形胶质细胞从胞体发出许多长且有分支的突起，以其长突交织成网，或相互连接构成支架，充填在神经元胞体及其突起之间，并附着在血管壁和软脑膜上，对神经元起着机械性的支持作用和分割神经元的作用。

2. 引导迁移作用　在哺乳类动物中枢神经系统发育过程中，辐射状胶质细胞形成伸长的细丝，发育中的神经元沿此细丝迁移到其最终定居部位。

3. 绝缘和屏障作用　少突胶质细胞和施万细胞包绕轴突形成髓鞘，在神经冲动传导过程中起绝缘作用。胶质细胞还包裹单个或成群的神经元，使之彼此分隔，也起到绝缘的作用。此外，星形胶质细胞的突起末端膨大形成血管周足，这些周足与毛细血管内皮及内皮下基膜构成血-脑屏障（blood-brain barrier）。

4. 保护、修复和再生的作用　在血-脑屏障受损时，小胶质细胞可立刻被激活，其突起由巡视状态转向受损部位形成保护性屏障。此外，在脑组织炎症和变性过程中，小胶质细胞能迅速增殖、迁移，并有吞噬功能。变性的神经组织被清除后，留下的组织缺损主要由星形胶质细胞来填充，以修复受损的神经组织。在周围组织损伤时，施万细胞能在断裂处形成细胞桥，为再生轴突提供生长的通道，并产生新的髓鞘。

5. 物质代谢和营养的作用　神经胶质细胞的部分血管周足附着在毛细血管壁上，并以突起连接神经元，起着运输营养物质和代谢产物的作用。此外，星形胶质细胞还能产生神经营养性因子，来维

持神经元的生长、发育和生存，并保持其功能的完整性。

6. 免疫应答作用　当神经系统发生感染性病变时，星形胶质细胞可以作为中枢的抗原呈递细胞，其细胞膜上的特异性主要组织相容性复合体Ⅱ类蛋白质与外来抗原结合，并将其呈递给 T 淋巴细胞，产生免疫反应。此外，小胶质细胞具有分化、增殖、吞噬、迁移以及分泌免疫细胞因子的功能，参与免疫过程的调节。

7. 维持离子平衡的作用　星形胶质细胞膜上的钠泵可将细胞外高浓度的 K^+ 泵入细胞内，同时通过细胞间的缝隙连接将其分散到其他胶质细胞，以维持细胞外的平衡，保证神经元活动的正常进行。此外，星形胶质细胞还可以进行 HCO_3^-/Cl^- 交换。

8. 参与某些神经递质的调节及活性物质的代谢　胶质细胞能摄取邻近突触释放的递质，并可将储存的递质重新释放，参与调制突触传递过程以及神经元的功能。研究发现，谷氨酸能神经元活动增强可以使得邻近胶质细胞释放 ATP，以防止神经元的过度兴奋，而且胶质细胞还可以通过释放 D- 丝氨酸，帮助产生长时程增强（long-term potentiation，LTP）反应，提示胶质细胞在突触可塑性、学习记忆以及脑的高级功能活动方面具有重要的作用。胶质细胞还能合成和分泌多种神经活性物质，如血管紧张素原、白细胞介素和前列腺素等。

第三节　神经元间的信息传递

人类中枢神经系统内约有 1 000 亿个神经元，彼此之间通过突触来传递信息，组成复杂的神经网络。若以每个神经元突触末梢平均形成 2 000 个突触计算，则中枢内约含 2×10^{14} 个突触，这些突触联系有的产生兴奋效应，有的产生抑制效应，因此神经元之间信息传递的复杂程度可见一斑。

一、突触的类型

突触（synapse）的概念最早由英国神经生理学家谢灵顿（Charles S. Sherrington）于 1897 年提出。synapse 原意为“握手”“连接”之意，是指从一个神经元传向另一个神经元、或从一个神经元传向一个效应细胞（肌细胞、腺细胞和感受器细胞等）特化的接触点。每个神经元有很多突触，如大脑皮质锥体细胞约有 3 万个突触，小脑浦肯野细胞可多达 20 万个突触。根据突触传递的媒介物质不同，突触可分为化学性突触（chemical synapse）和电突触（electrical synapse）。前者的信息传递媒介物是神经递质，即通过突触前神经元释放的化学递质与突触后膜上的特异性受体结合，产生突触后效应，完成信息的传递；后者的信息传递媒介物则是离子电流，即离子电流从一个细胞直接流入另一个细胞（图 2-28）。哺乳动物的绝大部分突触属化学性突触，同时也有一小部分信息传递通过电突触来实现。

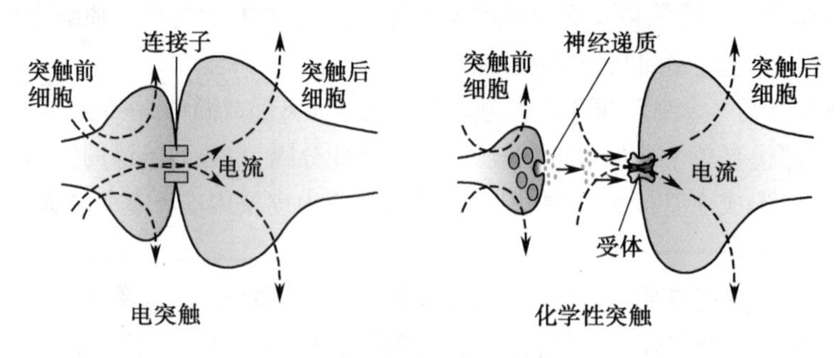

图 2-28　电突触和化学性突触传递

二、电突触的结构与特征

在所有哺乳动物细胞中，除成体骨骼肌细胞和红细胞外，几乎都有电突触的存在，如肝细胞、心肌细胞、平滑肌细胞、胰岛的 β 细胞、眼角膜上皮细胞、神经元以及神经胶质细胞等。电突触的结构基

础是缝隙连接(gap junction),超微结构显示,连接处相邻两个细胞膜的间隔为2~3nm,此处膜不增厚,两侧膜上存在贯穿细胞膜的蛋白颗粒,称为连接子(connexon)。每个连接子包含6个亚单位,即6个连接蛋白(connexin),排列成六角形。两个连接子相互连接形成一个六花瓣样的水性孔道,孔道直径约1.5nm。孔道允许带电小离子和小于1.0~1.5kD或直径小于1.0nm的水溶性小分子通过,因此Na^+、K^+、Ca^{2+}等离子和一些小分子物质如环磷酸腺苷(cyclic adenosine monophosphate,cAMP)、环磷酸鸟苷(cyclic guanosine monophosphate,cGMP)、1,4,5-三磷酸肌醇(inositol 1,4,5-triphosphate)和葡萄糖等能够自由通过,但核酸和蛋白质不能通过。电突触两侧没有突触囊泡,信息的传递并不是依赖于神经递质,而是靠携带电信号的离子流。电突触在细胞间形成了一个低电阻区,离子电流可以直接从一个细胞流入另一个细胞。一般为双向传递,因此没有突触前膜和后膜之分。由于其阻抗低,因而传导速度快,几乎不存在潜伏期。电突触对神经功能具有多种作用,其明确的功能是促进神经元的同步化活动。

三、化学性突触的结构及分类

在中枢神经系统中,大多数突触传递是化学性的,它是神经组织信息传递的主要形式,一般而言的突触联系即指化学性突触联系。

(一) 化学性突触的结构

典型的化学性突触在两个神经元间形成单向信息传递,它通常出现在突触前细胞的轴突末梢与突触后细胞的胞体和突起之间。神经元间的化学性突触由突触前膜(presynaptic membrane)、突触间隙(synaptic cleft)和突触后膜(postsynaptic membrane)构成。突触前膜和突触后膜比一般神经元细胞膜稍厚,约7.5nm左右,并且二者在结构上是不对称的。突触间隙宽度为20~30nm,其间有黏多糖、糖蛋白和唾液酸等物质。

1. 突触前膜 从形态上看,突触前膜是指突触前神经元膜特别增厚的部位,是神经末梢膨大部分(突触小体或终扣)与下一个神经元接触之处。在突触前膜内侧的轴浆内,含有较多的线粒体和大量的囊泡。囊泡又称为突触囊泡或突触小泡(synaptic vesicle),其直径为40~200nm,外形一般为球形,内含有高浓度的神经递质。由于不同突触内的突触小泡所含神经递质不同,囊泡的大小和形态也不完全相同,因此,突触小泡一般分为以下几种类型:①小而清亮透明的囊泡,该囊泡一般含有快速作用的神经递质,其中圆形囊泡含有兴奋性神经递质,而扁圆形囊泡含有抑制性神经递质,如乙酰胆碱或氨基酸类神经递质;②小而具有致密中心的囊泡,一般含有儿茶酚胺类神经递质;③大而具有致密中心的囊泡,一般含有神经肽类递质。突触前膜内侧有致密突起(dense projection),致密突起和网格形成突触小泡栏栅,其空隙刚好容纳一个突触小泡。栏栅结构引导突触小泡与突触前膜融合,促进突触小泡内神经递质的释放。突触小体内的部分囊泡靠近前膜,与相对的突触前致密区共同组成突触的活性区(active zone)。一般认为,活性区是释放神经递质的功能部位。哺乳动物脑内的单个突触一般有一个或多个活性区。在不同的功能状态下,突触的形态可以发生变化,活性区的数量也可以改变,这种突触结构的改变与突触传递功能的改变密切相关,这些变化反映出突触具有可塑性(plasticity)。

2. 突触间隙 突触前膜与突触后膜之间的空隙称为突触间隙,其宽度因突触类型的不同而异。电镜下常常观察到突触间隙内有电子致密物质,不同突触内的电子致密物质不同,该物质的主要作用可能是使突触前膜和突触后膜产生物理连接,从而有利于从突触前膜释放出的神经递质扩散到突触后膜。

3. 突触后膜 经典突触后膜成分则是神经元不同部位的细胞膜。突触的后膜往往增厚形成突触后致密区(postsynaptic density PSD),PSD内有能与神经递质结合的相应受体(receptor)以及分解递质的酶类物质。

(二) 化学性突触的分类

根据突触形成部位,突触可分为三类。①轴突-树突型突触(多为轴突-树突棘型突触):由突触前神经元的轴突与突触后神经元的树突相接触而形成的突触,这类突触最为多见;②轴突-胞体型突

触：为突触前神经元的轴突与突触后神经元的胞体相接触而形成的突触，这类突触也较常见；③轴突-轴突型突触：为突触前神经元的轴突与另一神经元的轴突相接触而形成的突触，这类突触是构成突触前抑制和突触前易化的重要结构基础。

突触前神经元除了它的轴突末梢可以与其他神经元形成突触外，它的树突、胞体均可与另一个神经元形成突触，并可形成混合性、串联性等多种复杂的形式，因此中枢内还存在树突-树突型、树突-胞体型、树突-轴突型、胞体-树突型、胞体-胞体型、胞体-轴突型突触，以及两个化学性突触或化学性突触与电突触组合而成的串联性突触（serial synapses）、交互性突触（reciprocal synapses）和混合性突触（mixed synapses）等（图 2-29）。

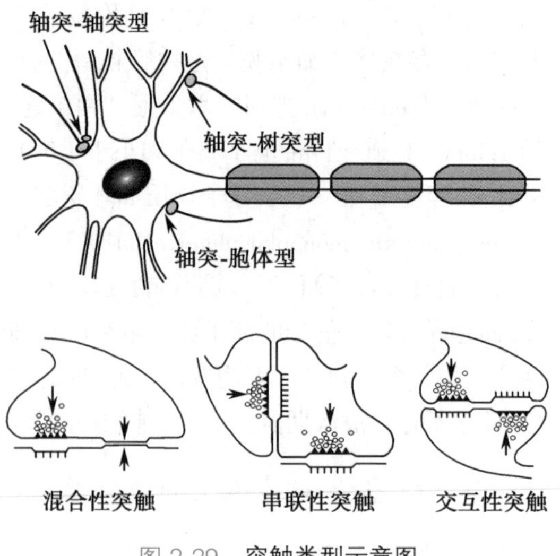

图 2-29 突触类型示意图

四、化学性突触的传递过程、调节及特征

化学性突触通过突触前膜动作电位引起突触前囊泡释放递质分子，该递质分子经过突触间隙，作用于突触后膜完成神经元间的信息传递。该过程包含了一系列极为复杂的生理生化变化以及复杂的突触前和突触后调节机制等。

（一）化学性突触传递的过程

化学性突触传递过程是连续的信号转导过程，可简单概括为以下几个阶段。①突触前神经元兴奋：动作电位抵达神经末梢，引起突触前膜去极化。②去极化使突触前膜结构中活性区邻近的电压门控 Ca^{2+} 通道开放：由于细胞膜外的 Ca^{2+} 浓度远高于细胞内，Ca^{2+} 通过开放的通道内流。Ca^{2+} 内流是神经递质释放的重要条件，其主要作用是促进突触小泡接近突触前膜并与之融合。③Ca^{2+} 内流触发突触前膜活化区释放神经递质：Ca^{2+} 与轴浆中钙调蛋白结合（CaM），激活钙调蛋白依赖的蛋白激酶Ⅱ（CaMⅡ），CaMⅡ使突触小泡外表面的突触蛋白Ⅰ磷酸化，突触蛋白Ⅰ与囊泡和细胞骨架蛋白的结合能力减弱，使得囊泡从细胞骨架上游离下来，进而囊泡膜在活性区部分与突触前膜“泊靠”（docking）、“融合”（fusion），并形成一个“融合孔”。通过出胞作用，囊泡内的神经递质从融合孔排放到突触间隙（量子性释放）。囊泡的“泊靠”及“融合”作用都是由特异的蛋白质家族介导。已被鉴定的蛋白质有 30 余种，可按照其存在部位分为 3 类，即位于囊泡膜上的蛋白质、突触前膜上的蛋白质以及胞质内的蛋白质。④释放入突触间隙的神经递质，通过扩散到达突触后膜，作用于后膜上相应的配体门控离子通道或代谢型受体。⑤神经递质与配体门控离子通道结合后，突触后膜上离子通道通透性增大，离子进出，引起突触后膜的膜电位改变。这种在突触后膜上形成的局部电位称作突触后电位（postsynaptic potential，PSP）。神经递质与代谢型受体结合后，通常激活 G 蛋白，产生第二信使间接影响离子通道或产生其他效应。⑥神经递质与受体作用之后立即被对应的降解酶分解或被神经元膜和胶质细胞膜重摄取移除，保证了突触部位信息传递的精确性和特异性。原囊泡膜再重新被回收至突触前膜内，再次填充神经递质，形成突触囊泡的循环。从以上整个化学性突触传递的过程来看，突触传递是一个电—化学—电的转化过程（图 2-30）。也就是说，突触前神经元的生物电活动诱发了突触前神经末梢递质的释放，该递质导致突触后神经元产生突触后电位。

（二）化学性突触传递的调节

化学性突触传递可受多种因素的调节和影响，概括起来，主要是通过影响递质的释放、递质的消除和递质的受体三方面起作用。

1. 递质的释放 递质的释放量主要取决于进入神经末梢的 Ca^{2+} 量，即递质的释放量与 Ca^{2+} 内

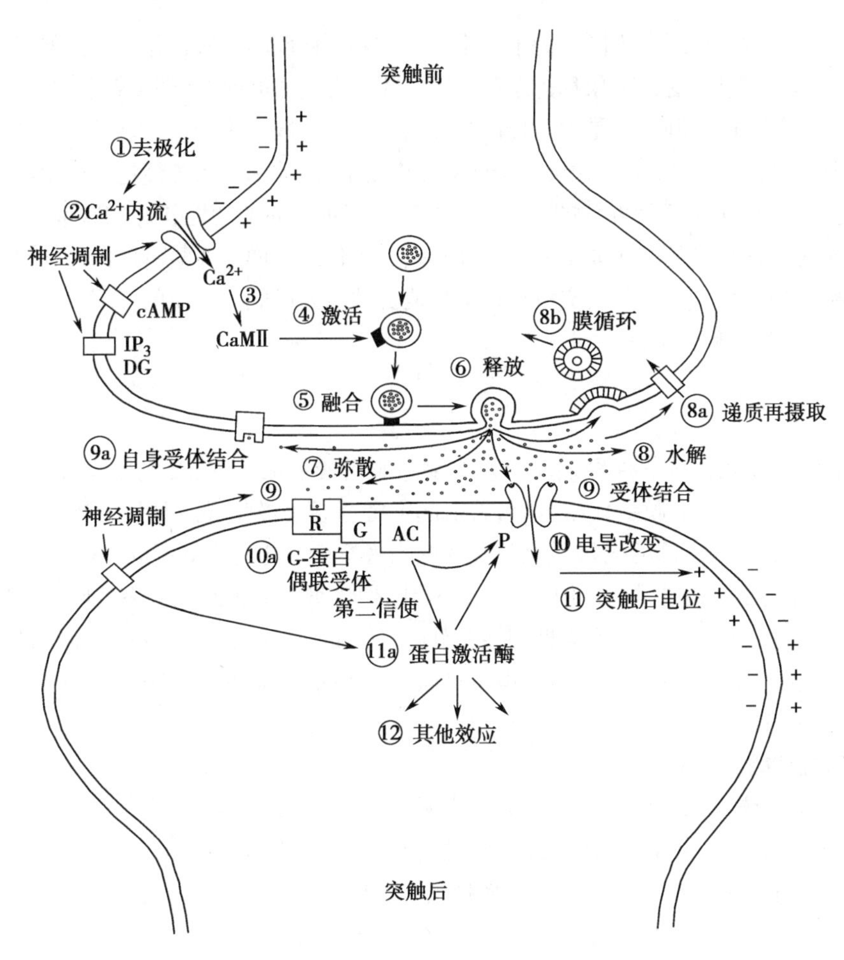

图 2-30　化学性突触传递的主要过程

流量呈正相关关系。进入的 Ca^{2+} 越多,神经递质释放量越大;反之,神经递质释放量减少。因此,凡是能影响神经末梢 Ca^{2+} 内流的因素都能改变递质的释放量。如到达突触前膜动作电位频率和幅度的增加,可导致神经递质释放量的增加。此外,突触前膜还存在突触前受体[如 N- 甲基 -D- 天冬氨酸(NMDA)受体],受体的激活也可以影响进入突触前 Ca^{2+} 的量,进而影响递质释放。还有一些梭状芽孢杆菌毒素(如破伤风毒素),可灭活与突触囊泡着位有关的蛋白,因此抑制神经递质的释放。

2. 递质的消除　已经释放的神经递质通常被神经元重摄取或被酶代谢而消除,因此,能影响神经递质重摄取和酶解代谢的因素也能影响突触传递。如利血平能抑制交感神经末梢重摄取去甲肾上腺素。

3. 递质的受体　在神经递质释放量发生改变时,受体与递质的亲和力以及受体的数量均可以发生改变,从而影响突触传递。此外,由于突触间隙与细胞外液相通,因此凡能进入细胞外液的物质均可能到达突触后膜影响突触传递。如 α- 银环蛇毒可以特异性地阻断骨骼肌终板膜上的乙酰胆碱受体,使肌肉松弛。

(三) 化学性突触传递的特征

化学性突触传递由于通过化学性递质的中介作用,因此具有以下特征:①单向传递:即不能逆向传递,由于突触小泡只存在于突触前神经元,突触后膜一般不能释放神经递质,因此神经递质只能从突触前膜释放,然后作用于突触后膜上的受体,完成突触传递过程。②突触延搁:因为兴奋从突触前神经末梢传至突触后神经元,需要经历神经递质的释放、扩散以及激活突触后受体等过程,所以需要较长的时间(0.3~0.5ms),这段时间称为突触延搁。③总和作用:突触前神经元传来一次冲动及其引起递质释放的量,一般不足以使突触后神经元产生动作电位。但当一个突触前神经末梢连续传来一连

串冲动，或者许多突触前神经末梢同时传来一排冲动，那么，释放的递质积累到一定的量，就能激发突触后神经元产生动作电位，这种现象称为总和作用。④兴奋节律的改变：即突触前神经元和突触后神经元的神经冲动频率并不相同，这是因为传出神经的兴奋除了取决于传入冲动的节律外，还取决于传出神经元本身的功能状态。在多突触反射中则情况更复杂，冲动由传入神经进入中枢后，要经过中间神经元的传递，因此传出神经元发放的频率还取决于中间神经元的功能状态和联系方式。⑤对内环境的敏感性：突触对内环境的变化非常敏感，如缺氧、二氧化碳的增加或酸碱度的改变等，这些变化都可以影响突触传递活动。⑥易疲劳：突触传递发生疲劳的原因可能与递质的耗竭有关，疲劳的出现是防止中枢过度兴奋的一种保护性机制。

五、突触后电位

依据突触前神经元释放的神经递质以及突触后膜上受体的不同，突触后膜可以发生去极化或超极化。神经递质与突触后膜受体结合后，若引起突触后膜去极化导致神经元兴奋性升高，表现为神经元活动的加强，这种局部的去极化电位称为兴奋性突触后电位（excitatory postsynaptic potential，EPSP）。若突触后膜在神经递质的作用下发生超极化，使该突触后神经元兴奋性降低，表现为神经元活动的抑制，这种超极化电位变化称为抑制性突触后电位(inhibitory postsynaptic potential，IPSP)。此外，根据其电位时程的长短还可分为快突触后电位（fast postsynaptic potential，fPSP）与慢突触后电位（slow postsynaptic potential，sPSP）。

（一）兴奋性突触后电位

在中枢神经系统内，存在大量的兴奋性突触后电位（EPSP）。EPSP 的形成，主要是递质与受体结合后引起突触后膜对部分阳离子（Na^+ 和 K^+）的通透性增大，从而使突触后膜局部去极化（图 2-31）。中枢神经系统内大部分的 EPSP 是由于 Na^+ 内流形成的，此外 EPSP 还可能与 Ca^{2+} 通道开放引起的 Ca^{2+} 内流有关。EPSP 是局部电位，它的大小取决于突触前膜释放的神经递质量。EPSP 一般在动作电位到达突触前膜后 0.5~1.0ms 产生，其幅度小于 1mV，这种 EPSP 又称为快兴奋性突触后电位（fast excitatory postsynaptic potential，fEPSP）。产生 EPSP 的突触称为兴奋性突触，其相应的神经递质称为兴奋性递质。中枢神经系统内最主要的兴奋性神经递质是谷氨酸（glutamic acid，Glu）。在突触后膜上介导 EPSP 的谷氨酸受体主要有 NMDA 受体（N- 甲基 -D- 门冬氨酸）和非 NMDA 受体两大类，其中 NMDA 受体介导慢时程 EPSP，而非 NMDA 受体介导快时程 EPSP。

图 2-31　兴奋性突触后电位

注：左图为记录电极示意，图中记录电极插入脊髓前角运动神经元的胞体内，适当刺激传入神经纤维后，在该神经元可记录到 EPSP。右图为 EPSP 记录，在一定范围内加大刺激强度，EPSP 去极化的幅度也随之增大（上面 3 个记录）。当去极化达到阈电位时，可以记录到动作电位（右下）。上线：神经元内电位记录，下线：后根传入神经电位记录。

（二）抑制性突触后电位

抑制性突触后电位（IPSP）的形成，主要是突触前膜释放的神经递质与突触后膜的受体结合后，引起突触后膜 Cl^- 通道开放，Cl^- 在电化学梯度的作用下内流，突触后膜出现超极化改变（图 2-32）。一般将产生 IPSP 的突触称为抑制性突触，其相应的神经递质称为抑制性递质，释放抑制性递质的神经元称为抑制性神经元。中枢神经系统内重要的抑制性递质是 γ- 氨基丁酸（GABA）和甘氨酸(Glycine)，它们分别是脑和脊髓内抑制性中间神经元发挥作用的神经递质。

突触后膜出现的电位变化特征主要取决于递质与受体结合后形成的离子流。如在成年动物的神经系统，由于成年动物神经末梢部位细胞外的 Cl^- 浓度高于细胞内，因此 GABA 引起 Cl^- 内流，产生突触后膜超极化，所以一般称 GABA 是抑制性神经递质；但在新生动物的一些脑区，由于在动物发育中

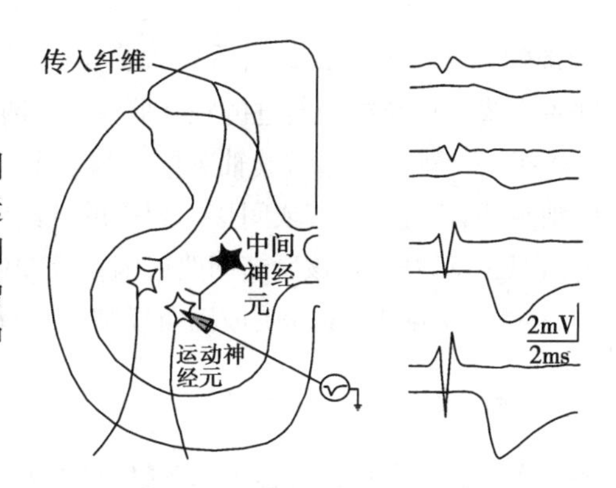

图 2-32　抑制性突触后电位

注：左图为记录电极示意，黑色神经元为抑制性中间神经元，抑制性中间神经元兴奋后在运动神经元产生 IPSP。右图为 IPSP 记录，当刺激逐渐增大时，IPSP 的超极化程度也随之增大（自上而下的 4 个记录）。上线：后根传入神经电位记录，下线：神经元胞体内记录。

的神经末梢膜内外的 Cl^- 浓度与成年动物不同，细胞外的 Cl^- 浓度低于细胞内，当 GABA 作用于突触后膜相同受体后，产生的是 Cl^- 外流，使得膜内侧负电荷减少，因而引起去极化，发挥了兴奋性递质的作用。

第四节　神经元的联系方式与整合机制

人类中枢神经系统中约含 1 000 亿个神经元，其中传出神经元有数十万左右，传入神经元的数量是传出神经元的 1~3 倍，而中间神经元的数量最多。中枢神经元彼此之间通过突触构成非常复杂的通讯联络方式，这些联系方式是实现神经系统复杂功能的结构基础。

一、神经元的联系方式

中枢神经元之间的联系主要有以下几种基本方式（图 2-33）：①单线式联系（single chain connection），该联系方式是指一个突触前神经元仅与一个突触后神经元建立突触联系。如视网膜中央凹处的视锥细胞与双极细胞和双极细胞与节细胞之间形成的突触联系，这种联系方式可产生高分辨能力的传递效果，使得视锥系统具有较高的分辨能力。②辐散式联系（divergence connection），是指一个神经元的轴突可以通过其分支分别与许多神经元建立突触联系。这种联系方式在传入通路中较为多见，它能使一个神经元的兴奋引发下一级神经元同时兴奋或抑制，从而扩大了神经元活动的影响范围。辐散式联系主要有两种形式：一是信息沿着一条通路进行扩散，其作用就是放大信息。如脑干的一些神经元，其轴突可与十万个以上的突触后神经元形成突触联系；第二种方式是信息可以沿着两条通路传导，其作用是将同一种信息传导到神经系统的不同部位。如感觉传入神经纤维除了与本节段的脊髓中间神经元和运动神经元发生突触联系外，还经上升支和下降支与附近其他节段的中间神经元形成突触联系。③聚合式联系（convergent connection），是指一个神经元可接受许多神经元的轴突末梢并建立突触联系。这种联系方式使许多神经元的信息集中到同一个神经元，这些传入的信息既可以是兴奋性的，或抑制性的，也可以是兴奋性的与抑制性的同时聚合，从而发生总和或整合反应，导致该神经元兴奋或者抑制。这种联系方式在传出通路上较为多见。如脊髓前角的运动神经元，该神经元不仅接受背根的传入、中间神经元的传入，还接受来自大脑皮质或脑的其他部位

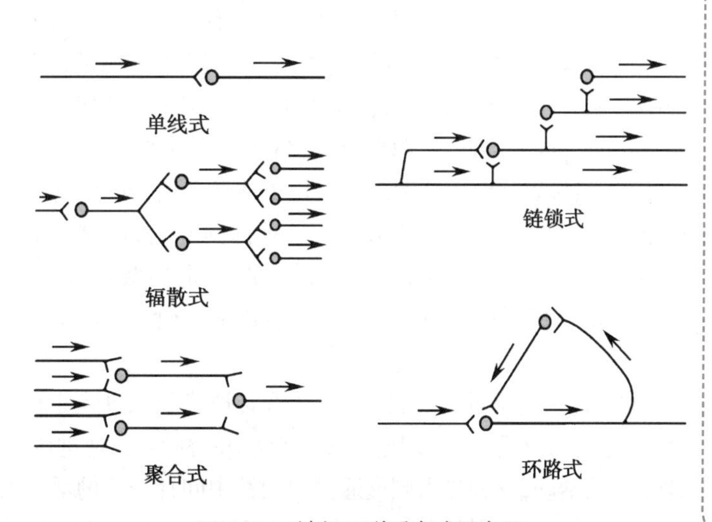

图 2-33　神经元联系方式示意图

的神经纤维的传入。④链锁式联系(chain connection),是指由聚合式联系和辐散式联系同时存在而形成的联系方式。神经冲动通过链锁式联系,在空间上可以扩大作用范围。⑤环路式联系(recurrent connection),指一个神经元通过其轴突侧支与多个神经元建立突触联系,而这些突触后神经元又通过其本身的轴突,回返过来直接或间接与原来的神经元建立突触联系,形成一个闭合环路。兴奋通过环路联系可以形成反馈回路,该反馈回路或因正反馈使原神经元的兴奋得到加强和时间上的延续,产生后发放或后放电(after discharge);或因负反馈,使原神经元的兴奋减弱并及时终止。

二、整合机制

在神经系统的信息传递过程中,突触后神经元会接受多个神经信息的传入,突触后神经元需要整合这些传入的神经信息,然后决定是否输出动作电位。此外,神经系统还通过中枢抑制和中枢易化来协调神经系统活动,这是中枢神经系统完成各种机体功能的基础。

(一) 突触整合

一般而言,每个突触后神经元常与多个突触前神经末梢构成突触,产生的突触后电位中既有EPSP也有IPSP,并且传入电位的强度、时间以及终止在神经元上的部位也不同。因此神经元每时每刻可能受不同性质、不同强度突触活动的影响,并在神经元上产生大小不一、持续时间不等的突触后电位。这些突触后电位在时间和空间上总和,最终决定是否输出动作电位以及如何响应,该过程被称为突触整合(synaptic integration)。突触整合的简单形式就是总和,包括时间与空间上的总和。神经元膜上密集分布的突触以及神经纤维上不断传送的高频冲动是空间总和与时间总和的基础。因此,神经元胞体就好比是整合器,神经元不同部位的突触后电位传导至胞体,其电位改变的总趋势决定于同时产生的EPSP和IPSP的代数和。当代数和表现为超极化时,突触后神经元表现为抑制,将使膜电位远离阈电位,消除突触兴奋产生的效应;当代数和表现去极化时,突触后神经元表现为兴奋性升高。当去极化达到阈电位水平时,即可产生动作电位。

突触整合的关键部位是传出神经元和中间神经元的轴突始段(axon initial segment),此处是动作电位的触发区,主要由于这些部位电压门控 Na^+ 通道的密度较胞体和树突膜高很多,产生兴奋所要求达到的去极化电位(10mV)较胞体(30mV)低;此外,这些部位的直径较胞体与树突的直径小,纵向阻抗大,易于形成较大的去极化电位。动作电位一旦发生便沿着轴突传向轴突末梢,也可逆向传到胞体。由于动作电位存在不应期现象,因此只有不应期结束后,神经元才能接受新的刺激而再次兴奋。

(二) 中枢抑制

神经系统的基本生理过程包括中枢抑制(central inhibition)和中枢易化(central facilitation)。中枢易化和中枢抑制都是中枢内常见的生理过程,而且都是主动性的活动,二者的对立统一是神经系统活动协调的基础。中枢易化就是突触后产生兴奋性突触后电位,以及在整合基础上产生动作电位;中枢抑制实际上是突触抑制,根据其形成机制的不同,分为突触后抑制(postsynaptic inhibition)和突触前抑制(presynaptic inhibition)两类,它们都是通过中间神经元活动而产生的。

1. 突触后抑制　突触后抑制是指神经末梢释放抑制性神经递质使突触后膜产生了抑制性突触后电位,引起神经元兴奋性降低。这种抑制产生的结构基础是环路中有抑制性中间神经元的存在。根据抑制性神经元的功能与联系方式的不同,突触后抑制主要有传入侧支性抑制(afferent collateral inhibition)和回返性抑制(recurrent inhibition)两种形式,均可见于调节骨骼肌运动的脊髓前角运动神经元上。

(1) 传入侧支性抑制:传入冲动沿着神经纤维进入中枢发出分支,一支直接兴奋某一中枢神经元,产生传出效应;另一支则兴奋抑制性中间神经元,通过该抑制性神经元的活动,转而抑制另一中枢神经元的活动,这种传入侧支通过抑制性中间神经元的活动而使功能拮抗的另一神经元抑制的现象称为传入侧支性抑制(图2-34)。由于这种抑制,往往发生于调节同一生理活动、功能拮抗的神经元群

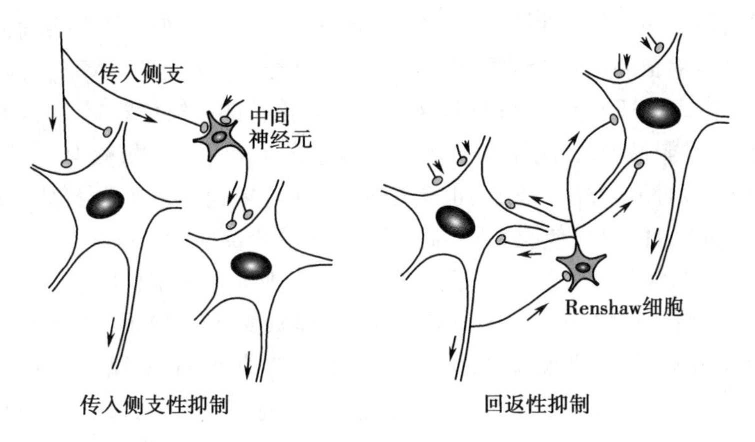

图 2-34　两类突触后抑制

之间，所以又称为交互抑制（reciprocal inhibition）。例如，屈肌反射表现为屈肌收缩时，伸肌必须舒张才能使得关节屈曲。其过程是传入神经进入脊髓后，一方面可兴奋脊髓前角运动神经元，运动神经元的兴奋通过传出神经纤维引起所支配骨骼肌（屈肌）收缩。同时经侧支兴奋抑制性中间神经元，该抑制性中间神经元与另一支配伸肌（屈肌的拮抗肌）的运动神经元之间形成突触联系，当抑制性神经元兴奋后，可在支配伸肌运动神经元上形成抑制性突触后电位而使其电活动受到抑制，它所支配的拮抗肌舒张。这种抑制形式不仅脊髓有，脑内也有。它是中枢神经活动的基本方式之一，其意义在于使得两个相互拮抗的中枢活动协调起来。

(2) 回返性抑制：一个中枢神经元的兴奋性活动，可通过其轴突侧支兴奋一个抑制性中间神经元，后者经其轴突返回来抑制原先发动兴奋的神经元及同一中枢的神经元，这种现象称为回返性抑制（图 2-34）。回返性抑制是一种负反馈抑制。例如，脊髓前角运动神经元的轴突支配某一骨骼肌的活动，轴突在离开轴丘后很快发出分支，与抑制性的中间神经元形成突触联系，这类抑制性的中间神经元称为闰绍细胞（Renshaw cell），闰绍细胞的轴突及其分支又返回来与脊髓前角运动神经元本身及功能相同的邻近神经元形成抑制性突触。当运动神经元兴奋时，神经冲动不仅沿着轴突传到终末使受其支配的骨骼肌收缩，同时沿着轴突分支兴奋闰绍细胞，闰绍细胞兴奋后，其终末释放抑制性神经递质甘氨酸（glycine），抑制了原先发出兴奋的脊髓前角运动神经元及相邻的相同功能神经元。这种抑制的意义在于防止神经元过度、过久地兴奋，使已经发动的肌肉活动及时终止，并使同一中枢内许多神经元（同功能细胞群）的活动协调一致。回返性抑制也见于海马等其他脑区，使这些神经元呈现同步化活动。总之，突触后抑制可以通过传入侧支性抑制和回返性抑制使功能拮抗的中枢出现相反的效应，功能相同的中枢活动同步，最终使活动协调。

2. 突触前抑制　突触前抑制（presynaptic inhibition）是指由于抑制性中间神经元的活动导致兴奋性突触前神经末梢释放的递质量减少，产生了不容易甚至不能引起神经元兴奋的现象。这种抑制产生的结构基础是在突触前膜上存在轴突 - 轴突型突触，即存在轴突 - 轴突（突触前成分）—胞体（突触后成分）的串联式突触。如图 2-35A 所示，轴突末梢 a 与轴突末梢 b 的终末形成了轴突 - 轴突式突触，轴突末梢 b 的终末又与神经元 c 形成轴突 - 胞体型突触，轴突末梢 a 与神经元 c 并不直接形成突触。突触前抑制是指 b-c 形成的轴突 - 胞体式突触，这种结构中轴突 - 轴突式突触位于突触前膜。当神经冲动沿着轴突 b 传到神经末梢时，可使神经元 c 产生一定幅值的兴奋性突触后电位（如 10mV）；当单纯兴奋轴突 a 时，神经元 c 没有反应。但如果先兴奋轴突 a，一定时间后再兴奋轴突 b，则轴突 b 在神经元 c 产生的兴奋性突触后电位明显减小（如减小 5mV）。因此，突触前抑制发生的基本过程是：抑制性中间神经元兴奋→神经末梢 a 释放神经递质（如 GABA）→轴突末梢 b 产生膜电位的改变→神经末梢 b 产生动作电位的幅度减少→神经末梢 b 释放兴奋性神经递质的量减少→神经元 c 产生的兴奋性突触后电位幅度减少→神经元 c 不易或不能发生兴奋。

目前认为，这种以突触前兴奋性神经元末梢释放的递质量减少为特征的突触前抑制，至少有三种可能的机制：①神经末梢 a 兴奋时，释放的 GABA 作用于神经末梢 b 上的 $GABA_A$ 受体，引起神经末梢 b 的 Cl^- 电导增加，Cl^- 内流抵消了部分神经末梢 b 的动作电位的去极化效应，动作电位幅值变小，结果使进入末梢 b 的 Ca^{2+} 量减少，因此神经末梢 b 的兴奋性神经递质释放量减少，最终导致神经元 c 的兴奋性突触后电位减少（图 2-35B）。此外，也有资料表明神经末梢 a 释放五羟色胺（5-HT），5-HT 可作用于神经末梢 b 上的 5-HT 受体，使膜对 Cl^- 通透性增加，产生突触前抑制。②在某些神经末梢 b 上还存在 $GABA_B$ 受体，GABA 与它结合后，可通过偶联 G 蛋白，使轴突末梢 b 上的电压门控 K^+ 通道开放，K^+ 外流使膜复极化加快，同时引起神经末梢进入的 Ca^{2+} 量减少，神经递质释放量减少，结果导致神经元 c 的兴奋性突触后电位减少，呈现抑制效应（图 2-35B）。③神经末梢 a 释放的神经递质激活了神经末梢 b 上的代谢型受体，该受体的激活可以直接抑制神经末梢 b 释放递质，此过程与 Ca^{2+} 的内流无关。

突触前抑制在中枢神经系统内广泛存在，尤其多见于感觉传入通路中。此外，从大脑皮质、脑干和小脑等处发出的下行神经冲动可对感觉传导束发生突触前抑制。因此，突触前抑制对调节感觉传入活动具有重要的作用。突触前抑制的主要特点是抑制产生的潜伏期较长，抑制作用的持续时间也较长，是一种很有效的抑制作用。

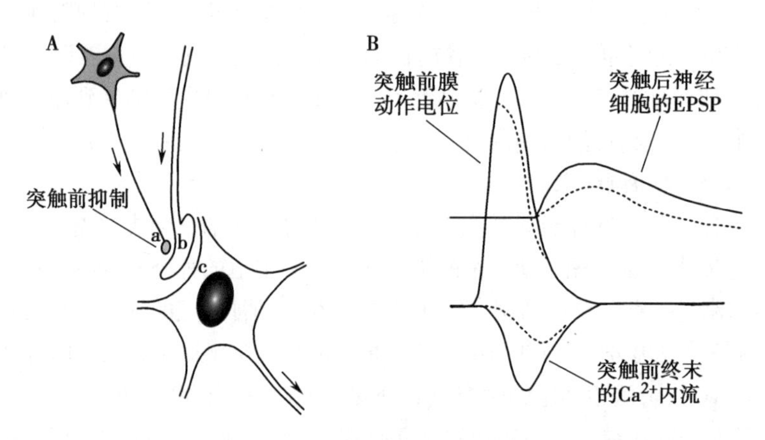

图 2-35　突触前抑制的形成机制示意图

A. 突触前抑制的结构示意图；B. 突触前抑制形成过程中的突触前动作电位、Ca^{2+} 内流以及突触后神经元的 EPSP 改变。

（三）中枢易化

中枢易化（central facilitation）也可分为突触后易化和突触前易化。突触后易化表现为兴奋性突触后电位的时间上或空间上总和。由于突触后去极化，膜电位接近阈电位水平，如果在此基础上再接受一个刺激输入，此时膜电位就较容易达到阈电位水平，从而爆发动作电位。突触前易化具有与突触前抑制相同的结构基础。在图 2-35 中，如果突触末梢 b 的动作电位时程延长，此时电压依赖性 Ca^{2+} 通道开放时间延长，进入神经末梢 b 的 Ca^{2+} 量增多，递质释放量增加，最终使神经元 c 的兴奋性突触后电位增大，此时神经元 c 表现为突触前易化。突触前易化的机制可能是由于轴突 - 轴突式突触末梢（神经末梢 a）释放某种神经递质（如 5-HT），该神经递质与神经末梢 b 的受体结合后，引起神经末梢 b 内的 cAMP 水平升高，使 K^+ 通道发生磷酸化而关闭，复极化过程减慢从而使动作电位时程延长。

本章小结

神经系统是由位于颅腔内的脑和椎管内的脊髓，以及与它们相连的躯体神经和内脏神经组成。脑可分为端脑、间脑、中脑、脑桥、延髓和小脑六部分。躯体神经分布于体表、骨、关节和骨骼肌；内脏神经则支配内脏、平滑肌、心血管和腺体。神经系统借助各类感受器接受来自体内、外环境的各种刺激并将其转变为电信号，电信号经传入神经沿着特定的感觉传导通路上传到达中枢，中枢对这些信息

进行分析、整合，从而形成感觉和知觉，并产生情绪和情感。同时，脑发出的信息经过运动传导通路到达肌肉，完成随意运动以及本能性行为。

在细胞层次上，神经系统由神经元和神经胶质细胞构成。神经元是组成神经系统结构和功能的基本单位，具有传导信号和处理信息的功能。神经元由胞体和突起两部分组成，胞体是控制和维持其功能活动的中心，而突起（轴突和树突）则是实现信息传递的部位。神经元是可兴奋细胞之一，动作电位是神经元传递信息的信使。神经胶质细胞主要对神经元起支持、保护、分离和营养等作用。

神经元之间传递信息是通过突触来实现的，突触由突触前膜、突触间隙和突触后膜组成。在突触前活动区，突触囊泡中神经递质释放到突触间隙，与突触后膜上的递质受体结合后可将信息从一个神经元传递到另一个神经元。

数量庞大的神经元通过多种联系方式构筑成神经网络，在不同的空间和时间，以递质释放的方式接受复杂的信息的输入，这些输入的信息可以在神经元树突和胞体上进行突触整合，并通过某些信号通路产生易化作用或者抑制作用，还能在通路上进行突触传递效能的改变，最终实现神经系统纷繁多样的生理功能以及脑的高级功能活动。

思考题

1. 试述中枢神经系统和周围神经系统的结构组成及各部分的功能。
2. 试述神经元和神经胶质细胞的基本结构、分类及其功能。
3. 试述化学性突触与电突触的结构基础以及突触传递过程、特征和生理意义。
4. 如果将玻璃微电极插入突触前和突触后神经元内，如何判定这两个神经元之间的联系是化学性突触还是电突触？
5. 试述突触后抑制与突触前抑制的结构基础、形成机制和生理意义。

（王珏　李延海）

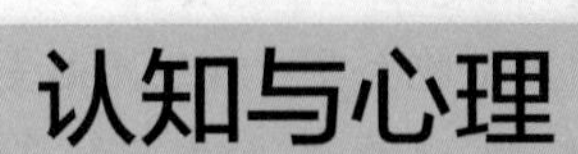

第三章 认知与心理

信息加工是神经功能的重要特征，重建、代偿或增强神经功能的神经工程技术和方法几乎都需要通过神经接口实现神经信息处理和神经活动调控。认知心理学是研究认知过程的一门学科，以信息加工观点研究认知过程已经成为现代认知心理学的主要思想。因此，神经工程技术与认知心理加工息息相关，一方面在神经接口技术设计开发过程中要充分考虑生物体（特别是人）自身神经信息加工过程的认知心理学特性，另一方面，在神经工程技术应用时也需要评估人 - 机之间信息能量耦合的神经认知和心理效应。本章将简要介绍认知心理学的基本概念及主要研究方法，认知心理的信息加工机制、神经工程的人 - 机交互认知心理效应，以及认知心理效应的神经心理测评方法。

第一节　认知心理概述

一、认知心理学发展

认知心理学（cognitive psychology）是 20 世纪 50 年代中期在西方兴起的一种心理学思潮，它研究人的高级心理认知过程，包括注意、知觉、表象、记忆、思维和语言等。以信息加工观点研究认知过程成为现代认知心理学的主要思想，从这种意义上讲，认知心理学相当于信息加工心理学，是一门用信息加工观点研究人的认知过程的科学。认知心理学它一方面吸取了当今信息时代的科学技术精华（信息论、控制论、系统论和计算机科学的最新优秀成果等），具有高科技的起点；另一方面，认知心理学坚持以大脑中的认知过程作为研究对象，并继承了行为主义的严格的实验传统，坚持用实验的方法去研究人的心理过程。

生理学和哲学被普遍认为是认知心理学的发展源头。这种观点是在 20 世纪 50 年代中期的西方世界形成的，一直到 70 年代才最终演化为西方心理学所认同的主流观点。1956 年通常被人们称为认知心理学历史上的具有里程碑意义的一年，其中代表性事件是 Chomsky 提出了语言理论，阿兰纽厄尔（Alan Newell）与西蒙（Herbert Alexander Simon）提出了通用问题解决模型。这几项重要的心理学研究都阐述了认知心理学的信息加工核心观点。

1958 年，心理学家唐纳德·布罗德本特出版的《知觉与传播》一书，为认知心理学的发展奠定了重要的基础，他提出了人脑认知的信息加工方式是一种以心智处理来思考与推理的方式。1967 年，著名心理学家 Ulrich Neisser 所出版的书籍《认知心理学》是认知心理学的第一款出版物，被学术界公认是现代认知心理学形成的标志性产物。

20 世纪 80 年代，以信息加工理论为核心思想的现代认知心理学理论体系已经初步形成。以信息加工的理论观点为依据去研究人类认知活动的基本规律已成为主流思路。认知心理学已经被应用在教育和社会等领域去解释人的内心活动，进而解析人的社会行为。

与传统心理学不同，认知心理学与神经心理学有着千丝万缕的联系。特别是将先进的神经影像

技术与心理测量相结合。如脑磁图、事件相关电位等具有较高时间分辨率的脑功能成像方法不断被运用于对认知神经心理过程和规律的认识。神经心理学概念的形成可追溯到1895年R.Dunglison编著的《医疗科学词典》(*Dictionary of Medical Science*),被诠释为"包括心理学的神经学",重点探讨认知功能(包括记忆、知觉、思维)、脑结构与行为之间的相互关系,在行为神经学和神经精神病学之间搭建了桥梁(Taylor,1988)。正电子断层扫描(PET)、功能磁共振、头表脑电事件相关电位的综合应用,让我们不仅能看到神经系统的内部结构,更重要的是能分析评估认知心理活动中的神经信息加工模式,在不断促进神经心理学发展的同时还逐渐形成了认知神经心理学。

二、认知神经心理主要假说

(一) 单元假说

在单元假说里,复杂的认知历程是由特定功能的单元组合执行完成的,是负责执行功能的自动化机制。在这种假说里,不同的功能单元可以同时快速地接收不同信息,而且一个特定单元的改变,不会影响其他单元的运作。也就是说,局部的损伤只会损害特定功能,不会对整体运作构成太大的障碍。

虽然单元假说主要用于描述认知历程的加工,其基本思想也可以延伸至解剖结构组织方面,如视觉系统在解剖结构上可以分为不同的区域单元,分别接收和处理颜色、形状、位置、运动等信息,各区域结构自成一个单元。大脑各个区域结构各自组成一个单元,负责不同的大脑功能。单元假说虽然还未被完全证实,但有一些临床病症能较好地用单元假说进行解释。

(二) 局部假说

局部假说的主要观点认为,大脑局部损伤导致的心理行为障碍是有限的。患者只有某种特定的功能受到损伤,其他方面的功能能够维持正常。或者说,局部损伤一般只产生有限的行为障碍,对患者其他功能影响较小。如A区域受损造成阅读障碍,则可推断阅读行为属于A区的功能范畴,但不能说明A区域只负责阅读,或只有A区域负责阅读。

单元假说和局部假说都有不少临床证据,但脑是一个高度复杂的互动系统,不同区域之间有相互交错的功能联系,即使小区域的损伤也可能波及远距离脑区的功能。此外,脑损伤还可能释放在正常情况下被抑制的功能,使功能障碍变得错综复杂,这也是局部和单元假说要面对的挑战。

(三) 综合征取向

综合征取向假说的观点认为,相互关联的同类型疾病受同一个机制支配,在神经心理学中,对综合征的辨认有助于了解脑伤的解剖结构。例如根据布罗卡失语症的综合征的症状分析,有利于推定受伤脑区处于额叶盖部,或者,根据左边单侧忽视的症状,可推断脑伤位置在右顶叶等。

当然,在目前的医疗技术手段中,脑影像技术可进行精细的脑部损伤定位。综合征这个概念也受到了质疑。但仍然有神经心理学家对综合征的观点采取了谨慎积极的态度。Vallar(1991)把综合征分为三种类型,分别是:

1. **解剖综合征**　指特定脑区受损后,可能出现一组异常行为。
2. **功能综合征**　指一个功能单元受损害而出现的一组相关的症状。
3. **混合综合征**　独立隔离的功能单元受毗邻的数个脑区支配,这些脑区的损伤会造成解剖和功能的混合症状。

对综合征持积极态度的科学家们认为,掌握综合征的不同类型,能够利用综合征推断神经心理机制,保证不至于出现太大的偏差。在应用中,还尤其需要注意,症状只代表"可能出现",而不是"绝对必然"的。它能够提示脑组织功能的一些规律,但在具体的病例诊断和治疗中,必须注意个体差异。这也是由于心理科学的特点所决定的——强调"可能性",而非"必然性"。

(四) 群体和个案研究

由于技术手段的局限性,19世纪的一些研究者对脑伤患者的研究多采用个案研究法。这种方法常见于罕见病例,其特点是对个案脑伤的性质进行详细记录和描述,并将功能障碍与脑伤的解剖结构

联系起来。随着测量方法的突破性改进和统计分析方法的发展以及越来越严格的实证要求，群体研究逐渐成为研究策略的主流。不过相较于群体研究对群体同质性的高要求，在研究过程中具有良好的对照组的个案分析法在研究中仍然有其实用性和可靠性。但另一方面，对个案研究而言，最大的弱点在于较难进行重复性实验，因为患者的个体差异存在于年龄、性别、身体功能、人格、动机等等各种方面。也就是说，群体研究的异质性问题同样困扰着个案研究法。

三、认知心理学的主要观点及研究方法

广义上的认知心理学包括以皮亚杰为代表的建构主义认知心理学、心理主义心理学和信息加工心理学。狭义上就是指信息加工心理学，它用信息加工的观点研究人的接收、贮存和运用信息的认知过程，包括对知觉、注意、记忆、心象（即表象）、思维和语言的研究，主要的研究方法有实验法、观察法和计算机模拟法。

认知心理学的主要代表人物有美国心理学家和计算机科学家纽厄尔（Alan Newell，1927）和美国科学家、人工智能开创者之一的西蒙（Herbert Alexander Simon，1916）等，围绕信息加工，他们形成的主要观点包括：

1. 把人脑看作类似于计算机的信息加工系统　他们认为人脑的信息加工系统是由如图 3-1 所示的感受器（receptor）、效应器（effector）、记忆（memory）和处理器（控制系统）（processor）四部分组成。首先，感受器从环境对象接收输入信息，感受器对信息进行转换；转换后的信息在进入长时记忆之前，要经过控制系统进行符号重构、辨别和比较；记忆系统贮存着可供提取的符号结构；最后，效应器对外界做出反应。

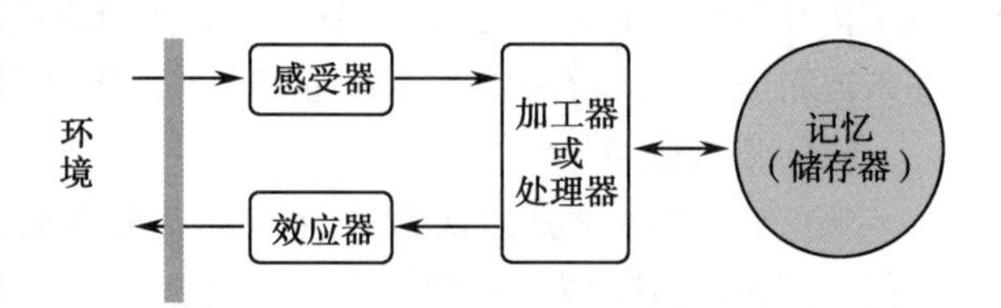

图 3-1　信息加工处理流程示意图

2. 强调人头脑中已有的知识和知识结构对人的行为和当前的认识活动有决定作用　认知理论认为，知觉是确定人们所接收到的刺激物的意义的过程，这个过程依赖于来自环境和来自知觉者自身的信息，也就是知识。完整的认知过程是定向—抽取特征—与记忆中的知识相比较等一系列循环过程。知识是通过图式来起作用的，所谓图式（schema）是一种心理结构，用于表示我们对于外部世界已经内化了的知识单元。当图式接收到适合于它的外部信息就被激活。被激活的图式使人产生内部知觉期望，用来指导感觉器官有目的地搜索特殊形式的信息。

3. 强调认知过程的整体性　现代认知心理学认为，人的认知活动是认知要素相互联系、相互作用的统一整体，任何一种认知活动都是在与其相联系的其他认知活动配合下完成的。另一方面，在人的认知过程中，前后关系很重要。它不仅包括人们接触到的语言材料的上下文关系，客观事物的上下、左右、先后等关系，还包括人脑中原有知识之间、原有知识和当前认知对象之间的关系。

4. 产生式系统　产生式系统（production system）的概念来源于数学和计算机科学，1970 年开始广泛应用于心理学。它说明了人们解决问题时的程序。在一个产生式系统中，一个事件系列产生一个活动系列，即条件—活动（condition—action）。其中的条件是概括性的，同一个条件可以产生同一类的活动；其次，条件也会涉及某些内部目的和内部知识。可以说，产生式的条件不仅包括外部刺激还包括记忆中贮存的信息，反映出现代认知心理学的概括性和内在性。

认知神经心理学是认知心理学的重要分支，它也是从信息加工的视角认识和掌握认知过程的基本规律，其基本观点认为人脑的信息加工过程和计算机的工作原理可以类比。认知神经心理学通常把认知心理过程中的神经信息加工划分为不同阶段，以刺激作为输入，反应作为输出来测评认知心理过程的特性及其与其他过程的相互联系。

认知心理学的研究方法包括：

1. 反应时研究法　反应时研究法也是一种会聚性证明法。认知心理学家使用较多的是选择反

应时,而不是简单反应时。因为选择反应时可以提供更多的有关内部状态的信息,它是被试者在面对两种或两种以上的刺激时对每一种刺激做出相应的不同反应所需的时间。

2. 计算机模拟和类比 计算机模拟和类比是认知心理学家采用的一种特殊方法。要使计算机像人那样进行思维,计算机的程序就应当符合人类认知活动的机制,即符合某种认知理论或模型。把某种认知理论表现为计算机程序就叫计算机模拟。因此,计算机模拟可以用来检验某种理论,发现其缺陷,从而加以改进。

3. 口语记录 口语记录(出声思考)也是认知心理学家,特别是研究思维的认知心理学家常用的一种方法。它是一种记录被试者反应的方法,实验时被试者对自己心理活动作口头报告,实验者把这种报告记录下来,可用来分析被试者的心理活动。这个方法与其他客观方法相结合,可以产生良好的结果。

四、认知心理的偏侧化效应及其影响因素

左右脑在结构上存在明显的非对称性,如右脑比左脑略大,但左脑的比重超过右脑;同时,还存在"男女有别"的性别差异,如女性的胼胝体比男性大,有助于词语的流畅发挥,却不利于数量的逻辑推理。影响脑功能偏侧的因素大致有两方面:后天环境和先天遗传。目前积累的研究结果表明,偏侧化受先天因素影响更多。

(一) 语言学习的经验

实验室以老鼠的研究证实,后天环境可影响脑的发育和神经元的成长,由此或可推测,后天环境也可能影响大脑的偏侧倾向,而语言的学习经验也许是一个重要因素。汉族方言(如粤语或闽南语)有多个不同的声调,因此能说多种方言的被试者,脑结构组织与只懂英语的也许有差别。Rapport 等(1983)曾就这个课题进行研究,采用皮质电刺激、临床检查等方法,邀请母语为马来语、粤语、闽南语的被试者参加测试,结果发现,所有被试者(包括说多声调方言的)语言功能都偏侧于左侧,这说明多声调语言的学习并不影响偏侧倾向。

日文有假名和汉字两种系统,分别以拼音和字符为基础,学者认为这两种系统可能分别由左脑和右脑支配,但临床的研究发现,左脑损伤患者在阅读假名和汉字时都同样有障碍,意味着无论是拼音还是字符都由左脑支配。

Kim(1997)让双语被试者想象用两种语言描述昨天发生的一件事,并利用功能性磁共振扫描技术测定被试者想象描述时受激活的脑区,成年期前习得双语的被试者受激活的是相同的布罗卡区,成年期后习得第二语言则激活左脑布罗卡区域内毗连的两个脑区。这个发现证实了语言的学习影响了脑功能的结构,但并没有影响语言的偏侧倾向。

(二) 认知方式的偏好

每个人都有自己喜好的方式去应对生活问题,这是认知方式的偏好。有人喜欢从事逻辑分析,注意细节,着重从语言的思考去应对(例如把电话号码转换成有意义的词句去识记)。有人却喜欢从大处着手,或者从视觉角度处理信息(例如根据电话号码在机盘上的排列位置去识记)。前一种认知方式可能用上左脑功能,而后一种则可能要靠右脑运作。而整体综合和个别分析的应对方式往往影响了被试者表现的偏侧倾向。例如,在一项触觉辨认的作业中,引导被试者注意刺激的整体特征去辨认形状,则被试者左手(右脑)占优势;如果鼓励被试者分析刺激各个部分的特征去辨认形状,则促进了右手(左脑)的优势,这种差别反映了解决问题的方式决定了作业表现,而不是功能的不对称性。认知方式的偏好除了受生物遗传的影响外,社会化过程和学习环境也是其影响因素。

(三) 功能代偿的限制

如果偏侧倾向是与生俱来的,则早期切除的是左脑或者右脑就会有不同的影响。根据脑半球皮质切除患者的表现,可知脑功能不对称性在出生时已经存在。左脑皮质切除后,并不影响视觉空间能力;右脑皮质切除后,左脑虽然能执行简单的空间作业,但不能完全替代右脑执行复杂的视觉空间作

业(如看地图认路)。右脑虽然也可以替代左脑发挥一般语文功能,却很难处理复杂的语句;也就是说,如果语言包括词法、语音、符号三个组成部分,左脑支配词法和语音,而右脑较能在符号方面起补偿作用。

脑功能虽然有很大的可塑性,但一侧脑半球只能替代对侧脑半球的部分功能,并不能起完全的补偿作用,这是等势说的观点不能解释的。不但如此,切除一侧脑半球的患者,智力普遍下降,这也许是补偿作用要付的代价,因为由一个脑半球负起两个脑半球的功能,导致“认知拥挤”,阻抑了脑功能的完全发挥。

(四) 偏侧倾向的展现

脑功能是由低至高,或由简单至复杂加以组织的,初级的感觉运动属于较低层次的功能;复杂语句的建构或意象旋转,层次较高。而偏侧倾向的展现,在层次略高的功能较为明显。当然,最高层次的认知活动,需要左右共同运作,未必有明显的偏侧倾向。

新生婴儿只发挥低层次的功能,未能展现明显的偏侧倾向。随着年龄的增长,偏侧倾向才逐渐展现,这个过程反映的实际上是脑功能的发展,并不是偏侧倾向的发展。

在脑功能的发展过程中,一侧脑半球的功能可能抑制了另一侧脑半球类似功能的发展,结果是一侧脑半球的功能非另一侧所共有,偏侧倾向由此造成。一侧脑半球对另一侧脑半球的抑制作用可能通过胼胝体的传送而达成。左脑对右脑语言的抑制包括了未发展和已经发展的语言功能,例如割裂脑患者右脑的语言能力比正常人的好,可能是撤除了左脑抑制作用的缘故。天生欠缺胼胝体的患者并没有明显的偏侧倾向,可能是一侧脑半球的抑制作用无法传达到另一侧半球的缘故。胼胝体在儿童 5 岁时开始成熟并且发挥功用,较高层次的脑功能也在这个时候开始发展,偏侧倾向也是在 5 岁后才逐渐展现的。不过这种说法不能解释左利手者和女性的偏侧倾向。左利手者和女性都有较大的胼胝体,左右脑有更密切的互动,偏侧倾向却并不明显。可能胼胝体于成熟期前后能发挥不同的作用,也可能左利手者右脑的代偿作用、女性的其他生物因素(如性激素、连接左右两侧丘脑的灰质团块即中间块)和认知偏好等影响了偏侧倾向,这些都有待进一步研究。

第二节 认知心理的信息加工机制

一、认知心理的信息系统组成

现代认知心理学的核心理论就是信息加工理论,鲍威尔的模型大体上描述了人脑作为一个信息加工系统在认知活动中的微观过程。信息加工理论是认知心理学的核心理论,通过与计算机的运算处理方式做比较来研究人脑的思维过程。人的认知过程包括信息的接收、编码、存储、传递、处理、搜索、提取与再现等过程。这一过程涉及四个核心系统:感知系统、效应系统、控制系统和记忆系统。

(一) 感知系统

人类的感知系统具有收集和处理图像的各种能力,这些特征会组成人体的知觉系统,用来分辨外界物体所处的位置和外形轮廓。外界环境信息的获取不仅仅是一个感知器官独立的作用结果,而是许多的感知器官同时相互作用的结果。人类的感官认知系统彼此之间能够互相协调作用,不同的感官认知系统的相互结合可以表现出不一样的感觉。最终将获取的信号传导至大脑的中央神经进行处理。

(二) 控制系统

控制系统的主要功能可以把大脑从外界环境获取的信息元素进行筛选处理,外界环境的信息错综复杂,这也为我们的大脑提出了充分的挑战,大脑要对所有获取的外部信息进行信息分类筛选,去除那些没用、无关的信息,留下那些对我们有用的信息来进行集中处理。

(三) 反应系统

信息加工处理的最后步骤要经过反应系统,人脑发出行动的命令之后,指挥足、眼、手等效应器

感官做出对应的反应。反应系统的影响要素是由反应的时间，运动的速度和运动的精准度三个层面组成的。反应的时间：即人受到刺激和做出相应的反应之间的时间间距，又可细分为选择反应时间与简单反应时间。运动的速度：运动速度可以用发出反应的时间到运动完成的时间所表示，受到人的运动特征、物体的位置、物体质量大小等影响。运动的精准度：运动精准度是做出反应效果的衡量标准。很多要素都会影响到运动的精准度，例如使用的方法、运动的轨迹和运动的时间等等。

（四）记忆系统

大脑的记忆过程是对信息的编码、存储、提取过程，包括感觉记忆、短时记忆与长时记忆三种不同的记忆过程。

二、认知心理信息加工过程

认知是一个复杂的心理过程，认知过程包含感知、注意、记忆、语言、思维和情绪等多种模式。

（一）感觉和知觉

感知是认知的开端，是人类认知和思维的基础。感知包括感觉与知觉，感觉是感觉器官将环境中存在的信息编码为神经信号的过程，是对环境单个属性的认识；知觉是在感觉基础上形成的，是将感觉到的信息进行选择、组织和解释的过程，是对环境各个属性的整体反映。

人的感觉是多通道的，主要包括视觉、听觉、味觉、嗅觉、触觉等，分别对应人的眼睛、耳朵、舌头、鼻子、皮肤等信息加工中的感受器。感觉是对内外环境刺激或客观事物最原始、最基本的反应，感觉器官可能影响感觉的性质，同一种刺激作用于不同感受器官可能得到不同的感觉。例如，电刺激作用于视觉感受器将形成光感，作用于听觉器官则产生声觉。感觉所反映的是刺激所引起的神经组织生理变化。常见的感觉包括视觉、听觉、躯体觉（包括触压觉、温度觉、痛觉、动觉等），以及平衡觉、嗅觉、味觉等其他感觉。每一个感觉系统有不同的感受器，感受器是将感觉刺激（又称感觉能量）转化为神经冲动的一组特殊细胞，感觉刺激形成神经冲动就完成了感觉编码。感受器并非把神经冲动简单传递到中枢，而是有选择性地对传入信息进行加工和分析。有多种机制影响感觉器官对信息的处理，包括感受器适应、动作电位编码、信息阻抑、感受野范围，以及多感觉交互影响。

知觉是加工处理被感觉到的信息的过程，包括感觉、知觉组织和识别。感觉将环境信息转变为大脑能够识别的神经编码，交由知觉组织根据以往的经验进行内部表征，最后进行识别并赋予知觉意义。脑对感觉信息的加工与知觉经验有关，得到的主观知觉图像可能是不变的（即恒常性），也可能是主观扭曲或畸变的（即错觉），如人对熟悉物体大小的判断不会受距离远近影响。在神经系统内，知觉加工的机制主要通过自下而上和自上而下两条路径实现。在自下而上的知觉过程中，以局部感觉特征的加工开始，逐步形成接近完整的知觉模式，如学习新的集合图像是先从边、角、线等特征开始，逐步形成完整的图形知觉。自上而下的加工是将已有的知觉经验与感官捕捉到的特征自动结合或匹配，从而形成一个有意义的知觉模式。这种方式充分体现了知觉在神经系统内加工的组织性和经验性等特征，如根据脚步声判断熟悉的人。当然，动机、环境、暗示或经验等也可能让人按特定方式去知觉，从而产生知觉定势，如“一朝被蛇咬、十年怕井绳”就是知觉定势的体现。

（二）注意

注意是信息加工过程中的过滤机制，是人对周围环境刺激的选择。注意具有指向性并且受人的目的和物体刺激的影响。当外界环境信息超出人的注意范围后，人就会将注意集中于与其目的相关的信息上，这就是注意的指向选择，所以注意指向也被称为注意选择。另一方面，当外界刺激信息的刺激量超过其他信息时，人的注意会指向刺激量较大的信息上，这就是物体本身的特性驱动注意的现象。注意过程中会出现注意转移和注意分配现象。注意转移指人在注意选择过程中根据目的将注意主动从一个信息移动到另一个信息的过程。如通过键盘输入“A”和“B”两个字母时，人的视觉注意首先是“A”，之后根据目的的变化转移到“B”；而注意分配则指在进行复杂工作时，可以在同一时间将注意分派到不同的事物上，实现多个对象的同时注意，也就是常说的“一心二用”。

注意的脑网络大致有两个平行通路，即枕叶的背侧通路和腹侧通路。前者称为枕 - 顶通路，支持空间知觉，是确定物体方位不可或缺的通路，它接受来自视网膜 - 膝状体 - 纹状皮质的投射。后者为枕 - 颞通路，主要知觉物体的颜色和形状，又称物体辨认路径。Posner 和 Petersen（1990）认为，注意机制是由三个网络组成：①前部注意网络；②后部注意网络；③警觉网络。其中，后部注意网络与意识历程不够密切，而前部注意网络则与意识历程紧密相关；警觉网络一方面提高后部注意网络的注意定向效能，同时也抑制前部的其他活动，从而产生"虚而待之"的警觉屏息状态。

另外，双听法实验还证实了注意不但在感觉和知觉层次进行，还需要更高的认知皮质参与。例如，在注意的认知心理历程中，针对某些词语给予电刺激，建立条件皮肤电反应之后，让被试者注意并复述一条信息，其间把已经建立的条件皮肤电反应词语输入到非注意耳，结果表明非注意耳出现的条件词语刺激能诱发条件皮肤电反应，而且与条件词语接近的词语刺激时也能诱发皮肤电反应，这表明高级皮质参与了该认知心理历程，因为皮质下的结构无法辨析语义差异。

（三）记忆

记忆是认知研究的重要内容，认知出错往往是记忆出错导致的。记忆是人脑对外界信息进行编码、存储和提取的过程，可以简单理解为识记、保持和回忆。识记就是对外界信息的编码过程，保持是将编码信息进行储存的过程，而回忆就是提取，是信息解码的过程。记忆系统包括感觉记忆、短时记忆和长时记忆。感觉记忆、短时记忆和长时记忆构成了人记忆加工的三级模式（图 3-2）。

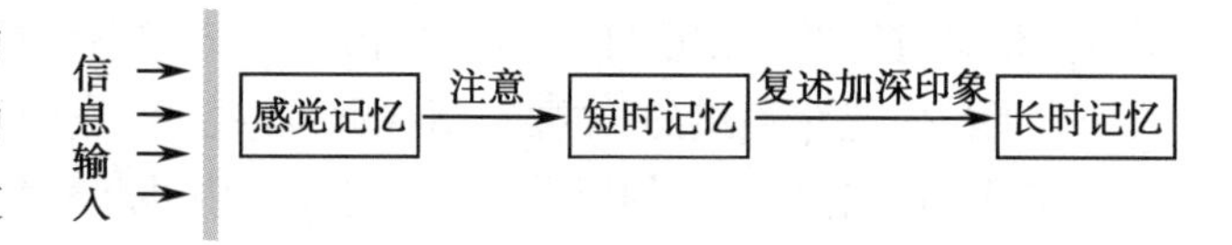

图 3-2　记忆加工流程

感觉记忆是感觉器官对外界信息的一个极短记忆，通常只能保持 1s，只有被特别注意到的感觉记忆才能转为短时记忆，因此感觉记忆是记忆进一步加工的基础。短时记忆又被称为工作记忆，短时工作记忆容量有限而且很容易被干扰，根据美国心理学家弥勒（Miller）的研究，短时记忆只可以记忆 7±2 个信息组块，而且记忆受到干扰后很容易丢失信息。短时记忆可以通过多次重复转化为长时记忆进行长时间储存，也可以通过将信息结构化后转为长时记忆，也就是"理解式记忆"。长时记忆一旦形成则不容易被丧失，不会随年龄的增加而丢失。认知心理学家将长时记忆的编码形式分为形象记忆（表象系统）和词语逻辑记忆（言语系统）两种，形象记忆主要通过信息的视觉形态、颜色、声音等进行编码，帮助人记忆，如可以通过颜色、形态、味道等特征记忆橘子的特点。而词语逻辑记忆则是利用概念、联系、意义等组成"信息组块"帮助人记忆。

根据意识层次还可将记忆划分为内隐记忆和外显记忆，内隐记忆无需有意识地储存和检索，如骑自行车的视觉运动技巧，而外显记忆是有意识、有目的地提取经历的记忆，如毕业典礼场景；按信息与时空关系又分为情景与语义记忆、陈述与程序记忆、前瞻与回顾记忆。

William James（1842—1910）认为记忆可分为初级记忆和次级记忆，初级记忆或短时记忆是基于短暂神经电活动，次级记忆或长时记忆则依赖于神经元稳定的联系，以及神经结构的持久改变。在短时记忆系统特性的基础上，Baddeley 和 Hitch 提出了工作记忆，认为工作记忆是由一个中心处理器和两个辅助系统组成。工作记忆是对信息进行加工和储存的记忆系统，其中两个辅助系统是指语音回路和视空间画板，前者处理词语信息，相关脑区位于左脑顶下小叶；后者负责空间信息，由右脑顶叶后区以及右脑额叶背外侧的脑区负责。中心处理器是工作记忆的核心，它负责选择注意、注意分配、注意转换等历程，同时控制语音和视空间两个子系统信息，包括"皮质 - 皮质"回路（前额叶皮质、顶叶后部皮质、扣带回和海马等）、"皮质 - 皮质下"回路（前额叶皮质、纹状体、苍白球和黑质等）。

（四）语言

语言是人类所独有的特征，主要源于人类由进化形成的、其他动物所没有的发音系统，大脑的语言中枢，以及接收语言的特别听觉系统。语言学家 Noam Chomsky 认为，人类天生拥有一个语言习得

装置，儿童学习语言的能力是通过遗传获得的一种天赋。尽管人类语言规则复杂而抽象，但儿童只要接触到正常的语言环境，就能够在短时间内轻松学会母语，大致要经历简单发音、牙牙学语、单词表达、双词表达以及基本成人语言结构几个阶段。婴幼儿及青少年（出生至10岁左右）对各种语音的听敏度都很高，语音感受域广；随着年龄的增长，经常应用聆听语音的神经元敏锐度提升，而应用较少的神经元听敏力逐渐下降，这也被认为是语音的用进废退效应。

直接影响言语产生和理解的脑区包括布罗卡区、韦尼克区、角回以及弓状束等（图3-3），听觉理解是有韦尼克中枢和顶下小叶所支配，并且在其他神经结构的相互作用下，重组或填补后两节语义。大多数人的语言优势半球在左侧，当然也不意味着右侧半球对语言毫无贡献。被广泛接受的韦尼克-格施温德听觉言语模型认为，听到一个单词或句子后，声音信息从初级听觉皮质进入韦尼克区，在这里进行分析和语义解码。然后传递至布罗卡区，生成一个发声计划，并将发声计划传递到邻近的运动皮质，由运动皮质发出指令控制咽肌和声带运动发出声音。

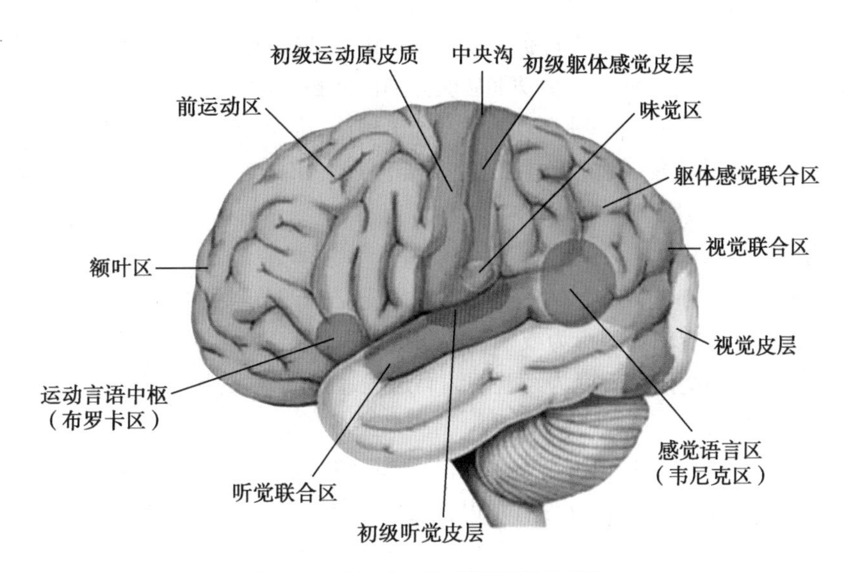

图3-3　言语产生和理解相关的脑区

（五）情绪

人或动物在生理或心理活动时会产生与自身需求相关的快乐、紧张或恐惧等主观体验，这就是情绪。这些主观体验也可以通过机体的生理或行为变化表现出来，其中生理反应一般由交感或副交感神经进行调节，反映为瞳孔、心率、呼吸频率等生理参数变化，通常不受意识控制。行为变化表现为肌肉紧张、面部表情、身体姿势等，在一定程度上可被大脑有意识控制和调节。

临床病例和医学影像学结果表明，内侧前额叶皮质、脑岛前叶、眶额皮质以及联合皮质与情绪认知关系密切。而且，这些皮质并非单独发生作用，通过边缘系统的一些重要核团共同影响情绪活动。同时，情绪的产生还与大脑皮质下的一些结构和通路有关，如扣带回、海马、穹窿、乳头体、杏仁核等。

三、认知心理的整合与相互作用

（一）感觉与运动整合

感觉与运动是生物有机体最基础的神经心理过程。感觉与运动关系密切，脊髓的传入感觉纤维就与运动神经元有联系，躯体觉感受器也能直接投射到达大脑运动皮质。即使是简单动作，由动作意图开始到动作顺序都涉及复杂的神经机制。首先需要前额叶计划完成动作的顺序，同时监测动作是否顺利完成；大脑额叶病变会出现不当的持续动作，或在动作执行时出现不相关的动作。顶枕叶的联合皮质区也是协调动作的重要区域，它管理视觉、平衡觉、运动感觉的神经组织，损伤时就无法完成三

维空间的运动作业。胼胝体通过协调左右侧大脑半球协调双手运动。训练可以增进运动的技巧和能量，训练能改变小脑、纹状体、额叶皮质区的活动水平；反之，改变脑结构的活动水平也可增进运动技巧和能量；通过意识上的训练，或运动想象，可提升脑结构活动水平和运动技巧的掌握，但功能成像提示可能牵涉到不同的神经生理机制。

运动功能涉及神经系统多个区域的协同运作，不受单一脑结构支配。在伸手拿杯子这一简单动作中，首先由视觉系统检视水杯的哪一部分可作为抓取目标，此信息由视觉系统传送到运动皮质，运动皮质根据信息计划和启动抓取动作，运动信息传送至控制手臂和手指肌肉的脊髓前角；在抓取过程中，手臂、手指肌肉感受器又将肌肉收缩状态、关节姿态反馈到皮质感觉区，并根据执行情况进行动态调节运动输出，如基底节调整抓取力度，小脑调节运动的时间和方向等。运动功能由初级运动皮质、感觉功能区以及其他多个神经区域的协作，以上伸手抓取水杯的过程是以反馈为基础的运动控制观点。面对快速复杂运动行为，拉什利提出了运动顺序原理，即运动是按连串顺序动作实现的，一个运动顺序即将完成时，下一个顺序运动将准备启动；复杂运动的顺序动作之间最开始可能不连续，经过多次练习后就能顺利执行。休林顿·杰克逊提出了以进化论为基础的运动执行层次论，即神经系统是按高低参差组织运动功能，由高到低的三个功能层次分别由前脑、脑干、脊髓支配，层次高的逐次控制层次低的，各层次也相对独立。还有一种观点是平行加工理论，认为运动功能的控制由几个系统分别掌管，如伸手开门由一个系统支配，而接听电话这种需要注意力和高度技巧的活动，由其他系统支配，所以可以做到一边开门一边接听电话。

（二）学习与记忆

学习和记忆是神经系统的基本功能，动物通过学习和记忆来调节自身的行为方式，以适应不同的生活环境。学习是指那些适应环境的行为或知识的获得过程，而记忆是指这些行为和知识的存储和提取；或者说，学习是脑将环境信息转变为经验的编码过程，而记忆则是脑对这些经验的储存或提取过程。

伴随着脑的演化，行为的复杂性也逐渐发生变化，一些动物逐渐出现了复杂的学习记忆能力。根据行为是否被自我觉知，可将学习记忆分为有意识和无意识两大类，例如人类的学习记忆可以是有意识的也可以是无意识的，而其他大多数动物的记忆则更多是无意识的；同时，根据学习记忆外在的行为表现形式和脑内工作内容的变化，也可将学习和记忆过程分为获得、储存、提取以及行为来源等四个层次。学习记忆的分类可用图 3-4 进行概括。

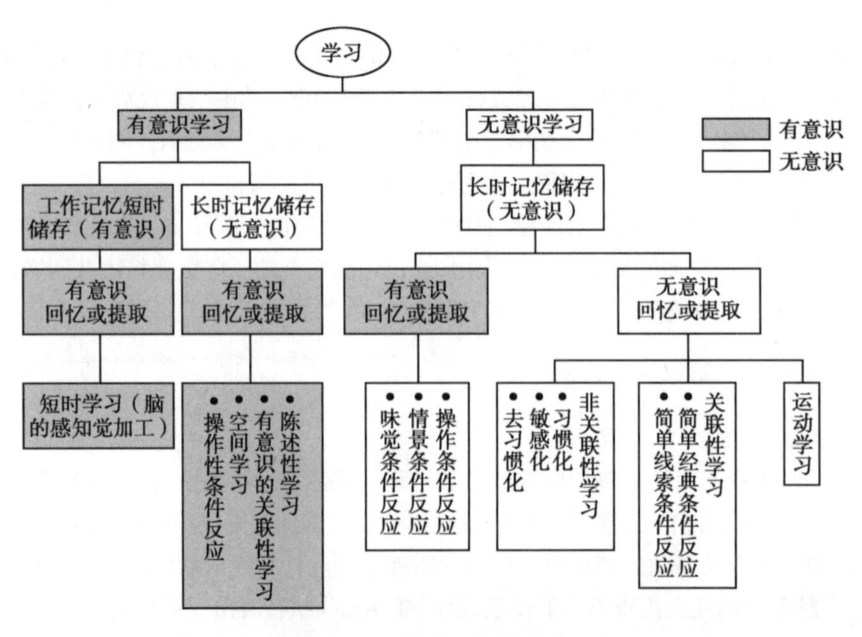

图 3-4　学习记忆分类

在观察学习中,有“保持”和“再现”(即识记和回忆)过程。Rizzolatti 及其同事发现猴子在观察另一只猴子取物时,观察者脑区的一些神经元被激活,而且与被观察者在执行取物过程中受激活的脑区相同,这些同时被激活的神经元为镜像神经元。人类也有类似的镜像神经元,使人能设身处地了解他人行为(即所谓“同理心”),这些受激活的镜像神经元是观察学习中识记和回忆的神经生理基础。基于镜像神经元的同理心可促进观察学习的保持和再现。Biermann-Ruben 等证实人类模仿生物运动(如手指活动)比非生物运动(如抽象圆点随机运动)更迅速,主要是生物运动激活了右颞上回及额叶运动区的镜像神经元,使观察和执行的动作相互配合,增进了识记和回忆功能,在运动康复中的疗效得到证实。

(三) 注意与空间行为

注意是空间行为的起始过程,它是指在众多刺激中选择其中一个刺激做出反应的心理过程。人类的认知活动包括感觉、运动、知觉、记忆、思维等心理活动,注意可界定为选择心理活动中的一部分作为认知对象,其他部分作为背景的心理历程。

当进入注意状态时,身体各部分都会被牵动,并在活动(兴奋)和静止(抑制)之间协调配合。在注意状态下,脑电出现高频率、低振幅的信号特征,皮肤电阻降低,肢体血管收缩而脑血管扩张,呼吸变得轻微而缓慢甚至“屏息”,注意时表现出的全身协调也称定向反射,通过瞳孔放大(视觉刺激引起)、听觉阈值降低来提高感觉灵敏度。除大脑皮质外,脑干的网状结构在注意历程中发挥着重要作用,它把感觉器官的神经冲动传送到大脑皮质,提高大脑皮质兴奋性,保持警觉状态,集中注意力。

空间可分为体表空间、体周空间和体周外空间,它们通过想象可以转变为视觉意象,可以称之为认知空间。其中,体表空间是皮肤表面构成的空间,皮肤的感受器受刺激后个体能分辨出涉及的部位,还可以综合各种触觉信息感知刺激的空间形状,如即使在坐着阅读时也能感知肢体空间位置,椅子靠背的软硬程度等。体周空间是环绕躯体和肢体能到达的空间,感觉信息特别是视听觉信息引导肢体朝向躯体周围空间活动;一般情况下,首先是察觉和注意刺激,为减少信息超负荷须进行选择注意,包括眼球运动朝向刺激方位、转动身体朝向刺激所在、直接把注视物拿到眼前观察等视觉引导朝向运动。体周空间包括目前所处的空间位置、将要到达的空间位置、将要经过的路线、能接触到的各种物体,以及这些物体的认知表征;在体周空间进行的大多数行为,都需要先从认知层面对物体或地点进行表征,再选择最好的空间行动方案。如准备去图书馆,先通过注意确定自己目前位置,再选择合适的路径,在行动过程中还需要持续注意比较,以确保到达目的地。

认知心理过程可分为自动化和意识控制两种形态,前者不必集中注意力,可以不受其他同时进行的作业干扰,而意识控制的认知心理历程必须要求有意识地集中注意力。自动化和意识控制这两种加工过程也不是固定不变,通过重复练习可使意识控制过程转换为自动化过程,如骑自行车,初学者需要有意识控制,熟练以后则转为自动化历程。这种转化从记忆的角度看,是有意识到外显记忆转换为意识下的内隐记忆。另外,意识控制是由上而下的心理历程,它是从主观认知出发,而自动化是由下而上的心理历程,是由外界信息主导。

第三节　神经工程的人机交互认知心理效应

一、神经刺激的感觉心理效应

如前所述,感觉是感受器感知内外环境刺激形成神经冲动,传入大脑皮质的相应功能区域产生对刺激的主观感受(即感觉),是对刺激或客观事物最原始、最基本的反应。由于疾病、意外伤害等原因引起的视听觉功能障碍将极大影响正常生活,神经工程学通过建立适宜的刺激接口在感觉通路上激发神经冲动,并通过皮质中枢神经系统的信息整合与处理,形成与原有感觉相似的神经心理历程,以增强和重建受损的感觉功能。

(一) 电听觉神经心理效应

电子耳蜗是重建神经性耳聋的神经工程技术方法，它是一种基于电刺激听觉神经诱发的电听觉。但植入者的言语及语言康复效果存有很大的差异，这已是全世界的言语与听力学家的普遍共识，尤其是在背景噪声下进行言语测听，或者测试内容对认知能力要求较高时，几乎所有的植入者都很难取得高分。与早期研究侧重于“明星”患者不同，近年来的研究聚焦于效果不佳的患者。个别低年级学龄听障儿童在术后表现较低水平的听觉言语修复能力，伴随着会出现注意力不集中、阅读障碍及学习困难等问题，无法赶上同龄健听儿童。这种植入效果的巨大差异被认为源于不同领域多个因素的交互作用，包括植入者个体因素、环境因素、设备等。

人脑认知功能的发展涉及大脑的额叶、顶叶、枕叶等多个结构。人类认知功能的强弱取决于人脑对外界信息采集、加工、储存和提取信息的能力，包括知觉、记忆、思维和想象的能力等。科学家认为出生后 1~3 岁时人类的言语获得能力发展最为旺盛，6 岁之前最佳，随后大脑的神经可塑性大大下降。人类的生理认知功能发展中，健听儿童出生后早期来自外部环境的声音刺激使得大脑正常听觉中枢得以建立，早期接触声音可有效激活听觉和认知功能发展的“早期脑神经通路”，同时有助于语言发展的前期。然而重度及极重度感音神经性聋患者，由于声音刺激在其个体生命中缺失，严重滞后和影响了其脑功能的构建和智力的发育，语前聋大龄儿童及青少年由于错过了听觉言语能力的发展的最佳时期，其受到的影响尤其严重。人工耳蜗植入患者术后获得了听的途径，得到声音的刺激，从而促进听觉中枢再发育，干预听觉皮质的异化；反之，如果听觉相关神经通路未接收到声音刺激，在大脑皮质的神经重组，会引发其与多种感官间产生冲突，很有可能使得患者认知功能也较常人的发展缓慢。

电听觉的频率选择并不是基于基底膜的振动模式，而是由电极的电流扩散和每个电极到相应神经元的距离等因素所共同决定的。听力正常的人在噪声中的言语理解力会随着频率通道数量的增加而提高，但电听觉在频率选择方面有明显的物理局限性，刺激通道数达到 16~20 时被试者的识别率会达到极限。研究表明，电刺激编码影响听觉感受。其中：

1. 单通道刺激脉冲的间隔、脉宽、幅值　当刺激速率高于大概 300Hz 时，人工耳蜗使用者便不能感知刺激率的变化。当恒定且相对较高的脉冲频率在强度上被周期性地调制时，该调制频率改变的感知也会受到一个限制，便无法感知该调制频率的变化。心理声学研究证实，同时刺激两个相邻电极，会产生介于两个电极被单独刺激时产生的音高间的音高感知。

2. 刺激电极植入在耳蜗蜗轴上的分布间隔位置　电极在耳蜗内产生的电刺激模式的空间分布非常紧凑，导致时域精细结构的编码方法表现不佳。心理声学实验提供了一些证据表明，当刺激电极相互间距离较远时，电脉冲序列的幅度调制可被独立感知到。如果刺激电极都聚在一起，被试者听到的更像调制的结合音。多电极上不同的调制似乎并未被独立感知到，尤其是当电极间距很小的时候。这意味着，两个或多个刺激电极上的调幅有着同样的频率，但相位却不同，可能会无法像单电极上呈现的相似调制模式那样来传递可靠的音高信息。

(二) 视觉假体的心理物理效应

视觉作为人类最重要的感觉功能之一，为人类认知外部世界提供了 80% 以上的信息。虽然视觉感受的形成是一种复杂的神经电生理活动，但是从根本上讲，视觉感受是由外部世界的图像刺激所诱发的生物电信号在视觉通路中传导，并在视皮质中整合而成的，在视觉通路上的任何一部分，如视网膜、视神经、视皮质等受到损伤或出现病变都会致盲。因此研究人员开始致力于通过仿生手段进行视觉感觉的重建，即采用人工的视觉假体替代受损的神经组织使得缺失的视觉功能得到有效的修复。仿生研究的基本思路是利用外界刺激信号模拟视觉信息在视觉通路中传输时的生物电信号，并将拟合的刺激信号施加于失明患者视觉通路中完好的神经组织，从而实现失明患者重新获得视觉感觉的效果。人工视觉假体（visual prosthesis）的基本原理是通过外置的摄像机采集图像刺激，由图像的压缩编码装置和电刺激的调制编码装置将图像刺激转换为电刺激，再由微电极阵列将电刺激信号施加于

视觉通路的神经组织。根据视觉假体在视觉通路上植入的位置不同，主要分为视网膜视觉假体（retinal prosthesis）、视神经视觉假体（optic nerve prosthesis）和视皮质视觉假体（visual cortical prosthesis）。

电刺激视觉通路诱发神经响应是重建视觉功能、获得视觉感知的前提和终极目标，电刺激通过影响神经响应进而影响主观视觉感受，建立能诱发有效视觉感知的神经电刺激模式是视觉假体面临的主要挑战。目前，大多数的研究小组多采用动物实验研究电刺激信号与神经组织之间的关系，进而拟合视觉诱发电位（visual evoked potential，VEP）和电刺激诱发电位（electricity evoked potential，EEP），得到电刺激信号与视皮质响应映射模式，不断调整电刺激参数，实现电刺激的有效性和安全性。但是电刺激实验的侵入性和危害性使其不适于开展人体实验，为了实现在人体建立电刺激信号与视皮质响应映射模式，研究人员开始通过仿真软件建立刺激电流传导模型，掌握刺激信号经微电极阵列到视皮质的传导规律，设计出更加合理的电刺激信号。

在视觉假体图像编码方面，部分视觉假体研究小组开展了提取视觉图像刺激中的视觉特征，进而像素化处理图像的方法研究，得到一个低分辨率的视觉图像刺激。如 Dobelle 等人提出了利用视觉图像刺激的边缘轮廓来表达目标场景的方法，并指出图像的边缘为目标物体的识别提供了重要的信息，如物体的位置、大小、形状和纹理。光幻点的排列形式一直是众多科研小组关注并讨论的问题，它关系到如何更有效地表达视野中的信息。光幻视的产生依赖于刺激电极阵列，考虑到刺激电极与光幻视点的数量一致性，从而需要以微电极阵列的分辨率为参考，将原始视觉图像刺激转换为与刺激电极数量相匹配的低分辨率视觉图像刺激。目前，各个视觉假体研究小组主要是利用视觉图像刺激处理策略将采集到的视觉图像刺激转换为低分辨率的像素化图像刺激，再通过行为学实验中物体识别的正确率和反应时间来研究不同分辨率下像素化图像的认知程度，为视觉假体的设计提供能够实现有效视觉重建所需的最小信息量和刺激电极参数，具体目的在于获取最佳的像素化图像处理模型以及实现这种方案所需要的电极（光幻视点）数量。

心理物理学实验为研究视觉假体重建视觉的主观感受提供了有效技术手段，它可以对物理刺激和它引起的感觉进行量化研究，主要解决：能引起感觉的刺激强度，即绝对感觉阈限的测量；物理刺激有多大变化才能被觉察到，即差别感觉阈限的测量；感觉怎样随物理刺激的大小而变化，即阈上感觉的测量，或者说心理量表的制作。基于像素化物体识别实验结果表明：分辨率、扭曲度、缺失率对物体识别有显著影响。随着扭曲程度和缺失率的增大，物体识别率降幅明显。对低灰度图像，灰度级增加能显著增强物体识别效率，但对高灰度图像，灰度等级增加对物体识别率影响有限。对比度对物体识别无显著影响。

（三）运动感觉增强

运动感觉反馈是肌电假肢关键技术之一，为了有效控制假肢动作状态，简单的策略是将假肢手的接触压力、滑觉等信息直接反馈给调节控制器的输出信号而舍弃了残肢感觉神经通路，更多的研究是将假肢动作状态转换为机械振动或电脉冲信号直接刺激残肢皮肤，或通过有创、无创的神经接口直接刺激感觉神经，将假肢手运动状态编码为感觉传入神经兴奋达到大脑中枢获得对假肢状态的感知。对截肢患者，残肢近端的感觉神经与脊髓、大脑中枢神经联系的传入神经通路依然保留，人们尝试了不同类型的神经接口技术进行假肢状态反馈，包括已逐步进入临床试验的周围神经刺激和仍处于实验室阶段的大脑中枢神经刺激，以及背侧根螺旋神经刺激和植入式脊髓电刺激，其中基于周围神经接口的感觉反馈技术备受关注。美国的联合研究团队利用多触点平面神经电极（flat interface nerve electrode）和螺旋 cuff 电极，持续 3 年的临床试验证实，通过脉冲电刺激残肢正中神经和尺神经能形成对手指和手掌不同部位的触觉、振动等多种感觉，依靠位于正中神经的两个电极在形成拇指、示指压力感受的同时还感受到拇指和示指对捏的“OK”手势。

相对于有创神经接口的生物相容性、安全稳定性等因素，国内外有更多研究团队一直在探索无创假肢感觉反馈技术。受到广泛关注的有皮肤电刺激（electrocutaneous stimulation）、振动触觉（vibrotactile）、机械牵拉皮肤（skin stretch）、肌腱振动，以及目标感觉重建等技术。其中，振动触觉是将

假肢状态信息转换为机械振动刺激残肢特定皮肤区域，将假肢的力量等状态编码为机械振动刺激器的强度、频率或振动持续，由皮下机械感受器感知机械振动并传入大脑判别假肢状态。皮肤电刺激通过表面电极刺激残肢皮肤实现振动、接触、压、捏等感觉反馈，利用刺激电流幅度、重复频率以及电极配置等参数将假肢状态映射到残肢皮肤。来自德国某大学的实验证实刺激脉冲重复频率对触觉感知和反馈数据传输效率有明显影响。

二、人机交互的脑力负荷

从 20 世纪 60 年代起，国际上就开始对脑力负荷的定义及其测量方法进行大量的研究，20 世纪 70 年代至今是有关脑力负荷的研究发展较快并在实践中大量应用的时期。脑力负荷的最新定义是指操作人员做出决策所需的注意力，目前已经成为人机交互要考虑的重要因素；神经工程的临床应用都涉及神经系统与物理系统之间的人 - 机交互，可能是神经信号对外界装置的控制(如脑电控制轮椅、肌电控制假肢)，或者是外界物理装置对机体的作用(外骨骼辅助肢体运动、人工耳蜗电刺激诱发听觉神经响应等)。通常情况下，脑力劳动强度增加必然导致脑力负荷的加重，过高或过低的脑力负荷都可能形成注意力分散、负面情绪增加、脑力疲劳等。神经工程的人 - 机交互需要用户集中注意力操作控制外部装置或接受来自外部装置对感觉、运动生理过程的控制。因此，神经工程的人 - 机交互势必考虑用户的脑力负荷。

由于脑力负荷多维性的特点，没有一种测量技术可以全面地反映脑力负荷状态。在实际中，不同测量方法的适用性随着特定资源类型(如感知资源)操作人员的努力程度而改变。此外，脑力负荷还会随着敏感性、侵入性、可靠性及一般适用性等因素的变化而变化，因此选择脑力负荷测量方法可根据以下因素进行衡量：

(1) 敏感性：指测量方法要能够检出任务难度或需求的变化。

(2) 诊断性：指测量方法不仅能反映脑力负荷的变化，而且能够检出这些变化的原因。

(3) 侵扰性：即测量方法不能对主任务的绩效产生干扰。

(4) 有效性：所选指标必须有效，必须只对任务需求引起的变化敏感，而对生理、情绪等与脑力负荷无关的其他变量引起的变化不敏感。

(5) 可靠性：测量方法必须一致地反映脑力负荷程度。

(6) 主观接受性：指被试者对于整个测量过程的有效与认可度。

(7) 实施条件：包括采集及处理数据的时间、仪器和软件。

(8) 一般适用性：明确不同的测量方法特定使用领域，其一般适用性因素主要包括：①测量技术可能遇到的干扰条件；②在实验室或模拟环境下成功使用程度；③基于训练评估、系统性能检测及操作人员的选拔等不同目的；④选择用于在线或离线检测。

脑力负荷的度量方法主要包括主观测量法、任务测量法(主任务测量法和辅任务测量法)、生理测量法。

1. 主观测量法 该方法是指当操作者完成任务后，让其根据一些定义和规则来陈述操作过程中的脑力负荷感受，或根据其感受对脑力负荷进行打分。该方法的使用前提是操作者脑力资源投入的增加与操作者的主观感受直接相关，并且这种关联性能准确地被操作者表达出来。主观测量法多采用量表打分的形式来进行，常用量表有古柏—哈柏(Cooper-Harper)量表、美国航空航天局任务负荷指数(NASA task load index，NASA-TLX)及主观任务负荷评估(subjective workload assessment technique，SWAT)量表。

2. 任务测量法 任务测量法包括主任务测量法和辅任务测量法两种。

(1) 主任务测量法：主任务测量法通过测量操作者的操作绩效来判断其脑力负荷等级。主任务测量法直接测量操作者在工作时的操作绩效，当脑力需求超过操作者的能力范围时，绩效将会下降到水平基线以下。常用操作绩效检测指标有执行速度、准确率、反应时和错误率等。该方法被认为是检测

操作者不同脑力负荷水平较敏感的方法。

(2) 辅任务测量法：该方法指操作人员同时进行两项任务，操作人员需要在做好主任务的同时尽力做辅助任务，通过测量辅助任务的操作绩效来评估脑力负荷状态。该方法的理论基础是，把人看作是有限能力的单通道信息处理器，主任务的脑力负荷是通过辅助任务的表现来进行的，辅助任务与操作者的脑力负荷之间呈单调变化。辅助任务的主要特点与特性必须与所选的主任务相匹配。

3. 生理测量法 生理测量法通过测量操作者的某些生理指标，根据这些指标数据处理结果来判断脑力负荷的变化情况。大多数的生理测量法都要求有参考数据，即将操作者无压力时采集的生理数据作为基线。操作者的脑力负荷状态可能会受很多因素的影响，并且会随着时间而改变，因此基线状态具有重要的应用意义。目前研究较多的生理指标主要有心率及其变异性、脑电、眼动、脑事件相关电位及呼吸间期和呼吸变异性等。

(1) 脑电：通过脑电（EEG）来测量大脑活动，经常被用于脑力负荷的检测。脑电信号通常被分割成多个频带，通过计算这些频段的功率或分析事件相关电位（ERP）的时间漂移来评估脑力负荷。

(2) 眼动：眼睛活动的测量技术已较成熟，并且无侵入性。比如头盔瞄准系统，它为战斗机飞行员或步兵提供了一种获得信息系统数据的安全无侵入方法。常用的眼睛活动指标为瞳孔直径变化、眨眼率等。

(3) 心率及其变异性：心率及心率变异性等指标是脑力负荷研究中较常用的生理参数。心率是指心跳的速度，即每单位时间内的心跳数，通常表示为每分钟的心跳节拍（次 /min）。心率可随着人体的生理需求包括吸入氧气量和二氧化碳排泄量等变化，引起心率变化的活动还包括体育锻炼、睡眠、疾病、摄取食物及药物等。心率变异性是指逐个心动周期的细微变化，它可以表征窦性心律的波动程度。

(4) 呼吸：在生理学上，呼吸被定义为从外部空气到组织细胞内的氧气运输及与之相反方向的二氧化碳运输。这与细胞呼吸的生化定义不同，细胞呼吸指一个有机体获得反应所需的氧气与葡萄糖，得到水、二氧化碳和 ATP 的能量代谢过程。虽然生理呼吸对维持细胞呼吸是必须的，但两者的过程不同：细胞呼吸发生在单个细胞的有机体，而生理呼吸涉及生物体和外部环境之间的代谢产物的体积流量和运输。

三、注意与情绪的神经调控

人体接受光信息刺激主要通过视觉通路，包括传统的成像途径和非成像途径。视觉图像信息传递通过视网膜投影到视皮质，形成视觉影像；非视觉信息通过视交叉上核到达松果体。人们一般认为，光是通过非视觉的信息通路作用于松果体，影响褪黑激素的分泌，进而改变生理过程以至心理状态。

光刺激直接影响人体生理节律及行为活动，包括褪黑素的分泌，心率的评估和情绪的改善等，且光照射与生物体的清醒警觉状态密切相关。研究表明，光刺激能对抗疲劳和困倦，在一定程度上提高大脑兴奋性及警觉水平：光照频率不同对大脑的精神状态的作用不同，表现为脑电信号不同频段的能量变化，如瞬态视觉诱发电位（transient visual evoked potential，transient VEP）和稳态视觉诱发电位（stead-state visual evoked potential，SSVEP）。瞬态 VEP 的视觉刺激频率通常低于 4Hz，是由于相邻刺激出现间隔较长，会导致刺激在大脑枕部的响应独立出现；当刺激的频率大于 6Hz 时，瞬态 VEP 在时域上叠加，逐渐趋于稳定，形成稳态视觉诱发电位，是对人眼施予频率和强度恒定的外界视觉刺激（光和图形等）而获得的一种视觉诱发电位，在 SSVEP 的刺激频率及其谐波频率处集中存在相应的频谱成分，SSVEP 是大脑谐振效应在大脑的视皮质上的一种显著表现。

除了光刺激方法外，调控大脑警觉状态的方法还包括声刺激、磁场刺激、化学调节、生理调节等。人体接受的体感刺激能够缓解人的困倦和疲劳程度，并快速提高大脑的警觉水平和兴奋性。音乐、噪声（75~85dB）和双耳差频声均能调控大脑的状态，改变人的精神状态，特别是双耳差频声刺激模

式被证实能够有效调控人的大脑状态、情绪、专注力、记忆力以及身体的放松等，双耳差频为 beta 段的声刺激能够引起特定的皮质电位频率响应，提高被试者的注意力水平，加强记忆力并增强大脑警觉性。

极低频磁场的频率和强度可直接影响大脑的电活动以及脑认知、行为等。个体的自主活动和外界振动可以缓解疲劳，提高注意力与警觉度。Anund 等证实对模拟驾驶者施加固定频率的外界振动刺激之后，慢波脑电成分减少并且持续闭眼频率缩短。个体的自主活动如嚼口香糖增加口腔和下颚的活动，增加面部神经的活动，从而缓解被试者的困倦感和疲劳程度，提高警觉水平。

第四节 认知神经心理测评

一、认知神经心理评估的基本概念

神经心理评估是神经心理研究中常用的方法，它主要用于测量患者在脑损伤时所引起心理变化的特点。一般要评估患者的认知功能（例如智力、推理、记忆、语言、感觉、知觉、运动、方向感、反应灵活性、注意和集中力等），有时还需要测量患者的社会行为、情绪感受、人格统整等。

（一）信度和效度

神经心理测验须满足信度和效度的要求。信度是指检验分数的一致性，可以从多方面加以评估。例如，测验分数在两个时段的稳定性（再测信度），两个复本测验项目的一致性（复本信度），项目内容的同质性（分半信度或内在一致信度），以及评分者的一致性（评分者信度）等，都代表测验的信度。效度是指测验能达到评估的目的，能测得要测的功能。例如，测验项目能充分反映评估范畴的内容（内容效度），能预测行为（预测效度），能辨别病变或相关群体（同时效度），能根据理论所推演的假设，证实测验的确能评定所构建的概念（构建效度）等，都是从不同角度证实测试的效度。信度和效度通常以相关系数表述，分别称为信度系数和效度系数。

（二）评估的目的

神经心理测验的主要任务在于阐明脑与行为的关系，确定脑功能受损的程度和范围。虽然由神经心理评估亦可推测病变部位，但正确度远不及脑影像技术。确定病变部位不再是神经心理测验的主要目的。不过，要测定语言的优势半球，神经心理测试仍然是重要的工具。

神经心理测验的结果给神经科学家或医疗师诊断工作提供了辅助数据，特别是对一些诊断有困难的个案，测验结果可支配或推翻预想的诊断。

（三）条件的限制

根据神经心理测验结果推断脑功能受损性质和严重程度，必须考虑以下因素：

1. 常模分数可比性和病变性质 神经心理评估必须审查患者脑损伤的性质是否与测验常模样本一致；病变性质如果与建立常模的样本特征不同，测验分数就不能相互比较。

2. 测验的针对性 脑伤范围大，则脑功能受影响的范围广，造成的障碍也显而易见，无须精确的心理测验也可推知。病变范围小，则受损的功能较特定，必须用特定的测验方能测知，一般测验就难以满足要求。

3. 测验的全面性 脑伤造成的行为改变，通常不是单一测验所能概括；要准确判断病变范围和性质，须从多方位去测查。只是采用一些所谓“器质性损伤”的单一测验，往往有失效度。

4. 测试者的背景 非脑病变因素也可能影响测验的表现。一些测验不利于某个年龄组，或者不利于某些社会文化背景，被试者表现低下不一定代表脑功能损伤。如语文记忆测试对智商高于 130 的患者而言，得分即使能达到常模均值，其语文能力可能已显著衰退。

5. 脑功能缺损障碍与器质性损伤的关系 脑功能损伤与器质性损伤关系密切，但两者也有明显差异。严格来说，神经心理评估在于确定脑功能是否缺损，至于是否有解剖性器质性损伤，是间接的

推断。精神障碍(如精神分裂症)患者也可能表现为脑功能缺损。虽然精神分裂症也有生物或生化基础,但只根据神经心理测验的分数推断患者器质损伤,是不恰当的。

二、常用认知神经心理测量方法

神经心理综合测试(又称成套神经心理测试)包括多项测验,通过不同感觉(听觉、视觉和触觉)全面评估脑功能。理想的综合测验应能测查各脑叶的功能、识别支配语言的优势半球,评定一般智力、记忆力(包括长时记忆和短时记忆、语文和非语文记忆)、推理能力、语文能力、各种感觉、知觉、运动的功能。测验材料应以经济实用、轻便易携带为原则,对行为不便者,也可以临床施测。施测程序要简单,时间不可太长等,都是要考虑的因素。

(一) 浩 - 雷神经心理综合测验

浩 - 雷神经心理综合测验(简称 HRB)是目前西方国家最常用的测验,它是芝加哥大学 Ward Halstead(1908—1968)在 1947 年首先提出的。Halstead 所谓的生物智力与其他测验方法(如韦氏量表等)所测量的智力不同,生物智力与文化背景、教育程度没有直接关系,但与神经心理功能密切相关。印第安纳大学的 Ralph Reitan 在 Halstead 编订的 27 项测验中,根据辨别脑伤患者的效度,通过不断的实践研究,最后确定了以下五项测验,形成了目前通用的浩 - 雷神经心理综合测验。

1. **范畴测验** 测量概念的形成和转换。
2. **触觉实作测验** 测量触觉辨识、记忆、感觉整合能力。
3. **西氏节律测验** 评定节奏能力。
4. **语音知觉测验** 测定语音知觉能力。
5. **手指轻敲测验** 评价细致运动速度。

Reitan 曾给出了脑伤患者和正常人在上述五项测验中得分的均值和标准差。除上述五项测验外,Reitan 也施测韦氏量表和其他一些辅助测验,例如路径描绘测验、失语症甄别测验,以及感觉和知觉的检查等。

HRB 的测验结果可用各种不同解释方法予以分析(见下一节),缺损指数的计算就是划分值的应用。缺损指数超过 0.4 表示脑功能有缺损,0.8 以上表示脑功能严重缺损。不过,以缺损指数超过 0.4 为标准时,有时会产生假阳性的失误。尤其是智力水平低、精神有障碍、动机不强者,即使大脑未损伤,测验表现也可能显著低下,缺损指数很容易超过 0.4;若只考虑缺损指数,假阳性失误率为 10%~30%。而病前功能水平高的脑伤患者,缺损指数往往在 0.4 以下。

除了应用划分值,也可审查测验反应是否有脑功能缺损的表征。在触觉实作、手指轻敲和感知能力等方面是否有显著的左右差异。有时即使作业水平正常,左右差异显著也意味着脑功能缺损。详细的模态分析有助于确定缺损的性质和定位。

Fowler 等学者(1988)曾以癫痫患者和神经精神病患者为对象,就 HRB 及其他 42 项辅助测验的得分进行了因子分析,归纳出五个基本因子。

1. 知觉组织(韦氏量表、触觉实作、手指轻敲)。
2. 基本运动技巧(握力、手指轻敲)。
3. 语文理解(韦氏言语量表、失用症甄别检查)。
4. 空间触觉(触觉形态再认、空间记忆)。
5. 感觉注意(节律、语音知觉)。

这五个基本因子与 Lezak(1995)区分的语文、非语文和心理活动(注意、反应速度)三个主要类别很接近。HRB 识别脑伤患者有较高效度,区别函数分析能识别 90% 的脑伤患者。交叉效度研究确定的识别率稍低,但也能在 80% 左右。

(二) 鲁利亚神经心理综合测验

鲁利亚在其名著《人的高级皮质功能及其在局部脑损伤下的障碍》和《运作中的脑》中详尽描述

了神经心理功能的检查程序，检查项目按神经心理特定功能选定，以大脑皮质功能论为基础，检查结果直接表明特定脑功能的水平，可以从学理角度加以解释。此外，检查程序简单，测试时间不长（仅约1h），材料费用低廉，量度范围相当全面。Christensen（1975）将鲁利亚的检查程序系统地加以整理，编制一套测验卡片，卡片有详细施测指导语，并且按鲁利亚的大脑皮质功能论将测验分成表3-1所列10个部分，全面测查脑功能。

表3-1　鲁利亚神经心理综合测验项目

功能	检查内容
运动	模仿简单和复杂的运动技巧，双侧肢体协调
听觉	辨识简单节奏、音调，比较节拍及乐句等
触觉	触觉敏感度、两点辨认等
视觉	辨识线条、物体、数字，二维和三维图形的空间知觉
言语理解	音素、字句、文法结构，逻辑关系的理解能力
言语表达	复述词语、句子，讨论图画或故事的内容，组织语句等
书写和阅读	抄写字母、单字、句子等，默写和听写，简单的写作，阅读字母、单字、句子和故事等
算术	辨认数字、加减乘除运算、解答简单代数题
记忆	语文和非语文记忆，图画语文的配对，故事记忆等
智力	理解，类同，图片排列等

三、测量结果的解释

神经心理测验结果的合理解释，对诊断脑功能损伤的性质和范围，设置制订脑功能康复策略有重要意义。

（一）划分值

这是应用测验推断脑功能障碍的常用方法。测验常列出病变组和正常组的得分，以及各组的平均值和标准差，并有区分病变组和正常组的划分值。假定高分代表缺损程度严重，神经心理测验得分高于划分值，则表现与病变组相似，脑功能缺损的可能性大；若低于划分值，则脑功能大致正常。换言之，以测验表现是否达到划分值来推断脑功能是否缺损。当然，在实际应用中要考虑年龄、教育、性别、智力、社会文化背景等因素，并注意根据影响因素合理调整划分值。当然，划分值并非绝对可靠，只是以失误率最低的分数作为划分标准，而失误性质与划分值的高低又有密切关系。

（二）表征法

神经心理评估可根据患者的表征（症状或障碍）推断功能受损的性质，这种方法称为表征法。例如，若有感觉失语症，就提示优势半球可能受损，其他如视野缺损、单侧空间忽略、失用症、失读症等，都是脑损伤的表征。在测评脑功能时，大多数脑损伤表征都是以特殊测验反应加以界定，例如在韦氏量表的构图测验或本德测验中，若图形错误倾斜30°以上，可视为脑损伤的表征。其他如顺序与逆序数字广度的显著差距，逆序减数运算的严重障碍，都可看成是脑损伤的表征。另外，测验表现如刻板反应，不当的持续，缺乏抽象力，无法作答时表现的困惑、焦虑、失望等“灾难性反应”，也是必须留意的病症。

（三）模态分析

模态分析的基本依据是认为正常人各方面的心智功能都是高度一致的，这种一致性会因局部脑功能损伤而破坏。局部损伤会造成一定的脑功能损伤，与完好的功能相比，会有显著差距。所以只需

分析各项测验的得分模态，找出不一致的地方，即可推断缺损和完好的功能。

模态分析应先确定病变前智能，若测验结果与病前功能有显著差距，而又不是偶然误差造成，就意味着脑功能受损害。若多项测验都表现出显著衰退，则应分析各项衰退是否有共同特征，在神经病学和神经解剖学上是否有特别意义，在脑与行为关系上是否吻合；若是，则推断脑损伤有学理基础。

由于韦氏量表范围极广，而且各测验的分数都可直接转化为标准分数，容易进行比较，所以可先分析韦氏量表各测验的模态。其他测验若没有标准分数，至少也要分正常、临界、缺损三个类别，评估哪些测验表现显著衰退，哪些表现正常，然后再判断。模态分析不但可推知脑功能缺损的性质和严重程度，也可较全面评估脑功能，有助于康复方案的拟定。

（四）左右比较

身体一侧的感觉、知觉、运动等功能都由对侧脑半球支配，比较左右两侧的功能，可推知左右脑的功能是否有缺损。例如，右利手者手指轻敲速度，右手赶不上左手，则可能左脑损伤。其他如比较左右手的握力和触觉、左右耳和左右眼对听觉和视觉刺激的反应等，有助于左右脑功能的评估。

韦氏量表的言语智商（VIQ）和操作智商（PIQ）是较高层次的左右比较。言语量表评估语言能力，操作量表测定空间知觉能力，前者由左脑主理，后者由右脑掌管。若 VIQ 与 PIQ 的差距显著（相差 15 分以上），则表明一侧脑半球的功能有缺损。研究证实，若 VIQ 小于 PIQ，则左脑功能可能受损。但以 VIQ 大于 PIQ 来推测右脑的损害，准确度较低，这是由于言语量表测定的功能不涉及空间知觉和运动能力，属于左脑功能。但操作量表的测验，如译码、排图、构图等，可能涉及解答问题和推理能力，与左脑功能有密切关系，也就是说操作量表并不仅仅量度右脑功能。因此，若只以 PIQ 的衰退推断右脑的损伤就容易出现误判。此外，再比较 VIQ 和 PIQ 的差距时，还应考虑教育程度，即教育程度低，VIQ 通常较低。

（五）分数转换

神经心理测验评估多方面的认知功能，通常要运用不同的测评工具。若这些工具不属于同一套测验，就不一定有统一的常模，必须把不同的测验分数转换成同一标准分数，才容易比较。统计学的 z 分数是最基本的转换分数，计算公式为：

$$z=\frac{X_i-M}{SD}$$

其中，X_i 代表测验分数，M 代表样本均值，SD 代表样本标注差。

z 分数代表测验得分偏离均值的程度，并以标注差作为偏离单位。如果得分刚好比均值低一个标准差，则 z 等于 -1。z 分数有正负号，有时不便于操作和解说。心理测验最常用的标准分数为 T 分数。T 分数是把测验分数转化为均值为 50、标准差等于 10 的标准分数，其计算公式为：

$$T=50+\frac{X_i-M}{SD}\times 10$$

把测验得分都转化为 T 分数后，就可以清楚比较了。若 T 分数低于 40 或高于 60，则分别代表稍低和稍高的趋势，就需要考虑进一步测查。通常以低于均值 1.5 个标准差作为轻度认知缺损的指标。

（六）统计分析

研究人员常用区分函数分析（多个自变量预测或区分不同组别的统计方法）来区分病变患者和正常人的脑功能。利用这种方法可以计算各测验的判别能力。判别能力较高的测验，给予较高的加权值；判别能力较低的，加权值低。根据测验的加权值，可以找出辨别脑功能缺损的最佳测验组合，以及效度最高的辨别方程式。

本章小结

神经工程的主要应用是调控神经活动、补偿或增强神经功能，神经工程方法与人体自身的认知心理过程必须有机结合。本章简要介绍认知心理学、神经心理学的一些基本概念，特别是认知心理加工中感知觉、注意、记忆等基本环节的信息加工及其神经机制，神经工程中常用人机交互技术的认知心理效应，以及认知神经心理的测评方法。由于篇幅所限，详细内容请阅读相关参考文献和教科书。

思考题

1. 请说明认知心理的主要假说与观点。
2. 简述认知心理活动的信息加工过程及其主要特点。
3. 如何从信息处理的角度认识人机交互中的认知心理信息加工？
4. 请说明经典认知神经心理测量方法。
5. 简述认知神经心理测评中的注意事项。

（侯文生　何谐）

第四章　神经系统的病理基础

神经系统（nervous system）是机体内对生理功能活动的调节起主导作用的系统，由中枢部分及其外周部分所组成。发生于中枢神经系统和周围神经系统的疾病或损伤，以感觉、运动、意识和自主神经功能障碍为主要表现，其病理变化各有特征。

第一节　概　　论

人和动物机体的结构与功能均极为复杂，神经系统与体内各器官、系统的功能和各种生理过程相互联系，在神经系统直接或间接调节控制下，相互影响、密切配合，使机体成为一个完整统一的有机体，实现和维持正常的生命活动。同时，机体又是生活在经常变化的环境中，神经系统能感受到外部环境的变化，接受内外环境的变化信息，对体内各种功能不断进行迅速调整，使机体适应体内外环境的变化。

由于每一脑区的神经元种类多样，局部微环路和长程投射环路错综复杂，要理解神经系统在生理和病理状态下的处理信息原理，必须了解神经元和突触层面的电活动信息。神经系统的基本结构和功能单位是神经元（神经细胞），神经元的活动和信息在神经系统中的传输表现为一定的生物电变化及其传播。20世纪，在神经元层面的研究有了一些标志性的突破，如Cajal对神经系统的细胞基础及神经元极性结构和多样形态进行了分析，Adrian发现神经信息以动作电位的频率来编码信息的幅度，Hodgkin和Huxley发现了动作电位的离子通道机制及神经递质及其功能，Hubel和Wiesel发现了各种视觉神经元从简单到复杂的感受野特性，Bliss等人发现了突触的长期强化和弱化现象等，使人们对神经元如何编码和储存神经信息有了一定的理解。至于神经系统如何产生感知觉、认知、情绪等各种功能的机制更为复杂。人类的神经系统高度发展，特别是大脑皮质不仅进化成为调节控制的最高中枢，而且进化成为能进行思维活动的器官。因此，人类不但能适应环境，还能认识和改造世界。

周围神经中的传入神经纤维把感觉信息传入中枢，传出神经纤维把中枢发出的指令信息传给效应器，都是以神经冲动的形式传送的，而神经冲动就是一种称为动作电位的生物电变化，是神经兴奋的标志。

神经系统损伤是一个全球性问题，不仅会给患者本人带来身体和心理的严重伤害，还会对整个社会造成巨大的经济负担。其中慢性病占多数，并因神经细胞损伤后不易再生，所以致残率很高。基于神经系统的解剖特点，分析其功能和损伤后的病理学特征，从而有针对性地为神经系统损伤的预防、治疗和康复提供帮助。

第二节　中枢神经病理

中枢神经系统各部分执行不同的基本生理功能。不同功能是通过在分子、细胞、网络、系统等几

个不同层次共同完成。神经系统在分子水平上的功能，即神经递质、受体和离子通道等分子的功能。神经系统在细胞水平上的功能，即单个神经元或感受器、效应器等的功能。神经系统在网络水平上的功能，即多个神经元所形成的突触连接上的功能。神经系统在系统水平上的功能，最为典型的例子是对神经通路的研究，例如听觉通路、运动通路中各个核团的分工和协调等。中枢神经生理学按照所研究的功能子系统的不同，可以分为感觉、运动、记忆和学习、情感、语言等其他高级功能的神经生理。下面介绍中枢神经损伤的病因、分类及病理特征。

一、中枢神经损伤的病因和分类

中枢神经损伤的病因多种多样，如中毒、缺血缺氧、肿瘤、感染等，依据病因不同可以分为缺血缺氧性中枢神经损伤、中毒性中枢神经损伤、物理性中枢神经损伤以及营养性中枢神经损伤等多种不同的类型。

（一）缺血缺氧性中枢神经损伤

通过缺血、缺氧、局部压迫等多种机制和途径可导致中枢神经缺血缺氧性损伤。由心跳停搏、心房颤动（房颤）、心室颤动（室颤）、休克、溺水、鼾症、高原反应以及头颈部动脉粥样硬化致血管狭窄和闭塞等所致中枢神经损伤均可划分至缺血缺氧性中枢神经损伤。血管畸形、脑血管炎可以导致缺血缺氧性中枢神经损伤。

（二）中毒性中枢神经损伤

有毒物质直接损害脑血管和 / 或脑细胞，或者间接通过缺血、缺氧途径产生中枢神经损伤，统称为中毒性中枢神经损伤。依据中毒物质不同又可分为金属中毒、有机物中毒、细菌毒素中毒、动物毒素中毒等。对于金属中毒，如铅、汞、砷、铊中毒；有机物中毒，如酒精、巴比妥、二甲苯、三氯乙烷、甲醇、甲苯、一氧化碳等中毒；细菌毒素中毒如肉毒中毒、白喉毒素中毒、破伤风毒素中毒；动物毒素中毒如腔肠动物、贝类、毒蚊、蜘蛛、河豚等。

（三）物理因素性中枢神经损伤

物理因素所致的中枢神经损伤最典型的是外伤性中枢神经损伤和放射性中枢神经损伤。

（四）营养和代谢性中枢神经损伤

营养性中枢神经损伤主要是由于营养物质缺乏，导致中枢神经损伤。如维生素 B_{12} 缺乏可导致脊髓亚急性联合变性，同时也可导致大脑白质与视神经受累。

代谢性中枢神经损伤是由于代谢物质异常所致神经系统受损。如糖尿病患者糖代谢异常引起的脑损伤。

（五）生物性中枢神经损伤

包括细菌感染、病毒感染、寄生虫侵染、真菌感染等。

（六）遗传性中枢神经损伤

由于遗传缺陷引起的代谢病（如苯丙酮尿症、糖原贮积病、黏多糖贮积症、脂质贮积病）、变性病（如脑白质营养不良、帕金森病、肌萎缩侧索硬化、遗传性视神经萎缩等）和肌病（如进行性肌营养不良）等，这些多为常染色体隐性遗传。而高、低血钾性周期性瘫痪为常染色体显性遗传。

（七）神经退行性疾病

神经退行性疾病是一类大脑和脊髓的神经元丧失的疾病状态，往往伴随有神经元的凋亡及细胞膜电生理状态的改变等。大脑和脊髓的细胞一般是不会再生的，所以过度的损害可能是不可逆转的。神经退行性疾病是由神经元或其髓鞘的丧失所致，随着时间的推移而恶化，导致功能障碍。

二、中枢神经损伤的病理特征

（一）中枢神经损伤后的基本病理变化类型

不同病因的中枢神经损伤特点不同，其病理变化也不同。中枢神经损伤存在如下主要病理变

化类型。

1. 神经元坏死和凋亡 中枢神经损伤后，神经元死亡可发生两个阶段：在第一阶段即神经元坏死，包括由外力直接破坏细胞膜和细胞器膜导致的细胞即刻死亡和与能量耗竭有关的细胞死亡。能量衰竭导致细胞内外离子平衡失调（细胞内钠离子和钙离子聚集），病理学改变为细胞水肿、胞质疏松、尼氏体消失，严重者细胞溶解而死亡。此外，兴奋性氨基酸也可加重损伤。轴突损伤或切断也可致神经元死亡。细胞坏死没有固定的生化途径，一旦发生就不可逆转，且细胞内容物（如溶酶体）释放引起周围组织炎症反应。第二个阶段通常发生于损伤数小时后，是细胞程序性死亡，可以通过死亡受体、线粒体和内质网三条途径启动这一程序，激活系列半胱氨酸蛋白酶（cysteine aspartate-specific protease）。典型病理形态为胞质皱缩伴核固缩（染色质凝集）、有凋亡小体，这一过程不伴有炎症反应。

2. 神经元轴突损伤后的变化

（1）轴突断端远侧的变化：与周围神经系统损伤后轴突变化类似，轴突断端远侧段也会发生轴索和髓鞘变性。把轴突断端远侧段发生轴索和髓鞘变性的反应称为沃勒变性（Wallerian degeneration）（图 4-1）。沃勒变性表现为损伤轴突远端的轴索肿胀、断裂和崩解，髓鞘变性，并以轴索骨架即微管蛋白和微丝蛋白的分解为特征，在郎飞结处和断端处常有线粒体堆积。在损伤后数小时内，线粒体、神经微丝和微管等细胞可发生颗粒状分解，轴浆内充满颗粒状物质。在损伤后几天，轴突外观可肿胀呈不规则串珠状，并发生断裂和溶解，以及轴突的连续性丧失。

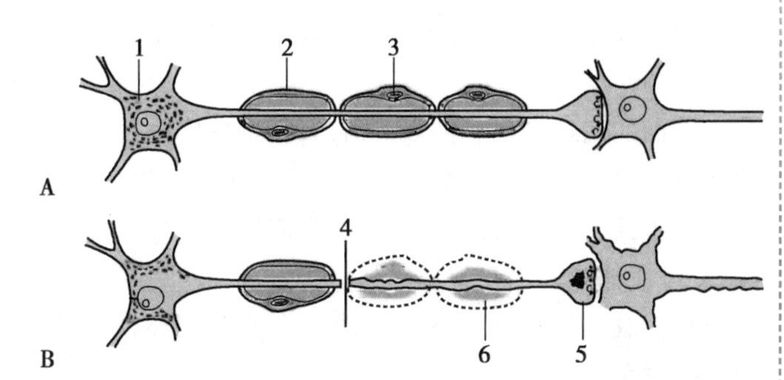

图 4-1 沃勒变性中轴突断端远侧段轴突和髓鞘变性示意图

A. 正常神经元；B. 轴突切断的神经元。1. 神经元的胞体；2. 髓鞘；3. 少突胶质细胞（中枢神经）或施万细胞（周围神经）；4. 轴突切断处；5. 损伤的轴突末端变性；6. 髓鞘变性。

（2）轴突断端近侧的变化：中枢神经系统内轴突损伤后近侧段主要变化是出现逆行性神经细胞变性。近端轴突反应多数局限于损伤平面的数毫米之内。其形态改变与远侧轴突沃勒变性相同但方向相反。在轴突连续性中断后的短时间内，轴浆自近端流出，轴索因轴浆及细胞器流动而稍显肿胀。不久，轴索自断端处回缩，在断端处轴膜生长并封闭断端形成回缩球，以阻止轴浆外流。在伤后 24h 内，可见断端近侧的轴索明显肿胀膨大，其内堆积各种细胞器，如神经微丝、囊泡和线粒体等。

与周围神经系统不同的是，中枢神经系统清除轴索和髓鞘碎片能力有限，速度较慢，清除效率远不及周围神经系统，而周围神经系统内存在着有效的轴索和髓鞘碎片的清除机制。这是因为①中枢神经系统内组成髓鞘的少突胶质细胞缺乏吞噬功能，这与周围神经系统内组成髓鞘的施万细胞不同；②周围神经系统轴突损伤后，巨噬细胞可在损伤轴突周围迅速聚集，而中枢神经系统内轴突损伤区只发生有限的或延迟的巨噬细胞的聚集。

3. 胶质细胞反应 中枢神经系统损伤后，星形胶质细胞对损伤反应主要表现为星形胶质细胞增生，是脑组织损伤的修补愈合反应。星形胶质细胞在中枢神经系统损伤后发生活化，表现为细胞增生肥大，其胶质细胞原纤维酸性蛋白（glial fibrillary acidic protein，GFAP）大量增加。由增生的星形胶质细胞突起可以构成胶质瘢痕。

4. 神经干细胞反应 虽然有报道中枢神经系统损伤后可能存在内源性神经干细胞增殖抑制，但更多的研究表明中枢神经系统损伤（脑卒中、阿尔茨海默病、帕金森病、脊髓损伤和癫痫等）可激活脑内神经干细胞增殖活性，补充受损的神经元，并对神经功能恢复和重建发挥重要作用。

（二）中枢神经损伤后的病理变化特征

不同中枢神经损伤后，病理变化特征各不同。以下以原发性癫痫为例，介绍中枢神经损伤的某些病理变化特征。

1. 原发性癫痫发作时神经细胞脱失及胶质细胞增生　在癫痫脑内，其病理变化主要是神经细胞脱失及胶质细胞增生。病变不局限于海马，也波及旁海马回、杏仁核、颞叶、小脑、丘脑、大脑皮质等部位。在海马病理变化中，CA1 区和 CA3 区最严重，而齿状回损伤轻。大脑皮质病理变化可以局灶性地或仅影响皮质Ⅱ、Ⅲ层，脑沟深部尤其易受影响。

2. 原发性癫痫发作时海马苔藓纤维发芽　海马苔藓纤维是齿状回颗粒细胞发出的轴突，它们至门区中间神经元及 CA3 区锥体细胞，与其树突建立突触联系。但发生癫痫时，苔藓纤维异常发芽形成侧枝与颗粒细胞近侧树突形成异位突触联系。这些异位突触为兴奋性突触，从而形成海马内回返兴奋性环路，导致癫痫的长期自发性发作。

3. 原发性癫痫发作时神经元树突微小改变　在癫痫灶内神经元树突有多种改变：树突棘减少（图 4-2）或表面变光滑、树突分枝减少、树突出现曲张、树突上的突触减少。

4. 原发性癫痫发作时所致的继发性改变　主要指慢性癫痫患者脑组织学改变，即癫痫发作之后即发现颞叶内侧硬化，皮质或皮质下神经细胞脱失等。

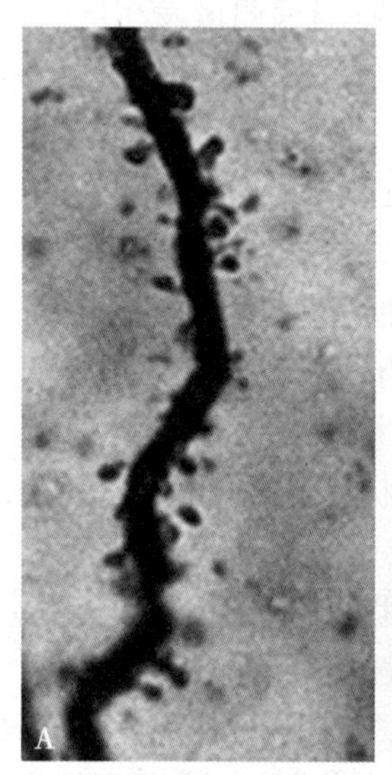
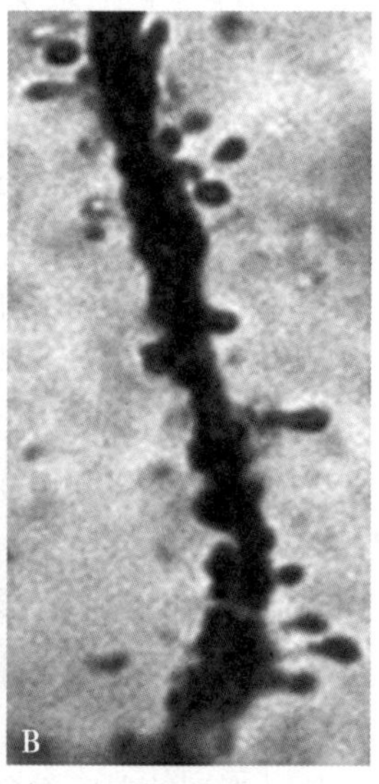

图 4-2　大鼠海马神经元树突和树突棘（银染）
A. 正常海马 CA1 区锥体神经元树突和树突棘，树突棘数目较多；B. 原发性癫痫发作时海马 CA1 区锥体神经元树突和树突棘，树突棘数目减少。

癫痫的病理变化非常复杂，有时很难确定某种病理变化是癫痫发作的病因还是癫痫发作的结果。一般来说，原发性癫痫因为癫痫发作而导致神经元脱失、胶质细胞增生和苔藓纤维异常发芽是主要病理变化。脑内原发性病理变化和继发性病理变化常合并存在。

（三）中枢神经损伤的病理学检测方法

对中枢神经损伤的病理学检测是通过光镜和电镜手段进行。光镜下观察神经组织需组织化学染色、免疫组织化学染色和荧光染色等方法。甲苯胺蓝染色法可观察神经元（尼氏染色）（图 4-3），苏木素 - 伊红组织化学染色法既可观察神经元形态，也可了解神经元是否发生凋亡。免疫组织化学染色和荧光染色法可对细胞蛋白质进行标记等。电镜手段可以观察更微细的变化。

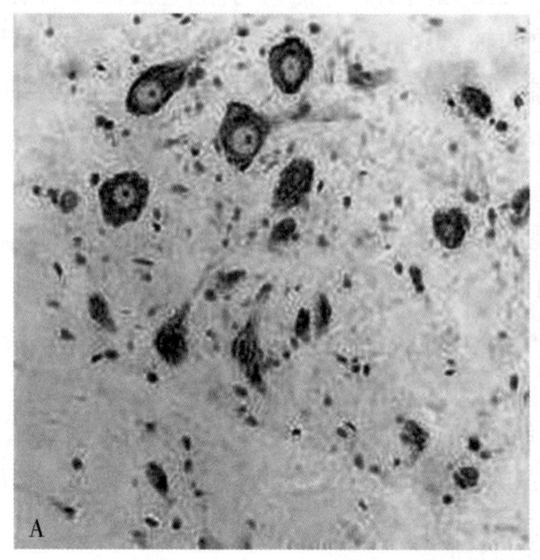
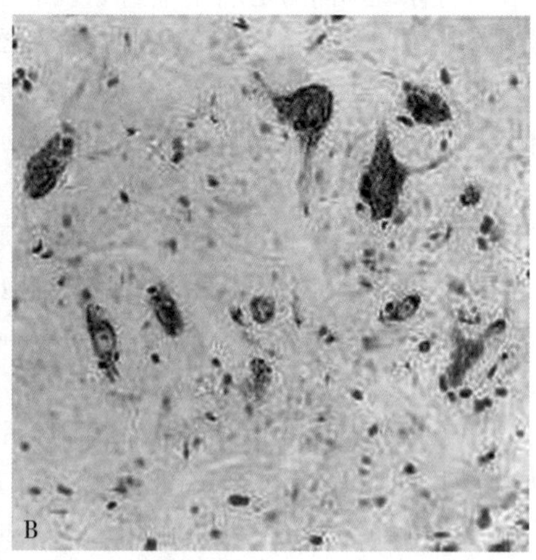

图 4-3　大鼠脊髓前角神经元尼氏染色
A. 正常脊髓前角神经元，细胞清晰，尼氏体排列整齐；B. 脊髓损伤前角神经元，细胞清晰度差，尼氏体排列松散。

三、中枢神经损伤的修复

神经元一直被认为是终末分化的细胞,损伤后不能再生,也就是说中枢神经系统损伤后神经元轴突无法再生,并且神经元无法重新整合建立正确的突触连接。神经元损伤的后果不仅仅是突触连接的破坏,还会造成神经元的变性与死亡。

但近年来研究发现,中枢神经纤维损伤后也能和周围神经纤维一样具有再生能力,只不过再生过程比周围神经困难。因为受损伤的中枢神经纤维微环境中存在有较多的抑制神经再生的化学因子,如硫酸软骨素蛋白多糖(chondroitin sulfate proteglycan,CSPG)等。此外,损伤处星形胶质细胞增生,形成致密的胶质瘢痕,阻碍再生的轴突枝芽穿越损伤区。所以,中枢神经的损伤常导致功能的永久丧失。

神经干细胞是神经系统损伤后自我修复的细胞学基础。神经干细胞可以从脑内(一般认为室下区以及海马齿状回分布有神经干细胞)分离出,分离出的干细胞移植到神经损伤的病灶部位,可以分化成合适的神经元或胶质细胞的亚群,促进损伤病灶的修复。

神经元损伤后,会激活胞内相关分子信号通路,通过对胞内信号的调控,促进神经元的修复。神经元中存在许多调控因子对于细胞的存活以及轴突的生长具有重要作用。例如在凋亡性细胞死亡过程中,神经元通过阻止一些离子的流入(如 Ca^{2+} 的大量内流)上调胞内蛋白酶抑制因子,阻断下游蛋白凋亡通路并激活抗凋亡通路干预和阻止细胞的死亡,并且胞内的一些抗凋亡因子(如 Bcl-2)对于神经元损伤后轴突的再生具有重要的调控作用。

神经元是高度分化的细胞,其自身的复杂性导致其损伤与修复机制的研究较为困难。中枢神经系统作为调控机体其他器官功能的最重要部分,它的损伤往往会伴随机体相应组织器官的损伤及瘫痪。但是随着实验技术的不断发展,相信会为中枢神经系统的损伤及修复机制的探究提供更好的思路与方法。

第三节　周围神经病理

周围神经(peripheral nerves)是相对于脑和脊髓而言的神经系统的周围部分,其一端连于中枢神经的脑与脊髓,另一端借助于各种末梢装置连于身体各系统和器官。周围神经通常包括:①脑神经(共12 对)及其周围神经节;②脊神经(共 31 对)及其前根、后根和后根神经节。除部分脑神经外,一般周围神经是含有感觉神经和运动神经的混合神经。周围神经中的感觉神经是将神经冲动由感受器传向中枢神经,而运动神经则是将神经冲动由中枢神经传出到周围的效应器,因此周围神经中的感觉神经又称为传入神经(afferent nerves),而相应的运动神经又称为传出神经(efferent nerves)。自主神经生理与病理在第四节另行叙述。

一、周围神经损伤的病因和分类

(一) 周围神经的解剖特点

在周围神经中,神经元的胞体聚集构成了神经节(ganglion),包括脑神经节和脊神经节,其中脊神经节为感觉神经节。神经元的突起分为树突和轴突,轴突和感觉神经元的长树突称为轴索。

1. 神经纤维　把轴索和外面包裹的髓鞘(myelin sheath)或神经膜二者统称为神经纤维。根据是否具有髓鞘而将神经纤维分为有髓神经纤维和无髓神经纤维。无髓神经纤维是轴索被施万细胞(Schwann cell)包绕,但未形成髓鞘。有髓神经纤维是轴索被施万细胞包裹形成髓鞘。多个神经纤维集合组成神经束,若干神经束又组成神经干。周围神经内还有大量的由胶原纤维、弹力纤维、脂肪组织、营养血管及淋巴管等组成的间质组织。间质组织主要分布于神经束间,少数存在于神经束内。轴索内含有神经微丝、神经微管、线粒体、粗面和滑面内质网。轴索表面的细胞膜为轴膜。神经微管在轴索中起细胞骨架的作用,对轴突中顺行和逆行轴浆运输以及神经损伤后再生过程中的生长锥的形

成起重要作用，神经微丝对维持轴索外形起重要作用，线粒体和内质网主要与能量代谢和物质传递有关。

2. 施万细胞　施万细胞是周围神经中特有的一种胶质细胞，它呈梭形，胞体较小，有两个较长的突起，在神经生长、发育和再生过程中，细胞膜螺旋状卷曲包绕轴索，从而形成多层鞘状结构，该鞘状结构称为施万细胞鞘或髓鞘。从发育上看，髓鞘来源于胚胎期的神经外胚层。施万细胞对轴索起着支持、保护、营养和物质代谢的作用，维持轴索的内环境，还在周围神经损伤后的修复中发挥重要作用。

3. 神经膜　周围神经的神经膜有神经内膜（endoneurium）、神经束膜（perineurium）和神经外膜（epineurium）三层支持性鞘膜（图 4-4），不仅具有保护神经的作用，而且通过它们内部丰富的血管网构成的脉管结构可以营养神经。血管网分别分布于神经外膜浅部和深部、束膜、束间和内膜，其间有丰富的吻合支。神经内膜是围绕施万细胞外面的一层薄膜，由少量结缔组织（如成纤维细胞、胶原蛋白和水）构成。神经束膜是神经束外围致密的环形纤维膜，由扁平的多角形细胞构成，该细胞来源于成纤维细胞但受轴索和施万细胞的信号调控而发生形态和功能的分化。神经束膜将数量不等的神经纤维分别包裹，形成神经束，其薄厚差别较大，具有屏障作用。神经外膜主要是由纵行或斜向走形的胶原纤维束组成的疏松结缔组织层，它不仅分布于神经（即神经干）表面，还深入到神经束间。

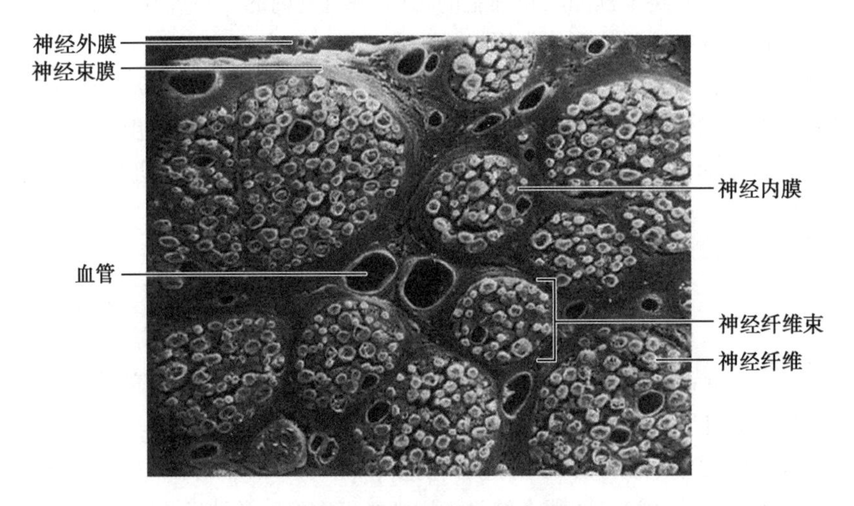

图 4-4　周围神经的扫描电镜图

（二）周围神经损伤的概念

周围神经损伤是指由感染、缺血、外伤、代谢障碍、中毒、营养缺失和一些先天性等因素引起周围神经的结构和功能障碍。周围神经损伤尽管病因和损伤程度差异多样，通常会引起神经传导功能改变和相应的感觉和运动功能障碍，但感觉和运动功能障碍常以一方为主。最常累及的周围神经有股神经、坐骨神经、正中神经、桡神经、尺神经、腓肠神经及股外侧皮神经等。

（三）周围神经损伤的病因和分类

1. 周围神经损伤的病因　周围神经损伤的病因繁多，不同原因引起的周围神经损伤程度不同，对神经传导功能、感觉功能和运动功能的影响以及神经修复及预后也不尽相同。一般可分成以下几类：

（1）物理性因素：主要包括切割、牵拉、挤压（急慢性压迫和卡压）、骨折、摩擦、振动冲击、战伤和外科手术等机械性损伤因素和温度（冷和热）、电击性、放射线和照射性（超声波和紫外线）损伤因素。其中，物理性因素中的机械性损伤最为常见。

（2）化学性因素：药物和毒物引起的神经损伤因素，如正己烷染毒、丙烯酰胺中毒、铅中毒、酒精中毒和化疗药物引起的神经毒性。

(3) 营养和代谢性因素：包括缺血性神经损伤（动脉痉挛、栓塞和压迫，直接或间接干扰神经供血）和代谢性疾病（糖尿病、甲状腺功能减退、维生素 B_{12} 缺乏神经损伤和酒精性神经损伤）。

(4) 其他因素如遗传、感染、炎性和恶性肿瘤入侵等。

2. 周围神经损伤的分类　引起周围神经损伤的病因多而复杂，分类方法也有多种。常用的分类方法有：

(1) 按病因分类：可按上述病因将周围神经损伤分为切割性神经损伤、牵拉性神经损伤、急性压迫性神经损伤、慢性卡压性神经损伤、骨折性神经损伤和摩擦性神经损伤等。这种分类方法有利于及时认识并清除病因。

(2) 按周围神经损伤的程度分类：损伤由轻到重可分为神经失用（neurapraxia）、轴索断裂（axonotmesis）和神经断裂（neurotmesis）。1943 年，英国著名的外科大夫 Seddon 在对大量的周围神经损伤病例回顾性分析时发现，周围神经功能恢复的程度与其内在结构损伤的程度密切相关，因此将周围神经轻度损伤命名为神经失用，将周围神经中度损伤称为轴索断裂，将周围神经重度损伤称为神经断裂。神经失用是指周围神经受到轻度牵拉、短时间压迫或缺血和振动冲击等，神经内可出现肿胀和节段性髓鞘脱落，但轴索不发生变性，轴索连续性存在。神经传导功能障碍以及相应的感觉或部分运动功能障碍，各种功能通常在几日或几周内恢复，预后良好。轴索断裂是指周围神经受到中度牵拉、较长时间压迫和缺血或因骨折等引起周围神经轴索离断或破坏，轴索的连续性不存在，损伤的轴索远端可出现髓鞘脱落和轴索变性，但神经周围的支持组织特别是神经内膜依然保持完整。神经传导功能以及相应的感觉和 / 或运动功能障碍。由于神经内膜完整，可引导近端再生的轴索沿原来的远端神经内膜生长到终末器官。由于轴索再生到达远端的过程较慢，通常在数周或数月内恢复功能，预后较好。神经断裂是指周围神经受到重度损伤，神经完全离断或有一段神经结构严重破坏而不能恢复，多见于严重的机械性损伤、长时间的神经缺血和化学性破坏等。神经干失去连续性，神经断端（神经结构严重破坏段）出血、水肿，断端远侧（神经结构严重破坏的远端）全长出现髓鞘脱落和轴索变性，断端近侧（神经结构严重破坏的近端）出现几毫米或几厘米范围内（1~3 个郎飞结）的髓鞘脱落和轴索变性。预后不良，需要神经修复。

1951 年，澳大利亚学者 Sunderland 扩展了 Seddon 的分类，将周围神经损伤分为五度（Ⅰ度、Ⅱ度、Ⅲ度、Ⅳ度和Ⅴ度）或五级。Ⅰ度等同于 Seddon 的神经失用。Ⅱ度等同于 Seddon 的轴索中断。Ⅲ度指神经束内神经纤维（包括轴索、髓鞘和神经内膜）受损，但神经束膜完整。Ⅳ度指神经束损伤断裂，包括轴索、神经内膜、神经束膜破坏，但神经外膜完整，神经的连续性仅靠神经外膜维持。Ⅴ度指神经断裂或有一段神经结构严重破坏而不能恢复，神经束和神经外膜均断裂或破坏，神经失去连续性。很显然，Sunderland 的分类强调了神经内膜、神经束膜和神经外膜结构的重要性，将 Seddon 分类中的神经断裂再细分为Ⅲ度、Ⅳ度和Ⅴ度损伤。

(3) 按周围神经损伤的范围分类：损伤所波及的范围由小到大可分为单一性周围神经损伤、多发的单一性周围神经损伤和多发性周围神经损伤。单一神经局限的损伤最常见的原因是外伤。如剧烈的肌肉活动、关节用力的过度牵伸、经常紧握一些小的工具或受到空气锤过度的振动冲击、局部压迫性作用（如骨质增生、石膏固定或长时间处于拘谨的姿势）等通常影响单一性周围神经（如尺神经和桡神经）。多发的单一神经损伤通常是继发于胶原 - 血管性疾病（例如结节性多动脉炎、系统性红斑狼疮、干燥综合征和类风湿关节炎）、肉样瘤病、代谢性疾病（如糖尿病和淀粉样变）或感染性疾病（如莱姆病和艾滋病）。多发性神经损伤可由毒素造成（如白喉毒素）或由自体免疫反应引起（如吉兰 - 巴雷综合征）或营养缺乏与代谢性疾病（如见于酒精中毒、脚气病、恶性贫血、维生素 B_6 缺乏以及营养吸收不良综合征）。多发性周围神经损伤也可见于甲状腺功能减退、卟啉病、肉样瘤病、淀粉样变与尿毒症。有毒物质一般引起多发性神经损伤，但有时也可引起单一神经损伤，如巴比妥、磺胺类、苯妥英钠、长春碱类、重金属类、一氧化碳以及磷二硝基酚。

二、周围神经损伤后的病理变化

(一) 周围神经损伤后的基本病理变化类型

不同病因的周围神经损伤特点不同，其病理变化也不同。周围神经损伤存在如下病理变化类型。

1. 沃勒变性　周围神经损伤后，远端轴突发生髓鞘和轴索变性的反应被称为沃勒变性（Wallerian degeneration）。沃勒变性由 Augustus Waller 于 1850 年首先描述。实际上损伤近端也可发生短距离的髓鞘变性和轴索变性。沃勒变性是一个非常精细的过程，它由细胞外钙离子瞬间涌入胞内引发，激活了钙蛋白酶和泛素 - 蛋白酶体等，导致轴索内细胞骨架解体。

2. 轴索变性　周围神经损伤后，远端轴索和近端轴索都可变性，主要是远端轴索变性，而且远端轴索变性的方向是由远及近发展。不论是远端还是近端轴索变性，一般呈多灶性变性，变性部位可见线粒体、微丝和微管结构紊乱。

3. 神经元变性　如果周围神经损伤严重，神经元的胞体也会变性和解体。如果神经元的胞体和轴索变性，导致整个神经元死亡即发生神经元变性。如果损伤不严重，神经元的胞体可以存活。

4. 节段性脱髓鞘　如果周围神经损伤，多发生神经纤维远端一段或多段髓鞘脱落并变性。对于原发性节段性脱髓鞘，一般轴索完整保留。节段性脱髓鞘后，一般施万细胞增生，再生的髓鞘呈薄髓鞘，节段短或长短不等。

5. 肥大性神经病　肥大性神经病主要见于损伤引起的长病程、慢性、复发性脱髓鞘情况，是由脱髓鞘和髓鞘再生反复多次发生施万细胞增生所致神经肥大的特殊病理现象。在病理切片是可见洋葱球样改变，是有髓纤维周围绕以多层施万细胞的胞质，呈同心圆状排列。

(二) 周围神经损伤后的病理变化特征

周围神经损伤的程度可分为三个阶段：神经失用（轻度损伤）、轴索断裂（中度损伤）和神经断裂（重度损伤）。同一程度的损伤其结构和功能变化及预后近似，不同程度的损伤则差别较大。周围神经损伤后，不仅有相应的病理变化，也存在相适应的神经再生机制。以常见的机械性周围神经损伤为例，介绍周围神经损伤的病理变化特征。

1. 神经失用的病理变化　神经外观正常或因水肿而苍白，轴索和结缔组织完整，轴索不变性，神经仅有轻微的病理变化，包括：①损伤部位节段性髓鞘脱落，即在损伤部位局部郎飞结的节间段出现脱髓鞘。②损伤部位神经内膜毛细血管通透性增大，导致神经内膜和神经束膜出现肿胀，但不涉及神经外膜。神经传导功能障碍或神经传导阻滞，感觉功能或运动功能有部分障碍。由于轴索的结构完整性存在，水肿引起的水、电解质异常可恢复及脱落的髓鞘可再生（一般 2~3 周），以上病理变化短期内是可以恢复的。

2. 轴索断裂的病理变化　神经外观因水肿而苍白或变粗，轴索和髓鞘的连续性中断。但神经内膜完整。病理变化包括：①损伤远端一定范围内髓鞘脱落和髓鞘变性并存，损伤近端髓鞘可发生短距离（几毫米或几厘米范围内，变性发生在几个郎飞结内）的变性。变性的髓鞘出现裂纹、空泡或局部呈现颗粒状。②损伤远端一定范围内轴索变性，损伤近端轴索可发生短距离（几毫米或几厘米范围内，变性发生在几个郎飞结内）的变性。轴索变性晚于髓鞘变性。变性的轴索可见肿胀并出现裂口和空泡。变性的轴索在显微镜下可见线粒体和内质网等分解的碎片。由于神经内膜完整，损伤的近端轴索能够沿神经内膜再生，并沿原有路径向末梢生长，最后到达终末器官，并恢复传导功能，恢复对终末器官的再支配。把神经损伤后，损伤的近端轴索沿神经内膜内生长至终末器官，恢复原有神经的再支配形式和功能，称为非复杂性轴索再生。轴索再生是神经再生的一个组成部分。神经再生是个复杂的过程，当发生轴索断裂的神经损伤时，由远端构成髓鞘的存活的施万细胞增生，一部分增生的施万细胞转变为吞噬细胞参与清除变性物质，大部分增生的施万细胞沿基膜纵行排列形成 Büngner 带。损伤近端轴索短距离发生变性后回缩，近端存活的轴索一方面存在胞体轴浆和细胞器的顺向运输，另一方面近端轴膜自断端处生长并封盖断端，使近端明显膨大肿胀，其内堆积了各种细胞器如囊泡和线粒体等，

该膨大肿胀成为回缩球。该回缩球内的轴索可以再生，在回缩球表面生长出大量的轴索枝芽，枝芽末端膨大形成丝足，丝足长入 Büngner 带并伸入其中央，由施万细胞包裹后形成生长锥，生长锥在施万细胞分泌的各种营养因子诱导下生长，生长速度为 1~3mm/d。一根神经纤维只能形成一条新的轴索，其余的枝芽逐渐退化消失，再生的轴索在生长过程中被施万细胞所包绕，如未形成髓鞘即无髓纤维，如形成髓鞘即有髓纤维。③损伤部位神经内膜和神经束膜毛细血管通透性增大并充血，神经内膜和神经束膜出现肿胀，并可涉及神经外膜。损伤部位及附近有吞噬细胞和淋巴细胞浸润。损伤部位的吞噬细胞来自血液中的巨噬细胞和增殖的施万细胞形成的吞噬细胞。在损伤区，吞噬细胞参与吞噬清除神经内膜内的髓鞘和轴索的变性碎屑。毛细血管通透性增大和充血以及神经内膜和神经束膜的肿胀与肥大细胞数量的增多有关，肥大细胞释放组胺和 5- 羟色胺增加毛细血管的通透性。

3. 神经断裂的病理变化 神经外观有明显的损伤性变化（如出血、变形和瘢痕等）或神经有两个断端，神经的连续性中断。神经损伤的近端和远端均发生病理变化：①损伤远端全部髓鞘变性，损伤近端短距离的髓鞘也变性（变性距离的长短与损伤严重程度有关），部分严重损伤可致胞体死亡。髓鞘变性除包括出现裂纹、空泡或局部呈现颗粒状这些变性外，还发现髓鞘收缩（使郎飞结的间隙增宽）、髓鞘板层松开、髓鞘呈不规则的梭形肿胀、髓鞘失去板层结构变成椭球体及椭球体进一步断裂成碎屑这些变性，最后碎屑被吞噬细胞吞噬。②损伤远端全部轴索变性，损伤近端短距离的轴索变性（变性距离的长短与损伤严重程度有关），轴索变性晚于髓鞘变性。部分周围神经严重损伤也可发生整个神经元死亡或发生神经元变性。其中变性的轴索内可见局部肿大、萎缩、裂口和空泡等，显微镜下可见微管微丝紊乱、线粒体和内质网等分解的碎片。虽然重度神经损伤的近端轴索和髓鞘能够再生，但由于神经内膜不完整和塌陷，增殖的施万细胞不能形成 Büngner 带，再生的轴索不能伸入 Büngner 带中，因此轴索难以生长形成神经纤维。即使通过显微外科手术缝合神经束膜或外膜，但难以达到神经束的准确对合，部分再生的轴索可能进入陌生的神经内膜内，这部分再生的轴索常错误定向生长，导致再支配恢复形式与原来的结构和功能不同，这种神经再生成为复杂性轴索再生。更何况在实际操作上手术损伤、损伤处形成的瘢痕或手术留下的异物也会干扰神经的再生。③损伤远端和近端神经内膜和神经束膜和神经外膜毛细血管开始通透性增大并充血，逐步发展为毛细血管壁增厚及毛细血管壁闭塞和消失。损伤部位有来自血液中的巨噬细胞和增殖的施万细胞形成的吞噬细胞及淋巴细胞大量积聚。在损伤区，各种吞噬细胞参与吞噬清除神经内膜内的髓鞘和轴索的变性碎屑。

应注意两点：①根据周围神经损伤后髓鞘变性早于轴索变性这一特点，不难理解周围神经损伤主要影响的是有髓神经纤维，而无髓纤维损伤较轻，因此周围神经传导功能的降低反映的是周围神经中有髓神经纤维的传导功能降低。②周围神经损伤虽可引起自身病理变化，但还会引起中枢神经的慢性病理学变化。如切断周围神经后，数天到数月之内在脊髓水平出现传导功能发生改变和神经病理变化。

（三）周围神经损伤的病理学检测方法

对周围神经损伤的病理学检测是通过光镜和电镜手段进行。光镜下观察神经组织需组织化学染色和免疫组织化学染色。组织化学染色包括：苏木素 - 伊红组织化学染色法可染再生神经元的细胞质（呈粉红色）和细胞核（呈紫蓝色）；甲苯胺蓝染色；银染方法可染轴索（呈黑色），苏木素染色或快蓝染色可染髓鞘（呈暗蓝色或蓝色）；髓鞘碱性蛋白使髓鞘染成棕红色（图 4-5）；Marchi 方法使正常髓鞘不染色，而变性髓鞘呈黑色；油红 O 可染脂肪；刚果红可染淀粉样物质。免疫组织化学染色包括：用神经微丝蛋白标记轴索，用髓鞘相关糖蛋白标记髓鞘，用上皮细胞膜抗原标记神经束膜。

（四）周围神经损伤的病理学检测项目

光镜下通过组织切片观察神经外膜、神经束膜、神经内膜和神经纤维。电镜观察需 2.5% 的戊二醛固定。

神经外膜观察项目：①神经束的数目；②神经束是否增粗；③脂肪的数量；④神经外膜有无血管炎，受累血管的大小，受累血管是动脉还是静脉，浸润的炎性细胞是单核细胞、中性粒细胞还是嗜酸性

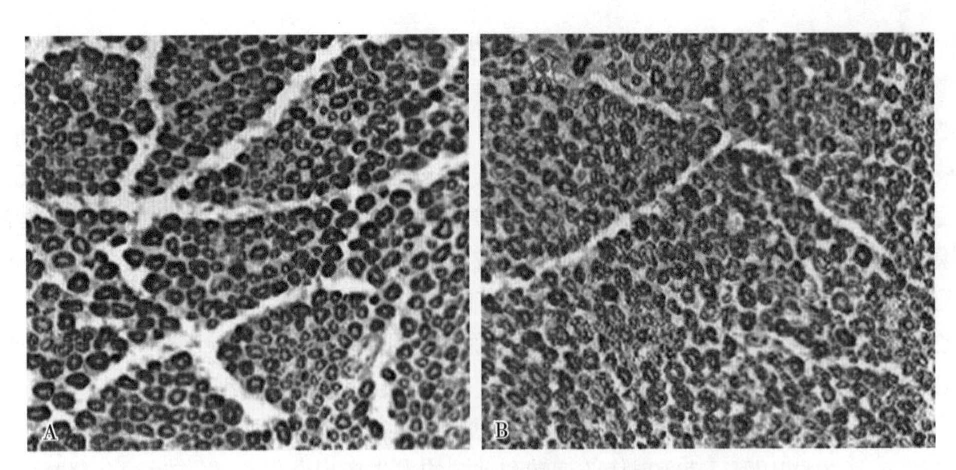

图 4-5　大鼠坐骨神经中神经纤维髓鞘光镜观察（髓鞘碱性蛋白染色）

A. 正常坐骨神经，神经纤维髓鞘清晰、完整；B. 损伤的坐骨神经，神经纤维髓鞘变薄，染色变淡。

粒细胞等。

神经束膜观察项目：①神经束膜是否有炎症；②神经束膜是否有钙化；③神经束膜是否有局部增生；④神经束膜是否有脂肪沉积；⑤神经束膜受累血管的大小，受累血管是动脉还是静脉，浸润的炎性细胞是单核细胞、中性粒细胞还是嗜酸性粒细胞等。

神经纤维观察项目：①有髓纤维的密度、有髓纤维有无脱失及脱失的程度。有髓纤维密度的减少程度与其功能障碍程度及动作电位幅度的减小呈正相关。有髓纤维脱失的类型有选择性，大的有髓纤维脱失最常见，小的有髓纤维脱失较少。②有无轴索变性和轴索再生。轴索变性最早期的改变是轴索淡染，因为轴索内的线粒体等解体，造成轴索内着色物质减少。轴索变性的最主要标志是形成髓球，在神经纵切面上呈线性排列。正常轴索中髓球很少，变性的轴索髓球明显增多。在电镜下，可明显观察轴索萎缩、局部肿大、细胞器和神经微丝聚集等轴索变形的改变。轴索再生是周围神经损伤恢复期或慢性期的表现。轴索再生表现为再生丛的形成，即 3 个或更多的小有髓纤维聚集在一起，由一个施万细胞包绕。③有无脱髓鞘和髓鞘再生。脱髓鞘的形态特点是无髓鞘包绕的裸露轴索，周围可见髓鞘变性的碎片残迹。髓鞘再生最重要的标志是出现薄髓纤维，其髓鞘厚度相对于轴索的直径很薄。洋葱球样髓鞘改变被认为是反复脱髓鞘和髓鞘再生的结果。

三、周围神经损伤的功能检测和修复

（一）外周感觉神经损伤的功能检测

1. 感觉障碍　外周感觉神经损伤常引起感觉障碍，包括浅感觉障碍和深感觉障碍。

(1) 浅感觉障碍：浅感觉是指来自皮肤、黏膜的痛觉、温度觉和触压觉。浅感觉障碍患者中的触觉障碍常有麻木、蚁走、虫爬、肿胀、沉重和触电样感觉，往往从远端脚趾上行可达膝上。部分触压觉障碍患者有穿袜子与戴手套样等感觉减退现象，甚至感觉消失。触压觉障碍的分布以下肢症状较上肢多见或下肢症状重于上肢，且远端重于近端。浅感觉障碍中的温度觉障碍常有冷热或吹凉风感觉。痛觉障碍通常包括快痛（fast pain）或刺痛、慢痛（slow pain）、痛过敏（hyperalgesia）和异常性疼痛（allodynia）。痛过敏指轻微的伤害性刺激即可发出剧烈的疼痛反应。异常性疼痛指正常非伤害性刺激（如触觉、温凉水刺激等）均可引起异常不适的疼痛。痛过敏和异常性疼痛痛觉阈值均明显降低。外周感觉神经损伤可双侧，可单侧；可对称，可不对称。周围神经损伤后，因感觉功能障碍，所支配肢体易受外伤、冻伤、烫伤和压伤。

由于感觉神经纤维在皮肤上有一定的分布区，因此对皮肤施加各种刺激，考察是否有浅感觉障碍及范围大小，可检测是否有感觉神经损伤及判断损伤的类型。但由于皮肤感觉神经的重叠支配，单根感觉神经损伤后，其支配区感觉可被邻近的感觉神经所代偿，故在检测人体感觉障碍时，应以没有邻

近神经重叠支配的区域为准。检查时可与健侧对比。

在动物实验中，外周浅感觉障碍通常检测痛觉大小。用机械刺激、热刺激或化学刺激检测动物缩足反应或甩尾反射的强度阈值或时间，即可检测有无痛觉异常。如对大小鼠而言，可用弗利氏毛（Von Frey hair）进行机械刺激，用辐射热（热板）进行热刺激，用乙酸滴加到皮肤上进行化学刺激。

（2）深感觉障碍：深感觉是指来自肌肉、肌腱、骨膜和关节的运动觉、位置觉和振动觉。周围神经损伤后常同时表现为深感觉和浅感觉障碍，但二者受累程度不同。如同时并发周围神经损伤的糖尿病和酒精中毒患者首先出现浅感觉障碍（麻木或疼痛），而深感觉受累较轻。深感觉障碍也常以远端为重，且下肢多重于上肢。多数深感觉障碍患者在开始时仅发现足部音叉振动觉减退。随着病情加重，患者出现走路似踩棉花样的步态不稳，特别是夜间行走困难或夜间不敢外出。

2. 感觉神经传导功能　感觉神经传导功能的降低被认为是检测和修复感觉神经损伤的金标准。感觉神经传导功能的降低包括：①感觉神经传导速度下降和动作电位的潜伏期延长；②动作电位的波幅降低。感觉神经传导速度下降和动作电位的潜伏期延长反映的是粗大的 Aβ 有髓神经纤维的传导变慢，与轴索变性和髓鞘脱落等有关。动作电位的波幅降低反映了神经干中部分神经纤维（主要 Aβ 有髓神经纤维）受损。感觉神经传导功能下降是检测感觉神经损伤较灵敏的指标，对于外周感觉神经损伤早期或微小的损伤（如糖尿病早期），尤其是对于那些无明显临床症状但周围神经已出现病理改变（节段性脱髓鞘或有轴索变性）的人群，通过测定感觉神经传导功能可早期检测出神经损伤，以期指导早期防治。

检测人体感觉神经传导功能时，通常用肌电图诱发电位仪检测动作电位的潜伏期和波幅，并计算感觉神经传导速度（m/s）= 记录电极与刺激电极间距离（cm）×10/ 潜伏期（ms）。检测时室温 20~25℃，刺激脉冲波宽 0.2~0.5ms，灵敏度 1mV，刺激强度 3~50mV。

实验动物（如大鼠、小鼠）感觉神经损伤时传导功能的检测可选坐骨神经或尾神经作为实验材料。检测指标除了潜伏期、波幅和感觉神经传导速度外，还可用双脉冲刺激检测感觉神经的绝对不应期和相对不应期的大小，以反映感觉神经兴奋性的变化。在体测量坐骨神经中感觉神经动作电位时，可将刺激电极置于大鼠（小鼠）后肢踝部（负极置于近端，正极置于远端），记录电极可置于腘窝处（作用电极置于远端，参考电极置于近端）。作用电极与参考电极之间以及刺激电极的正负两极之间分别相隔 1cm，接地电极固定于鼠尾。测量尾神经中感觉神经动作电位时，刺激电极可置于鼠尾（负极置于近端，正极置于远端），记录电极可置于鼠尾根部近端或尾中间附近（作用电极置于远端，参考电极置于近端）。作用电极与参考电极之间、刺激电极正负极之间也分别相隔 0.5~1cm。刺激波宽 0.1~0.3ms，刺激频率 1Hz，带通频率 2Hz~10kHz，刺激强度 0.5~10mA。记录感觉神经动作电位的潜伏期和波幅，测量刺激电极与记录电极之间的距离（刺激负极与记录作用电极间的距离），计算感觉传导速度（m/s）= 记录电极与刺激电极之间的距离（cm）×10/ 潜伏期（ms）。

（二）外周运动神经损伤的功能检测

1. 肌肉功能状况　外周运动神经损伤程度及损伤范围的诊断和检测可通过肌肉功能状况的改变来确定。人体主要表现为腱反射的减退，肌肉张力常有不同程度的减退，甚至发生进行性肌萎缩以及肌电图异常。

在动物实验中，常通过测定肌肉湿重、收缩能力（肌肉收缩最大张力和收缩最大速度）分析肌肉功能状况。

2. 运动神经功能　人体主要测定运动神经的传导功能，包括：①运动神经纤维动作电位的潜伏期、波幅和传导速度；②复合肌肉动作电位的潜伏期、波幅和传导速度。通常外周运动神经损伤时运动神经的传导功能是下降的。

在动物实验中，除了检测运动神经的传导功能外，还可检测动作电位的不应期。大鼠或小鼠多以坐骨神经损伤模型为研究对象。检测坐骨神经中运动神经纤维传导功能时可离体也可在体，均为有创性。检测坐骨神经远端的复合肌肉动作电位时（图 4-6）可几乎无创，记录电极中的活动电极置于

大鼠后肢坐骨神经支配的肌肉上，参考电极置于记录电极远端1cm处；于腘窝处或坐骨切迹处插入刺激电极，负极位于远端，与记录电极相对，正极置于近端，与负极相隔0.5~1cm；将接地电极固定于鼠尾。刺激波宽0.1~0.3ms，刺激频率1Hz，带通频率2Hz~10kHz，刺激强度在0.5~10mA。记录的潜伏期、传导速度和波幅，波幅采用负峰值。测量记录电极与刺激电极之间的距离，计算坐骨神经复合肌肉动作电位的传导速度，传导速度(m/s)=记录电极与刺激电极之间的距离(cm)×10/潜伏期(ms)。神经传导速度异常率与神经损伤程度、范围及损伤的时程长短有密切联系。也可通过步态分析来检测是否存在运动神经损伤。

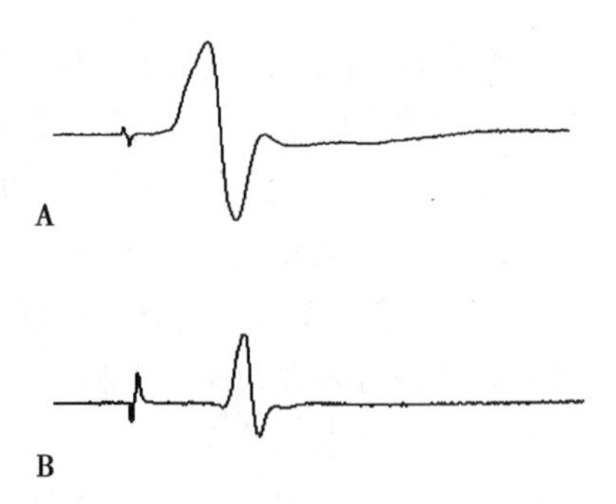

图4-6　大鼠坐骨神经复合肌肉动作电位

A. 正常坐骨神经复合肌肉动作电位，波幅大，潜伏期短；B. 坐骨神经损伤后，坐骨神经复合肌肉动作电位波幅小，潜伏期长。

(三) 周围神经损伤的修复

损伤的修复一直是神经领域的一大热门课题。周围神经损伤修复的难点就是受损的周围神经在形态和功能上的恢复，尤其是后者。随着显微外科技术的发展，对损伤的神经进行显微修复，其治疗效果虽有了显著改善，但对于较长距离缺损的周围神经损伤，仍难以通过外科手段直接吻合。随着医学研究的不断发展，周围神经损伤修复在显微外科技术的基础上利用神经移植和神经工程仿生材料等技术，极大地提高了修复质量。由神经失用引起的轻度损伤无需人工修复，一旦解除损伤因素，神经功能可自行恢复。对于轴索断裂引起的中度损伤可通过神经再生逐步恢复功能，也不需要人工神经修复。但对神经断裂引起的重度损伤必须进行人工神经修复，否则损伤的周围神经的功能将难以恢复或永久性地丧失。修复损伤的周围神经手段有多种，各有特点。但由于受诸多因素(如年龄、损伤的部位、原因、性质、程度、修复方法和材料等)及神经再生能力的影响，各种周围神经损伤修复的效果仍有限。

1. 周围神经损伤修复的微环境　无论哪种类型的周围神经损伤(神经失用、轴索断裂和神经断裂)，其神经形态和功能的恢复一般需要通过神经再生过程。而周围神经再生能力受其微环境中的多种物质影响和调节。周围神经的微环境是指神经束膜以内与神经纤维以外的环境，包括各种小分子和大分子物质。目前发现周围神经微环境中促进神经再生的物质有三类：第一类物质主要是维持神经细胞存活和再生功能，即多种神经营养因子。第二类物质是能够促进和引导轴索生长的因子，对细胞存活影响不大，这些因子就是由施万细胞分泌的。第三类物质是细胞外基质成分，引导增殖的施万细胞沿着神经内膜形成Büngner带。

2. 周围神经损伤人工修复的方法

(1) 显微外科修复：该修复方法是针对无明显缺损的周围神经损伤的修复。神经断裂后，若能及时进行止血、清除异物、预防感染及施行手术将断端对正缝合，有助于促进神经内膜的形成和轴索再生。若相应的神经细胞发生变性，则神经再生不全或停止再生。若神经断端未及时缝接，断端处有炎症或异物存在，断端间将有瘢痕组织阻挡再生轴索生长，进而影响神经功能的恢复。

神经缝合术中的神经外膜缝合和神经束膜缝合是目前显微外科修复最常用的神经修复方法。其优点在于不加重神经内部损伤，因此纤维化发生较少，缺点是难以实现束-束间良好对合。如神经及软组织缺损严重，或存在神经断端不齐和伤口污染严重不宜强行缝合，可延迟修复。另外，断端缝合处张力大小是影响神经修复效果的重要因素。外膜缝合法，操作比较简单，容易掌握，对组织损伤小，神经断端瘢痕形成少。但外膜缝合法不能保证神经束的准确对合，存在盲目性。在解剖上，神经束膜缝合法可将神经束准确对合，但在实际操作时手术难度大，对神经断端有损伤并且缝合材料可造成异物残留，这些均可干扰神经的再生。目前认为两种方法修复的效果无明显差异。

(2) 神经移植：该修复方法适用于有明显缺损的周围神经损伤的修复，其基本出发点是缺损的神经被移植的神经所替代，再通过显微外科修复使断端缝接，促进神经再生。包括自体神经移植、异体

神经移植和异种神经移植。自体不带血管的神经移植仍是临床修复神经缺损的标准方法，供体神经一般采用皮神经，如腓肠神经和隐神经。在临床上，自体神经移植是最基本和最可靠的方法，但自体神经移植因其来源有限而无法满足较大神经缺损和广泛神经缺损修复的需要，而且神经缺损长度越长，移植后效果越差。异体神经移植修复神经缺损，具有来源广泛的优点，但存在免疫排斥反应，因此抑制免疫排斥反应是能否移植成功的关键。异种神经移植会出现强烈的排斥反应，修复效果很差，仅限于动物实验研究。

(3) 神经套管桥接法：该修复方法适用于有明显缺损的周围神经损伤的修复。其基本出发点为：①通过套管固定和支持缺损神经的两端；②通过套管促进神经再生。一方面该修复方法为神经的再生提供一个相对密闭的微环境，允许各种营养物质能自由交换；另一方面引导轴索生长，进而通过缺损区到达远侧断端，最终支配终末器官。用于桥接的套管材料有两大类，一类是天然材料，包括静脉、动脉、胶原、神经外膜、骨骼肌、透明质酸、羊膜和生物膜等；另一类是合成材料，包括硅胶、聚乳酸、聚羟基乙酸、聚乙醇酸和聚四氟乙烯等。使用天然材料用作桥接的套管材料的主要依据是它们都有基膜，其基膜与施万细胞的基膜相似，可分泌多种促进轴索生长的营养物质，并为增殖的施万细胞迁入套管形成 Büngner 带提供有利环境。在合成材料中除硅胶管外，一般具有如下优点：①具有良好的组织相容性；②套管的外形可保持，也可缓慢降解；③套管壁有利于吸附和释放各种营养物质。

(4) 基因工程方法：基因治疗是应用基因工程和细胞生物学技术，将具有正常功能的基因导入患病机体内，纠正某些基因或蛋白质的表达，从而达到治疗的目的。该方法目前处于动物试验阶段，临床应用有巨大潜力。

(5) 干细胞治疗：采用干细胞治疗周围神经损伤的依据是干细胞可以分化为施万细胞和神经细胞，前者修复髓鞘，后者可以通过轴突末梢支配效应器。

(6) 神经营养素治疗：通过各种神经营养因子促进轴索再生，如神经生长因子(NGF)和脑源性神经营养因子(BDNF)。目前均处于试验阶段。

3. 周围神经损伤后修复效果的评价　可从三个方面评价：

(1) 感觉和运动功能：即分别测定感觉功能和运动功能，与健侧比较。

(2) 感觉神经和运动神经传导功能：即分别测定感觉神经和复合肌肉动作电位的传导速度、动作电位的潜伏期和波幅，与健侧比较。

(3) 病理学检查：通过各种染色方法，分析轴索、髓鞘、血管等变化。

第四节　自主神经生理与病理

自主神经系统(autonomic nervous system，ANS)是指调节内脏器官系统的平滑肌、心肌、腺体等组织活动的神经系统，由于内脏反射通常是不能随意控制，故名自主神经系统。也称植物神经系统(vegetative nervous system，VNS)或内脏神经系统(visceral nervous system，VNS)。

自主神经系统包括传入神经和传出神经两部分，一般情况下通常仅指支配内脏器官的传出神经，而不包括传入神经。自主神经的传出神经包括交感神经(sympathetic nerve)和副交感神经(parasympathetic nerve)，支配内脏器官、平滑肌和腺体，调节这些器官的功能。自主神经系统主要通过反射调节内脏活动，并受中枢神经系统的控制。

一、中枢神经系统对内脏活动的调节

从脊髓到大脑皮质的各级中枢神经系统水平都存在着调节内脏活动的核团，简单的内脏反射通过脊髓即可完成，而复杂的内脏反射则需要延髓以上的中枢神经系统的参与，并且往往有很多中枢部位共同参与机体活动的调节。

（一）脊髓对内脏活动的调节

交感神经和部分副交感神经发源于脊髓的外侧柱及相当于外侧柱的部位，因此脊髓是内脏反射活动的初级中枢，一些基本的内脏反射（如血管张力反射、发汗反射、排尿反射、排便反射等）等在脊髓水平就可以完成。仅依靠脊髓本身的初级反射调节，机体不足以很好地适应生理功能的需要。此外，脊髓对内脏活动的调节也会受到高位中枢的控制。例如，脊休克过去后，脊髓离断的患者在由平卧位转成直立位时常感到头晕。这是因为患者此时体位性血压反射的调节能力很差，外周血管阻力不能及时发生适应性的改变。除此之外，脊髓断离的患者虽有一定的排尿反射，但排尿不受意识控制，因而出现持续的尿失禁，而且排尿也不完全。

（二）低位脑干对内脏活动的调节

延髓发出的交感神经和副交感神经传出纤维支配头面部的所有腺体、心、支气管、喉、食管、胃、胰腺、肝和小肠等内脏器官。延髓是维持生命活动的基本中枢，许多基本生命现象（如循环、呼吸等）的反射调节在延髓水平已初步完成，因此延髓被视为“生命中枢”。此外，中脑对瞳孔对光反射具有调节作用，中脑和脑桥也是心血管活动、呼吸和排尿等内脏反射的中枢部位。

（三）下丘脑对内脏活动的调节

下丘脑分为前区、内侧区、外侧区和后区四部分。前区的最前端为视前核，稍后为视上核、视交叉上核、室旁核，再后是下丘脑前核；内侧区又称结节区，包括腹内侧核、背内侧核、结节核、灰结节、弓状核与结节乳头核；外侧区主要是下丘脑外侧核，其间有内侧前脑束穿插；后区主要是下丘脑后核及乳头体核。

下丘脑内各核团之间以及下丘脑与边缘前脑及脑干网状结构有紧密的结构和功能联系。传入下丘脑的投射可来自边缘前脑、丘脑、基底神经节和大脑皮质等，其传出纤维也可抵达这些部位。下丘脑还通过垂体门脉系统和下丘脑 - 垂体束调节腺垂体和神经垂体等的活动。下丘脑是较高级的内脏活动调节中枢，调节机体一些较复杂的生理过程，例如，水平衡调节、体温调节、情绪调节、本能行为（摄食、饮水和性行为）和内分泌活动调节以及生物节律控制等。

1. 体温的调节　哺乳类动物在下丘脑以下部位横切脑干后，即不能保持体温的相对稳定，而在间脑以上切除大脑皮质的动物，体温仍能基本保持相对稳定。因此，在间脑水平存在着体温调节中枢。现已肯定，调节体温的中枢在下丘脑。体温调节中枢内有些部位能感知温度，当血温超过或低于一定水平（这水平称为调定点，正常时约为 36.8℃）时，即可通过调节产热和散热活动使体温保持相对稳定。体温调节中枢内的另一些部位对温度变化不敏感，但在温度敏感区的作用下，发出传出冲动以改变与产热和散热相关器官的活动，从而保持体温的相对稳定。因此下丘脑的体温调节中枢，包括温度感受部分和控制产热和散热功能的整合作用部分。

2. 摄食行为调节　用埋藏电极刺激动物下丘脑外侧区引起动物多食，破坏该区则动物拒食。由此认为，下丘脑外侧区存在摄食中枢（feeding center）。刺激下丘脑腹内侧核可引起动物拒食，破坏此核则导致食欲增加而逐渐肥胖，提示该区内存在饱中枢（satiety center），后者可以抑制前者活动。用微电极分别记录下丘脑外侧区和腹内侧核的神经元放电，观察到动物在饥饿时，前者放电频率较高而后者放电频率较低；静脉注入葡萄糖后，则前者放电频率减少而后者放电频率增多。说明摄食中枢与饱中枢的神经元活动具有相互制约的关系，而且这些神经元对血糖敏感，血糖水平的高低可能调节着摄食中枢和饱中枢的活动。用电渗法（electroosmosis）将葡萄糖注入到腹内侧核的神经元周围，也能使神经元放电频率增加，进一步说明饱中枢神经元对葡萄糖敏感。

3. 水平衡调节　水平衡包括水的摄入与排出两个方面，人体通过渴觉引起摄水，而排水则主要取决于肾的活动。损坏下丘脑可引致烦渴与多尿，说明下丘脑对水的摄入与排出的调节均相关。下丘脑控制摄入的区域与上述摄食中枢极为靠近。破坏下丘脑外侧区后，动物除拒食外，饮水也明显减少；刺激下丘脑外侧区则可引致动物饮水增多，但是控制摄水中枢的确切部位还不清楚，不同动物的实验结果也不一致。下丘脑控制排水的功能是通过改变抗利尿激素的分泌来完成的。抗利尿激素是

由视上核和室旁核的神经元（神经分泌大细胞）合成的，神经分泌颗粒沿下丘脑 - 垂体束纤维向外周运输（轴浆运输）而贮存于神经垂体。以高渗盐水注入动物的颈内动脉，能刺激抗利尿激素的分泌；如注入低渗盐水则抑制抗利尿激素的分泌。因此认为，下丘脑内存在着渗透压感受器，其能按血液的渗透压变化来调节抗利尿激素的分泌，此种感受器可能在视上核和室旁核内。电生理研究观察到，当颈动脉内注入高渗盐水时，视上核内某些神经元放电增多，这一事实支持渗透压感受器就在视上核内的推测。一般认为，下丘脑控制摄水的区域与控制抗利尿激素分泌的核团在功能上是有联系的，两者协同调节水平衡。

4. 对腺垂体激素分泌的调节　下丘脑内有些神经元（神经分泌小细胞）能特异性调节腺垂体激素分泌的肽类物质，这些物质是：促甲状腺素释放激素、促性腺激素释放激素、生长激素释放抑制激素、生长激素释放激素、促肾上腺皮质激素释放激素、促黑素细胞激素释放因子、促黑素细胞激素释放抑制因子、催乳素释放因子、催乳素释放抑制因子等。这些肽类物质在合成后即经轴突运输并分泌到正中隆起，由此经垂体门脉系统到达腺垂体，促进或抑制某种腺垂体激素的分泌。此处，下丘脑还有些神经元对血液中某些激素浓度的变化比较敏感，这些神经元称为监察细胞；例如，前区的某些神经元对卵巢激素敏感，内侧区的某些神经元对肾上腺皮质激素敏感，另有一些区域的某些神经元对各种垂体促激素很敏感。这些监察细胞在感受血液中激素浓度变化的信息后，可以反馈调节上述肽类物质的分泌，从而更好地控制腺垂体的激素分泌活动。

5. 对情绪生理反应的影响　情绪是人类一种心理现象，但伴随着情绪活动也发生一系列生理变化。这些客观的生理变化，称为情绪生理反应。自主神经系统的情绪反应，可以表现为交感神经系统活动相对亢进的现象。例如猫对痛刺激产生情绪反应时，可以出现心率加速、血压上升、胃肠运动抑制、脚掌出汗、竖毛、瞳孔散大、脾收缩而血液中红细胞计数增加、血糖浓度上升，同时呼吸往往加深加快。人类在发怒情况下，也可见到类似的现象。自主神经系统的情绪反应，在某些情况下也可表现为副交感神经系统活动相对亢进的现象。例如，食物性嗅觉刺激可引致消化液分泌增加和胃肠运动加强，动物发生性兴奋时则生殖器官血管舒张；人类焦急不安可引致排尿排便次数增加，忧虑可引致消化液分泌加多，悲伤则流泪，某些人受惊吓会引致心率减慢。因此，情绪生理反应主要是交感和副交感神经系统活动两者对立统一的改变。持久的情绪活动会造成自主神经系统功能的紊乱。在间脑水平以上切除大脑的猫，常出现一系列交感神经系统兴奋亢进的现象，并且张牙舞爪，好似正常猫在搏斗时一样，故称之为假怒（sham rage）。平时下丘脑的这种活动受到大脑的抑制而不易表现。切除大脑后则抑制解除，下丘脑的防御反应功能被释放出来，在微弱的刺激下就能激发强烈假怒反应。研究指出，下丘脑内存在防御反应区（defense zone），它主要位于下丘脑近中线两旁的腹内侧区。在动物麻醉条件下，电刺激该区可获得骨骼肌的舒血管效应（通过胆碱能交感舒血管纤维），同时伴有血压上升、皮肤及小肠血管收缩、心率加速和其他交感神经性反应。在动物清醒条件下，电刺激该区还可出现防御性行为。此外，电刺激下丘脑外侧区或引致动物出现攻击厮杀行为，电刺激下丘脑背侧区则出现逃避性行为。可见，下丘脑与情绪生理反应的关系很密切。人类下丘脑的疾病也往往伴随着不正常的情绪生理反应。

6. 对生物节律的控制　机体内的各种活动常按一定的时间顺序发生变化，这种变化的节律称为生物节律（biorhythm）。人体许多生理功能都有日周期节律，例如血细胞数、体温、促肾上腺皮质激素分泌等存在一个波动周期。身体内各种不同细胞都具有各自的日周期节律，但在自然环境中生活的人体器官组织却表现统一的日周期节律，这说明体内有一个总的控制生物节律的中心，它能使各种位相不同的生物节律统一起来，趋于同步化。研究指出，下丘脑的视交叉上核可能是生物节律的控制中心，在小鼠中观察到视交叉上核神经元的代谢强度和放电活动都表现出明确的日周期节律。在胚胎期，当视交叉上核与周围组织还未建立联系时，其代谢和放电活动的日周期节律就已存在。破坏小鼠的视交叉上核，可使原有的日周期节律性活动（如饮水、排尿）的日周期丧失。视交叉上核可通过视网膜 - 视交叉上核束与视觉感受装置发生联系，因此外环境的昼夜光照变化可影响视交叉上核的活动，

从而使体内日周期节律与外环境的昼夜节律同步起来。

（四）大脑皮质对内脏活动的调节

1. 边缘叶和边缘系统　边缘叶（limbic lobe）指的是大脑半球内侧面皮质与脑干连接部的结构，由扣带回、海马回、钩回等组成。边缘叶和大脑皮质的岛叶、颞极、眶回，以及大脑皮质下的杏仁核、隔区、下丘脑前核等结构，统称为边缘系统（limbic system）。边缘系统是内脏活动调节的高级中枢，对除嗅觉功能之外的各种内脏活动、学习与记忆、情绪反应和本能行为的调节均有重要的作用。

（1）对情绪反应的影响：杏仁核的活动与情绪反应有较密切的关系。杏仁核是边缘系统的一部分，附着在海马的末端。是由两大核群组成的杏仁核复合体，从进化来看大脑皮质内侧核群比较古老，基底外侧核群进化上较新。杏仁核的传入纤维来自嗅球及前嗅核，经外侧嗅纹终止于皮质内侧核；来自梨状区及间脑的纤维终止于基底外侧核。杏仁核参与了中脑边缘系统多巴胺奖赏回路并接受下丘脑、丘脑、脑干网状结构和新皮质的纤维。杏仁核的传出纤维通过终纹隔区、内侧视前核、丘脑下部前区和视前区，越过前连合后，部分纤维经髓纹终止于缰核，而另一部分不进入髓纹而直接终止于丘脑下部、丘脑背内侧核、梨状区和中脑被盖网状结构。下丘脑与腹内侧区是防御反应区，因此前者有抑制防御反应作用，后者有易化防御反应的作用。

（2）对摄食行为的影响：下丘脑腹内侧核区既是防御反应区，也是饱中枢所在的部位。因此杏仁核除能影响防御反应外，也能影响摄食行为。实验观察到，杏仁核被破坏的猫，由于摄食过多而肥胖；用埋藏电极刺激杏仁核的基底外侧核群，可抑制摄食活动；同时记录杏仁核基底外侧核群和下丘脑外侧区（摄食中枢）的神经元放电，可见到两者的自发放电呈相互制约的关系，即当一个放电增加则另一个放电就减少。由此看来，杏仁核的基底外侧核群能易化饱中枢并抑制摄食中枢的活动。此外，刺激隔区，也可观察到相似的结果，即易化饱中枢并抑制摄食中枢的活动。

（3）与记忆功能的关系：海马与记忆功能有关。由于治疗的需要而手术切除双侧颞中叶的患者，如损伤了海马及有关结构，则引致近期记忆功能的丧失；手术后对日常遇到的事件丧失记忆力，丧失的程度常决定于损伤部位的大小。临床上还观察到，由于手术切除第三脑室囊肿而损伤了穹窿，也能使患者丧失近期记忆能力；而且还观察到乳头体或乳头体丘脑束的疾患也会导致近期记忆能力的丧失。总之，与近期记忆功能有关的神经结构是一个环路结构，即海马→穹窿→下丘脑乳头体→丘脑前核→扣带回→海马，称为海马环路。

（4）对其他内脏活动反应的影响：刺激边缘前脑不同部位所引起的内脏活动反应很复杂，血压可以表现升高或降低，呼吸可以加快或抑制，胃肠运动可以加强或减弱，瞳孔可以扩大或缩小等，说明边缘前脑的功能和初级中枢的功能不一样。刺激初级中枢的反应比较明确一致，而刺激边缘前脑的结果变化较大。可以设想，初级中枢的功能比较局限，活动反应比较单纯；而边缘前脑是许多初级中枢活动的调节者，它能通过促进或抑制各初级中枢的活动，调节更为复杂的生理功能活动，因此活动反应也就复杂而多变。

2. 新皮质　电刺激动物新皮质，除了引起躯体运动，还会引起内脏活动的改变。例如，刺激大脑半球内侧面 Brodmann 第 4 区的一定部位，可引起直肠和膀胱运动的变化；刺激半球外侧面一定部位可产生呼吸、血管运动的变化；刺激 6 区一定部位可产生竖毛、出汗等现象。

二、自主神经功能紊乱

自主神经紊乱是一种内脏功能失调的综合征，其多由心理社会因素诱发人体部分生理功能暂时性失调、神经内分泌出现相关改变，但是组织结构上并无病理性的改变。它是一种非器质性精神障碍的功能性疾病，根据个人不同的情况，产生的反应症状也不相同。自主神经功能紊乱的症状可能遍布全身，一般会有至少 2~3 种不同器官的表现症状。其症状包括消化系统功能、循环系统功能、性功能等的失调等，例如：①呼吸系统出现呼吸深度和频率的变化；②心血管系统出现周期性低血压、阵发性高血压、窦性心动过速或过缓；③消化系统可出现胃肠功能及消化液分泌障碍；④泌尿系统出现尿频、

尿急、排尿困难，甚至尿失禁；⑤失眠、多梦、头昏、头痛、注意力不集中、记忆力下降、胸闷痛、疲劳、倦怠、多汗、眩晕等症状。

三、自主神经损伤病理

在躯体神经损伤的同时均会不同程度地累及无髓和小髓鞘的自主神经纤维。与躯体感觉和运动神经损伤相似，自主神经也可发生纤维数量减少、轴索变性坏死、节段性脱髓鞘和薄髓鞘。但这方面研究明显少于躯体神经。

有时独立诊断自主神经损伤相当困难，但自主神经受累广泛，主要表现如下：①胃肠系统功能障碍：食管和胃的蠕动减慢，胃张力减低，排空时间延长；②泌尿系统功能障碍：如膀胱功能障碍，可见尿潴留、排空困难；③心血管功能障碍：主要是血管运动反射受损，表现为心率和血压在体位变换时异于正常以及 Valsalva 试验呈阳性。

四、自主神经功能检测

通常，与自主神经的不稳定性有关的情况，即大多数心身疾病均发生在自主神经支配的器官上。因此，自主神经功能检查对心身疾病的诊断有一定的帮助。比如，迷走神经张力增高，交感神经高度紧张，迷走神经兴奋，交感神经代偿性亢进等。

(一) 心反射

按压眼球时会出现心率减慢的现象(禁忌双眼同时按压，以防出现心搏骤停的现象)，正常脉搏每分钟可减少 10~20 次。眼心反射超过 12 次 /min 提示副交感(迷走)神经功能增强，迷走神经麻痹则无反应。如压迫后脉率非但不减慢反而加速，则提示交感神经功能亢进。

(二) 卧立试验

正常人由卧位到立位脉率增加不超过 10~12 次 /min。超过 10~12 次 /min 为交感神经兴奋性增强。

(三) 竖毛反射

竖毛肌由交感神经节段性支配，即 C_8~T_3 支配面部和颈部，T_4~T_7 支配上肢，T_8~T_9 支配躯干，T_{10}~L_2 支配下肢。根据反应的部位可协助交感神经功能障碍的定位诊断。比如，将冰块置于患者颈后或腋窝，4~5s 后可见竖毛肌收缩，毛囊处隆起如鸡皮状，7~10s 时最明显，15~20s 消失。根据竖毛反射障碍的部位可判断交感神经功能障碍的范围。

(四) 组胺试验

正常人本试验呈阴性。嗜铬细胞瘤的患者多呈阳性反应，阳性率可达 50%~80%。注入组胺后先有短暂的血压轻度下降，然后迅速上升，2min 以后达到高峰，并出现相应的临床症状。

(五) 体位变换试验

正常人由卧位到立位时脉率增加不超过 10~12 次 /min，由立位到卧位时脉率减慢不超过 10~12 次 /min。自主神经功能紊乱、体位性低血压，或者有不明原因晕厥的患者，检查时可发现：

(1) 交感神经功能亢进：卧立反射心率增加 >24 次 /min，或心率达 100~120 次 /min 以上。

(2) 迷走神经功能亢进：卧立反射心率减少 >12 次 /min。

(3) 直立性低血压：卧立反射呈阳性。①直立时收缩压与舒张压均下降，心率变化较少，提示中枢调节功能的异常；②直立时收缩压下降，舒张压上升，提示末梢血管扩张，回心血量减少，心排血量下降。

(六) Valsalva 试验

即在平卧位 15s 内保持呼吸压力 40mmHg 时的心率变化。做 Valsalva 动作时及动作完成后，心脏迷走神经和交感缩血管神经活动均有改变，这是因为有颈动脉窦和主动脉弓压力感受器和心肺感受器的传入神经受刺激引起。这些自主神经传导通路的任何部位受损或它们的中枢连接部位受损都可能导致 Valsalva 动作时心率异常变化。通常记录此 15s 期间最长 R-R 间期和最短 R-R 间期之比值。

若自主神经发生损伤，则该比值变小，即 Valsalva 试验呈阳性。

（七）心率变异性测定

心率变异性（heart rate variability，HRV），指逐次心跳周期的差异。HRV 实质上是反映神经体液因素对窦房结的调节作用，也是反映自主神经系统交感神经活性与迷走神经活性及其平衡协调的关系。在迷走神经活性增高或交感神经活性降低时，心率变异性增高，反之相反。也就是说，自主神经系统活动的量化可以通过心率变化的程度来实现。HRV 降低为交感神经张力增高，可降低室颤阈，属不利因素；HRV 升高为副交感神经张力增高，提高室颤阈，属保护因素。因此，可以通过 HRV 的检测来判断心血管疾病的病情程度，它可能是预测心脏性猝死和心律失常性事件的一个有价值的指标。致命性的心律失常与交感神经的兴奋性增加、迷走神经的兴奋性减少有关。HRV 的测量方法包括时域法以及频域法等。HRV 的时域测量指标包括心动周期的标准差（standard deviation of NN intervals，SDNN），即全部正常窦性心搏间期（NN）的标准差（单位为 ms）。SDNN 主要反映交感和副交感神经总的活性变化，低频功率（low frequency power，LF）反映交感神经与迷走神经的共同作用，其中交感神经占优势；高频功率（high frequency power，HF）主要反映迷走神经张力；LF/HF 主要反映交感神经和迷走神经的动态平衡。HRV 分析是定量评价自主神经功能活性最有希望的手段之一。自主神经系统和心血管系统关系密切，自主神经的平衡失调是影响心率差异的主要因素。

第五节　神经心理疾病

一、神经心理学概述

神经心理学（neuropsychology）这门学科始于 1929 年，由美国哈佛大学的 Boring 通过对 Lashley 的工作总结而提出，这是一门由神经学（neurology）和心理学（psychology）结合而成的学科。因此，它既不是单纯地研究大脑不同部位的生理功能，也不是单一地研究心理与行为的科学。其研究是将脑、心理和行为三者相结合，从而探究它们之间的关系。

神经心理学的研究领域包括实验神经心理学、行为神经病学与临床神经心理学。神经心理学通过使用不同的方法和研究不同的对象来探究脑和心理或行为的关系，从而解决临床上的神经心理疾病相关问题。

二、神经心理疾病种类

人类的脑是世界上最复杂的一种物质，它由 100 亿以上的神经细胞和 1 000 亿以上的神经胶质细胞组成。而每个神经细胞又和其他神经细胞存在上万种的联系，由此而构成复杂的神经网络。神经网络遍布的脑可以分成不同的功能区域，例如：大脑皮质、脑干、丘脑和边缘系统。因此，不同的神经心理疾病发生的脑区也不相同。神经心理疾病不是单纯的心理疾病，而是将脑与心理及行为之间的关系相互关联起来的一种综合征。神经心理疾病往往涉及多个脑区，表现形式多种多样，通常包括语言障碍、阅读障碍、运用功能障碍、认知障碍和记忆障碍等。

（一）失语症

失语症是指由于脑部受损而引起的语言障碍。简而言之，语言是运用符号来达到交流的能力，因此失语症的主要表现就是在认知、运用或表达语言符号方面发生障碍。因此由知觉、学习记忆、运动感觉和外周言语机制（喉部、咽部等）的障碍而引起的语言障碍不属于失语症。

引起失语症的原因有多种，包括来自于脑内部的原因，如脑肿瘤或脑出血，也包括来自于脑外部的原因，像头颅受伤等机械损伤。由于个体之间脑的差异和脑受损的位置、程度的不同，引起的失语症状也是千差万别。因此判断引起失语症的原因要结合不同的情况来具体分析。

1. 布罗卡失语症（Broca's aphasia）　又名表达性失语（expressive aphasia），通常表现为说话

吃力，吐词停顿，词序混乱和功能词使用困难。该病症由法国神经学家布罗卡发现，其损伤定位为布罗卡区，由于其仅表现在语言表达方面障碍而不影响对语言的理解能力，因此又称“表达性”或“运动性”失语症。主要包括以下几个方面：①语言的发音与节奏受到影响；②具有严重的语法缺失现象；③句法结构简单；④复述能力较差；⑤命名障碍。

2. 韦尼克失语症(Wernicke's aphasia) 该病症由韦尼克发现，其损伤定位于韦尼克区，由于其表现为语言的理解与阅读障碍，无法理解别人的问题，常常答非所问，因此又称“感觉性”或“接收性”失语症。主要包括以下几个症状：①不自知：患者往往没有感觉自己患病，因为在患者看来，自己可以理解别人说的，并且也在回答问题，因此他们往往没有治疗意识；②持续性：患者往往会不自觉地重复某一个问题，并且是反复、无意识地持续做某一个指令；③语言中缺乏实质意义的词汇：患者可以滔滔不绝地讲话，但是语言中却总是包含大量的赘语或是新词，却无实质含义。

3. 传导性失语症 该病症起先是由韦尼克提出，后经过证实而确认的一种失语症。病损主要部位为颞叶峡部、岛叶皮质下的弓状索和联络纤维。其特征是语言的理解和表达均出现障碍，最为突出的是复述障碍。①与韦尼克失语症不同，患者知道自己存在语言功能缺陷，所以患者会有意识地减慢语速，以达到能够清楚表达自己意思的目的。②传导性失语症患者也会表现出语音错误障碍，并且会呈现出一定的规律性。③复述困难。虽然患者可以听懂问题和复述要求，但是却不能够正确地复述问题。患者复述的成功性与句子长短、结构、词语实用性有相当大的关系。

4. 命名性失语症 该病症又称遗忘性失语症(amnestic aphasia)。受损区域为左半球颞下回或颞中回后部的颞枕交界区。该病症的主要特征是患者的语言理解能力和复述能力相对正常，但是命名不能。患者可以说出某物品的功能却无法准确说出物品的具体名称。例如，患者说不出水杯的名称，但是能描述它是喝水用并可以使用手势说明使用方法，而后稍加提示大部分患者能够说出物品名称。

5. 皮质性运动失语症 该病症患者数量较少，受损的部位发生在左额叶与布罗卡区靠近，也有些损伤发生在左额叶内侧面或前内囊 - 壳核区。其基本症状与布罗卡失语症相似，但是该失语症患者具有很强的语言复述能力、自发语言显著减少、口语不流畅、书写受影响等。

6. 皮质性感觉失语症 该失语症与韦尼克失语症的症状基本相似，但是具有很强的语言复述能力。患者总是将别人语言中的只言片语复述在自己的话语中。该病症受损的区域主要在左侧下顶 - 颞 - 枕区。

7. 完全性失语症 完全性失语症是所有的失语症类型中语言障碍最为严重的一种，患者在语言表达、理解、复述、命名等方面均存在严重的障碍，基本上无法通过语言进行交流，只能通过一些非语言途径表达自己的思想。病变部位多发生于两侧半球布罗卡和韦尼克区和弓状纤维，另常见于颈内动脉或大脑中动脉主干、穿通支闭塞。

(二) 失读症(alexia)

失读症是一种获得性阅读障碍(acquired dyslexia)，简单来说就是由于脑损伤而丧失或损害了对书面语言的理解能力，不包括文盲、先天性障碍和发育性阅读障碍等疾病。

由于造成失读症的原因比较复杂，因此失读症的表征也比较多样。以下根据脑功能定位与神经解剖学来分类。

1. 顶颞叶失读症(temporo-parietal alexia) 顶颞叶失读症又称为中央部失读症、失读伴失写症及皮质视觉性失语症。其脑部受损区域可能涉及与书面语言理解有关的主半球角回和韦尼克区。具体症状为：①全部或是部分地丧失了阅读和书写的能力。患者既不认识字母也不认识文字，同时也不能根据触觉、听觉和书写动作理解文字意思。②可能伴有失语、失算、左右定向障碍等症状。而引起该种类型的失读症大多是由动脉闭塞性疾病、肿瘤及外伤引起的，特别是大脑中动脉角回支的闭塞。

2. 枕叶失读症(occipital alexia) 枕叶失读症又称为后部失读症、纯失读症、纯词盲、失认性失读症和失读不伴失写症。其脑部病变的区域涉及枕叶、胼胝体压部、角回下、纹状体外视觉皮质。该

失读症的主要表现包括:①词语阅读、理解障碍,可以听书与主动写书,但是不能抄写,即通过非视觉途径可以理解文字;②数字及字母阅读能力正常;③常伴有偏盲、视野缺损、颜色命名等视觉系统症状。引起枕叶失读症的病因多为枕叶梗死,也包括脑肿瘤、动静脉畸形、偏头痛、多发性硬化等。

3. 额叶失读症(frontal alexia) 额叶失读症又称前部失读症,其病变部位主要位于主半球额叶后下部。该种失读症的主要特点是不能掌握连续、多个信息。主要表现在:①对句法和词理解困难,即可以理解部分有实质意义的词语,但是无法理解复杂的句子;②字母失读,但是认识该字母组成的词语;③不能通过非视觉途径来认识字母和词;④伴有严重的失写症、失语症、偏瘫和偏身感觉障碍。理解能力与听力保留,但口语不流畅。引起额叶失读症的主要原因是左大脑中动脉分支闭塞和脑部外伤及肿瘤。

(三) 失用症(apraxia)

失用症同样也是一种获得性障碍,多表现为运用功能的障碍,即外界给予刺激后或是内在产生神经冲动后,健全的肌肉系统和完整的神经支配功能却无法使得机体完成有目的、合乎要求的、正确有序的有效动作,丧失了已经获得的、正常的运动。该种丧失不是由于机体的肌肉能力引起的,而是由大脑神经的高级功能受损所引起的。其中失用症的几种分类大致如下:

1. 观念运动性失用症(ideomotor apraxia,IMA) IMA 是最经典的失用症,一般情况下我们所说的失用症就是指观念运动性失用症。主要是由于胼胝体、运动辅助区、顶叶下部、顶叶缘上回或皮质下结构等脑区受损。其特点主要是患者可以在无意识状态下较好地完成物品使用动作,但是却不能在有意识的状态下按照要求执行动作手势。本质上来说,就是患者不可以完整获取有效的指导性语言信息,进而导致手势动作在空间、时间及与躯体的关系上发生紊乱,从而产生失用现象。

2. 观念性失用症(ideational apraxia) 该病症的患者不能够正确使用日常生活中惯用的物品。具体的特点是患者不能合理地、程序性地、连续地完成一系列动作。该种疾病的脑病变部位多见于优势半球累及颞顶叶的单一病灶。第一例观念性失用症的报道出现在 1905 年,是由捷克 Pick 医师发现并报道的。之后,1908 年德国的 Liepmann 才对这一病症进行了概念描述。

3. 概念性失用症(conceptual apraxia) 概念性失用症和观念性失用症至今为止依然容易相互混淆。概念性失用症指的是患者丧失了对工具的认知,无法正确地使用工具。两种病症最明显的不同表现在概念性失用症患者不能够将工具或者物品与行为动作相互联系起来。若是让患者使用某一工具进行相应的动作时,患者不能选出正确的工具或是做出相应的动作。该病症的病变部位一般发生在顶叶尾侧或颞顶交界处。

4. 结构性失用症(constructional apraxia) 结构性失用症患者往往表现出结构运用障碍。造成该现象的原因现在认为系右侧半球顶叶受到损害后造成的空间关系障碍。该类失用症的具体表现是患者无法将物体的零散结构拼装成一个整体。例如,测试者给予患者口令:用积木等物块拼装成一个三维的具体结构,而被试者无法完成口令,无法将此结构拼装出来。

(四) 失认症(agnosia)

失认症这一说法始于 1891 年,由 Freud 首次使用 agnosia 来表示,一直沿用至今。失认症简单来说即认识不能,是一种后天性的认知障碍。具体来说就是由于大脑半球受到局部损害之后,患者对信息丧失正确的分析能力。例如,患者看到熟悉的物体,虽然不能通过某一种特定的感觉通道和感官来识别该物体,但是却可以通过其他通道和感官来识别该物体。有患者看到电风扇不知道是电风扇,但是通过感受吹风、听到电风扇的声音以及触摸电风扇就知道这是电风扇。这种认识不能并不是由于感觉、语言、智能、记忆、注意和意识障碍所致,也不是由于患者不熟悉物体所致,往往由于大脑半球的特定部位损害引起。

失认症根据不同的分类方法有不同的分类方式,从神经心理学角度划分,失认症可以分成以下知觉失认症和联合性失认症:

1. 知觉性失认症 知觉性失认症一般情况下认为患者初级感觉功能没有障碍,但是患者却对客

体的辨知存在障碍。比如患者的视敏度、明度区分、颜色认知都是正常,但是却无法辨认物体。现有研究结果认为该类病症与右侧枕叶病变有关,右侧脑损伤较左侧脑损伤更易出现重叠图形作业上的障碍,损伤部位越靠近大脑后部,障碍越为严重。根据病因、病症与内部机制可以将其分为3种亚型:

(1) 狭义知觉性失认症:狭义知觉性失认症的基本特征是患者有正常的视觉功能,但是却无法正确地辨识简单的视觉物体。诊断这一类型失认症只需要通过简单的视觉匹配、识别、临摹实验。

(2) 同时性失认症:这类患者一样具备完善的视野与正常的视敏度,可以辨识出整个场景或画面中的部分个体,但是却无法正确认知整个场景与画面。其中不同的受损脑区,引起的具体临床症状也不尽相同。例如,脑后部双侧顶针叶受损,引起患者不能同时辨别多个物体。比如桌上有多枚硬币,但是患者却无法说出具体有多少枚硬币。这称为后部同时性失认症。之外,脑部左侧颞枕叶下部损伤称腹侧同时性失认症,此类患者虽然也无法识别一个以上的物品,但是计数能力却不会受到影响。

(3) 知觉范畴障碍:该类患者的主要特征是不能正确识别出现在不同视角下的二维或三维物体。比如患者无法从视觉角度将同一个人图像正确匹配。现阶段发现,多数是由于单侧右后半球病变所致。该类患者不易发现与诊断,只有通过专业的实验才能发现其存在。

2. 联合性失认症 联合性失认症是患者对眼前的物体不能命名也不能够表达语义和特征的客体认知障碍。该类失认症又可以大致分为4种:

(1) 狭义联合性视觉物体失认:这类患者往往视知觉正常,但是却不能通过正常的视觉通路来识别客体实物,能通过非视觉通路识别客体实物。

(2) 面容失认:这类患者智能正常,却无法识别熟悉的面孔,但是对于面孔之外的实物却无辨识障碍。

(3) 文字失认:这类患者在阅读文字时无法正确读出单词,但是却可以拼写该单词的字母,等到拼写完成该单词的所有字母时,往往可以突然读出该单词。

(4) 范畴特异性失认:此类患者是一种特殊的联络性失认障碍,其临床表现不尽相同。有些患者不能识别有生命属性的事物,而有些患者却与之相反,他们无法识别无生命属性的事物。另外有些不能识别单一部位,有些不能识别整体部位等。

(五) 记忆障碍(memory disorder)

记忆障碍是指已被获得的信息或经验在脑内存储或提取的过程受损。从狭义上讲,记忆障碍是一种病理现象;但从广义上讲,记忆障碍也包括遗忘。现阶段发现的多种疾病均可导致记忆障碍,如中枢神经系统退行性疾病、脑外伤、颅内肿瘤、脑血管疾病、短暂性全面遗忘症、颅内细菌或病毒感染、中毒、慢性酗酒、药物依赖或某些药物副作用(如抗胆碱能或抗痉挛制剂,镇静安眠药,神经阻断剂)、电痉挛治疗、心因性遗忘、缺氧症或低氧(如心脏病或溺水后)、肝脏、心脏、肾脏器官功能不全、营养缺乏或维生素缺乏等,不同疾病所致的记忆障碍又各有特点。下面做简要介绍:

1. 短暂性全面遗忘症(transient global amnesia,TGA) TGA是指不存在神经学缺陷,仅仅是单纯记忆障碍。其特点是遗忘持续的时间较短。现阶段的研究认为TGA是由于脑内循环障碍引起的。例如,临床研究发现在患有闭塞性脑血管疾病的患者中容易引发TGA。

2. 闭合性颅脑损伤后记忆障碍(closed head injury,CHI) CHI是指颅骨无穿透伤但是脑部却严重受伤而引起的记忆障碍。脑部受到的闭合性颅脑损伤程度不同会引起不同的病例症状。轻度外伤的患者无或有轻微的高级皮质功能障碍,而受伤严重的患者则有明显的智力、记忆力、个性的改变。

3. 脑外伤后的后遗记忆障碍 一般情况下,脑外伤患者痊愈后,待到患者的脑外伤后遗忘消退后,不容易发现患者存在明显的记忆缺陷,但是经过定量、专业的评定后可发现患者确实存在长时记忆障碍。而脑外伤的严重程度决定了记忆障碍的严重性和持续时间。

4. 单纯疱疹性脑炎引起的遗忘症 由单纯疱疹性脑炎引起、造成脑内结构如新皮质、海马旁回、海马、杏仁核和前脑底部核的损伤,进而影响记忆损伤的被称为单纯疱疹性脑炎引起的遗忘症。由于

大部分疱疹性脑炎病变的区域界限明确、清晰，这就有利于研究者们确定不同脑部结构损伤引起的神经心理功能障碍的差异，这对以后进一步研究遗忘具有重要意义。

5. 前脑底部梗死引起的遗忘症 前脑底部梗死会破坏海马与杏仁核间的双向连接，同时也会破坏前脑底部核 - 皮质的胆碱能神经分布和单胺类神经递质的投射系统，进而损害大脑的记忆功能。而梗死的程度也决定了遗忘症的程度。该类遗忘症的机体表现是可以学习单个模式的刺激，但是不能将不同成分构成一个有意义的整体。另外此类遗忘有时候还会伴随着定向力障碍、人格改变以及情绪不稳等其他症状。

（六）老年痴呆

目前认为痴呆是一种获得性的、持续性的智能损伤综合征，该病症的本质是大脑器质性病变引起脑功能障碍。该种脑功能障碍包括：语言障碍、记忆障碍、视觉空间技能障碍、情感障碍、人格障碍和认知障碍，不仅会影响生活和工作，还会危及到生命。痴呆不同于失语、失用、失写，后者是局限性脑功能障碍，前者是全面性认知障碍。目前发现引起痴呆的病因有多种，但是主要是阿尔茨海默病（Alzheimer disease，AD）型老年痴呆，也可由其他原因引起，如血管性痴呆、皮质性痴呆、假性痴呆与麻痹性痴呆等。

Alzheimer 于 1906 首次报道了 AD，称其为不可逆性皮质痴呆，属于神经系统变性疾病。女性多于男性。其中 65 岁是分水岭，之前称为早老性痴呆，之后称为老年性痴呆。但是这两者的临床表现没有显著性差别。

AD 的主要临床特点是：①隐匿性起病；②进行性智力障碍；③出现认知缺陷与记忆障碍。AD 的一大主要神经心理学特征为智力衰退逐渐加重且无法缓解、认知行为与神经系统功能发生障碍。其中 AD 典型的病理改变是神经炎斑、神经原纤维缠结、颗粒空泡变性，称为“三联病理改变”。而目前的研究也显示大脑内的 β 淀粉样蛋白也会发生沉积。

目前为止，引起 AD 的病因尚无法定论，现阶段认为可能涉及遗传、病毒感染、炎症、免疫功能紊乱、神经递质紊乱和细胞骨架改变等。

本章小结

神经系统是体内最重要的调节系统，体内各系统和各器官的功能活动都是在神经系统的直接或间接调控下完成的。神经系统一般分中枢神经系统和周围神经系统两大部分，前者是指脑和脊髓部分，后者是指外周感觉和运动神经部分。自主神经虽也属于周围神经系统，但由于属于内脏神经，通常单列一节。

哺乳动物的中枢神经系统是由神经元通过突触联系构建的复杂的网络结构。总的说来，由脊髓上行直到大脑皮质，传送的是有关感觉的信息；而从大脑皮质下行直到脊髓，传送的是有关运动控制的信息。不同中枢损伤或病变，会产生相应的功能障碍及病理变化。中枢神经损伤后的基本病理变化类型为神经元坏死和凋亡、轴突断端远侧段发生沃勒变性和轴突断端近侧段发生逆行性神经细胞变性、胶质增生和神经干细胞反应。

哺乳动物周围神经系统包括外周感觉和外周运动神经，引起周围神经损伤的病因多而复杂，周围神经损伤的程度由轻到重可分为神经失用、轴索断裂和神经断裂。外周感觉神经损伤常引起浅感觉障碍和深感觉障碍，感觉神经传导功能降低。外周运动神经损伤主要表现为腱反射的减退、肌肉张力常有不同程度的减退甚至发生进行性肌萎缩以及肌电图异常，运动神经传导功能相应降低。不同程度的周围神经损伤，其病理变化特征不同。周围神经损伤修复的难点主要是受损的周围神经在功能上的恢复，由于受诸多因素及神经再生能力的影响，周围神经损伤修复的效果仍有限。

通常，大多数心身疾病的发生均与自主神经的不稳定性或损伤有关。因此，自主神经功能检查对心身疾病的诊断有一定的帮助。心率变异性分析是目前定量评价自主神经功能活性最有希望的手段之一。

神经心理疾病往往涉及多个脑区，表现形式多种多样，但通常包括语言障碍、阅读障碍、运用功能障碍、认知障碍和记忆障碍等。

思考题

1. 缺氧对机体会产生明显的影响，但急性和慢性缺氧的影响不同。急性和慢性缺氧时，神经元分别会产生哪些病理学变化？
2. 丙烯酰胺作为一种常用的化工原料，具有神经、生殖和胚胎发育等毒性，尤以神经毒性表现最为明显。丙烯酰胺慢性中毒主要表现为感觉 - 运动型周围神经病。试分析丙烯酰胺慢性神经毒性的感觉和运动障碍及检测方法。
3. 糖尿病是一组以高血糖为特征的代谢性疾病。高血糖则是由于胰岛素分泌缺陷或其生物作用受损，或两者兼有引起。糖尿病时长期存在的高血糖导致各种组织，特别是眼、肾、心脏、血管、神经的慢性损害和功能障碍。如何根据自主神经、外周感觉神经和运动神经的功能变化来判断糖尿病的病变加重？

（杨卓　赵景霞　张引国）

神经康复基础　第五章

神经系统退行性改变和损伤后再生修复与功能重建，一直是神经科学研究者亟待解决的重大课题及面临的最难以逾越的严峻挑战。由于中枢神经组织在结构上的脆弱性和功能上的复杂性，其损伤往往意味着巨大的、不可逆的破坏，严重影响患者生命安全与生活质量。近半个世纪以来，特别是最近 20 多年，神经科学飞速进步，神经科学领域研究不断创新并取得突破性成果。随着细胞移植、基因技术、干细胞技术、组织工程技术、显微外科技术的发展、完善和人类对于神经康复的基础和临床研究的不断深入，很多传统观念认为无法治疗或无有效方法治疗的神经系统疾病和损害已发生根本性改变。在动物实验中大量研究充分证明神经病变在一定程度上进行结构修复和功能重建是可行的，在临床上也是可能的。本章以神经康复基础为中心，从神经再生与修复，神经系统的可塑性，感觉与运动控制理论三个方面进行分述。

第一节　神经再生与修复

神经再生（neurotization，nerve regeneration）的概念与神经修复（neuro-restoratation，nerve regeneration）类似，根据英语释义及构词法，neuro- 表示神经，restoratation 有恢复、修复之意，二者从生理学上同为 nerve regeneration，但又略有不同。神经再生指的是神经干细胞在一定诱导因素下增殖分化为神经元和神经胶质细胞的过程，新分化的增殖细胞即可参与神经功能的修复。神经修复是指采用组织或细胞移植、生物工程、生物、物理以及药物或化学等各种干预策略，在原有神经解剖和功能基础上，对破坏或受损神经，重建神经解剖投射通路和环路，改善神经信号传导，最终达到神经功能恢复和 / 或重建的目的。神经修复的关键包括神经结构修复和神经功能恢复两个方面的内容，在强调解剖结构修复的同时，更强调功能恢复，一般认为，“神经修复”比“神经再生”有更广泛的内涵。

长期以来，传统观点认为神经损伤后不能再生，胚胎时期人体依靠神经干细胞分化为神经元和各种神经胶质细胞。出生后神经干细胞的分化受限制、神经系统内神经细胞发育成熟、数量基本稳定，神经细胞是一种终末细胞，处于有丝分裂后状态，缺乏再生能力。而临床的现象却是，神经系统损伤如周围神经损伤、脊髓损伤、脑损伤，造成的神经功能缺失可通过功能锻炼、理疗、针灸等康复手段来改善。那么人们自然会问，其功能恢复与神经修复以及再生是否有关？功能恢复与神经再生的关系及其机制一直是困扰现代医学的一大难题。近年来关于神经再生机制的研究已经取得很大的进展。研究表明成年啮齿类和灵长类动物海马、嗅球等部位可产生新的神经元，具有一定再生能力。不管是中枢神经还是周围神经，都有其自身修复、再生能力，且再生机制及影响因素也不尽相同。

一、中枢神经系统的再生与修复

（一）中枢神经系统的再生与修复机制

中枢神经系统（central nervous system，CNS）表面和血管周围都有基底膜，脊髓可被看作是一种基

底膜管。研究发现在再生神经轴索内，可看到类似于周围神经再生的生长锥，且轴索表面与星形胶质细胞和少突胶质细胞的突起相接触，这些神经胶质细胞的突起向周围空间延伸并形成网架，提示再生的轴索是沿着这些神经胶质细胞的突起网架而延伸的。此外，研究者也观察到再生的轴索有沿着神经胶质界膜的基底膜向下伸长的趋势。

脑的神经再生通过新生神经细胞的产生来实现。在成年哺乳动物脑内，新生神经元来自2个区域，即侧脑室的室管膜下区（SVZ）和海马齿状回的颗粒下区（SGZ）。SVZ的细胞沿着局部血管的基膜相互作用，并被星形胶质细胞包裹，形成一个延伸的细胞聚集带，新生细胞通过这种链式迁移的方式到达嗅球，并放射状地向颗粒细胞层和球旁细胞层迁移，表达功能性γ-氨基丁酸（GABA）受体，最终整合为颗粒神经元和球旁神经元。而在SGZ中，最新研究表明，表达胚胎干细胞关键蛋白(sox2)的神经祖细胞可以分化为神经元，还可分化为星形胶质细胞，SGZ的新生细胞通过短距离迁移达到齿状回的颗粒细胞层，在GABA作用下去极化和超极化，在2~4周长出树突棘，新生颗粒细胞成熟后，便可像其他神经元一样接受谷氨酸能和GABA能神经元的投射。目前有研究发现，硫酸软骨素蛋白多糖（CSPGs）在脑室管膜下区，海马齿状回等处密集分布，而这些区域也正是成年脑神经祖细胞集中分布的区域，并有实验表明，CSPGs通过与肝素生长结合因子（如成纤维细胞生长因子）、神经祖细胞等结合而实现神经细胞的增殖。另外，研究表明，CSPGs有抑制轴突及神经内膜生长的作用，如果神经生长因子与之结合，或者用特异性酶降解CSPGs，基底膜活性将得到极大恢复，神经生长明显加快。

CNS损伤后，神经细胞凋亡或坏死，轴突髓鞘崩解，星形胶质细胞被激活后分裂增生，小胶质细胞也被激活，吞噬崩解产物。CNS和周围神经系统（PNS）损伤后，轴突和髓鞘的反应是相同的，但是其所处的周围细胞组织环境不同，说明神经细胞周围的细胞环境对神经再生起着至关重要的作用。

（二）影响中枢神经再生修复的因素

1. 少突胶质细胞的髓鞘中含有抑制神经再生的物质 ①髓鞘相关糖蛋白（MAG）属于免疫球蛋白超家族，位于中枢和周围神经髓鞘的轴突周围区，研究表明MAG可以抑制中枢神经再生；②少突胶质细胞髓鞘糖蛋白（OMgp）是一种CNS特异性糖蛋白，可阻断有丝分裂信号途径，从而发挥生长抑制作用；③Nogo蛋白可抑制神经生长活性，其分为两个结构域：Nogo-66和amino-Nogo。Nogo-66通过与NgR/p75NTR受体复合体相结合而发挥作用。

2. 反应性星形胶质细胞增生 反应性星形胶质细胞指的是CNS损伤后增生肥大的星形胶质细胞。它可形成胶质瘢痕，其中富含蛋白聚糖，可以限制细胞的迁移和神经突起的生长。在神经损伤的同时，反应性增生的星形胶质细胞也可以合成胶质细胞源性神经营养因子，可以在适当刺激下产生层黏蛋白（laminin，LN），促进神经再生。

3. 小胶质细胞可分泌某些蛋白聚糖，对神经再生起到抑制作用 在CNS损伤早期，具有吞噬能力的反应性小胶质细胞可被抑制，因此不能及时清除轴突和髓鞘的碎片和崩解产物，使得神经再生不易进行。但小胶质细胞可以分泌生长因子，促进神经再生。

4. 再生相关基因 指神经元受损后发生变化并影响神经再生的那些神经元的内在基因，其表达产物包括SCG10/CAP-23和GAP-43等都与再生能力有着密切的关系。

（三）促进中枢神经再生的cAMP/PKA级联信号转导通路

该转导通路的机制为：配体（如神经递质）与细胞膜上的特异性受体结合后，通过G蛋白偶联受体激活腺苷酸环化酶（AC），催化生成第二信使环磷酸腺苷（cAMP），进而再激活蛋白激酶A（PKA），PKA会磷酸化多种靶蛋白并调节其活性。其中一个重要的转录因子cAMP反应元件结合蛋白可以调节多种基因的转录。

该通路具体作用机制为：①抑制Rho/ROCK级联信号通路促进CNS轴突再生。②联合神经营养因子。脑源性神经营养因子（BDNF）和胶质细胞源性神经营养因子（GDNF）可以增加cAMP的含量，

从而阻碍 MAG 的抑制作用。③cAMP 能促进成年人背根神经节(DRG)和视网膜神经节细胞(RGC)轴突生长锥的出芽和再生。

二、周围神经系统的再生与修复

目前学术界对周围神经系统(peripheral nervous system,PNS)的再生与修复机制的研究主要有两种理论,即神经趋化性再生理论和接触导向理论。前者认为,在神经再生与修复的过程中,新生的轴突受到远端神经或靶组织所释放的化学物质的诱导作用而定向生长。而接触导向理论认为,神经生长锥沿着其所触及的底物而延伸,生长过程受底物的形状、构造等理化因素的影响。尽管对于这两种理论目前仍有争执,但趋化性理论已基本得到公认。以下就周围神经再生的神经趋化性理论进行介绍。

(一) 施万细胞及其基膜的作用

施万细胞也称为神经膜细胞,它是存在于周围神经系统的一种特殊的神经胶质细胞。施万细胞能分泌多肽活性物质,而且可以增生、迁移。施万细胞对诱导、刺激和调控轴突再生起着重要作用。实验证明,如果缺乏施万细胞,周围神经再生将不能发生。由此可见,施万细胞在周围神经再生过程中的重要作用。

1. 周围神经再生的过程　神经受损后,神经远端会发生一系列细胞和分子水平的生物学变化,包括轴突损伤、髓鞘的清除(Wallerian 变性)和施万细胞的增殖。首先,存在局部损伤的施万细胞帮助巨噬细胞清除退变的髓鞘碎屑。但这仅在周围神经损伤初期起作用,髓鞘碎屑的清除主要还是由血液中的单核巨噬细胞完成。其次,在周围神经损伤后,施万细胞可增生、迁移。

再生轴突一般先于施万细胞长出,但由于部分施万细胞迁移速度快,超过轴突的再生速度,在轴突前方形成 Büngner 带,桥联神经缺损区,对轴突的再生起到诱导作用。同时,成熟的施万细胞转变为未分化状态,产生神经趋化因子和营养因子,而这些因子对神经再生的趋化性起关键性作用。施万细胞产生的基膜素在促进轴突生长及其趋化性方面有重要意义。

基膜素是构成神经基底膜的主要成分。而基底膜的主要作用是在神经再生过程中促进轴突的生长和导向。神经远端变性后,远端基膜管得以保留,这就起到支架和引导趋化的作用。在基膜管强有力的支撑和引导下,生长锥沿着基膜管内排列的 Büngner 带,从神经近端延伸到远端,进而长入靶组织。再生轴索一旦与基膜管内侧接触,就好像无障碍似地活跃生长。施万细胞的基膜含有再生轴索所需要的营养等体液因素,它为再生轴索提供了适宜的环境。同时这种环境可以防止结缔组织的侵入。研究表明,再生的轴索并不是与施万细胞基膜全面接触,而仅是部分接触,进而可推断再生轴索或许是通过不断与基底膜接触与分离来进行生长的。实验表明,基膜可能具有促使细胞分化的作用。

2. 施万细胞与成纤维细胞的相互作用　研究者将施万细胞与成纤维细胞一同培养,两者则由原来的相互排斥转变为相互吸引,进而聚集成簇。因此,在神经再生的过程中,成纤维细胞可能与施万细胞相互作用,从而促进神经再生。其过程如下:在神经切断损伤处,成纤维细胞与施万细胞直接接触,前者通过 Ephrin/Eph Sox2 N-cadherin 信号通路调控施万细胞聚集成簇,形成细索,引导再生的神经纤维穿过神经损伤处,达到再生修复作用。

(二) 巨噬细胞的作用

巨噬细胞在神经再生过程中也起到至关重要的作用,包括在 Wallerian 变性过程中吞噬髓鞘崩解的碎片,起到“清扫作用”。同时,它还可以分泌多种物质,刺激施万细胞的变形与增生,提供髓鞘形成的脂质成分。正常周围神经几乎不含神经生长因子及其受体,但在实验中,将神经切断损伤后,神经生长因子和受体在损伤神经远端大量增加,推测可能与巨噬细胞分泌的白细胞介素(IL)-1 有关。研究表明,早期的施万细胞增生主要是巨噬细胞的作用,后期可有其他因素的参与。巨噬细胞在神经再生时还可以定向趋化,这可能与施万细胞的代谢物脂质成分有关。此外,巨噬细胞还有对施万细胞

的选择性吞噬作用。在有丝分裂的作用下，形成髓鞘的施万细胞和未形成髓鞘的施万细胞几乎同步增加，但经研究证实，只有 1/6~1/4 的施万细胞参与了 Büngner 带和轴突髓鞘的形成，多余的施万细胞则被巨噬细胞所吞噬，而巨噬细胞首先吞噬未形成髓鞘的施万细胞。

（三）神经营养因子的作用

神经营养因子（NTFs）是一类能对中枢和周围神经发挥广泛作用的营养物质，大致可分为神经营养素和细胞活性因子。神经营养素家族包括神经生长因子（NGF）、脑源性神经生长因子（BDNF）、神经营养素 -3（NT-3）和神经营养素 -4/5（NT-4/5）等。在周围神经系统中，神经营养因子主要由施万细胞合成。神经营养因子的低亲和力受体的相对分子质量为 75 000，称为 p75 或 p75NGFR，可以结合所有的神经营养素，但其作用机制尚且不明。研究表明 p75 可提高 Trk 受体对神经营养素的特异性，而且可诱导神经细胞死亡。有学者经实验推测 NGFs 与 p75 结合后可以阻断 p75 诱导神经细胞死亡，从而促进存在神经损伤的细胞信号的传导。

现代科学研究表明，各种内源性和外源性因素对神经再生起到一定作用。

1. 蛋白激酶 C（PKC） 通常根据 PKC 的结构和辅助因子的不同，将其分为 3 大类，即典型的 PKCs，新 PKCs 和非典型的 PKCs。PKC 对周围神经再生的作用表现在以下几个方面：①PKC 激活后可以维持生长锥的丝状和板状足结构，可以促进生长锥延伸过程中所必需的蛋白质磷酸化，除此之外，PKC 还可以促进神经与层粘连蛋白粘连，加强神经对神经生长因子的应答反应。②PKC 可以调控生长相关蛋白 -43（growth associated protein-43，GAP-43）的磷酸化，而 GAP-43 是神经特异性的钙调素连接蛋白，其磷酸化的状态存在于生长锥内恒定的区域，并且参与轴突的生长和突触的形成。磷酸化的 GAP-43 也可以调控肌动蛋白丝的聚集，进而调节生长锥的形状和运动。③周围神经再生过程中所需要的结构和功能物质由神经元胞体合成后主要通过微管运输到轴突末梢，同时，微管的聚集和稳定性的增加与轴突成熟和维持形状有关，而调控微管解聚与聚集的主要是磷酸化的微管相关蛋白（MAP），PKC 则与其亚型 MAP-2 的磷酸化有关。④激活的 PKC 可以在神经细胞损伤后促进施万细胞的增生。

2. 前列腺素 E1（PGE1） PGE1 可以促进周围神经损伤后的恢复。而且 PGE1 是环氧化酶激活剂，可以提高细胞内 cAMP 水平，进而促进神经再生。

3. 超声波 超声波是一种机械波，具有机械效应、温热效应和理化效应。小剂量的超声可以通过机械振动加速组织内物质运动，体现为一种细微的按摩作用，刺激细胞半透膜的弥散过程，改变扩散速度和膜渗透性，还可以加强血液循环和淋巴回流，提供营养，提高再生功能。超声作用的机制可能为：①促进施万细胞的增生和轴突的再髓鞘化；②加速损伤神经处营养物质流入和毒性物质流出，进而加速神经变性和轴突再生。

4. 电磁场 电磁场能加速神经再生，其机制为：①加速损伤神经远侧端的 Wallerian 变性过程；②促进轴索再生；③促进施万细胞的增殖和髓鞘的再生；④促进靶器官功能恢复。

三、神经干细胞与神经再生修复

长期以来，人们对神经细胞的再生一直是这样认识的：在成体中，神经的通路是固定不可变的，神经细胞可能会死亡，但不能再生。但是，随着神经科学的进步，尤其是随着神经干细胞研究的不断进展，人们的视野进一步扩展，修复或再生损伤神经已不再是天方夜谭。近年来，科学家发现成人的中枢和周围神经系统中都有神经干细胞的存在。因此，神经干细胞的研究成为中枢神经损伤再生与修复研究的重点。神经系统中的多能干细胞的分离、成功培养，不仅对中枢神经系统发育成熟后不可再生的理论提出挑战，而且通过基因工程修饰技术，神经干细胞可以作为载体用于神经系统疾病的基因治疗。

（一）神经干细胞的概念和来源

神经干细胞的概念由 Reynolds 和 Richards 在 1992 年最先提出，是指在中枢神经系统中具有

自我更新能力并且能够分化成脑细胞(包括神经元、星形胶质细胞和少突胶质细胞)的多潜能细胞。2000年,Gage提出的定义为:神经干细胞是指能产生神经组织或来自神经系统,具有一定自我更新能力,能通过不对称分裂产生一个与自己相同的细胞和一个与自身不同的细胞(神经元、星形胶质细胞、少突胶质细胞)。目前,根据干细胞的分化种类及与机体发育的关系,可大致分为三类:①全能干细胞:可分化形成一个完整的机体,如受精卵;②多向干细胞:可分化形成机体任何种类的细胞,但不能形成一个完整的机体,比如胚胎干细胞、脐带血干细胞等;③多潜能干细胞:只能分化为特定类型的细胞,比如神经干细胞、肿瘤干细胞等。

神经干细胞的来源较多,就组织来源来看主要通过以下途径获得:①来源于神经系统。大量的实验证明:神经干细胞广泛分布于脑室沿线(包括侧脑室、第三脑室和第四脑室)。这些神经干细胞均具备以下特性:自我复制能力和多潜能性,即能分化成神经组织中的各种细胞;②从胚胎细胞和胚胎生殖细胞等经定向诱导分化而来,将来源于人体胚胎的干细胞移植入成体裸鼠的大脑中,能分化出神经元和胶质细胞;③来源于血液系统的骨髓间质干细胞或成人多向干细胞。

(二) 神经干细胞的生物学特性

神经干细胞的第一个主要生物学特性:具有多向分化潜能。神经干细胞能分化成大部分类型的细胞,包括神经元、星形胶质细胞和少突胶质细胞三种主要的神经组成部分,但是神经干细胞最终是否能顺利分化成神经细胞与其局部微环境的变化密切相关。

神经干细胞的第二个生物学特性就是具有自我复制和自我维持的能力。神经干细胞具有高度增殖和自我更新能力,在一定条件下能不断分裂,以此来维持干细胞库的稳定。神经干细胞的分裂方式包括对称分裂和非对称分裂。非对称分裂为神经干细胞分化成为多种神经细胞奠定了基础。通过对称性和非对称性分裂,神经干细胞增殖、聚集成神经球,神经球中含有神经干细胞和正在分化的神经前体细胞、凋亡细胞,甚至包括已分化的神经元和胶质细胞。

神经干细胞的第三个生物学特性:神经干细胞分化的可塑性。神经干细胞的分化方向更多地取决于其所处的微环境,从成体海马分离出的神经干细胞重新植入海马,能分化出新的神经元和胶质细胞;而植入成体中正常情况下不产生神经元的区域,则不能分化出神经元,但可以形成胶质细胞。

(三) 神经干细胞与人脑神经再生的临床应用

1. 神经干细胞与脑缺血后的神经再生　缺血后的神经再生的发生过程及相关机制目前研究较为清楚,Iwai将这个过程进行了阐述,首先,神经干细胞的增殖,脑缺血激活SGZ和SVZ的神经干细胞,促进其发生增殖并在再灌注后10d神经干细胞增殖达到高峰。其次,增殖细胞的迁移过程,SVZ增殖的神经干细胞在唾液酸-神经黏附分子的作用下经嘴侧迁移至嗅球部;而SGZ增殖的神经干细胞则迁移至颗粒细胞层。最后,增殖的神经干细胞发生分化。脑缺血后能激活内源性的神经干细胞,诱导其增殖、迁移和分化。缺血性疾病不是一组特定细胞群的损伤,而是一部分区域的所有神经细胞的损伤或死亡。因此对这类疾病进行神经干细胞移植的替代疗法时,移植的细胞应该是最终能发育成不同细胞表型的多能细胞,并且相互之间协调,能够行使正常神经环路的功能。

2. 神经干细胞与神经系统退行性疾病　对于治疗诸如帕金森病等的神经系统退行性病变时,供体细胞必须具备以下几个方面的优势:①细胞容易获取;②体外培养后能够迅速增殖;③免疫耐受性或免疫无反应性;④能够长期存活并能与宿主脑内结构相整合。神经干细胞的发现为治疗此类疾病提供了理想和丰富的细胞来源。帕金森病和老年痴呆等中枢系统退行性疾病均表现出不同程度的特定神经元退行性变性或坏死,导致相应神经功能缺失。神经干细胞具有较强的增殖能力和多向分化潜能为这类疾病提供了新的临床思路。

3. 神经干细胞与脊髓损伤修复　脊髓损伤(spinal cord injury,SCI)的修复一直以来是神经科学研究领域的一大难题,脊髓损伤后的病理改变分为原发性SCI和继发性SCI。此类疾病治疗的难题就是由于损伤局部的残存神经细胞减少而导致神经组织再生困难。同时由于成年哺乳动物脊髓自身的神经细胞再生能力有限、脊髓局部微环境对再生修复的抑制以及由增生的星形胶质细胞突起

和相关物质组成的胶质瘢痕构成物理屏障阻碍了再生轴突的延伸等因素，使得通过脊髓自身的神经细胞再生来修复损伤的脊髓变得困难。目前通过应用单纯的神经干细胞移植、携带外源性基因的神经干细胞移植以及联合生物材料的神经干细胞移植等方法来治疗实验性脊髓损伤，取得了较理想的效果。

虽然人们已经在神经干细胞的动物实验上取得了很多进展，但使其广泛应用于临床仍面临许多问题。神经干细胞移植治疗的目的是对破坏性的神经系统疾病产生疗效。因此，神经干细胞在神经系统损伤后再生与修复、退行性疾病、先天性疾病等治疗中的机制及意义，正在成为人们研究的焦点。

四、生物组织工程与神经再生修复

近年来，随着组织工程技术在医学界应用的推广，利用组织工程技术修复周围神经缺损成为神经缺损修复领域的重要研究课题。临床上修复神经损伤主要采用自体移植术和神经断端吻合术，随着现代组织工程技术的不断深入与发展，神经导管已经从一个研究神经再生的工具，成为临床上自体神经移植物修复的手段。它预示着组织工程技术运用于周围神经修复将有广阔的前景。因此，如何研发能够更有效刺激神经再生的生物工程材料成为该领域的研究重点。随着组织工程学的迅速发展，人们已着眼于生物材料的研究，以此来治疗损伤的神经。组织工程神经再生支架能够为神经再生营造一个相对隔绝的微环境，富集神经再生所需的营养因子，引导轴突轴向生长。理想的神经材料应由两部分构成：支架和生物功能化。

（一）神经生物支架

1. 支架的选择 合适的支架材料是神经支架的基础，对不同支架材料进行筛选是构建神经支架修复神经损伤的第一步。理想的支架材料应满足以下标准：①材料来源广泛或易于人工合成；②生理条件下具有良好的生物相容性，无细胞毒性；③具有可调控的生物降解性，应与神经再生时间相适应；④具有神经引导特性或易于修饰。近些年，不同学者对不同的神经支架材料进行了研究，大致可将其分为以下 4 种类型：①生物来源材料，包括自体神经、异体神经及细胞外基质成分等；②人工合成材料，包括可降解与不可降解材料，如硅树脂管、聚乳酸（PLA）、聚乙醇酸（PGA）等；③复合材料，包含多种成分的人工合成材料；④其他材料。为了弥补自体神经移植造成的供区感觉、运动等功能缺失，同时保留生物神经移植具有良好生物相容性的优点，开始考虑用去细胞异体神经作为神经支架。其中以 Sondel 等创建的化学法制备去细胞异体神经的方法最为经典。除了去细胞异体神经，人工合成材料也得到发展。由于正常神经组织并不是由单一成分构成，因此，复合材料越来越得到重视。如 PLGA-ECM 支架、Ⅰ型胶原蛋白 - 壳聚糖支架、PLA/PGA 支架、几丁糖和聚乙烯醇通过冻融后由 1,4-丁二醇双缩水甘油醚交联成的支架都表现出良好的性能。

2. 支架微结构的构建 支架的形态、结构对神经再生效果有重要影响。神经支架的管径、壁厚、孔径和数目都是影响神经再生的重要因素。不同的微结构会影响支架的降解速率、再生神经延伸的方向及速度、对再生微环境的间接影响等。为了让受损神经能与外界进行物质和信息交换，近年来高渗透的、多孔的神经支架受到了重视。

3. 重建仿生支架微环境 尽管目前有多种具有良好生物相容性，且降解速率符合神经再生要求的材料，但采用新型材料的神经支架对神经损伤修复后再生神经的形态、电生理和组织学、功能恢复等方面还很难达到或超过自体神经移植的效果。神经系统是复杂的，神经在体内所处的微环境及神经损伤后的变化也是很难估计的。期望以单一的物质对神经支架进行填充并达到完全神经再生是不科学的。因此，想要达到最好的效果，必须同时从填充基质、外源性促神经再生物质、神经细胞移植三方面统筹考虑，重建神经支架内部的仿生微环境。

填充基质主要用来充填神经支架或作为外源性促神经再生物质和移植细胞的载体，因此，在选择填充基质的时候，要考虑神经再生过程中细胞的迁移和结合、与支架材料的相容性以及对外源性促神

经物质释放的控制。早期的填充基质有胶原和氨基葡聚糖凝胶。随着技术的发展，填充基质和支架材料之间的界限已经不再做特别的区分，有些支架材料同时可以用来作为填充支架。目前，研究的重点仍然集中在填充基质的化学性质上。但是，通过基质填充的某些化学、物理技术，也可以在一定程度上提高神经支架的作用。

面对复杂的神经，没有单一的材料、结构及细胞外物质能完全满足神经替代物的要求。理想的神经支架是物理支持和适宜微环境的有机结合，不仅为轴突延长提供物理支持，同时，经过加工应提供一个适合神经再生的微环境。因此，只有将支架材料、微结构、微环境真正有机结合、联合作用，达到支架内部和外部的平衡，才能最大限度地促进神经再生。过去人们对神经再生的概念局限于周围神经，而忽视了对中枢神经的再生。然而，新近的研究表明，中枢神经同样具有再生能力，只是在体内损伤区的微环境不适合再生，如瘢痕的形成、硫酸软骨素蛋白多糖、NgR 蛋白等。将神经支架应用于中枢神经损伤同样具有广阔的研究和应用前景。

4. 神经导管生物材料在神经再生修复中的应用　神经导管又称神经桥接体、神经再生室等，是由天然或人工合成材料制成的具有特定三维结构和生物活性的复合体，用于桥接神经断端的组织工程支架材料，具有引导和促进神经再生作用。根据材料的不同，神经导管可分为三大类：生物衍生材料、生物可降解材料、非生物降解材料。理想的神经导管首先要满足神经细胞生长所需要的基本要求，即：①导管降解能够和神经恢复同步，且完全降解；②良好的组织相容性和无毒性；③具有光滑的内表面，避免影响再生神经的生长，并且易于细胞生长和黏附；④管壁具有选择透过性，能够从外界组织中吸取营养物质；⑤良好的物理机械性能和柔韧性；⑥易于加工成型。

用生物衍生材料作为神经导管，克服了自体神经来源有限的难题。常用的有：肌肉、小肠黏膜下层、羊膜、静脉等。因为它们都含有基底膜，与施万细胞基底膜相似，为施万细胞迁入提供有利环境，而施万细胞的迁入是轴突长入移植体的先决条件；同时基底膜中内含黏连蛋白、纤维连结蛋白和胶原，这些成分都能促进轴突生长。但这些材料在缺血后存在管形塌陷、再生不良、吸收瘢痕组织、增生及粘连等问题。

用生物可降解材料制备神经导管可以为再生神经提供一个暂时的环境，当神经再生完成以后，神经导管可以降解，被体内吸收并最终排出体外。这样就避免对新生神经造成压迫及以后产生炎症，避免二次手术取出导管，从而减轻患者的痛苦。它是一种有应用前景的神经修复技术，但目前未能完全仿制出具有天然周围神经结构的支架。生物可降解材料使用一段时间后有时会产生溶胀，使管腔变小，妨碍神经再生。另外，降解过程中释放出化学物质，也可能会阻碍神经再生。

最常用的生物非降解性神经导管生物材料是硅胶管，其他还有聚乙烯、聚氯乙烯、聚四氟乙烯、脱钙骨管、聚氨酯管等等。这些材料虽然能为神经再生起到通道作用，但由于它们不能在体内被降解和吸收，植入人体后以异物形式在原位存留。在神经修复后它们会成为异物对神经产生刺激、使神经产生异物反应，并且再生的神经位于管内易出现长期的并发症，包括神经纤维化、慢性神经压迫和炎症反应等。因此必须再进行二次手术将其取出，这使其临床应用受到限制。

（二）生物功能化

随着神经组织工程的深入研究与发展，人们逐渐认识到，单一地利用神经导管修复周围神经损伤的效果不佳，主要由于导管内不含有任何生物活性物质，神经导管仅作为神经再生的物理性通道。事实上，神经导管不仅仅是作为神经再生的临时通道，更重要的是应具有促进轴突再生的生物学活性。在神经损伤修复过程中，神经营养因子、支持细胞和种子蛋白的促再生作用是至关重要的，是加强生物功能化的重要因素。

1. 支持细胞　支持细胞主要包括施万细胞、嗅神经鞘细胞、骨髓间充质干细胞、神经干细胞等。其中，施万细胞是周围神经系统的主要支持细胞，在周围神经系统和中枢神经系统中都具有促进神经纤维再生的作用。周围神经系统中，植入神经导管内的施万细胞经过一段时间后逐渐移居至缺损神经两端的纤维蛋白基质上，促进神经导管中短距离神经缺损的再生修复。另外，神经导管中植入的施

万细胞快速增殖形成 Büngner 带，再生轴突沿着 Büngner 带生长以桥接缺损神经并分泌大量细胞外基质和神经营养因子等引导和营养神经趋化性再生。

2. 种子蛋白　施万细胞基底膜对神经损伤后的再生起着重要作用，基底膜在轴突再生至神经远端的过程中起支架作用。而层粘连蛋白(laminin)是基底膜中的主要组成分子，其生物学功能首先表现为细胞粘连作用，通过细胞表面的 laminin 特异受体介导，结合于细胞表面或胶原，并与基膜中的各种大分子连成一个整体，因而在维持机制及将细胞锚定于基膜上起重要作用。此外，laminin 是施万细胞发育、增殖分化及形态建成中必不可少的调节蛋白。近期研究证实，laminin 不仅保证了施万细胞包绕轴突形成髓鞘，且在施万细胞的发育及分化中起着关键作用。

3. 神经营养因子　神经营养因子可经轴突逆行转运至神经元胞体，与相应受体结合发挥生物学效应。神经营养因子在神经受损后神经元的存活中起重要作用，神经导管中适当加入神经营养因子可修复更长距离的神经缺损。神经生长因子是最早被发现的一种神经营养因子，属于神经营养因子中的神经营养素家族，神经生长因子能促进神经元的增殖与分化，同时调节受损神经的修复。周围神经再生过程中，神经生长因子的含量上调，神经受损后的神经生长因子蛋白重组促进了神经修复和功能的恢复。

第二节　神经系统的可塑性

中枢神经系统的神经细胞死亡后不可再生，因此在中枢神经系统损伤后除嗅体细胞外，其功能均不能恢复。然而，很多临床观察以及研究显示中枢神经损伤后其功能以不同程度和速度进行恢复，这被认为是神经系统的可塑性(neuroplasticity)。越来越多的证据表明神经可塑性是脑损伤、脊髓损伤以及周围神经损伤后运动功能恢复的基础。已经存在的证据表明，神经元和大脑细胞具有非凡的能力来改变他们的结构和功能，以应对各种内部和外部的压力，比如行为训练。Kleim 等认为神经可塑性的机制是大脑的经验行为重组及学习新行为的基础。这种机制也使受损神经重新学习和恢复已经失去的行为和反应。

Rosenzweig 和 Edward 在 1996 年做了一项关于神经系统可塑性的研究。他们发现训练或不同的生活经验可以导致大鼠大脑皮质的神经化学以及区域性的皮质重量的变化。Rosenzweig 和 Edward 通过进一步的研究发现运动训练可以导致皮质厚度的变化，影响突触联系，树突棘的数量和树突分支。与之类似的结果在不同环境和运动经验的老鼠中也被发现，包括断奶中的老鼠(25d 的年龄)、青年鼠(105d)以及成年鼠(285d)。丰富的早期学习经验可以改善一些学习和运动功能(图 5-1)。丰富环境中有运动经验小鼠的大脑变化得到的结果与正规运动训练的结果类似。丰富环境和常规的运动训练似乎唤起相同的神经化学反应，进而导致大脑可塑性的变化。因此充足的丰富的环境以及经历可能是大脑的特征和行为潜力的全面增长中必要的一部分。与此同时，Clayton 和 Krebs 发现通常储存食物的鸟类的海马体比不存储食物相关的物种更大。这种差异仅限于在有机会来存储和重复储藏食物的鸟类中。因此神经可塑性的研究被应用于促进儿童发展，健康老龄化，以及脑损伤的恢复中。它也被应用于受益实验室的动物。本节旨在介绍神经可塑性的机制，不同神经损伤的神经可塑性以及增强神经可塑性的康复手段。

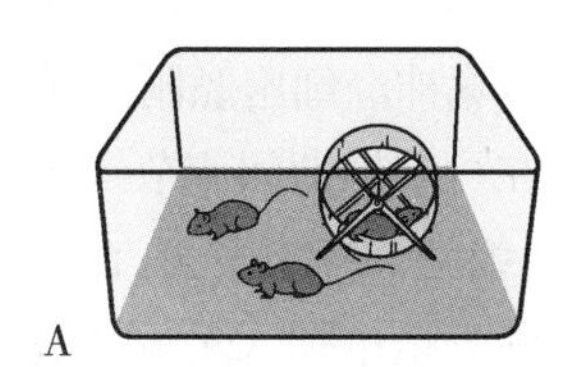

图 5-1　小鼠的丰富环境

A. 少丰富环境；B. 无丰富环境；C. 多丰富环境。

一、神经系统可塑性的理论机制

中枢神经和周围神经损伤后功能恢复的过程为神经系统的可塑性,其主要机制为系统间功能重组,即由另外一个在功能上完全不同的系统来代偿,如由皮肤触觉来代替视觉等;以及系统内功能重组,即在同一系统内相同或不同水平上出现的代偿,如由病灶周围组织代偿或病灶以上或以下的组织来代偿,包括突触可塑性,神经轴突发芽,潜伏通路启用,失神经过敏,内源性干细胞,轴突上离子通道改变。神经可塑性可以被定义为神经元和神经突触响应内在和外在信号而适应的能力。作为大脑的基本单位,神经元的功能是整合并传输大量复杂网络中的大量信号。根据定义,神经元不断地形成,消除和调节(加强和减弱)连接来回应不断的信息流。在调解和响应活动时,神经元,包括它们的过程和突触,必须是可塑性的。通过处理和综合信息,最终产生行为和功能的能力取决于这种神经可塑性。因此,神经可塑性的失调或破坏与神经精神病和神经退行性疾病相关。

在成人神经的形成过程中,树突棘的发育和突触适应等动态过程依赖神经可塑性的基础,它对正常功能的形成不可或缺。异常的神经产生,连接或传播总是存在于疾病或者损伤的状态下,如脑外伤、脑卒中、阿尔茨海默病、精神分裂症或抑郁症。神经可塑性的每个方面都可以独立地和附加地引起或促成疾病状态。因此,在细胞水平阐明这些疾病状态的神经基础至关重要,以便了解病因并更好地开发有效的治疗方法。

(一) 细胞的连接性

Donald Hebb 提出了一种想法,即大脑和行为中的突触变化是由运动经验引起的。单个神经细胞是不能起作用的,神经损伤后新的细胞产生连接的现象就是神经可塑性,这样的变化使得功能适应周围的环境。Hebb 认为,如果两个神经元同时处于活动状态,它们之间的突触就会增强并相互连接形成轴突和树突。轴突的远端扩大成为生长圆锥,当生长圆锥收到引导信号的吸引后分化成成熟的突触。这些带有可塑性的神经细胞在不适当的连接中识别适当的连接方式,排斥不适当或者错误的连接,使得细胞之间产生有意义的连接结构。最终损伤后的神经系统发生改变,使得缺失的功能得到代偿。神经细胞或者重新长出来的凸起相互连接是由海马体传入神经的短暂高频刺激(high frequency stimulation,HFS)导致其在海马齿状回(dentate gyrus,DG)内的突触强度持续增加,这种称为长时程增强(long-term potentiation,LTP)。大量研究表明,突触可塑性和 LTP 是海马和其他大脑区域记忆储存的基础。然而,应该注意的是,虽然突触可塑性在许多研究中被证明是学习和记忆所必需的,但它是否足以形成记忆尚不清楚,这需要未来更多的实验去证明。

(二) 细胞黏附分子

神经可塑性是一个复杂而多变的过程。从神经发育,新生神经元的迁移,树突修饰和突触调节,许多蛋白质促进神经组织的延展性。细胞黏附分子(cell adhesion molecules,CAMs)是特殊的蛋白质,通常在细胞表面表达,它们在突触功能,突触可塑性和神经回路的重塑中起重要作用。CAMs 的结构和功能在神经系统内变化很大。神经细胞黏附分子(neural cell adhesion molecule,NCAM)是细胞黏附分子免疫球蛋白超家族的成员,用于介导钙离子非依赖性细胞和细胞与细胞外基质(cell-extracellular,ECM)的相互作用。通过同源和异嗜相互作用,神经细胞黏附分子在细胞迁移、神经突触生长和靶向作用、轴突分支、突触发生和突触可塑性中起作用。神经可塑性能通过神经细胞黏附分子蛋白介导并经过翻译后修饰来促进,其中最重要且普遍的是用多唾液酸(polysialic acid,PSA)糖基化。多唾液酸是 α2 和 8 连接唾液酸之间连接的线性均聚物,带有负电荷,起到消除神经细胞黏附分子之间相互作用并因此干扰细胞黏附的作用。多唾液酸神经细胞黏附分子用于在可塑性期间调节细胞与细胞和细胞与细胞外基质之间的相互作用。在成人大脑中,多唾液酸在新生细胞的细胞表面,在生长和路径发现期间的神经突上以及成熟神经元的突触处表达。在神经细胞黏附分子中加入多唾液酸对神经重塑和突触可塑性至关重要。成年大脑中多唾液酸的选择性裂解抑制活动诱导的突触可塑性,并改变海马内新生神经元的正常迁移和整合,重要的是尽管神经细胞黏附分子的多唾液酸分裂,但是这并不破

坏正常的基础突触神经传递或改变正常水平的神经增殖或生存。多唾液酸神经细胞黏附分子是一种特别有趣的蛋白质,因为它是从神经增殖、整合、分化、神经突起、突触发生和成熟突触调节等多个水平介导可塑性的蛋白质,在神经可塑的过程中起到了非常重要的作用。

(三) 影响皮质可塑性的因素

影响神经可塑性的因素包括年龄、神经营养因子与神经生长因子、神经干细胞、神经移植、神经调节剂、激素以及环境与药物的使用和大脑的自身免疫功能。

1. 不同的年龄阶段的大脑损伤具有不同程度的神经可塑性,青春期的神经可塑性可达到巅峰。有研究显示由于大脑中存在“等潜在能力”,大脑在新出生者受到与成熟动物同等伤害的条件下,新出生者的功能下降幅度小。因此某些中枢神经损伤对成年人的功能是毁坏性的,但对年幼者功能毁坏却不明显。然而也有研究显示成年者的周围神经损伤后神经重塑的速度更快,运动和感觉功能恢复更加迅速。这是由于如果神经在早期受到损伤,母体神经元容易产生不可逆的死亡,其恢复和再生能力都较差。因为年幼者对决定“营养分子”运输的神经元的轴突断裂更加敏感,因此神经元损伤后母体神经元因无法获得营养而不能重塑。目前,对于人类早期大脑损伤后的神经可塑性仍然存在争议,这需要未来更多有力的研究提供证据。

2. 神经生长因子包括神经营养因子,是蛋白类物质,可促进中枢和外周神经元生长、发育、分化及成熟,能够维持神经系统的正常功能,加快神经系统损伤后的康复。

3. 神经干细胞是未分化的前驱细胞,来源于胚胎、骨髓和周围血,在适合的条件下具有分化为成熟细胞的潜能。神经干细胞在合适的条件下能增殖分化成神经元、星形胶质细胞和少突胶质细胞。神经干细胞可以在体外进行培养作为移植材料,使其分化成需要的部分。这种方法在缺血性脑卒中、脊髓损伤和退行性病变中都得到了较好的应用。

4. 乙酰胆碱(ACh)、去肾上腺素(NA)以及五羟色胺(5-HT)等多种大脑不同位置分泌的神经递质都参与和调节脑皮质的恢复,其在神经可塑性的过程中起到很重要的作用。除此之外,性激素在发育期的大脑神经可塑性的过程中也起到了重要作用。研究显示脑皮质内神经元的结构在雌鼠和雄鼠中是不同的。因此推论雌激素能够改变海马体中神经元和星形细胞的结构。朱镛连等认为,激素可以改变脑中的突触组织、神经元数量,最后改变可塑性的过程。

5. 此外大量的实验显示,大脑中的免疫过程会对神经可塑性产生有害影响,特别是通过减少海马 LTP 诱导和维持。然而,1998 年 Hugo Besedovsky 及其同事发表了一篇开创性论文,首次证明炎症样过程(海马体中促炎细胞因子 IL-1 的分泌)伴有长时程增强的诱导现象,并且主要参与维持长时程增强。在长期增强中 IL-1 的关键作用在体外海马切片中得到证实,在大鼠海马齿状回体外诱导长时程增强现象后 30min 应用 IL-1 减少了回到基线水平的突触活性,并且当 IL-1 应用于刺激前 40min 的生理温度切片的海马时,在 30min 内突触活性的最初小幅增加会消退。因此,大脑免疫系统对神经可塑性的影响需要更多的科学实验去证明。

二、中枢神经系统损伤后的可塑性

脑卒中是在全世界范围内的一种高发病率、高致残率的疾病,其最主要的后遗症之一就是运动功能障碍。脑卒中后大脑皮质缺血或局部病灶引起损伤区微环境变化,导致神经元细胞及胶质细胞结构改变,严重的运动功能障碍会影响脑卒中患者的日常生活能力,从而降低生存质量。传统的治疗方法是采用运动疗法、物理治疗以及药物治疗来提高残存的运动功能,然而有 15%~30% 的脑卒中患者最终留有不同程度的残疾。近年来,越来越多的实验证明,神经可塑性的改变是运动功能恢复的基础。它在大脑神经元损伤后可进行机体的内源性神经修复。脑组织中深入的神经修复过程会发生在局部脑缺血的大脑组织中。虽然在成年期神经元可塑性被有效抑制,但是在脑卒中恢复阶段这个关键时间窗口会在急性缺血后阶段开启,可通过改造脑组织来促进神经系统恢复,其特征在于增强的神经元萌芽。此外,大脑毛细血管发芽,胶质细胞被激活以创造有利的脑环境促进神经元的生长和可塑性。

因此，受伤的大脑重新出现童年的组织模式。在啮齿类动物中，即使在脑卒中后几天，几周或几个月开始治疗，也报告了有益的作用。

（一）中枢神经可塑性机制

脑卒中会诱发锥体束轴突的顺行性沃勒变性（Wallerian degeneration），其程度取决于缺血性损伤的严重程度。随后，轴突纤维束沿梗死边缘重新组织。存活锥体束轴突在缺血性损伤发芽部位的远端。在健侧和患侧锥体束系统中终端轴突发芽增强。除了锥体束纤维的出芽外，还发生了连接两个运动皮质的经胼胝体的重塑。局部缺血后内源性可塑性部分弥补了不同水平脑损伤纤维束目标结构中的轴突损失（例如红核和面神经核）（图 5-2）。在啮齿类动物中，通过药理学和基于细胞的治疗可以改善缺血锥体束轴突的存活。重要的是，这些神经修复治疗不一定会促进生长因子促红细胞生成素和血管内皮生长因子的递送，因为终末轴突的生长发生在损伤部位的远端。相反，在受损椎体束的靶结构中，来源于对侧运动皮质的同源纤维越过中线到达失去功能的神经元部位。这种远离病变的可塑性涉及中线，在红核水平纤维从患侧贯穿到健侧半球并且纤维重新进入颈髓水平的反侧半球。值得注意的是，对于不同类型的治疗，轴突生长反应相对均匀。

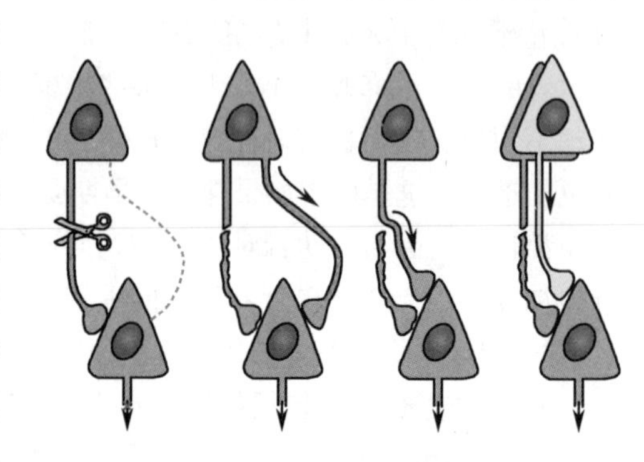

图 5-2 中枢神经重塑过程

（二）中枢神经再生

脑卒中后触发机体的抗损伤和自身的适应过程如神经轴突的再生和内源性的神经发生，神经发生持续在侧脑室室下区和齿状回的颗粒下层。当脑卒中发生时，这些细胞增殖并向缺血损伤方向迁移，沿着血管走向传播。

成人神经前体细胞在脑实质中的存活率很低，只有很少一部分细胞分化为神经元。神经前体细胞可以预防缺血性损伤并促进神经功能恢复。这可归因于缺血性病灶附近的神经细胞与微血管相互作用相关的旁观者效应。这种效应创造了脑的重构环境，微血管和成神经细胞通过释放营养因子相互支持，导致紧密的相互作用，刺激脑重塑过程，减少迟发性神经元变性，促进神经元可塑性，调节胶质反应，并减轻脑部炎症。

Hermanri 和 Chopp 认为，通过使用外源性药理学或基于细胞的治疗，可能促进脑卒中后大脑的可塑性和神经恢复。大脑中微血管和神经胶质细胞对缺血性压力源和治疗产生响应，从而创造一个成功恢复的环境。远离和毗邻缺血性病变的神经元能够发芽，并且在周围组织中累积有脑微血管的神经前体细胞进一步刺激脑可塑性和神经恢复。这些因素以高度动态的方式相互作用，促进大脑网络的时间和空间协调响应。

（三）脊髓神经损伤后的可塑性

脊髓神经损伤（SCI）后，脊髓神经的可塑性表现为自发性地损伤和特殊形式的训练启动。

1. 自发性可塑性 脊髓损伤动物模型在伤后不接受任何干预，运动功能即可恢复。这种可塑性由脊髓损伤诱发并有多种表现形式，包括：损伤部位周围正常轴束发芽。然而脊髓自发可塑性存在时间和程度的限制性，可能在伤后几分钟到几小时出现，持续到伤后 1 年。

2. 训练任务依赖可塑性 Lovely 等证明进行脊柱完全横切的猫对高强度步行训练有反应。猫在提供躯干支撑时，即使没有脊柱上行输入，它们也会产生后肢踏步反应。此外，当跑步机速度增加时，猫会适当增加步频和步长。这是脊髓对于增加的跑步机速度的相关传入输入做出反应的能力。无论该输入是本体感受、肌肉长度、皮肤反馈还是负荷，它都表示背景发生了变化，运动输出也随之发生变化以满足需求。在上运动神经元损伤（在腰骶部区域之上）的传入和传出神经之间的完整反馈回路提供了用于输入到神经轴和用于产生运动反应的手段。这种对感觉输入做出适当反

应的现象支持了神经网络在脊髓水平的内在能力，其可整合输入信息，进行解释并以运动输出做出响应。

3. 慢性损伤后大脑皮质可塑性　很多关于病理状态下皮质可塑性的研究都集中在体感皮质。这个皮质区域的特点是一个确定的躯体组织，这使得区分外周或中枢创伤后的离散地形变化成为可能。尽管初级运动皮质（MI）早就被认为具有类似的详细身体运动区域，但目前的数据并不支持这种精确的想法。这使得受伤引起的皮质重组更难以评估。然而，一些研究报道了MI在周围神经损伤或肢体截肢后发生重组。无论使用哪种物种，结果都表明控制完整身体部位的皮质区域倾向于扩大并侵入失去其外周目标功能的皮质区域。因此，在长期康复治疗前肢或后肢截肢的猴子刺激相应皮质可引起肩胛骨、躯干和口面运动，以及刺激前皮质诱发髋关节残端、躯干和尾部动作。虽然在肢体截肢的情况下这种重组的功能意义不明确，但在不完全性脊髓损伤之后单个肌肉的皮质控制增加可能通过制订替代性运动策略而促进功能恢复。

三、周围神经损伤后的可塑性

周围神经作为神经系统的一部分也存在很多可塑性的现象，例如感觉神经移植后感觉的恢复就是靠诱导邻近感觉正常区域的感觉神经代偿完成的。由于远侧段轴突发生 Waller 变性后出现断裂和溶解，损伤近侧段的神经纤维也发生溃变，出现明显的变性或坏死。周围神经损伤后神经轴突持续性中断，神经纤维传导障碍，导致感觉退化，自主功能丧失。永久性感觉和运动功能受损以及继发性问题（如神经性疼痛），对周围神经系统的损伤可导致实质性功能丧失和生活质量下降，并且可导致在医疗保健和长期患病期间产生重大社会负担。

（一）周围神经可塑性机制

神经损伤引起的功能障碍可以通过三种神经机制得到补偿：通过损伤轴突的再生恢复去支配神经目标；通过附近未损伤的分支轴突恢复神经支配；重建与失去功能相关的神经系统。周围神经损伤后，切断的轴突的再生和恢复功能连接的能力取决于被试者的年龄、受影响的神经干、受损的部位和类型、手术修复的类型以及受伤的距离，轴突必须再生以跨越损伤。因此，如果导致神经残端之间的间隙神经横切未被修复或被长移植物修复，则肌肉和感觉受体的有效再神经支配的可能性较差。一般认为，在人类中，对于小于 2cm 的神经间隙，神经学恢复是适度的，但对于长度超过 4cm 的间隙，则难以恢复。另一方面，未损伤轴突的旁侧神经再支配仅限制于时间和空间，特别是对于大的感觉和运动轴突，仅有助于恢复保护性疼痛敏感性和部分失神经肌肉的运动强度。

（二）周围神经损伤后周围神经系统的可塑性变化

周围神经系统的可塑性会在周围神经损伤后发生三种变化：

1. 神经侧支发芽　周围神经受到损伤时其邻近的正常神经纤维可通过发出侧芽的方式来代偿受损神经的功能。现普遍认为神经纤维侧支发芽的部位是郎飞结，施万细胞及神经生长因子等可以促进这种侧支发芽。

2. 周围神经伸缩性　周围神经在正常状态时存在一定的伸缩性，如将神经干切断，两断端便向相反的方向收缩而出现一定距离的缺损，如及时进行修复，又能将两断端牵拉靠拢，进行无张力下的缝合，神经伸缩性的基础来源于周围神经的长度和弹性储备，长度储备是指神经纤维在束膜内呈纵向波浪状排列迂曲走行，牵拉时可致神经延长，弹性储备产生于周围神经的外膜和束膜，其内的胶原纤维和弹力纤维使其在牵拉过程中可被延长。

3. 神经趋化性再生　周围神经损伤后，再生轴突能自动识别远端神经的性质，并朝相应的靶器官生长，称之为神经趋化性再生。

（三）周围神经损伤后中枢神经系统可塑性的变化

周围神经系统和中枢神经系统在功能上整合了神经损伤的后果：周围神经损伤总是导致深远而持久的中枢改变和重组。沿着神经系统的神经元连接在调节足够的神经元特征的表达中起重要作用，

包括形态学、树突和轴突树枝状化、膜电特性以及发射体和代谢分子的产生。与切断的周围神经元相关的脊髓和脑回路的可塑性和重组机制复杂，它们可能导致有益的适应性功能改变或相反地引起适应不良的变化，导致阳性症状，例如疼痛、感觉异常、反射亢进和肌张力障碍，从而使患者的临床结果恶化。目前，没有修复技术可以确保成人患者在严重神经损伤后正常恢复感觉运动功能。因此，周围神经损伤后的恢复需要同时加强轴突再生，促进选择性靶向神经再支配和调节中枢重组。

四、老年人神经系统的可塑性

神经系统可塑性的机制被认为支持认知在正常老化期间的变化。值得注意的是，依赖于内侧颞叶和前额叶皮质的认知功能，如学习、记忆和执行功能，显示出与年龄相关的衰退。衰老与认知功能下降有关，部分原因可能是由于神经可塑性或直接影响可塑性机制的细胞的变化所致。尽管在正常老化过程中已经发现了几种年龄相关的神经系统功能变化，但与年龄相关疾病如阿尔茨海默病和帕金森病所观察到的变化相比，这些变化往往是微妙的。此外，了解与年龄有关的认知变化可帮助评估疾病的病理状态。

神经系统的可塑性对提高老年人的认知有促进作用。突触数目减少或受损可能直接导致可塑性功能的改变。突触数目减少或受损使突触间递质协同传递能力变差，可塑性功能亦变差，进而使神经系统信号传递、加工和存储功能也受到影响。早期电子显微镜研究显示与年轻大鼠相比，老年大鼠齿状回中间分子层轴突树突状突触数量减少27%(图 5-3)。此外，空间记忆障碍已被证明与内侧穿孔路径和颗粒细胞突触处穿孔突触的减少相关。当这些结果与立体控制的突触数量相一致时，发现每个神经元的突触接触总数在老年大鼠的齿状回中分子层和内分子层中相对于年轻大鼠显著减少。

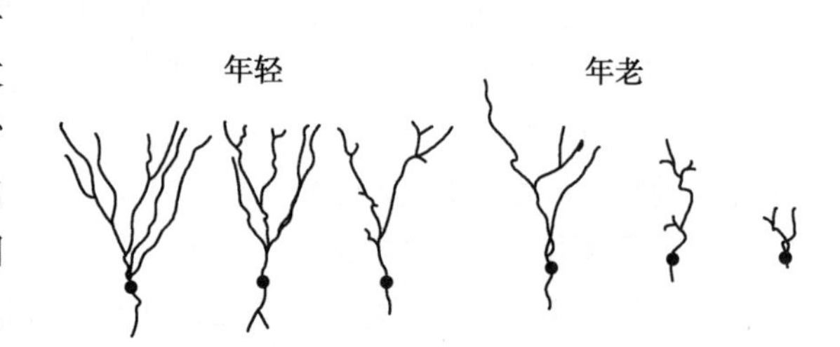

图 5-3　老年人齿状回颗粒细胞中树突表面逐渐丧失

在正常老化过程中，动物会出现与年龄相关的认知能力下降。过去一些文献认为，这种退行性疾病的病因主要是由于大量的细胞损失和树枝状分支的恶化。但是，事实上，一般认为与年龄相关的行为障碍是由树突形态、细胞连接、钙离子失调、基因表达或影响可塑性的其他因素的区域特异性变化引起的，并最终改变神经系统的网络动力学。在受老化影响的大脑区域中，海马体和前额叶皮质(PFC)似乎特别脆弱，但即使在这些区域内，老化对神经元功能的影响也可能不同。PFC 中神经元的形态更容易受到年龄变化的影响，因为这些细胞在大鼠和人类中表现出树突分支减少。尽管有证据表明老年 PFC 神经元钙离子失调，但其功能性后果尚不清楚。更多的信息是关于老化对海马功能的影响。钙离子调节异常和突触连接的变化可能影响可塑性和基因表达，导致海马神经元集合的动态改变。例如，在神经活动后能减少细胞内钙离子浓度的药物可以调节 LTP 诱导的比率，从而部分恢复海马的功能。由于全世界的平均寿命正在增加，了解与年龄相关的认知功能障碍的脑机制以及寻找可能抑制这种衰退的治疗药物变得越来越重要。

五、增强神经可塑性的康复治疗方法

在过去的几十年中，人们已经认识到神经可塑性，即中枢神经系统和周围神经系统改造自身的能力。神经可塑性在不断发生，大脑总是在变化。研究人员的工作是促进可塑性朝着正确的方向发展。近年来研究显示，一些康复治疗技术与大脑的可塑性密切相关，如药物干预、脉冲电磁场、强迫性运动疗法(constraint-induced movement therapy，CIMT)、经颅磁刺激(transcranial magnetic stimulation，TMS)等新的技术。

(一) 药物干预

药物可以通过两种方式影响神经可塑性。

1. 通过影响神经递质系统，如增强胆碱能系统的活性，调节大脑皮质的神经活动，促进脑卒中后患者运动功能恢复。基础研究证实，药物治疗，如安非他命(amphetamine)可通过增加突触前多巴胺和去甲肾上腺素的释放，抑制神经递质的再摄取，进而促进脑损伤后运动功能的恢复。Goldstein LB亦证实，安非他命治疗可降低脑卒中后运动功能障碍患者的 Fugl-Meyer 评分。最近，Chollet F 等研究发现，在急性缺血性脑卒中患者中，采用物理治疗的同时加入抗抑郁药物氟西汀(fluoxetine)可显著提高患者运动功能的恢复，认为氟西汀可通过快速诱导突触中单胺类神经递质的表达，产生二次长期的神经可塑性改变。

2. 药物通过调节机体的神经发生、血管发生、突触和树突发芽等，促进脑卒中运动功能的恢复。脑卒中后过度增殖的少突胶质细胞所表达的鞘相关糖蛋白 Nogo-A 可激活 RhoA 信号途径，而 RhoA 则通过影响肌动蛋白诱导生长锥回缩及塌陷，抑制轴突再生。烟酸(niacin，nicotinic acid，vitamin B_3)作为治疗血脂异常最有效的药物，亦被证实可对脑卒中受损神经有保护作用，其可通过促进血管再生、轴突生长、突触发生等促进受损运动功能恢复，但其在脑卒中的临床实用性和有效性仍需进一步证实。

(二) 脉冲电磁场

脉冲电磁场作为一种物理治疗，具有无创伤、无毒副作用、费用低廉等优势，可用于治疗各种疾病，具有抗炎，镇痛的作用。脉冲电磁场可以加快受损神经的传导速度并进行有效修复，加速患者损伤早期时远侧神经段变性进程，同时可以刺激施万细胞分裂增殖，促进轴索再生。研究表明，脉冲电磁场可以有效加速神经细胞体内相关 RNA 的转录并促进相关蛋白质合成，提高轴浆的运输速度，有利于神经再生。

(三) 强迫性运动疗法

运动能促进海马区突触可塑性形态结构的形成。早期报道的运动对大脑的作用，证明了其能导致大脑解剖学结构的改变，例如增加大脑的质量和尺寸，以及区域性地增大皮质尺寸。随后的分析研究也显示出了运动能导致一些神经形态学的改变，如能增加树突长度和树突棘密度，增加树突嵴树状分枝，扩增神经前体细胞，更新海马区齿状回神经再生。而上述形态学变化普遍被认为是储存记忆的机制，因此强制性运动可能改善海马的形态和功能。此外，运动还能增强海马区的 LTP。有研究显示运动中的小鼠无论是在强迫跑步机上训练还是进行滚轮训练，取其海马齿状回的组织切片，均显示其海马齿状回区域 LTP 增强。突触强度改变被认为是哺乳动物大脑对学习和记忆适应过程的潜在机制之一。

(四) 经颅磁刺激

经颅磁刺激(transcranial magnetic stimulation，TMS)是一种新型非创伤性的神经科学研究工具。该方法作为多种神经和精神疾病潜在的研究和治疗工具，一直备受重视，并已被应用于临床。目前用于临床的主要有 TMS 和重复经颅磁刺激(repetitive transcranial magnetic stimulation，rTMS)。

TMS 是利用时变磁场作用于大脑皮质产生感应电流，改变皮质神经细胞的动作电位，从而影响脑内代谢和神经电活动的生物刺激技术。在进行磁刺激时，将金属线圈置于头皮，刺激电流通过金属线圈可产生磁场，后者又在脑组织形成电场，从而使神经细胞去极化，刺激或阻断脑组织的电活动。TMS 可以采用单次刺激，也可以进行多次刺激，并可以对磁场的强度、部位和方向进行调整。在研究中采用的 TMS 种类一般是根据皮质刺激的频率进行划分。快速刺激或重复刺激(一般称为 rTMS)通常是指刺激频率大于 1Hz 的 rTMS，多用于治疗研究，称为高频 rTMS。1Hz 或以下的 rTMS 通常称为慢速或低频 rTMS。低频刺激(小于 1Hz)可以引起突触活动的长时间抑制，使皮质抑制；而较高频率的刺激可以引起长时间易化，使皮质兴奋。

正常人两侧大脑半球间存在相互抑制作用。这种相互抑制作用是平衡的，当一侧大脑发生卒中，

这种平衡将被打破：患侧半球对健侧半球的抑制作用减弱，而健侧半球对患侧半球的抑制作用占有优势（图 5-4）。这种由单侧脑卒中所引起双侧大脑皮质内抑制和皮质内兴奋的不对称，与大脑皮质的可塑性和卒中后功能的恢复程度存在一定的相关性。rTMS 可促进脑卒中后大脑代偿性可塑性变化。

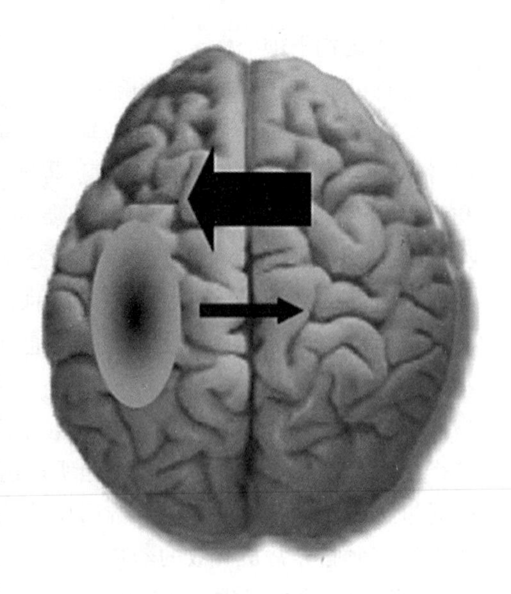

图 5-4 病态大脑皮质交互性半球抑制平衡

六、丰富环境

丰富环境于 1947 年被 Hebb 提出，他将大鼠暴露于丰富环境，发现大鼠的水迷宫实验成绩提高。1978 年，丰富环境首次被定义为复杂的物理性刺激与社会刺激的复合体。丰富环境不同于一般的标准环境，丰富环境往往具有更大的空间和更复杂多变的环境，而且还能增加动物之间的行为交流。丰富环境与标准环境的设置在不同的实验室不尽相同，但总的原则是要增加社会性刺激及动物之间相互交往的机会。

丰富环境的两大重要特征是环境的复杂性与环境的新颖性。环境的复杂性要求实验环境中内设物品能提供视觉、躯体感觉和触觉等多方面的刺激；而构造环境的新颖性则可通过改变物品或者物品摆放的位置等，在空间构建方面给予认知更多的刺激。

动物实验表明丰富环境可上调脑缺血再灌注损伤引起的内源性 BDNF 的表达而快速启动内源性保护机制，改善神经功能，提高学习记忆能力。在传统药物治疗的基础上结合丰富环境治疗有助于脑卒中患者康复。动物实验显示丰富环境引起分子、细胞和行为学上的改变。同时，丰富环境可以影响损伤所致神经祖细胞的分化，增加移植干细胞向损伤区域转移。丰富环境可明显改善颅脑外伤大鼠学习记忆能力，其机制可能与减少海马区神经元凋亡，提高神经元存活水平相关。研究发现，在丰富环境下，神经元树突变长，树突状分枝增加，密度增大，树突棘数目增多，轴突增多，突触及突触小结变大，新突触连接形成增加，突触囊泡聚集密度增强。在临床中，丰富环境刺激被广泛用于脑卒中后意识、认知、语言、心理等康复治疗。研究证实丰富环境刺激具有引起神经形态学结构和行为学功能变化的效果，使其成为一种有效且低风险的脑损伤康复手段。

第三节 感觉与运动控制理论

一、运动控制概述

（一）运动控制的定义

运动控制是中枢神经系统对运动过程进行调节和管理的行为，对运动控制的研究是直接研究动作的性质，以及动作是如何被控制的。

人可以完成不同的精密动作，例如：花样游泳、绣花、打字等。研究人体运动控制的目的就是发现人类精巧动作能力背后的机制。人体运动控制涉及解剖学、生理学、神经科学、生物力学、心理学、工程学、物理学等学科的内容，是一门复杂的综合学科。人体运动控制的系统性研究包括人体运动的外在机械性运动和深入到神经控制层次的研究。电信号对中枢及周围神经系统的研究提供了人体活动与相关神经部位的信息，为控制模型的研究提供了理论基础，其中，Laszlo 从心理物理学的角度对人体的运动进行了阐述。1995 年，Neilson 等人应用系统工程学的方法研究了与任务相关的人体运动。20 世纪末，研究人员尝试通过寻找人体运动控制的神经生理学基础来整合人体运动控制的物理属性

与心理属性。

(二) 动作的产生

动作的产生由三个因素相互作用而来：个体、任务以及环境。动作是围绕任务和环境的要求来组织的。在一个特定的环境中，个体产生的动作是为了达到任务的要求。因此动作的组织受到个体、任务和环境三个因素的制约。动作是由相互作用、相互影响的多个程序产生的，包括知觉、认知以及行为。在个体中动作是通过许多大脑结构和程序的结合而产生的。个体因素包括知觉、认知和运动系统。任务因素包括活动、稳定与操作。任务按照调节神经机制分为间断性任务与连续性任务，按照支持面分为稳定性任务与移动性任务，按照运动的多样性分为开放性任务与闭合性任务。环境根据其特点可分为规则性环境和非规则性环境，环境在常规和非常规因素上会限制运动。任务限制了控制动作的神经组织。在日常生活中，人们执行不同运动的本质在不同程度上决定了所需要的动作类型。

中枢神经系统功能的康复要求患者针对感觉、知觉、运动和认知损伤形成适合功能任务需要的运动模式，帮助患者学习或重新学习执行功能任务，当考虑到潜在的功能缺损的治疗策略时，能最大限度地使患者恢复其功能。理解任务的性质有助于在任务结构的框架下，由易到难地对任务进行分解，便于功能的康复。

任务的执行是在很宽泛的环境中进行的。除了任务的特性之外，运动也受环境特征的约束。为了实现功能，在计划特定性动作时，中枢神经系统必须考虑环境的特征。影响运动的环境特征被分为规则性和非规则性。规则性特征明确了形成动作本身的环境方面。例如：茶杯的大小、形状等。非规则性环境特征的例子包括背景噪声以及注意力集中情况等。

二、神经肌肉的运动控制理论

运动控制理论描述了运动是怎样被控制的，是关于控制运动的一组抽象的概念。运动控制理论可为康复治疗师提供操作指导，能让治疗师获取患者行为以外的信息，并且能将信息应用到更多的病例中。运动控制理论包括反射理论、等级理论、运动程序理论、系统理论、动态动作理论和生态学理论等。

(一) 反射理论

Sherrington 提出了经典的运动控制反射理论。他认为，反射是一切运动的基础，神经系统通过整合一连串的反射来协调复杂的动作。运动的控制由以下几个主要因素来修正动作：周围感觉刺激、反射弧和反馈控制。在进行运动疗法时，利用感觉刺激来诱发“好”的反射，抑制“坏”的反射，就是一个典型的例子。又例如，通过感觉刺激来降低痉挛，或通过触摸式轻拍增强牵张反射来诱发动作。

反射理论能帮助治疗师预测患者对特定刺激的反应，能用反射控制的出现或缺失来解释行为动作，并且能在进行功能性训练时着重于增强或减少运动任务中各种反射的效应。运动控制的反射理论存在很多局限性。首先，如果自发和自主动作被认为是属于行为类别，反射则不能被认为是行为的基本单位，因为反射必须由外界的因素引发。其次，运动控制的反射理论不能充分地解释和预测缺少感觉的动作。有研究表明动物能在缺少感觉输入的情况下以一种相对协调的方式运动。第三，该理论没有解释快速运动，即接连发生的动作速度非常快，以至于不允许前一个动作的感觉反馈来激发下一个动作。例如一位经验丰富的打字员，以非常快的速度从一个键移动到另一个键，以至于没有时间让感觉信息从一次击键去激活下一次击键。第四，一系列反射能创造出符合行为的概念，不能解释根据不同的环境下达的下行命令。单一刺激能导致产生多样的反应。有时为了达到一个目标，我们需要撤销反射。例如通常碰到烫的物品，会导致反射性收回手。然而，如果看到孩子们在火中，我们可能越过回收反射而将孩子从火中拉出。第五，反射链没有解释产生新动作的能力。新动作会叠加单独的刺激和反应。如了解大提琴演奏方法的小提琴手在没有经过必要练习的情况下也能在大提琴上演奏出他学过的小提琴的乐曲。

(二) 等级理论

英国的物理学家 Hughlings 认为大脑有高级、中级和低级水平控制,同样,有高级联络区、运动皮质和脊髓水平的运动功能。等级控制被定义为从上至下的组织控制,即每一个连续的上级影响控制的下一个水平,在严格的垂直等级系统中,控制线不交叉,也不会有颠倒的反向控制。等级控制取决于任务的不同,每一级神经系统都能作用于其他的等级(高级和低级),并且当皮质中心受到损伤时,才出现低级中枢控制的反射。此外,对反射在动作中的角色也进行了修改。反射不再被认为是运动控制的唯一决定因素,只是作为很多产生和控制动作的重要程序之一。等级控制理论还把发育归于神经成熟过程,包括反射循序渐进地出现与消失(神经成熟理论)。等级理论能解释神经系统功能紊乱患者的动作紊乱(异常姿势反射活动的出现),鉴定正常和异常反射的存在或缺失,通过传入感觉刺激修复高级神经中枢,驱动正常运动模式。运动控制的等级理论的局限之一在于它不能解释正常成年人在一些特定情况下反射行为的支配地位。例如,脚踩在针尖上会立即产生腿的回撤。这是等级系统支配运动功能的低级水平的内反射。因此运动控制等级理论假设所有的低级水平的行为是原始的、不成熟的以及非适应性的,而高级水平(皮质的)行为是成熟的、适应性的和合适的。

(三) 运动程序理论

反射理论对于解释特定固定模式的动作是有用的。然而一项观察反射方式的实验发现移除刺激,机体仍然有模式化的运动反应。如果从运动刺激中移除反应,剩下的则为中心运动模式。这种中心运动模式的观点,或者运动程序,比反射的观点更灵活,因为它既能由感觉刺激激发,也能由中枢呈递激发。大脑甚至脊髓能够自主传导动作,它们有特定的神经回路,称为"中枢模拟发生器"。"中枢模拟发生器"并非否定感觉输入在控制运动中的重要性,而是扩充了神经系统从反馈中独立创造动作的能力。例如当人遇见恐怖的事情时,人会不由自主地颤抖。但是当人没有遇见恐怖的事情时,仅仅在大脑中想象恐怖画面时,人体也会开始颤抖。这个过程反映了人体中枢神经在没有外界刺激下也可以实现中枢呈递刺激的过程。运动程序理论强调了帮助患者重新学习动作正确规则的重要性,并且提出了治疗应该侧重于重新训练对于功能性任务来说重要的动作,而不仅仅是单纯地重新训练特定的肌肉。运动程序理论的局限性在于没有考虑在完成动作控制时,神经系统还要处理骨骼肌肉系统和环境的变化。

(四) 系统理论

系统理论由俄罗斯科学家 Bernstein 提出。其主要观点是:在整个运动过程中,运动控制不单单受到单一中枢的控制,而是与人体的运动控制系统以及环境作用有着密切的联系。人体的感觉、认知和活动三者之间的相互作用,实现了运动控制的功能。在这个模式中,中枢神经并不直接发出指令进行控制,而是联合各个部分一起进行整体互动,系统地进行整合,最终完成整个运动控制的过程。以人体肌肉的运动控制为例,人体肌肉的运动不仅仅受到主动肌肉力矩的影响,同时也会受到重力、接触力以及因肢体运动而产生的被动反作用力的影响,通过多种力的结合,最终实现了人体肌肉的运动控制。例如当人要去抓握一个装有热水的杯子。在抓握杯子之前,人通过自我认知了解到杯子温度很高,抓握过程可能十分困难。但通过高级中枢神经发出抓握的控制指令,人还是会做出抓握的动作。但高温的水会刺激人手部的温觉感受器,导致人体产生神经反射而扔掉杯子。在此过程中,尽管中枢神经做出了抓握水杯的指令,但是整个运动控制的过程是由中枢系统整体、系统地控制各个运动部分。当存在某些运动控制部分无法进行运动时,即使中枢神经做出指令,也无法实现运动控制。以下从几个方面分析运动控制。

1. **运动学角度分析**　肌肉的作用与当时肢体的位置和肢体运动的速度密切相关。

2. **力学角度分析**　许多肌肉以外的力量如重力或者惯性决定肌肉收缩的程度。

3. **生理学角度分析**　当较高级中枢下传某一肌肉收缩的指令时,低级和中级中枢通过接受外周感觉反馈来修正该指令。

在临床治疗和康复领域中，运动控制系统理论具有重要的意义。在临床和康复治疗上，系统理论要求医生和康复师要从系统的角度考虑运动障碍。在对患者的病损处进行仔细检查的同时，也必须明确患者其他部位的病损情况以及神经系统的总体损伤情况。检查和治疗不仅仅要关注个体内的病损，还要考虑到运动系统间以及同神经系统相互作用的效应。但不得不提出，目前在针对环境同机体相互作用实现运动控制方面，运动控制系统理论依旧过度重视个体间的系统作用，而忽视了机体同环境之间的关系。

(五) 动态动作理论

动态动作理论指的是在运动控制的过程中，系统内部所有组成部分都是以一种统一的有序方式进行工作的，所有组成部分是动态有序的，不需要高级中枢处理指令或者命令来协调运动。在这个过程中，中枢神经的信号仅仅具有产生运动控制的作用。而实际的运动动作则是依赖于运动系统中各个组成部分的动态有序实现的。例如在歌手一边唱歌一边通过旋律跳舞的过程中，唱歌和跳舞的动作是通过一种内在的动态有序的过程实现的，而不是通过中枢神经实现运动的协调。

在临床治疗和康复领域中，动态动作理论需要考虑动态系统中的动态因素，如环境、行为习惯以及温度等，通过制订针对动态系统的治疗处方来实现。对于运动障碍的治疗和康复，并不是必须结合神经系统的结构和功能来推进整个康复治疗过程的进行。动态动作理论有一个明显的缺陷就是孤立了神经系统在活动中的预测功能，从而忽视了神经系统在整个康复治疗过程中所处的重要地位。

(六) 生态学理论

生态学理论由美国心理学家 James Gibson 所提出：在研究运动控制的过程中，研究的焦点应放在动作与环境的相互作用上。在不同的环境下，感受器感觉的信息不同，中枢神经对外界的判断不同，从而产生不同的运动控制信号。在完成特定运动任务的过程中，对于任务以及执行任务的环境来说，感知觉得来的信息具有特定性。在整个运动控制过程中，最为重要的不是中枢神经的调控，也不是主动肌所完成的动作，而是针对任务而言来自环境因素的特定感知觉。这种特定的感知觉决定了动作的产生以及不同的行为。例如在炎热的夏天吃冰淇凌的感受与在寒冷的冬天吃冰淇凌的感觉并不相同。在炎热的夏天时，由于外部温度较高，舌尖温觉感受器的温度阈值较高，当吃到温度明显低于外部温度的冰淇凌的时候，中枢大脑会有明显的冷觉刺激。然而在寒冷的冬天时，由于外部温度同冰淇凌的温度极为接近，当吃到冰淇凌的时候不会产生一个明显的冷觉刺激。在这个过程中，人体的中枢神经和温觉感受器是完全相同的，然而由于外部不同的环境因素导致中枢神经对外界做出了不同的判断，这表明了环境在神经控制中所起到的重要作用。

在临床治疗和康复领域中，生态学理论强调的是每一个患者都是一个个体，要将个体视作不同独立环境的探索者，这对现代的康复治疗手段有着极为重要的意义。在康复治疗过程中，应针对不同患者采取不同的治疗方案以及治疗手段，注重人体康复运动同外界的交互。要着重加强对于外界感知觉的运用，通过不同的外界环境以及治疗手段，帮助患者探索出不同的适应性方案来完成一项功能性任务，通过完成功能性任务达到治疗的效果。

同时，生态学理论也过于强调了环境在整个运动控制过程的作用，一定程度上夸大了机体同环境的相互作用，导致对产生相互作用的神经系统功能重要性的忽视。在康复过程中，不仅要注重个体同外界的交互，个体运动功能的恢复以及神经系统的重塑也颇为重要。

三、与动作控制有关的理论

(一) 感觉系统及运动认知理论

感觉是所有神经活动的起源，是对信息的察觉，它是大量感受器提取和处理的信息。感受器是机体认识、探索世界的基础，也是思维与认知活动的基础，与中枢神经系统有着广泛和密切的联系。机体内和环境中的各种信息通过感受器将刺激转变为传入神经电信号，该信号经过周围神经、脊髓和脑

干传至大脑皮质的相应中枢部位，进而产生感觉。运动系统会接受来自中枢神经系统和周围神经系统的信息，进而对行为姿势进行控制。感觉信息能对运动的计划、前馈设置和反馈调节产生重要影响。与运动控制有关的感觉信息可分为：视觉、听觉和触觉以及运动目标的空间位置，以及运动目标与机体位置之间的相互关系信息；能感受速度和运动状态的内耳前庭感受器；能感受肌肉的长度、关节位置、张力、机体的空间位置等感觉信息的肌肉和躯体的本体感觉。

（二）神经系统及记忆痕迹学说

运动控制的解释有闭合环路 - 开放环路模型，它是建立在肌肉运动时中枢系统与外围反馈关系的基础上（图 5-5）。闭合环路 - 开放环路主要由感受器和效应器等部分组成。感觉是对信息的觉察，知觉是给感觉数据赋予定义。感受器是效应器完成理想动作的重要组成部分，它能感知视觉、听觉和本体感觉，具有控制姿势和定位的功能。效应器是传输神经纤维末梢或运动神经末梢及其所支配的肌肉。运动控制是在大脑内预先存储的运动程序在一定运动参数刺激下的释放过程。运动控制的信息可以有许多的来源。当机体进行运动时，常见的控制方式是系统比较任务目标与反馈信息之间的差异，进而控制运动。

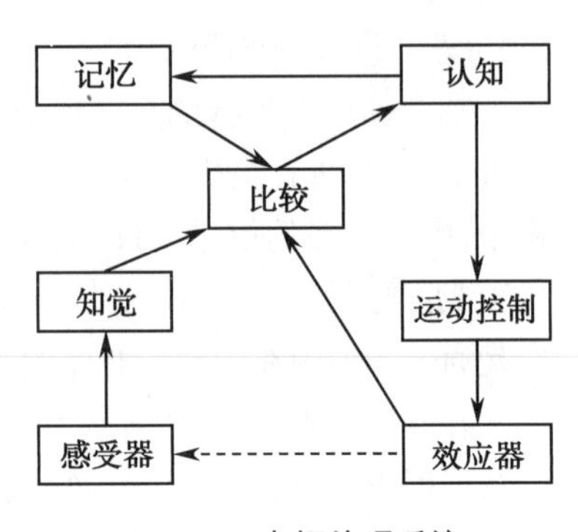

图 5-5　中枢处理系统

当机体进行活动时，本体感觉和其他外周感觉的传入可以使中枢感知到肢体所处的位置，中枢将这种感觉与大脑中预设的感觉进行比较，进而形成认知，对效应器发出继续运动、停止运动或其他调整路线的指令。在闭合理论中，知觉痕迹内记忆了以往的运动感觉。因此，在完成肌肉运动时，肌肉、肌腱、关节和韧带中的本体感受器，以及视觉、听觉所接受的刺激不断传入中枢，中枢将刺激不断与知觉痕迹内所记忆该种肌肉的运动感觉进行比较，这种比较形成关于特定运动的认知，并向效应器发出各种指令来使肌肉进行正确的运动。

当初次实现一个动作时，并不存在新动作运动感觉的知觉痕迹。因此，当初期执行某个动作时，知觉痕迹并不清晰，外界提供的运动反馈是调整动作的参照系。在不断练习后，本体感受器能将外界给出的反馈，包括康复医师给予指导、分析、纠正或强化信息，与外周感觉进行联系，从而强化知觉痕迹。当知觉痕迹逐渐形成后，人体所有动作的调整都来自于知觉痕迹与实际运动的比较。

在知觉痕迹还未形成之前，记忆痕迹和开放环路理论能用来解释运动控制。记忆痕迹是动作的记忆，是一种运动程序。在执行某项运动之前，记忆痕迹进行匹配和启动。在动作启动后，知觉痕迹开始运行。在记忆痕迹完成动作启动前，会将全部信息一次性下达给效应器，而并不需要不断的外周感觉输入。

机体的运动控制功能过程包括前馈过程与反馈过程（图 5-6），并且需要神经系统的共同参与。在运动发生前，神经系统会编码自身机体信息以及外界信息。新动作的学习首先需要对其进行观察。模仿动作的观察需要视觉与听觉的共同参与，接着根据本体的感觉和知觉与外部输入偏差，不断进行调整，这个过程称为反馈控制。前馈控制就是根据大脑和肌肉存储的先验知识来对动作进行预先设定。

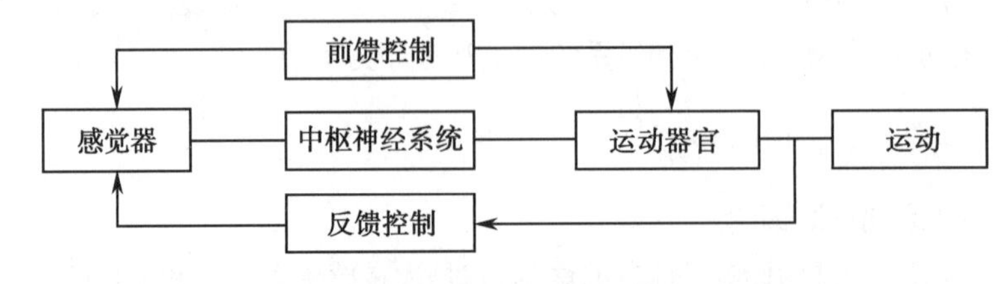

图 5-6　前馈和反馈过程的运动控制

前馈控制相比于反馈控制其延时更小，因此，前馈过程能反映动作的熟练程度。经过一定前期运动的积累，在大脑皮质上的感觉与运动器官会形成感觉痕迹，长期记忆的生理基础就是感觉记忆痕迹的形成。当运动发生时，大脑皮质根据现有的记忆痕迹来匹配相应的前馈控制，从而对动作进行干预。在执行某一特定动作时，特定的大脑皮质区域被激活，如大脑的运动系统，感觉系统与运动系统相互作用，再现记忆痕迹中存在的感觉痕迹形式。在进行运动训练时，自身机体会形成痕迹，当出现突发状况时，肢体能够快速地进行动作调整，当不断进行这样的行为后，能够提高自身机体对于突发性状况的反应，进而增加运动的准确性，减小误差及避免运动损伤。例如，当运动员接受动态平衡训练后，能够减少运动中的失误以及踝关节的扭伤概率。获取的感觉信息与前馈控制的正确性呈正相关关系。

（三）运动系统及自然物理学理论

人体因为具有多轴转动的关节和肌肉等组成结构，被看作是一个多自由度的运动系统。当需要完成一个动作时，人体需要控制数目众多的变量。自然物理学理论认为，多自由度系统会随着外界环境的变化从一种稳定状态转变为另一种稳态状态，这种多自由度系统又被称为“动力系统”。人体是一种受内外约束的动力系统，而不是一个仅借助感觉反馈环路编码的过程。肌肉特性、运动姿态、关节位置、空间定向、作用于身体的外力，以及身体素质会影响动力系统间关节的关系等特性。多自由度的人体具有较高的环境适应能力和灵活性。人体的运动参数会受到环境因素的干扰，因此可能会由一种稳态进入另一种稳态。

自然物理学理论在理论上能够说明自然物理学的动力学应用，但是它脱离了神经的基础，将人体看作机器，将运动生物学孤立于神经系统之外，因此实用性不大。

四、运动控制检测技术

（一）运动神经传导速度的检测

运动神经传导速度（motor nerve conduction velocity，MCV）是指外界刺激产生的冲动单位时间沿运动神经传导的长度。当今康复医学中常见的运动控制检测技术之一就是在 Helmholtz 提出的神经传导技术上发展而来的。该技术对于外伤性、代谢性等周围神经病变或损伤的定位有重要价值。MCV 检测包括刺激和记录两个部分，通过恒压或恒流的方波电流作用于刺激点，并通过在记录点记录肌电的方式完成。刺激点位于神经干近、远端两点体表位置，记录点位于神经所支配的肌肉的表面。上肢正中神经、尺神经和下肢腓神经、胫神经都可进行 MCV 检测。当电流强度达到一定阈值后，会触发肌肉引起肌电位。MCV 和周围神经的损伤有较为明显的关系，它能判断周围神经是否存在损伤，损伤的具体部位和程度等，并能够有效地检测出病变的部位和恢复情况。胡宗谋等人通过研究神经的受损程度以及健侧和患侧的 MCV 分析，发现当神经完全受损或断伤、神经严重损伤、神经重度损伤、神经轻度损伤，MCV 分别会减慢 100%、45%、25%、10%。在临床上，通常将神经损伤分为神经阻滞、轴索切断和神经断裂 3 种类型：当 MCV 的潜伏期正常而波幅降低时，说明神经存在不完全性的断裂或轴索切断；当潜伏期延长而波幅正常，说明大多数的神经处于阶段性脱髓鞘；当潜伏期延长同时波幅下降，说明轴索病变且继发脱髓鞘；而 MCV 完全不存在时，表明大多数的神经纤维传导阻滞，通常这种阻滞为神经断裂和完全性神经阻滞。

（二）H 反射检测

H 反射是次强刺激作用于胫后神经所诱发的小腿三头肌的反射性反应。H 反射通过肌梭感受较小强度的刺激，刺激将沿着 1α 类纤维传入脊髓，经由单突触联结传入脊髓前角 α 运动神经元，再经 α 运动纤维传递至效应器。H 反射是研究神经通路结构功能和脊髓兴奋性的有效工具，因此测评脊髓前角 α 运动神经元的兴奋性和神经传导通路上感觉与运动纤维的功能状态可以通过 H 反射来获得。在临床应用中 H 反射也可以用来评估周围神经病变和评估运动神经元病变。

比目鱼肌位置是 H 反射的传统记录点，但通常在更远端位置记录会得到较好的结果，因为比目

鱼肌中的记录点不能较好地触发 H 波(图 5-7)。M 波反映运动神经可检测部分的传导状况,F 波是超强电刺激神经干在 M 波后的晚成分,是由运动神经回返放电引起的,能反映运动神经全节段传导状况。有研究发现,正常人的桡侧腕屈肌、小指展肌、胫前肌、股四头肌等其他多块肌肉上都能够检测出 H 反射。当被试者处于俯卧位,膝关节呈 120°屈曲时,通常能较容易地触发 H 波。腓肠肌是最常被记录的部位,腘窝处的胫神经是刺激位点。运动纤维的兴奋是通过低强度的电刺激实现和驱动的,比目鱼肌在诱发出 F 波后,会接着诱发 M 波,当降低电流刺激强度后,进而会诱发出 H 波。H 反射的潜伏期、波幅与 H 波和 M 波的波幅之比都是需要测定的参数。H 波会因为多方面因素而影响波幅的大小,比如电刺激的时程、肌肉的收缩、心理状态、利手、肌肉疲劳程度等。

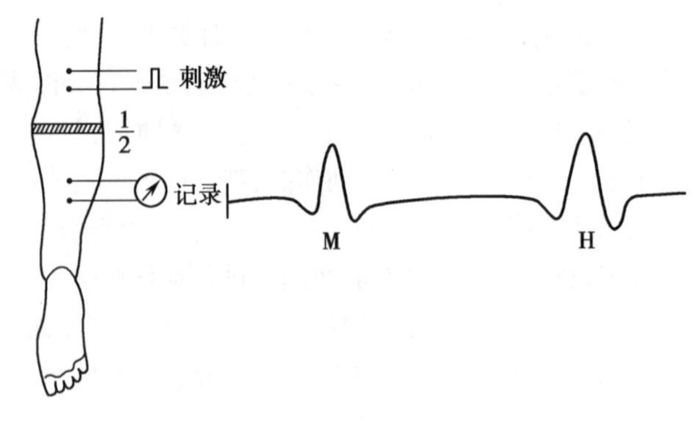

图 5-7　H 反射测定示意图

(三) 肌张力障碍评估检测

肌张力是肌细胞互相牵引所产生的力量,通常用被动牵伸肌肉时所感受到的抵抗力大小作为临床检查肌张力大小的指标。摆动实验、临床痉挛指数、Oswestry 功能障碍指数、修改版的 Tardien 量表、修改版的 Ashworth 量表都是肌张力的评估方法,但它们仅是统计学意义上的量化检测,存在诸多干扰因素,影响其准确度。肌电图检测技术能记录并观察主动肌和拮抗肌的肌电电位,是临床客观量化评价肌张力的重要手段。主动肌和拮抗肌不协调地收缩或过度收缩会导致肢体扭曲、异常姿势或重复肌紧张造成肌张力障碍。神经节苷脂症、围生期损伤、神经安定药物等因素也可引起肌张力障碍。在研究中,通常会比较肌张力障碍患者和正常被试者的肌张力在静息态下的肌电信息。在静息态下,肌张力障碍患者的肌电会有不规律的群化电位现象。群化电位主要表现为运动单元的电位规律性地出现群发性集团放电和停止现象,它是肌张力障碍的特殊肌电反应。肌张力障碍患者的肌电图表现为当肢体活动停止后,动作电位会持续几秒后才停止,在最大收缩时存在募集不完全的现象,而当肌肉收缩时,相比于正常人,肌张力障碍患者的肌电图信号(比如时限、波幅和相位等)则不会出现显著性异常。因此,肌电图对于研究肌张力障碍患者的异常放电机制虽具有局限性,但它仍被认为是探索肌肉检测的重要手段。

(四) 前馈与反馈控制检测

前馈控制和反馈控制是中枢神经系统通过调控模型进行非随意运动控制机制的快速协调反应,在此过程中完成运动姿势与肌肉动作。对神经肌肉非随意运动控制功能评估的主要手段是对相关肌肉的肌电信号、身体压力中心位移等数据的评估。按照干扰源的不同,前馈控制与反馈控制可以分为内部来源姿势干扰以及外部来源姿势干扰。内部来源姿势干扰有快速举臂实验、拉杆实验、双手负重-提举任务,外部来源姿势干扰有落球实验、重物摆实验等。下面简单介绍几种前馈控制与反馈控制实验。

快速举臂实验的任务是让被试者快速向前平举手臂,结果发现手臂会影响腿和躯干的姿势肌肉。腰腿部姿势肌肉会在手臂发生动作之前产生激活,这种现象被认为是面对可能发生的姿势干扰,神经肌肉运动控制系统的代偿性反应。Aruin 等利用快速举臂运动实验方法研究了举臂方向和负重对预期性姿势调节(anticipatory postural adjustments,APAs)和补偿性姿势调节(compensatory postural adjustments,CPAs)效应的影响,结果发现侧位方向的举臂活动弱于前后方向的举臂活动,肌肉反应模式与手臂运动的方向有关。肌肉的 APAs 效应与负重没有显著相关性,但会加强 APAs 的部分特征。该实验方法还适用于腿部、躯干等躯体其他部位。

拉杆实验的实验范式是要求被试者持站立姿势,双脚与肩同宽,躯干呈直立状态,双手抓握拉杆。

当启动信号(如声音或闪光)出现时,被试者需要拉动拉杆,在此运动期间记录运动状态和肌电信号。该试验能够定量研究拉杆阻力对肌肉 APAs 以及 CPAs 效应的影响。

酒保实验是基于双手负重 - 提举任务发展而来的实验方法。该方法要求被试者手肘呈 90°屈曲,前臂保持水平,重物放置于右臂近手腕处。被试者依据信号提示提举右臂上的重物;在被动条件下,则被试者没有预期,操作人员触发右臂重物的释放。结果表明 APAs 效应与自主触发的负重变化有关。

落球实验要求被试者保持站立姿势,双脚保持与肩膀同宽,双肘呈 90°弯曲,手持托盘,试验人员在一定位置释放重物,使重物落入被试者手中的托盘中心,被试者需要保持托盘的稳定。该实验方法被应用于神经肌肉下意识的前馈控制效应研究。另外,直立突发平衡、躯干突发加载等实验与落球实验原理相似,它们利用突发载荷变化研究肌肉反应模式以及 APAs 和 CPAs 效应,也被广泛应用于检测前馈控制效应。

重物摆实验是较为新颖的实验范式。该实验要求被试者利用肩部或手臂停住下落的重物。在接触时重物会对被试者的身体姿势平衡造成干扰。重物的重量与干扰的强度有关。睁、闭眼状态能够让被试者评估干扰发生的时间,进而对前馈控制机制和肌肉 APAs 效应的强度产生影响。这种范式证明了神经肌肉的前馈控制是客观存在的。

五、运动控制的实践应用

(一) 运动控制与神经康复

人体运动控制理论对康复及运动训练有着重要的影响。根据运动控制理论,研究人员提出和更新了传统的康复训练方法。这些从运动控制角度设计的训练方法有效地降低了损伤的发生率。对人体运动控制的进一步研究能帮助研究人员对损伤机制、运动表现、装备器械与人体影响等机制进行深入理解,促进相关领域的发展。

根据现代神经科学的基本理论,运动控制是一个多神经、多肌肉参与的系统协同工作的复杂过程。其运动控制的基础是人体内神经系统的运动神经元和中枢神经。神经系统中的运动神经元是建立在反复学习和不断强化记忆的基础上的,随着长时间的运动训练,可以建立起完整的运动控制环路。与之相反,对于已经建立的运动控制,如果长时间不进行运动训练,相应的运动神经元也会逐渐衰退和凋亡。运动控制中的中枢神经主要由高级的脑神经细胞和低级的脊髓神经细胞构成,在运动控制中最复杂的部分由大脑进行控制。运动控制过程越精细、越复杂,参与的神经细胞数量就越多,神经细胞的网状结构就越稳定、越健全。

根据临床数据可知,大部分运动障碍的患者多是由于运动中枢和运动神经通路的阻断导致运动障碍的产生。在运动障碍发生的初期,多数患者的主动肌结构和功能健全,无法进行运动控制的主要因素在于神经系统的病损。随着运动障碍时间的延长,缺乏运动训练的主动肌开始萎缩退化,最后导致患者整个运动控制环路功能的整体退化。因此神经康复在神经系统重建和运动功能重获中有着重要意义。而神经细胞的重塑理论为患者运动功能重获提供了可能。

根据神经重塑理论,受损的神经细胞在经过短暂的功能丧失之后,会向周围的神经细胞产生反应性突触,继而向侧支发芽,从而与其他神经细胞建立新的连接,完成对于受损神经系统的修复。因此,在患者产生运动障碍之后,通过康复运动训练,可以实现对于受损运动神经细胞的修复,重塑运动神经环路,实现运动功能的再获得。而结合运动再学习理论和神经可塑性理论,治疗的目的是促进残存功能的恢复。神经可塑性理论改变了我们对神经功能恢复的认识。根据该理论,在某些神经细胞受损伤以后,其他的神经细胞能够通过神经环路的再生重组加强突触间的联系来代偿受损伤神经细胞的功能。而结构上的可塑性则要求神经元在联结的数量和结构上发生变化。在功能恢复的过程中,原先静止状态的神经元也可被激活。当某一通路被损伤后,原先不占优势的神经通路迅速出现功能活动。因此,在一个区域失去功能后,所有邻近区域会立即进行替代并恢复丧失的功能。

运动康复训练不是一个简单的恢复记忆、排异或打通经络的过程，是一个类似婴儿学步的复杂的再学习过程，其中包括完成动作、调节平衡、观察环境、规避危险、安全保护、效果评估和动作改进等环节，其每一个动作的恢复都涉及全身的肌肉、神经、感官及大脑思维联系的重建。通过特定的任务训练实现对于神经通路的重塑和肌肉组织的再训练。而在康复训练过程中，对于健肢的训练与患肢的训练具有同样的重要性，许多患者在康复训练之后，所训练的健肢取代了患肢成为了优势肢。而训练中通过健肢训练患肢可促进患肢的神经重塑和功能恢复。

应用运动控制理论控制医疗机器人可以对患者适时地施加电刺激从而帮助患者完成动作，加速患者的康复进程。Bobath 康复训练方法是以神经发育规律为基础，以控制痉挛、诱发正常的运动模式为目的的康复训练技术，它主要采取抑制异常姿势，促进正常姿势的发育和恢复的方法来治疗中枢神经损伤的患者，如偏瘫，脑瘫。Bobath 康复训练方法以反射的动作控制为基础，强化了正面反射，抑制了负面反射。在临床应用上以运动控制的等级结构理论为基础。神经功能状况的评估可以通过对患者反射功能的分析推断，神经发育程度及功能可以通过患者的运动功能推出。根据运动控制理论，对患者康复治疗的理念应以整体动作为主，不应该只针对单个肌肉的训练。用这样的方法才能建立新的神经控制模式。运动控制理论还提示，康复治疗师对患者的康复应该从多个系统综合进行康复评估，而不应该单独地关注某一个系统与某一个部位；康复治疗师可以利用对称或相似的动作实施康复训练，这种方法可以影响相应的神经控制中枢，从而有利于患者的康复。

（二）运动控制与运动训练

在运动训练中，针对各种因素造成的机体相关损伤，研究人员从运动控制的角度设计了针对运动训练的感觉训练方法，并得到了较为理想的训练效果，以运动控制为理念的方法有效地降低了损伤的发生率。对于由运动而造成前交叉韧带损伤的患者，从运动控制的神经肌肉角度出发，研究者们应用反馈理论降低了患者损伤发生的概率，进而更好地实现了运动功能。生理学基础和认知程度共同影响运动技能。在运动训练中，融合感觉与认知能够达到最优的人体生理适应性和运动效果。运动功能与感觉和知觉能力成正比，即人的运动功能越强，其感觉和知觉能力也越强，反之亦然。因此，为了提高运动训练的效果，不仅要进行一般的训练内容，还需要对感觉与知觉信息功能进行开发和训练。另外，利用运动控制训练的生物反馈系统可以降低运动损伤的概率，提高运动效果。

运动控制理论包括反射理论、等级理论、运动程序理论、系统理论、动态动作理论和生态学理论等六种，它们各具有临床意义与局限性。与运动控制相关的理论，还包括感觉系统及运动认知理论、神经系统及记忆痕迹学说和运动系统及自然物理学理论。应用这些理论与神经康复和运动训练之间的关系可进行康复训练指导。

运动控制理论自提出之后就处在不断地修正和完善之中，许多领域的科学家也尝试通过跨学科的方式去提出新的运动控制理论。但运动控制理论的核心一直是神经、机体以及环境之间的交互作用，通过这三者之间的配合实现运动控制过程。

在临床康复与运动训练中，运动控制理论对如何使运动障碍患者重建运动功能并降低康复训练的损伤率有重要的指导作用。依据运动控制理论，临床医师针对不同运动障碍的患者设计了不同的康复训练任务，通过康复任务的训练重建患者的运动功能。未来随着运动控制理论的不断完善，临床将会对运动控制环路以及运动控制原理有更加深入的了解和认识，而更有效和更丰富的康复手段将会被开发出来。

本章小结

本章以神经康复基础为中心，从神经再生与修复、神经系统的可塑性及感觉与运动控制理论三个方面分述了神经康复的基本理论依据及主要的康复干预方法。我国未来将面临老龄化加速期，伴随其而来的老年认知障碍、脑血管疾病和脑肿瘤等疾病对人类健康的威胁和对医疗保健造成的负担

将成为不容忽视的社会问题。深入研究脑神经系统疾病的发病机制，探索神经调控机理和代偿机制，研发有效的神经工程干预新技术和新方法，必将推动脑疾病防治的进步，提高人们的健康水平和生活质量。

思考题

1. 影响皮质可塑性的因素有哪些？
2. 周围神经系统的可塑性会在周围神经损伤后发生哪些变化？
3. 中枢神经系统是如何将许多单块肌肉组织起来形成协调的功能性动作的？
4. 研究动作最好的方法是什么？怎样才能将有运动控制障碍患者的动作问题进行量化？
5. 在运动控制理论中，哪种理论是最好的？
6. 请描述人体上肢或下肢运动系统的控制模式。

（王珏　陈艳妮　窦祖林）

笔记

神经电信号及其检测分析方法 第六章

电生理学是神经工程发展的重要理论基础，而神经电信号的检测和分析技术则为神经工程的研究和应用提供了手段。本章将首先讲述神经细胞的电生理学基本知识，包括细胞膜的组成和结构及其电阻和电容等特性，以及细胞膜产生静息电位和动作电位的机制；再介绍描述细胞膜离子通道的数学模型方程；然后介绍脑神经电信号的各种检测方法，包括从头皮外检测的脑电图到脑组织内神经元附近检测的动作电位（即锋电位）等；最后介绍神经电信号的分析方法，主要包括神经元脉冲序列的自相关和互相关、神经元对于外界刺激响应的分析以及脑电图的时域、频域和时频分析法等。这些知识和方法可以为神经工程领域的科学研究和仪器设备的开发提供理论基础和技术支持。

第一节　神经电生理的理论基础

早在公元前两三千年，人类就已经从鱼类中发现了生物电现象，在古埃及壁画中记载的尼罗河里的猫鱼就可以产生强大的电流。古代人曾经利用鱼类产生的电来惩罚犯人，或者治疗头痛病等。但是，当时人们并不了解生物电产生的原理，把生物电看作神秘的幽灵。直到 1791 年，意大利博洛尼亚大学（University of Bologna）的解剖学家和生理学家伽尔瓦尼（Luigi Galvani，1737—1798）首次报道了用金属弓接触蛙腿肌肉或者神经时可以引起蛙腿肌肉收缩的现象，他指出这是储存在肌肉细胞内的电能被释放而产生的结果。伽尔瓦尼的这个实验开创了电生理学研究的历史。在此后至今的 200 多年里，随着物理电学的发展以及测量仪器和检测技术的不断发明，电生理学的研究不断推进，创立了一个又一个里程碑。

在伽尔瓦尼发现生物电的年代，还没有仪器能够直接测量生物电。直到 20 多年之后才出现了电流计，并有科学家于 1827 年报道了利用这种电流计记录到的肌肉损伤处与完好处之间的电位差。又过了 20 多年（1849 年）德国生理学家雷蒙德（Emil du Bois-Reymond，1818—1896）成功记录到神经的静息电位和动作电位，成为电生理学的又一位奠基人。至于生物电究竟是怎样形成的这个问题，在距其发现 100 多年之后才略显端倪。1902 年，德国科学家伯恩斯坦（Julius Bernstein，1839—1917）提出了生物电的细胞膜学说，他认为电位存在于细胞膜的两侧，并且与钾离子的通透有关。随后，电生理学领域出现了一系列重大进展：20 世纪 20 年代，美国科学家加塞（Herbert Spencer Gasser，1888—1963）和厄兰格（Joseph Erlanger，1874—1965）用阴极射线管观察并研究神经纤维上电位的传导，于 1944 年共获诺贝尔生理学或医学奖；20 世纪 40 至 50 年代，英国科学家霍奇金（Alan Lloyd Hodgkin，1914—1998）和赫胥黎（Andrew Fielding Huxley，1917—2012）用微电极进行细胞内记录，并利用电压钳技术研究细胞膜上钠离子和钾离子通道的电导变化，建立了钠、钾双离子通道的数学模型；同时期澳大利亚科学家埃克尔斯（John Carew Eccles，1903—1997）发现了兴奋性和抑制性的突触电位；三人共同获得了 1963 年诺贝尔生理学或医学奖；1976 年，德国科学家耐尔（Erwin Neher，1944— ）和萨克曼（Bert Sakmann，1942— ）发明了膜片钳技术，为研究细胞膜离子通道提供了最重要的技术，并因此

获得 1991 年诺贝尔生理学或医学奖。这些工作都是电生理学发展历程中的里程碑，展示了科学与技术两者之间相互促进、共同发展的成果，为电生理学奠定了一系列理论基础。

本节下面首先介绍细胞膜的组成、电特性和膜电位等电生理学的基础知识。

一、细胞膜的组成结构和基本电特性

细胞是生命活动的基本单元，细胞膜将细胞内的微环境与细胞外环境相隔离，以维持细胞内部微环境的独立性和稳定性。同时，细胞膜还承担着细胞内外之间的物质交换、能量传导、信息传递和外界信号识别等功能。而且，细胞膜是生物电产生的基础和载体。因此，学习电生理学时首先要了解细胞膜的基本组成和特性。

(一) 细胞膜的组成结构

细胞膜是包裹在细胞外的一层膜，厚 5~10nm，主要由脂类、蛋白质和糖类组成。其中，脂类是细胞膜的骨架，蛋白质是细胞膜功能的实现者，糖类则参与信号识别和细胞黏合等过程。对于不同的细胞，这三种成分所占比例有较大的差别。平均而言，脂类约占总质量的 50%，蛋白质占 40%，而糖类占 2%~10%。功能较复杂的细胞膜，蛋白质的含量和种类都会有所增加。

细胞膜的骨架由具备双亲特性的脂质双分子层构成。双分子的非极性端（即疏水端）紧靠在一起，形成疏水层，位于膜中央。双分子的极性端（即亲水端）则位于膜两侧，形成亲水表面，一面朝向细胞内，另一面则朝向细胞外。脂质主要是磷脂、糖脂和固醇类，其中磷脂占膜脂总质量的 50% 以上，其双极性结构和分子式如图 6-1 所示。非极性小分子（如水、氧、二氧化碳等）和某些体积较小且不带电的极性分子都可以自由地穿过脂类双分子层。但是，带电离子和较大的分子（如葡萄糖、氨基酸等）则不能依靠扩散作用穿过脂类双分子层，只能通过特定的蛋白质通道，才能从细胞膜的一侧转移至另一侧。

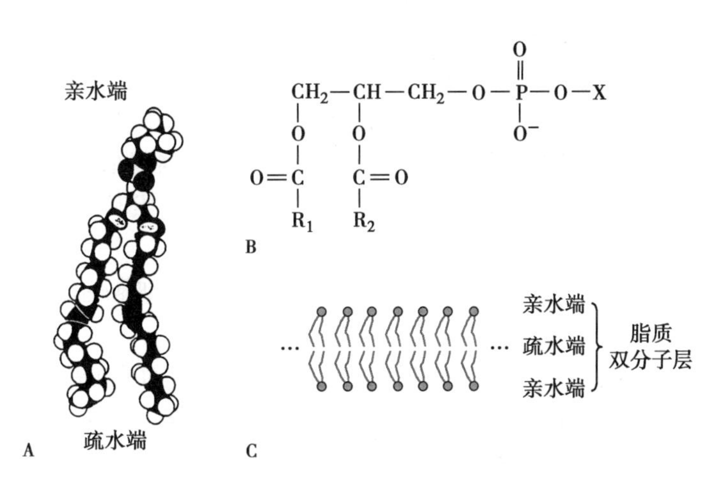

图 6-1　磷脂分子双极性结构(A)、分子式(B)及其构成的细胞膜骨架(C)的示意图

膜蛋白是实现细胞膜功能的主要物质，根据它们与细胞膜骨架（即脂质分子层）的结合方式不同，可以分成整合蛋白和外周蛋白两大类。

整合蛋白质（integral protein），也称为内在蛋白质（intrinsic protein）。它们以不同深度镶嵌在脂质双分子层中，有的可以横跨整个细胞膜的厚度，因而也称为跨膜蛋白。整合蛋白质的疏水区域与脂质分子层的疏水部分相互作用，亲水区域则暴露在膜外。大多数跨膜蛋白的跨膜部分含有一条或多条疏水氨基酸残基组成的 α- 螺旋结构。α- 螺旋的外部疏水侧链通过范德华力与脂质双层分子的脂肪酸链相结合。某些 α- 螺旋的内侧是极性链，形成某些分子的特异性跨膜通道。例如，钠、钾离子通道等，可以选择性地通过钠离子或者钾离子。整合蛋白质与细胞膜的结合很牢固，将膜溶解之后，才能

分离出整合蛋白质。因而常根据此特性来判断膜蛋白的类型。细胞膜上的钠离子通道、钾离子通道等离子通道，还有钠钾离子泵等都由整合蛋白质构成。

外周蛋白质（peripheral protein），也称为外在蛋白质（extrinsic protein）。它们多数为水溶性的，通过与整合蛋白质或脂类分子的极性端相互作用而结合于膜的内表面或者外表面。外周蛋白质与膜的结合比较疏松，不必破坏脂质双分子层的结构，就可以将它们从膜上分离出来。

膜蛋白的主要生理功能包括：实现选择性离子通透；完成能量转换；响应细胞膜一侧的信号，并将其传递到膜的另一侧；构成可溶性代谢物（如葡萄糖和氨基酸）的跨膜转运系统；通过与细胞骨架中的非膜结合大分子以及细胞外基质的相互作用来调节细胞的形态结构等。

膜结构中的糖类主要与膜脂、膜蛋白以共价键形式相结合，形成糖脂和糖蛋白。并且，糖类无例外地分布在膜的外表面，这与它们作为表面抗原或者受体的主要功能相适应。此外，膜外表面的糖链结构还参与信号识别、细胞识别和黏合等过程。

（二）细胞膜的基本电特性

细胞膜的组成和结构决定了其基本的电特性，即电阻特性和电容特性。

1. 膜电阻　细胞膜的脂质双分子层几乎绝缘，电阻率可以高达 10^{13}~$10^{15}\Omega\cdot$cm。相比之下，细胞外溶液的电阻率仅为 60~80Ω·cm，海水的电阻率约为 20Ω·cm。可见细胞膜的电阻率比其周围的溶液和海水要大十几个数量级！此外，细胞膜电阻的大小并不是固定不变的，与细胞的内外环境、生理状态、代谢水平和功能特性等有关。细胞在静息和兴奋这两种不同状态时，其膜电阻的变化范围可达 2~3 个数量级。

物体电阻 R 的大小取决于电阻率 r，其定义为：

$$R=r\frac{L}{S} \tag{6-1}$$

式(6-1)中，L 为物体长度，S 为物体横截面的面积。电阻率 r 是单位长度和单位截面积下的电阻值，其单位是 Ω·cm。如果要计算电流跨膜流动时神经元胞体的细胞膜电阻，那么，L 就是细胞膜的厚度，S 是胞体的膜面积。如果要计算神经元轴突的跨膜电阻，那么，L 还是细胞膜的厚度，而 S 则是包裹细长轴突段的柱形膜面积。如果要计算电流沿神经元轴突内流动时的轴浆电阻，则 L 是柱形轴突段的长度，S 则是轴突段的截面积。可见，在计算神经元各个结构的电阻时，长度和横截面的定义各不相同。

膜电阻 R 的倒数是膜电导 $G(g)$，其单位是西门子（Siemens，S）。细胞膜对于某种带电离子的通透性常用该离子的电导来表示。

2. 膜电容　细胞膜的脂质双分子层可以看作一层“绝缘”体。而分布在脂质层两侧的细胞内液和外液则可以看作“导电”体，因为这些液体内含有电解质，它们的电阻率要比脂质层小得多。这样，脂质层和内液、外液就构成了一个电容器；也就是，两个间距很小的“平行金属板”中间夹一层绝缘介质。因此，细胞膜具有电容特性。

平行板电容器的电容大小正比于板间介质的介电常数，也正比于板的面积，但与两板之间的距离成反比。细胞膜的介电常数为3~5，甚至高于制作普通电容器常用的塑料薄膜聚丙烯的介电常数2.25。而细胞膜的厚度仅为 5~10nm，因此，膜电容较大，其比电容（即单位面积的电容）约为 1μF/cm^2。细胞膜的比电容可以用式(6-2)计算：

$$C=\frac{\varepsilon}{4\pi k\cdot\Delta x} \tag{6-2}$$

式(6-2)中，ε 为膜的相对介电常数；Δx 为膜的脂质双分子层的厚度；π 为圆周率；k 为静电力常量。细胞膜电容的数值比较稳定，在膜的静息状态与兴奋状态时的变化不显著；并且，不同种类细胞的比电容数值也比较接近。

细胞膜的跨膜电位发生变化时，会在膜电容上产生充电或者放电电流。这种电容电流会干扰细胞膜上离子通道电流的测量，因此，需要利用电压钳技术固定跨膜电位（以下简称膜电位），以消除膜电容的电流，才能准确地测得通过细胞膜上离子通道的电流。

膜电容的存在导致膜电位的变化具有暂态过程，这种暂态过程的长短可以用时间常数来描述。

3. 细胞膜的时间常数　在细胞膜的静息状态下，其电特性可以用简化的膜电阻和膜电容并联的RC等效电路来模拟（图6-2A）。如果将尖端极细的玻璃管微电极插入细胞膜内，与另一个置于细胞外的（接地）电极之间施加方波电流（图6-2B）。如果方波电流的持续时间足够长，大于膜电容的充电时间。那么，在方波电流的上升和下降的突变过程中，由于膜电容的充电和放电效应，膜电位不会突变，而是随时间按照指数函数的形式上升和下降至稳态值，这个变化过程的快慢可以用时间常数来描述。如图6-2C所示，若在时间t=0时刻施加幅值为I_m的小强度阶跃电流的刺激（即不诱发动作电位的阈下刺激），设ΔV_t为t时刻膜电位与静息电位之差，则有

$$C_m\frac{d\Delta V_t}{dt}+\frac{\Delta V_t}{R_m}=I_m \tag{6-3}$$

求解此微分方程可得

$$\Delta V_t=\Delta V_\infty(1-e^{-t/\tau}) \tag{6-4}$$

式(6-4)中，膜电位的稳态值为$\Delta V_\infty=I_mR_m$，它也是膜电位变化的最大值；时间常数$\tau=R_mC_m$。当$t=\tau$时，$\Delta V_t=\Delta V_\infty(1-e^{-1})=0.63\Delta V_\infty$。也就是，施加的电流发生阶跃之后一个时间常数时，膜电位达到最大值的63%。反之，如果测得膜电位变化63%时所需的时间，那么，此时间就是膜的时间常数τ。

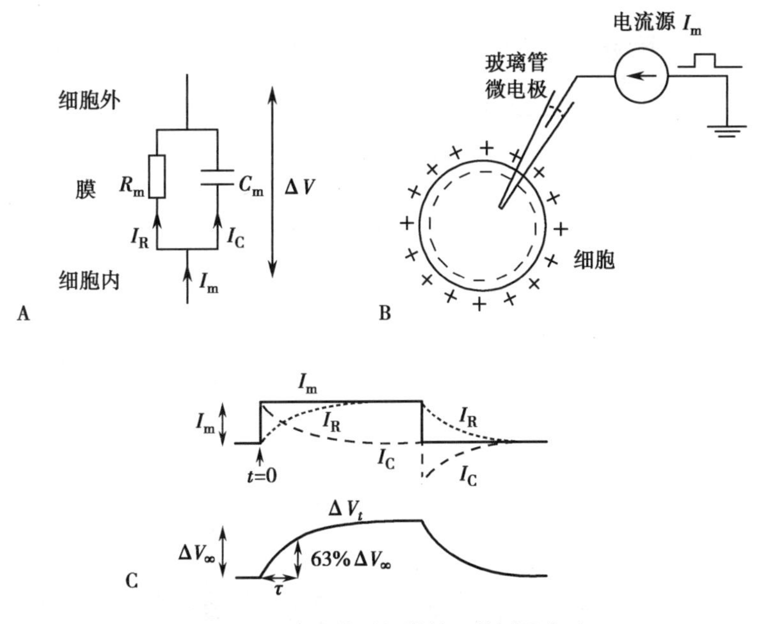

图6-2　细胞膜的时间常数及其测量方法

A. 细胞膜的RC等效电路；B. 施加方波电流的示意图；C. 跨膜电流阶跃变化（上）引起的跨膜电位变化曲线（下）。

经过5个时间常数的时间之后，膜电位可达到稳态值的99%以上，可认为膜电位的暂态变化已结束，进入稳态。此时，如果撤除注入的电流，那么，紧随方波电流的下降沿，膜电位就会发生方向相反的变化过程，而时间常数则不变。

可见，膜电阻和膜电容的值越大，时间常数τ的值就越大；在同样大小的外加方波电流I_m驱动下，意味着膜电位变化的速度越慢。

膜电位变化的方向是去极化还是超极化，这取决于电流方向。由内向外的外加电流导致膜电位

去极化，也就是细胞膜内的负值静息电位向正值方向变化；反之，为超极化。

根据式 6-4 可以获得一种测量膜电阻和膜电容的方法。式中的 ΔV_∞和 τ 可以从记录的膜电位变化波形上测量得到(图 6-2C)，而外加方波电流的幅值 I_m 已知；因此，将 $\Delta V_\infty=I_mR_m$ 和 $\tau=R_mC_m$ 这两个方程联立求解，就可以求得未知的膜电阻 R_m 和膜电容 C_m 的数值。为了便于不同种类细胞膜电特性之间的比较，需要消除细胞大小的影响，可以进一步求取单位面积膜的比电阻和比电容。

4. 细胞膜的空间常数　如果细胞膜在空间延伸的范围较大，比如细长的轴突的细胞膜；那么，在细胞膜上局部区域产生的膜电位变化就不能以恒定的幅度遍及整个细胞膜，而是在细胞膜上随着距离按照指数衰减扩布。这种扩布的范围大小可以用空间常数来描述。

如图 6-3A 的上图所示，细长的圆柱形神经轴突纤维可以看作一根电缆线，脂质双分子层就像绝缘层，包围着电阻率较小的轴浆溶液。如果将一根玻璃管微电极插入轴突膜内(图 6-3B 的上图)，并向轴浆内注入电流；那么，电流就会在轴浆内从注入点向两侧沿轴突内流动，称为轴向电流。同时，电流沿途会不断穿出轴突膜，称为径向的跨膜电流。最后，电流汇集到细胞外电极，完成电流回路。当电流在轴突各处穿过细胞膜时，会在膜上产生电压变化，沿途改变细胞膜的膜电位。距离电流注入点不同位置上所产生的膜电位变化不同。在电流注入点处产生的电位变化最大，然后，随着距离的增大，电位变化逐渐减小，呈指数衰减(图 6-3B 的下图)。这种由于电流在细胞内和细胞膜上的扩散而形成的分布电位称为电紧张电位(electrotonic potential)。

假设将轴突纤维分割成许多圆柱形的小段，每段的轴突膜用膜电阻 R_m 和膜电容 C_m 的并联电路表示，相邻两段之间的轴浆电阻设为 R_i；那么，轴突纤维的等效电路如图 6-3A 的下图所示。由于细胞外溶液的电阻比膜电阻和轴浆电阻小得多，因此忽略不计。这种电路模型被称为中心导体模型。

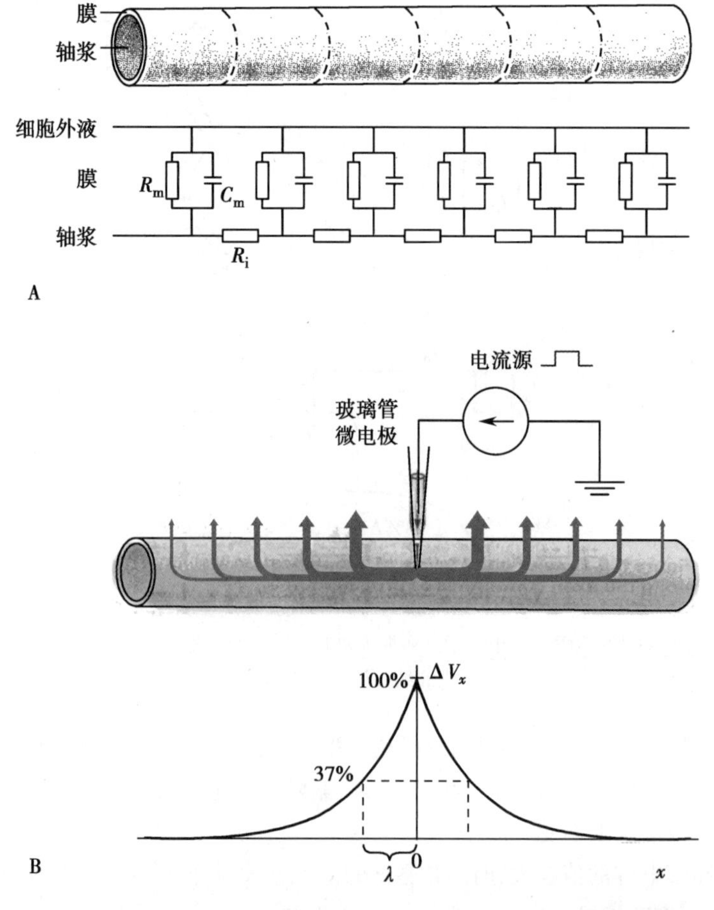

图 6-3　神经轴突的等效电路模型(A)以及电紧张电位和空间常数 λ (B)的示意图

设 ΔV_0 为电流注入点(x=0)处膜电位的变化(即最大变化值),则如图 6-3B 的下图所示,在该点两侧距离为 x 处的局部膜电位变化 ΔV_x 的值随 x 呈指数衰减(x 设为不计方向的绝对值),为

$$\Delta V_x = \Delta V_0 e^{-x/\lambda} \tag{6-5}$$

式(6-5)中,$\lambda = \sqrt{\frac{R_m}{R_i}}$,称为空间常数。若考虑细胞外溶液的电阻 R_o,则$\lambda = \sqrt{\frac{R_m}{R_i} + R_o}$。

当 $x=\lambda$ 时,ΔV_x=0.37ΔV_0。也就是,距离电流注入点一个空间常数的位置,膜电位的变化量衰减为 x=0 处的 37%。可见,空间常数 λ 的值越大,意味着膜电位变化能够扩布的距离越远。膜电阻 R_m 与轴浆电阻 R_i 的比值越大,则 λ 越大,也就越有利于神经电信号的传导。例如,对于有髓鞘的轴突,由于多层细胞膜组成的髓鞘显著增加了 R_m 值,空间常数 λ 就很大。因此,轴突可以顺利地将兴奋电位从一个郎飞结扩布至下一个郎飞结,并使下一个郎飞结产生动作电位,再继续传导下去。

综上所述,细胞膜的时间常数描述膜电位随时间变化的快慢,由膜电阻和膜电容决定;而空间常数则是描述膜电位随空间距离的衰减,主要由膜电阻和胞内浆液电阻决定。在阈下刺激不引起细胞膜产生动作电位的静息状态下,膜电位的变化可以用简化的 RC 电路模型来描述,被称为细胞膜的被动电特性。而细胞膜受到阈上刺激产生动作电位时的膜电位变化则需要用本章后面第二节介绍的 HH 数学模型来描述,被称为主动电特性。在讲解 HH 模型之前,下面先介绍细胞膜静息电位和动作电位的产生机制。

二、细胞膜的静息电位和动作电位

(一) 细胞膜的静息电位

细胞膜内外两侧存在跨膜电位(trans-membrane potential)。在未受刺激的静息状态下,胞内电位比胞外低数十毫伏,此时的跨膜电位称为静息电位。图 6-4 所示的实验可以考察静息电位:将玻璃管微电极的尖端从神经细胞外插入细胞内,同时监测微电极记录的电位(参考电极置于细胞外)。在微电极刺穿细胞膜的瞬间,可以观察到记录的电位有一个 −70mV 左右的阶跃变化。如果微电极继续在细胞内向前推进,则记录电位保持不变。直到电极尖端刺穿另一侧的细胞膜回到细胞外空间时,记录电位回到原来的零电位。这个实验记录表明,电位差仅存在于膜的两侧,细胞内部是等电位的。

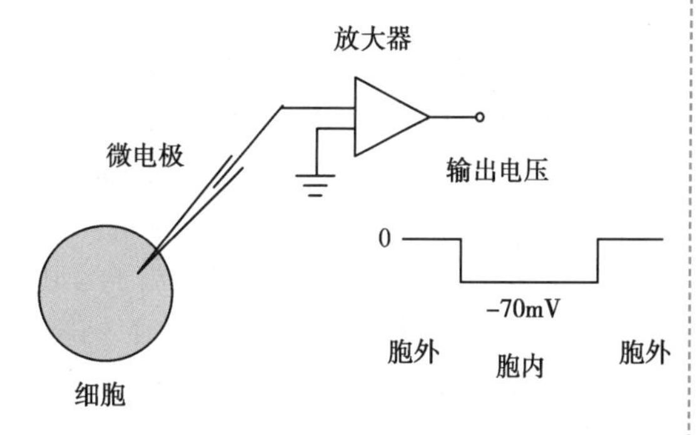

图 6-4 利用微电极检测神经细胞静息电位的示意图

不同类型的细胞静息电位的大小会有所不同,大脑皮质神经细胞的静息电位约为 −70mV,而视网膜上的视觉感受细胞(视杆细胞和视锥细胞等)的静息电位却只有 −40mV 左右。

细胞膜静息电位的形成,主要是由于膜内外离子分布的不均匀引起(表 6-1)。例如,细胞内钾离子浓度(~100mmol)远高于细胞外(~5mmol),两者相差约 20 倍。而细胞外钠离子浓度(~150mmol)则高于细胞内(~15mmol),两者相差约 10 倍。并且,细胞膜对于离子的通透具有选择性,静息状态下膜的钾离子通道的通透性远大于其他离子通道的通透性。在细胞内外浓度差形成的化学势作用下,钾离子携带着正电荷,从胞内移动至胞外,使得膜外侧的正电荷多于负电荷,而膜内侧则是负电荷多于正电荷。异性电荷互相吸引,膜内侧多余的负电荷隔着细胞膜吸引膜外侧的钾离子聚集,造成膜内侧与外侧之间的电位差。这种外正内负的电动势对于钾离子作用力的方向与浓度差造成的化学势的作用力方向相反。当这两个方向相反的作用力达到平衡时,进出细胞膜的钾离子数量相等,钾离子的净流量为零。此时膜两侧的电位差就是钾离子的平衡电位。

表 6-1 细胞内外几种主要离子浓度的分布

离子	细胞外浓度/mmol	细胞内浓度/mmol	细胞内外浓度比例	平衡电位/mV（37℃时）
钾(K^+)	5	100	1∶20	–80
钠(Na^+)	150	15	10∶1	62
钙(Ca^{2+})	2	0.000 2	10 000∶1	123
氯(Cl^-)	150	13	11.5∶1	–65

某种离子由于膜内外的浓度差引起的跨膜平衡电位可以用能斯特（Nernst）方程计算：

$$E_{ion}=\frac{RT}{Z_{ion}F}\ln\frac{[ion]_o}{[ion]_i}=2.303\ \frac{RT}{Z_{ion}F}\log_{10}\frac{[ion]_o}{[ion]_i} \tag{6-6}$$

式(6-6)中，E_{ion} 为该离子的平衡电位，单位为 V；R 是摩尔气体常数 8.314J/(mol·K)；T 是绝对温度，即（摄氏温度 +273)；F 是法拉第常数 9.648 5×10^4C/mol；Z_{ion} 是离子所带电荷数；$[ion]_o$ 是细胞外离子浓度；$[ion]_i$ 是细胞内离子浓度。

根据能斯特方程，利用表 6-1 的数据可以求得 37℃时钾离子的平衡电位为 E_K=–80mV。而实验中记录到的神经细胞膜静息电位为 –70mV 左右，高于 –80mV。这是因为，静息状态下，除了钾离子通道具有较大的通透性之外，细胞膜上的钠离子和氯离子等通道也具有少量的通透。对于多种离子通透产生的总平衡电位，需要用戈德曼方程（Goldman equation)，也称为 GHK 方程（Goldman-Hodgkin-Katz equation）来计算：

$$E_{ion}=2.303\ \frac{RT}{F}\log_{10}\frac{P_K[K^+]_o+P_{Na}[Na^+]_o+P_{Cl}[Cl^-]_i}{P_K[K^+]_i+P_{Na}[Na^+]_i+P_{Cl}[Cl^-]_o} \tag{6-7}$$

式(6-7)中，P_K、P_{Na} 和 P_{Cl} 分别为钾、钠和氯离子通道的通透系数；$[K^+]_o$、$[Na^+]_o$ 和 $[Cl^-]_o$ 分别是细胞外钾、钠和氯离子浓度；$[K^+]_i$、$[Na^+]_i$ 和 $[Cl^-]_i$ 分别是细胞内各离子浓度。

在静息状态下，钾、钠和氯离子的通透系数之比为 $P_K:P_{Na}:P_{Cl}$=1∶0.02∶0.45。利用表 6-1 的数据可求得 37℃时膜的总离子平衡电位为 E_{ion}=–67mV。

在动作电位产生期间，钠和钾等离子通道的开放发生动态变化，这三种离子的通透系数之比也发生变化。例如，在动作电位达到峰值时，钠离子通道的开放使得 $P_K:P_{Na}:P_{Cl}$=1∶20∶0.45，此时计算得到 37℃时膜的总离子平衡电位约为 50mV，接近钠离子的平衡电位。

无论在静息状态还是在动作电位产生期间，离子通道多多少少的通透性都会使得钾、钠等离子顺着细胞内外的浓度梯度流动。长此以往，这种浓度差别岂不消失殆尽？实际不会！因为细胞膜上还存在钠钾泵，它们对于保持细胞内外离子浓度差和维持静息电位起着重要的作用。钠钾泵是细胞膜上的一种整合蛋白质，它消耗能量[来源于三磷酸腺苷（ATP)]，逆着浓度梯度转运钾、钠离子。每次将细胞内 3 个钠离子运送到细胞外，同时将细胞外 2 个钾离子交换至细胞内。钠钾泵蛋白的分子量约为 2.75×10^5Da（Dalton，1g≈6×10^{23}Da)，分子大小约为 6nm×8nm。在神经细胞膜上，钠钾泵的分布密度一般为 100~200 个 /μm^2，单个细胞的膜上可以有 100 万个钠钾泵。每个泵的最快运输速度约为每秒 200 个钠离子和 130 个钾离子。

总之，细胞内外存在离子浓度差，静息状态时细胞膜上只有钾离子通道具有较大的通透性，导致钾离子外流，在膜两侧建立平衡电位，加上钠钾泵的耗能维护，这就是细胞膜静息电位形成的主要机制。

由此可见，细胞膜静息电位的产生过程中，钾离子起着非常重要的作用，静息电位接近于钾离子的平衡电位。如果细胞外钾离子浓度升高，那么，静息电位就会减小。静息电位是维持细胞活性的基础，也是产生生物电的基础。静息电位大幅度改变会严重影响细胞的正常工作，甚至会造成致命的危

害。要确保细胞膜具有较为恒定的跨膜静息电位，就需要保持细胞外钾离子浓度的恒定。在脑内，星形胶质细胞形成了有效的钾离子缓冲系统，可以迅速吸收局部区域高浓度的钾离子，传送、扩散并释放到远处。一旦细胞外的钾离子出现不均匀的空间分布，这种胶质细胞组成的系统就会快速改变钾离子的分布，保护神经细胞。

（二）细胞膜的动作电位

我们仍然通过实验来考察动作电位。前述静息电位测量时，将一根玻璃管微电极（即记录电极）刺入细胞内，可以记录到静息电位。只要电极尖端停留在细胞内，这个电位保持不变。此时，如果将另一根玻璃管微电极（即刺激电极）也刺入该细胞（图 6-5A），并通过此电极施加由内向外方向的方波电流，那么，当该刺激电流强度较小时，记录电极检测到的膜电位只产生阈下的去极化变化，这种变化就是式 6-4 所描述的 RC 电路的充放电引起的膜电位变化。如果增加刺激电流的强度（即幅值），直到可以诱发动作电位，此时的刺激称为阈上刺激。如果继续增加阈上刺激的强度，则会增加所诱发动作电位的数量和频率，但是不会影响所诱发的每个动作电位的幅值（图 6-5B）。

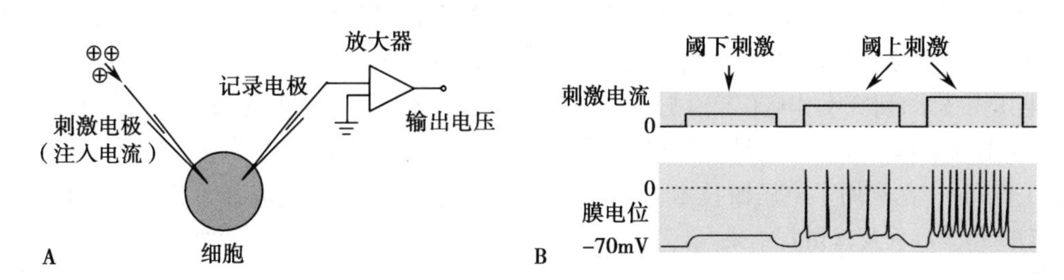

图 6-5　诱发细胞膜动作电位的实验

A. 实验示意图；B. 外加的刺激电流波形（上）及其诱发的膜电位波形（下）。

细胞内外存在的离子浓度差以及膜对于各种离子通透性的改变是细胞膜产生动作电位的基础。如图 6-6 所示，动作电位的产生过程和机制可以归纳为：

（1）细胞膜静息状态下，存在静息电位，膜对钾离子通透较大，对钠离子通透很小。

（2）当细胞膜受到兴奋性刺激时，比如，由内向外的外加电流经过细胞膜时，会在膜电阻上产生内正外负的电压降，改变膜电位，使得膜产生去极化。随即，去极化引起电压门控的钠离子通道开放，细胞外高浓度的钠离子流入胞内，加速膜的去极化，开放更多的钠离子通道。这种再生式的正反馈使得胞内电位迅速上升，从负电位翻转成为正电位，出现超射（超过零电位），构成了陡峭的动作电位上升相，也就是去极化相（depolarization phase）。

（3）电压门控钠离子通道开放的持续时间很短，它们会随即进入失活状态，使得内向的钠电流迅速减小。

（4）与此同时，钾离子通道被激活，产生外向的钾电流，构成动作电位的下降相，即复极化相（repolarization phase），直到膜电位接近钾离子的平衡电位，恢复到静息电位水平。有些可兴奋细胞的复极化相还会达到低于静息电位的水平，形成超极化相（hyperpolarization phase），然后再逐渐上升，最终回到静息电位水平。

（5）膜上的钠钾离子泵将膜内钠离子排出胞外，并从胞外交换回钾离子，维持膜内外的离子浓度差。

通常，动作电位具备“全或无”特性。刺激太弱时，为阈下刺激，不会诱发动作电位；一旦刺激超过阈值，则诱发的动作电位的波形和幅值与刺激强度

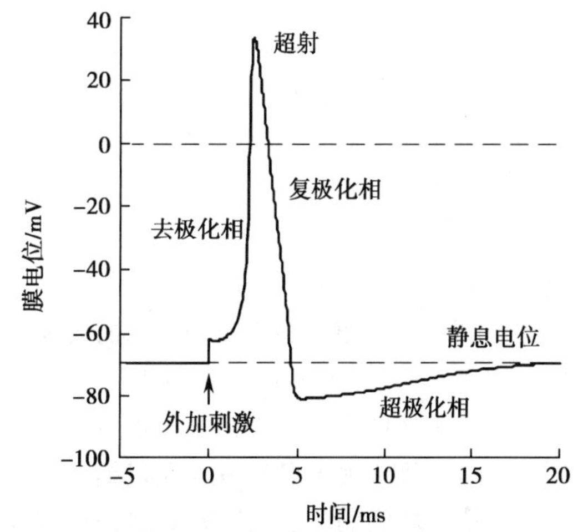

图 6-6　典型的细胞膜动作电位波形及其各个时相

无关。细胞膜再生式地自动达到一致的电位峰值，然后再恢复到静息电位。强度较大的阈上刺激只可能增加动作电位的发生频率，不会显著改变其波形和幅值（图 6-5B）。

细胞膜在动作电位产生过程中，还存在绝对不应期和相对不应期。这是因为在动作电位的后期，钠离子通道进入失活状态，此时，无论使用多大强度的外部刺激也不能诱发新的动作电位，因为失活的通道不允许钠离子流入细胞内，所以该时期称为绝对不应期。紧跟绝对不应期之后，钠离子通道逐渐从失活状态进入关闭状态，此时，如果施加较强的刺激，可以诱导出动作电位，但所使用的刺激强度要远大于阈值，这段时期称为相对不应期。

上述有关动作电位的描述都是定性的。霍奇金（Hodgkin）和赫胥黎（Huxley）两位科学家建立了著名的 HH 模型（以两人名字的首字母命名），用于定量描述动作电位的产生过程，详见下文介绍。

第二节　细胞膜离子通道的理论模型

在 1950 年代，远早于人们对于细胞膜离子通道的物理和化学结构的明确认识之前，英国科学家霍奇金和赫胥黎就建立了描述钾、钠离子通道电特性的数学模型。当时，他们在枪乌贼巨型神经轴突上应用电压钳技术，研究动作电位产生过程中细胞膜离子通道通透性的变化，建立了 HH 模型的数学方程，完成了电生理研究历史上具有里程碑意义的工作，并于 1963 年获得了诺贝尔奖。他们的成功有两个关键点：一是利用了电压钳技术，二是将钠、钾两种离子通道的电流分离测量。下面介绍 HH 数学模型的建立过程及其仿真结果。

一、离子通道模型的建立

（一）电压钳技术

前面图 6-5 所示实验显示了在不同强度的方波电流作用下，细胞膜电位的变化和动作电位的产生过程。该实验其实是膜电流被钳制于各个“恒定”值的情况下，考察膜电位的变化。那么，反过来，如果保持膜电位“恒定”，膜电流又会如何变化呢？这就是电压钳制技术，它是细胞电生理学研究中的一项重要发明，解决了细胞膜离子通道电流的测量问题。

细胞膜的电特性可以用简化的膜电阻和膜电容的并联电路来模拟（图 6-2A）。静息状态下，膜的静息电位稳定，膜电容上的电压保持不变，无电流通过膜电容。但是，一旦膜电位产生变化，膜电容上即刻就会产生充电或放电电流，以便使电容两端的电压达到新的膜电位数值。在动作电位发生期间（持续时间约为 1ms），由于电压门控钠离子和钾离子通道的开放状态发生变化（即电导变化），钠、钾等离子的流动导致膜电位迅速改变。这种膜电位的剧烈变化总是伴随着膜电容的电流，因此，此时测量得到的流过细胞膜的电流包括两部分：离子通道电流和膜电容充电 / 放电的电流。无法测得纯粹的离子通道电流。利用电压钳技术可以解决这个问题，消除电容电流的影响，将离子通道电流分离出来。

电压钳的基本原理是利用微电极将膜电位钳制于某个水平后，在足够长的一段时间内保持不变。简而言之，就是将图 6-2B 的电流源改成电压源，施加方波电压。在此“恒压”期间使膜电容完成充放电过程，而后测得的膜电流就几乎不含电容电流了。根据前述的时间常数概念和式 6-4 可知，经过约 5 个时间常数的时间之后，膜电容上的电压接近新设置的膜电位（即外加的钳制电位），通过膜电容的电流可以忽略不计，进入电压钳制的稳态期，此时测得的膜电流可以认为仅来自于离子通道的电流。这样，如果依次将膜电位钳制于不同的去极化水平，以模拟动作电位各阶段的膜电位，就可以测得各阶段的膜电流（即流经离子通道的电流）。

下面考察膜电位被钳制时，膜电流的变化过程。图 6-7 所示是不同强度（即幅值）的去极化电压钳制下，检测到的膜电流变化。假设细胞膜上的电流方向由内向外的为正。强度较小的阈下去极化电压在引起瞬间的电容电流 I_C 之后，膜电流就保持于一个恒定的数值，此电流被称为漏电流 I_L（图 6-7A）。而强度较大的阈上去极化电压引起的膜电流响应则包括电容电流 I_C 以及紧随其后的快速地

由外向内流的内向钠电流 I_{Na}，然后反转为由内向外的钾电流 I_K（图 6-7B）。实验中如果使用钾离子通道阻断剂，如四乙胺（tetraethyl ammonium，TEA），或者使用钠离子通道抑制剂，如河豚毒素（tetrodotoxin，TTX），仅保留两种离子电流之一，就可以分别将去极化电压引起的钠、钾离子通道的电流分离出来。

当然，早在霍奇金和赫胥黎两位科学家做实验的时代，这些离子通道阻断剂还没有被发明，他们采用了其他巧妙的方法来分离两种离子电流。感兴趣的读者可以查阅 1952 年两人在英国期刊《生理学杂志》上发表的论文：HODGKIN AL，HUXLEY AF. A quantitative description of membrane current and its application to conductance and excitation in nerve. The Journal of physiology，1952，117（4）：500-544. 该论文也详细描述了他们创建的 HH 模型，介绍如下。

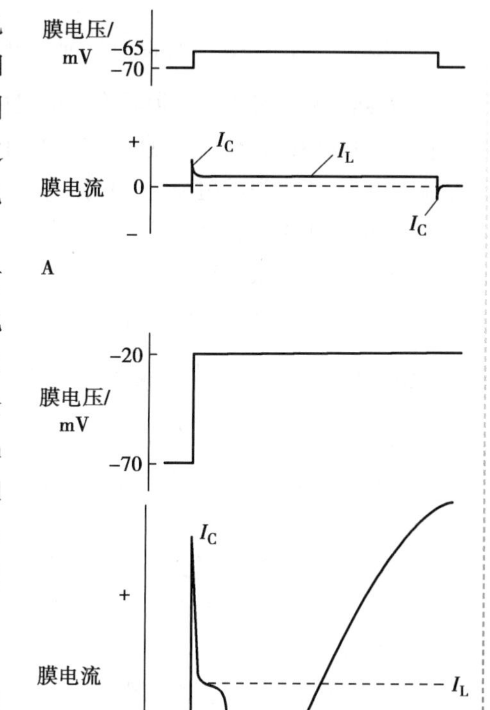

图 6-7　不同去极化膜电位作用下膜电流的变化

A 和 B 分别为阈下和阈上去极化电压诱发的膜电流。

（二）离子通道模型

如图 6-8 所示是霍奇金和赫胥黎用于描述动作电位期间细胞膜主动电特性的简化电路模型。相比于描述阈下刺激期间细胞膜被动电特性的 RC 电路模型（图 6-2），图 6-8 的模型增加了描述钠、钾离子通道的可变电导以及各种离子的平衡电位。这样，流过细胞膜的电流中，除了膜电容 C_m 上的充放电电流之外，还有钠电流 I_{Na}、钾电流 I_K 以及较小的漏电流 I_L（leakage current）。

当时，两位科学家推测，钠和钾离子电流的大小取决于膜电位和离子通道的通透性。而且，钠离子通道和钾离子通道的电导 g_{Na} 和 g_K 是时间（t）和膜电位（V）这两个变量的函数。其他参数，如各个离子平衡电位 E_{Na}、E_K 和 E_L、膜电容 C_m 和漏电导 g_L 等变化不大，可看作常数。这样，只要获得钠、钾离子通道的电导（g_{Na} 和 g_K）随时间和膜电位变化的测量数据，就可以用数学方程来描述细胞膜动作电位的产生过程。于是，两人找到枪乌贼的巨型轴突做实验，测得所需的 g_{Na} 和 g_K 数据。

由图 6-8 所示的电路模型可知，流经细胞膜的总电流 I_m 为式（6-8）：

$$I_m = C_m \frac{dV}{dt} + I_{Na} + I_K + I_L \tag{6-8}$$

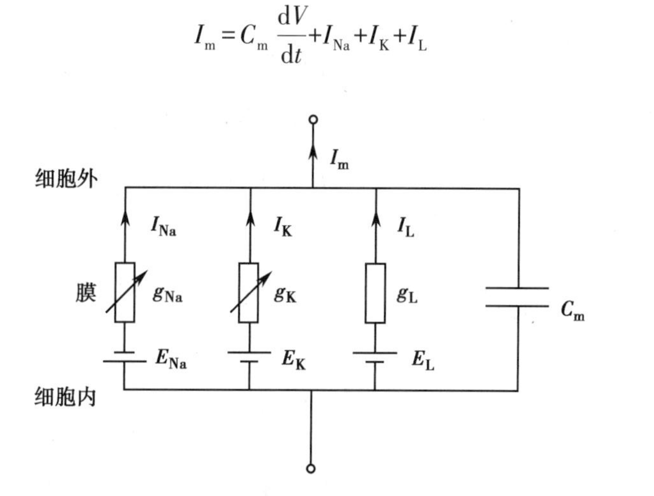

图 6-8　描述细胞膜主动电特性的简化电路模型

利用前述电压钳技术将枪乌贼轴突钳制在不同的去极化水平，使得 $\frac{dV}{dt}=0$，消除电容电流。于是，$I_m=I_{Na}+I_K+I_L$。将各种离子通道看作纯电阻性的，那么，$I_{Na}=g_{Na}(V-V_{Na})$，$I_K=g_K(V-V_K)$，$I_L=g_L(V-V_L)$。其中，各电位 V 的数值均为与膜静息电位的差值。也就是，V 表示膜在静息电位基础上的去极化电压，正值表示去极化，负值表示超极化。V_{Na}、V_K 和 V_L 分别表示各自对应的离子平衡电位与静息电位之差。I_L 较小，这里暂且忽略不计。

（三）钾离子通道电导方程的建立

阻断钠通道的离子流之后，实验中测得的膜电流主要是 I_K。再根据已知的膜电位 V（即钳制电压），就可以利用算式 $g_K=\frac{I_K}{V-V_K}$，求得钾离子通道电导 g_K 的实验数据。将膜电位钳制在不同的去极化水平，例如，图 6-9 左侧所示的数值。注意，去极化电压值 26、38、63、88、109mV 等是与静息电位之差的数值。每次将膜电位钳制于某个去极化水平时，可以获得钾离子通道电导随时间变化的实验数据，就是图 6-9 中圆圈表示的数据。图中仅显示了霍奇金和赫胥黎的部分实验数据，两人的原始实验结果所包含的膜电位去极化水平的数量要更多。图中的连续曲线就是利用 HH 数学方程（即理论模型）计算所得，可见，理论计算值与实验数据吻合得很好。

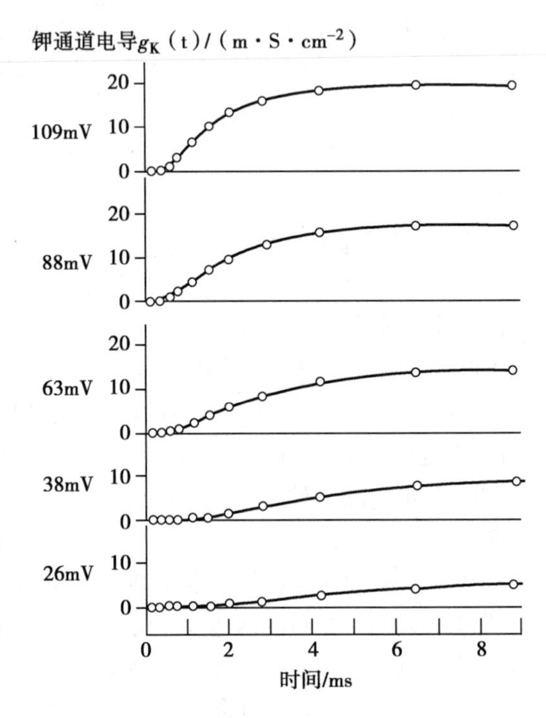

图 6-9　不同的细胞膜去极化水平下钾离子通道电导随时间的变化

图中圆圈表示实验测量数据，光滑曲线是数学方程计算结果。

那么，理论模型的数学方程是如何建立的呢？两位科学家采用的方法就是求解实验数据的拟合曲线。他们假设 K^+ 通道的电导方程是式（6-9）、式（6-10）：

$$g_K=\bar{g}_K n^4 \tag{6-9}$$

$$\frac{dn}{dt}=\alpha_n(1-n)-\beta_n n \tag{6-10}$$

式（6-9）中，$\bar{g}_K$ 为常数，是 K^+ 通道电导的最大值；n 表示通道开放的概率，取值为 $0\leqslant n\leqslant 1$。式（6-9）表示 K^+ 电导由 n 的 4 次方决定，而式（6-10）中的 α_n 和 β_n 是膜电位的函数，分别表示不同膜电位下，门控因子在通道的开放和关闭两个状态之间转变的速率常数，即

$$(\text{开放})\,n \underset{\alpha_n}{\overset{\beta_n}{\rightleftharpoons}} 1-n\,(\text{关闭})$$

因此，式（6-10）是描述通道的开放率 n 随时间和膜电位两个参数变化的一阶动力学方程。在细胞膜静息状态下，$V=0$，静息值 $n=n_0=\frac{\alpha_{n_0}}{\alpha_{n_0}+\beta_{n_0}}$。用 $t=0$ 时的 $n=n_0$ 作为边界条件，求解式 6-10，可得式（6-11）：

$$n=n_\infty-(n_\infty-n_0)e^{-t/\tau_n} \tag{6-11}$$

其中 n_∞ 和 τ_n 为式（6-12）、式（6-13），

$$n_\infty=\frac{\alpha_n}{\alpha_n+\beta_n} \tag{6-12}$$

$$\tau_n=\frac{1}{\alpha_n+\beta_n} \tag{6-13}$$

下面根据实验数据确定 α_n 和 β_n 随膜电位变化的函数。由式(6-9)可得式(6-14)：

$$n=\left[\frac{g_K}{\bar{g}_K}\right]^{1/4} \tag{6-14}$$

代入式(6-11)，得到式(6-15)：

$$g_K=\{(g_{K\infty})^{1/4}-[(g_{K\infty})^{1/4}-(g_{K0})^{1/4}]e^{-t/\tau_n}\}^4 \tag{6-15}$$

这里，g_{K0} 是 t=0 时的电导值，$g_{K\infty}$是足够长时间后电导的稳态值。从各个不同去极化水平下得到的实验数据(图 6-9)可以读取 g_{K0} 和 $g_{K\infty}$的数值以及 $\bar{g}_K$ 数值。再人工选择合适的 τ_n 值，使得式(6-15)计算得到的曲线与实验数据具有最好的拟合。利用式(6-16) ~式(6-18)，求得不同去极化水平下 n_∞、α_n 和 β_n 的值，如图 6-10 中圆圈所示：

$$n_\infty=\left[\frac{g_{K\infty}}{\bar{g}_K}\right]^{1/4} \tag{6-16}$$

$$\alpha_n=\frac{n_\infty}{\tau_n} \tag{6-17}$$

$$\beta_n=(1-n_\infty)/\tau_n \tag{6-18}$$

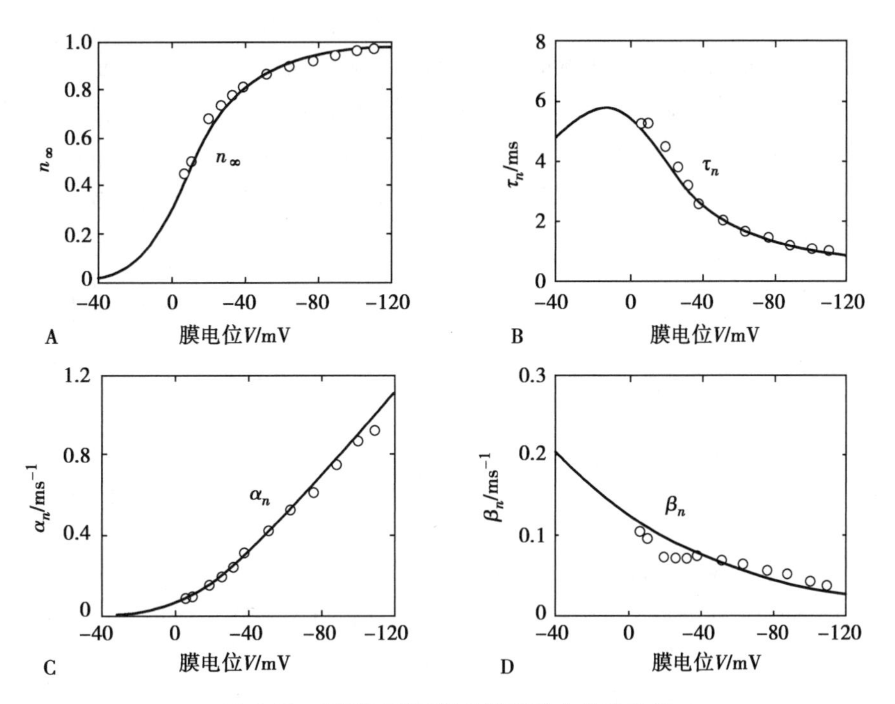

图 6-10 钾离子通道的参数随膜电位的变化

A. 通道开放率 n 的稳态值 $n_\infty(V)$；B. 时间常数 $\tau_n(V)$；C. 速率常数 $\alpha_n(V)$；D. 速率常数 $\beta_n(V)$。圆圈表示根据电压钳实验数据求得的实验值，曲线表示由数学模型计算得到的理论值。

使用一系列求得的 α_n 和 β_n 值，再用数学拟合方法得到两者的计算方程式(6-19)、式(6-20)：

$$\alpha_n=\frac{0.01(10-V)}{e^{\frac{10-V}{10}}-1} \tag{6-19}$$

$$\beta_n=0.125e^{\frac{-V}{80}} \tag{6-20}$$

图 6-10 中的光滑曲线就是利用式(6-12)、式(6-13)、式(6-19)和式(6-20)计算得到的，它们是随膜电位变化的 K^+ 通道电导参数 n_∞、τ_n、α_n 和 β_n 的值。

那么，K^+ 通道电导方程 $g_K=\bar{g}_K n^4$ 中为什么要用 n 的 4 次幂呢？实际上，霍奇金和赫胥黎当时尝试了多种幂次的拟合。随着幂次的增加，理论值与实验数值之间的拟合效果越来越好，使用 4 次幂时的拟合结果已很好。如果采用 5 次或 6 次等更高次幂的拟合，确实会更好，但是计算量大大增加，没有必要。

总之，描述 K^+ 离子通道的数学模型包括 4 个方程：式(6-9)、式(6-10)、式(6-19)和式(6-20)。

(四) 钠离子通道电导方程的建立

钠离子通道电导数学模型的确定方法与上述钾离子通道相似。霍奇金和赫胥黎首先在实验中测量细胞膜不同去极化水平下 Na^+ 通道的电流 I_{Na}。然后，根据已知的膜电位 V(即钳制电压)，利用算式 $g_{Na}=\dfrac{I_{Na}}{V-V_{Na}}$，计算求得 Na^+ 离子电导的实验数据，如图 6-11 中圆圈所示。

不过，前述 K^+ 通道模型只有 2 种状态，要么处于关闭状态(概率为 $1-n$)，要么处于开放状态(概率为 n)。而 Na^+ 通道有所不同，有开放、失活和关闭 3 种状态，比 K^+ 通道多一种失活状态。细胞膜去极化可以使电压门控 Na^+ 通道开放，也就是被激活(activation)，这与 K^+ 通道相似。但是，与 K^+ 通道不同的是，Na^+ 通道开放之后短时间内就会自动进入失活状态(inactivation)，不再响应外界刺激。直到膜电位复极化之后，失活的 Na^+ 通道才会脱离失活状态，进入关闭状态，此时才可以重新被外界刺激激活。为了描述 Na^+ 通道的激活和失活两种机制，霍奇金和赫胥黎在 Na^+ 通道电导方程中用了两个变量 m 和 h，即式(6-21)~式(6-23)：

$$g_{Na}=\bar{g}_{Na}m^3h \tag{6-21}$$

$$\frac{dm}{dt}=\alpha_m(1-m)-\beta_m m \tag{6-22}$$

$$\frac{dh}{dt}=\alpha_h(1-h)-\beta_h h \tag{6-23}$$

式中，$\bar{g}_{Na}$ 为常数，是 Na^+ 通道电导的最大值。

钠通道电导 $g_{Na}(t)/(m \cdot S \cdot cm^{-2})$
109mV　88mV　63mV　38mV　26mV
时间/ms

图 6-11　不同的细胞膜去极化水平下钠离子通道电导随时间的变化
图中圆圈表示实验测量数据，光滑曲线是数学方程计算结果。

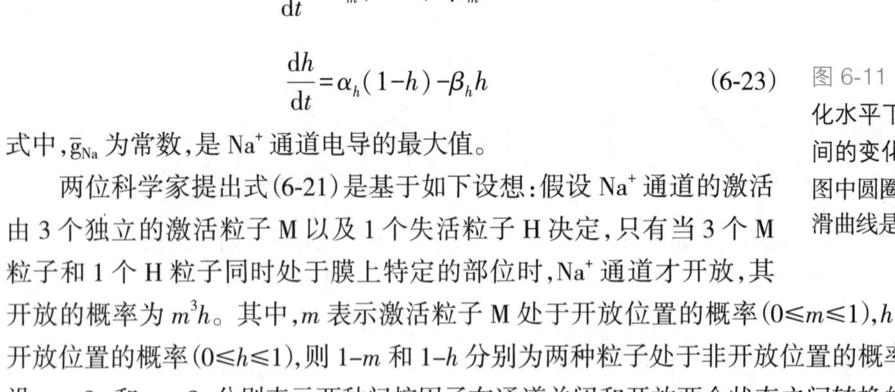

两位科学家提出式(6-21)是基于如下设想：假设 Na^+ 通道的激活由 3 个独立的激活粒子 M 以及 1 个失活粒子 H 决定，只有当 3 个 M 粒子和 1 个 H 粒子同时处于膜上特定的部位时，Na^+ 通道才开放，其开放的概率为 m^3h。其中，m 表示激活粒子 M 处于开放位置的概率($0 \leqslant m \leqslant 1$)，$h$ 为失活粒子 H 处于开放位置的概率($0 \leqslant h \leqslant 1$)，则 $1-m$ 和 $1-h$ 分别为两种粒子处于非开放位置的概率。与 K^+ 通道相似，设 α_m、β_m 和 α_h、β_h 分别表示两种门控因子在通道关闭和开放两个状态之间转换的速率常数，即：

$$(\text{开放})\,m \underset{\alpha_m}{\overset{\beta_m}{\rightleftharpoons}} 1-m\,(\text{关闭})$$

$$(\text{开放})\,h \underset{\alpha_h}{\overset{\beta_h}{\rightleftharpoons}} 1-h\,(\text{关闭})$$

由于是电压门控离子通道，这些速率常数都是膜电位的函数。式(6-22)和式(6-23)就是描述通道开放率 m 和 h 随时间和膜电位变化的一阶动力学方程。这两个方程满足边界条件 $t=0$ 时，$m=m_0$，$h=h_0$ 的解为式(6-24)、式(6-25)：

$$m=m_{\infty}-(m_{\infty}-m_0)\mathrm{e}^{-t/\tau_m} \tag{6-24}$$

$$h=h_{\infty}-(h_{\infty}-h_0)\mathrm{e}^{-t/\tau_h} \tag{6-25}$$

其中，$m_{\infty}=\dfrac{\alpha_m}{\alpha_m+\beta_m}$，$\tau_m=\dfrac{1}{\alpha_m+\beta_m}$；$h_{\infty}=\dfrac{\alpha_h}{\alpha_h+\beta_h}$，$\tau_h=\dfrac{1}{\alpha_h+\beta_h}$。

与 K^+ 通道相似，这里需要确定的是 α_m、β_m 和 α_h、β_h 随膜电位变化的函数。因为静息状态下 Na^+ 通道的电导很小，去极化较大时（例如膜电位 V 在 −30mV 以上），m_0 与 m_{∞} 相比可以忽略不计；同时，Na^+ 通道的失活也可以看作接近于完全，h_{∞} 与 h_0 相比也可以忽略不计。这样，将式(6-24)和式(6-25)代入式(6-21)可得式(6-26)：

$$g_{\mathrm{Na}}=g'_{\mathrm{Na}}(1-\mathrm{e}^{-t/\tau_m})^3\mathrm{e}^{-t/\tau_h} \tag{6-26}$$

式中，$g'_{\mathrm{Na}}=\bar{g}_{\mathrm{Na}}m_{\infty}^3h_0$。人工选择合适的 τ_m 和 τ_h 值，计算 g_{Na} 曲线，拟合各不同去极化水平下测得的实验数据。然后，根据式(6-27)、式(6-28)求得不同去极化水平下的各 α 和 β 值：

$$\alpha_m=\frac{m_{\infty}}{\tau_m},\quad \beta_m=(1-m_{\infty})/\tau_m \tag{6-27}$$

$$\alpha_h=\frac{h_{\infty}}{\tau_h},\quad \beta_h=(1-h_{\infty})/\tau_h \tag{6-28}$$

使用求得的一系列 α 和 β 值，再用数学拟合方法得到模型方程式(6-29)~式(6-32)为：

$$\alpha_m=\frac{0.1(25-V)}{\mathrm{e}^{\frac{25-V}{10}}-1} \tag{6-29}$$

$$\beta_m=4\mathrm{e}^{\frac{-V}{18}} \tag{6-30}$$

$$\alpha_h=0.07\mathrm{e}^{\frac{-V}{20}} \tag{6-31}$$

$$\beta_h=\frac{1}{\mathrm{e}^{\frac{30-V}{10}}+1} \tag{6-32}$$

以上 4 个方程式与式(6-21)~式(6-23)一起组成了描述 Na^+ 离子通道的数学模型。

（五）HH 数学模型的总方程

至此，描述细胞膜不同去极化状态下 K^+ 通道和 Na^+ 通道电导变化的方程和参数都已确定，完整的 HH 数学模型包括如下方程：

$$I_m=C_m\frac{\mathrm{d}V}{\mathrm{d}t}+\bar{g}_{\mathrm{K}}n^4(V-V_{\mathrm{K}})+\bar{g}_{\mathrm{Na}}m^3h(V-V_{\mathrm{Na}})+\bar{g}_L(V-V_L) \tag{6-33}$$

$$\frac{\mathrm{d}n}{\mathrm{d}t}=\alpha_n(1-n)-\beta_n n \tag{6-10}$$

$$\frac{\mathrm{d}m}{\mathrm{d}t}=\alpha_m(1-m)-\beta_m m \tag{6-22}$$

$$\frac{\mathrm{d}h}{\mathrm{d}t}=\alpha_h(1-h)-\beta_h h \tag{6-23}$$

$$\alpha_n=\frac{0.01(10-V)}{\mathrm{e}^{\frac{10-V}{10}}-1} \tag{6-19}$$

$$\beta_n=0.125\mathrm{e}^{\frac{-V}{80}} \tag{6-20}$$

$$\alpha_m=\frac{0.1(25-V)}{e^{\frac{25-V}{10}}-1} \tag{6-29}$$

$$\beta_m=4e^{\frac{-V}{18}} \tag{6-30}$$

$$\alpha_h=0.07e^{\frac{-V}{20}} \tag{6-31}$$

$$\beta_h=\frac{1}{e^{\frac{30-V}{10}}+1} \tag{6-32}$$

式(6-33)可用于计算整个动作电位发生过程中膜电流的变化曲线。其中,V 为相对于膜静息电位的电位值(即动作电位波形的数据),单位为 mV。膜电流单位为 μA/cm²,电导单位为 m·S/cm²,电容单位为 μF/cm²,时间单位为 ms,各 α 和 β 值的单位为 1/ms。此外,各 α 和 β 的值还受到温度的影响,以上方程均在温度为 6.3℃下导出,在其他温度下 α 和 β 的值需要乘以因子 $\varphi=3^{\frac{T-6.3}{10}}$。

二、HH 离子通道模型的仿真

利用 MATLAB 软件可以方便地求解上述 HH 数学模型的方程组,实现仿真。

(一) MATLAB 程序

如下的程序示例取自《数值方法在生物医学工程中的应用》一书,包括 3 部分:主程序“HH_model.m”,求解模型方程组的函数“hodgkin_huxley_equations.m”以及计算各 α 和 β 速率常数的函数“rate_constants.m”。依次介绍如下:

1. 主程序(HH_model.m)

```
clc;clear all;
% 下面是各门控变量初始化,即计算静息电位下的各变量的数值。
v=0;[ alpha_n,beta_n,alpha_m,beta_m,alpha_h,beta_h ]=rate_constants(v);
tau_n=1./(alpha_n+beta_n);
n_ss=alpha_n.*tau_n;
tau_m=1./(alpha_m+beta_m);
m_ss=alpha_m.*tau_m;
tau_h=1./(alpha_h+beta_h);
h_ss=alpha_h.*tau_h;
fprintf('\n The following initial conditions of the gating variables are used:')
fprintf('\n n_ss= %5.4g \n m_ss= %5.4g \n h_ss= %5.4g ',n_ss,m_ss,h_ss)
fprintf('\n They are the resting steady state values of these variables(when v=0).')

% 下面是利用 MATLAB 的常微分方程求解器 ode45 求解 HH 模型的方程组。
% 其中,yzero 中的数值“8”指外加刺激产生的初始去极化幅值为 8mV,改变此数值可以研究不同去极化幅值(包括阈下刺激和阈上刺激)时细胞膜的响应。
%“tspan= [ 0,20 ]”中的“20”为仿真时长 20ms,如果需要考察连续产生的多个动作电位的序列,可以增加此数值,延长仿真时间。
yzero= [ 8,n_ss,m_ss,h_ss ];
tspan= [ 0,20 ];
[ t,y ]=ode45(@hodgkin_huxley_equations,tspan,yzero);
```

```
% 下面计算钾、钠通道的电导数值。
% 其中,y 数组的 4 个元素依次为:膜电位(与静息电位之差)、m、n 和 h 值。
ggK=36;ggNa=120;  % 两种通道的最大电导。
gK=ggK*y(:,2).^4;gNa=ggNa*y(:,3).^3.*y(:,4);

% 下面作出计算结果的曲线图,包括膜电位(即动作电位波形)、门变量和两种通道的电导。
clf;figure(1);plot(t,y(:,1),'k');
title('Time Profile of Membrane Potential in Nerve Cells')
xlabel('Time(ms)');ylabel('Potential(mV)')
figure(2);plot(t,y(:,2:4));
title('Time Profiles of Gating Variables')
xlabel('Time(ms)');ylabel('Gating variables')
text(7,0.6,'\leftarrow n(t)');text(4.5,0.9,'\leftarrow m(t)');
text(7,0.25,'\leftarrow h(t)')
figure(3);plot(t,gK,t,gNa);
title('Time Profiles of Conductances')
xlabel('Time(ms)');ylabel('Conductances')
text(7,6,'g_K');text(3.6,25,'g_{Na}');

% 下面计算不同膜电位(-100~100mV)下各速率常数。
v=[-100:1:100];
[alpha_n,beta_n,alpha_m,beta_m,alpha_h,beta_h]=rate_constants(v);

% 计算各时间常数和门变量的稳态值。
tau_n=1./(alpha_n+beta_n);
n_ss=alpha_n.*tau_n;
tau_m=1./(alpha_m+beta_m);
m_ss=alpha_m.*tau_m;
tau_h=1./(alpha_h+beta_h);
h_ss=alpha_h.*tau_h;

% 作出时间常数曲线。
figure(4);plot(v,tau_n,v,tau_m,v,tau_h)
axis([-100 100 0 10])
title('Time Constants as Functions of Potential')
xlabel('Potential(mV)');ylabel('Time constants(ms)')
text(-75,4,'\tau_n');text(0,0.8,'\tau_m');text(15,8,'\tau_h');

% 作出门变量稳态值曲线。
figure(5);plot(v,n_ss,v,m_ss,v,h_ss)
axis([-100 100 0 1])
title('Gating Variables at Steady State as Functions of Potential')
xlabel('Potential(mV)');ylabel('Gating variables at steady state')
```

```
text(-35,0.1,'n_\infty');text(25,0.4,'m_\infty');
text(-20,0.8,'h_\infty');
```

2. 包含 HH 模型方程组的 MATLAB 函数(hodgkin_huxley_equations.m)

```
function dy=hodgkin_huxley_equations(t,y)
% 电导、平衡电位和膜电容常数的设定,
% 其中 Iapp 为外加刺激电流(恒流),也就是式 6-33 左边的 I_m,改变此值可以仿真不同电流强度作用下的细胞膜响应。
ggK=36;ggNa=120;ggL=0.3;   % 各电导常数。
vK=-12;vNa=115;vL=10.6;   % 各平衡电位常数。
Cm=1;
Iapp=0;

% 速率常数计算。
v=y(1);n=y(2);m=y(3);h=y(4);
[alpha_n,beta_n,alpha_m,beta_m,alpha_h,beta_h]=rate_constants(v);

%HH 模型的方程组:
dy=[(-ggK*n^4*(v-vK)-ggNa*m^3*h*(v-vNa)-ggL*(v-vL)+Iapp)/Cm
    alpha_n*(1-n)-beta_n*n
    alpha_m*(1-m)-beta_m*m
    alpha_h*(1-h)-beta_h*h];
```

3. 计算速率常数的 MATLAB 函数(rate_constants.m)

```
function[alpha_n,beta_n,alpha_m,beta_m,alpha_h,beta_h]=rate_constants(v)
% 根据输入的膜电位 v,依次计算各速率常数。
alpha_n=0.01*(10-v)./(exp((10-v)/10)-1);
beta_n=0.125*exp(-v/80);
alpha_m=0.1*(25-v)./(exp((25-v)/10)-1);
beta_m=4*exp(-v/18);
alpha_h=0.07*exp(-v/20);
beta_h=1./(exp((30-v)/10)+1);
```

(二) MATLAB 仿真程序的输出结果

上述程序运行之后会输出 5 张图。如果设置一个初始去极化电压 8mV(即程序的默认值),则输出的动作电位波形、门控因子的概率曲线和钠、钾通道的电导曲线(即程序输出的前 3 张图)如图 6-12A 所示。可见 8mV 为阈上刺激,诱发了动作电位。如果将去极化电压减小为 6mV(图 6-12B),则为阈下刺激,不能诱发动作电位,仅引起膜电位的微小波动,随即恢复至静息状态。

此外,如果设置一个外加电流(恒流),使得"hodgkin_huxley_equations.m"中的 Iapp=5.5;也可以诱发一个动作电位(见图 6-13A)。如果增加电流值为 Iapp=6.5,则可以持续诱发动作电位(见图 6-13B)。继续增加 Iapp,还可以提高动作电位发放的频率。

如图 6-14 所示,此 MATLAB 程序输出的另 2 张图为钠、钾通道门控因子的时间常数和稳态值随膜电位的变化曲线。可见,钠通道激活因子 m 的时间常数 τ_m 比其失活因子 h 的时间常数 τ_h 和钾通道激活因子 n 的时间常数 τ_n 都要小得多(图 6-14A),意味着钠通道的开放非常迅速。而且,随着膜电位去极化的增加,两种通道的激活因子 m 和 n 均单调增加(图 6-14B);但是 m 的增速比 n 快,m 曲线更陡峭。

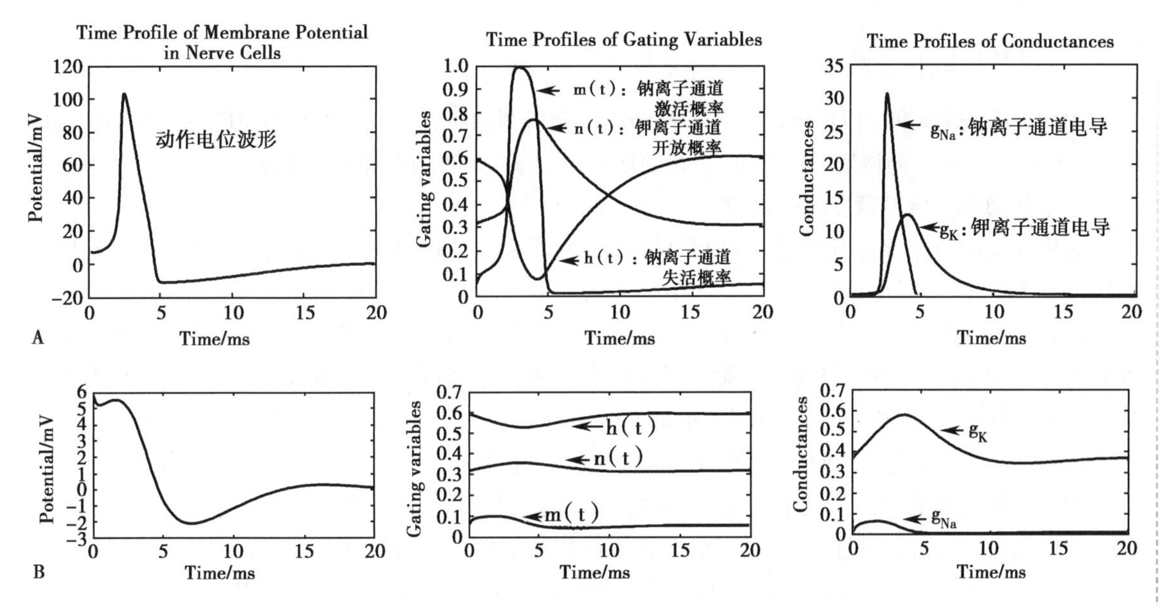

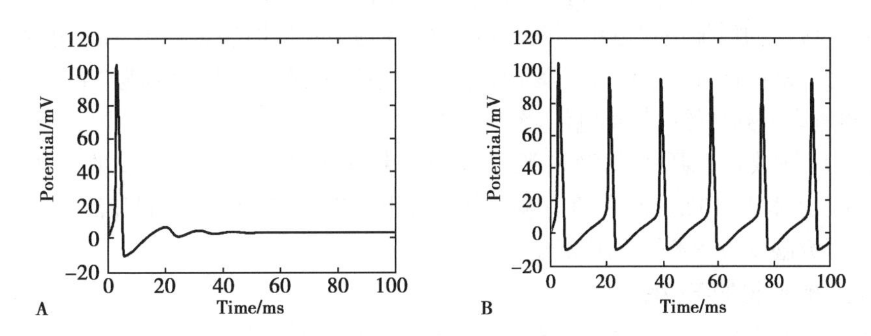

图 6-12　HH 模型仿真的膜电位波形、门控因子的概率曲线和通道电导

A. 阈上去极化刺激诱发动作电位；B. 阈下去极化刺激的响应。

图 6-13　HH 模型仿真的细胞膜对于外加恒流电流刺激的响应

A. Iapp=5.5；B. Iapp=6.5。

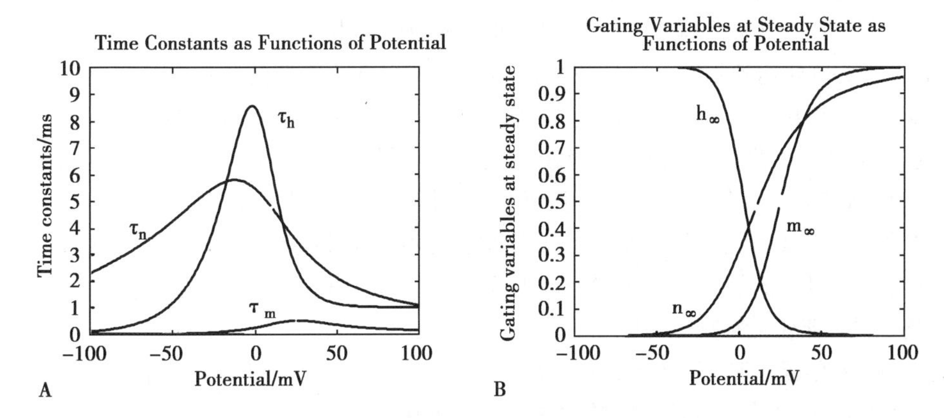

图 6-14　HH 模型仿真的钠、钾离子通道门控因子的时间常数(A)和稳态值(B)随膜电位的变化曲线

利用此 MATLAB 程序，可以做多种简化的仿真研究。读者可以自行改变仿真程序中的参数值，或者改动程序代码，做更多的实验，研究细胞膜对于各种电刺激的响应，以便深入理解细胞膜的工作机制。注意，该程序定义的膜电位是与静息电位之差。如需深入了解此程序，可查阅原书：STANLEY MD，ALKIS C，PRABHAS V . Moghe. 数值方法在生物医学工程中的应用 . 封洲燕，译 . 北京：机械工业出版社，2009.

三、HH 离子通道模型的应用

HH 离子通道模型可以广泛用于各种神经元活动机制的研究。下面仅举例说明其基本的仿真应用，包括：仿真电流脉冲诱发动作电位、仿真动作电位的不应期和动作电位沿轴突的传导等。

（一）仿真电流脉冲诱发动作电位

如果外加的电流脉冲刺激是 t=0 时刻的窄脉冲，那么，在随后的时间，也就是计算诱发动作电位的整个过程中，净跨膜电流为零，式 6-33 中的 I_m=0。窄脉冲电流的刺激只是产生了初始膜电位变化 V_0。如果这种变化是阈下的，只能使膜产生小幅度去极化，随即恢复到静息电位；而较大的阈上变化则会诱发动作电位，其波形与刺激无关。图 6-12 的仿真结果就可以看作细胞膜对于这种电流脉冲的响应。阈下刺激时，m 和 n 因子小幅增加，h 减小（图 6-12B）。由于阈下去极化状态下 I_K 的增加超过了 I_{Na} 的增加，使得膜电位趋向复极化，并下降至稍低于静息电位之后，再回到静息电位水平。

如果刺激电流脉冲的强度增加，膜电容充电产生的膜去极化电压使得 n、m 和 h 因子产生变化，可以导致 I_{Na} 超过 I_K，使膜进一步去极化，并正反馈式地增加 m 值和内流的 I_{Na}，使膜电位达到更大的去极化。此时，m 的时间常数 τ_m 仅为 0.1~0.2ms（图 6-14A），内向 Na^+ 流使膜电位快速反转并接近 Na^+ 的平衡电位。而 Na^+ 通道的失活因子 h 和 K^+ 通道的激活因子 n 的时间常数较大，要稍延时后才能显著改变(图 6-12A)，这就是为什么 I_K 又被称为延迟整流电流(delayed rectifier current，I_{DR})的原因。之后，Na^+ 通道的失活和 I_K 的增加使膜电位回落。由于 I_{Na} 在约 1ms 后即快速减小，而较小幅值的 I_K 将持续较长时间，因此，复极化时膜电位会下降至低于静息电位，使膜超极化，被称为“下冲”（undershoot）。之后，膜电位再逐渐回到初始的静息电位（图 6-12A）。

在神经工程领域常采用电刺激来调节神经系统的状态。例如，在深部脑刺激（deep brain stimulation，DBS）技术中，100Hz 左右的高频电脉冲常用于临床脑疾病的控制和治疗。HH 模型可用于仿真并深入研究脑刺激技术的作用机制。

（二）仿真动作电位的不应期

细胞膜产生动作电位之后会紧接着进入一段短促的不应期，包括绝对不应期和相对不应期，这是 Na^+ 通道的失活和 K^+ 电导的增加引起的。由图 6-12A 中 h 和 n 的变化曲线可知，不应期发生于动作电位达到锋电位之后的约 12ms 时间内。

利用 HH 模型可以模拟不应期效应。假设使用成对的窄电流脉冲刺激细胞膜，而且第一个刺激的强度（I_1）设定为刚好达到阈值，可以诱发动作电位；那么，在不同的两个脉冲间隔（Δt）下，第二个刺激要再次诱发动作电位所需要的阈值电流（I_2）就不同。当 Δt 很小时（<2ms），细胞膜处于绝对不应期，很大的 I_2 也无法再次诱发动作电位。随着 Δt 的延长，所需的 I_2 逐渐减小并接近 I_1。甚至在某个时期还会小于 I_1，即所谓的超兴奋期。然后，细胞膜的响应状态完全恢复，I_2=I_1。

在外周和中枢神经系统的电刺激应用中，细胞膜的不应期效应具有重要作用。例如，可以利用高频电刺激阻断神经纤维的信息传导，在临床治疗中获得局部麻醉和镇痛等效果。

（三）仿真动作电位沿轴突的传导

在建立 HH 数学模型时，霍奇金和赫胥黎做的枪乌贼轴突的电压钳实验中，使用导电的细长金属丝电极贯穿轴突来钳制膜电位；因此，整根轴突的轴向膜电位相同，无电压差，这被称为空间钳位的轴突（space-clamped axon），也就是不存在轴向电流。

但是，没有空间钳位的神经细胞轴突上，动作电位总是先在某个局部位点产生，然后沿着轴突传导出去，如图 6-15 所示，存在轴向电流，其值为：

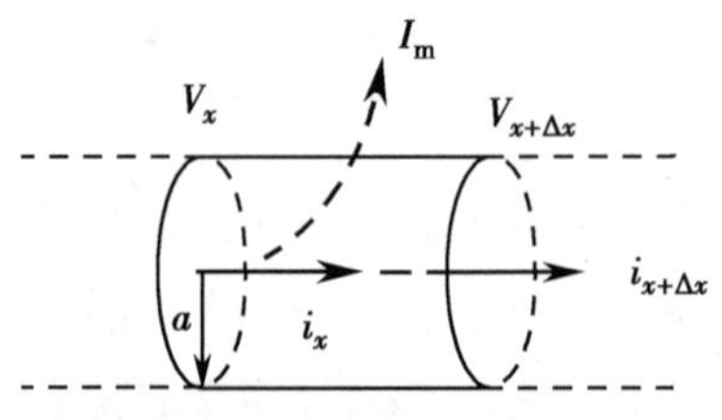

图 6-15　动作电位在轴突上传导时的轴向电流和跨膜电流

$$i=\frac{1}{r_1+r_2}\frac{\partial V}{\partial x} \tag{6-34}$$

式(6-34)中，i 为单位长度轴向电流，r_1 和 r_2 分别为单位长度细胞膜外电阻和细胞内电阻，x 为轴向距离。胞外电阻 r_1 与胞内电阻 r_2 相比很小，可以忽略不计，因此有：

$$i=\frac{1}{r_2}\frac{\partial V}{\partial x}=\frac{\pi a^2}{\rho}\frac{\partial V}{\partial x} \tag{6-35}$$

式(6-35)中，ρ 为轴浆电阻率，单位是 $\Omega\cdot$cm；a 为轴突半径，在霍奇金和赫胥黎发表的论文中，采用 $\rho=35.4\Omega\cdot$cm，a=0.238mm。

在长度为 Δx 的轴突段上，跨膜电流的大小等于轴向电流的变化量，也就是：

$$I_m=\frac{\partial i}{2\pi a\partial x}=\frac{a}{2\rho}\frac{\partial^2 V}{\partial x^2} \tag{6-36}$$

于是，HH 方程中的式(6-33)变成如下偏微分方程：

$$\frac{a}{2\rho}\frac{\partial^2 V}{\partial x^2}=C_m\frac{\mathrm{d}V}{\mathrm{d}t}+\bar{g}_K n^4(V-V_K)+\bar{g}_{Na}m^3h(V-V_{Na})+\bar{g}_L(V-V_L) \tag{6-37}$$

图 6-16 显示了动作电位沿轴突传导的仿真结果。施加在枪乌贼轴突一端上的阈上刺激的窄电流脉冲，诱发出沿轴突传导的动作电位。图中显示的 3 个动作电位波形分别位于刺激点以及距离刺激点 2cm 和 3cm 处。依据动作电位出现的时间差，可以估计轴突的传导速度为 12.3m/s。

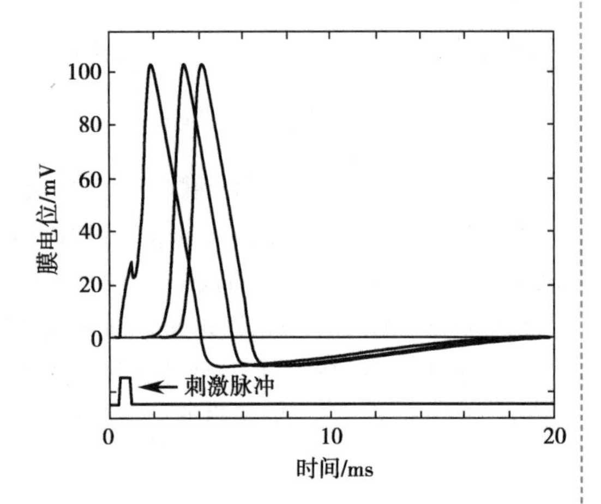

图 6-16　动作电位沿轴突传导的仿真

在稳态传导状态下，轴突膜上任何一点电压随时间变化的曲线与任一时刻膜电位随距离的分布曲线形状相同，也就是 $V(x,t)=V(x-ut)$，u 为动作电位沿轴突传导的恒定传导速度，因此

$$\frac{\partial^2 V}{\partial x^2}=\frac{1}{u^2}\frac{\partial^2 V}{\partial t^2} \tag{6-38}$$

代入式(6-37)，可得式(6-39)：

$$\frac{a}{2\rho u^2}\frac{\mathrm{d}^2 V}{\mathrm{d}t^2}=C_m\frac{\mathrm{d}V}{\mathrm{d}t}+\bar{g}_K n^4(V-V_K)+\bar{g}_{Na}m^3h(V-V_{Na})+\bar{g}_L(V-V_L) \tag{6-39}$$

此式为二阶常微分方程，如果已知 u 值，就比较容易求解。

有关传导速度 u 的大小，可以分析如下：由于式 6-39 右边的离子通道电流和膜电容都是用单位膜面积的数值，与轴突粗细无关；因而膜电位及其时间上的微分也与轴突的粗细无关。因此，式 6-39 左边 $\frac{a}{2\rho u^2}$ 部分的值也应该与轴突半径无关，这必然导致 $u^2\propto a$，即 $u\propto\sqrt{a}$。也就是，对于无髓鞘轴突，动作电位传导的速度与轴突半径的平方根成正比。这个推测结果与实验的测定值相符。可见，要使神经信号在轴突上的传导速度增加 1 倍，轴突的半径需要增大为原值的 4 倍。

与枪乌贼无髓鞘轴突纤维不同，脊椎动物的神经轴突是通过轴突外包裹的髓鞘来增加传导速度的。多数脊椎动物的轴突有髓鞘。髓鞘是由数十至上百层细胞膜构成的“绝缘体”，在周围神经系统中髓鞘由施万细胞组成，在中枢神经系统中则由少突胶质细胞(oligodendrocyte)组成。髓鞘在轴突纤维上有规律地排列，间隙处是无髓鞘的郎飞结(Ranvier node)。通常，郎飞结的长度很短，只有结间髓鞘长度的 1%。脊椎动物中，有髓鞘纤维的直径为 0.2~20μm，而无脊椎动物的无髓鞘纤维的直径为 1μm~1mm。

有髓鞘纤维上的动作电位是在各个郎飞结之间跳跃式传导的。多层细胞膜组成的髓鞘增加了膜电阻，却减小了膜电容。例如，250 层髓鞘膜可以使原来的膜电容 C_m 降为 $C_m/250$，而使膜电阻 R_m 升高为 $250R_m$。因此，使得动作电位从一个结点直接跳到下一个结点。这不仅提高了传导速度，还节省能量，至少不必消耗能量来调整由轴突上连续动作电位发放引起的 Na^+ 离子浓度梯度的变化。实验和理论分析都证明，有髓鞘纤维上动作电位的传导速度与纤维直径成正比，即 $u \propto a$。

由此可见，髓鞘使神经纤维的信号传导可靠且快速。要达到同样的传导速度，有髓鞘纤维可以比无髓鞘纤维细 50 倍以上，纤维截面积上的差别就是 2 500 倍了，这就是为什么大脑的单个神经束中就可以包容上百万根神经轴突。

第三节　神经电信号的检测方法

脑神经系统的电信号源于神经细胞的跨膜电位变化，包括神经元产生的动作电位和各个神经元之间连接处的突触电位等。在导体介质组成的空间（被称为容积导体）中，这些电位经过传播、扩布和整合，形成具有不同时间和空间分辨率特征的电信号。通过检测和分析这些电信号可以获得脑神经系统的活动信息，为研究脑功能和行为的机制、诊断和治疗各种脑疾病提供重要依据。

一、不同层次脑神经系统电信号的检测

如图 6-17 所示是从宏观到微观的不同层次上几种常用的脑神经电信号的检测方法，包括：头皮外检测的脑电图（electroencephalography，EEG），颅骨下或者脑膜下检测的皮质脑电图（electrocorticogram，ECoG），直至邻近神经元的细胞外检测的局部场电位（local field potential，LFP）和锋电位（spike），以及神经元细胞内检测的静息电位（resting potential，RP）和动作电位（action potential，AP）等。

其中，EEG 和 ECoG 的检测都远离神经细胞，属于远场记录（far-field electrical recording）；而局部场电位 LFP 和锋电位（即细胞外记录的动作电位）的检测则紧邻神经细胞，属于近场记录（near-field recording）。

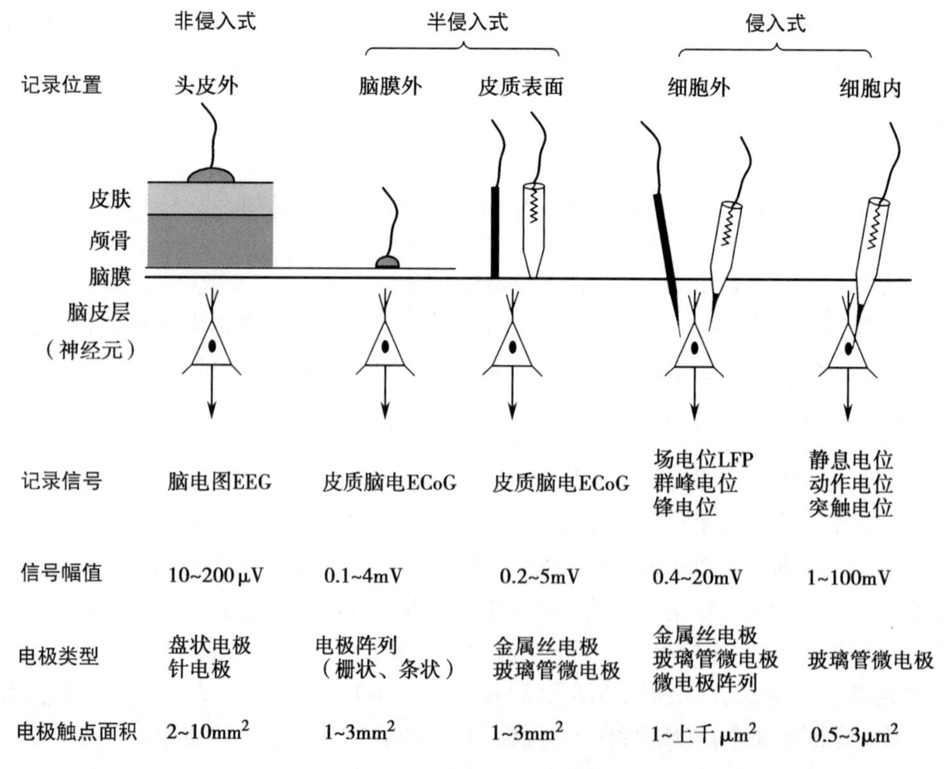

图 6-17　几种常用的神经电信号检测方法

如果毛细玻璃管微电极拉制得足够细（内部充灌导电的电解质溶液），将其插入细胞内而不破坏细胞，那么，可以在细胞内记录动作电位，而且还可以测量静息电位（resting potential，RP）和突触后电位（postsynaptic potential，PSP）等电位。但是，细胞内记录的操作难度较大，特别是对于自由活动的动物，难度更大。而且，难以同时获得多个神经元的动作电位信号。如果采用金属丝微电极或者微电极阵列实行细胞外记录，那么，电极上的每个测量点就可以捕获多个神经元的动作电位（即锋电位）。在神经工程领域常采用这种细胞外记录方法研究神经元动作电位序列的编码和解码问题。不过，细胞外记录无法获得静息电位，也难以获得单细胞上的突触电位或者单突触的突触电位。

下面主要介绍远场记录和近场记录这两大类检测的常用测量方法以及获得的各种电信号特性。细胞内检测在神经工程领域的应用较少，此处不做详细介绍。

（一）脑电图和皮质脑电图（远场记录）

在头部皮肤外记录的电信号称为脑电图 EEG，在临床上使用较多，是一种非侵入式检测方法，用于记录脑神经系统的自发电位和诱发响应电位（如视觉诱发电位、听觉诱发电位等）。临床上 EEG 可用于脑损伤、脑血栓、脑肿瘤和癫痫等疾病的诊断，也常用于睡眠、麻醉深度等的监护。

在头皮外无创记录 EEG 按照电极数量可分为 10~256 导联。常用的电极为盘状电极，有银 / 氯化银烧结盘状电极、金盘电极等。可以用电极帽将电极固定于头皮外，固定帽有适合于小儿、成人等不同大小的尺寸可供选择。

记录 EEG 信号所采用的标准电极定位法称为 10-20 系统。如图 6-18 所示，将鼻根经头顶到枕外隆凸的连线分成 6 段，各段占总连线长度的比例依次为 10%、20%、20%、20%、20% 和 10%。将左耳经头顶到右耳的连线也分成 6 段，各段占总长度的百分比同上。这就是 10-20 系统名称的由来。

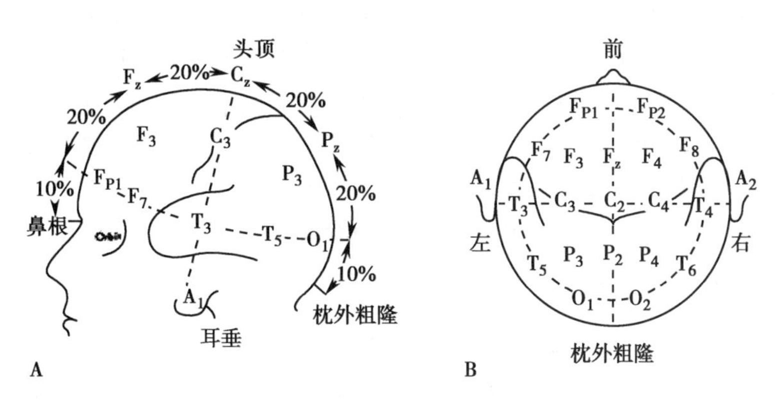

图 6-18 EEG 记录的国际 10-20 系统电极放置法
A. 左视图；B. 顶视图。

标准 10-20 系统中，除了左右耳垂上的 2 个参考电极 A_1 和 A_2 之外，头皮上的电极数共有 19 个。这些电极的记录位置都与大脑皮质的解剖分区相对应，因此，从前往后各电极依次命名为：前额点（FP_1，FP_2）、额点（F_3，F_4）、中央点（C_3，C_4）、顶点（P_3，P_4）、枕点（O_1，O_2）、前颞点（F_7，F_8）、中颞点（T_3，T_4）、后颞点（T_5，T_6）、额中线点（Fz）、中央中线点（Cz）、顶中线点（Pz）。对于更多导联的测量，如 32、64、128、256 等导联，在标准导联的基础上再均匀插入电极。EEG 导联的连接方法有单极和双极等。单极导联是记录头皮各电极与参考电极之间的电位差的变化；而双极导联是记录头皮上两两电极之间的电位差的变化。

位于左右耳垂的 A_1 和 A_2 作为参考电极，它们也可作为眼动电图（electro-oculogram，EOG）的记录电极，EOG 记录的是 EEG 信号中由于眨眼引起的肌电干扰信号。

在临床或者动物实验中，如果将记录电极放在颅骨下的硬脑膜表面，或者再进一步将电极放到硬脑膜下的大脑皮质表面，就可以检测皮质脑电图 ECoG。它是一种半侵入式检测方法。由于没有皮肤和颅骨等的阻隔，ECoG 的信噪比要比头皮外记录的 EEG 大得多，实验中记录诱发响应时，单次诱发

记录也可以观察到响应信号，不一定需要多次诱发记录的叠加平均处理。

EEG 和 ECoG 的记录都是远场记录，与邻近神经细胞的近场记录相比，由于脑组织、硬脑膜、颅骨和皮肤等的衰减作用，这种远场记录的空间分辨率和时间分辨率都较低，主要包含较低频率成分的突触电位和后超极化等电位，正常情况下检测不到神经细胞的动作电位信号。仅当大量神经细胞异常同步地发放动作电位时，远场记录才能检测到整合的动作电位。例如，癫痫患者 EEG 信号中的棘波就是这种整合电位。而单细胞的动作电位只有近场记录才能检测。

有关 EEG 和 ECoG 信号的分析方法详见本章第四节。

（二）局部场电位和锋电位（近场记录）

将尖端暴露的绝缘金属丝微电极或者阵列微电极插入到脑内神经元的细胞外附近区域，可以检测到细胞外的局部场电位，也可以检测单个神经元产生的动作电位（图 6-17 右起第二列）。通常将细胞外记录的单细胞的动作电位称为锋电位（spike），以便与细胞内记录的动作电位（AP）相区别。

局部场电位和锋电位的频率成分有所不同。场电位是频率较低的信号（<300Hz），其成分主要是多个细胞的突触电位和后超极化电位的整合电位，幅值较大，可达毫伏级水平。而胞外记录的单细胞动作电位——锋电位的持续时间只有 1~2ms，频率较高（300~5 000Hz），幅值仅为数十至数百微伏。如果原始记录时设置的放大器频带较宽，记录的是宽频带信号，同时包含场电位和锋电位；那么，幅值较小的锋电位通常会被淹没于场电位信号之中。这种信号经采样之后（即模数变换后），再利用数字滤波器进行高通滤波（截止频率取 300~800Hz），可以除去低频的场电位信号，获得锋电位信号。或者在原始的模拟信号记录时，就根据需要来设置放大器的频率范围，也可以分离出两种信号之一，即记录场电位或者锋电位。

由于场电位和锋电位的频率成分不同，它们在空间的传播距离（即范围）也不同。神经组织具有的电阻和电容特性使其对于电信号的传播具有低通效应。较低频率的场电位衰减较慢，传播距离较远，可传播至数毫米或者数十毫米范围之外；而较高频率的锋电位则衰减较快，仅存在于零点几毫米的范围之内，不能远距离传播，其可测范围就更小，只有数十微米范围。因此，微电极可以记录到数毫米范围内的场电位，但只能记录到数十微米范围之内的锋电位。

场电位和锋电位都是近场记录，是侵入式的。随着微电子和集成电路制造技术的迅速发展，20 世纪 70 年代以来，包含多个测量点的微电极阵列的应用为近场记录提供了重要技术，特别是极大地推进了神经元锋电位序列的检测，成为实现“思维控制机器”的脑 - 机接口的重要手段之一。高密度微电极阵列记录技术的发展，也将促进神经信号解码、神经网络信号处理和信息存储等机制的研究。下面先介绍微电极阵列主要产品的类型和结构，然后再进一步讲述单细胞神经元锋电位的检测方法。

二、微电极阵列记录技术

用于近场记录的微电极阵列具有体积小、测量点多、结构形式多样化、植入时对神经组织损伤小等特点。可以在脑内二维和三维空间上实现同时记录，检测多达数百个测量点的场电位和神经元锋电位信号。按照结构特点，微电极阵列可以分为两大类，被称为 Utah 电极和 Michigan 电极，因为它们分别由美国的犹他大学和密歇根大学开发。这两类电极在制造工艺和结构上都有较大区别，简介如下。

（一）Utah 电极（又称为平面电极阵列）

这类电极采用整块硅片制作，用 N 型硅作基底，在其中用热迁移法形成多个 P 型硅通道，从基底的一面穿透到另一面，这些 P 型硅通道彼此绝缘；去除多余的 N 型硅，仅保留一薄层包裹在 P 型硅周围之后，形成多根细针组成的方形阵列。电极针的尖端暴露部位用于信号采集，此处是铂金镀层，其长度为 35~75μm，尖端暴露面积约 0.005mm^2。电极针其余部分和底托均用聚酰亚胺涂层绝缘。电极针底部的直径约 80μm，尖端直径为 2~6μm。如图 6-19A 所示是一款 10×10 电极针阵列。在 4mm×4mm 的基底上共有 100 根电极针，各针之间的间距为 400μm。阵列上所有电极针的长度可以

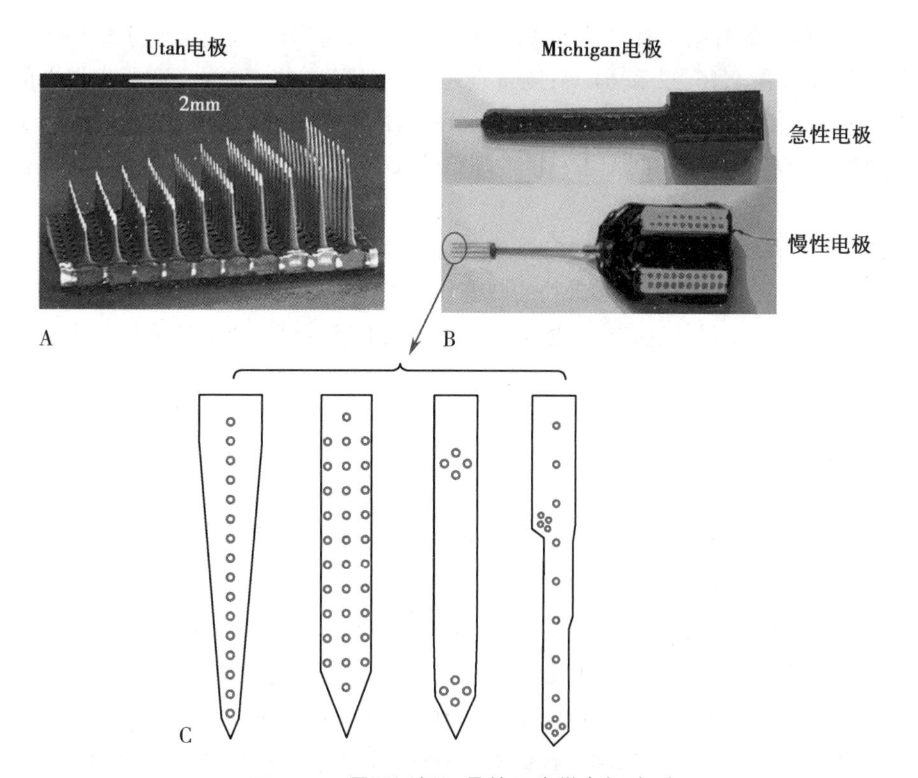

图 6-19　用于近场记录的两类微电极阵列

A. Utah 斜面电极阵列；B. Michigan 电极阵列，上：急性电极，下：慢性电极；C. Michigan 电极测量点的不同排列方式，从左至右：单列线性排列、多列线性排列、菱形排列、混合型排列。

一致，如 0.5mm、1.0mm 或者 1.5mm 等。但也可以从 0.5mm 到 1.5mm 逐排递增，形成斜面电极阵列（图 6-19A）。

这类 Utah 电极的特点是测量点仅在电极针尖端无绝缘的暴露处，位于同一个平面或斜面上。植入脑内时，电极针插入脑组织，而基底留在外表面。因此，电极的记录深度比较浅，多用于记录大脑皮质浅表部位的神经元电信号，也可用于周围神经的电刺激。

美国食品与药物监管局（Food and Drug Administration，FDA）已经批准这种电极作为神经交互界面用于临床试验，2006 年 Nature 期刊首次报道了在高位截瘫患者的大脑皮质运动区植入 Utah 电极阵列，用于记录患者想象肢体运动时神经元的锋电位发放信号。并解码这些信号，用于控制计算机鼠标，完成各种操作任务，为帮助残疾人恢复独立生活的能力创造了条件。

（二）Michigan 电极（又称为线性电极阵列）

这类电极属于薄膜型电极（图 6-19B）。其制作工艺与微电子集成电路相似，在硅或陶瓷材料为基底的薄片上，按照设计好的电极线路，喷镀上导电金属；或者在整个覆盖有导电金属层的印制板上，蚀刻去除不需要的部分，留下需要的电极线路。导电金属可以是镍、不锈钢、钨、金或铂。然后，除了需要暴露的测量点以外，在其余连接测量点和输出端的导线上覆盖绝缘层。为了增强导电性能和生物相容性，暴露的测量点表面可以镀铱或镀金。

Michigan 电极测量点的排列方式多种多样（图 6-19C）。最基本的排列结构是在单根电极杆上等间距地线性排列一系列的测量点，因此被称为线性电极阵列。仅含单列测量点的电极为一维阵列；包含数根电极杆的则成为二维阵列；数个二维阵列组合起来则可以形成三维阵列。此外，测量点在电极杆上的排列方式并不仅限于线性。例如，为了模仿传统金属丝制作的四极电极（tetrode），测量点可排列成菱形；还有在单根电极杆上排列多列测量点，使得单根电极就可以实现二维记录；或者根据需要制作混合型的测量点排列（图 6-19C）。

Michigan 电极阵列的规格也有多种。例如，测量点的面积有上百至上千平方微米的不同规格；电极杆上测量点的数目有4、16、32和64等；测量点之间的间距有25~200μm；每根电极上的电极杆数目有1~8个，电极杆之间的间距有125~500μm等。Michigan电极还有急性和慢性电极之分（图6-19B），可分别用于急性麻醉状态的短时间记录和慢性埋植的长期记录，两种电极的主要区别是信号输出的连接器不同。

Michigan 电极很薄，常用的厚度有15μm和50μm两种，较容易插入脑组织。但是，其强度不如Utah电极，容易被折断。大鼠之类的小动物的硬脑膜也难以穿透。电极植入手术时，需要先挑破硬脑膜，再将电极插入脑组织。虽然这种电极也可以作为刺激电极，但是，由于其导电线路很细，通常只用作记录电极。

微电极阵列的快速发展为大量单细胞神经元锋电位脉冲序列的检测提供了重要手段，下面介绍锋电位信号的波形特征和检测方法。

三、神经元锋电位信号的检测和分类

脑是生物体内结构和功能最复杂的组织，人脑内存在上千亿个神经元，每个神经元通过成千上万个突触与其他神经元之间形成连接，组成极其复杂的神经网络，快速传导和处理神经元的动作电位脉冲信号。脑对于外界事件的响应以及信息处理的每一个过程，都是大量神经元共同参与的结果；因此，要揭示脑神经系统完成信息处理的复杂机制，必须获得活体脑环境中足够数量的神经元的电活动信息。特别是，神经元发放的动作电位承载着重要的编码信息，动作电位序列的检测和分析是解码脑神经系统工作机制的基础。

如前所述，单细胞动作电位有胞内和胞外两种检测方法，两种方法测得的波形不同。胞内记录时，插入细胞内的微电极记录到的动作电位呈现为正峰，这种胞内电位的上升主要是膜去极化时钠离子内流带入正电荷所产生。而钠离子内流同时使得细胞外空间的正电荷减少，因此，细胞外记录的动作电位（即锋电位）主要呈现为负峰，其电位变化的方向与胞内记录相反。理论上，紧贴细胞膜外记录的锋电位波形近似于胞内记录的动作电位波形的一阶导数的负值。

胞内记录的动作电位幅值较大，见前面图6-6和图6-12A，可达100mV以上；而胞外记录的锋电位幅值却很小，通常仅有数十至数百微伏。两者可相差千倍以上。而且，锋电位的幅值随着测量点与细胞之间距离的增大，以指数形式迅速衰减。

胞外记录的单个神经元产生的动作电位称为单元锋电位（unit spike，US），简称锋电位。此外，与单元锋电位相对应的还有群锋电位（population spike，PS）。顾名思义，群锋电位是指一群神经元同时产生的动作电位叠加而成的整合信号，其幅值可达十几毫伏，本文不详细介绍群锋电位。下面介绍单元锋电位的检测方法。

通常认为，神经元产生的动作电位具有“全或无”特性。对于同一个神经元而言，动作电位一旦产生，其幅值都是一个定值，与该动作电位的诱发源（如外界某个刺激）的性质无关。并且，动作电位可以沿着神经元的轴突无衰减地传播出去。目前公认的神经元编码信息的主要方式之一是动作电位的发放频率的变化，也就是单位时间内的平均发放数量，被称为频率编码。此外，还有时间编码、相位编码等。这些编码的信息都源于动作电位的发生时刻的变化，而不是动作电位的幅值或波形变化。

由于“全或无”特性，胞内记录的各个动作电位的幅值相似；那么，胞外记录的来自同一个神经元的锋电位波形也应该相似。但是，由于多种因素的影响，实际记录到的锋电位波形总是存在变化。主要原因有：①背景噪声的影响。脑内空间任意测量点上存在来自周围大量神经元的信号，神经元远近距离不同，它们的信号幅值不同。稍远处较大半径范围内的神经元数量较多，它们的锋电位在记录中呈现为小幅值信号，形成了所谓的背景噪声，叠加在近处数量较少的神经元锋电位的波形上，使这些波形产生变化。②电极阻抗和放大器等电子设备产生的噪声也会干扰锋电位的检测。③神经元在短时间内连续发放动作电位，如爆发式（burst）发放时，锋电位波形本身就存在变化。④低频的局部场

电位信号或电位漂移也会改变锋电位波形。⑤长时间记录过程中电极位置的移动会引起锋电位波形变化。

其中，对于最后两种影响因素，低频场电位和漂移可以采用滤波方法去除；电极位置的移动需要跟踪考察来确定。而前两种影响因素则可以归为噪声干扰。由于锋电位幅值较小，在其检测中需要考虑这些噪声干扰，详见本节下面的锋电位检测方法。

此外，电极上每个测量点通常会同时记录到来自周围多个不同神经元的锋电位；因此，要获得不同神经元各自的动作电位序列，还需要根据波形的差异来判断哪些锋电位是由哪个神经元产生的，也就是确定锋电位的归属，这被称为锋电位的分类(spike sorting)。这是获取各个神经元响应外界刺激的锋电位发放序列(也就是神经编码信息)的基础。电极上测量点的面积越大，同时记录到的神经元个数就越多。不同神经元如果在同一时刻发放动作电位，那么，它们的锋电位还会重叠在一起，难以区分。记录到的神经元数量越多，动作电位发放率越高；那么，不同神经元的锋电位之间重叠的概率也就越高。反之，记录到的神经元数量少且发放率低时，重叠的锋电位可以忽略不计。因此，采用测量点面积较小的电极来检测单细胞锋电位序列的效果比较好；而测量点面积较大的电极则较适合记录局部场电位。

在记录神经电信号时，微电极采集的微弱电信号首先要经过放大器放大数百至上万倍之后，再经过模数转换，完成信号采样，以数字形式存储于计算机并进行后续的信号分析和处理。在此过程中，需要正确设置放大器的频率范围和放大倍数，以及模数转换的采样频率等参数。这些内容在信号处理等方面的书籍中都有详细介绍，本文不再详述。由于微电极阵列上的测量点数量较多(为多通道记录)，且记录时间较长，通常采用计算机软件来自动识别和分析锋电位信号。下面介绍主要的锋电位检测和分类方法。

(一) 锋电位检测方法

从细胞外记录信号中提取锋电位，比较常用的是阈值法，有时也用窗口法和模板匹配法等其他方法。

1. 阈值法检测锋电位 利用阈值法检测锋电位时，通常需要将原始记录信号先进行滤波预处理。如图 6-20 所示，如果原始记录为宽频带信号(例如带宽为 0.3~5 000Hz)，其中同时包含了低频的局部场电位和高频的锋电位；那么，利用数字高通滤波(如截止频率设为 500Hz)，可以去除场电位，得到锋电位信号。此信号包含来自电极上测量点附近多个神经元的锋电位，称为多单元(multiple unit, MU)信号。图 6-20 所示的 MU 信号中的锋电位清晰可辨。但是，高通滤波在去除场电位的同时也会去除锋电位中含有的较少量的低频成分，从而引起锋电位波形的变化，使其与原始记录中的波形有所不同，见图 6-20 右侧放大的锋电位波形。

这种波形变化的程度与高通滤波截止频率的选择有关。如果设定的截止频率较低，锋电位波形的信息保留较为完整，便于后续的不同神经元锋电位之间的分类处理；但是，此时低频场电位的去除

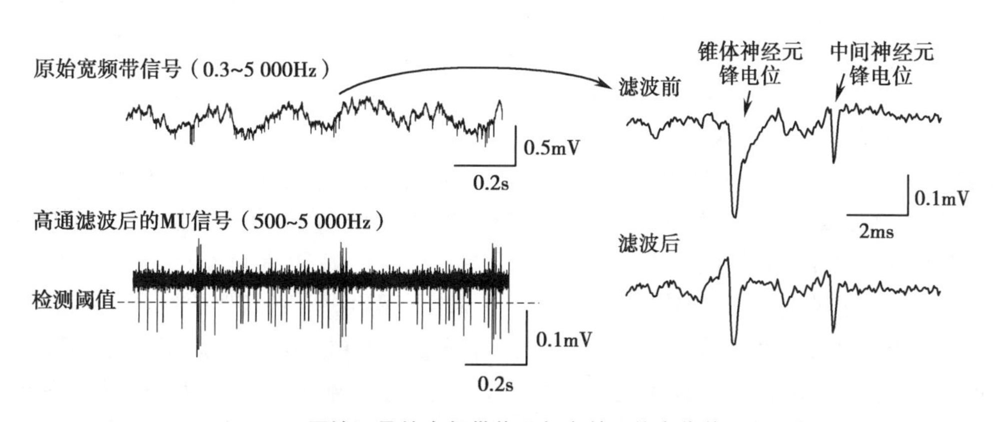

图 6-20 原始记录的宽频带信号与多单元锋电位信号(MU)

可能不彻底，会影响 MU 中锋电位的信噪比，使得小幅值的锋电位难以检测。反之，如果设定的截止频率较高，去除低频场电位的效果就比较好，锋电位的信噪比会有所改善；但是，锋电位波形的信息损失较多，不利于后续的锋电位分类。而且，如果设定的高通滤波的截止频率过高，致使锋电位波形的幅值等信息损失过大，MU 的信噪比又会下降。

此外，锋电位波形与神经元的形态和测量点的位置也有关。例如，胞体较小且呈圆形的中间神经元的锋电位较窄；而胞体较大且呈圆锥形的锥体神经元的锋电位则较宽，含有相对较低的频率成分（图 6-20 右侧的放大图）。因此，要选择合适的滤波截止频率，这样既可以保留较多的锋电位波形信息，又可以得到较高的信噪比，从而有利于锋电位的检测和分类。

多数细胞外记录的锋电位波形都是负峰的幅值大于正峰幅值（图 6-20），因此，如果设定一个负值作为阈值，使得大多数锋电位的负峰都能低于此值，而多数噪声信号则不能达到此值；那么，就可以用此阈值提取锋电位。但是，实际操作时，这个阈值的确定并不那么简单。如果设定的阈值（绝对值）过小，会将太多噪声误检为锋电位；如果阈值（绝对值）过大，则会漏检较多的小幅值锋电位。因此，要设定合适的阈值，尽可能减少误检和漏检。利用计算机程序自动检测锋电位时，设定阈值的一种常用方法是以 MU 信号的标准差作为依据，取 3~5 倍标准差的值作为阈值。有时，也可以人工干预来设定阈值。此外，锋电位的波形与测量点相对于神经元的位置有关，有的锋电位波形呈现为正峰幅值大于负峰幅值。因此，为了减少漏检，可以同时设定正、负两个阈值来检测锋电位。

2. 窗口法检测锋电位　如果信号中包含低频成分（如直接从原始宽频带记录信号中检测锋电位），或者高通滤波去除低频信号时选择的截止频率较低，信号中存在低频漂移；那么，此时如果采用上述阈值法检测锋电位，就会造成较多误检和漏检。这种情况下，可以采用窗口法。窗口法其实是一种峰峰值检测法，也就是，设定一个固定宽度的时间窗，以一定的时间间隔，沿着被测信号移动。每移动一次，计算窗内最大值与最小值之差，也就是峰峰值。如果峰峰值大于事先设定的阈值，则认为检测到了一个锋电位。时间窗的宽度可设置为接近锋电位的宽度，如 1ms 左右。这种窄窗内峰峰值的阈值检测法同时考虑了两个因素：幅值的变化及其变化的速度；因此可以消除变化幅值大但变化较慢的低频漂移的影响。可见，这种窗口法也可以直接用于包含低频场电位的信号中检测锋电位。

使用窗口法检测锋电位时，要避免同一个锋电位的重复检出。当窗口的分割正好位于某个锋电位波形之内时，前后两个窗口中的峰峰值可能都超过阈值，从而被误检为两个锋电位，就造成了重复检出。这种情况可以通过计算两个邻近锋电位的波峰之间的时间差来排除，如果该时间差小于某个阈值，就判断为同一个锋电位。

3. 模板匹配法　这种方法可以同时完成记录信号中锋电位的检测和分类，详见下文的锋电位分类，此处不重复讲述。

（二）锋电位波形的对齐和提取

除了模板匹配法以外，使用阈值法和窗口法检出锋电位时，只是给出了锋电位所处的粗略时间信息。在进入后续的锋电位分类之前，还需要确定锋电位波形的起点和终点，以便提取整个锋电位波形。这被称为锋电位波形的对齐（alignment），也就是将锋电位依据一定的参考点对齐。一种常用的方法是以锋电位波形上的某个点作为对齐的基准点。例如：按照锋电位波形的最小值点（谷点）对齐，或者按照过检测阈值时的采样点来对齐。

如果按照谷点对齐，由于采样频率的限制，采样信号中谷点的位置与实际锋电位波形的谷点位置之间存在差异，会导致提取的各个锋电位波形的差异。如果按照过阈值点对齐也存在同样的问题，锋电位波形上实际与阈值线相交的位置不一定刚好是在采样点上，往往是在两个采样点之间。若按照过阈值的第一个采样点对齐，不同锋电位波形上这个采样点距离阈值线位置的差异会导致所提取锋电位波形的差异。可以利用插值法求得锋电位波形与阈值线的相交点，再以此相交点为基准对齐波形，则可以提高精度。不过，无论如何，这些仅根据波形上单个采样点作为基准对齐的方法，受到噪声干扰和有限的采样频率的影响会较大。因此，对于要求比较高的场合，可以使用另一种方法，就是利

用锋电位波形主段上的多个数据点求得一个所谓的“重心”点，以此作为对齐的基准，这样，可以减小噪声干扰带来的偏差。

（三）锋电位的分类

微电极上每个测量点通常会同时记录到来自多个神经元的锋电位，因此需要将获得的锋电位波形进行分类，以甄别来自不同神经元的锋电位。分类的依据是，对于电极上某个测量点，由于测量点与神经元之间的相对位置固定不变，记录信号中来自同一个神经元的锋电位波形和幅值都应该相似；因此，可以将相似程度较高的锋电位认作同一类。根据判断相似度的方法不同，锋电位的自动分类方法主要有两类：特征参数法和模板匹配法。特征参数分类法是根据锋电位波形的特征数据或者主成分数据来分类；模板匹配法是根据与预定模板的拟合程度来分类。下面简介这两种方法。

1. 特征参数分类法　这种分类方法可以比较直观地解释如下：从锋电位波形中提取幅值信息，如峰峰幅值、正峰幅值或负峰幅值（图 6-21A）；或者提取时间信息，如波形的宽度等。根据这些数值之间的差别来区分不同神经元的锋电位类别。图 6-21B 所示为依据单个特征参数（即峰峰幅值）的分类图。这是一个直方图，作图方法是：首先计算检测到的所有锋电位的峰峰幅值；然后，以峰峰幅值为横坐标，并将其以一定的分辨率分割成小区间（bin），统计落在每个幅值区间内的锋电位个数，即为纵坐标的数值。直方图中不同的波峰即代表了不同的锋电位类别。如果锋电位检测时采用的是阈值法且阈值的绝对值设定得比较小，许多噪声信号被误检；那么，这些误检的“锋电位”由于幅值比较小，就会位于直方图横坐标的小幅值区段（图 6-21B 中的“噪声”段），很容易在分类时剔除。

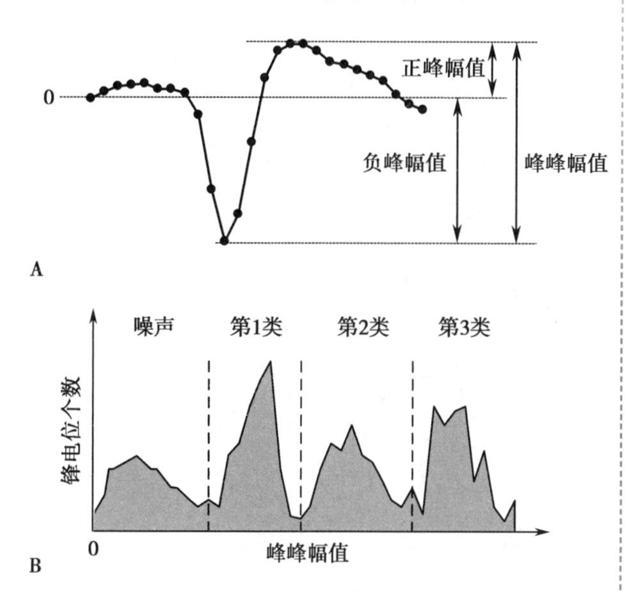

图 6-21　依据锋电位波形参数的分类方法

A. 由各采样点连接而成的典型锋电位波形示例及其相关幅值参数的定义（图中波形的采样频率为 20kHz）；B. 某段信号所包含锋电位波形的峰峰幅值直方图及其分类示意。

利用锋电位波形的特征参数进行分类时，关键是选择参数及其个数。选用的参数和个数不同，会导致不同的分类效果。如图 6-22A 所示的锋电位信号中明显包含 4 类不同的锋电位波形。如果利用锋电位的正峰幅值作直方图（图 6-22B）；那么，图中只出现一个峰，不能完成分类；如果利用峰峰幅值作直方图（图 6-22C），图中也只能区分出对应于 3 个主峰的三类锋电位，因为图 6-22A 的第 3 和第 4 两种锋电位的峰峰幅值相似，难以区分。但是，如果采用多个参数，就可以较好地区别不同类的锋电位。图 6-22D 所示是用峰峰幅值和负峰幅值 2 个参数作出的二维散点图，可以较明显地辨别出 4 类锋电位（见图中虚线圈出）。再进一步，用峰峰幅值、负峰幅值和正峰幅值这 3 个参数作出的三维散点图上，可以更清楚地显示这 4 类锋电位之间的区别（图 6-22E）。

利用锋电位波形的特征参数进行分类时，可以选择直观的幅值或宽度作为分类参数。但是，它们不一定是最佳的分类参数。由图 6-22 的示例可见，如果选择的参数不合适，就难以正确区分不同种类的锋电位。此外，使用多个特征参数有利于锋电位的正确分类。如果直接使用锋电位波形的所有采样数据，构成具有数十个分量的高维数据来进行分类，那么，就可以提高分类的正确性。但是，如果这样，数据量及其计算量都太大。主成分分析法可以将这种高维数据进行线性变换，提取出维数较小的特征空间的参数。而这个由主成分分量构成的低维参数保留了原始数据中的主要信息，因此，利用降维后的数据进行分类就不会影响锋电位分类的正确性。实际上，主成分分析是将原始数据通过坐标的线性变换转化到新的互不相关的正交坐标系中，并且，主成分按照方差的大小排列，方差与信号

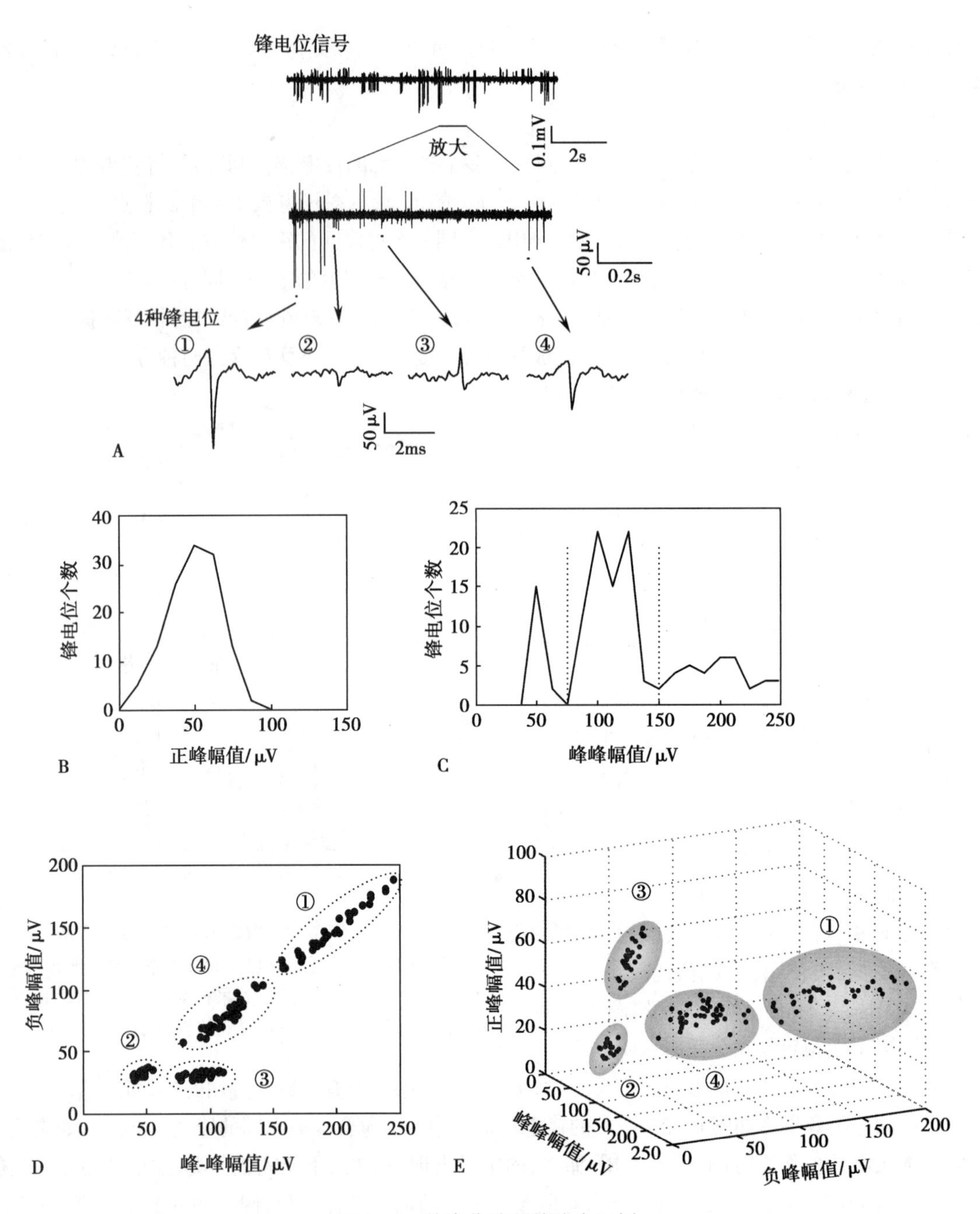

图 6-22　锋电位波形的分类示例

A. 锋电位记录信号及其局部放大图，可见其中包含 4 类锋电位波形；B 和 C 为分别用正峰幅值和峰峰幅值作的直方图；D. 用负峰幅值和峰峰幅值作的二维散点图；E. 用正峰幅值、峰峰幅值和负峰幅值作的三维散点图。

的能量和幅值等效。通常取前几个数值最大的主要成分，进行降维分析，就可以将锋电位分类。可见，利用主成分方法可以自动选择锋电位分类的最佳参数。

2. 模板匹配法分类　这种方法首先为每类锋电位建立一个标准的波形模板，然后，依次用每个模板对记录信号进行扫描匹配，求取信号采样点与模板上对应点之间的幅值之差的均方根之和。一旦某个时刻该数值小于所设定的阈值，那么，就认为记录信号上检测到与模板同类的一个锋电位。可见，这种方法可以在 MU 信号甚至原始宽频带记录信号上同时完成锋电位的检测和分类。当然也可以对于已检测到的锋电位进行分类，以减小匹配的计算量。

模板匹配法是一种可以实现在线锋电位检测和分类的方法。但是，这种方法的计算量较大；而且

检测结果与模板库中波形模板的正确建立密切相关;此外也需要设定合适的拟合度阈值。不过,模板匹配法可以在一定程度上解决锋电位重叠的问题,检出不同神经元几乎同时发放的锋电位。

(四) 多通道锋电位信号的检测和分类

利用微电极在细胞外记录锋电位时,单个测量点会同时记录到来自多个神经元的锋电位。如果其中有 2 个以上的神经元与该测量点之间的距离相似,那么,记录到的这些神经元所产生的锋电位的幅值和波形就可能很相似,仅凭借单通道记录信号难以确定这些锋电位究竟是来自同一个神经元还是来自多个不同的神经元。因此,需要多个通道同时记录的信号才能确定锋电位的来源。例如,使用 4 根捆绑在一起的金属丝微电极做记录(图 6-23),由于电极周围每个神经元与 4 个测量点之间的距离不同,在各记录通道上锋电位的幅值就不同。这样,同时利用 4 个通道的信号进行锋电位的检测和分类,就可以提高锋电位分析的正确性。这种电极被称为四极电极(tetrode)。

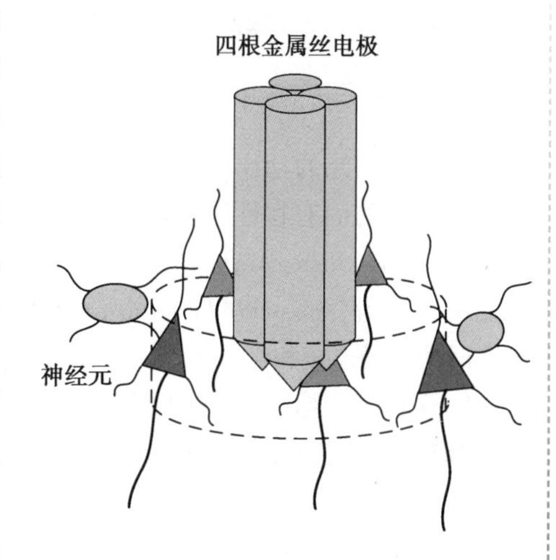

图 6-23　四极金属丝电极同时记录多个不同神经元的锋电位

测量点分布较密集的微电极阵列也可以作为 tetrode 来使用。例如,如图 6-24 所示,在双列 16 通道的微电极阵列上,中间的第 4 至第 7 通道的记录信号包含了多个神经元的锋电位。其中,第 4 通道上,三角形和圆形指示的锋电位之间的幅值差别较大,容易区分。但是,仅凭借该通道的信号却很难区分正三角和倒三角指示的两类锋电位。而这两类锋电位在第 6 通道的区别却很明显,此处倒三角指示的锋电位幅值很大,表明该神经元更接近第 6 通道的测量点。相反,产生正三角指示的锋电位的神经元则距离变远,在第 6 通道上几乎记录不到。这样,即使仅使用 4 个通道锋电位的峰峰幅值这一个参数,也就可以区分图中标出的 3 类锋电位了。

多通道锋电位信号的检测和分类方法与前面介绍的单通道相似。需要注意的是:检测锋电位时可以先采用阈值法逐个通道进行,然后,合并各个通道的检测结果。由于有些锋电位在几个通道上都会被检出,如图 6-24 倒三角所指示的锋电位在第 4、5、6 通道都会被检出,合并时需要去除重复检出的锋电位。

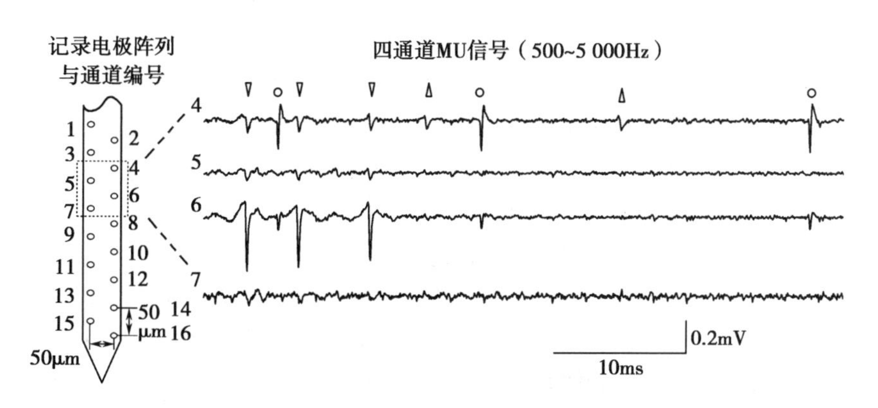

图 6-24　多通道锋电位记录信号

锋电位检测之后,多通道信号的分类则可以同时使用 4 个通道的波形参数。例如,4 个通道的峰峰幅值和(半高)宽度就可以构成 8 个特征参数的锋电位分类,分类的正确性远高于单通道。

经过锋电位的检测和分类以后,可以获得来自各个不同神经元的动作电位发放的脉冲时间序列。这种序列中所包含的丰富信息可以用本章第四节介绍的脉冲序列分析方法来研究。

第四节　神经电信号的分析方法

不同的检测方法所测得的神经电信号各不相同，包含的信息不同，分析方法也不同。下面分别介绍近场记录的锋电位脉冲序列和远场记录的脑电图的基本分析方法。

一、神经元脉冲序列的分析方法

每个神经元的动作电位发放所形成的脉冲序列不仅包含神经元响应外界刺激的编码信息，也包含神经元的固有特性。利用脉冲发放间隔直方图（inter-spike-interval histogram）和自相关直方图（autocorrelation histogram）等方法分析这些脉冲序列的特点，就可以揭示神经元不同的特性；或者利用互相关直方图（cross-correlation histogram）研究不同神经元的脉冲序列之间的关系，就可以研究神经元之间的相互连接和信号传递。下面介绍这些方法。

（一）神经元脉冲序列的时间间隔直方图

脉冲发放间隔直方图是研究神经元发放特性的主要方法之一，既可以进一步考察锋电位分类的正确性，又可以推测锋电位来自何种类型的神经元，例如，是来自锥体细胞还是中间神经元等。

脉冲发放间隔直方图的建立方法是：依次求取脉冲序列中前后两个相邻锋电位之间的时间间隔（inter-spike-interval，ISI），以 ISI 为横坐标；并按照一定的分辨率（如 2ms）将此时间坐标分割成等间距的小区间(bin)，累计落入各个区间的脉冲间隔 ISI 的个数作为纵坐标，即为直方图。其数学定义如下。

将神经元脉冲序列表示为具有单位幅值的冲激函数之和，即（式 6-40）：

$$f(t)=\sum_{k=1}^{N}\delta(t-t_k) \tag{6-40}$$

式中，$\delta(t)$是单位冲激函数，t 是时间，t_k 是第 k 个锋电位出现的时刻，N 是某个时段内锋电位脉冲总数。则脉冲发放间隔 ISI 的直方图 $I(\tau)$就是式（6-41）：

$$I(\tau)=\sum_{k=2}^{N}\delta(t_k-t_{k-1}-\tau) \tag{6-41}$$

将连续时间 τ 离散化，分成小区间 τ_j，j=1，2，3…。设 τ_j 所包含的时间范围为 $\tau_j\leqslant\tau<\tau_{j+1}$，$\tau_{j+1}-\tau_j\equiv\Delta\tau$ 为区间（bin）的大小，决定了直方图的时间窗分辨率。这样，$I(\tau)$就是前后两个相邻脉冲的时间间隔（t_k-t_{k-1}）落入 τ_j 区间的个数，即 τ_j 区间上直方图的数值。

如图 6-25 所示是大鼠海马区记录的 2 个不同神经元的锋电位序列小段示例以及它们的脉冲发放间隔直方图。这两个神经元分别是海马区主神经元（锥体细胞，pyramidal cell）和中间神经元（interneuron）。可见，ISI 直方图可以反映如下锋电位发放的特性：①清楚地显示出动作电位产生的不应期，也就是，在直方图时间坐标的零点附近没有锋电位。反之，如果所得到的直方图在零点左右没有清晰的空隙，则很可能是锋电位分类不正确造成的，来自其他神经元的发放脉冲被归类在一起了。②ISI 直方图显示了锥体细胞和中间神经元具有不同的发放规律。锥体细胞的直方图在 ±3ms 左右存在尖峰，说明这种神经元经常是爆发式（burst）的簇状发放，也就是相距紧密的几个脉冲一起出现，见图 6-24 倒三角指示的锋电位。而中间神经元的直方图比较均匀，没有特别明显的尖峰，说明中间神经元的发放是单脉冲随机性的，见图 6-24 圆圈指示的锋电位。实际上，神经元还可能存在其他多种不同的发放形式，也可以由 ISI 直方图体现。因此，ISI 直方图可用于分析神经元产生动作电位的不应期和发放模式（如簇状发放和均匀发放等）。

（二）神经元脉冲序列的自相关直方图

神经元脉冲发放间隔 ISI 直方图其实是脉冲序列自相关函数的一部分。式 6-40 表示的神经元脉冲序列的自相关函数为：

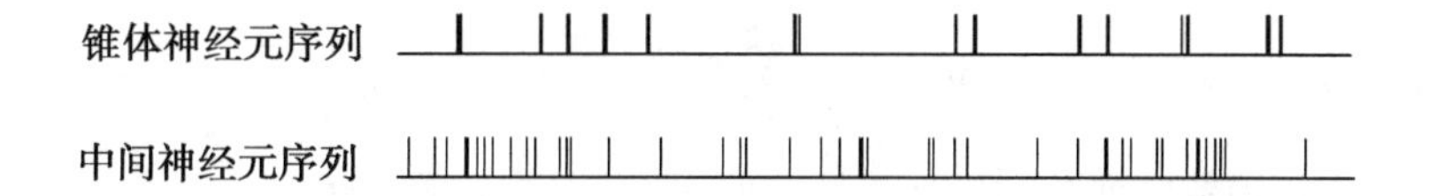

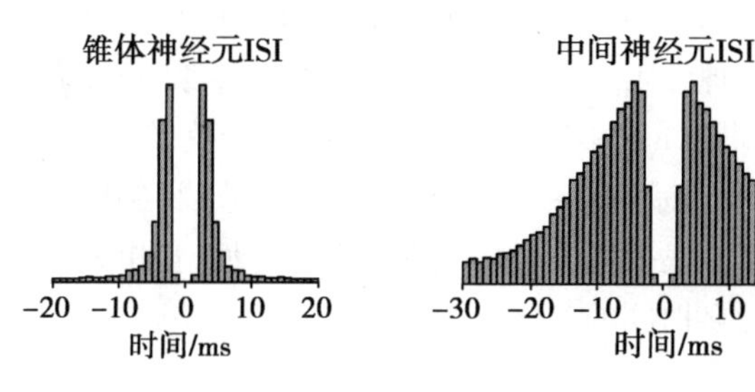

图 6-25　大鼠海马区记录的锥体细胞和中间神经元的 ISI 直方图

$$\varphi_{ff}(\tau) \equiv \int f(t)f(t-\tau)dt = \int \sum_{k=1}^{N} \delta(t-t_k) \sum_{l=1}^{N} \delta(t-t_l-\tau)dt = \sum_{k=1}^{N}\sum_{l=1}^{N} \delta(t_k-t_l-\tau) \tag{6-42}$$

此式(6-42)可以分解为式(6-43)：

$$\varphi_{ff}(\tau) = N\delta(\tau) + \sum_{k=2}^{N} \delta(t_k-t_{k-1}-\tau) + \sum_{k=3}^{N} \delta(t_k-t_{k-2}-\tau) + \cdots \tag{6-43}$$

式(6-43)中每一项分别对应于式 6-42 的 $l=k$,$l=k-1$,$l=k-2$ 等,依次类推。因此,自相关函数仍然是 δ 函数序列。如果将连续时间 τ 离散化,分成小区间 τ_j,$j=1,2,3\cdots$。设 τ_j 所包含的时间范围为 $\tau_j \leqslant \tau < \tau_{j+1}$,$\tau_{j+1}-\tau_j \equiv \Delta\tau$。这样,$\varphi_{ff}$ 函数中落入 τ_j 区间的所有 δ 函数个数之和就是该区间上自相关直方图的数值。

式(6-43)第一项表示 $\tau=0$ 时的常数 N,也就是脉冲序列中锋电位的总数。如果给定序列的时间长度,那么,这一项反映了锋电位的平均发放率。第二项即是两两相邻脉冲(第 k 个与第 $k-1$ 个)之间的间隔,也就是式(6-41)表示的 ISI 直方图的数值。第三项也是脉冲间隔数值,是每隔一个脉冲的时间间隔,即第 k 个与第 $k-2$ 个脉冲之间的间隔(图 6-26),是二阶间隔。以后各项对应于更高阶的脉冲间隔数值。

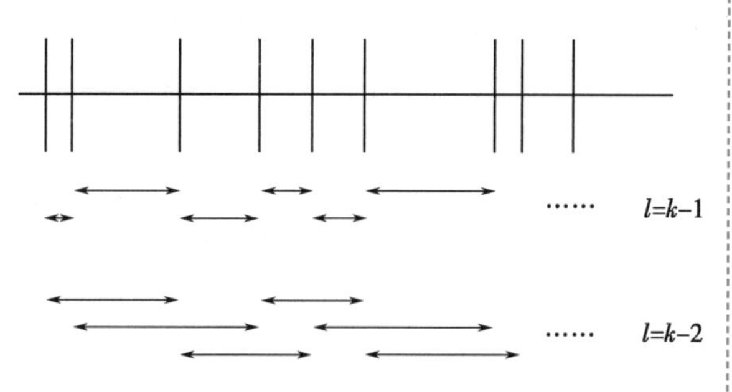

图 6-26　不同阶次的脉冲间隔直方图的计算方法示意图

这种神经元脉冲序列的自相关直方图可用于分析神经元的不应期和节律性发放。例如,海马区的神经元会呈现 θ 节律的发放,它们的自相关直方图也会表现为 θ 节律的波形。

(三) 神经元脉冲序列的互相关直方图

两个不同神经元脉冲序列之间的关系,或者某个神经元的脉冲序列与外界刺激事件序列之间的关系,都可以用互相关函数来分析。其定义与自相关直方图的定义类似。假设式(6-40)表示某个神经元 A 的脉冲序列,即：

$$f(t) = \sum_{k=1}^{N_A} \delta(t-t_k) \tag{6-40}$$

而另一个神经元 B 的脉冲序列为式(6-44)：

$$g(t) = \sum_{l=1}^{N_B} \delta(t-t_l) \tag{6-44}$$

则两者的互相关函数为式(6-45)：

$$\varphi_{fg}(\tau) \equiv \int f(t)g(t-\tau)dt = \int \sum_{k=1}^{N_A} \delta(t-t_k) \sum_{l=1}^{N_B} \delta(t-t_l-\tau)dt = \sum_{k=1}^{N_A} \sum_{l=1}^{N_B} \delta(t_k-t_l-\tau) \tag{6-45}$$

可见互相关函数也是 δ 函数序列。如果将连续时间 τ 离散化，分成小区间 τ_j，j=1，2，3…。设 τ_j 所包含的时间范围为 $\tau_j \leqslant \tau < \tau_{j+1}$，$\tau_{j+1}-\tau_j \equiv \Delta\tau$ 为区间的大小，就可以获得互相关直方图。图 6-27 显示了式(6-45)表明的含义。将神经元 A 的脉冲序列 $f(t)$ 看作参考序列，统计神经元 B 的序列 $g(t)$ 的脉冲与各个参考脉冲之间的间距(interval)落入各 $\Delta\tau$ 区间的个数；然后叠加求和，就得到两者的互相关直方图。横坐标为时间 τ，纵坐标为脉冲(即锋电位)个数。如果将纵坐标的脉冲数值除以总数，则可获得不同 $\Delta\tau$ 区间内神经元 B 发生锋电位的概率。由此可见，互相关直方图反映了相对于神经元 A 序列的神经元 B 的发放概率随时间的变化。

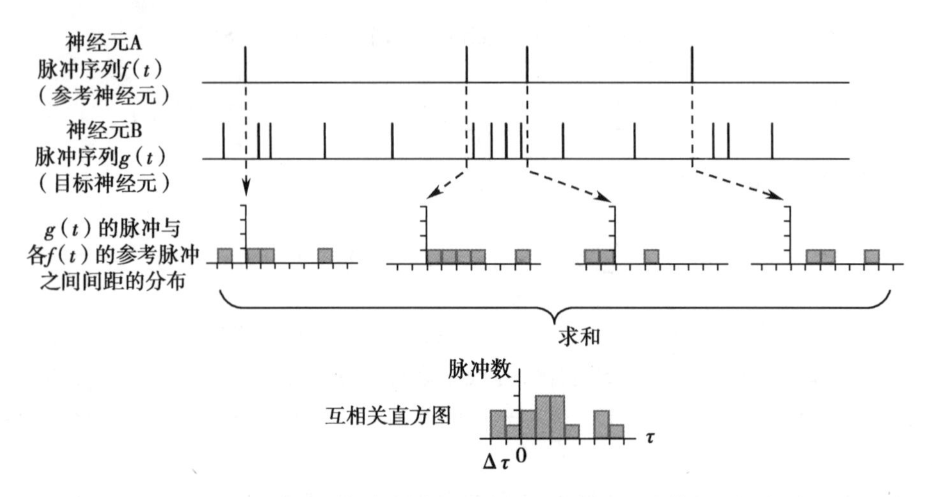

图 6-27　两个神经元脉冲序列之间互相关直方图的计算方法示意图

假设两个神经元的脉冲序列相互独立，互不相关，则互相关直方图上每个 $\Delta\tau$ 区间的期望值应该为 $E=N_A N_B \Delta\tau/T$，其中，N_A 和 N_B 分别是两个神经元的脉冲总数，T 为数据段的总时间长度。

根据神经元脉冲序列的互相关直方图，可以判断两个神经元之间是否存在直接的单突触连接关系。如果存在，则突触前神经元发放动作电位之后，经过数毫秒(如 2~5ms)轴突和突触传导的延时，突触后神经元可能被兴奋或者被抑制。图 6-28 显示了三种具有直接单突触连接的两个神经元脉冲发放的互相关直方图。图 6-28A 中的参考神经元(锥体神经元)通过兴奋性突触连接于目标神经元，两者的互相关图在 2ms 左右处存在一个大幅值尖峰，表示突触前神经元的发放触发了突触后神经元的发放。图 6-28B 中的参考神经元(中间神经元)通过抑制性突触连接于目标神经元，则两者的互相关图在零点之后紧跟着一个明显的空隙，表示目标神经元被抑制，锋电位发放数量明显减少。而图 6-28C 则显示了另一种存在双向突触连接的情况：参考神经元(中间神经元)有抑制性突触作用于目标神经元，而目标神经元反过来又有兴奋性突触作用于参考神经元。这种相互的突触连接关系也能在互相关直方图上反映出来，即在零点左侧有一个大幅值尖峰，而在零点右侧则存在一个空隙。

不过，存在单突触连接的成对神经元中，突触前神经元的锋电位并不一定能够诱发(或抑制)突触后神经元的锋电位。因为，每个神经元的细胞膜上可能存在成千上万个突触连接，通常需要同时接收到数十个突触的兴奋性输入才能使其产生动作电位。突触前单个神经元的兴奋只能提高(或减弱)突触后神经元产生动作电位的概率，由此在互相关直方图上形成尖峰或者空隙。

如果参考序列 $f(t)$ 不是神经元的脉冲序列，而是某种外界刺激的序列，例如，是一系列重复刺激中每个刺激起始点的时间标记。那么，利用式(6-45)的互相关函数就可以分析某个神经元(B)的脉冲序列与外界刺激事件序列(A)之间的关系。将式(6-45)改写为式(6-46)：

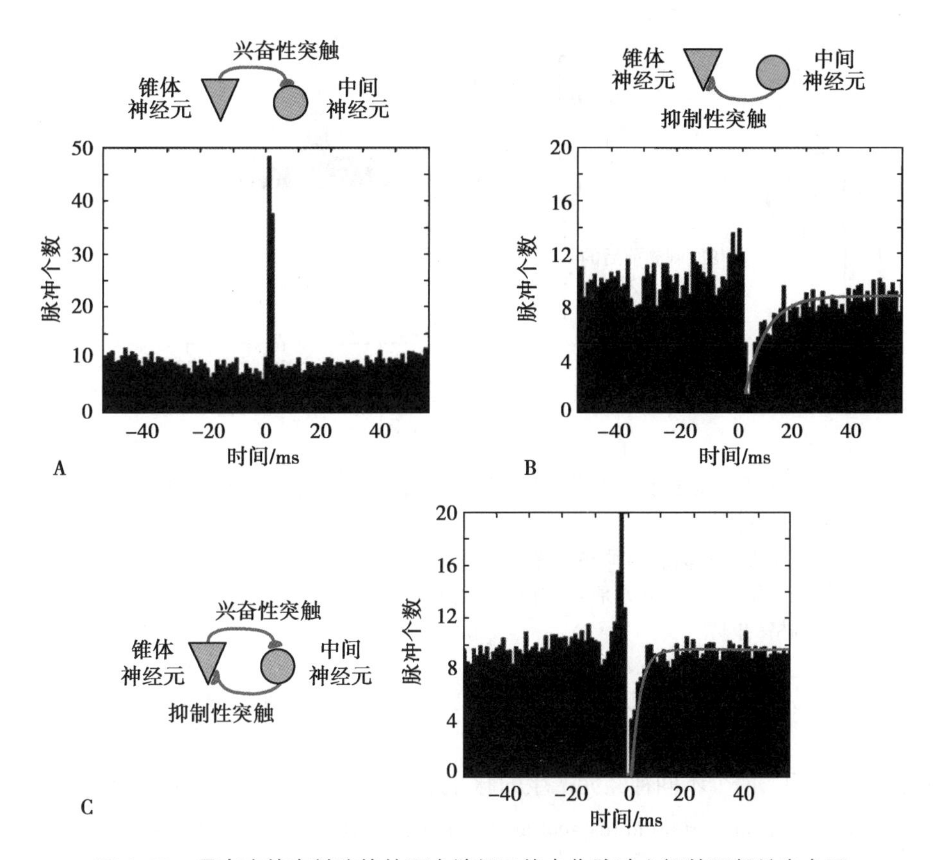

图 6-28　具有直接突触连接的两个神经元锋电位脉冲之间的互相关直方图

A. 兴奋性突触连接；B. 抑制性突触连接；C. 同时存在兴奋性和抑制性相互连接的两个神经元。

$$\varphi_{fg}(\tau)=\sum_{k=1}^{N_A}\Big[\sum_{l}\delta(t_l-t_k-\tau)+\sum_{l}\delta(t_l-t_k-\tau)\Big] \tag{6-46}$$

$$(t_k<t_l<t_{k+1}) \qquad\qquad (t_l\geqslant t_{k+1}\text{或 } t_l\leqslant t_k)$$

此式右边大括号中的第一项是神经元 B 的序列 $g(t)$ 中各脉冲与前面最邻近的 $f(t)$ 刺激脉冲之间的间隔落入各 $\Delta\tau$ 区间的累计数；第二项则是 $g(t)$ 序列中各脉冲相对于 $f(t)$ 的其他刺激脉冲之间的间隔落入各 $\Delta\tau$ 区间的累计数。

如果施加的刺激脉冲之间的时间间隔足够长，下一个刺激到来时，前一个刺激对于神经元 B 的脉冲发放的影响已完全消逝。则式(6-46)的第一项就是常用的刺激后时间直方图(peri-stimulus time histogram，PSTH)的定义，也就是 N_A 次刺激诱发的神经元脉冲发放时间直方图之和。它可以换算为发放概率表示的直方图。如果直方图中存在明显的波峰，则表示该神经元的响应与刺激相关；反之，如果直方图的分布均匀平坦，则表示神经元的发放随机出现，与刺激无关。PSTH 是分析外界刺激诱发神经元响应的方法之一。下面详细介绍 PSTH 以及联合刺激后散点图和联合刺激后时间直方图等神经元响应外界刺激的锋电位序列分析方法。

(四) 外界刺激诱发的神经元脉冲发放分析

1. 刺激后时间直方图　单个神经元对于外界刺激的响应可以用刺激后时间直方图 PSTH 来分析。PSTH 测量的是，给定的数次重复刺激中，神经元发放动作电位的响应的平均强度，其定义见式 6-46 的第一项。PSTH 的计算方法是：以刺激发生时刻作为时刻“0”，将时间横坐标均匀分割成具有一定分辨率的小区间 $\Delta\tau$，累计各个刺激响应周期中落入各区间 $\Delta\tau$ 的锋电位脉冲个数，做出直方图。如图 6-29 所示是猴子接受显示屏的视觉刺激信号时，在脑内海马区记录的神经细胞锋电位脉冲的

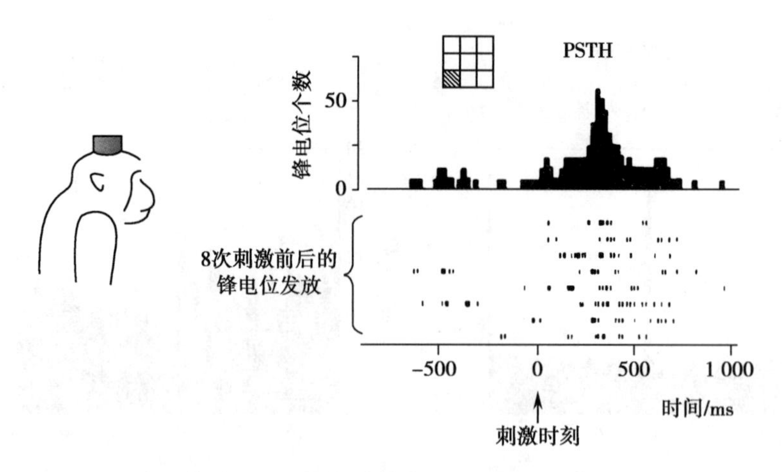

图 6-29　猴子接受显示屏的视觉刺激时大脑海马区某个神经元锋电位发放的 PSTH 图

右下方是 8 次刺激前后的神经元锋电位光栅图，每条短竖线（即光栅）表示一个锋电位脉冲；右上方是 PSTH 图，其中的插图表示刺激信号是屏幕左下角网格的闪亮。

PSTH 图。可见，猴子注视的显示屏左下方网格的闪亮刺激，会引起神经元发放数量的增加，在 PSTH 图上呈现出明显的波峰。

2. 联合刺激后散点图　两个不同神经元产生的脉冲序列 A 和 B，与同一个刺激信号之间的关系可以用联合刺激后散点图（joint peri-stimulus scatter diagram，JPSSD）来描述。JPSSD 是二维平面上的散点图，涉及 3 个时间序列之间的关系（图 6-30A）。其建立方法如图 6-30B 所示。纵坐标表示序列 A 的脉冲与刺激信号之间的时间间距 I_{AS}；横坐标表示序列 B 的脉冲与刺激信号之间的间距 I_{BS}。若设刺激时刻为 t=0，序列 A 在 t_A 时刻有发放脉冲，序列 B 在 t_B 时刻有发放脉冲，则二维坐标平面的（t_A，t_B）位置上画一点。依次将一个刺激周期的所有点画出；然后，同理画出其他刺激周期的点。得到所有刺激周期的脉冲发放分布的叠加图，就是联合刺激后散点图。

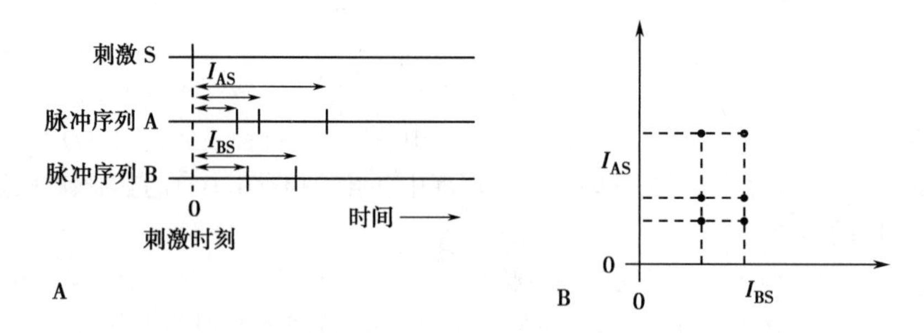

图 6-30　描述刺激 S 与两神经元脉冲序列 A 和 B 之间关系的联合刺激后散点图

A. 一个周期的刺激信号 S 及其与神经元脉冲序列 A 和 B 之间的间隔；B 三者的联合刺激后散点图。

下面举例说明 JPSSD 图上反映的刺激信号与神经元 A 和 B 之间的不同关系，同时结合 A 和 B 的互相关直方图和各自的 PSTH 图：

（1）如果两个神经元 A 和 B 的发放完全独立，并且与刺激信号 S 也无关；那么，JPSSD 图上的散点分布均匀。A 和 B 序列的互相关直方图以及 A、B 各自的 PSTH 图都比较平坦，没有明显的波峰（图 6-31A）。

（2）如果两个神经元 A 和 B 的发放仍然独立，但是，其中一个神经元 B 的发放受到刺激输入的兴奋性影响，那么，在 JPSSD 图上，平行于纵坐标出现一条明显的高密度带，表示在刺激作用下经过一

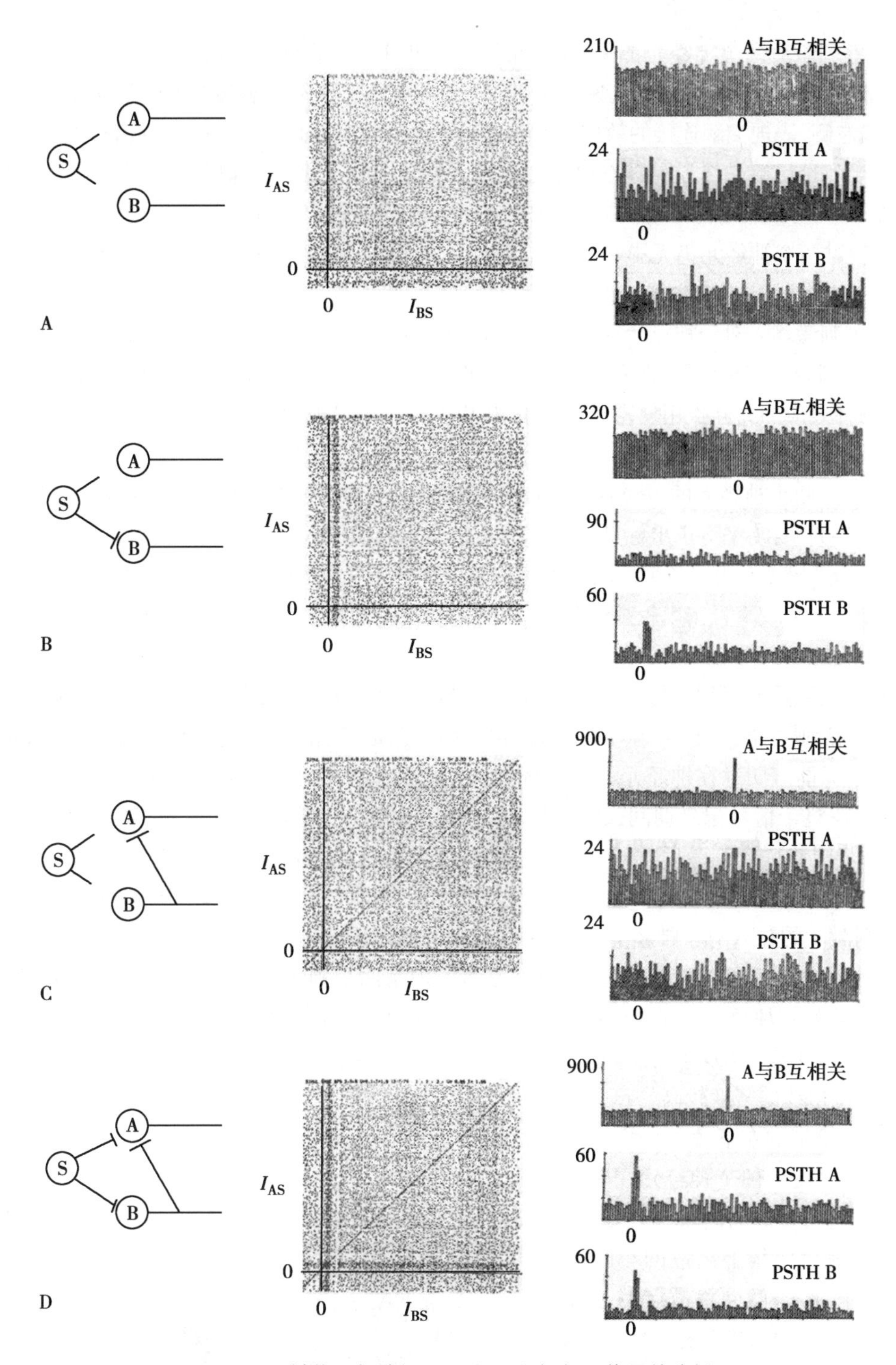

图 6-31　刺激 S 与神经元 A 和 B 之间相互作用的分析

A. 刺激无作用，并且两个神经元之间相互独立；B. 刺激只兴奋神经元 B；C. 刺激无作用，神经元 B 兴奋神经元 A；D. 刺激同时兴奋神经元 A 和 B，而且神经元 B 兴奋神经元 A。各图从左到右依次为连接关系示意图、JPSSD 图、A 与 B 的互相关图以及 A、B 各自的 PSTH 图。

定潜伏期之后，神经元 B 的发放增加。刺激的兴奋性作用使得神经元 B 的 PSTH 图上出现一个尖峰。而神经元 A 的 PSTH 以及 A 与 B 的互相关直方图仍然平坦（图 6-31B）。同理，如果刺激输入对于神经元 A 和 B 都有兴奋性作用，而 A 和 B 两个神经元之间仍然无直接的连接，则 JPSSD 图上会同时出现平行于纵坐标和横坐标的两条明显的高密度带。相应地两个神经元的 PSTH 图上也都会出现尖峰。神经元 A 与 B 的互相关直方图零点附近也出现尖峰，表示两个神经元同时受到同一个输入的控制。

(3) 如果刺激对两个神经元都无影响,而神经元 B 通过兴奋性的突触连接作用于神经元 A。那么,JPSSD 图上无平行于坐标轴的高密度条带,但是,会出现一条较高密度的对角线条带,平行于主对角线但稍偏左侧,表现突触连接的效应。对角线的偏移和宽度体现了突触作用的潜伏期和持续时间。神经元 A 与 B 的互相关直方图零点附近会出现大幅值尖峰。因为与刺激输入无关,两个神经元的 PSTH 图则较平坦(图 6-31C)。如果存在第三个神经元 C,通过兴奋性突触连接同时作用于神经元 A 和 B,而刺激对两个神经元仍无影响。那么,JPSSD 图上也会出现高密度的对角线条带,神经元 A 与 B 的互相关直方图上也会有尖峰。

(4) 如果刺激输入对于神经元 A 和 B 都有兴奋性作用,并且,神经元 B 通过兴奋性突触连接作用于神经元 A。那么,JPSSD 图上既存在平行于纵坐标和横坐标的两条高密度带,也具有高密度的对角线条带。两种效应的共同作用使得 A 与 B 的互相关直方图出现大幅值尖峰,两个神经元的 PSTH 图上也出现尖峰(图 6-31D)。

由此可见,两个神经元的 JPSSD 图可以清楚地反映外界刺激对于神经元的作用,以及神经元之间的相互连接关系:①平行于坐标轴的高密度条带表示刺激输入对于神经元的兴奋性作用。②平行于主对角线的高密度对角线条带反映各个时刻两个神经元发放的同步性,而且,两者之间直接的兴奋性突触连接表现为较窄且密度较高的条带,而两者共同受到第三方作用所引起的同步发放则可能产生较宽且稀疏的对角线条带。

3. 联合刺激后时间直方图　两个神经元 A 与 B 之间的互相关直方图以及联合刺激后散点图 JPSSD 都可以反映两神经元脉冲序列之间的相关性。但是,互相关直方图计算的是整个脉冲序列的统计平均值,只能表明存在神经元 A 的发放超前或落后于神经元 B 的发放的关系,却不能明确这种关系是发生在整个信号记录期间,还是只发生在其中的某个时间段。如果根据联合刺激后散点图 JPSSD 进一步建立联合刺激后时间直方图(joint peri-stimulus time histogram,JPSTH),那么,就可以研究神经元之间互相关的动态变化,也可以反映外界刺激对于神经元之间关联性影响的时间过程。

假设刺激 S 的输入对于神经元 A 和 B 都有兴奋性作用,并且神经元 B 通过兴奋性突触连接作用于神经元 A。如图 6-32 所示,左上方的正方形框内是两个神经元脉冲发放的联合刺激后散点图 JPSSD,纵坐标旁是神经元 A 的 PSTH,横坐标下是神经元 B 的 PSTH。由于刺激对神经元 A 和 B 都有兴奋作用,散点图上出现平行于两个坐标轴的宽带。神经元 B 对神经元 A 有兴奋性输入,因此,存在平行于主对角线的密度较高的窄条带。而且,此对角线条带的左下角部分集中分布着密度更高的点,说明两个神经元在邻近刺激输入的短时间内发放的同步程度更高,然后逐渐减弱。将对角线上离散的小时间区间 $\Delta\tau$ 作为横坐标,区间网格散点的累计数作为纵坐标,作出的直方图就是 JPSTH(图 6-32 右图的对角线处)。JPSTH 下方重复显示了神经元 B 的 PSTH。两个神经元的互相关直方图则显示在右上角。JPSTH 图上紧跟刺激之后的波峰表明这种刺激增强了神经元 A 与神经元 B 脉冲发放的同步性。

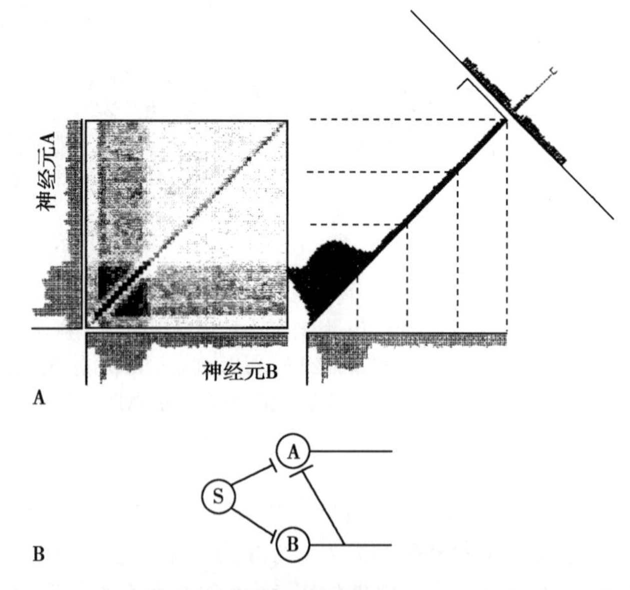

图 6-32　联合刺激后时间直方图 JPSTH 的建立方法
A. 两个神经元的 JPSSD 图和 JPSTH 图;B. 刺激 S 以及两个神经元 A 和 B 之间的连接示意图。

上述有关神经元脉冲序列的分析方法均基于微电极在神经元附近测得的锋电位信号(即细胞外记录的动作电位信号),属于近场记录信号的分析。近场记录除了锋电位之外,还有局部场电位,它的分析方法与远场记录

的脑电图等的分析方法相似，本文不单独介绍。下面介绍脑电图的基本分析方法。

二、脑电图 EEG 的分析方法

头皮外记录的脑电图 EEG 远离脑内的神经细胞，属于远场信号，记录的主要成分是突触电位和超极化电位等较低频率神经信号的整合电位。虽然 EEG 的空间分辨率和时间分辨率都远低于邻近神经细胞的近场信号（如锋电位），但是，EEG 是一种无创记录技术，应用的范围较广。临床上，EEG 可用于多种脑神经系统疾病的诊断，如癫痫、脑肿瘤、脑损伤、脑发育异常、感觉神经通路异常、意识障碍等的诊断；也常用于脑手术后监测、危重患者监测、睡眠监测和麻醉深度监护等；也可用于瘫痪患者的康复和辅助治疗，如非侵入式脑 - 机接口技术等。此外，EEG 在认知、语言和行为等研究中也具有广泛的应用。

EEG 信号可以分为自发和诱发信号两大类。自发信号是指没有特定外界刺激时脑内的电活动；诱发信号是指人为给定外界刺激作用于感觉器官时，脑内神经元的响应电位，如视觉诱发电位、听觉诱发电位和各种触觉诱发电位等。自发 EEG 和诱发 EEG 的分析方法不同，自发 EEG 的常用方法是节律波的频率分析；而诱发 EEG 则衡量诱发波的幅值和潜伏期等指标。此外，由于诱发 EEG 的幅值很小（1~30μV），通常淹没于自发 EEG 之中；因此，需要多次重复刺激时记录的信号经过叠加平均处理，才能获得信噪比足够高的诱发电位信号用于研究。本文不详细介绍诱发 EEG 的分析方法，下面主要介绍自发 EEG（简称 EEG）的分析。

EEG 记录的是神经电信号的时间序列，具有较强的随机性，波形不规则。临床上常通过辨别 EEG 中包含的不同频率成分的节律波来判断大脑的状态。按照频率从低到高的顺序，EEG 的节律波分为：

（1）δ 波：频率为 0.5~4Hz，幅值为 20~200μV。婴儿或智力发育不成熟的人，或者正常成年人在极度疲劳、昏睡或麻醉状态下，可在颞叶和顶叶记录到这种波。

（2）θ 波：频率为 4~8Hz，幅值为 10~30μV。成年人意愿受挫、抑郁或者患精神病时这种波较显著，它通常代表大脑皮质的抑制状态。但此波是少年（10~17 岁）脑电图中的主要成分。

（3）α 波：频率为 8~13Hz，幅值为 20~100μV。它是正常成年人脑电图的基本节律波，如果没有外界的刺激，其频率相当恒定。在清醒、安静且闭目时该节律最明显，睁开眼睛（受到光刺激）或接受其他刺激时，α 波即刻消失。这种现象被称为 α 波阻断。在枕叶和顶叶后部记录到的 α 波最显著。

（4）β 波：频率为 14~30Hz，可细分为 β_L（14~20Hz）和 β_H（20~30Hz）两个波段，幅值为 20~30μV。当精神紧张、情绪激动或亢奋时出现此波；从睡梦中惊醒时原来的慢波节律也可被 β 波替代。β 波通常代表大脑皮质的兴奋状态。

上述 δ 和 θ 波又称为慢波，而 β 波及以上频率的波则称为快波。正常成年人清醒、安静且闭目时的基本节律波多数为 α 波，仅混有少量（小于 15%）的低幅值 θ 波和 β 波。不过，有 6% 左右成年人的基本节律波为 β 波。

EEG 的节律波可以利用时间域、频率域或两者结合的方法来分析，因此，其分析方法可分成时域、频域和时频三大类。

（一）脑电图的时域分析法

时域法直接在随时间变化的 EEG 记录中提取信号波形的特征，如幅值和周期等。由于其直观性强、物理含义明确，因此这类方法最早开始使用。早先是人工目测分析，后来利用计算机开发的分析算法和软件可以实现自动分析。EEG 的时域分析法主要有：峰值测量、过零点分析、直方图分析、方差分析、相关分析等。可用于测量 EEG 节律波的幅值和周期、识别癫痫 EEG 的棘波、预测癫痫发作、检测睡眠 EEG 的特征波（如纺锤波）等。

例如，过零点分析法检测 EEG 信号中每两个相邻过零点之间的时间作为半波宽，计算两倍半波宽（即周期）的倒数就得到波形的频率；还可以计算波峰、波谷的幅值或者峰峰幅值；或作出周期、频率

和幅值等参数的直方图。此外，通过计算 EEG 数据序列的方差或标准差，可以识别 EEG 中包含的痫样棘波。因为棘波的幅值很大，意味着较大的数值变化，会明显增大 EEG 的方差。

EEG 的时域分析法通常不需要假设其为平稳随机信号，而频域分析法则通常要求信号具有平稳性（或者分段平稳性）。

（二）脑电图的频域分析法

频域上分析 EEG 所包含的各个频段的功率（能量）时，常用的方法是功率谱估计，通常有参数法和非参数法两大类谱估计方法。

参数法又称为现代谱估计法，它假设 EEG 是由白噪声经过某个系统之后产生的输出信号，如果系统的模型参数和输入已知，那么，输出信号 EEG 的功率谱密度函数就可以由系统的功率传递函数来确定。因此，通过建立系统模型就可以估计 EEG 的功率谱。常用的系统模型有 AR、MA 和 ARMA 模型等。这种谱估计法的频率分辨率高，但它对于信号的平稳性和信噪比要求较高，适用于较短的分段 EEG 信号分析。

非参数法又称为经典谱估计法，常用的有两种基本算法：一是根据样本函数的傅里叶变换建立谱估计，被称为直接法或者周期图法；二是基于频谱密度函数就是自协方差函数的傅里叶变换的原理，通过自相关函数的傅里叶变换来获得谱估计，被称为间接法。

下面以周期图法为例，介绍 EEG 的功率谱估计及其应用。

假设某信号 $x(n)$ 的采样频率为 f_s，则其采样周期为 $\Delta t=1/f_s$，并设 $x(n)$ 的总长度为 N 个采样点，则其离散数据序列为 $x(1), x(2), \cdots, x(N)$。其离散傅里叶变换（discrete Fourier transform，DFT）为式（6-47）

$$X(f)=\Delta t\sum_{n=1}^{N}x(n)e^{-2\pi jf_n\Delta t} \tag{6-47}$$

式中，频率 f 的取值范围是 $-f_s/2\leqslant f\leqslant f_s/2$，其分辨率是 $\Delta f=1/(N\Delta t)$。因此，$X(f)$ 是以 Δf 等频率间隔均匀分布的 N 点离散序列。每个频率 f 上的能量就是 $X(f)$ 模的平方。将能量除以整段数据的时间长度 $N\Delta t$，就得到功率值。而单位频率上的功率就是功率谱密度。如果 $x(n)$ 的数据都是实数（从实际信号采样获得的就是实数），那么，负频率的功率谱与正频率的功率谱对称，因此，只需要计算正频率的那一半功率谱就可以了。

对于 EEG 这样的随机信号，仅用一段信号估计的功率谱方差太大，可能没有意义。可以采用经典的周期图法来估计功率谱，也称 Bartlett 法。其主要思想是将整段长为 N 个采样点的信号平均分成 K 段，分别求各段信号的周期图后，再求平均值，这样，可以减小功率谱的方差。设 $X_i(f)$ 是第 i 段 EEG 信号 $x_i(n)$ 的傅里叶变换，则功率谱估计 $P(f)$ 为式（6-48）

$$P(f)=\frac{1}{K}\sum_{i=1}^{K}X_i(f)X_i^*(f) \tag{6-48}$$

计算傅里叶变换的信号的时间长度决定了功率谱的频率分辨率。而信号分段缩短了这个长度，使得分段后估计得到的功率谱的分辨率只有原信号的 $1/K$；因此，选择分段数目时要兼顾功率谱的方差和分辨率。为了提高频率分辨率，各个分段之间可以重叠，重复使用，这种功率谱估计的周期图改进法称为 Welch 法。设相邻两个分段的起始点之间相隔 D 个采样点，每个分段包含 M 个采样点；则分段数 $K=(N-M)/D+1$。数据重叠的百分比率为 $(M-D)/M$ 100%。如果给定分段的长度，增加重叠率可以增加分段数；如果给定分段数，则增加重叠率可以增加每段信号的长度。不过，重叠率过高也不能改善功率谱的方差，通常重叠率可取 50% 左右。

采样信号序列在频域和时域上都有各自的分辨率和（长度）范围。应用周期图法估计 EEG 功率谱时要注意频域和时域的分辨率和范围以及它们之间的关系。在频域上，功率谱的频率分辨率取决于时域上用于计算傅里叶变换的信号（即分段后的信号）的时长，两者互为倒数关系。例如，10s 时长信号的功率谱的分辨率为 0.1Hz；而 0.1s 时长信号的功率谱的分辨率则降为 10Hz，因为 0.1s 时间内

不可能包含 10Hz 以下的长时间波形。并且，功率谱是周期性重复的，其周期即为时域上的采样频率 f_s。对于实数信号，功率谱的正频率范围是 $0 \sim f_s/2$。例如，采样频率为 1 000Hz 的信号的功率谱的上限频率为 500Hz，因为该采样频率无法完整采集到 500Hz 以上的高频波形。在时域上，信号的分辨率(即采样周期)为 $\Delta t = 1/f_s$，是功率谱周期的倒数；而信号的时长就是功率谱分辨率的倒数。由此可见，时域和频域之间的关系存在对称性。了解这些关系有助于 EEG 功率谱分析的正确应用。

使用周期图法估计功率谱时还需要注意的另一个问题是频谱泄漏效应。从记录信号中截取一段时间序列计算功率谱时，等效于在时域上给信号添加了一个矩形截断窗。此窗的频谱特性具有较大的旁瓣，容易产生泄漏，使估计的功率谱与真实谱之间产生较大偏差。因此，计算功率谱时通常先将每个分段信号乘以旁瓣较小的非矩形窗函数，如汉明窗(Hamming)、汉宁窗(Hanning)等，以减小泄漏效应。

此外，为了减小低频段频谱估计的偏差，在计算功率谱之前，还需要去除各分段信号的平均分量和直线分量等趋势项。

常用的信号处理软件 MATLAB 等都可以方便地用于计算 EEG 的功率谱。例如 MATLAB 提供的函数 pwelch( )就可用于计算 Welch 周期图法估计的功率谱密度。其调用格式为式(6-49)：

[Pxx, f]=pwelch(x, window, noverlap, nfft, fs)　　(6-49)

式中，x 为信号序列；window 为选择的窗函数并给定分段的长度；noverlap 为分段之间重叠的数据点数；nfft 为计算傅里叶变换的数据点数；fs 为数据的采样频率。当 nfft 取值为 2 的幂时，程序采用快速傅里叶变换算法(fast Fourier transform, FFT)，可以提高运算速度。窗函数的长度必须小于或等于 nfft，否则会出错。返回量中，Pxx 为信号 x 的功率谱；f 为频率向量，它与 Pxx 相对应，两者长度相同。

此函数还可以返回功率谱估计的置信区间，有关调用格式详见各版本 MATLAB 软件的帮助信息。

作为示例，图 6-33 显示的是某成年被试者清醒、安静且闭目时中央(C3, C4)和枕叶(O1, O2)的 EEG 信号及其功率谱。EEG 信号的时长为 10s，采样频率为 250Hz。采用 Welch 周期图法估计功率谱，分段长度为 256 个采样点，使用汉宁窗，重叠率为 50%。可见，被试者安静无任务时(图 6-33A)，各导

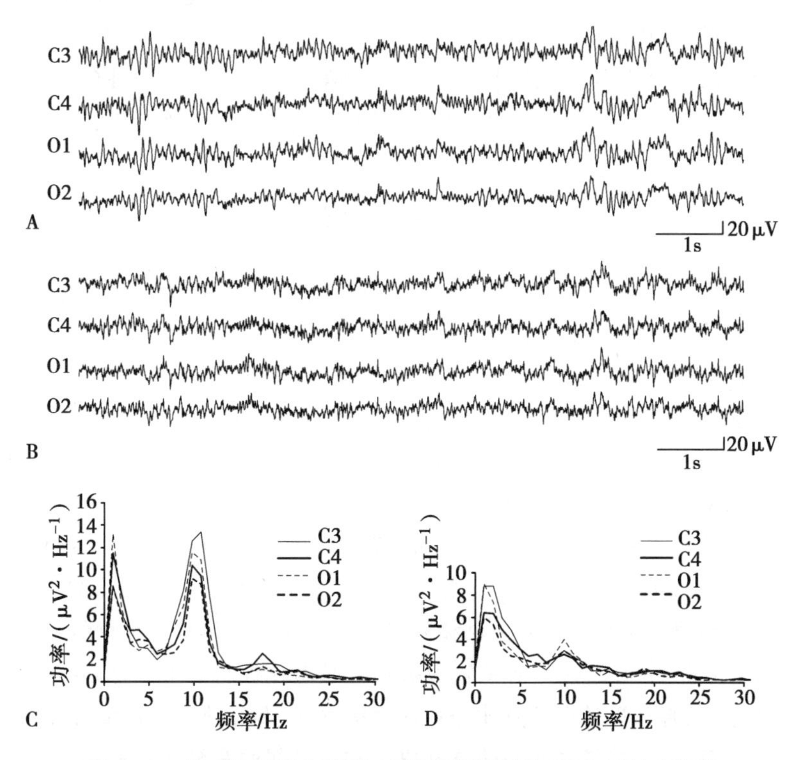

图 6-33　某成年被试者清醒、安静且闭目时的 EEG 及其功率谱

A 和 B 分别为无任务时和做复杂乘法心算时的中央(C3, C4)和枕叶(O1, O2)的 10s 时长 EEG 信号；C 和 D 分别为 A 和 B 各导联 EEG 的功率谱。

联 EEG 信号中 α 波明显，它们的功率谱中 α 频段也存在明显的尖峰（图 6-33C）。而当被试者做复杂的乘法心算时（图 6-33B），EEG 信号中的 α 波被抑制，功率谱中 α 频段的功率也明显减弱（图 6-33D）。

获得功率谱之后，还可以按照前述 EEG 的节律波的划分，计算各个频率分段的平均功率，即 δ、θ、α 和 β 波的功率，再计算功率值的平方根，就可以估计各种节律波的幅值。或者计算各频段功率值与总功率的比值，可以消除个体绝对值之间差异的影响，便于不同被试者之间的比较。

如果将头皮上各电极点上 EEG 求得的某个节律波频段的功率大小用彩色或者灰度级表示，并按照电极位置将它们用像素点描绘出来，构成一种图像，这称为脑电地形图。可作出 δ、θ、α、β_L 和 β_H 各不同频段的脑电地形图。地形图的概念源于地理学，它可以显示三维信息，表达地理位置的方位和高度。用它来表示 EEG 各种频段的功率分布时，彩色或者灰度级表示的"高度"就是功率数值。利用数学的插值算法，可以增加脑电地形图的像素点，形成较平滑的图像。此外，利用其他脑电特征数值也可以制作地形图。例如，自发 EEG 的相对功率（即占总功率的百分比值）、诱发电位叠加平均处理后求得的幅值、实验组与对照组之间统计分析的统计值等。

（三）脑电图的时频分析法

长时间记录的自发 EEG 其实是非平稳的随机信号，随着人的行为、思维和精神状态的改变而不断变化。上述功率谱估计的算法仅适用于平稳的随机信号，对于非平稳信号可以采用短时傅里叶变换（short-time Fourier transform，STFT）和小波变换（wavelet transform，WT）等时频分析方法。其中，STFT 每次只对固定宽度的窗内小段数据进行傅里叶变换，从而在时间和频率这两个坐标构成的二维图像中描述信号的时频特性。但是，由于时域上的信号越短，频域上的分辨率就越低；因此，STFT 不可能同时在时域和频域都获得高分辨率。而 WT 的信号分解不局限于正弦波，而且时域上的窗宽是可变的。信号被分解为包含位移因子和尺度因子的各个基小波的组合。这使得 WT 方法对于较低频率的分量，窗宽较大；而对于较高频率的分量，窗宽较小。因此，可以同时满足时域和频域的分辨率要求。MATLAB 的函数 spectrogram 可以计算短时傅里叶变换，而工具箱"Wavelet Toolbox"中提供了一系列可以实现小波变换的函数。读者如有兴趣，可以学习 MATLAB 提供的随机帮助信息或者相关书籍，并应用这些方法处理脑电信号。

上述脑电图分析法不仅适用于头皮外记录的 EEG 信号，也适用于皮质 ECoG 和局部场电位 LFP 的分析。实际上，广义 EEG 包括这 3 种神经电信号，它们具有许多共同的特性，例如都存在节律波等；因此，可以使用相似的分析方法。

本章小结

生物电源于细胞膜。细胞内外各种离子的浓度差、膜对于各种离子的不同通透性以及通透性的变化产生了细胞膜的静息电位和动作电位。神经系统的电信号都源于神经细胞的跨膜电位变化，而细胞膜的阻抗特性和离子通道的门控特性决定了膜电位变化的过程。

细胞膜在不产生动作电位的静息状态下的阻抗特性（即被动特性），可以用膜电阻、膜电容、时间常数和空间常数等参数来描述；而动作电位期间门控离子通道的变化（即主动特性），则可以用数学方程组（即 HH 模型）来描述，这些方程中包含了随时间和膜电位变化的门控因子变量。HH 模型被公认为是诠释神经细胞膜钾钠离子通道特性的经典模型，可用于仿真神经元对于各种刺激的响应。

神经元响应外界刺激所产生的动作电位脉冲序列承载着重要的神经编码信息，也可以反映不同神经元的固有特性。利用近年来发展的微电极阵列技术可以同时记录大量神经元的锋电位（即细胞外记录的动作电位），为解码神经信息、研究脑神经系统的工作机制提供了极其有用的工具。经过锋电位的检测和分类以后，再利用锋电位脉冲序列的分析方法，如脉冲发放间隔直方图、自相关直方图和互相关直方图等，可以揭示神经元活动的特点以及相互之间的突触连接关系等。还可以利用刺激后时间直方图（PSTH）、联合刺激后散点图（JPSSD）和联合刺激后时间直方图（JPSTH）等脉冲序列分析方法研究神经元对于外界刺激的响应。

远场记录的神经电信号，如非侵入式的脑电图 EEG 和半侵入式的 ECoG 等，主要包含频率较低的突触电位和超极化电位等经过脑组织容积导体的传播和扩布所形成的整合电位。这类信号无法反映单细胞的活动，但是，可以反映各脑区神经元活动的同步性和节律性。利用时域、频域和时频结合的方法分析这类信号，可以获得不同脑区电信号波形和各频率成分节律波变化的信息，有助于评价脑的活动状态，为研究脑功能和行为的机制、为诊断和治疗各种脑疾病提供重要依据。

总之，本章从生物电的形成机制、细胞膜离子通道模型到不同神经电信号的检测和分析，介绍了神经电生理学的基本理论及其应用。

思考题

1. 细胞膜的时间常数和空间常数各是什么含义？如何设计实验来测量细胞膜的膜电阻和膜电容的大小？
2. 静息膜电位和动作电位的产生机制各是什么，如何应用能斯特（Nernst）方程计算离子平衡电位？
3. HH 模型的方程是基于什么实验数据、如何建立的？其中的各个参数的含义是什么？利用本章提供的有关 HH 模型的 MATLAB 程序可以做哪些仿真实验？
4. 不同层次的脑神经电信号检测方法有哪些？各有什么特点？细胞外记录的神经元锋电位是什么电位？为什么要进行锋电位提取和分类？请举例说明提取和分类的方法。可以利用开源软件练习锋电位的分析方法，如 SpikeSort 3D 软件。
5. 脑电图 EEG 有什么特点？如何进行定量分析？请利用网上的开源 EEG 数据库所提供的信号，编写 MATLAB 程序，练习定量分析方法。

（封洲燕）

第七章 神经功能成像基础

神经功能成像(functional neuroimaging)泛指利用医学影像技术直接或间接地探索神经系统(主要是脑)的功能特性的医学成像技术。作为神经工程学的重要分支领域,神经功能成像为医学、神经科学和心理学研究提供了重要的支撑。根据成像的原理,神经功能成像可以分为基于神经组织电-磁特征变化进行成像的脑电(electroencephalogram,EEG)和功能磁共振成像(functional magnetic resonance imaging,fMRI),以及基于放射性核素标记的脑功能代谢的核医学成像。利用神经功能成像,可以探索脑在进行某种任务时(包括感觉、运动、认知等功能)的代谢活动,也可以研究在一些神经精神疾病的状态下,特别是在无特别器质性异常疾病中的脑功能异常。目前,神经功能成像主要用于神经科学、心理学和脑器交互等领域探索脑功能状态和心理活动的动态过程,不过近年来正逐步成为一种新的医学神经精神学科诊断途径,从而辅助一些脑疾病的诊断和疗效检测。本章主要介绍利用神经组织的氧代谢成像的 fMRI、核医学神经成像原理以及神经成像分析方法基础等内容。

第一节 功能磁共振成像原理与计算

磁共振成像(magnetic resonance imaging,MRI)利用核磁共振原理检测生物体在受到激励后发生弛豫现象所形成的回波信号,这是一种进行生物成像的手段。MRI 是一种在医疗临床实践中常用的观察身体内部组织的结构细节的可视化成像技术。MRI 的成像机制不依赖于电离辐射,它通过多参数成像能够从多个角度显示大脑、肌肉及大多数的肿瘤组织等含水丰富的组织器官的内部特征,在医学领域具有重要的作用。同时,MRI 也广泛应用于神经生理学、认知神经科学、精神和神经疾病等领域的研究中,并且取得了丰硕的研究成果。

核磁共振(nuclear magnetic resonance,NMR)是一种核物理现象,它指的是与物质磁性和磁场有关的共振现象。早在 1946 年 Bloch 与 Purcell 就分别报道了这种现象:即用适当的射频波,在垂直于主磁场方向上对主磁场内具有磁矩的原子核进行激励,可使其进动角度增大;而停止激励后原子核又会恢复到激励前的状态,并发射出与激励电磁波同频率的射频信号。NMR 效应由拉莫尔方程决定,即自旋原子核所处的静磁场 B_0 与由此产生的共振频率 ω 之间存在着一个简单的线性关系:

$$\omega=-\gamma B_0$$

这里的 γ 是一个标量,磁旋比,是原子核的一个特征常数。例如在 MRI 中应用最广泛的氢核 $^1H_1$,它在场强为 1T 的磁场中的共振频率为 42.57MHz,即意味着利用 42.57MHz 的射频信号对在 1T 磁场中的 $^1H_1$ 核进行激励,自旋核则可能吸收该波的能量,从低能态跃迁到高能态。反之,当自旋核从高能态跳回到低能态时,则会向外发射同等频率的电磁信号,即 NMR 信号。研究者将检测到的 NMR 信号记录在与其频率相对应的波谱纸上,就得到了核磁共振波谱(nuclear magnetic resonance spectroscopy,NMRS)。20 世纪 50 年代以来,NMRS 方法得到了迅速的发展并广泛应用于物质的化学结构研究。1973 年,Lauterbur 利用其创立的组合层析成像方法获得了第一幅二维的核磁共振图像,

使得 NMR 技术不仅用于物理学和化学，也应用于临床医学领域。近年来核磁共振成像技术发展十分迅速，日臻完善。检查范围基本上覆盖了全身各系统，在神经系统方面作用尤为突出。高分辨率脑结构图像，脑灌注加权图像（perfusion weighted imaging，PWI）以及脑功能成像（fMRI）等技术的出现和不断发展，使得我们能够从结构、功能及代谢等多个方面对脑功能就神经精神疾病方面进行深入研究。

一、BOLD-fMRI 成像基础

目前，在 MRI 的功能成像，特别是脑功能成像领域，血氧水平依赖功能磁共振成像（blood oxygen level dependent functional magnetic resonance imaging，BOLD-fMRI）是应用最广泛的脑功能成像技术。BOLD-fMRI 脑成像是源于神经元功能活动对局部耗氧量和脑血流影响程度不匹配所导致的局部磁场性质变化的生理基础，再利用脑功能活动区域内血液中所含的氧合血红蛋白与去氧血红蛋白比例的变化所引起的局部组织横向磁化弛豫时间（T_2）信号的改变，从而在 T_2 加权像上反映出脑组织局部活动功能的一种 MR 成像技术。在人类血液中，血红蛋白以两种形式存在：含氧血红蛋白和去氧血红蛋白。由于物理性质的不同，这两种类型的血红蛋白在磁场中存在完全不同的效应：去氧血红蛋白属于顺磁性物质，可产生 T_2 缩短效应，因此不能反映组织真实的 T_2 特性，称为 T_2* 特征；而含氧血红蛋白是抗磁性物质，因而对质子弛豫没有影响。由此可见，当去氧血红蛋白含量增加时，T_2 加权像信号将减低。当局部神经元活动时，代谢需求的增加导致局部脑血流增大，局部组织中的含氧血红蛋白供应量超过代谢需求，使得皮质活动区域的脱氧血红蛋白含量较周围组织明显降低。由于脱氧血红蛋白是顺磁性物质，脱氧血红蛋白浓度的降低使得 T_2 加权像上该区域的 BOLD 信号强度相对增加。BOLD 敏感的 fMRI 就是根据这个原理，检测伴随有脑血流变化的血氧变化来达到间接地反映神经元的活动的目的。因此，在 BOLD-fMRI 脑功能成像中，血液中的血红蛋白被用来作为内源性的对比增强剂，当神经组织活动时局部组织中的顺磁性去氧血红蛋白相对减少，使局部脑组织体素内组织与血流间磁敏感差异减少，脑组织体素内的失相位也减少、T_2* 延长，在 T_2* 加权像上 BOLD 信号幅度增大。

用 fMRI 进行功能成像的特点在于：①无创性：它可以对脑的某些特性进行反复地观察，同时能够被神经放射学家、神经学家和脑外科医生所接受；②高空间分辨率和较高的时间分辨率：毫米级别的空间分辨率以及支持灵活多样的任务实验设计，秒级别的时间分辨率；③可对单个被试者和患者进行重复的研究；④能够提供灵活的认知实验模式的设计。此外，fMRI 类似于普通 MRI，其信号来源仍然是氢质子，它根据 MRI 对组织磁化高度敏感的特点，可以对大脑各功能区划分或定位进行无创性检测和研究。由于 fMRI 的无创性以及技术本身的迅速发展，这一领域的研究已经从创立之初单纯对感觉和运动等初级脑功能的研究，发展到对心理活动和思维认知等高级脑功能的研究；从研究单刺激或任务的大脑皮质活动，发展到目前的多刺激和 / 或任务对单个脑功能区或在不同功能区之间的相互影响。同时，fMRI 也打开了研究者对语言、记忆、认知甚至感情等高级认知功能进行无创在体研究的大门，突破了过去对人脑仅从生理学或病理生理学角度实施研究和评估的状态，标志着 MRI 已从仅提供形态学信息的阶段发展到能反映人脑活动信息的新阶段。

二、BOLD-fMRI 数据分析基础

数据预处理是 BOLD-fMRI 数据处理与分析的关键部分，对后续工作有重要影响，恰当的预处理工作是后续处理分析的高效性、有效性和可靠性的保证。数据预处理可有效地抑制噪声，提高信噪比，尽可能避免或排除对反映脑功能变化的血氧反应信号产生干扰作用的其他因素。通常来说，fMRI 数据预处理主要包括层间时间校正、头动校正、空间标准化和空间平滑等四个方面。SPM（statistical parameteric mapping）、FSL（FMRI software library）、AFNI（analysis of functional neuroimage）等是 fMRI 数据预处理的常用软件。

（一）层间时间校正

几乎所有的 fMRI 数据采集都是使用二维磁共振成像采集，一次获取一个切片层数据。这就意味

着在完成一次的全脑 fMRI 扫描中,第一个切片层和最后一个切片层之间存在一个时间差,差异的范围可达数秒(取决于重复时间或脉冲序列的 TR)。但是在大量 fMRI 数据的时域分析中,这些在同一次完成的全脑扫描所有体素点又被视为同一时刻点。因此,fMRI 数据采集切片层的顺序对此影响较大。通常情况下,切片可以通过升序或降序获取,或者在另一种称为间隔扫描的方法中,采用间隔一个切片依次获取,先获得一半切片(例如,序号为奇数的切片),接着是另一半切片(例如,序号为偶数的切片)。同一个脑图像的不同体素之间的采集时间其实是存在偏差的,但在 fMRI 数据的分析中,一般将同一个脑图像的不同体素之间的采集时间看作是相同的,这时就会存在时间误差,而这在对时间效应要求较高的 fMRI 实验(如事件相关的 fMRI 设计)中更为明显。所以就需要对图像进行层间时间校正。在事件相关的 fMRI 分析中,事件的时间点(如任务中的试验)被用来创建一个统计模型,它代表了任务所引发的预期信号。然后将这个模型与每个时间点的数据进行统计估计;然而,这个分析的前提是假设图像中的所有数据都是同时获得的,导致模型和大脑之间的数据不一致。

层间时间校正是为了解决同一时刻点不同切片的采集时间之间的不匹配。层间时间校正最常用的方法是选择一个参考层,然后插入所有其他层中的数据以匹配参考层的时间序列,使数据集中的每层在相同的时间点活动。要进行层间时间校正,有必要知道采集的确切时间,这在不同扫描机器和脉冲序列上是不同的。

(二) 头动校正

在 fMRI 扫描过程中,被试者的头部运动会严重影响到 fMRI 数据的采集,尽管扫描时会使用泡沫垫、真空枕、固定器等限制头部产生较大运动的措施,但仍不能完全避免细微的头部运动。即使是毫米级的运动,也能够引起灰质与白质交界处、大脑边缘处的体素信号强度的改变,而且当数据的空间分辨率提高时,这个问题会变得更严重。同时,fMRI 实验通常是获取多个时间点的全脑数据,形成全脑体素的多个时间序列进行进一步的分析,细微的头动会导致在体素水平上不同时间点上的张冠李戴。因此,将数据进行精确地头动校正(图像配准)成为预处理的重要环节。

对同一被试者而言,头动校正是指对于一个功能像寻求一种(一系列)空间变换,使得变换后的多个时间点的功能像与参考像中的对应点达到解剖结构及空间位置的完全一致,这种一致是指大脑中同一解剖点在两个体数据上有相同的空间位置。简而言之,对一个被试者在一次实验中得到的功能像序列进行运动校正,就是选定参考像后,对每一个功能像不断进行空间变换,直到两者同一体素对应相同的解剖位置。

处理二维医学图像时,通常将解剖结构特别是头部视为刚体或近似刚体。在此基础上,传统的数据校正方法将功能像作为处理对象,假设同一被试者各 TR 内得到的功能像整体相对于参考像做刚体变换,这是二维图像数据处理方法的扩充,分为两步:第一步是刚体变换,利用迭代的方法估计H维空间坐标之间的运动变换参数。第二步是图像重采样,变换后功能像的各体素的位置发生变化,需要重新采样,通过插值方法实现,可构造出校正后的功能像。对图像数据,如功能像,进行整体的刚体变换有一个隐含的条件,即一个功能像内部的各个切片间的相对位置在一个 TR 内保持固定不变,所有切片的运动参数相同,即要求在一个 TR 内没有头动。但现有条件下,每个功能像的各切片是按指定的规则在一个 TR 内不同的时间点采集的,不同的采集规则对切片的采集时间有影响,如果存在头动,则各切片的位置必然会产生相对变化,这就是以功能像为对象进行运动校正产生较大误差的根本原因。

(三) 空间标准化

大部分情况下,fMRI 研究是基于人群的数据,进行脑功能的探索,以得到一个组群上的同性特征。由于每个被试者的大脑的大小与形状存在个体差异,为了在一个共同的空间中进行描述,需要将每个个体的大脑转化到同一个空间中。那么,这个过程称为 fMRI 数据的空间标准化。

为了实现被试者间的对齐,首先需要一个参考空间(即模板)能将所有个体与之进行空间匹配变形。用一个三维的笛卡尔坐标空间作为共同空间的想法首先被神经外科医生 Jean Talairach 于 1967

年提出。他提出一个基于解剖地标的三维比例网格，即前连合(AC)，后连合(PC)，矢状位的中线和每个边缘的大脑外边界。给定这些地标，三维空间的原点(零点)被定义为AC与矢状位中线的交界点。轴向平面被定义为垂直于矢状位中线，沿着AC/PC的平面。冠状位被定义为一个正交于矢状位和轴位的平面。另外，这个空间有一个边界框，它指定了空间中每个维度的范围，这是由大脑中每个方向最极端的部分所在的位置限定的。模板提供了坐标空间中解剖特征位置的指南，提供可以对齐单个图像的目标。模板可以来自单个个体的图像或者多个个体的平均图像，具有更好地定位激活的区域和解释结果的意义，同时在MRI数据的空间标准化中起着核心作用。

最著名的脑图谱由Talairach(1967)创建，后来由Talairach和Tournoux(1988)更新，称之为Talairach模板。这个模板提供了完整的矢状位、冠状位和轴向位部分，并且这些部分都添加了解剖结构和布罗德曼脑区的标签。Talairach还提供了一个程序，使用前面描述的一系列解剖学标记来标准化任何大脑的图谱。一旦数据按照Talairach的程序标准化，就会提供一个简单的方法来确定任何特定的区域的解剖位置。在fMRI文献中，用于空间标准化的最常用模板是由蒙特利尔神经学研究所开发的模板(称为MNI模板)。这些模板的开发提供了一个基于MRI的模板，允许自动配准而不是基于大脑地标的配准。第一个被广泛使用的模板是MNI305，首先通过使用基于特定标签的配准将一组含有305个被试者的脑图像与Talairach图谱集对齐，创建这些图像的平均值，然后使用九个参数的仿射配准将每幅图像重新对准该平均图像。随后，通过向MNI305模板配准一组更高分辨率的图像，开发了另一种称为ICBM-152的模板。ICBM-152模版的版本包含在各个主要的软件包中。

(四) 空间平滑

关于进行平滑处理的原因有以下几点：第一，通过消除高频信息，平滑可以增加空间尺度更大的信号的信噪比。因为fMRI研究的大部分激活包括很多体素，增加较大特征的信号带来的好处会超过失去小特征的代价。第二，当多个被试者数据放在一起分析的时候，被试者间功能区域的空间定位存在差异，并且这个差异并不能被空间标准化校正。空间平滑通过模糊数据空间，以空间分辨率为代价，帮助减少个体间的失匹配问题。第三，一些分析方法(特别是高斯随机场理论)需要一定程度的空间平滑。

最常用的空间平滑的方法是将三维的图像与三维的高斯核函数进行卷积。平滑的程度取决于核函数的半高宽参数。半高宽越大，平滑程度越大。关于到底应该进行多大程度的平滑这个问题，到现在为止并没有十分确定的回答。选择进行平滑的目的不同，需要的平滑程度也不同：①如果是为了减少图像的噪声，平滑核不能超过想要检测的目标区域的大小，即平滑核越大，越容易失去小范围激活的图像；②如果是为了减小解剖差异，那么最优的平滑应该依赖于人群中差异的大小以及该差异能够被空间标准化所减小的程度；③如果是为了保证统计中高斯随机场理论的正确性，那么用体素大小的两倍作为半高宽是合适的。

三、静息态fMRI计算

近年来，静息态功能磁共振(resting state functional MRI，rs-fMRI)逐渐兴起，成为目前功能神经成像领域重要的分支。它可以检测被试者大脑无特定外在任务刺激下的“静息状态”脑活动。静息态脑成像研究兴起主要有两个原因：一是大脑的“暗能量”现象。人的大脑虽然只占体重的2%，但却消耗了20%的能量。但是，大脑用于外在任务或刺激信息的处理只占大脑消耗能量的5%，也就是说，大脑95%的能量都用于静息态下的消耗。因此这种固定存在但用处不明的能量消耗被称为“暗能量”。这也反映出在所谓的“静息状态”下，大脑其实是在进行着绝大多数的神经信息处理。因此，对这种静息态的神经信息处理的研究显得非常有必要，因为其可能隐藏着我们大脑最重要的奥秘。第二个原因来自于经验观察，早在1995年有研究者就发现大脑在静息状态时，某些特定脑区之间，例如双侧运动区之间的BOLD信号保持着同步的低频振荡现象。随后越来越多的研究证实了这种低频振荡信号不是磁共振随机噪声，而是代表了大脑基础静息状态下的自发神经活动，并且还发现大脑内的这种低频振荡信号存在一定的时空组织模式。随着fMRI的广泛应用，研究者们提出了一些计算指标

来测量大脑的这种自发振荡活动的 BOLD 信号，比如低频振幅（amplitude of low-frequency fluctuation，ALFF）、局部一致性（regional homogeneity，ReHo）以及局部神经活动四维（时空）一致性[four-dimensional（spatio-temporal）consistency of local neural activities，FOCA]，它们分别从时间、空间以及时空关联等方面来挖掘大脑自发活动的信息。下面主要介绍 rs-fMRI 的这三种指标。

（一）BOLD 信号的低频振荡幅度

大脑在没有特定任务的清醒、静息状态时也存在自发的低频振荡，这种低频振荡已被广泛地用于研究大脑的功能活动。静息状态下的这种低频振荡可能来自于大脑自发性神经元活动，具有较显著的生理意义。基于 BOLD 信号的功率谱分析发现在麻醉状态下视皮质的活动是由 0.034Hz 低频振荡引起。继而有研究在全脑层次发现在后扣带回、内侧前额叶皮质和楔前叶等脑区出现较强的低频振荡活动，而这些脑区在静息状态下脑氧代谢率和脑血流量明显高于其他脑区。因此提出一种主要刻画信号的能量的静息态脑信号指标：低频（0.01~0.08Hz）振荡振幅，它主要反映大脑静息状态下局部神经元自发性活动水平。

针对预处理后功能像数据中的每个体素，计算 ALFF 的具体步骤：

（1）采用带通滤波（频带：0.01~0.08Hz）对体素的时间序列进行滤波，去除信号中的低频漂移及呼吸、心跳等高频噪声。

（2）采用快速傅里叶变换将滤波后体素的时间序列转换到频率域，计算信号在 0.01~0.08Hz 下的功率谱。

（3）根据信号在某一频率的能量与时域信号中该频率分量的振幅平方成正比，对 0.01~0.08Hz 范围的功率谱进行开方得到低频振幅。

（4）计算 0.01~0.08Hz 范围的低频振幅的均值，即每个体素的 ALFF 值。

（5）为了消除个体间全脑 ALFF 总体水平的差异，每个体素的 ALFF 值除以全脑 ALFF 均值，即得到每个体素标准化的 ALFF 值（图 7-1）。

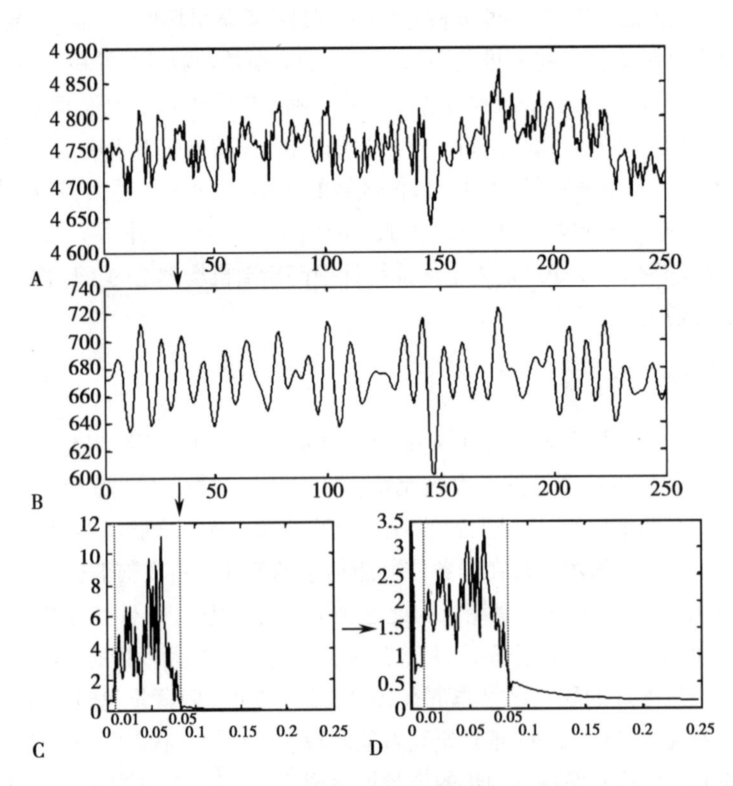

图 7-1　ALFF 分析流程图

A. 体素的时间序列；B. 带通滤波（0.01~0.08Hz）后的时间序列；C. 采用快速傅里叶变换计算出的功率谱；D. 0.01~0.08Hz 范围的功率谱开方得到 ALFF。

ALFF 通过测量大脑低频振荡活动的幅度，可以反映一段时间内局部脑活动程度。该方法的数学模型直观明了、应用简便，作为一种重要的 fMRI 分析技术正逐步地应用到正常脑功能和异常脑疾病的研究中。

（二）BOLD 信号的局部一致性

局部一致性（ReHo）突破了传统的任务态 fMRI 中人脑是一个线性时不变系统的理论假设，是基于数据驱动的一种方法。ReHo 的基本假设是：①一个活动的功能区内部相邻体素的 BOLD 信号的时间序列具有一定的相似性；②这种相似性在不同任务状态下会发生改变。其创新之处在于它同时考虑了局部邻域的空间信息和时间序列的信息，脱离了传统 fMRI 的刺激 - 响应这种时间上的模式。ReHo 指标基于秩（rank）相关的肯德尔和谐系数（Kendall's Coefficient of Concordance，KCC）计算得到，反映一个局部脑区内各个体素的时间序列变化的相似程度。

对于 fMRI 数据，表示为 $f(M,N,O,T)$，其中 M 为行数，N 为列数，O 为层数，T 为每个体素的时间序列长度即数据的时间点数，则 $M \times N \times O$ 为该数据集的体素数。下面以某一个体素 V(m,n,o) 为例，计算该体素的时间序列和它周围最近邻域的 K 个（通常可以选择 K=6、18 或 26）体素的时间序列的局部一致性。体素点总数为 K+1，即给定体素及其 K 个邻域体素（图 7-2）。

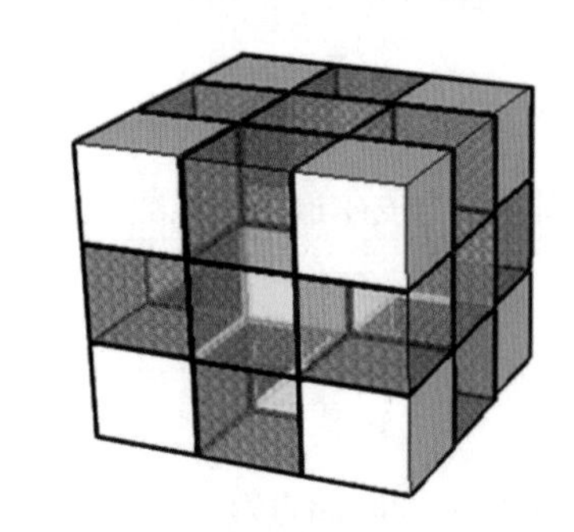

图 7-2　ReHo 算法的领域点示意图
黄色为给定体素 V，蓝色和白色为邻域体素。

那么，该体素的肯德尔和谐系数（KCC）为式（7-1）：

$$W=\frac{\sum_{i=1}^{T}(R_i)^2-T(\bar{R})^2}{\frac{1}{12}(K+1)^2(T^3-T)} \tag{7-1}$$

其中，$\bar{R}=\frac{(T+1)(K+1)}{2}$，$R_i=\sum_{j=1}^{K+1} r_{i,j}$ 为第 i 个时间点的 K+1 个体素点的秩和。肯德尔和谐系数 W 取值范围在 0~1 之间，代表着体素 V(m,n,o) 的局部一致性，度量了多个体素时间序列的相似性，其值越大表示这些时间序列越相似，反之亦然。逐一计算每个体素和其邻域体素时间序列的局部一致性值就可以得到一个全脑的 ReHo 图像。

（三）BOLD 信号的局部时空一致性

局部神经活动四维（时空）一致性（FOCA）整合了局部脑区的时间与空间一致性信息以灵活表征局部自发脑活动，实现对局部神经元活动的时 - 空间信息挖掘。FOCA 指标一方面强调了局部区域内体素在时间上的一致性，反映局部相邻体素活动时间过程的一致性。另一方面，FOCA 指标也强调了空间一致性，反映局部区域内体素在相邻时间点的空间相关性即局部功能状态的稳定性。FOCA 指标的特点是基于数据驱动，无须先验参数设置，且具有较好的可重复性。该指标为多模态数据的融合、理解脑功能与功能紊乱提供了新的思路与视角，具有较好的临床应用前景。

对于预处理后的 fMRI 数据某一个体素，其 FOCA 值可由以下步骤计算得到。首先，对于 fMRI 数据，确定某个体素及其周围最近邻域的 K 个（如选择点连接领域时，K=26）体素的时间序列。将这 K+1 个体素的时间序列表示成 $X(T,K+1)$，即式（7-2）：

$$X(T,K+1)=\begin{bmatrix} x_{1,1} & x_{1,2} & \cdots & x_{1,k+1} \\ x_{2,1} & x_{2,2} & \cdots & x_{2,k+1} \\ \vdots & \vdots & \ddots & \vdots \\ x_{T,1} & x_{T,2} & \cdots & x_{T,k+1} \end{bmatrix} \tag{7-2}$$

其中 $x_{i,j}$ 代表第 j 个体素第 i 个时间点。

针对这个数据矩阵，进行下面的时间相关系数 C_t 和空间相关系数 C_s 的定义。

时间相关系数 C_t 定义为局部区域内 K+1 体素间的平均互相关系数，即式(7-3)：

$$C_t = \left| \frac{\sum_{i<j}^{N} r_{ij}^{t}}{N} \right| ; N = \frac{k(k-1)}{2} \tag{7-3}$$

其中r_{ij}^{t}为体素 i 与体素 j 时间序列间的皮尔逊相关系数，k 为局部的体素个数(即上述 K+1，如 27 个)。对第 m 个时间点，相邻时间点的局部空间相关系数定义为式(7-4)：

$$\bar{r}_m^s = \frac{r_{m,m-1}^{s} + r_{m,m+1}^{s}}{2} \tag{7-4}$$

其中 r 为皮尔逊相关系数。对于所有时间点的平均空间相关系数 C_s 为式(7-5)：

$$C_s = \left| \frac{\sum_{m=1}^{N_t} \bar{r}_m^s}{N_t} \right| \tag{7-5}$$

其中 N_t 为时间点数，$\bar{r}_m^s$由式(7-4)计算得到。最后，FOCA 值定义为时间相关系数 C_t 与空间相关系数 C_s 的乘积，即式(7-6)：

$$FOCA = C_t * C_s \tag{7-6}$$

根据式 7-6 计算每个体素的 FOCA 值即可得到全脑的 FOCA 图像。此外，为了降低个体间差异的影响，每例被试者的 FOCA 值将除以该被试者全脑平均的 FOCA 值，得到 $\text{FOCA}_{\text{norm}}$ 图像，即式(7-7)：

$$FOCA_{norm} = \frac{FOCA}{mean(FOCA)} \tag{7-7}$$

简单来说，①确定某一个体素及其邻近体素的 fMRI 时间序列；②同时计算局部时间相关系数(C_t)与相邻时间点的局部空间相关系数(C_s)；③FOCA 值即为以上两者的乘积，且每例被试者的 FOCA 值将除以该被试者全脑平均的 FOCA 值以降低个体差异的影响。

考虑到时间滤波与空间平滑对局部脑区的空间与时间相关系数的影响，在计算 FOCA 指标时，不对 fMRI 数据进行时间滤波与空间平滑处理。但这种处理方式增加了对数据质量的要求。针对数据质量较低的数据，一种可能的处理方式是：对空间平滑 fMRI 数据(未滤波)单独计算空间相关系数；对时间滤波数据(未空间平滑)单独计算时间相关系数；然后 FOCA 值定义为二者的乘积。此外，近年发展的平面回波成像(EPI)快速扫描序列为 FOCA 指标在 fMRI 快速事件相关任务中的应用提供了可能。同时，FOCA 指标所提供的时 - 空间信息在癫痫发作间期、多模态时空融合等研究中也有着较好的应用前景。

由此可以看出，ALFF 通过计算 BOLD 信号低频振荡成分的幅度，反映了大脑局部神经活动的强度。ReHo 描述了某个体素与周围相邻体素时间序列信号的同步性，反映了局部神经活动的同步性。而 FOCA 强调了局部相邻体素的时间一致性与相邻时间点局部体素间的空间一致性(活动状态的稳定性)，反映了局部神经活动的时间 - 空间一致性信息。这些指标已经被广泛应用于一些脑疾病中，如癫痫、阿尔茨海默病、精神分裂症等。从理论角度来看，这些指标反映了局部脑区的神经活动，因此在应用时与反映长距离脑区间神经活动的功能连接方法相互补充，可以全面理解脑疾病的异常神经活动。

四、任务态 fMRI 计算

任务态 fMRI 是通过特定任务刺激，引起大脑皮质某些区域的神经活动(脑功能区域激活)，并通过磁共振机制来获得一系列图像的研究方法。人类执行感觉、运动和认知等各种任务都依赖于脑内

某些特定区域的神经活动，而生理性的脑活动必然引起局部脑血流、血容积以及血氧含量增加。任务态 fMRI 可以在被试者执行特定实验任务的同时测量神经活动引起的血流动力学改变，测定激活脑区神经活动的间接反应，从而建立人脑活动与特定实验任务间的联系。目前发展的检测任务激活脑区的方法主要分为模型驱动和数据驱动两种主要方法。模型驱动从脑功能组织的功能分离原则出发，主要检测与特定实验任务相关的激活脑区，以广义线性模型、相关法等为代表，这类方法以对实验设计的先验知识和研究者对数据的了解为基础。数据驱动基于脑功能组织的功能整合原则，分析不同功能区神经活动的相关性、提取任务执行过程中大脑的空间模式，属于多变量方法，包括独立成分分析、聚类等。后来，研究者开始重视神经解剖学、神经心理学等学科的先验知识对于功能整合的重要作用，也提出一些具有因果性分析的方法，如动态因果模型、结构方程建模等。本节主要介绍任务态 fMRI 的实验设计，以及几种主要的数据分析方法。

（一）任务 fMRI 设计

脑高级功能实验设计主要是对研究对象进行限定与简化，对不同心理过程进行分离以及对影响因素进行操作与控制。通常用多任务、多过程和多因素的实验过程来实现以上目的。常见的 fMRI 实验设计主要有组块设计（block design）和事件相关设计（event related design）。

fMRI 组块设计实验主要采用基于认知减法范式的“基线 - 任务刺激”模式，设计的特点是以组块的形式呈现刺激，在每一个组块内同一类型的刺激连续、反复呈现。一般至少需要两种类型的刺激，其中一类是任务（task）刺激，另一类是控制（control）刺激。通过对任务刺激和控制刺激引起的脑局部血氧反应的对比，了解与任务相关的脑结构的活动，常用于功能定位实验中。采用这种方法能够得到脑的激活图（activation map），或统计参数图（SPM）。

fMRI 事件相关设计（或称单次实验，single trial）实验一次只给一个刺激，经过一段时间间隔再进行下一次相同或不同的刺激。它的关键在于单次刺激或行为事件所引发的血氧反应。刺激呈现后，BOLD 信号逐渐增强，达到峰值后又缓慢地回到基线（baseline）。其主要特点是：①随机化设计；②基于实验任务和被试者反应的选择性处理；③可提高脑局部活动的反应。

1. 组块实验设计 组块实验设计为早期的 fMRI 实验设计主要采用的方式，其特点就是以组块为实验操作的基本单元。所谓组块，就是由若干具有相同性质的实验任务所组成的一个刺激序列。由于具有相同性质的任务聚合在一起，因而可以引起相关脑区域的重复激活，从而诱发出很强的血氧水平依赖信号变化。在组块设计中，单个组块的长度、数量、顺序往往由实验者根据研究任务的特点和基本要求等因素综合决定。如果单个组块的长度比较长，相对包含的刺激较多，随着刺激的重复，血流动力学反应逐渐达到饱和，大约持续 10s，激活达到最大值，如果太长将无法区分是机器噪声带来的漂移还是实验条件带来的变化；相反如果太短，会使血流动力学反应在无任务的组块中 BOLD 信号的幅度下降，不能回归到基线。一般来说，一个组块的长度在 20s 至 1min 之间。

在一个扫描序列中，总共可以包含 6~12 个组块。典型的组块设计往往包含了两种基本的任务：实验任务和控制任务。两者的组块间隔出现（图 7-3）。在后来的设计中，这种实验设计模式也有了一些发展。比如，研究者可以在一个扫描序列中安排两类实验任务及其各自的控制任务，从而方便对两个任务的直接比较。同时，有的组块设计本身并不包括专门的控制任务，而是同时设置两个或者多个实验任务，并相互作为控制任务。通过这种设计，可以在一个组块中直接比较多个认知任务的脑机制。

图 7-3 典型的组块设计：不同灰度的三角形代表着不同的刺激任务

2. 事件相关实验设计 近年，Buckner 提出了一种新的设计方法——事件相关设计模式，或称单次实验。它的核心是基于单次刺激或行为事件所引发的血氧反应。刺激呈现后，BOLD 信号逐渐增强，达到峰值后又缓慢地回到基线。由于功能磁共振成像研究主要采用 BOLD 成像技术，而单个事件诱发的 BOLD 信号往往较弱，变化幅度多在 5%~10% 之间，并且还容易受到其他因素的干扰。因

此，实际运用中往往采用多个事件诱发的 BOLD 信号进行叠加的方法，如快速事件相关。事件相关设计按刺激异步性（stimulus onset asynchrony，SOA）可以分为慢速事件相关（slow ER design）、快速事件相关（rapid ER design）；按刺激呈现顺序可以分为固定顺序事件相关（fixed ER design）、伪随机事件相关（pseudorandomised ER design）和完全随机事件相关（stochastic ER design）；按刺激间隔可以分为固定（constant ER design）间隔和变化（variable ER design）间隔等（图 7-4）。

图 7-4　事件相关实验设计：不同灰度的三角形代表着不同的刺激任务

典型的事件相关，SOA 通常在 12s 或者以上，以避免前后 BOLD 信号相互叠加导致的影响。随着研究者对 BOLD 信号特点认识的深入以及新的统计分析方法的发展，现在研究者普遍采用快速的事件相关实验设计。通过这种技术，实验的刺激间隔可以降低为 2~3s，甚至达到 500ms。

（二）广义线性模型分析

模型驱动（model-driven）方法是指基于特定的实验刺激模式，分析任务态 fMRI 数据，是一种相对简单、直观的数据分析方法，最早使用的是 Bandettini 等人采用的互相关和统计 t 检验分析。目前应用较多的是 Friston 等人基于广义线性模型（general linear model，GLM）提出的统计参数图（SPM）。在 fMRI 数据中，每个体素(voxel)在 N 个时间点获得的观测值是 Y_i，i=1，…，V 其中 V 代表全脑体素个数，并假定每个体素的观察值有 L 个解释变量 x_{il}，l=1，…，L，其中 L 是解释变量的总个数，解释变量可以是连续的方差、协方差的函数或实验因素的几个层次。可以用解释变量的线性组合加误差项来解释 Y_i 的变化：

$$Y_i = x_{i1}\beta_1 + \cdots + x_{il}\beta_l + \cdots + x_{iL}\beta_L + \varepsilon_i \tag{7-8}$$

其中，β_l 是对应于 L 个解释变量中的一个未知变量，误差项 ε_i 假定独立同分布，满足均值为 0、方差为 σ^2 的正态分布，换句话说，广义线性模型也就是应用广泛的回归分析，单个体素的广义线性模型如图 7-5 所示。

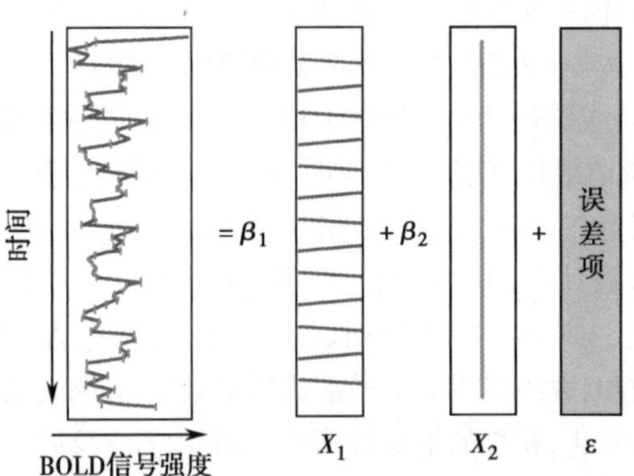

图 7-5　单体素的广义线性模型

对整个全脑的体素的广义线性模型用矩阵描述，对每个体素都满足式(7-9)：

$$\begin{gathered} Y_1 = x_{11}\beta_1 + \cdots + x_{1l}\beta_l + \cdots + x_{1L}\beta_L + \varepsilon_1 \\ \cdots \\ Y_i = x_{i1}\beta_1 + \cdots + x_{il}\beta_l + \cdots + x_{iL}\beta_L + \varepsilon_i \\ \cdots \\ Y_V = x_{V1}\beta_1 + \cdots + x_{Vl}\beta_l + \cdots + x_{VL}\beta_L + \varepsilon_V \end{gathered} \tag{7-9}$$

矩阵表示：

$$\begin{pmatrix} Y_1 \\ \vdots \\ Y_i \\ \vdots \\ Y_V \end{pmatrix} = \begin{pmatrix} x_{11} & \cdots & x_{1l} & \cdots & x_{1L} \\ \vdots & \ddots & \vdots & \ddots & \vdots \\ x_{i1} & \cdots & x_{il} & \cdots & x_{iL} \\ \vdots & \ddots & \vdots & \ddots & \vdots \\ x_{V1} & \cdots & x_{Vl} & \cdots & x_{VL} \end{pmatrix} \begin{pmatrix} \beta_1 \\ \vdots \\ \beta_i \\ \vdots \\ \beta_V \end{pmatrix} + \begin{pmatrix} \varepsilon_1 \\ \vdots \\ \varepsilon_i \\ \vdots \\ \varepsilon_V \end{pmatrix} \tag{7-10}$$

也可以用简单矩阵表示：

$$Y=X\beta+\varepsilon \tag{7-11}$$

其中，Y（$V\times N$ 维矩阵，V 为全脑体素个数，N 为时间点数）的列向量表示观测值，ε 为误差项，β 是待估计参数，X（$V\times L$ 矩阵）为设计矩阵。一旦实验完成，就得了观测矩阵 Y，下面要做的就是估计出 β，可以看到公式(7-11)中的第 1 行有 $X^TY=(X^TX)\tilde{\beta}$。如果 (X^TX) 是可逆的，也即 X 是满秩的，采用最小二乘(Least-squares)参数估计：

$$\hat{\beta}=(X^TX)^{-1}X^TY \tag{7-12}$$

估计出每个体素的 $\hat{\beta}$ 后，就可以进行各种统计推断，如单样本 t 检验，双样本 t 检验，配对 t 检验，方差分析(analysis of variance，ANOVA)，线性回归，F 检验等。

从上面的分析看出，每一类的分析方法都需要一个先验的模式，这种模式大多包含与实验模式、其他人为增加的心跳、呼吸、头动等作为回归项输入到设计矩阵中，还要依赖于统计推断。在一些确定实验模式下，这类方法非常有效。

（三）动态因果模型

传统的神经影像研究主要关注大脑区域特异性研究，即功能分区，比如单个脑区在感觉、认知以及行为加工中的专门化功能。随着磁共振等成像技术的发展和对于脑功能的深入研究，人们意识到大脑在执行某个认知任务时，各部分脑区之间会有协作作用来处理信息，即功能整合。从功能整合层面来研究脑功能是很有必要的。目前功能整合主要可以从功能连接和效应连接角度来进行探讨。其中，大脑区域间有效连接能描述大脑系统中一个脑区施加给其他脑区的因果影响，以及脑区之间的功能耦合强度是如何被实验内容所调节(比如说任务命令、刺激物的属性、学习、药物或者 TMS)。效应连接是研究脑区间功能整合的重要手段，可以了解这些机制引发的神经动态性。

Friston 等在 2003 年提出动态因果模型(dynamic causal modeling，DCM)，它将脑功能描述成一个具有“因果”关系的动态系统：一个神经区域的激活通过区域间的连接导致其他神经区域激活水平的变化，同时通过自连接使自己的激活水平发生变化，并认为大脑可因输入激活信号而产生输出激活信号，是一个“输入—状态—输出”的动态系统。“输入”即外界的任务刺激；“状态”可理解为神经元活动及其他神经生理学或生物物理学性质，如突触后电位、离子通道状态等；“输出”则是可测的 BOLD 信号。动态因果模型的一个显著优点是它将 BOLD 的生理响应模型加入到功能整合的模型中，因此可以被认为是直接在神经元(神经元集群)水平上的建模分析。

DCM 是将神经动态模型和血流动力学模型相结合并描述神经元从被激活到转换为 BOLD 信号的过程，它可以根据所测的 fMRI 数据对神经模型参数进行评估和调整，是模型与 fMRI 数据获得的最佳拟合，进而得出最优模型，并利用此最优模型验证理论假设。DCM 的实验输入是根据实验要求而人为设定的，不是随机、未知的，根据作用的不同分为两类：第一类输入是根据特定实验而设定的。并直接引起大脑反应，如视觉刺激使初级视皮质激活，这种输入是对整个大脑的扰动，仅引出特定区域的特定效应，并不具有连接性。第二类输入通过改变有效连接而影响整个大脑，并创建一个实验背景。第一类输入的效应即区域特异性反应在此背景下形成，因而第一类输入又称为“背景式输入”。第二类输入特点是开放式的，根据任务指令或其他背景变化而设立；而第一类输入则根据特定实验而具有一定限制性，如视觉功能磁共振实验，第一类输入只能是视觉刺激，而不能是听觉刺激。

对于非线性的动态的神经系统，DCM 用双线性的微分方程组来近似描述，即双线性近似法。双线近似法的应用使 DCM 模型参数减至 3 套并用来控制 3 个方面：首先，第一类输入后所产生的区域特异性反应；其次为内在连接，指在没有实验设计扰动的情况下(即没有第一类输入)本身具有的连接，可以看作是第二类输入的基线连接；第三类则是第二类输入所导致的有效连接的变化，相应参数称“双线性参数”(bilinear terms)，其关键作用是反映由认知任务或时间所诱导的有效连接的变化。因此，采用双线性近似法，可以认为实验操作激活了一个通道，而非激活某一皮质区。

DCM 是应用于 fMRI、EEG 和 MEG 数据的分析研究有效连接的模型。对有效连接的定义有多种表述，其电生理学的概念为“有效连接应理解为实验 - 时间依赖性线路图，并可模拟所记录的神经元间的时间联系”。Friston 等将其定义为“一个神经单元或集合施加于另一神经单元或集合的因果效应”。DCM 本身是一种数学模型，其双线性近似法所采用的双线性微分方程组来自有效连接的一般状态方程：

$$\frac{\mathrm{d}x}{\mathrm{d}t}=F(x,\mu,\theta) \tag{7-13}$$

其中，x 为状态变量（神经生理学属性，如突触后电位、离子通道状态），μ 代表所有已知输入（进入大脑的信息），θ 为决定状态变量间相互影响的形式和强度的一套参数。在神经系统中，这些参数通常与时间常数或神经元间突触后连接的强度有关，$\frac{\mathrm{d}x}{\mathrm{d}t}$表示时间为 t 时刻状态变量间的相互影响，即功能依赖性，因此方程可简单理解为状态变量的功能依赖性与状态变量 x、输入 μ 以及参数 θ 相关。

根据式(7-13)得到的模型可以初步描述系统的动态变化，它阐述了：①外部输入进入系统的时间和部位；②在一定时间序列下，这些输入如何引起状态变化。Friston 等认为式(7-13)是一般神经系统有效连接模型，所有的有效连接模型都与此方程相关。在 fMRI 的脑认知功能研究中，对于 n 个相互影响的脑区，根据式(7-13)可得到神经状态模型，通过使用简化的双线性微分方程模拟神经状态变量 x 的时序变化，每个脑区由一种状态变量代表，其双线性微分方程为：

$$\frac{\mathrm{d}x}{\mathrm{d}t}=F(x,\mu,\theta^{(n)})=\left(A+\sum_{j=1}^{m}\mu_j B^{(j)}\right)x+C\mu \tag{7-14}$$

此神经状态方程遵循有效连接的一般状态方程式，输入 μ 和参数 $\theta^{(n)}$ 规定了脑区间的功能结构和交互影响。其中 $\theta^{(n)}$={A，B，C}，A 代表无输入时的内在连接，矩阵 $B^{(j)}$ 表示第 j 次第二类输入 μ_j 诱导的有效连接；矩阵 C 表示第一类输入直接引起神经活动的强度。

此方程对输入的突触传递延搁忽略不计，是因为突触传递延搁时间在 10~20ms，由于血流动力学响应潜伏期具有很大的区域变异性，使 fMRI 数据无法提供足够的时间信息以评估突触传递延搁。Friston 认为 DCM 参数评估不仅不会被 ±1s 的延搁而影响，传递延搁更是事件相关电位（event-related potentials，ERPs）DCM 研究的一个重要组成部分。

fMRI 的理论基础是血流动力学，DCM 是将神经动态模型和血流动力学模型相结合并描述神经元从被激活到转换为 BOLD 信号的过程。进行 DCM 的数据分析时，参数评估应是神经动态模型和血流动力学模型的结合参数。用 $\theta^{(h)}$ 表示血流动力学模型参数，则结合参数 θ={$\theta^{(n)}$，$\theta^{(h)}$}。反映在各个脑皮质区域间的结合参数即偶联参数，偶联参数反映着脑区间的相互影响、相互依赖关系，即有效连接。在 DCM 参数评估建立后，参数评估的后验分布就可以检验连接强度，从而分析各脑区间的有效连接。

DCM 虽然在一定程度上揭示了信息的动态流向，但是 DCM 作为一个处于提出和发展阶段的模型有其自身的局限性：①计算复杂度高，时间分辨率差；②DCM 研究脑区的数量有所限制，模型参数的先验方差随着脑区数量的增加而逐渐减小，这意味着如果脑区数量较多，参数的先验方差将趋向于 0，这相当于模型假设的模型之间无连接，这就使得这个建模过程失去意义；③DCM 依赖于相互作用脑区的预先选定，并假设影响存在于其中的任意两个脑区之间。脑区的选择和连接脑区存在影响的估计不准确，最终得到的结果将导致错误结论。

任务 fMRI 的 BOLD 信号变化与神经活动引起的血流、血容、血氧浓度及代谢率变化等因素有关，这些因素统称为血流动力学响应。研究血流动力学响应特性是研究脑功能特性、解析 fMRI 信号与神经活动关系的关键。本节介绍了目前发展的几种主要用于 fMRI 的分析方法。这些方法分别侧重脑功能分离和功能整合，考虑到 fMRI 信号基于血流动力学响应，但血流动力学响应与神经活动的关系至今仍不完全清楚。因此，随着脑功能研究的深入，研究者开始将功能分离与整合有效结合起来。

第二节 PET/SPECT 成像原理与计算

核医学成像(nuclear medicine imaging)也是神经成像中的一个重要技术。它以核素示踪技术为基础,以放射性浓度为重建变量,以组织吸收功能的差异为诊断依据。将通过放射性核素标记的显像剂引入体内后探测并记录引入体内靶组织或器官的放射性示踪剂发射的 γ 射线,再以影像的形式显示出来。这种成像方式不仅能够反映组织器官的解剖结构,更重要的是可以同时提供靶组织器官的血流、功能、代谢等信息,甚至是分子水平的生化信息。在神经成像方面,正电子发射断层显像(positron emission tomography,PET)和单光子发射计算机断层显像(single-photon emission computed tomography,SPECT)都能提供非常重要的信息来探索脑功能特征。下面从 PET 神经成像原理、SPECT 神经成像原理和 PET/SPECT 神经成像分析及临床应用三个方面进行描述。

一、PET 神经成像原理基础

PET 即正电子发射断层显像,是当今世界最高层次的核医学技术,也是当前医学界公认的最先进的大型医疗诊断成像设备之一,已成为肿瘤、心、脑疾病诊断不可缺少的重要方法。它是一种有较高特异性的功能显像和分子显像仪,除显示形态结构外,它主要是在分子水平上提供有关脏器及其病变的功能信息,适合于快速动态研究,具有多种动态显像方式。许多疾病在解剖结构发生改变之前早已出现功能变化。此时在以解剖结构改变为基础的 CT、MRI 上尚不能发现任何病变,而 PET 采用了一些有特殊物理和生化特性的同位素,如:^{11}C、^{13}N、^{15}O、^{18}F 等,其特点是能够释放正电子,与体内代谢产物结合,这些正电子与生命过程密切相关,半衰期短、代谢快、对人体无损伤。将这些发射正电子的放射性同位素标记在示踪化合物上,再注射到研究对象体内,这些示踪化合物就可以对活体进行生理和生化过程的示踪,显示生物物质相应生物活动的分布、数量及时间变化,以达到研究人体病理和生化过程的目的。在众多核素中,^{18}F 半衰期稍长,用 ^{18}F 标记的氟代脱氧葡萄糖(FDG)是目前 PET 中应用最广泛的放射性核素。

正电子断层扫描仪将人体代谢所必需的物质如葡萄糖、蛋白质、核酸、脂肪酸等标记上具有正电子放射性的短寿命核素,制成显像剂(如氟代脱氧葡萄糖)注入人体后进行扫描成像。因为人体不同组织的代谢状态不同,所以这些被核素标记了的物质在人体的各种组织中的分布也不同。如在高代谢的恶性肿瘤组织中分布较多,这些特点能通过图像反映出来,从而可对病变进行诊断和分析。经过标记了的正电子放射性核素药物注射入人体,它衰变核内的一个质子转化成两个中子,同时释放出一个正电子和一个中微子。正电子与电子的质量相同、电荷量相同,但是极性相反。带有一定动量的正电子通过物质时,会吸收原子里的电子使之发生电离,每次相互作用都有一部分能量从正电子转移出来被人体吸收。当正电子的动能快要耗尽时,它会与一个电子紧密接触,发生湮灭。在湮灭过程中两种粒子的质量全部转化成能量。根据爱因斯坦的质能转换定律,一个正电子的质能等效于 511keV 的能量,在湮灭过程中产生的能量以两个 511keV 的光子形式向相反方向辐射出去。正电子的射程很短,在人体中仅为零点几到几十毫米,所以我们在体外探测不到正电子,而仅探测到正电子湮灭时所产生的光子对。PET 的成对符合探测器采集 γ 光子,经过计算机重建而形成断层图像,显示正电子核素在体内的分布情况。正电子探测与单光子探测最大的区别在于,单光子探测时需要重金属制成的准直器排除不适于成像的光子,而正电子探测器采用复合电子准直方式,无须使用准直器。在正电子湮灭辐射中产生的两个 γ 光子几乎同时击中探头中对称位置的两个探测器,每个探测器接收到 γ 光子后产生一个电脉冲,电脉冲信号输入复合线路进行符合甄别,挑选"真"符合事件。这种利用湮灭辐射的特点和两个相对探测器输出脉冲的符合来确定闪烁事件位置的方法称为电子准直,这种探测方式则称为符合探测。

根据人体不同部位吸收标记化合物能力的不同,同位素在人体内各部位的浓聚程度不同,湮没反

应产生光子的强度也不同,测量两个 γ 光子就可以确定电子对湮没的位置、时间和能量信息。由于恶性肿瘤组织新陈代谢旺盛,吸收放射性药物比一般组织多,PET 通过测量放射性药物的密度分布就可以确定恶性肿瘤组织的分布情况。PET 分子成像表达了生物学过程细胞分子水平上在活体中的显示和测量,能分析生物系统且不扰乱生物系统,还能对与疾病有关的分子改变进行量化后成像。PET 用核谱学方法探测湮没辐射光子,可以得到有关物质微观结构的信息,它提供了一种非破坏性探测手段。

PET 系统一般由 PET 主机、回旋加速器和药物自动合成装置三大部分组成。PET 主机是 PET 检查的成像部分,外形类似 CT,由探头及机架、电子线路和计算机系统组成。计算机接收采集和图像处理的指令,完成对探头和床机械运动的控制,对采集的信号进行处理,重建三维图像。PET 探头由若干个探测器排列组成,而每个探测器件又由晶体和光电倍增管(PMT)所组成。晶体的性能及尺寸直接影响探测效率、能量分辨、灵敏度和空间分辨率。现在临床上应用的 PET 大多数是锗酸铋晶体(BGO),还有掺铈氧化正硅酸镥(LSO)、碘化钠(NaI)等,最近掺铈氧化正硅酸钆(GSO)晶体也已投入使用。晶体将正电子湮没辐射产生的 γ 光子的射线能量吸收并转换成荧光光子,然后被 PMT 探测和放大,并将其送到电子线路。电子线路对光电倍增管的光子进行光电转换、定位、甄别、传送,同时进行符合探测,通过时间窗排除非相关的射线。回旋加速器是用于生产放射性核素的装置,它是利用被加速的带电粒子(质子 p、氘核 d、氦核 ^{3}He 和 α 粒子等)轰击靶物质引起核反应,生产出短寿命和超短寿命的缺乏中子的放射性核素,如 ^{11}C,^{13}N,^{15}O,^{18}F 等,再通过化学分离法,即可得到高放射性浓度的核素。

PET 的基本工作过程如下:①使用加速器生产正电子发射同位素;②用正电子发射体标记有机化合物成为化学示踪剂;③先用体外核素放射源做一次透射 CT,记录透射投影数据,这组数据后来要被用于衰减补偿,然后把正电子核素示踪剂注射到观测体内,在体外利用探测器环探测 γ 光子的衰变位置;④数据处理和图像重建;⑤结果揭示。

PET 的空间分辨率:空间分辨率表明 PET 对空间的两个“点”的分辨能力。一个理想的放射性点源放在 PET 的扫描视野(field of view,FOV)中,PET 所得到的放射性分布图像并不是一个点,而是有一定扩展,所得到的是一个“球”,球的大小反映了 PET 的空间分辨能力。分辨率定义为该点源的扩展函数的半高宽。PET 为三维成像,所以其分辨率用三个互相垂直方向上的半高宽来表示,即轴向分辨率(沿着探测器圆圈中心轴方向)、径向分辨率(沿中心轴任一半径方向)和切向分辨率(中心轴垂直平面任一半径的方向)。它主要受限于以下几个因素:①正电子的湮灭范围;②正电子湮灭前的能量并不严格为零,而是从零到湮灭的费米表面能量之间的任意值;③检测器的分辨率;④重建选用的方法。

二、SPECT 神经成像原理

原子序数相同的一类原子化学特性相同,是组成物质的基本单位,称为元素。质子数与中子数均相同的原子称为核素。很多元素有质子数相同而中子数不同的几种原子。例如,氢有 ^{1}H、^{2}H、^{3}H 3 种原子,就是 3 种核素,它们的原子核中分别有 0、1、2 个中子。这 3 种核素互称为同位素。每种元素可以包括若干种核素,目前已知的核素有 1 300 多种,分属于 1 000 多种元素。凡属于同一种元素的核素在元素周期表中的位置是一样的,彼此称为同位素。它们有的是稳定的,有的则是不稳定的。

原子核内核子之间存在一种引力,叫作核力。由于质子带正电,所以质子之间又存在斥力。原子核能否稳定取决于这两种力的平衡。当核内中子与质子数之比保持一定时,两种力平衡,这种核素称为稳定性核素。从能量的角度来看,稳定性核素一般处于最低的能态。在某些条件下,如放射性核衰变过程中或者受到高能态粒子轰击时,原子核可能暂时达到较高的能态,称为激发态。这时中子与质子之比高于或者低于稳定值,原子核处于不稳定的状态。激发态不会持续多久,它能通过能态或者核结构改变回到最低的能态,这被称为退激,同时会从核内放出粒子、光子粒子、俘获轨道电子等一种或

几种射线，此过程称为放射性核衰变，所以不稳定的核素又称为放射性核素。

SPECT 是利用放射性同位素作为示踪剂，将这种示踪剂注入人体内，使该示踪剂浓聚在被测脏器上，从而使该脏器成为 γ 射线源，在体外用绕人体旋转的探测器记录脏器组织中放射性的分布，探测器旋转一个角度可得到一组数据，旋转一周可得到若干组数据，根据这些数据可以建立一系列断层平面图像。SPECT 检测通过放射性原子发射的单 γ 射线，反射性核附上的放射性药物可能是一种蛋白质或是有机分子，选择的标准是他们在人体中的吸收特性。比如，能聚集在心肌的放射性药物就用于心脏 SPECT 成像。这些能吸收一定量的放射性药物的器官会在图像中呈现亮块，如果有异常的吸收状况就会导致异常的偏亮或者偏暗，表明人体可能处于疾病的状态。根据需要可获得脏器的水平切面、矢状切面和冠状切面或者任意角度的体层影像，清除了不同体层放射性的重叠干扰，可以单独观察某一体层的放射性分布，这不仅有利于发现较小的异常和病变，还使得局部放射性定量分析的精确性更高。目前用于 SPECT 显像的 γ 射线能量较低，范围为 80~140keV，人体组织对这个范围的射线有明显的衰减作用，体内衰减可达到 50%~80%。因此，SPECT 在图像重建之前必须设法消除由于射线在到达探测器之前的衰减所引起的误差，这就需要准确地进行衰减校正。SPECT 同时兼备有平面成像、动态显像、断层显像和全身显像的功能，因而成为当今临床核医学的主流设备。

单光子的概念是相对于双光子产生的。放射性核素显像中，γ 光子的探测方式有两种：一种是单光子探测法或单光子技术法；另一种是复合探测法或双光子探测法。光子的探测方式是由 γ 衰变的放射性核素的性质决定的。SPECT 使用的核素一般是富中子的。中子数与质子数之比大于稳定值的核素（富中子）发生衰变时，核内的一个中子转化成质子，同时释放出一个带有一定动能的负电子和一个反中微子。反中微子是一种质量很小的不带电的粒子，穿透性很强，一般探测器探测不到。负电子的射程很短，一般仅为零点几到几毫米，最多 2~3mm，由它引起的韧致辐射等生物效应所产生的射线也因能量低而大多被人体吸收，在体外无法探测到。放射性原子核通过上述衰变后大多具有较高的能量，处于激发态。处于激发态的原子核将通过发射能量降到稳定态。这种多余的能量通常以 γ 光子的形式释放出来。产生的光子是单方向的，也是单个的，单光子的名字由此而来。光子的能量由核的激发态与稳定态之间的能量差决定。但是很多核素具有不止一种的激发态，所以放射性核素就有可能发出几种不同能量的光子。SPECT 就是通过检测这个向任意方向辐射的射线决定该同位素在人体内的分布。

SPECT 构成图像的变量不是衰减系数而是放射性活度。放射性活度不仅随组织、脏器分布而变化，而且与衰减有关。放射性物质的放射强弱通常用活度（单位时间内发生衰变的原子核数目或者单位时间内的放射量）来表示，活度也称为放射性强度。放射性物质不停地发生衰变，因此它的活度也是随时间变化的。为避免对人体造成损伤，希望在仪器灵敏度允许的范围内，辐射剂量尽可能小一些。但是，为获得高质量的图像，又要求累积活度大一些，这就产生了矛盾。一般把图像质量与患者接受计量的比值作为一个优化指标，而此指标大致与半衰期成反比，所以临床上希望使用半衰期较短的核素，但是半衰期太短会引起操作上的不便，一般认为半衰期是 10h 左右是适宜的。同样的放射性活度，在脏器表面计数高，在脏器深部计数低。可见，衰减对于 SPECT 成像是一个有害因素，使图像重建变得复杂。此外，SPECT 在构成图像时只用了很少一部分剂量，大部分被人体带走了，因此 SPECT 的空间分辨率会相对于 X 线、CT 等略差。SPECT 反映的是人体的代谢功能、摄取功能的差异。例如，对于肝血管瘤、脑缺血、癫痫、痴呆等，SPECT 比 X 线、CT 等更具优势。

SPECT 是在 γ 照相机基础上发展起来的核医学影像。它实际上是在一台高性能 γ 照相机基础上增加了探头旋转装置和图像重建的计算机软件系统，其基本结构主要由探测头、旋转运动机架、计算机及其辅助设备等三大部分组成，其中 SPECT 的探头结构主要由准直器、晶体、光导、光电倍增管组成，其外形可以是圆形、方形或矩形，有单探头、双探头或多探头等不同类型。

准直器是由具有单孔或多孔的铅或铅合金块构成，其孔的几何长度、孔的数量、孔径大小、孔与

孔之间的间隔厚度、孔与探头平面之间的角度等依准直器的功能不同而有所差异。由于放射性核素是任意地向各个方向发射γ射线，因而要准确地探测γ光子的空间位置分布，就必须使用准直器。它安装在探头的最外层，其作用是让一定视野范围内的一定角度方向上的γ射线通过准直器小孔进入晶体，而视野外的与准直器孔角不符的射线则被准直器所屏蔽，也就是起到空间定位选择器的作用。

晶体位于准直器和光电倍增管之间。其准直器侧面（入射面）采用铝板密封，既能透过γ射线，又能遮光；其光电倍增管侧面（发光面）用光导玻璃密封，晶体内所产生的闪烁光子能顺利地进入光电倍增管。晶体的作用是将γ射线转化为荧光光子。目前，大多数SPECT机均采用大直径的碘化钠(铊激活)晶体。

光导是装在晶体和光电倍增管之间的薄层有机玻璃片或光学玻璃片，其作用是把呈六角形排列的光电倍增管通过光耦合剂（一般为硅脂）与NaI(Tl)晶体耦合，把晶体受γ射线照射后产生的闪烁光子有效地传送到光电倍增管的光阴极上。光电倍增管是在光电管的基础上发展起来的一种光电转换器件，它的作用是将微弱的光信号（闪烁晶体在射线作用下发出的荧光光子）按比例转换成电子并倍增放大成易于测量的电信号，其放大倍数可高达10^6~10^9。光电倍增管主要由光阴极、多级倍增极、电子收集极（阳极）组成，整个系统密封在抽成真空状态的玻璃壳内。

SPECT的机架部分由机械运动组件、机架运动控制电路、电源保障系统、机架操纵器及其运动状态显示器等组成。它的主要功能是：①根据操作控制命令，完成不同采集条件所需要的各种运动功能，如直线全身扫描运动、圆周断层扫描运动、预置定位运动等；②把心电R波触发信号以及探头的位置信号、角度信号等通过模数转换器（ADC）传输给计算机，并接受计算机指令进行各种动作；③保障整个系统（探头、机架、计算机及其辅助设备等）的供电，提供稳压的各种规格的高低压、交直流电源。

三、PET/SPECT神经成像分析及临床应用

SPECT和PET与X线、CT、MRI、超声等其他影像技术比较有其固有的优势：①SPECT不仅显示脏器和病变的位置、形态、大小等解剖结构，更重要的是同时提供脏器和病变的血流、功能和引流等方面的信息，这有助于疾病的早期诊断；②具有多种动态显像方式，使脏器和病变的血流和功能情况得以动态而定量地显示，能给出很多功能参数；③SPECT多因脏器或病变特异性聚集某一种显像剂而显影，因此影像常具有较高的特异性。PET的价值主要在于能够从体外无创地观察活体内的生理的和病理的生化过程。病变组织的生化改变往往早于形态学的改变，因此PET可以在没有形态学改变之前早期诊断疾病、发现亚临床病变以及早期、准确地评价治疗效果。虽然PET的空间分辨能力不及CT和MRI，但显示的病变组织往往与正常组织对比明显。SPECT和PET广泛应用于各种临床疾病。本节内容主要介绍在神经精神系统疾病上的应用。

PET方法学上的一个主要优势是有多种显像剂可供选择使用，每种显像剂都是特异性地针对某种所感兴趣的生理系统的，临床上以脑葡萄糖代谢显像最为常用。由于PET显像时需要患者处于一种相对稳定的状态，故不适于研究像癫痫发作时的短时事件。此外，PET空间分辨率的限制及部分容积效应的影响，会导致病变与周边结构之间的界限模糊，解剖细节显示不清晰，并可能低估小病灶的实际放射性摄取值；而空间分辨率还会影响到病变的检出。有报道，早期PET（平面分辨率16mm）对致痫灶的检出率为52%，而近年来的新型PET（平面分辨率5mm）可使检出率增加到86%。

PET在脑部疾病中的应用较早，对多种疾病的诊断和治疗评估均有一定的价值，主要包括脑肿瘤、癫痫、帕金森病、老年痴呆、脑血管病和脑创伤等。^{18}F-FDG PET对于其中难治性癫痫灶的定位和阿尔茨海默病的诊断分别于2001年和2004年进入美国国家医疗保险。PET对于临床癫痫灶的定位帮助很大，可以从血流灌注、代谢和受体分布等多个角度显示病灶。在癫痫发作期，致痫灶所在皮质区域的血流灌注和代谢活性明显增高；而发作间期则相应减低。这一表现有利于准确定位癫痫灶，指导手术治疗。然而PET检查毕竟昂贵，且很难捕捉发作期表现，因此有文献报道，将发作间期PET代

谢显像与发作期 SPECT 血流灌注显像结合，对寻找癫痫灶部位体现了较好的效果，定位准确性超过 90%。

（一）在癫痫上的应用

PET 在癫痫定位诊断中的应用包括脑代谢显像和神经受体显像。^{18}F-FDG 是葡萄糖的同分异构体，是目前应用最广泛的葡萄糖代谢示踪剂。虽然 ^{18}F-FDG 可以和葡萄糖一样进入脑细胞内，并在己糖激酶的作用下生成 6- 磷酸 -^{18}F-FDG。然而由于结构上的不同，其不能进一步代谢并进入三羧酸循环产生能量，通过探测 ^{18}Fβ+ 湮灭衰变过程中产生的光子即可知 6- 磷酸 -^{18}F-FDG 的位置和数量，获得局部组织的葡萄糖代谢分布图。研究证明，在癫痫发作期癫痫灶表现为代谢增加，其原因是发作期神经元过度放电，能量消耗明显增多导致局部血流和葡萄糖代谢增加。癫痫发作间期癫痫灶代谢降低，其机制不明确，可能与皮质萎缩、神经元减少、胶质增生及突触活性降低有关，也有研究者认为与病灶组织的葡萄糖氧化能力降低有关而与神经元的数量多少无关。国内外很多学者证明 PET 神经受体显像对癫痫的定位诊断较 ^{18}F-FDG PET 显像更准确。其显像检查方法较多，包括中枢性 GABA/BZ 受体显像、阿片受体显像、谷氨酸受体显像、胆碱能受体显像、单胺氧化酶 B 活性显像及周围性受体显像等。目前研究较多的是前二者。

PET 和 SPECT 技术能够提供脑血流量（CBF）、代谢及受体功能改变信息，可为定位致痫灶和确立手术方案提供有力依据。将核医学影像与电生理和解剖信息结合，可更加准确地探测顽固性癫痫的发作区，并确认所发生的功能障碍。局部性癫痫发作间期的 ^{18}FDG PET 显像通常表现 EEG 所示致痫区内出现脑葡萄糖代谢减低区，且 PET 显像上的代谢减低区通常大于 CT 所发现的萎缩区，也大于病理检查所见的结构损伤区；而发作间期 EEG 所反映出的脑电活动并不影响葡萄糖代谢。一般认为 70% 以上的局部性癫痫患者会在 ^{18}FDG PET 上出现脑葡萄糖代谢减低区，但一些 EEG 显示有非常明确病灶的患者其 ^{18}FDG PET 可能是正常的，而另一些 EEG 或颅内 EEG 没有局部变化的患者却可能在 ^{18}FDG PET 上显示出一个代谢减低区。代谢减低区可表现为局灶性或占据一个脑叶，通常与正常脑组织有一个渐进性的分界，也可表现为广泛累及多个脑叶，此时减低最明显的脑叶通常为致痫灶。有时代谢减低区内可以包含着一个与周围皮质有着明显界限的更明显的减低区，通常与一个结构性损伤相对应。致痫灶总是位于所探查到的代谢减低区内。出现错误定位的情况是少见的，PET 检查前数小时进行 EEG 监测可降低错误定位的风险。^{18}FDG PET 的显像结果可能影响到患者是否可选择手术治疗，并对预后分析很重要。癫痫患者如发现局灶性代谢减低可以考虑局部皮质切除，对单侧弥漫性病变的患者可考虑脑半球切除或胼胝体切除。

单光子核素标记的 CBF 灌注显像剂为亲脂性胺类，可快速通过血 - 脑屏障，并且一旦进入脑内就形成亲水性化合物而滞留于细胞内不被清除。显像剂的脑内摄取基本在 2min 内完成，首次通过时大约 85% 被脑摄取，而以后的再分布不到 5%。脑内的放射性分布与给药时的血流灌注成正比，且基本保持恒定，不受随后发生的 CBF 变化或药物介入的影响，故这类显像剂就时间分辨力而言比 ^{18}FDG PET 更准确，并允许对 CBF 的一过性变化进行成像。使用此类长半衰期放射性药物可以在静脉给药后的 3h 内采集图像，放射性药物的制备也较简便。SPECT 的优势在于对患者的注射可以在远离 SPECT 设备的地方完成，如癫痫监测装置旁、癫痫发作中或刚刚发作后，而当患者完全恢复意识并且能够合作时就可以进行显像。显像剂从上肢静脉注入首次通过脑的时间大约是 30s，正确评价 SPECT 图像应考虑到时间因素的影响。发作期注射应力争在发作开始后以最快的速度完成，因癫痫活动有可能播散，注射晚于发作期时，高灌注现象可能反映的是播散活动而不是真正的致痫区，真正致痫区却可能出现低灌注现象。

PET 对无形态结构异常的病灶有较高的定位诊断价值。然而其不足之处表现在：①显示的病灶范围往往大于实际异常的范围；②发作间期探测到的复杂部分性发作癫痫灶与术中取得的同期组织改变不完全一致；③有时可能出现假阴性的结果；④有时甚至出现定位错误，如在颞叶癫痫（TLE）中。^{18}F-FDG 大多显示为显著的外侧颞叶代谢降低，而大多数癫痫灶却位于内侧颞叶，故有研究者认为

^{18}F-FDG PET 显像适合确定病灶在哪一侧，即定侧，而不适合更具体的准确定位。

（二）在精神分裂症上的应用

神经生物学研究提示，脑内多巴胺、5-HT（5- 羟色胺）与精神分裂症相关。5-HT_{2A} 受体在精神分裂症病理生理中起到一定的作用。非典型抗精神病药物的分子靶标可能是 5-HT_{2A} 受体，这间接证明了 5-HT_{2A} 受体在精神分裂症中的作用。然而这种假设建立在间接的药理学证据和尸检的结果之上，为了进一步验证假设，需要选用合适的示踪剂对脑内的 5-HT_{2A} 受体进行 PET 显像。多种示踪剂已经用于 5-HT_{2A} 受体 PET 显像。然而，这些示踪剂不是最理想的 5-HT_{2A} 示踪剂，因为它们的靶 / 非靶比值低，而且与其他神经受体也有着相当的亲和力，如多巴胺 D2 受体和肾上腺受体。MDL100907 是 5-HT_{2A} 受体的拮抗剂，具有高度选择性，它的研制成功为 5-HT_{2A} 受体显像提供了美好的前景。

目前，脑受体功能显像技术已开始用于对精神分裂症的病因学研究和对抗精神病药物作用机制的研究。药理学证据间接地提示，精神分裂症患者有多巴胺系统的功能异常，那些引起多巴胺释放或阻断神经元对其再提取，从而增强多巴胺能突触活动的刺激能加重精神分裂症的症状，甚至无精神分裂症的人在大量服用苯异丙胺之后也可能出现急性妄想型精神病，且这样的精神病与经典的妄想型精神分裂症很难区分；同时，对自然死亡的精神分裂症患者进行尸检发现多巴胺 D2 受体有增高。这些资料均提示：多巴胺能活性增高与精神分裂症的发病有密切联系。然而，应用 PET 研究精神分裂症患者的多巴胺 D2 受体却发现不一致，有的报道多巴胺 D2 受体升高，有的报道不变，有的报道既有升高也有不变。这种差异可能与病例的选择有关，因为慢性用药在短期内可增加脑内多巴胺 D2 受体的数量，而进行 PET 受体显像的精神分裂症患者，都长期服用过抗精神病药物，因此所发现的受体增加现象是由于疾病本身还是药源性就很难确定。

目前较为普遍的看法认为，精神分裂症患者 rCBF 与正常人是有显著差别的，以发病时为著，患者的变化特点是大脑皮质多个区域低灌注表现，以额叶损害最严重，rCBF 明显减低，基底节和颞叶亦常受损，左侧受损程度常较右侧重。有研究发现左侧颞叶血液灌注下降明显且与其阳性症状显著相关，提示左侧颞叶功能与精神分裂症有关。同时有研究发现精神分裂症患者右侧额叶与颞叶局部脑功能减退，但未发现 rCBF 与精神病理症状和疗效有关。精神分裂症 rCBF 结果的不一致，提示该病症可能是异源性的，有学者进一步探讨了精神分裂症亚型、症状群、甚至单个症状与 rCBF 的关系，发现阳性症状评分与 rCBF 呈正相关。

（三）在抑郁症上的应用

PET 和 SPECT 研究均发现抑郁症患者额叶代谢功能低下，尤其是额叶和颞叶明显，且病情严重程度与脑代谢功能呈正相关；情感障碍缓解后额叶功能正常，另外还发现抑郁症患者在额叶、颞叶、杏仁核以及扣带回等脑区代谢功能降低。有研究者利用 PET 将抑郁患者与正常对照组进行研究发现：单相抑郁、双相抑郁、强迫症伴抑郁者，均见左前额叶代谢功能减退，且代谢功能减退与抑郁严重程度呈正相关。经治疗后抑郁病情好转，患者左额叶代谢功能则趋正常。其他学者的 PET 研究发现，额叶及颞叶代谢功能减退，还有研究发现功能减退与双相抑郁严重程度明显相关。

有学者认为杏仁核是脑感觉信息接收站，亦有学者认为是感觉传入中转站。因此认为杏仁核调节功能障碍或错误反映接收的信息，将会导致不同的抑郁症状。但有研究发现抑郁患者左额叶代谢增高，且左额叶功能与抑郁严重程度呈正相关，同时亦发现杏仁核代谢活动增强。上述结论可能是由于诊断差异所致，另一种解释认为短暂的悲哀或忧愁可致左额叶代谢升高，但如果转变为抑郁症时即见代谢降低。情感障碍可能是脑某一区域代谢亢进或减退所致。有研究报告 33 例抑郁患者左扣带回前部和左上额叶代谢减退，其中 10 例患者有明显认知障碍，且较无认知功能损害者有明显的左额叶功能代谢障碍。此现象表明脑不同区域损害可导致不同的抑郁症状。SPECT 研究抑郁类同于 PET 的发现。PET 和 SPECT 对继发性抑郁的研究可见额叶及边缘系统代谢降低。

（四）在阿尔茨海默病上的应用

阿尔茨海默病（AD）是最常见的神经元变性疾病，可由脑血管病、变性疾病、感染性疾病和脑瘤等

多种疾病引起，进行性记忆丧失是其最重要的症状。在尸检中发现AD患者的神经元中存在淀粉样蛋白分解和神经原纤维缠结等病理改变。AD患者rCBF显像的典型表现为顶叶及后颞叶血流低灌注，血流灌注降低经常是对称性的，但其病变的严重程度和强度不一定一致或对称。运动和感觉皮质一般不受影响。有些学者认为，脑后部相关皮质血流低灌注是AD患者的特异性改变，并且是阳性诊断的依据。颞顶叶血流低灌注往往是早期患者比晚期患者表现更为明显。

通过显示大脑皮质和皮质下核团的代谢改变，PET可以用于AD患者的临床诊断，并与其他类型的痴呆（如血管性痴呆等）做鉴别区分。早期AD表现为双顶叶代谢减低，后来逐渐累及双侧颞叶和额叶。目前用PET研究痴呆的主要结果为：①重度痴呆的全脑葡萄糖代谢低下；②各种痴呆均有局部的代谢降低和血流减少；③血流减少与氧和葡萄糖代谢下降并存；④局部血流和代谢低下与症状有某种程度的相关。

第三节　影像脑网络分析方法

一、脑网络分析概述

人脑由约10^{11}个神经元组成，通过约10^{15}个神经突触相连接，是目前所知宇宙间最为复杂的体系之一。大脑特定脑区具有相对独立的功能，特定的神经区域都具有其独立的神经反馈功能，不同脑区之间的信息交互与相互作用所构成的功能网络是人类表现出的整体、综合行为的基础。作为一个高度复杂的系统，脑担负着对人体内部状态的监控、调节以及对外部世界的警觉、响应。因此我们不得不问这个问题：大脑是如何工作的？大量研究表明功能分离和功能整合是支持大脑进行大量信息处理的两个主要的原则。功能分离强调的是人脑不同的脑区具有相对不同的功能，基于功能分离的原则已经定义出了许多功能固定的脑区如感觉运动皮质、语言区等。功能整合强调的是不同脑区间的相互作用和相互协调，当完成一个特定的任务时往往需要多个不同的脑区参与，这些空间上分离的脑区间在功能上同步化的行为具有网络的特征。基于脑连接的脑网络分析是反映脑功能整合最主要的策略及手段。根据现代神经成像方式，可以从功能层次和结构层次上来讨论大脑网络。脑结构连接性表示在不同的神经组块之间的解剖关联，这种关联包括形态学的相关和真实的解剖联系；脑功能连接性表示不同的脑区间功能性的关联，这种功能上的关联可以通过功能信号的时域相关或者统计依赖性来反映。下面主要介绍这两种脑网络方式。

（一）脑功能网络

脑功能网络的连接范式是对在不同神经元、神经元集群或者脑区之间神经活动整合的一种动态的直接描述。研究脑功能网络现在最常用的方法之一是fMRI。近年来，越来越多的研究利用BOLD信号间的时域相关性来构建、研究大脑不同情况下的特殊功能网络以及不同尺度的全脑网络。有研究者利用事件相关fMRI研究大脑的特殊功能网络连接强度及效应连接。应用静息态fMRI的研究发现，低频BOLD信号振荡在空间分离的脑区间存在高相干度，具有明显的网络行为。这些研究证实静息状态的大脑不是“空载（idle）”，而是存在大量不同的自发活动，而且这些自发活动在多个脑区之间存在着高度的相关。越来越多的文献已经证实了这些静息态的功能网络范式的稳健性，但是这些自发的低频振荡的起源迄今也没有完全地搞清楚。静息态fMRI技术由于其不需要执行任务，简单易行，而广泛应用于临床疾病的研究。例如有对精神分裂症的脑功能网络的研究综述发现，在精神分裂症中不但存在紊乱的局部功能网络处理而且网络间的相互作用也存在异常，不同尺度上的网络特性的改变有助于探索精神分裂症的本质特征，有利于疾病的分类和治疗效果的评估。fMRI从其出现到现在的十几年里，为了提取更多有关的功能信号进行脑功能活动的定位及脑连接分析，目前采用两类方法：假设驱动方法和数据驱动方法。假设驱动的分析方法都需要一个先验的假设，再行进一步分析。目前常用的分析方法包括基于种子区的时域相关分析和广义线性模型分析等。数据驱动方法是指不

需要先建立模型，而通过分析 fMRI 数据自身的特点进行脑活动特征的检测，从而直接挖掘 fMRI 数据内在的统一连接模式。数据驱动分析方法主要包括独立成分分析（independent component analysis，ICA）和全脑大尺度脑网络分析等方法。

基于感兴趣区（region of interest，ROI）的时域相关分析：首先选择一个感兴趣区（ROI）提取出其 BOLD 变化的时间序列，再与其他大脑像素之间进行时域相关性分析，根据相关程度来确定功能连接模式。这种方法简单、敏感、易于判定，能够提供一个基于 ROI 的功能连接图，因而被广泛应用。这个方法是一个假设驱动的方法，需要依赖于对研究问题的熟悉程度以明确 ROI 的选定。独立成分分析：基于 ICA 的大脑功能连接可能是应用最广的并能提供高度一致性的方法。这是一种数据驱动的方法，不需要先验信息。通过对混合信号进行盲源信号分解，提取统计独立的信号源，这些独立的信号的空间分布模式可以认为是大脑静息态范式。这种方法的主要优势是在对全脑尺度上信号的分解。这种方法中，盲源信号的个数的不确定性导致分析成分个数的选择较难，成分个数的不同可能导致部分模式存在一定的差异。而且，成分的理解和解释比基于 ROI 功能连接分析更难。全脑大尺度脑网络分析：基于静息态的功能连接性构建全脑网络的研究，这种方法通过使用全脑分割来定义数十至数百个脑区节点，根据节点间信号的特征关联定义边，再从图论的角度进行分析。已有的研究显示人类大脑网络具有“小世界”属性。这些研究已经显示出大脑的功能联系是根据其有效的局部信息处理和全局信息的集成相融合的高效的拓扑属性原则组织化的。

基于 fMRI 来探测大脑网络机制的主要优点有：①测量的无创性与无辐射性；②可以对单个被试者重复采集成像；③其采集图像的时间和空间分辨率高。至今为止，静息态功能磁共振的研究已经广泛地应用于探索人类的运动、言语、听觉、视觉、感知、情绪、认知等初级与高级神经系统。其已经成为探索认知神经领域与临床上脑科学及心理学领域的重要技术手段。虽然静息态功能磁共振成像的方法与应用快速发展，但其研究还处于初级阶段，静息态功能磁共振的脑功能连接与其生理机制的关系还需要进一步深入的研究。

（二）脑结构网络

脑的功能和结构是密不可分的，结构连接是功能连接的物质基础。在当前的结构 MRI 研究中，脑结构网络成了研究的热点。这里主要介绍两种基于 MRI 的结构网络研究手段：基于形态学的结构脑网络研究和基于弥散张量成像（DTI）白质纤维追踪的脑网络研究。大脑形态学指标主要是指大脑的灰质密度、灰质体积、皮质厚度和皮质表面积等结构信息。使用 MRI 获得一组人群的结构磁共振像，然后计算不同脑区的形态学指标的相关系数，这个相关系数作为网络的边，不同的脑区作为网络的节点，这样就可以建立一组人群基于形态学的结构网络。目前已经有研究者应用此方法在不同的形态学指标基础上构建和研究了正常人群的全脑网络特征。例如有研究对数以百计的被试者脑结构成像数据进行分析，根据皮质厚度表面积等指标在人群上的相关性构建了人脑的结构网络图，发现该网络具有“小世界”属性，其节点度分布服从指数截尾的幂律分布。该方法是基于一定数量的人群的统计特征来建立的结构网络，却无法建立单个被试者水平的网络，所以其应用受到限制。DTI 可以依据水分子的弥散特性来进行脑白质纤维束的追踪，所以近年研究基于 DTI 纤维束构成的结构网络成为最常用的一种脑结构网络分析技术。构造网络时，依然选择不同的脑区作为网络的节点，脑区之间是否存在纤维连接作为网络的边来构建网络。有研究对正常被试者的 DTI 数据，建立了大脑皮质间白质纤维网络，发现了这个网络也具备“小世界”属性，节点度的分布服从指数截尾的幂律分布。与前面基于形态学的结构网络构建相比，基于 DTI 纤维束的网络研究方法更具有生理学的意义（边代表节点间是否存在白质纤维束的联系），既可以在群体上也可以在个体上研究结构网络特征，其应用的前景更加广泛，目前已经有应用于临床神经精神疾病的研究出现，如在精神分裂症上。

因此，从网络角度探索人类大脑，可以通过结构和功能两个方面从点—点、点—全脑、全脑—全脑等不同层次，反映脑连接机制的不同侧面。通过脑连接模式从结构到功能、从微观到宏观、从个人到群体等不同模态、尺度上全面描绘人脑连接网络，并以此为出发点或基础探索大脑活动的基本原理和

相关精神神经疾病的病理学机制。随着刻画脑功能、结构连接概念的成熟，以及基于图论方法学的发展，人脑连接组（human connectome）正式被提出，用以刻画人脑这一高度复杂的网络。人脑连接组旨在从不同层次、模态和尺度上全面而精细地描述人脑网络，并探测人脑网络的内在、外在连接规律。

二、脑结构网络分析方法

人脑结构连接的定义依赖于不同模态的成像技术：基于结构磁共振成像的形态学连接和基于弥散张量及弥散谱成像的大脑白质结构连接。下面详细描述这两种技术。

（一）基于高分辨率解剖成像的网络构建及分析

人脑灰质皮质局部形态有很大的个体差异。但研究表明大脑局部形态的变异性并不完全随机，局部灰质形态可能会表现出与另一区域形态的共变。这一现象最早发现于视觉系统中，即初级视皮质的体积与外侧膝状体体积共变。这种在个体差异性中体现的灰质间耦合性，称之为灰质共变（协变）。进一步研究发现这种灰质共变现象遍及全脑。早期的研究认为这种共变现象反映了解剖上连通的局部区域有着共同神经营养供给、遗传特性，以及参与共同功能。目前认为除了这些因素，灰质共变最主要反映了不同区域之间同步化发育过程。

测量灰质形态最常见的方法是使用基于体素的形态学测量技术（voxel-based morphometry，VBM）提取灰质体积。因其全自动化的易用性和较好的准确性得到了广泛的使用。然而灰质体积可以看作是皮质厚度与面积的乘积。这也导致了一些问题，让以采用体积为测量指标的分析结果难以解释，原因如下：①皮质厚度与面积在遗传性和表型上均相互独立，数年前已有学者就此呼吁研究中需要考虑如何选择形态学表型的问题；②影响皮质厚度与面积的组织学机制并不相同，皮质厚度主要是受皮质柱内的神经元数目和大小影响，而皮质面积由个体发育过程中形成的皮质柱数量决定；③皮质厚度与面积各自的变化，无法反映至灰质体积的变化，皮质厚度与面积各自又反映了其独特的拓扑结构。当局部的皮质厚度与面积的变化量和方向并不相同时，灰质体积可以表现为增加、不变或减少三种情况，结果变得难以解释。此外，在灰白质交界面，存在部分容积效应，且存在较大的被试者间差异，影响 VBM 的结果。因此，采用体积进行研究既缺乏敏感性又缺乏可解释性，在灰质协变网络研究中一般是采用皮质厚度或是皮质表面积作为指标构建网络。

1. 构建方法　皮质厚度以及皮质表面积的获得可以使用 FreeSurfer，CEVET 以及 CAT 等工具包来实现。这些工具包的总体计算流程大同小异，主要的步骤包括：头骨去除、图像配准、皮质下结构分割（灰质，白质，脑脊液分割）、皮质表面重建（包括软膜内表面，白质外表面等）、皮质分割以及皮质指标计算等。皮质厚度是根据软膜内表面到白质外表面对应体素的欧氏距离来定义的。皮质表面积是通过计算软膜内表面的体素个数来实现的。如此，即可采用皮质厚度或是皮质表面积作为指标建立结构协变关系。

确定结构协变关系的最简单情况是考虑在某人群中，一个大脑区域的形态（皮质厚度，表面积等）与另一个大脑区域的形态之间的关系。一般使用皮尔逊相关系数描述两个脑区间的形态的线性关系。需要注意的是，在正式计算前，须排除可能的混淆因素。如，可采用回归的方式去除性别、年龄、性别年龄交互作用、受教育程度、全脑体积、全脑平均皮质厚度、皮质面积、脑回指数等的影响，以每个区域形态数据的残差作为净测量值。

常用种子区分析、主成分分析以及图论分析三种方法研究灰质协变网络。基于种子区的分析可能是最直接的方法。这种方法是在某人群中，将一个种子区域中的形态与大脑其余部分的形态进行比较，生成结构协变的全脑图谱。后续可以通过比较不同种子区域构建的灰质协变连接图谱，或是在不同被试者群体上构建的连接图谱找寻差异。

主成分分析将人与人之间的区域间协变图谱减少为更易于可视化和解释的数个成分。主要的组成部分可以看作由高度相关的大脑区域组成的解剖模式，不同的模式在一些人中表现得更强烈，而另一些则较弱，但是它们一起解释了人与人之间的大部分变化。在主成分分析中，这些不同的模式彼此

正交(在多维空间中垂直)。第一个主成分主要解释总方差,第二个成分尽可能多地解释剩余的方差,以此类推。

图论方法试图将复杂的全局和局部协变模式归纳为具有生物意义的特性。图是描述基本元素(节点)和它们之间关系(边)的模型。对于结构协变网络的分析,节点是各个脑区,边为它们之间形态的相关性。一般的图论分析会先使用阈值,保留图中少量而重要的边。随后考察其连接图的拓扑性质,如聚类,模块性和网络效率等。

2. 统计对比 采用的灰质协变网络构建的是组水平上的网络,这与功能磁共振导出的静息态网络或弥散磁共振导出的白质连接网络这类个体水平上构建的网络不同。因此,对于灰质协变网络组间差异的考察也需要特别的方法。一般常用两种方法对比灰质协变网络的组间差异。一是采用Bootstrap的方法从样本中有放回地随机抽取,组成新的伪对照/伪患者组,生成零假设网络,然后计算所有的拓扑度量并生成零假设分布。重复这一过程,构建若干对网络。随后按照常规对比方法,对比这些若干对网络的拓扑度量差异。二是采用基于随机分组的迭代统计,即按照正确的分组模式,获得两组被试者在网络拓扑度量上的差异。随后随机打乱分组,迭代数千乃至上万次,获取随机分组的差异,以构建差异的空分布。考察真实差异在随机差异中的分布情况,以衡量真实差异的显著性。

(二) 基于弥散磁共振成像的网络构建及分析

非侵入性的研究活体人脑的白质纤维,源于弥散张量成像(DTI)和弥散谱成像(DSI)的兴起。由于水分子不能自由出入有髓纤维的髓鞘,因此水分子在有髓纤维的扩散形式表现出较高的各向异性,能够测量某个体素内各向异性的大小,可以间接反映髓鞘化程度或纤维束的完整性。更重要的是,根据各向异性的方向,可以追踪纤维束的走向,也就是说水分子的运动方向能够展示活体大脑的轴突束的路径。因此,得到某两个脑区之间的白质纤维的结构位置和走向特点,便可达到描绘白质纤维束结构连接的目的。

尽管利用弥散成像可以无创地重建个体人脑的白质纤维束结构连接,但是目前此法仍然存在很多问题和挑战。例如,现存的纤维束追踪方法在重建交叉纤维束以及较长的纤维束时仍有困难,这可能导致描绘的脑区之间结构连接的遗失;即使基于概率的纤维束追踪方法可以克服上述部分缺点,但却不可避免地重建出一些并不存在的伪连接。

1. 构建方法 一般使用白质示踪方法来构建两区域之间,或者全脑尺度的白质连接网络。在正式分析之前,一般需要对数据进行预处理。首先,需要去除脑外的区域,如软膜,头骨等。随后由于被试者头动导致的形变以及涡流效应导致的形变,需要使用配准的方法,将所有弥散加权图像进行对齐。一般是对齐到未加权的弥散图像(即b=0的图像)上。但是,使用配准对齐的方法,不能对EPI序列导入的磁敏感伪影形变有较好的处理。目前,有解决方案可以部分解决磁敏感伪影,即通过扫描具有不同相位编码方向和不同读出时间的b0图像,使用软件(如FSL工具包下的EDDY工具)从这些图像中估计出形变量,以校正形变。预处理后可以使用弥散张量模型估计出个体的各个体素的各向异性分数、平均弥散率等指标。可以用这些指标,定量地描述局部白质的微观结构状态。

随后,为了实现示踪,首先需要估计出每个体素内的纤维束走向。现在常用的模型有球面解卷积模型,Q-ball模型,以及Multi-Shell模型等。需要根据具体的数据,以及具体的示踪方法,采用适当的模型。如,Q-ball模型适合于高角度分辨率数据,其可以实现尽可能准地估计出体素内的纤维束走行,包括体素内的纤维束交叉、扭曲、混合等。但不适合于一般的弥散磁共振数据(如弥散加权方向数只有30或更少)。Multi-Shell模型适合于多b值采集的数据,其能够融合低b值图像对粗大纤维束的高信噪比的识别,以及高b值图像对细小纤维束的识别,以获得更好的体素内纤维束估计。

一般构建白质连接的常用方法分为确定性示踪和概率示踪两种:确定性白质纤维示踪和概率性白质示踪。确定性白质纤维示踪常用基于流型的纤维束示踪法(streamline tractography)。这是目前在研究中使用频率最高的一种方法。该方法的基本原理是:通过获取脑组织局部的张量信息进行纤维

束示踪，首先选取一个种子点体素作为纤维束追踪的起始点，计算出该种子点体素内的特征向量，沿主特征向量的前进方向示踪一段距离后，再以前进轨迹中的某一体素作为新的种子点继续示踪，重复上述过程。最终，将所示踪出的片段连接成完整的曲线，该曲线就可被认为代表了脑内白质纤维的走行。在该追踪过程中，需要提前设定一些阈值来提高追踪结果的可信度，相关的阈值包括迭代次数、区域内各向异性分数（fractional anisotropy，FA）和弥散轨迹上相邻体素间的特征向量夹角等。其优点是迅速、简便，同时有着较低的假阳性概率。

概率性白质示踪依赖于对每个体素内的纤维束组成情况的较为精确的估计。一般要求体素内最大纤维束类数量大于二，即允许一个体素内存在两种走向不同的纤维束类。随后，以某一特定体素点（用户定义）为种子区，出发进行示踪，并将示踪通路上途经的体素点做标记。不同于确定性示踪，在前进到具有多个纤维束类的体素时，会随机选择其中一个纤维束类，按其走向继续前进，直到不满足条件（类似于确定性示踪，也存在 FA 以及相邻体素的纤维束角度限制）。此过程对于每个种子点重复迭代数千次，甚至上万次。全脑的其他体素点上，被标记的次数，即可看做与种子点的连接概率。概率示踪的优点主要在于敏感性更高，使对于微小纤维束或者较弱的白质连接的构建成为了可能。其次，概率示踪获得的白质连接强度可以作为量化指标，参与统计对比，以获得组间差异。此外，越来越多的研究也使用概率示踪手段，构建某一区域内每个体素点的连接图谱，随后使用聚类等方法，对这一区域进行基于连接的分区，以实现无创地获取人脑各区域的白质连接特征。

2. 分析方法 对于白质连接的分析可以分成大概三个方面。

（1）体素方面：将某条纤维束比作高速公路，那么这一通路上某一局部的堵塞会影响整条通路的传输效率。因此，对于纤维束进行体素级别的分析是有必要的。John Colby 提出了一个方法，实现了这一类别的研究。具体步骤如下，对于一个给定的纤维束：①根据一个共同的原点重新确定流型（即使用确定示踪方式重建出的一根纤维的方向）；②用三次 B-splines 插值方法重构流型的参数；③对流型进行重采样，使每条流型的点数相同；④根据新的点对流型进行重采样；⑤获取每个点上的弥散测量指标如 FA、MD 值等。随后可使用常规检验方式进行组间对比，以考察纤维束内，每一位置弥散测量指标的组间差异。

（2）纤维束方面：可以使用确定性或者概率性示踪，构建某两脑区之间的白质纤维连接图谱。并以流型条数（针对确定性示踪）或者是白质连接概率（针对概率性示踪）作为量化指标，刻画脑区之间的白质连接强度。由于 FA 值很大程度上反映了髓鞘形成的好坏，即信息传导的效率，因此可以通过提取白质连接图谱上的平均 FA 值对上述连接强度进行加权，以获得更符合实际的连接强度。

（3）全脑方面：类似于静息态功能连接，也可使用纤维束示踪的手段，获取全脑各个脑区之间的白质连接强度，构建个体全脑白质连接网络，并使用基于图论的方法，计算网络属性，并对比分析以考察组间差异。

虽然研究人脑白质纤维束结构连接网络的组织模式，还处于初步阶段。但是目前研究还是细致地探讨了大脑结构网络与发育、性别、脑体积、智力水平及认知能力等属性特征的内在联系。例如，大脑结构网络效率越高往往预示被试者具有较高的智力水平；女性的大脑结构网络具有更高的连接效率；大脑神经元白质连接在发育过程中重新排布。结构连接的重新排布或者网络拓扑性质改变也许能解释神经、精神疾病中的超连接和失连接问题。虽然，利用弥散成像可以无创地重建个体人脑的白质纤维束结构连接，但是目前此法仍然存在很多问题和挑战。例如，现存的纤维束追踪方法在重建交叉纤维束以及较长的纤维束时仍有困难，这可能导致描绘的脑区之间结构连接的遗失。即使基于概率的纤维束追踪方法可以克服上述缺点，但却不可避免地重建出一些并不存在的伪连接。

三、脑功能网络分析方法

BOLD-fMRI 虽然是磁共振成像技术的延伸，却是一种全新的划时代性的进步技术。fMRI 是一种新兴的非侵入式神经影像学技术，现在已应用于检测大脑在健康和疾病下的状态研究中。其原理是

利用磁共振造影来测量神经元活动所引发的血流动力学的改变。该技术可以对人类大脑的功能活动进行活体、高空间分辨率和较高时间分辨率的探测。

目前来说,脑功能网络分析主要还是基于静息态功能磁共振成像技术(resting-state functional MRI,rs-fMRI)。由于其不需要执行复杂的认知任务,所以被试者容易配合,有较高的一致性,避免了实验任务对数据造成的干扰。静息态功能磁共振成像技术已经被认为是认知神经科学与神经及精神疾病研究的一种很重要的方法,同时也是一个研究热点。静息态大脑功能网络的特异性连接的研究,为神经及精神疾病的临床诊断和治疗评估提供了一个新的途径。下面主要就基于种子区的相关性分析、ICA 和全脑功能网络三个方面分别进行描述。

(一) 时间相关性

无向的大脑功能连接表现为大脑皮质中空间不同的神经元在静息态下的共同协调反应。该方法的生理假设是:在功能上协调运作的大脑神经元其运作的过程是相互关联的,因此在时间上表现为高度的显著相关性。基于种子点的功能连接是功能连接研究中最常用的方法之一。种子点功能连接应用率比较高,部分归因于操作简单、结果容易理解与解释。在该方法中,首先提取种子点的 BOLD 信号的时间序列,然后再将大脑中每个体素的时间序列提取出来,最后求种子点和大脑的每个体素间的时间相关性,并通过 Fisher-Z 变换将相关系数转换成接近正态分布的 z 值,最后进行统计检验。皮尔逊相关分析(Pearson correlation)在无向功能连接计算中被广泛使用。由于 BOLD 信号包含神经元和非神经元信号及高频噪声,通过磁共振采集到的静息态功能磁共振信号是多种信号源的混合信号,通常通过回归运算与滤波(<0.1Hz)去除噪声信号的干扰,干扰信号包括心跳、呼吸、大脑白质与脑脊液的信号,以及序列噪声与头动引起的信号。此外在 fMRI 相关研究中,有必要在数据采集时记录心率和呼吸频率等指标对 BOLD 信号所产生的偏移的影响,需要采取相应有效的处理方法,尽可能去掉噪声的影响,使得研究的结果更加可靠。基于种子点相关分析的方法已经被广泛地应用到探索与功能有关的脑网络研究中,包括运动、听觉、视觉、语言、默认、注意网络,也包括一些具有特定功能的脑区,如丘脑、岛叶、纹状体、扣带回前皮质、扣带回后皮质、红核、小脑、杏仁核、颞上回及喙、尾扣带运动皮质。该法已对大脑的静息态活动神经解剖拓扑结构分布进行了详细的描绘。如上所述,这种方法的优点在于简单、易于操作和判断,其主要缺点是需要先验选定种子点,对信号中的混杂的伪迹成分的敏感性较高,以及不能同时对多个体系进行观察。

(二) 基于数据驱动的独立成分分析

在现行的信号分解方法中,主成分分析(principal component analysis,PCA)是一种常用的方法,它的基本思想是:假设信号不相关,把信号分解成若干相互正交(不相关)的成分。为了更好地应用 PCA 解决具体的实际问题,近年人们对它进行了多方面的改进,建立了 PCA 的一些特殊形式。这些工作一方面表明 PCA 在图像、生物医学、地球物理甚至经济学等领域有着广泛的应用价值,另一方面也表明人们在期待性能更好的信号分解方法。从原理上看,PCA 应用的是二阶统计量,而高阶统计量能更全面地刻画信号的概率统计特性,并抑制高斯噪声,现已开始用于生物医学信号和雷达的信号检测与分析处理之中。正是在基于高阶统计量的信号处理的研究实践中,一项新的信号分解技术——独立成分分析技术(independent component analysis,ICA)应运而生。ICA 的目的是把混合信号分解为相互独立的成分,强调分解出来的各分量相互独立,而不仅仅是 PCA 所要求的不相关。ICA 作为基于高阶统计量的信号处理方法,能够抑制高斯白色和有色噪声,并能分解出相互独立的非高斯信号,因而较 PCA 具有更为广泛的应用价值,受到了学术界的广泛关注。

设待处理的信号可概括为式(7-15)

$$x(t)=As(t)+n(t) \tag{7-15}$$

其中 A 为未知的传递矩阵或称为信号的混合矩阵,$x(t)$ 为 N 维观测信号矢量,$s(t)$ 为独立的 M $(M \leqslant N)$ 维未知源信号矢量,$n(t)$ 为观测噪声矢量。

ICA 的目的就是寻求一线性变换 w，通过它能由观测信号 $x(t)$ 恢复相互独立的源信号 $s(t)$：

$$y(t)=wx(t)=wAs(t) \tag{7-16}$$

其中 $y(t)$ 为 $s(t)$ 的估计矢量。当分离矩阵 w 是 A 的逆时，源信号 $s(t)$ 能被精确地提取出来，否则两者之间存在一个排序（permutation）和幅度（scale）的变换，即式(7-17)

$$P=R\lambda=wA \tag{7-17}$$

其中 R 是排序矩阵，λ 是幅度矩阵，由这两个矩阵可确定 P。当 P 为单位阵时，提取的信号 y 与源信号 s 一致。

在 ICA 的理论和算法中，一般都作了如下假设：

1）观测信号 $x(t)$ 的数目大于或等于源信号 $s(t)$ 的数目。

2）源信号 $s(t)$ 的各成分是瞬时统计相互独立的。

3）$s(t)$ 中至多有一个高斯信号。

4）无噪声或只有低的添加性噪声。即式(7-15)的模型可简化为式(7-18)：

$$x(t)=As(t) \tag{7-18}$$

独立成分分析被广泛使用来刻画大脑无向功能网络。该方法基于数据驱动不需要先验假设(如感兴趣区域的选择)。静息态脑网络 ICA 分析法是通过对大脑内神经元与非神经元的混合信号进行盲分解，进而提取多个时间或空间上独立的网络模式(成分)，用来描述采集数据的各个独立的功能网络。ICA 的计算公式可以表示为 X=AS，X 表示观测到的数据集，ICA 分析的目的就是在未知 A 的情况下，根据观测数据 X 去分离出未知的统计独立的源信号 S 的一种分析过程。ICA 有两种分析方法：空间 ICA 和时间 ICA。独立成分分析可以将一组图像序列分解成空间或者时间独立成分。空间 ICA 能够获取独立成分的图像和这些独立成分相关的时序波形。对于 fMRI 数据分析来说，常用空间 ICA 对功能数据进行空间分解，进而使用脑部结构和功能知识对感兴趣的成分进行选取和辨别。时间 ICA 能够获取独立成分的时序波形与其相对应的图像。时间 ICA 分解方法常用于脑电图和诱发电位的数据分析。针对 fMRI 数据的分析，空间 ICA 方法可以对静息态功能磁共振数据的各个网络进行分离，其所表示的各成分在空间上是独立(不相关)的，每个成分都代表其各自的成分源。因此，ICA 分析可以很好地避免空间独立噪声的影响，比如心跳、呼吸、头动、磁场的线性漂移信号等。针对每一个分解出的独立的空间成分图谱，图谱中的各个体素的数值大小表示每个体素对其成分时间序列的贡献程度，所以在此成分的图谱上，与成分时间序列相关性较高的脑区就可以认为是一个空间上独立的功能网络。这些网络也被称为“内在连接网络”（intrinsic connectivity network，ICN），这些静息态网络刻画了初级感觉运动、视觉、听觉、默认模式、注意、情绪等功能。在执行特定任务或者是静息态下，各个独立的成分网络内、网络间会进行信息传递和交互。基于其数据驱动的优点，该方法在功能定位与大脑认知及精神疾病研究等领域有比较广泛的应用。除此之外，基于聚类算法的方法也能用以研究功能连接。这是根据不同体素 BOLD 信号之间的相似程度进行分组的一类方法。结果表现为同一组内的体素信号具有高的相似性，而组间的体素信号的相似性低。在静息态下，这些每个分组也能对应一个静息态网络。这几种方法所揭示的功能连接结果之间有很强的重叠，这也支持了人脑在静息状态下，存在多个功能独特、空间各异、稳健的功能连接网络的观点。值得一提的是，独立成分分析方法也面临一些不足和挑战：①ICA 模型阶数（成分个数）的估计和选择；②对成分的理解比基于种子区的时间相关方法更难；③ICA 可能将一个功能网络分离为若干子网络、子系统。

ICA 和基于种子点的功能连接都可以反映大脑的功能连接。两种方法都有其优点和缺点。基于种子点的大脑功能连接分析方法，需要根据模板或者先验知识选取种子点，通过分析计算得到的结果有直观的理解。可是，根据此方法得到的结果受到种子点位置选取的影响。同时在计算种子点的功能连接过程中，需要对分析的时间序列进行回归，去除非神经元活动噪声的影响。基于数据驱动的 ICA 方法不需要先验假设，可以把原始的大脑神经元与非神经元的噪声信号分离出来。但是，在分解

之前,必须要人为定义分解成分数。人为定义的成分数过低会导致不同的独立网络无法完全分离,相反,人为定义的成分数过高会把一个完整的网络分解为多个子网络,不易识别。同时,相对于种子点的功能连接网络,ICA 对成分的理解较难。很多研究同时使用基于种子点的相关分析和 ICA 以互补的方式来探测认知和疾病大脑功能连接的变化。

(三)全脑功能连接网络

时间相关的无向功能连接和基于 ICA 的功能磁共振网络分析难以详细全面地刻画大脑全局功能连接和其网络属性。就此看来,基于全脑功能连接和图论方法从网络的角度来研究人类大脑的功能是极为必要的。有研究者根据全脑结构模板或经验设定的全脑感兴趣脑区,通过计算感兴趣区域间 BOLD 信号的时间相关性,构建静息态下全脑大尺度功能连接网络。进一步,可以对构建好的大尺度功能网络进行边连接强度对比分析和基于图论的网络拓扑属性研究分析。与基于种子点的无向网络连接和 ICA 的功能磁共振网络相同,可以通过组内和组间的数据统计对比分析大尺度功能连接网络的每条边的连接特性。进而,基于图论方法可以进一步分析大尺度网络的拓扑属性,如局部网络属性的节点连接度、介数中心度、局部效率、聚类系数等。网络全局效率、全局最短路径等网络属性可以刻画大尺度网络的全局效率。大尺度功能网络模型中,网络的中心性节点定义可以根据其不同的网络特性,如通过节点的连接度或介数中心度的排序对网络中心度进行排序定义。大量基于磁共振成像的结构和功能大尺度网络分析研究已经用于心理学与精神疾病的探索中。

大尺度网络可以通过构建全脑功能连接探究大脑网络的拓扑属性,可是此方法也存在一些弊端。大量的研究都是通过大脑解剖模板或者先验知识定义全脑网络节点。这样采取不同的选取网络节点的方法本身就存在先天的差异性,进而影响全脑网络拓扑属性。

全脑复杂网络研究,一方面加深我们对大脑信息处理模式、发育、性别、智力、基因、可塑性及认知功能等重要问题的理解。另一方面,全脑复杂网络分析方法也广泛地应用于各种神经、精神疾病中,通过探寻脑网络拓扑结构的异常变化,在系统水平上揭示脑疾病的病理生理机制,建立基于网络描述的影像学标记。该法是对临床影像可行性和性价比的补充和完善。

四、脑功能有向连接分析方法

脑功能连接不能描述神经活动的传递方向。例如,简单的种子点时间相关、独立成分分析所提供的静息态网络和大尺度全脑功能连接网络都不一定意味着有脑区之间的功能交互作用;又如外部刺激可以诱发两个解剖学位置不直接相连的神经集合瞬间同步激活,但并不意味他们之间存在效应连接。Friston 等定义效应连接为“一个神经系统直接或间接施加于另一神经系统的影响”。其研究方法通常是在脑区结构相连的基础上结合了统计学模型,然后精巧地设计几组不同的认知任务,记录和分析不同任务状态下特定神经元或者神经元集群(神经模块)激活的时间序列的交互关系,通过实测数据与统计模型之间的比较来检验模型是否成立。最终为脑区之间的效应连接提供依据。效应连接能够建立神经元之间交互作用的因果关系模型,反映神经活动的动态过程以及实验因素对神经活动的调节作用。效应连接,可以被认为是功能连接在特定任务条件下的表现,同样也能描述 / 记录静息态下的有向网络在疾病中的特异改变。

(一)结构方程模型

结构方程模型(structural equation modeling,SEM)可以将皮质的信息加工过程建模为由一个区域 A 指向另一个区域 B 的连接(表示区域 A 的激活导致区域 B 的激活)。这种因果关系不是直接通过数据得出的,而是通过模型建立并验证先验假设而获得的。连接的强度表明了一组特定的脑区间瞬时相关性,模型估计的过程是通过调整连接强度以获得模型与数据最佳拟合最小误差。结构方程的缺点主要表现在:①它只使用了相关矩阵的信息,这样不能够建模区域间相互的连接,使得模型与实际的生物学约束不一致;②它忽略了时间序列信息,即使随机改变数据发生的时间顺序,结构方程模型分析仍然会得到同样的结果。

（二）动态因果模型

动态因果模型（dynamic causal modeling，DCM）将脑功能描述成一个具有“因果”关系的动态系统：一个神经区域的激活通过区域间的连接导致其他神经区域激活水平的变化，同时通过自连接改变自己的激活水平。DCM 将大脑看作一个确定的非线性动力学系统，接受输入，并产生输出，从大脑响应的非线性和动力学特性来研究大脑功能的动态网络，是研究较少的动态网络的有效方法，成功用于研究 EEG 和 MEG 信号之间的内部连接。在 fMRI 中，模型的输入是实验刺激模式，模型的状态变量涉及神经元活动变量和其他神经生理学和生物物理学的变量，形成输出，即大脑相关区域的血流动力学响应。DCM 已经成功应用于基于 fMRI 的视觉刺激实验、运动想象实验以及临床抑郁症患者，以研究相关脑区的有效连接。

DCM 本身是一种数学模型，对于 n 个相互影响的脑区，通过使用简化的双线性微分方程模拟神经状态变量 x 的时序变化，每个脑区由一种状态变量代表，其双线性微分方程见式（7-19）：

$$\frac{dx}{dt}=F(x,\mu,\theta^{(n)})=\left(A+\sum_{j=1}^{m}\mu_j B^{(j)}\right)x+C\mu \tag{7-19}$$

其中，x 为状态变量（神经生理学属性，如突触后电位、离子通道状态），μ 代表所有已知输入（进入大脑的信息），θ 为决定状态变量间相互影响的形式和强度的一套参数。在神经系统中，这些参数通常与时间常数或神经元间突触后连接的强度有关，$\frac{dx}{dt}$表示时间为 t 时刻状态变量间的相互影响，即功能依赖性。其中 $\theta^{(n)}$={A，B，C}，A 代表无输入时的内在连接，矩阵 $B^{(j)}$ 表示第 j 次第二类输入 μ_j 诱导的有效连接；矩阵 C 表示第一类输入直接引起的神经活动的强度。

fMRI 的理论基础是血流动力学，DCM 是将神经动态模型和血流动力学模型相结合并描述神经元从被激活到转换为 BOLD 信号的过程。进行 DCM 的数据分析时，参数评估应是神经动态模型和血流动力学模型的结合参数。用 $\theta^{(h)}$ 表示血流动力学模型参数，则结合参数 $\theta=\{\theta^{(n)},\theta^{(h)}\}$。反映在各个脑皮质区域间的结合参数即偶联参数，偶联参数反映着脑区间的相互影响、相互依赖关系，即有效连接。在 DCM 参数评估建立后，参数评估的后验分布就可以检验连接强度，从而分析各脑区间的有效连接。

动态因果模型的一个显著优点是它将 BOLD 的生理响应模型加入到功能整合的模型中，因此可以被认为是直接在神经元（神经元集群）水平上的建模分析。动态因果模型也有一些劣势：①预先定义脑区之间的连接；②研究脑区的数量限制；③模型过于简单。

（三）Granger 因果分析

Granger 因果分析（Granger casual analysis，GCA）的推论基于多元自回归模型。最直观的原始的定义为：如果一个时间序列 Y 导致（影响）时间序列 X，那么使用 Y 的信息就可以预测 X 的值。可以这样理解 Granger 可预测性，即给出两个离散时间序列 X 和 Y，如果用过去 X 和 Y 的值预测现在的 X 的值，比单独用过去的 X 值的预测更加准确，因此可以说 Y 和 X 存在 Granger 预测关系。但是值得讲到的是，从统计定义上来看，GCA 说的是一种可预测性；因果关系一词强调的是一种逻辑上的顺序，与其发生时间上的先后顺序有的时候甚至是完全相反的，所以更应当称 GCA 为 Granger 因果分析。该方法是依赖时间优先性的。

但是原始 GCA 定义中只涉及两个信号，而未考虑其他信号对他们之间的预测有何影响，就孕育而生了条件 GCA（conditional GCA）。条件 GCA 在分析时考虑了所有变量之间的相互影响，以便能更准确刻画在其他信号条件下的 Y 和 X 存在 Granger 预测关系。Granger 因果分析还能推广到非线性关系、频谱信息等特定条件下的数学模型。

Granger 因果分析计算是基于 Geweke 的反馈模型。时间序列 X 代表种子点的平均时间序列，时间序列 Y 代表其他感兴趣区域的时间序列。线性方向性 $F_{X\to Y}$ 和 $F_{Y\to X}$ 是计算的线性的信号预测关系。因此，Granger 因果关系图谱主题是基于信息流向的探测，条件 GCA 的分析计算流程如下。

Granger 因果分析方法假设有两个时间序列信号 X_t 和 Y_t，X_t 是种子点的时间序列，Y_t 是大脑其他脑区的时间序列，和一个噪音信号 Z_t，如头动或者其他脑区的条件干扰信号，t=1，2，…，n（时间序列长度）。首先 X_t 和 Y_t 在 Z_t 的条件下其自回归公式为公式（7-20）和公式（7-21）：

$$Y_t = \sum_{k=1}^{p} b_k Y_{(t-k)} + cZ_t + \varepsilon_t \tag{7-20}$$

$$X_t = \sum_{k=1}^{p} b'_k X_{(t-k)} + c'Z_t + \varepsilon'_t \tag{7-21}$$

其中，b_k，b'_k，c，c'为自回归系数，ε_t和ε'_t是各自自回归模型的残差。

假设 X_t 和 Y_t 在 Z_t 的条件下，分别可以由 X_t 和 Y_t 共同的过去值联合线性表出为公式（7-22）和公式（7-23）：

$$Y_t = \sum_{k=1}^{p} A_k X_{(t-k)} + \sum_{k=1}^{p} B_k Y_{(t-k)} + CZ_t + \mu_t \tag{7-22}$$

$$X_t = \sum_{k=1}^{p} A'_k Y_{(t-k)} + \sum_{k=1}^{p} B'_k X_{(t-k)} + C'Z_t + \mu'_t \tag{7-23}$$

其中μ_t和μ'_t为其联合回归模型的残差。

最后，

$$F_{X\to Y} = ln\frac{var(\varepsilon_t)}{var(\mu_t)} \tag{7-24}$$

$$F_{Y\to X} = ln\frac{var(\varepsilon'_t)}{var(\mu'_t)} \tag{7-25}$$

$F_{X\to Y}$ 表示的是从 X 到 Y 的直接信号预测结果。$F_{Y\to X}$ 表示的是从 Y 到 X 的直接信号预测结果。

（四）动态因果模型和 Granger 模型的比较

首先从前提假设上看，DCM 认为神经元的相互作用是非线性的，具有动力学的性质，由确定的输入产生输出。这也是 DCM 和其他研究激活脑区关系的模型的主要区别。而基于多元自回归分析的 Granger 模型认为输入是未知的、随机的，而且假设脑区之间的相互作用是线性的。DCM 需要先验的信息，其建模过程是：对任何给定的模型条件，通过最大似然估计法估计出参数值。同时它还可以得到对模型本身的评估，可以进行模型之间的比较，最后得到最优的模型。但是对于每个参数，不同的模型都存在有或者无两种情况，例如对于最简单的两个 ROI，只有一种实验模式刺激的情况，如果没有任何先验的筛选信息，一共需要估计 $2^4 \times 2^4 \times 4$=1 024 个 DCM。当然一般根据神经生物学知识和相关的脑功能信息，可以筛出一些模型，但是需要估计的模型数随着 ROI 的增加，将成指数增长。因此 DCM 只能对很少的 ROI 进行建模。而 Granger 模型不需要先验信息，在选择感兴趣区方面也相对灵活一些。

Granger 分析方法是基于时间序列过程建立的模型，假设功能磁共振信号是平稳的，采集到的数据反映了时间上的预测关系。Granger 模型是对 fMRI 数据直接建模。由于功能磁共振信号是底层的神经元信号（x）卷积血流动力学响应函数（hemodynamic response function，HRF），这种血流动力学效应导致 fMRI 数据的响应会有几秒的延迟。如果大脑各脑区的 HRF 不一样，就可能会出现这样的情况：在神经元层面先响应的脑区在卷积 HRF 后，在血流动力学响应的层面上反而后响应。这就会带来各种伪 Granger 预测关系。因此 Granger 模型有一个重要的假设就是大脑中的 HRF 都是一样的。

DCM 利用控制理论建立了动态的微分方程模型。首先是在神经元层面建立动力学模型，同时考虑了实验刺激模式、神经元动力学部分和血流动力学部分，反映了一个脑区的活动引起了另一脑区

的动力学变化。因此它是在更深层次上建立模型，虽然更复杂，但是能体现更细致、更深层次的因果关系。

第四节 多模态成像分析方法

随着神经影像技术的发展，现已有多种无创脑成像技术对人脑结构与功能进行成像。其中，脑结构成像方面常见技术有高分辨结构磁共振成像、弥散张量成像等；主要的脑功能成像技术有功能磁共振成像、脑电图、脑磁图以及功能近红外谱成像等。这些不同类型的成像技术现已广泛用于脑认知与疾病的科学研究中。但是，这些脑成像技术都有着各自的优缺点。因此不同脑成像技术的融合有可能产生优势互补的无创综合神经成像方法。

一、多模态成像分析概述

功能成像技术的融合最为典型的是具有高时间分辨率的 EEG 与高空间分辨率的 fMRI 多模态融合技术。通过他们的融合从而获得高时空分辨的影像特征，为认知神经科学、神经和精神类疾病以及心理学等研究服务。本小节以 EEG-fMRI 融合为例描述多模态脑成像分析，将概述 EEG 和 fMRI 的神经生理基础、多模态数据采集和融合方法思路三个方面的内容。

（一）EEG 和 fMRI 的生理基础

头表 EEG 信号主要由皮质锥体细胞群活动产生，这类位于灰质皮质的神经元细胞群其树突相互平行，且其有效方向垂直于皮质表面。其中，持续时间较长的突触后电位是 EEG 信号产生的基础，而轴突短时动作电位由于其持续时间过短（约 1ms），一般不能被头表电极所记录。因此，当大量锥体神经元细胞同步兴奋时，将产生相应的电生理信号，然后经硬脑膜、颅骨、头皮等头部容积导体传递至头表，最终被电极所记录到。一般来讲，EEG 头表电极能够清楚地记录脑回表面皮质 6~10cm^2 的神经元活动；对于面积较小的区域，神经元活动的电信号幅度必须足够大才能被头表电极有效记录。对于脑沟两边的神经元活动，其电活动信号可能会相互抵消，不能被头表电极记录到。对于星形细胞等神经胶质细胞或者诸如丘脑核团等大脑深部核团，由于具有典型的封闭电场结构，其电活动总和接近于零，因此其电信号也不能被头表电极所记录。此外，由于脑脊液、硬脑膜、颅骨、头皮等大脑容积导体作用，头表 EEG 信号可能包含了多个脑区的混合活动过程。整体来讲，头表 EEG 的空间分辨率十分有限（约厘米级），但是由于电信号是瞬时传播扩散的，头表 EEG 具有很高的时间分辨率（约毫秒级）且能够直接反映神经元电活动。

相比于直接测量大脑电生理活动的 EEG 信号，fMRI 信号间接反映了大脑神经元活动。通常，fMRI 采用平面回波成像（EPI）方法记录血氧水平依赖（BOLD）信号（一般由脱氧血红蛋白与含氧血红蛋白的磁化率变化引起），以检测大脑皮质神经活动相关的局部血氧含量变化。BOLD 信号的产生过程可以简单归纳为以下几步：当局部神经元活动时，代谢需求的增加导致局部脑血流增大，局部组织中的含氧血红蛋白供应量超过代谢需求，使得皮质活动区域的脱氧血红蛋白含量较周围组织明显降低。由于脱氧血红蛋白是顺磁性物质，脱氧血红蛋白浓度的降低使得 T_2 加权像上该区域的 BOLD 信号强度相对增加。BOLD 信号的产生过程可通过血流动力学响应函数（HRF）进行描述，即 BOLD 信号一般在刺激后 5~8s 达到峰值，然后需要差不多相同的时间恢复到刺激前的基线水平。因此，fMRI 只能检测血氧代谢等相对慢速的神经生理活动，其时间分辨率是 2~3s，且无法检测到快速的皮质神经元活动。值得注意的是，即使目前已有快速扫描序列能够提高 fMRI 的采样率，BOLD 信号的产生机制使得 fMRI 的时间分辨率不能通过提高采样率而增高。但是，相比于 EEG，fMRI 的空间分辨率较高且能检测到大脑深部核团，其空间分辨率是 2~5mm。

（二）多模态数据采集

目前无创多模态数据主要包括结构与功能数据，其中结构信息包含 sMRI、DTI 等数据，功能信息

主要包括 fMRI、EEG、MEG、fNIRS 等数据。由于结构信息的采集相对比较规范，接下来将简要介绍 sMRI 与 DTI 数据的获取，针对多模态数据融合研究将重点介绍 EEG 与 fMRI 的数据采集方法。

针对 EEG 与 fMRI 数据采集，目前主要有三种方式。

1. 分开采集　分开采集主要是对同一被试者分别记录 EEG 和 fMRI 数据。分开采集的优势在于能够避免两种模态相互产生的高噪声干扰，以获得较高信噪比的单一模态数据，同时也有利于对数据进行后期分析计算，获取更好的结果。此外，对于一些易受 MRI 设备影响的实验范式（如听觉实验），一些不兼容磁共振扫描仪器的 EEG 设备，以及耐受性与配合度较低或者其他特殊被试者（如特定的临床疾病患者较正常被试者其依从性较低），分开采集都是较好的选择。但该方法的主要缺陷是不能将 EEG 和 fMRI 信号的时程对应起来，也不能保证同一被试者两种模态间的感觉刺激、行为和主观经验是完全一致的。因此，这种采集方案在早期的多模态研究中应用较多。但是这种技术采集的数据丢失了多模态数据间最为重要的时间对应关系，削弱了多模态数据融合的实际意义，目前在多模态研究中逐渐被同步采集方式所替代。

2. 交替采集　针对分开采集的缺点，人们又提出了交替采集方式来对上述问题进行弥补。目前交替采集方式主要包含慢速交替采集（slow interleaved recording）、快速交替采集（fast interleaved recording）、脑电触发采集方式（EEG-triggered/spike-triggered fMRI recording）三种采集方式。

慢速交替采集是指 EEG 与 fMRI 信号分别以相对较长的时间段进行交叉连续采集，其中每次采集到的 EEG 信号是在两次连续采集全脑 fMRI 信号之间。例如，将采集序列设计为先进行 30s 左右的连续 fMRI 信号采集，然后进行 30s 左右的 EEG 信号采集。但是这种采集方式仍然不能保证 EEG 与 fMRI 数据时程上的完全对应。

快速交替采集通常将一次 fMRI 图像采集与 EEG 数据段采集过程看作一个数据采集周期（TR）。在这个采集周期内，先用一部分时间完成 fMRI 的连续图像采集，然后在剩余时间内进行 EEG 数据的采集（在此期间不进行 fMRI 数据采集）。这种采集方式的优点在于，一方面能够获得没有磁共振扫描伪迹的 EEG，便于做事件相关电位（event-related potential，ERP）的相关分析处理，另一方面，能够避免听觉诱发实验中 MRI 扫描噪声对 ERP 的干扰。但是这种扫描方式仍有较多缺陷，主要包括：①不能确保采集到完全相同的神经活动过程；②由于在磁共振环境下进行实验的时间限制，致使有效试验数（trials）减少；③需要对刺激范式进行专门的设计，以保证刺激时间正好在无梯度的间隙时间内。显然，这种采集方法仍然不能提供严格同步的多模态信息，也不适合于研究静息态等问题。

脑电触发采集通常采用手动控制 fMRI 采集，即在进行信号采集的过程中，将脑电采集监护仪放置在磁共振控制台的旁边，根据脑电信号对 fMRI 信号采集进行手动控制。例如，针对癫痫患者，当扫描操作员在脑电监护仪屏幕上观察到异常放电（棘波放电）时，则手动开始 fMRI 信号的采集。由于需要实时监测脑电信号记录情况，这种方法常用于临床上癫痫诊断的研究。但是，其缺点在于需要实时监测 EEG 信号并进行实时目标脑电特征识别，以便能尽快启动 fMRI 扫描。同时，由于它对异常 EEG 事件出现的次数要求较高，有时 fMRI 并不能记录到 EEG 事件所引起的 BOLD 响应。这使得该方案只在早期用于研究癫痫发作放电，现在已较少被研究者所采用。

3. 同步采集　同步采集是指同时进行 EEG 记录和 fMRI 扫描，从而可将实验刺激或大脑自发振荡引起的神经电生理活动和氧代谢活动同时记录下来。它最大的优势是能够实现两种模态信号在时程上的完全对应，即在时程上完全同步地记录大脑活动过程。这种采集方式尽可能地保证了大脑神经活动信息的完整性，从而提供了较为完整的电生理信号与血流动力学信号。由于不同的实验时间、实验经历、实验环境等因素都可能会影响被试者的情绪、行为，许多诸如学习、注意等认知过程并不适合进行重复试验。而同步采集方式可以较理想地解决以上问题。目前，在临床疾病研究中，特别是癫痫，同步采集已得到非常广泛的应用。同步采集被证实是研究信号动态变化的最理想方式，如研究大脑自发活动过程中血流动力学与电生理信号间的关系。虽然在同步采集中，EEG 与 fMRI 设备的相互干扰会降低各自信号的信噪比，但是随着硬件设备的更新换代以及信号处理水平的提高，该采集方

式越来越受到研究人员的青睐,被认为是EEG与fMRI融合研究中最理想的数据获取方式。

(三) EEG-fMRI融合基本思路

EEG-fMRI的融合主要是从以下两点出发:①空间约束,即基于fMRI约束的EEG成像:用从fMRI获得的空间活动信息来约束EEG的源重建;②时间预测,基于EEG信息的fMRI分析,用特定的EEG特征卷积上血氧动力学响应函数后对fMRI的波形建模。

1. 在脑电分析中,为了回答脑功能"何处"的问题,EEG源定位问题在过去的几十年里一直受到人们的极大关注。EEG的源模型通常有两种:等效偶极子和分布源模型。基于偶极子的方法先假定等效产生头表信号的偶极子数,然后通过非线性优化等方法估计出偶极子的位置和大小。而分布源模型则假设大量的点源均匀分布在大脑容积中的灰质网格上。通过求解线性逆问题估计出每个源的活动强度。其中分布源可以是点电荷分布源,也可以是偶极子分布源。目前,空间信息的融合主要是利用磁共振数据提供的高空间分辨率信息(空间信息)为EEG源定位(空间定位)提供较为精确的头部模型或者空间先验信息。在早期的EEG源定位研究中,通常采用简单的一层或者多层球模型来模拟头部容积导体特性,但是这种简单的多层球模型不能很好地表征复杂的下枕、颞、前额皮质。同时,头部容积模型的精确度对EEG源定位的精度有着较大的影响。比如,基于MRI解剖结构信息,可以利用边界元模型(boundary element model,BEM)或者有限元模型(finite element model,FEM)构建个体化高精度的真实头部容积模型,提高EEG源定位精度。

进一步,还可利用fMRI空间信息作为EEG源位置的先验信息去整合多模态数据。已有的方法包括基于fMRI约束的偶极子定位方法和用fMRI约束/加权的分布源成像方法。由于增加了fMRI空间约束条件,EEG逆问题的不适定性可在一定程度上得到缓解。此外,也有课题组采用贝叶斯理论去缓解fMRI空间先验信息与EEG空间信息之间的复杂对应关系。

目前,空间信息的融合主要问题在于EEG与fMRI两者在空间位置上的巨大差异。如血管和电生理反应之间的空间差异,可能会导致功能磁共振成像提供的空间位置信息偏离神经活动的位置。即可能出现"fMRI额外源"(存在于fMRI中,但不在EEG中)、"fMRI不可见源"(存在于EEG中,但在fMRI中不存在)、"移位源"(两种模态的源位置存在空间错位)。进一步,由于容积导体的影响,单电极记录的是大脑活动的加权平均信号,其中可能含有分布的和多样化的神经过程,这使得EEG信号与BOLD信号间的对应关系更加复杂。此外,高精度的真实头部容积导体模型也受到模型复杂性与计算效率的限制。

2. 为了回答脑功能"何时"的问题,常常需要高分辨率的时间信息。考虑到EEG数据具有高时间分辨率,时域信息的整合主要是利用在时域或频域的EEG信号特征为fMRI分析提供时间信息。这种方法通常是将EEG记录获得的特征变量与常规的血流动力学响应函数(HRF)卷积,然后利用一般线性模型(GLM)估计EEG特征变量与每个体素的BOLD信号之间的相关性,以确定与电磁信号特征相关的fMRI统计激活图。其中,常用的EEG特征信息主要有癫痫事件起始时间(event onset)、事件相关电位(ERP)幅值、ERP延迟时间、EEG同步相位相干以及特定频段的功率谱能量等。此外,人们也十分关注EEG与fMRI信号在时程上的相互依赖关系,即用互信息、相关等方法来实现EEG与fMRI的融合。这种融合模式可采用先对EEG和BOLD信号分别进行空间和时间逆问题求解,然后借助两者时间特征的相关最大化实现融合。也有研究者先利用诸如ICA或者偏最小二乘回归方法对EEG与fMRI进行分解,得到各自时间空间特征,然后再对两者时空上的关联程度进行融合分析。

EEG与fMRI在时间层面上的融合,主要受限于两者在时间分辨率上的巨大差异。在时间尺度上,fMRI得到的是相对静止的图,而电磁信号是高度动态变化的。特别是对于非同步采集情况,由于EEG信号与fMRI信号在时程上并不是直接相关,很难将两者的时间过程相对应。即使同步采集的EEG与fMRI数据,它们也是在不同的时间分辨尺度下采集的。二者在时间尺度上的巨大差异会使得EEG信号与BOLD信号的关系复杂化。比如,许多因素(如二者时空尺度的巨大差异,神经血管耦合,甚至是不同的分析方法等)会带来非线性等新问题。另外一个问题是HRF函数的选择。大量研

究表明，HRF 函数的形状不仅会受到大脑激活位置、年龄、性别、任务、被试者等因素的影响，还会受到诸如癫痫、精神分裂症等疾病的影响。目前主要的解决方案是利用最小二乘法或者贝叶斯方法估计出特异性 HRF 函数，或者根据实验范式采用不同的 HRF 形状去矫正 HRF 函数的变异。

目前，综述文献中对多模态融合技术存在着不同的分类方法。如非对称融合分析（偏向于某一模态，例如基于 fMRI 约束的 EEG 成像）和对称融合分析（两种模态同时分析，例如基于同步 EEG-fMRI 的正演生成模型分析）、有监督与无监督、模型驱动与数据驱动、空间融合和时间融合等分类方法。这些分类方法的差异主要是研究者分别从不同的侧面去关注融合过程造成的。本文主要从非对称融合、对称融合以及网络融合三个方面来总结目前的研究。

二、非对称的多模态成像融合技术

非对称的多模态成像融合技术是指在两种模态的信息融合过程中，结合某个或多个模态的优势信息，以弥补另一方单一模态的不足。EEG-MRI 非对称融合主要体现在空间层面和时间层面上的融合。在空间层面上，利用 fMRI 的高空间分辨率获得的结果来辅助 EEG 的成像，从而保持了两种模态在空间上的一致性。而在时间层面上，需要强调 EEG 和 fMRI 中检测到的神经活动时域一致性，EEG 提供的高时间分辨率的信息可以辅助 fMRI 的成像。本小节主要从基于 fMRI 约束的 EEG 成像和基于 EEG 信息的 fMRI 分析两个方面叙述。

（一）基于 fMRI 功能网络的 EEG 源定位（NESOI）

在 EEG 源定位中，经验贝叶斯（empirical Bayesian，EB）模型是一种常用的技术，基于 EB 模型的源定位方法有最小模解（minimum norm solution，MNS）、低分辨率层析成像（low-resolution electromagnetictomography，LORETA）、动态统计参数成像（dynamic statistical parametric mapping，dSPM）以及多重稀疏先验（multiple sparse prior model，MSP）。不管是静息状态还是执行认知任务过程中，大量的大脑皮质和皮质下区域都表现出多个功能网络的同步振荡。这些功能网络反映了不同脑区间的相互作用，它们的引入可能会帮助 EEG 源的精确定位。网络源成像（network-based source imaging，NESOI）是采用 ICA 分解从 fMRI 中提取功能网络，然后基于功能网络预算来构建 EEG 源。它是通过整合 EEG 的高时间分辨率和 fMRI 的高空间分辨率来实现 EEG 源的有效重建。

NESOI 原理及处理流程如下：

1. 经验贝叶斯模型　EEG 源成像的参数经验贝叶斯（EB）模型为式（7-26）、式（7-27）：

$$Y=L\theta+\varepsilon_{1\ldots}\varepsilon_1\sim N(0,T,C_1) \tag{7-26}$$

$$\theta=0+\varepsilon_{2\ldots}\varepsilon_2\sim N(0,T,C_2) \tag{7-27}$$

其中 Y 为具有 n 个电极 s 个采样点的 EEG 记录。L 是已知的传递矩阵，θ 为未知的 d 个源的动态过程。$N(u,T,C)$ 表示矩阵的多变量高斯分布，其中 u 为均值，T⊗C 为协方差。vec 表示列堆垛算子，⊗ 为 Kronecker 矩阵张量乘。ε_1 和 ε_2 分别表示电极和源空间的随机波动，T 表示时间相关矩阵，在这里假设为已知。电极噪声 ε_1 被假设为满足独立同分布 $C_l=\alpha^{-1}In$，其中 In 是 n 阶单位矩阵；源的噪声 ε_2 的空间协方差表示为协方差成分的加权形式：

$$C_2=\sum_{i=1}^{k}\gamma_i V_i \tag{7-28}$$

其中 γ 是 k 阶非负超参数向量，用来控制每个协方差成分矩阵 V_i 的相对贡献。对数变换函数 $\gamma_i=exp(\phi_i)$ 可确保超参数的非负性，同时 ϕ 满足高斯先验分布。EB 模型的这一加权形式非常灵活，不同形式的协方差成分都可以纳入 EEG 源定位中。

2. 先验信息　传递矩阵和电极噪声的空间相关矩阵给定后，源的先验信息将决定模型的最终形式。在最小模解中只有一个先验信息，即 $V=\{I\}$。Harrison 等考虑了一个类似 LORETA 的先验：LOR。它包括两个协方差成分 $V=\{I,G\}$，分别模拟源的独立性和解剖相干性，其中，$G=exp(\sigma A)=[q_1,q_2,\cdots q_d]$

为邻接矩阵 A 的格林函数，提供空间相干信息。矩阵 A 的元素 $A_{ij} \in [0,1]$ 表示源空间皮质网格上的点的相邻关系。

基于对矩阵 G 各列的等间隔采样，Friston 等提出多重稀疏先验模型（MSP），协方差成分由 k 个 G 中的列（空间模式）构成：$V=\{q_1q_1^T, q_2q_2^T, \cdots q_kq_k^T\}$。

除了上述基于解剖关系的先验，从 fMRI 得到的功能激活也可以用于 EEG 源成像。dSPM 利用 fMRI 的 SPM 结果来改进 EEG 源定位的性能。

3. 原理　NESOI 用于研究相同被试者在同样的实验模式下，EEG 和 fMRI 的空间对应情况。因而对数据没有同步的要求，EEG 和 fMRI 可以分开采集，只要能保证两种模态空间上具有对应关系。NESOI 采用空间 ICA 来提取 fMRI 中的功能网络。网络源定位（NESOI）就是在 EB 模型基础上将 fMRI 功能网络引入 EEG 源定位中。

NESOI 采用空间 ICA 来提取 fMRI 中的功能网络。为了衡量体素在特定成分中相对贡献的大小，空间模式的强度值被转换为 z 分数。

在 EEG 源空间和 fMRI 的体素空间配准后，EEG 源空间的格点按距离它最近体素的 z 分数赋值。该过程将 fMRI 中的 k 个空间独立成分变换为 EEG 源空间的矩阵。z 分数绝对值大于 3 的格点被认为是激活的，而负的 z 分数则表示该格点的 BOLD 信号与独立成分的波形存在反向调制关系。由于每个独立成分的激活格点具有类似的动态过程（忽略反向调制的情况），定义每个独立成分为一个功能网络。激活强度矩阵 W 被二值化为激活矩阵 U，当 W_{ij} 的绝对值大于 3 时，U 中的元素 U_{ij} 设为 1.0，否则设 U_{ij} 为 0.0。显然 U 为含大量零元素的稀疏矩阵。

类似于 dSPM 的协方差矩阵的设定，一个从第 i 个独立成分构造协方差矩阵的简单方法就是将 U 中 i 列的值赋给协方差的对角项。在这里考虑到局部区域源的空间相干性，NESOI 的协方差成分 V_i 并不是对角矩阵，而是通过非对角线上不为零的项用来模拟局部区域的相干源。

$$\mathrm{V}_i = \frac{1}{n_i}\sum_{j=1}^{d} U_{ij}\, q_j\, q_j^T \tag{7-29}$$

其中 n_i 是第 i 个独立成分的激活格点数，q_j 是先验信息中提到的格林函数的第 j 列。

考虑到部分 EEG 源并不在功能网络中或根本就无法被 fMRI 测量到，因此借用了多重稀疏先验的策略，对功能网络外的其他区域进行稀疏采样。采样得到的格点 j 将根据其坐标找到它对侧脑的同质格点，也添加到样本集中。这样，每个样本 j 就有三个 q_j：分别记为左脑区的 q_j^{left}、右脑区的 q_j^{right}，以及考虑到脑半球间功能同质性的 $q_j^{both}=q_j^{left}+q_j^{right}$。$q_j^{both}$ 的引入对于相干源成像很有帮助。它们将用来构造稀疏先验。

综上所述 NESOI 采用了两种形式的先验：$V_1, V_2, \cdots V_k$ 为本研究提出的功能网络，$V_{k+1}, V_{k+2}, \cdots V_{k+3}$ 为多重稀疏先验。功能网络的个数为独立成分的实际个数。对于稀疏先验 NESOI 中固定为每个脑半球 64，而 MSP 算法根据贝叶斯模型选择的情况，为 128 或 256。事实上 NESOI 中也可以用贝叶斯模型选择来自动确定稀疏先验的个数和功能网络的个数，但为了和 MSP 对比 NESOI(64) 取了一个明显低于 MSP（128 或 256）的值。即 NESOI 的总先验个数为（$3 \times 64+20$），远少于 MSP（3×128 或 3×256）的先验个数。

基于 fMRI 信号中提取的功能网络，EEG 源成像的协方差成分得以确定。那么 EEG 源成像的参数经验贝叶斯模型系统可由最小化约束最大化似然（restricted maximum likelihood，ReML）目标函数得以解决。因为每个协方差成分对于皮质源估计的贡献事先是无法预料的，需要用数据来进行估计。这里可以采用工具包 SPM 来执行 ReML 算法。简单地说，ReML 算法将用来估计表征 fMRI 功能网络重要性的超参数，同时得到模型证据的估计 F 和皮质源的分布。

4. 处理流程　NESOI 的完整处理流程如下：EEG 记录的预处理。在去除伪迹之后通常对 EEG 数据进行降采样和带通滤波处理。当 EEG 与 fMRI 同时采集时，还需要用盲源分解方法进一步消除心电伪迹及残留的 MRI 梯度伪迹。预处理后的 EEG 数据将用于源定位。

(1) EEG 正演头模型的建立：高密度的标准皮质网络由个体脑的 MRI 图像得到。电极位置则配准到头表，从大脑皮质到头表的体积传导效应采用三层球模型模拟，以上构造正演模型的过程通过 SPM 软件实现。将构造的正演模型输入到 Fieldtrip 中，就可得到传递矩阵。

(2) 功能网络的提取：功能图像数据在通过空间对齐和时间校正后被标准化到 EPI 模板。然后利用 FastICA 工具包分解为 k 个独立成分，得到每个成分的空间模式和波形。每个成分的激活格点用来生成 EEG 源成像的协方差成分。

(3) EEG 源的估计：利用 ReML 算法可得到每个功能网络对应的超参数，进而得出源分布的后验均值与方差。

用 fMRI 约束的 EEG 源定位的新方法可以结合 EEG 的高时间分辨率和 fMRI 的高空间分辨率，得到更加准确的 EEG 产生源。同时参与了 EEG 数据生成的 fMRI 任务相关网络也可通过超参数自动识别出来。由于 NESOI 通过空间域进行 EEG 与 fMRI 间的融合，该方法对两者在时间域上不匹配的情况是具有较好的容忍性。该方法可为脑节律自发振荡和静息网络方面的研究提供基础，也为进一步研究 EEG 和 fMRI 的时空对称融合提供了条件。

(二) EEG 信息辅助 fMRI 成像

EEG-fMRI 的非对称融合的另一个方面就是 EEG 信息对 fMRI 进行帮助，利用 EEG 与 fMRI 模态间的共有时间信息，从而达到对快速的神经活动进行成像的目的。其中包括在自发活动中帮助找出感兴趣的电生理事件（如痫样放电，睡眠纺锤波），对事件相关电位（ERP）在单次中变化进行分析，以及基于 EEG 信息的血氧动力学响应（HRF）重建方法。对自发事件进行识别和分类，对节律能量建模，以及 ERP 在单次 BOLD 响应的变化主要是基于 EEG 驱动的广义线性模型。这种方法类似于事件相关 fMRI 的分析，是用 EEG 包含的高时间分辨率的信息替代事件相关分析中的任务刺激信息。

对于认知心理学实验，人们通常关心在刺激呈现后 EEG 信号的变化情况。同步 EEG-fMRI 记录使我们可以研究一些新的问题：与快速变化的单次 EEG 特征相关的 BOLD 活动，以及这些活动的空间分布。传统的基于 EEG 信息的 fMRI 分析，采用 EEG 特征作为预测变量对全脑各体素的 fMRI 信号进行线性拟合。EEG 特征通常和标准的 HRF 函数卷积来得到 BOLD 信号的设计矩阵。而各脑区 HRF 函数的变异使得该方法的有效性大为降低。在 HRF 变异的情况下采用与 BOLD 响应波形无关的方法是不错的选择。但是这种方法主要的问题是参数的大量增多和统计推断的困难。为此，可以首先采用 ICA 对 EEG 和 fMRI 信号进行分解，得到 EEG 的单次实验特征信息和压缩了的 fMRI 波形。然后再对每个 fMRI 成分的波形进行 HRF 重建，找出特定电生理特征对应的 fMRI 成分。

1. 基于 ICA 的单次试验特征提取　从单试次 EEG 数据中提取到的特征提供了一种探测深层 EEG 和血氧动力学信号关系的潜力。例如 ERP 幅度、潜伏期或者高频振荡幅度相关的 BOLD 响应。单试次分析技术基于特征提取、模式识别技术可以极大提高信噪比，近年在同步 EEG-fMRI 中受到关注，在脑 - 机接口等 EEG 数据处理领域都有很好的应用。在同步 EEG-fMRI 中应用最多的空间分解方法就是利用独立成分分解（ICA）进行单次试验特征提取。

首先，多个被试者的事件相关 EEG 和 fMRI 数据通过分组 ICA 进行成分分解。其中，EEG 数据为刺激呈现前后几百毫秒的信号，通过在时间方向对多个实验记录串联后，成为单次实验的数据矩阵。该矩阵的行数为电极数，而列数则是实验次数与单次实验的时间点数的乘积。fMRI 数据矩阵则是整个实验过程全脑的扫描信号，行数为扫描次数，列数为全脑体素个数。数据分解后，对于 fMRI 空间独立成分所对应的时间过程，我们需要构造对单次实验进行量化的设计矩阵，来对这些空间独立成分的时间过程进行拟合。单次实验的量化通过对 EEG 时间独立成分进行特征提取得到。每个 EEG 成分对应一个实验次数 × 单次实验的矩阵，在 EEGLAB 中该矩阵被称为单次实验图（ERP-image）。通过观察单次实验图电位强度的时间延迟情况，可以找到实验相关的感兴趣成分，如 P100、P300、MMN 等。一个比较直接的单次实验量化指标就是采用这些感兴趣成分的峰值振幅。更复杂一点的方法则是采用机器学习来识别出具有任务分辨性的特征。这里采用了一种提取单次实验幅度变化的

简便方法。然后,对于 EEG 时间独立成分对应的单次实验图,可以对它进行奇异值分解,第 1 个奇异向量对应了最大特征值,可用于刻画单次实验幅度的变化。而单次实验的具体波形则是对应的奇异向量。EEG 实验的发生时间与 fMRI 的扫描时间对齐后,就可按单次实验的幅度生成"单次实验量化曲线",它的列数为 EEG 独立成分个数,而行数为 fMRI 的扫描次数。由于 fMRI 的扫描次数通常远大于实验次数,单次实验量化曲线中许多没有对应实验的项被置为零。

2. 构造广义线性模型　采用单试次 ERP 特征建模的具体分析步骤包括:①找到刺激(事件)的出现时间,以及事件的 EEG 特征,如幅度、潜伏期、持续时间等;②将刺激出现的时间和 EEG 特征与标准的 HRF 函数卷积后得到响应的回归项;③将这两项纳入广义线性模型中,通过定义恰当的对比,得到统计参数图显示按调制参数变化显著的区域。

通过与标准 HRF 函数卷积进行 BOLD 信号建模隐含了一个很强的假设,即该脑区的动力学响应是标准的 HRF 函数,或者非常接近标准的 HRF 函数。对于脑区有 HRF 变异的情况,需要采用解卷积法来重建 HRF 函数。在同步 EEG-fMRI 中就是基于时间预测的方法进行 HRF 函数重建。该技术利用 EEG 的高时间分辨率,从 EEG 信号中提取神经活动的发生时间和活动强度信息。这些信息进一步构成解卷积矩阵,通过最小模求解,从而从 fMRI 波形中估计出 HRF 函数。但是最小模解的主要问题是无法加入对动力学函数的一些先验信息。通常,符合生理现象的 HRF 函数是非常平滑的,下面的模型中将引入这一先验假设,并通过贝叶斯模型进行建模。

3. 利用经验贝叶斯模型进行 HRF 函数重建　同样利用上节提到的经验贝叶斯(EB)模型对 fMRI 空间独立成分对应的时间过程 Y_f 进行建模,用以估计血氧动力学函数 ϕ_f。

$$Y_f = X_f \Phi_f + E_{1f} \quad E_{1f} \sim N(0, C_{1f}) \tag{7-30}$$

$$\Phi_f = 0 + E_{2f} \quad E_{2f} \sim N(0, C_{2f}) \tag{7-31}$$

其中 Y_f 为 fMRI 空间独立成分对应的 p 个时间过程中的一个,包括 n 次扫描(即时间点)。ϕ_f 是未知的 HRF 函数($d=lm$,l:卷积模型的阶数;m:刺激函数的个数)。$N(u,C)$ 表示均值为 u 协方差为 C 的高斯分布。E_{1f} 和 E_{2f} 分别表示 BOLD 信号和 HRF 函数的噪声,E_{1f} 的协方差矩阵为 $C_{1f}=\alpha^{-1}In$,而 E_{1f} 的协方差矩阵为 C_{2f}。X_f 为设计矩阵包括刺激矩阵 X_s 的各阶延迟和混淆项。X_s 包含了两种刺激函数:

$$X_s = [X_s^f X_s^e] \tag{7-32}$$

其中第 1 项 X_s^f 表示目标刺激产生的估计响应,第 2 项 X_s^e 则是 EEG 时间独立成分给出的"单次实验量化曲线",即 EEG 观察到的神经活动强度。单次实验强度与刺激可能有调制关系,通常要经过施密特正交化变换以消除相关性。因此回归出来的第 2 项相关的 HRF 函数就是神经电生理特异的 HRF 函数了。

假设 EB 模型中的 ϕ_f 满足稀疏约束,即参与生成 Y_f 的刺激向量总是非常少。这可通过为 ϕ_f 中每个 HRF 函数指定一个超参数来实现:$C_{2f} = \sum_{i=1}^{m} \gamma_i V_i$。

其中 $V_i=\text{diag}([0,\cdots 0,Q^{-1},0,\cdots,0])$ 为 dxd 阶分块对角矩阵,第 i 项为方阵 Q 的逆,其他项为 lxl 阶零矩阵。Q 为 lxl 阶离散差分矩阵。刺激函数的关联可通过最优化超参数 γ_i 实现,达到有效去除与 fMRI 时间过程无关的 EEG 时间独立成分的目的。这里同时采用了对 HRF 的平滑约束和刺激函数个数的稀疏约束。Q 为平滑约束用以实现 HRF 函数估计的时间正则化。该约束用来满足生理学上平滑的要求,避免采用最小二乘法造成的偏差。

公式(7-30)在 HRF 重建领域被称为稳健贝叶斯广义线性模型。我们在这里第一次将 EEG 信息纳入稳健贝叶斯广义线性模型中,使得重建出来的 HRF 函数更符合生理现象。如果忽略对 HRF 提供约束的式(7-31),则模型就变成了基于广义线性模型的解卷积方法。在 alpha 节律相关的血氧动力学响应函数的估计中都有它的应用。

三、对称多模态成像融合技术

对称融合主要强调平等对待 EEG-fMRI 两种模态的时 - 空信息，实现优势互补。有研究已经提出 EEG-fMRI 时空对称融合方法（spatial-temporal EEG-fMRI fusion，STEFF）。STEFF 在一个 ICA 分解后的数据空间里，同时应用空间约束和时间预测两种融合技术，实现了 EEG 和 fMRI 两方面的信息的平等对待。可以认为 STEFF 是一个混合融合方法，既包括数据驱动的盲源分解方法（分组 ICA），也集成了模型驱动的 EEG 正演模型、神经血管转换的卷积模型。这使得来自一个模态的信息可用来为另一个模态提供先验，而两种模态成分间的匹配则通过贝叶斯推断实现。

1. STEFF 核心算法　STEFF 的核心算法包括两个部分：基于 EEG 信息的 HRF 重建和基于 fMRI 约束的 EEG 成像。在基于 EEG 信息的 HRF 重建中，为重建 fMRI 的 HRF 函数，EEG 的时间独立成分提供拟合 fMRI 波形的设计矩阵。在基于 fMRI 约束的 EEG 成像中，为重建 EEG 头表电位分布所对应的皮质体素上的电位，fMRI 空间独立成分提供了定位的先验信息，采用了同样的参数贝叶斯模型，对每个 EEG 独立成分对应的头表电位分布进行建模：

$$Y_e=X_e\Phi_e+E_{1e}\quad E_{1e}\sim N(0,C_{1e}) \tag{7-33}$$

$$\Phi_e=0+E_{2e}\quad E_{2f}\sim N(0,C_{2e}) \tag{7-34}$$

其中 Y_e 为 EEG 时间独立成分 p 个头表电位分布中的一个，包括 n 个电极。X_e 为由头模型决定的传递矩阵，ϕ_e 为未知的 d 个源的分布。E_{1e} 和 E_{2e} 分别表示电极和源空间的噪声，其协方差矩阵分别为 C_{1e} 和 C_{2e}。事实上，STEFF 中基于 fMRI 约束的 EEG 成像采用了 NESOI 的模型，只是这里的 Y_e 被特殊化为某个 EEG 独立成分对应的头表电位分布。

对模型进行求解后，Y_e 对应的皮质源分布由 ϕ_e 给出，而第 i 个 fMRI 空间独立成分对应的超参数 γ_i 具有新的意义：表示该 fMRI 空间独立成分和 Y_e（EEG 时间独立成分对应的头表电位分布）间的匹配关系。这将用来实现 EEG 和 fMRI 独立成分间的匹配。由于超参数 γ_i 的先验分布被限制在零附近，参数经验贝叶斯模型能让不同模态的成分间实现稀疏配对。

STEFF 中基于 EEG 信息的 HRF 重建与基于 fMRI 约束的 EEG 成像都采用了经验贝叶斯模型。两个模型也用同样的变分贝叶斯推断来求解。

2. 数据预处理　实验数据需要做预处理以提高信噪比。fMRI 预处理的常规步骤包括将个体解剖像配准到标准空间，对头动引起的影像进行补偿以及时间滤波。EEG 数据常规步骤包括梯度伪迹和心电伪迹的去除、带通滤波和重参考。

3. 分组 ICA　对 EEG-fMRI 数据的分组分解包括对 EEG 的时间 ICA 和 fMRI 的空间 ICA。GIFT 工具包实现了成分的分组 ICA、显示和排序等功能。主要操作过程包括：在降维后不同被试者的数据被合并为单个数据矩阵，然后分解为 p 个独立成分。最小描述长度（minimum description length，MDL）被用来确定独立成分的个数。单个被试者的独立成分和混合矩阵通过反投影进行恢复。对于单个被试者独立成分矩阵包括 p 个 fMRI 的空间独立成分或 EEG 的时间独立成分，而混合矩阵则是 fMRI 的时间过程或 EEG 的头表电位分布。这些结果为后面的 EEG 和 fMRI 的平行融合提供了条件。每个模态的独立成分接下来将进行统计分析，在被试者中普遍存在的独立成分将被保留。对于每个被试者的第 i 个 fMRI 空间独立成分，计算它的时间过程与其他被试者的所有时间过程的相关系数。如果有半数以上的被试者都有相关系数大于 0.8 的成分，与它相关这个成分及它相关的其他被试者的成分将被保留，他们平均后构成组成分。这些成分不再参加下一轮的组成分生成。对于第 1 个被试者这一过程将从 i=1 计算到 p，组成分将被剔除。接着在其他被试者的保留下的成分中继续进行。平均后的时间过程（组成分）通过 128s 的巴特沃兹数字滤波后被归一化到单位方差。fMRI 空间独立成分对应的 BOLD 信号时间过程，将用来估计 HRF。

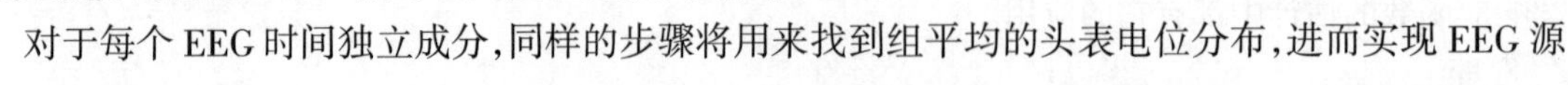
对于每个 EEG 时间独立成分，同样的步骤将用来找到组平均的头表电位分布，进而实现 EEG 源

定位。因此在 STEFF 分析中，采用的成分包括：组平均的 fMRI 空间独立成分、对应的时间过程、组平均的 EEG 时间独立成分和对应的头表电位分布。

4. STEFF 处理流程

(1) 第 1 步为 EEG 和 fMRI 数据的预处理。

(2) 第 2 步为分组 ICA，通过主成分分析降维后，每个被试者的数据连接在一起形成数据集合。时间 ICA 和空间 ICA 分别用来对 EEG 和 fMRI 数据进行分解，而每个被试者的空间模式和时间过程采用反投影来构造。

(3) 第 3 步为 STEFF，被试者间平均后的成分被用来实现不同模态间的匹配。在真实数据中实现以上步骤可以利用 MATLAB 工具包如 EEGLAB、GIFT 和 SPM8 等。

5. STEFF 对融合的贡献 目前模型驱动的对称融合要求高度细节化的计算模型，对共同的神经基础作出明确的定义。考虑到这一过程的复杂性，许多研究者采用元分析(meta-analysis)来找到收敛的证据。这些分析将 EEG 的成像结果和基于 EEG 信息的 fMRI 分析作简单的陈列和统计。对比于上面讨论的两种极端方法，在 STEFF 中同时采用了约束和预测两种融合，达到两种模态的信息互为所用。

该模型包含以下优势：

(1) fMRI 的空间独立成分作为 EEG 源成像先验。这一方法不同于基于 fMRI 约束的 EEG 成像的其他方法，它们采用 fMRI 的激活图来构造源定位先验。在 STEFF 中功能网络的空间模式被引入，而且各个空间模式的权重不同这使得约束更加灵活。

(2) 对于 HRF 估计，不同于传统的基于最大似然的估计方法，STEFF 对 HRF 引入了平滑约束这使得估计出来的区域特异的 HRF 更具有生理学意义。

(3) 对于 EEG 和 fMRI 之间的联系，基于 fMRI 约束的 EEG 成像使得多个 fMRI 空间独立成分可以对应到一个 EEG 头表分布图上，而基于 EEG 信息的 HRF 重建则使得多个 EEG 时间独立成分可以对应到一个 fMRI 时间过程上去。结果就构成了在公共神经活动基础上灵活的映射。值得注意的是这一映射满足稀疏要求，而且可以应对时空信息不匹配的情况。因为时域和空域的对应关系是分开构造的。

(4) STEFF 还可研究仅能被一个模态观察的神经过程。这些区域通常被其他融合方法所忽略，因为人们通常关心收敛的证据，但这些区域对于全面理解某些认知过程可能有着关键性作用。基于以上的优势 STEFF 可能会为我们进一步理解各种认知过程提供重要信息。

四、多模态网络融合技术及融合评估技术

EEG 和 fMRI 可以同时记录到多个时间相干功能网络的活动。从互补的神经电活动和血氧代谢信号中识别出网络的相干特性，能帮助我们解释不同脑区间的复杂关系。本部分介绍一种在网络空间进行 EEG/fMRI 融合的方法：多模态功能网络连接(multimodal functional network connectivity, mFNC)。主要步骤包括：①利用空间独立成分分析(ICA)在每种模态中提取功能网络；②分别对 EEG 和 fMRI 的功能网络进行 Granger 因果分析(GCA)建立网络间的有向连接；③采用前面提到的网络源定位技术(NESOI)将 fMRI 的功能网络和 EEG 的功能网络进行匹配。为提取功能网络之间的因果连接，EEG 和 fMRI 数据分别进行预处理，如 fMRI 的空间标准化，EEG 的伪迹去除。之后 EEG 和 fMRI 数据分别进行空间 ICA 分析。每个 EEG 和 fMRI 的空间成分都对应一个时间过程，用来进行因果推论。每个成分的空间信息(EEG 的头表拓扑图，fMRI 的空间模式)则是拿来进行模态间配准的：采用 NESOI 对 fMRI 的空间模式与 EEG 的拓扑图进行匹配。配准的结果是将 EEG 的功能网络与 fMRI 的功能网络实现缝合。最后的 mFNC 网络是包含两个模态信息的全脑网络，可以采用图论的方法继续进行分析。

(一) 多模态功能网络连接数据处理流程

1. 功能网络的提取 为提取每个模态的功能网络，可以采用盲源信号分解，即 ICA 技术。ICA

可以重构出所观察数据是由哪些隐含变量混合起来的。分解的结果包括 n 个空间独立成分，即 EEG 的头表拓扑图或者 fMRI 的空间激活图，以及包含 n 个时间序列的混合矩阵。ICA 的这一过程实际将全脑活动浓缩到 n 个成分上来，成分的个数在 EEG 中根据电极个数确定，在 fMRI 中则按照全脑扫描次数确定。采用多次运行 ICA 之后进行聚类分析有利于找到公共的成分。FastICA 工具包被用来执行 ICA 分解，在去除伪迹成分后，剩下的功能网络就可以进行因果连接和源定位分析。

2. 功能网络连接分析　网络与网络间的连接通过 Granger 因果分析得到。GCA 采用了一种对因果的统计解释来实施因果推论：如果知道 S_i 的过去比单独知道 S_j 的过去能帮助我们更好地预测 S_j 的现在，我们就定义 S_i "Granger" 引起了 S_j。GCA 通过向量自回归模型来实现，在该模型中时间序列为该序列过去取值的加权和。对于事件相关数据，每个试次被认为是一个稳态随机过程的独立实现，因此同一个多变量自回归模型可以在整个数据集中使用。计算 Granger 因果量的大小后，通过模型系数的 F 检验得到统计显著性。如果将功能网络当作节点，相互间的因果关系当作边，EEG 和 fMRI 的功能连通网络都在这一步通过估计得到。

3. 模态间的匹配　fMRI 和 EEG 的功能网络通过前面介绍的 NESOI 实现匹配。在 NESOI 中为了得到某个 EEG 功能网络，所有 fMRI 功能网络被用来构建协方差矩阵，从而重建出大脑皮质的神经电活动。为保证协方差矩阵抽样的空间能够覆盖到整个源空间，对没有被 fMRI 功能网络覆盖的区域建立了多重稀疏先验。对于 fMRI 功能网络和 MSP 先验都设置一个非负参数来控制各先验的相对贡献率。在模型估计后各先验对应的超参数可以用来识别与该 EEG 功能网络相对应的 fMRI 功能网络。当对所有 EEG 的拓扑图进行 NESOI 定位后，两个模态的功能网络被分成了 3 类：EEG-fMRI 共有网络，由 fMRI 功能网络和它们支持的 EEG 网络构成；EEG 单模态网络，由不受 fMRI 支持的 EEG 功能网络构成；fMRI 单模态网络，由没有支持任何一个 EEG 网络的 fMRI 功能网络构成。

4. 图论分析　功能网络间的交互作用进一步通过图论分析进行 EEG 和 fMRI 功能网络间的对比，本研究采用图论中两个关键的概念：因果密度和流通率。因果密度是指一个网络中因果交互作用的总量，是衡量系统动力学复杂性的重要指标。因果密度越高表明网络动力学系统的整合与变异能力越强。在这种情况下节点（即功能网络）的活动既有全局的协调能力（对其他节点的活动预测有用），也具有动态独特性（即不同的成分对预测的贡献不同）。因果流通率是指一个节点输出边和输入边的个数之差，可用来识别具有独特因果效应的结点："源"结点具有正流通率，而"汇"结点的流通率为负。

功能连接分析是研究远距离脑区间活动相干性特别有价值的方法。通过 ICA 来定义网络，这是一个数据驱动的方法，不需要关于活动区域和波形的先验知识就可以分离出独立模式。mFNC 采用源定位的方法将 fMRI 功能网络和 EEG 功能网络进行配准。这不同于之前采用的时间配准的方法，由于 EEG 需要降采样到 fMRI 相同的时间分辨率，在时间域对两者进行配准可能会忽略掉 EEG 信号中大量的时间信息。另外 BOLD 和电生理信号两个时间序列之间的关系是非常复杂的，时间相关可能会误导结果。在这种情况下空间配准是一个很好的选择，最后产生了公共空间一个稳健、灵活的 EEG 和 fMRI 的映射关系。总体来说 mFNC 的新颖之处是用时间信息构建每个模态的因果关系，进而用空间信息对两个模态进行匹配。仿真分析表明，mFNC 具有全面揭示来自 EEG 和 fMRI 中模态因果网络的能力。视觉实验分析表明能够很好解释视觉信息处理的层级关系，统一了具有高空间分辨率的 fMRI 网络和高时间分辨率的 EEG 网络。

（二）EEG-fMRI 层级可信度融合框架

在利用上述多模态融合方法时，不仅应强调模态间的匹配整合，也要考虑到单一模态的优势与不足。一方面，由于血管耦合（fMRI 信息）与电生理响应（EEG 信息）的内在差异，基于 fMRI 空间约束的 EEG 源成像可能出现"fMRI 额外源"（存在于 fMRI 中，但不在 EEG 中）、"fMRI 不可见源"（存在于 EEG 中，但在 fMRI 中不存在）、"移位源"（两种模态的源位置存在错位）。因此，单独的空间匹配并不能保证空间匹配的 EEG 与 fMRI 成分就一定是相同的事件过程。另一方面，由于 EEG 与 fMRI

间巨大的时间尺度差异以及复杂的对应关系，两者也可能出现时程上的失匹配。此外，在 EEG 与 fMRI 的融合过程中，不仅应强调两模态并集部分，同时也要尽可能降低两者共有信息的不确定性。因此，EEG 与 fMRI 二者交集部分反映的应是在同一个空间位置的同一个时间活动过程，进而很有必要进行时间与空间匹配。同时也应关注单一模态所特有的部分，这部分信息反映了单一模态的优势，能够提供补充性的脑活动信息。

因此需要一种层级可信度的融合框架以区分不同的时空匹配情况。该层级可信度框架一方面利用 MIC 系数进行线性与非线性的时间匹配，另一方面利用先前发展的贝叶斯源定位方法进行空间匹配。针对事件相关的脑活动，该层级可信度框架包含了从时 - 空均不匹配到时 - 空间匹配的多层可信度。

层级可信度框架主要处理流程包括：首先对同步 EEG 与 fMRI 数据进行常规的预处理；然后利用时间与空间 ICA 分别提取 EEG 与 fMRI 的个体水平的时空特征信息，独立成分数根据最小描述长度准则估计得到；接着，对于 fMRI，利用回归模型估计出 fMRI 独立成分时间序列在试次（trial）水平的事件相关权重值；对于 EEG，在试次水平提取出绝对值最大的事件相关幅值（amplitude）作为 EEG 权重值。进而，计算 EEG 与 fMRI 试次水平的权值变量之间的 MIC 系数，进行时间匹配；利用 NESOI 方法估计得到的超参数进行空间匹配。最后根据时空间匹配情况建立层级可信度框架。

试次水平的时空融合层级可信度框架构建，下面将详细介绍关键的几个步骤（图 7-6）。第一可信层级为时空匹配的融合结果（反映相同的活动过程）；第二可信层级为时间或者空间匹配的融合结果；第三层级为时间与空间均不匹配的结果。

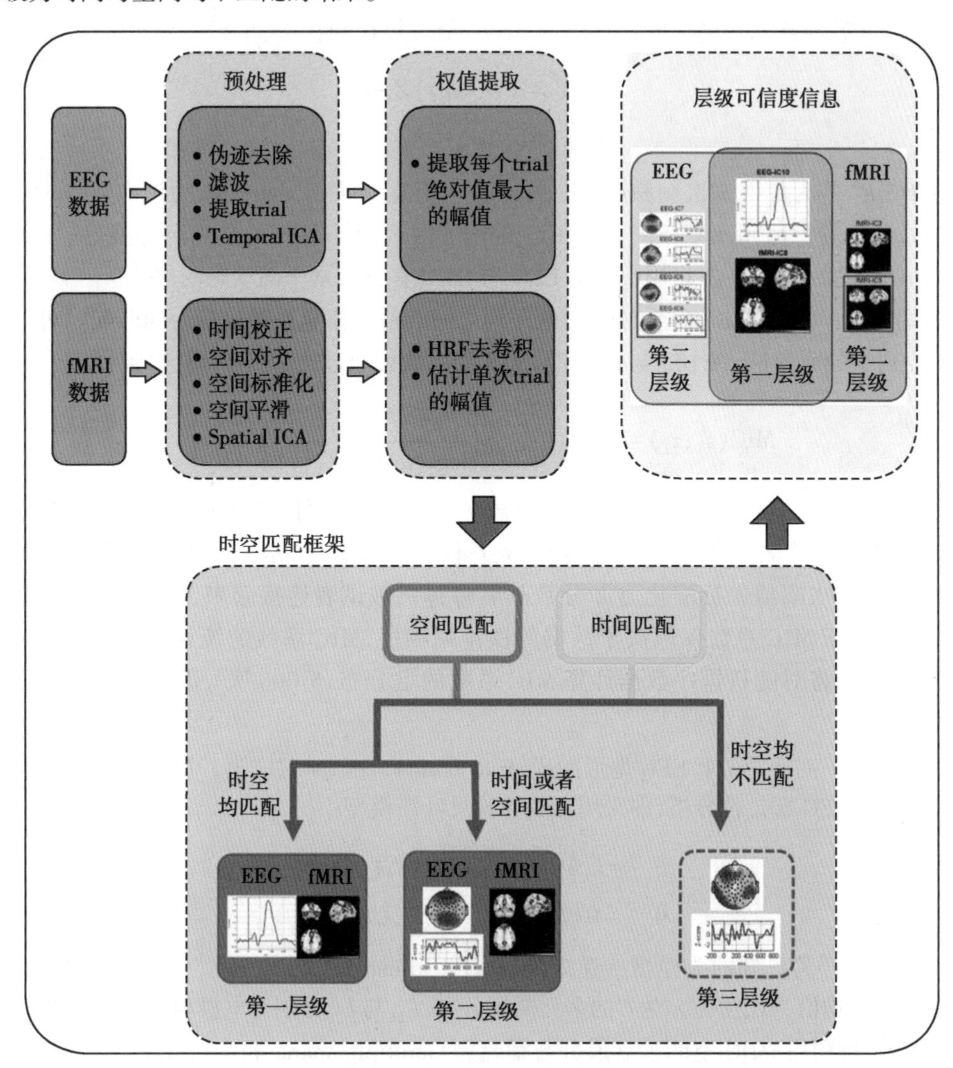

图 7-6　EEG-fMRI 层级可信度框架流程图

1. 试次水平的权值提取　对于事件相关任务下的同步 EEG 与 fMRI 数据(已去除伪迹与预处理),将利用 ICA 方法提取单次试次水平的权值。首先分别利用时间与空间 ICA 将 EEG 与 fMRI 数据分解为:

$$Y_e = B_e^{n_1 \times p} T_e^{p \times m_1} + \varepsilon_e$$
$$Y_f = B_f^{n_2 \times q} T_f^{q \times m_2} + \varepsilon_f \tag{7-35}$$

其中,$Y_e \in R^{n_1 \times m_1}$ 为试次水平的干净 EEG 数据(包含 n_1 导电极,m_1 个时间点),$Y_f \in R^{n_2 \times m_2}$ 为包含 n_2 个体素,m_2 个时间点的 fMRI 数据,B_e 为分解得到的 EEG 空间地形图(对应 p 个时间独立成分),B_f 为 fMRI 空间独立成分(对应 q 个 fMRI 时间序列),ε_e 与 ε_f 为残差。EEG 事件相关幅值 Z_e 可通过式(7-36)得到:

$$Z_e = (T_e\{t'\})^T \in R^{k \times p} \tag{7-36}$$

其中,k 为试次数(trials),t' 为叠加平均事件相关电位(event-related potential)对应绝对值最大幅值的时间点。fMRI 单次 trial 权值主要通过以下两步计算得到。首先利用广义逆估计出 fMRI 时间序列的 HRF 函数:

$$\widehat{hrf} = M^+ (T_f)^T \tag{7-37}$$

其中,M^+ 为卷积矩阵(刺激起始时间,其中核时长为 24s)的广义逆,T_f 为 fMRI 时间序列。然后,fMRI 时间序列单次试次水平的幅值 Z_f 可通过式(7-38)计算得到:

$$(T_f)^T = (D \otimes hrf) Z_f + \varepsilon$$
$$Z_f = (D \otimes \widehat{hrf})^+ (T_f)^T \tag{7-38}$$

其中,$D \in R^{m_2 \times k}$ 为单次试次刺激起始时间的设计矩阵(design matrix),k 为试次数,m_2 为 fMRI 序列时间点数,$\otimes$ 为卷积运算,$Z_f \in R^{k \times q}$ 为 fMRI 时间序列对应的事件相关幅值,ε 为残差。最后得到的 EEG 与 fMRI 幅值序列 Z_e 与 Z_f 将用于揭示 EEG 与 fMRI 在试次水平的动态变化关系。

2. 时间匹配　将计算 EEG 与 fMRI 幅值序列之间的最大信息系数进行时间匹配。对于 EEG 与 fMRI 幅值序列中的两变量 $z_1 \in \{Z_e\}$ 与 $z_2 \in \{Z_f\}$,MCI 的系数可通过式(7-39)计算得到:

$$\text{MIC}(z_1; z_2) = \max_{|z_1||z_2|<G} \left\{ \frac{I^*(Z_1; Z_2)}{\log_2\{\min\{|Z_1|, |Z_2|\}\}} \right\} \tag{7-39}$$

其中,Z_1 与 Z_2 分别代表 z_1 或 z_2 散点落到某一分辨率矩形网格(比如 3×3 的网格)的频数分布,$I^*(.;.)$为某一分辨率网格划分下对应的最大互信息,$|Z_1||Z_2|<G$ 表示矩形网格分辨率小于值 G。对于真实数据,试次幅值先标准化为 Z 分数然后将每例被试者连接起来,再计算 MIC 系数,以提高统计效力。由于 MIC 系数仅取决于数据的秩排列顺序,MIC 系数的统计显著性可通过非参数检验得到。因此,将对随机排序数据计算 MIC 系数的空分布(5 000 次),进而得到 MCI 系数的统计显著性。

3. 空间匹配　对于第 i 个 EEG 地形图 $B_e^{(i)} \in R^{n_1 \times 1}$,$i=1, \cdots, p$(对应第 i 个时间独立成分),可通过 NESOI 方法进行 EEG 源定位分析,即采用参数经验贝叶斯模型:

$$B_e^{(i)} = L_e \Phi_e^{(i)} + E_{1e} \quad E_{1e} \sim N(0, C_{1e})$$
$$\Phi_e^{(i)} = 0 + E_{2e} \quad E_{2e} \sim N(0, C_{2e}) \tag{7-40}$$

其中,$L_e \in R^{n_1 \times d}$ 为已知的头模型传递矩阵(lead-field matrix),$\Phi_e^{(i)} \in R^{d \times 1}$ 为未知的 d 个偶极子源分布,$N(0, C)$表示均值为 0,协方差为 C 的多元高斯分布,E_{1e} 与 E_{2e} 分别为电极与源空间水平的随机项。在源空间水平,将利用 fMRI 空间独立成分与稀疏源(multiple sparse priors,MSPs)生成协方差先验信息:

$$C_{2e}=\sum_{i=1}^{q}\gamma_i V\{B_f^{(i)}\}+\sum_{j=1}^{l}\gamma_j V\{MSP^{(j)}\} \tag{7-41}$$

其中，γ 为非负超参数，V 为 fMRI 空间独立成分(B_f)或者稀疏源(MSP)对应的协方差基矩阵。超参数 γ 反映了每个先验信息对 EEG 源定位结果的贡献程度，进而可以用于确定 fMRI 空间成分是否与 EEG 源空间匹配。其中，NESOI 采用约束最大似然估计(ReML)算法进行求解，NESOI 方法其他细节可参看相关文献。

4. 时空匹配与层级信息框架 所有 EEG 与 fMRI 成分将并行地进行时间与空间匹配。其中，时间匹配采用 MIC 系数进行匹配，空间匹配采用 NESOI 方法(将 fMRI 空间成分以及稀疏源作为空间先验信息)估计得到的超参数进行匹配。基于以上时间与空间匹配，可定义三种不同可信度水平的融合结果：①时 - 空匹配的结果将提供最为可信的融合结果(反映相同的活动过程)即第一可信层级；②时间或者空间匹配的融合结果作为第二可信层级，即提供了单一模态较为保守的信息；③时间与空间均不匹配的结果作为第三层级，这些结果是不能被现有模型方法解释的部分。进一步，为了评估该框架的优越性，在仿真数据中，计算了 EEG 时间准确度与 fMRI 空间准确度。其中，EEG 时间准确度定义为 EEG 时间独立成分与真实信号之间的决定系数(即相关系数的平方)；fMRI 空间准确度定义为 fMRI 空间独立成分与真实空间分布之间的决定系数(即相关系数的平方)。

总的来说，该框架不仅提供了多模态融合的新角度，而且能够为理解不同的认知过程提供重要的层级信息。此外，值得注意的是，该框架适用于其他任何时间或者空间匹配方法。因此在以后的方法与问题研究中具有较好的发展与应用前景。

本章小结

本章详细介绍了神经功能成像的一些基础技术，包括利用神经组织的氧代谢成像的 fMRI 及核医学神经成像。这些技术从不同的角度反映了神经系统的工作原理，可作为探索神经功能的主要手段。进一步介绍了基于神经功能成像的脑网络分析方法及多模态的融合分析方法，为解析神经系统的功能特征提供了技术基础。

思考题

1. 简述 BOLD 功能磁共振成像的基本原理。
2. 简述任务态功能磁共振成像实验设计及其激活分析技术。
3. 简述 PET/SPECT 分别的成像原理及其差异。
4. 简述脑网络分析的基本方法及区别。
5. 简述脑电和功能磁共振成像融合的生理基础及主要方法。
6. 如何评估脑电和功能磁共振成像融合技术？

(罗程 尧德中)

笔记

第八章 神经调控基础

基于物理能量因子改变神经活动功能状态的神经调控技术是神经工程的重要应用，本章将介绍神经电刺激、神经磁刺激、神经光刺激等已经取得成熟应用的神经调控技术工程实现方法及其生物物理作用机制。

第一节　神经调控概述

对周围环境的变化能给出反应的能力是细胞和细胞构成的生物组织的基本特性之一，神经细胞和神经组织能够接受内外环境刺激并做出响应，并由此影响和调节神经系统所支配的生理功能。神经调控是利用植入性或非植入性技术，采用电磁刺激或药物手段改变中枢神经、周围神经或自主神经系统活性从而来改善患病人群的症状，提高生命质量的生物医学工程技术。现代神经调控技术的应用开始于20世纪70年代，早期主要采用深部脑刺激(deep brain stimulation，DBS)治疗慢性难治性疼痛，在科研及临床工作者的努力钻研下，相继出现了脊髓电刺激(spinal cord stimulation，SCS)、周围神经刺激(peripheral nerve stimulation，PNS)和迷走神经刺激(vagus nerve stimulation，VNS)以及脑皮质刺激(cortical stimulation，CS)等治疗技术。神经调控通过电流等物理因子或药物等化学因子作用于神经细胞或神经组织，以改变和调节神经活动方式及其功能状态，进而影响与之相联系的生理功能或状态的变化。神经调控技术发展迅速，涉及生物医学和生物技术等多学科领域，它不但为患者提供了治疗的新选择和可能性，同时也促进了多学科领域众专家的合作研究。2013年，世界神经调控器械市场约40亿美元，主要产品为深部脑刺激器(DBS)、脊髓刺激器(SCS)、骶神经刺激器(SNS)、迷走神经刺激(VNS)等，人工耳蜗、人工视觉系统、经颅磁刺激、经颅直流电刺激、药物微量泵等，也常常被归入神经调控产品。

在传统神经电刺激、神经磁刺激基础上，近年来神经光刺激、神经超声刺激等新的神经调控技术也不断涌现。其中，超声诱导神经调控可追溯到1929年，研究人员首次观察到超声刺激在离体蛙神经纤维产生了兴奋。Byoung-Kyong Min 等人利用中心频率为690kHz 的聚焦超声作用于大鼠下丘脑区域，使癫痫放电得到明显改善，为癫痫无创物理干预提供了可能。Yusuf Tufail 所在研究团队将超声作用于小鼠运动皮质，发现超声刺激能诱发运动区神经元活动并引起小鼠胡须、前肢和尾出现与超声刺激同步的运动，其横向空间分辨率可以达到2mm，实现了经颅磁刺激难以实现的定向刺激。Seung-Schik Yoo 等人在实验中发现，不同神经区域对超声刺激有差异化响应，如增强运动皮质活动水平，但抑制视皮质活动水平。国内中国科学院深圳先进技术研究院、上海交通大学等单位的研究团队，在神经超声调控方面也取得了多项技术突破，先后开发了利用聚焦超声重建视觉功能、利用超声神经调控研制神经功能成像芯片，以及利用超声刺激促进中枢神经修复和功能增强等新技术。

第二节　神经电刺激

神经电刺激是利用外加电流/电压调节神经元膜电位或离子通道状态，以调控神经电生理活动以及神经递质的表达，从而达到临床治疗、康复和诊断目的。应用于临床的神经电刺激可分为功能型电刺激、治疗型电刺激和诊断型电刺激三类：功能型电刺激是利用刺激器产生的电流调控感觉、运动神经活动部分或全部补偿、重建生理功能；治疗型电刺激是利用刺激器产生的电流缓解或抑制病理性症状；诊断型电刺激是利用电流刺激神经或肌肉，根据其反应来判断神经肌肉的功能状态。其中，功能型电刺激和治疗型电刺激是利用电流进行神经调控的重要应用。

一、电刺激与神经响应

神经细胞用以传达信息的信号是电流跨过细胞表面膜流动而产生的电位变化，神经细胞膜可因局部电位变化从静息水平超极化或去极化，冲动或动作电位沿其轴突运行。Herman 最先提出：冲动的传播是因为流过激活区（active region）的电流刺激前方的静息区（resting region）而产生的，并且提出了全或无（all-or-none）的概念，Lucas 和 Adrian 分别以肌细胞和神经细胞验证了该假说。

神经电刺激是利用神经细胞的兴奋性，通过施加电刺激使可兴奋细胞产生动作电位，从而达到重建感觉和运动功能的目的。其中，动作电位是在静息电位的基础上产生的可扩布的电位变化过程，可沿膜传播，又称神经冲动。静息状态下，细胞膜两侧存在离子浓度差，此浓度差由钠钾离子泵维持，当细胞受刺激时，钠钾离子通道的通透性会发生改变，细胞膜两侧的离子浓度差将发生变化，引起膜内外电势差变化，最终导致动作电位的产生。图 8-1 是电刺激诱发动作电位示意图。

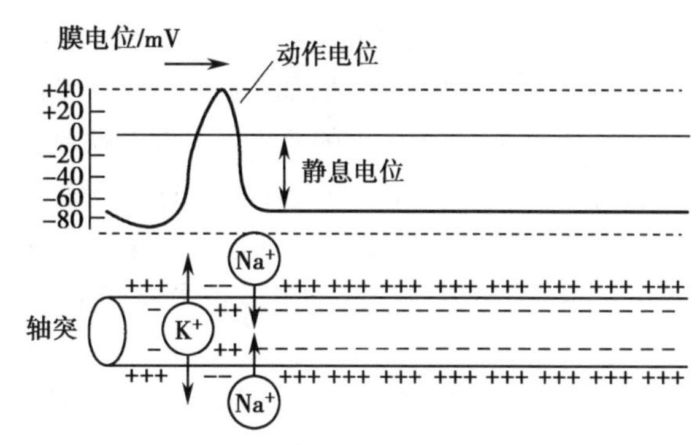

图 8-1　电刺激诱发动作电位示意图

给神经施加电刺激时电极阴极处是负电位，减小了细胞膜内外电势差，使得膜电位发生去极化：首先是少量兴奋性较高的电压门控钠通道开放，很少量钠离子顺浓度差进入细胞。当膜电位减小到一定数值时，就会引起细胞膜上大量的钠通道同时开放，此时在膜两侧钠离子浓度差和电位差（内负外正）的作用下，使细胞外的钠离子快速、大量地内流，导致细胞内正电荷迅速增加，电位急剧上升，形成了动作电位的上升支，即去极化。当膜内侧的正电位增大到足以阻止钠离子的进一步内流时，也就是钠离子的平衡电位时，钠离子停止内流，并且钠通道失活关闭。在此时，钾通道被激活而开放，钾离子顺着浓度梯度从细胞内流向细胞外，大量的阳离子外流导致细胞膜内电位迅速下降，形成了动作电位的下降支，即复极化。此时细胞膜电位虽然基本恢复到静息电位的水平，但是由去极化流入的钠离子和复极化流出的钾离子并未各自复位，此时，通过钠泵的活动将流入的钠离子泵出并将流出的钾离子泵入，恢复动作电位之前细胞膜两侧这两种离子的不均衡分布，为下一次兴奋做好准备。

二、功能性神经电刺激

功能性神经电刺激是利用神经细胞对电刺激的响应来传递外加的人工控制信号，通过外电流的作用使神经细胞能产生一个与自然激发引起的动作电位完全一样的神经冲动，使其支配的组织或器官产生具有生理意义的功能性活动，从而达到临床特定的治疗目的。

(一) 电子耳蜗

电子耳蜗是一种比较成熟的植入式神经电刺激系统,该技术开始于 20 世纪 50 年代,Djourno 等将金属线放入耳聋患者的耳蜗,并用交流电刺激。经过数十年的发展,现已经从实验研究进入临床应用,并已成为目前全聋患者恢复听觉的唯一有效的治疗方法,据统计,全球现在约有七万多耳聋患者使用了电子耳蜗。作为一种替代人耳功能的电子装置,它通过产生一系列频率不同的电信号模仿声音信息刺激耳蜗,帮助患有重度、极重度耳聋的成人和儿童恢复或部分重建听觉功能。不同于助听器的是,电子耳蜗不仅仅放大声音,还代替了受损的内耳,建立听觉传导通路。电子耳蜗通过手术植入到耳后的皮下,包括四部分:扩音器——采集环境的声音;语音处理器——处理扩音器采集到的信息;刺激器——接收语音处理器的信号并将其转化为电刺激脉冲;电极——刺激听神经。图 8-2 是电子耳蜗示意图。

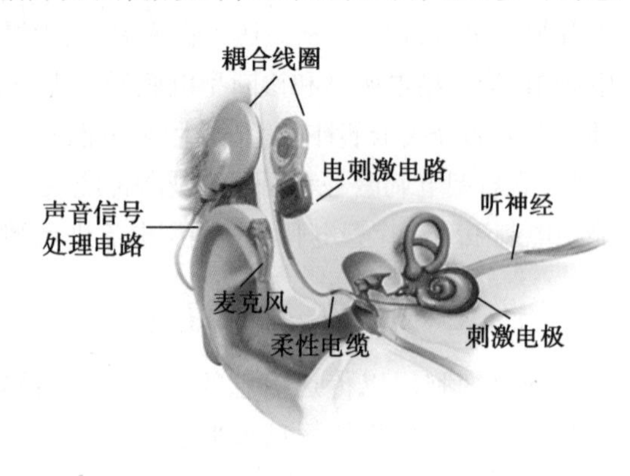

图 8-2　电子耳蜗结构及原理示意图

(二) 肢体关节助动电刺激器

下肢瘫痪是运动神经元功能受损导致的一种病症,可能由脑血管意外、脑外伤、脊髓损伤、脑性瘫痪、多发性硬化引起。功能性电刺激(functional electrical stimulation,FES)治疗的目的是帮助患者完成某些功能活动,如步行、抓握,协调运动活动,加速随意控制的恢复。英国一些科技人员和其他欧洲 12 个国家的研究人员联合研制了一种使下肢瘫痪者正常行走的电子装置。这种电子装置产生一种类似于由大脑发出的神经信号的电刺激,能使患者的肌肉恢复活力,恢复行走功能。目前的辅助瘫痪者行走的电子装置,安置在患者的臀部,可使患者缓慢地行走一公里。安置这种装置后,患者可以基本上像正常人行走一样,而且不感到疲劳。此外,这种电子装置还能使患者上下楼梯。

目前商业化的 FES 下肢助行器已有很多种,但其基本原理均为利用电刺激下肢相应的神经或其支配的肌肉以诱发肌肉产生收缩,从而达到助行目的。图 8-3 为典型的反馈控制型功能性电刺激的基本原理示意图。脑卒中和大多数脊髓损伤均属于上运动神经元病变,其中从中枢神经系统(central nervous system,CNS)到肌肉的信号通路在前角细胞上方中断。从前角细胞的脊髓中离开 CNS 的下运动神经元,与相应的效应器(肌肉)的功能连接仍然完好无损,并且肌肉本身保持其收缩和产生力

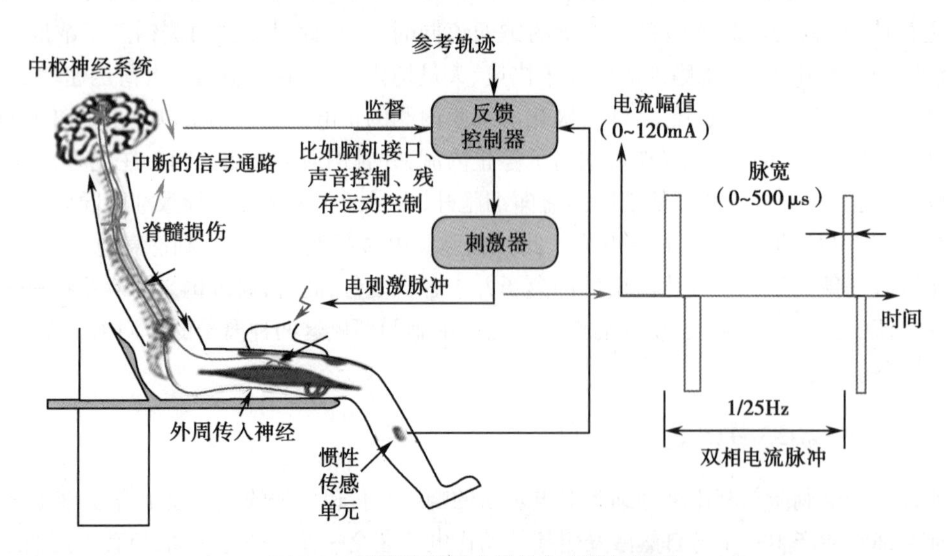

图 8-3　反馈控制型功能性电刺激原理图

量的能力。应用于下运动神经元的 FES 可替代 CNS 传达不了的运动信号，通过向下神经元施加低水平的脉冲电流而在周围神经元中产生动作电位，肌肉收缩可以通过直接电刺激支配瘫痪肌肉的传出（运动）神经，或电刺激传入（感觉）神经，通过完整反射弧引起反射来间接诱导肌肉收缩，从而可以产生相应的功能动作。同时，为了监督诱发的下肢功能性动作是否与参考动作轨迹相符，惯性测量单元（inertial measurement unit，IMU）用于检测下肢的运动参数，并传送到反馈控制器中与参考动作轨迹进行比较，比较结果转化为相应的调节命令，用于控制电刺激器的输出，从而调整下肢动作。此外，脑电机接口、声音控制以及残余的运动控制功能等常被用以监督控制整个功能性神经电刺激器循环中的反馈控制器的运行。

上肢的运动比下肢复杂许多。应用 4~8 通道的 FES 系统刺激手和前臂肌肉，可使患者完成各种抓握动作。因为手和前臂肌肉较小，一般用植入式电极，通过同侧肩部肌肉或对侧上肢来控制开关。日本 Tohku 大学研究小组开发出恢复已丧失运动功能的新方法，它是通过植入肌肉内的电极提供电刺激来完成。在肌肉未被损坏的情况下，如果仅是信号传送通路被破坏，脑卒中或脊柱受损患者仍能够松弛其运动感官。该研究小组设计的新系统，在计算机控制下，通过植入肌肉的电极刺激肌肉，可使已丧失神经功能的患者手臂运动。美国神经肌肉刺激系统公司开发了一种应用低能电刺激恢复因脊髓损伤的肌肉控制的康复技术，患者操作时，只要轻轻按下控制装置内按钮，低能量电流脉冲作用于肌肉并增强肌肉功能，也可改善关节活动范围。

（三）其他功能型神经电刺激技术

尿失禁的病因可归纳为两个方面，即膀胱异常和尿道括约肌异常。在尿失禁的治疗中，手术和药物在临床得到广泛应用。但以功能训练为主的各种非手术、非药物治疗方法也有广泛的前景。近年来，功能性电刺激在治疗尿失禁和盆底器官脱垂时应用比较广泛，但机制尚不完全明了。对尿失禁的治疗可能从两方面发挥作用，一是刺激尿道外括约肌收缩，通过神经回路进一步增强尿道括约肌收缩，加强控尿能力；二是刺激神经和肌肉，通过形成冲动，兴奋交感通路并抑制副交感通路、抑制膀胱收缩和降低膀胱收缩能力。国内外文献报道，采用电刺激治疗女性尿失禁的有效率在 60%~80% 之间。实际上这种患者的脊髓排尿中枢和它支配下的膀胱逼尿肌、尿道括约肌等都仍然是完整的。用 FES 控制尿失禁的一种方法是将刺激电极植入膀胱逼尿肌或其骶神经根，甚至植入脊髓的中间外侧柱。另一种比较简单而实用的方法是经阴道或直肠刺激尿道括约肌。图 8-4 是骶神经刺激器示意图。

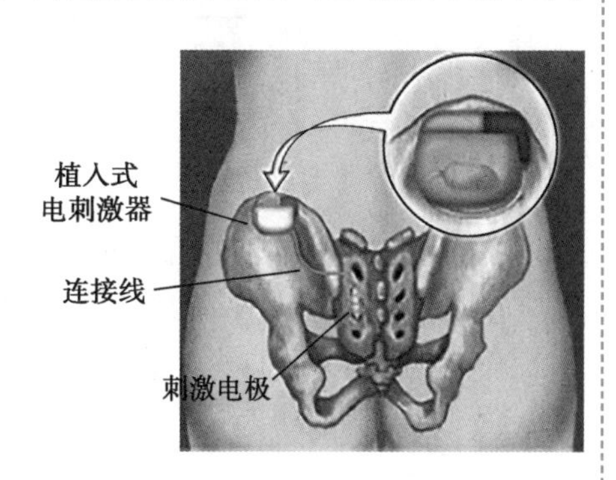

图 8-4　骶神经刺激器

膈神经支配的膈肌是最主要的呼吸动力肌。肋间神经支配的肋间肌（内、外）是次要的辅助呼吸动力肌。膈神经起自 C_3~C_5 前角，主要由 C_4 组成膈神经在胸腔内位于纵隔两侧，由两层胸膜包裹，经肺根前方于纵隔胸膜与心包之间到达膈肌。膈肌起搏器属植入式神经假体（implantable neural prosthesis）的一种。由体内植入部分（电极、导线、皮下接收 - 刺激器）和体外控制部分（控制盒、发射器）组成。体内部分本身不带电源，体外部分通过电磁感应为体内装置提供参数指令和电能。利用刺激膈神经维持呼吸是 FES 临床应用的一种重要尝试。另一种用于控制和调节呼吸运动的 FES 系统为膈肌起搏器。一对植入电极埋入双侧膈神经上（亦可用体表电极置于双侧肋部膈神经运动点上），与固定于胸壁上的信号接收器相连。控制器发出无线电脉冲信号，由接收器将其变为低频电流，经电极刺激膈神经，引起膈肌收缩。

胃动力治疗仪是采用电刺激仪器对胃肠起搏点进行刺激，使紊乱的胃肠活动产生跟随效应，恢复正常节律，从而治疗各种功能性胃肠疾病。胃、肠道的某一特定区域，可以驱动胃肠平滑肌收缩、控制胃肠道基本生物节律，医学上称这一特定区域为胃肠起搏点（pacemaker）。如图 8-5 所示，胃动力治疗

仪工作原理是基于胃肠起搏点的电活动可被外加电流刺激所驱动，以模仿人体副交感神经给肠胃电信号，对胃肠起搏点施加健康人体的胃电信号，分别对胃、肠起搏点进行起搏，促使紊乱的胃电活动产生跟随效应，以恢复正常节律，从而达到治疗各种功能性胃肠疾病的目的。

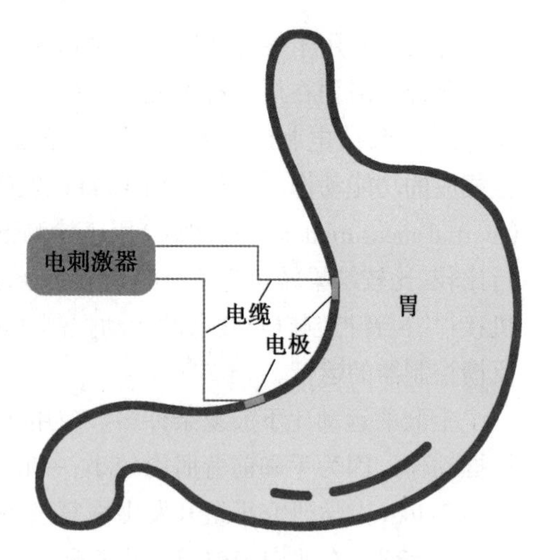

图 8-5　胃动力治疗仪示意图

三、治疗型神经电刺激

（一）电刺激治疗参数选择原理

中低频电刺激治疗是指运用频率为 1kHz 以下的脉冲电流治疗疾病的方法，其特点是对感觉、运动神经有很强的刺激作用，无明显的电解现象，无热效应。频率小于 1kHz 时的电流对人体细胞组织的作用主要是以刺激效应为主（即以介电特性为主，呈电容效应）。图 8-6 所示为频率小于 1kHz 时电流大小对人体的不同效应，在这个频段，人体能耐受的电流很小；同时，哺乳动物中神经纤维的绝对不应期大约为 1ms，使其对重复频率在 1kHz 以内的刺激脉冲可获得一对一的响应。

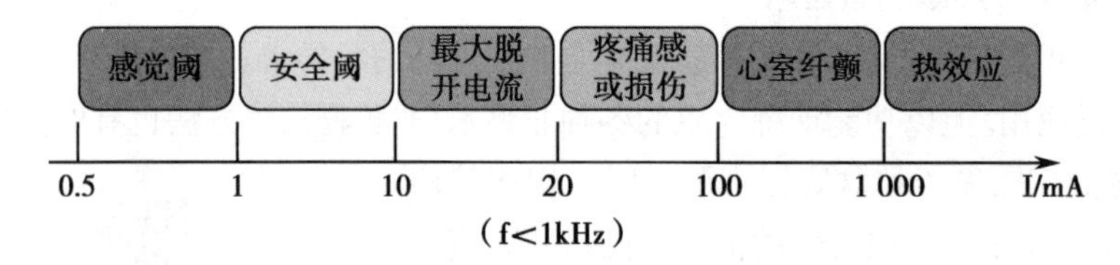

图 8-6　频率低于 1kHz 刺激电流的生物物理效应

中低频脉冲电流通过刺激神经细胞或肌肉细胞，使之产生动作电位，从而将外部刺激信号传递给相应的组织，实现肌肉收缩、感觉等具体宏观效应。要使组织兴奋，刺激必须达到一定的强度和时间，两者有着确定的关系曲线。以 V_T 表示细胞膜电位的阈值，以 I_T 表示到达阈值电位所需的电流强度，可以得到公式（8-1）：

$$I_T=\frac{V_T/R_m}{1-e^{-1/T_m}} \tag{8-1}$$

其中 T_m 是该等效模型的时间常数，R_m 和 C_m 是细胞膜等效的跨膜电阻和电容。由公式 8-1 可以看出，刺激时间越短达到阈值电位所需的电流强度就越大，反之则越小，但不能小于一个基强度（rheobase）：

$$I_g=V_T/R_m \tag{8-2}$$

由此还可以推导出达到阈值电位所需电荷注入量与时间的关系：

$$Q_T=I_T\cdot t=\frac{I_g\cdot t}{1-e^{-1/T_m}} \tag{8-3}$$

由式（8-3）可以看出，刺激时间越短所需的电荷注入量越小。进一步可以得出最小电荷注入量 $q=I_T/T_M$。

根据以上分析可以设计出较少电荷注入量的刺激参数，避免组织可能受到的损伤。同时还需要指出，对于同时使用多个刺激器的情况下，更需要注意刺激的空间累加效应，而不仅仅是时间效应。

笔记

经皮神经电刺激疗法（transcutaneous electrical nerve stimulation，TENS）（周围神经粗纤维电刺激

疗法）是通过皮肤将特定的低频脉冲电流输入人体以治疗疼痛的电疗方法，是20世纪70年代兴起的一种电疗法，在止痛方面收到较好的效果，因而在临床上（尤其在美国）得到了广泛的应用。TENS疗法与传统的神经刺激疗法的区别在于：传统的电刺激，主要是刺激运动纤维；而TENS则是通过刺激感觉纤维而设计的。其治疗机制有下面几种假说：

(1) 闸门控制假说：认为TENS是一种兴奋粗纤维的刺激，粗纤维的兴奋，关闭了疼痛传入的闸门，从而缓解了疼痛症状。电生理实验证明，频率100Hz左右，波宽0.1ms的方波，是兴奋粗纤维较适宜的刺激。

(2) 内源性吗啡样物质释放假说：一定的低频脉冲电流刺激，可能激活了脑内的内源性吗啡多肽能神经元，引起内源性吗啡样多肽释放而产生镇痛效果。实验证明：以面积为24cm^{2}的极板置于右腿中1/3外侧面，用方波（宽度0.2ms，频率40~60Hz，电流强度40~80mA）刺激20~45min时进行腰椎穿刺，此时脑脊液内β-内啡肽含量显著增高，因此人们认为内啡肽由于电刺激而释放入脑脊液，导致疼痛一时性显著缓解。

(3) 促进局部血循环：TENS除镇痛外，对局部血液循环，也有促进作用，治疗后局部皮温上升1~2.5℃。

当然采用不同的部位组合的电刺激模式时，也存在着以上综合因素的治疗作用。

（二）经颅直流电刺激治疗

经颅直流电刺激（transcranial direct current stimulation，tDCS）是通过置于颅骨的电极产生微弱直流电（通常为1~2mA）的一种非侵入性脑刺激方法，因其一定程度上可改变皮质神经元的活动及兴奋性而诱发脑功能变化，因此作为一种无创的脑功能调节技术，在治疗慢性疼痛、神经疾病、精神疾病等疾患中展示出极具潜力的价值。如图8-7所示，tDCS作用时，一般需在目标大脑皮质对应的头皮区域固定一定大小的正负电极（临床试验常采用表面积为25~35cm^{2}的表面电极），驱动直流电刺激器在两电极间通过1~2mA微弱的直流电流。由于头皮和颅骨的阻碍作用，大部分的电流在进入大脑皮质之前就被分流，仅有小部分穿透阻碍，进入大脑皮质，而这部分进入大脑的恒定电流可在直接作用的大脑区域诱发静电场以实现对大脑皮质的兴奋性的调节。

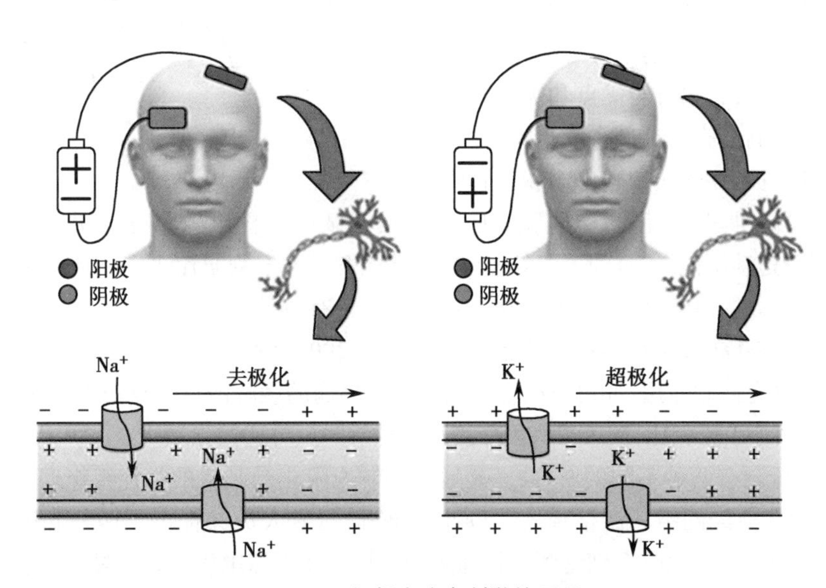

图8-7 经颅直流电刺激的原理

虽然tDCS的临床疗效被广泛证实，但对于tDCS产生作用的具体机制却尚不清楚，可能存在皮质兴奋性和突触重塑的调节机制。大量研究认为tDCS的后效机制既与静息膜电位的极化有关，也与NMDA受体依赖的突触可塑性调节有关。阳极tDCS通过刺激突触前神经元升高Glutamate的浓

度和降低 GABA 的浓度，激活 NMDA 受体，允许突触后神经元大量钙离子内流，诱导突触后膜电位发生去极化从而产生突触长时程增强（long-term potentiation，LTP）。LTP 是学习和记忆的神经基础，所以 LTP 的产生有利于修复学习记忆通路的功能障碍。同时，作用于额叶皮质的阳极 tDCS 还可通过分布式相互连接的皮质间 - 皮质下神经网络引起基底前脑、海马和黑质 - 纹状体等区域神经元兴奋，促进 ACh、多巴胺（DA）等神经递质的释放。而 ACh 和 DA 可增强突触可塑性，促进学习记忆的形成。此外 tDCS 还可增强 BDNF 的合成，BDNF 具有神经营养保护和修复的作用，能够防止胆碱能神经元的退变，促进轴突发芽。阳极 tDCS 后效机制不应局限于突触的长时程易化，可能还涉及非突触机制的作用，如跨膜蛋白和 pH 的改变。

除了通过增强突触可塑性，tDCS 还可通过改变大脑皮质和皮质下区域血流量以达到修复学习记忆功能障碍的目的。一项应用 LDF 的 tDCS 实验发现 tDCS 可能通过神经血管耦合路径引起局部血流量的改变。在阳极 tDCS 作用下，血流量明显增加，而改善的大脑供血可提高神经元的代谢效率，一定程度上可减缓神经元的退变。

先前报道认为只有神经元才对 tDCS 敏感，但是 Ruohonen 等人基于简化的电缆理论提出 tDCS 也有可能刺激胶质细胞的观点。一方面，tDCS 通过不断去极化 / 超极化胶质细胞的跨膜电位，调节 Glutamate 和 GABA 的平衡，以增强突触可塑性。另一方面 tDCS 抑制炎症酶的表达也可能是 tDCS 治疗 AD 的潜在机制。重复的阳极 tDCS 可通过抑制核因子 -κB（NF-κB）和肿瘤坏死因子 -α（TNF-α）等炎症因子的表达，促进树突分叉的形成，从而达到保护神经元的目的。

（三）中枢神经电刺激治疗

深部脑刺激器（DBS）也叫脑起搏器（图 8-8），刺激脉冲发生器植入到胸前，然后连接延长导线到刺激电极。刺激电极是应用立体定向手术植入到预订的脑核团。由刺激脉冲发生器输出电脉冲对靶向神经核团或神经环路进行刺激，通过调控神经活动改善运动、情绪等生理功能障碍。DBS 属于神经电刺激中的中枢神经电刺激，在治疗临床上各类神经系统疾病中展现了良好的应用前景。DBS 的临床应用弥补了药物治疗神经系统疾病的不足与局限性，其独特的优点和优良的效果使人们对其治疗前景充满希望。在过去的十几年内，DBS 技术日渐成熟，通过植入 DBS 可改善帕金森患者所产生的动作迟缓、动作失调、肌肉僵直及 / 或震颤的症状，也可明显降低服用帕金森药物所产生的副作用，并缩短药物“关期”（运动不能）的时间。许多患者因接受了脑深部电刺激疗法，运动症状得到全面改善，生活质量得到提高。同时它也是微创、可逆、可调整、安全有效的。1997 年 FDA 批准 DBS 用于治疗原发性震颤和帕金森震颤，2002 年被批准治疗帕金森病，2003 年被批准治疗肌张力障碍。另外，DBS 对于难治性癫痫具有抑制作用，亦可以用于顽固性神经疼痛的缓解治疗。与药物治疗和手术切除病变脑组织等传统治疗手段相比，DBS 具有副作用小、可控性好、可逆性强等优点。

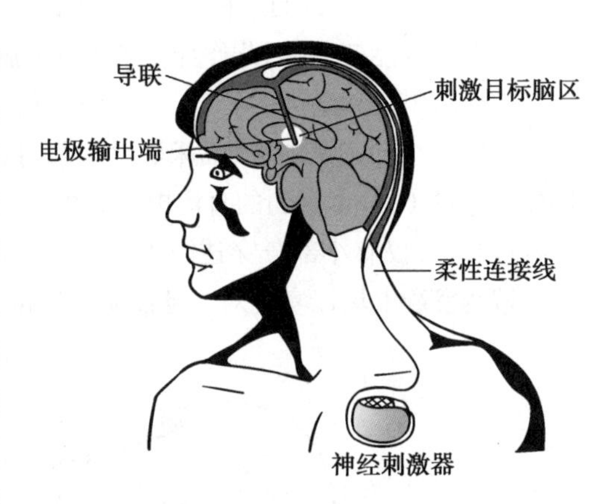

图 8-8　深部脑刺激器（DBS）

DBS 的作用机制有两种不同的解释：一是通过抑制或阻止受刺激的神经组织产生功能性毁损，二是改变受刺激脑神经网络的激活模式。以此为基础，研究人员又提出了四种假说：去极化阻滞（depolarization block），即刺激改变细胞膜门控通道的活性从而阻滞电极附近区域神经元信号输出；突触抑制（synaptic inhibition），即刺激作用于电极附近区域神经元突触末梢，间接调节神经信号输出；突触阻抑（synaptic depression），即刺激使神经递质耗尽，阻碍突触信息传递，进而影响电极附近区域神经元信号输出；刺激改变病理性神经元网络功能。

目前深部脑刺激器主要采用双向矩形脉冲刺激，刺激波形可编程化已成为深部脑刺激器的重要发展方向，闭环 DBS 是另一种正在探索的新技术。

另外，还有用于治疗癫痫发作的植入式迷走神经刺激装置VNS，其是将螺旋形的刺激电极触点固定于左侧迷走神经干，通过间断的电刺激使迷走神经向颅内发出冲动，通过整个神经系统产生广泛的神经兴奋作用。1997年VNS被FDA批准治疗药物难治性癫痫，2002年被批准治疗抑郁。图8-9是迷走神经刺激示意图。

（四）其他神经电刺激器

疼痛是一种极其复杂的临床症状，与机体组织、器官的受损伤程度并不成正比，在某种程度上，疼痛受精神、情绪和心理因素的影响很大。疼痛可引起患者不同程度的恐惧、惊慌、焦虑、悲伤等不良情绪，使患者精神痛苦，甚至影响其饮食起居。随着现代工作、生活节奏的日益加快和老龄化社会的到来，疼痛对人体健康的影响越来越受到人们的关注。

荷兰一家公司推出一种小型电池驱动的经皮式神经电子刺激器，它是利用放置在疼痛区近端或远端的电极发出电脉冲波来治疗持续性疼痛。这些电脉冲能阻断传送至脊髓的痛性刺激，并能启动阻断刺激到达胸部的神经系统的生理控制机制，这种治疗方法可减少药物的使用。

电子药物，又称生物电子药物（bioelectronic medicines）是一个新的医疗领域（如图8-10）。与传统的化学药物不同，电子药物是一种微型可植入设备。电子药物作用的发挥需要绘制与疾病和治疗相关的神经回路，这主要发生在两个层面上：在解剖层面，研究人员需要绘制与疾病相关的神经和大脑区域，并确定最佳干预点；在神经信息层面，需要对这些干预点的神经信息进行解码，从而使研究人员能够开发出与健康和疾病状态相关的“模式字典”。在由疾病所改变的神经回路里，建立电脉冲对疾病的干预机制和得到能产生最有效治疗反应的作用模式至关重要。简言之，在治疗疾病时，电子药物可以追踪神经系统特定神经回路的独立神经元，并通过调节相关神经元的动作电位使患者恢复健康。第二代微型器件和纳米器件可以代替光、机械或电磁能量来实现这种针对神经回路内的特定细胞的调节。电子药物一般可用于治疗关节炎、哮喘、糖尿病和高血压等慢性疾病。

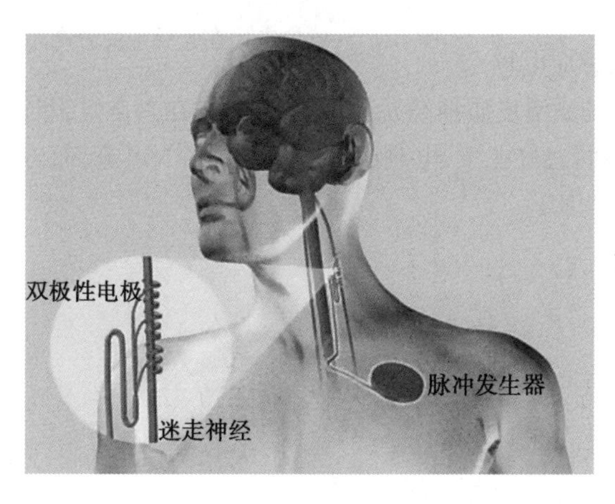

图8-9　迷走神经刺激（VNS）

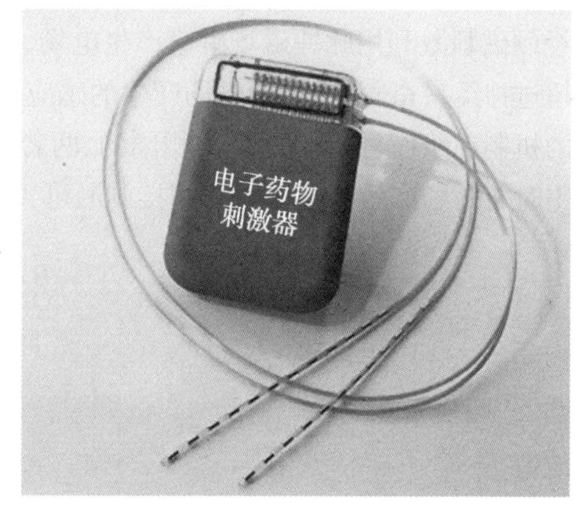

图8-10　电子药物

第三节　神经磁刺激

磁刺激最早可追溯到19世纪末与20世纪初，Arsonval在1896年和1902年分别将头置于线圈中感受到闪光现象。1959年Kolin首次进行了一系列磁刺激神经实验，并证明交变磁场能够在体积导体中感应足够强度的电流刺激运动神经。1965年Bickford & Freeing用谐振磁场首次刺激人的神经。1985年Baker成功地将磁刺激用于大脑皮质，使得磁刺激迅速轰动整个神经科学界。

一、磁场对神经的调控

磁刺激（magnetic stimulation）首先由Kolin于1945年从青蛙的肌肉神经标本得到证明。1956

年 Bickford 和 Fremming 在混合神经上获得了类似的兴奋现象，而且在人体得到了证明。1987 年 Amassian 等、1990 年 Cohen 等分别用实验证明了不同方向放置的磁刺激线圈对大脑皮质产生作用，如引起不同手指活动。1990 年 Ueno 等设计了“8”字形线圈，在实验室条件下实现了 5mm 空间分辨率的局部大脑皮质磁刺激。

磁刺激作用的强弱与磁场的类型、磁场的强度、磁场的均匀性、方向性、磁场的作用时间长短等诸多因素有关。和传统的电刺激技术相比，交变磁场的磁刺激没有电流密度十分集中的区域，因此被试者无疼痛感；肌肉、骨骼等不良导体对脉冲磁场进入人体的衰减作用较小，因此磁刺激可深达组织，对于从颅底出来的脑神经也能有效刺激；磁刺激的操作简单，刺激线圈只要放在刺激部位的近旁，不与身体有任何接触，且线圈位置容易改变；机体与外界无电联系，因而安全性好。因此，交变磁场的磁刺激在脑神经刺激以及深部神经刺激方面具有明显优势，在近 20 年成为研究大脑神经功能的一个重要技术手段。

（一）磁刺激利用电磁感应原理

根据电磁感应原理，一个随时间变化的均匀磁场在它所通过的空间内产生相应的感应电场。感应电场在人体组织产生感应电流。人体可兴奋细胞可以通过外界时变（time-varying）的电磁场以无创的方式加以刺激。当感应电流值超过神经组织兴奋阈值时，便会达到刺激相应部位神经组织的效果。由于生物组织磁导率基本均匀，磁场容易透过皮肤和颅骨而达到脑内深层组织。因而磁刺激技术可无创地应用于脑神经刺激以及深部神经组织中，基本无不适感。如图 8-11 所示，感应电场能够刺激大脑深部组织。

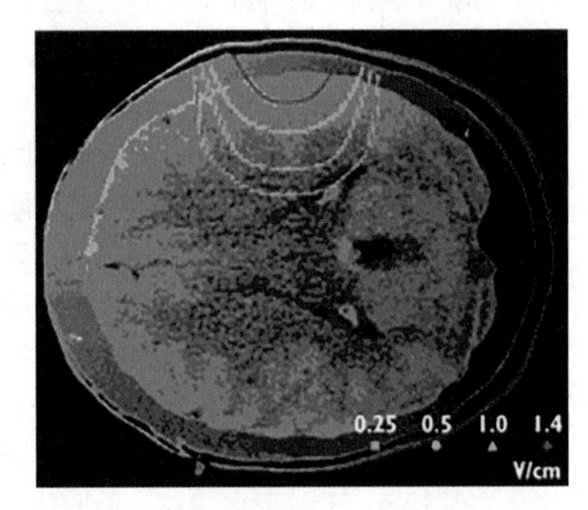

图 8-11　感应电场在大脑中的分布示意图

经颅磁刺激利用脉冲磁场感应产生电场，当感应电场强度超过神经兴奋阈值时，由磁场产生的感应电场激活皮质神经元。可见，磁刺激在兴奋组织时与电刺激的机制在组织和细胞水平是相同的，两者不同之处在于，电刺激是通过电极注入电流，而磁刺激是利用时变磁场产生的感应电场间接刺激可兴奋组织。

由于

$$\vec{B}=\nabla\times\vec{A}(\vec{r},t) \tag{8-4}$$

$$\vec{E}=-\nabla\Phi=-\frac{\partial\vec{A}(\vec{r},t)}{\partial t} \tag{8-5}$$

故有

$$\vec{A}(\vec{r},t)=\frac{\mu_0}{4\pi}\int_C\frac{I(t)\,d\vec{s}(\vec{r}_0)}{R} \tag{8-6}$$

其中$\vec{A}$称为磁场矢量势，沿线圈线积分可以计算磁场矢量势$\vec{A}$。μ_0为自由空间的磁导率，$\mu_0=4\pi\times10^{-7}$ H/m，Φ 为标量势，由边界条件决定。当磁刺激线圈平行于刺激组织——空气界面时，式（8-5）为式（8-7）：

$$\vec{E}(\vec{r},t)=-\frac{\partial\vec{A}(\vec{r},t)}{\partial t}=-\frac{\mu_0}{4\pi}\frac{\partial I(t)}{\partial t}\int_C\frac{d\vec{s}(\vec{r}_0)}{R} \tag{8-7}$$

感应电场强度正比于电流变化率$\frac{\partial I(t)}{\partial t}$，同时与线圈的位置、几何形状、被刺激组织的电导率等有关，而线圈的几何形状体现在电感上。另外，电场强度是一个空间量，它的空间分布还取决于线圈绕线的空间分布和刺激对象与线圈之间的相对位置。

（二）外加感应电场除极化细胞膜

细胞膜保持一个电位差，细胞跨膜电位是 -70mV（细胞内更负）。外加电场叠加到细胞膜两侧可以改变细胞膜电位差，因此外加电场能够除极化细胞膜，激活可兴奋性组织如神经。在细胞水平，磁刺激激活的是轴突而不是细胞体或神经元的其他部分，跨膜电位 V 可由电缆方程描述：

$$\lambda^2\frac{\partial^2 V}{\partial \chi^2}-\tau\frac{\partial V}{\partial t}-V=\lambda^2\frac{\partial E_\chi}{\partial \chi} \tag{8-8}$$

其中：λ 和 τ 分别是纤维的空间和时间常数，V 是沿轴突的轴向距离。$\frac{\partial E_\chi}{\partial \chi}$是 E 沿轴突分量的梯度，称作激活函数。激活函数的幅度、符号和时间历程决定兴奋是否发生和沿轴突的兴奋在哪里产生。$\frac{\partial E_\chi}{\partial \chi}$负值时，轴突除极化；正值时，轴突超极化。$\frac{\partial E_\chi}{\partial \chi}$的空间分布是不均匀的，有两个正峰和两个负峰。$\frac{\partial E_\chi}{\partial \chi}$的负峰位置是磁刺激神经兴奋点的可能区域。磁刺激的兴奋点由线圈与神经的相对位置决定。在神经位置和线圈的位置确定的情况下，磁刺激兴奋点是可以唯一确定的。

二、经颅磁刺激

经颅磁刺激是利用时变磁场作用于大脑皮质产生感应电流改变大脑皮质神经细胞的动作电位，从而影响脑内代谢和神经电活动的生物刺激技术。这种技术很大程度上是针对电刺激的缺陷发展起来的，它有很多电刺激所不具备的优点，是一项非常具有发展潜力的神经电生理技术。相对于电刺激，它具有以下几个特点：

1. 脑颅深部刺激容易实现　传统电刺激采用表面电极进行刺激时，电场迅速发散，根本无法达到脑颅深部；但如果采用植入型电刺激，由于其创伤性又无法得到广泛的应用。而对于 TMS，由于骨骼、肌肉等电的不良导体对磁的损耗很小，因此可以刺激到脑颅深部。在表面电场值相同的情况下，40mm 深处磁感应电场值比表面电刺激产生电场值大 10 倍。

2. 受试人体基本无不适感　电刺激将大电流直接作用于头皮和颅骨有很强的刺激作用，使被试者产生疼痛等较强的不适感。而 TMS 则是利用感生电流间接作用于人体，感生电流的大小和电阻成反比，对于电阻很大的头皮、骨骼而言，产生的电流很小，基本无不适感。

3. 安全，非侵入、无创性　经颅磁刺激属于无创检测治疗方法，磁刺激仪器与人体无任何直接接触，机体与外界无电联系，同时大大减少人体受到交叉感染或侵入性伤害的可能。

（一）经颅磁刺激的基本原理

当瞬时通电的圆形线圈置于被试者头部时，在线圈周围会产生感应磁场，且此感应磁场随线圈中电流的变化发生改变，这个变化的磁场在大脑皮质产生感应电场，此时感应电场平面与磁线圈平行，感应电流的方向与磁线圈中电流的方向相反，如图 8-12 所示。

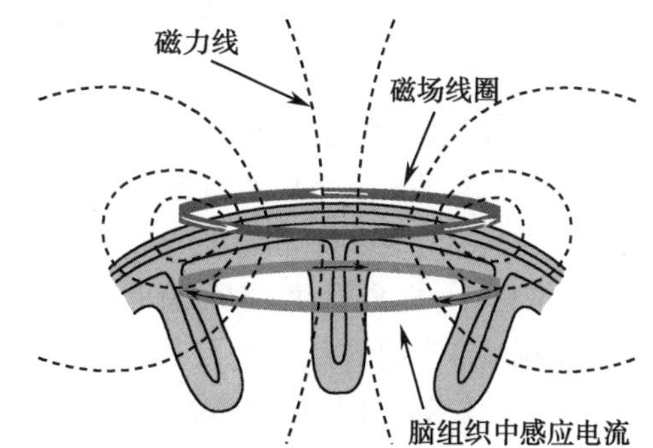

图 8-12　圆形线圈置于头部产生感应电场示意图

根据麦克斯韦方程组中的法拉第电磁感应定律，时变磁场可以感生出电场，即式（8-9）：

$$\nabla\times E=-\frac{\partial B}{\partial t} \tag{8-9}$$

其中 E 是感生电场。设刺激部位的电导率为 σ，则这个部位产生的电流密度是 $J=\sigma E$。可以看到，刺激部位产生的电流密度与其电导率成正比，当电流超过神经组织的兴奋阈值时，就能起到刺激神经组织的作用。

目前一般认为神经组织对磁刺激产生兴奋的位置，直的周围神经在沿神经轴向电场梯度最大值处产生兴奋，而短和弯曲的皮质神经在感应电场最大值处兴奋。但是关于磁刺激的具体作用机制目前还没有很好的解释。

（二）经颅磁刺激的生理效应

TMS 有单脉冲、双脉冲和重复三种刺激模式，不同的刺激模式产生的生理效应不同，它们的应用范围也不同，目前主要关注以下几个方面的效应及应用：

1. 刺激运动皮质，检测运动诱发电位 TMS 对运动皮质的作用是研究最为广泛、最早进入临床应用的领域，其中一个重要应用就是测量中枢运动神经传导。其方法就是利用单脉冲 TMS 刺激异侧运动皮质，记录下运动诱发电位（MEP）探测大脑运动皮质下行传导路径。这种测量可以得到一些非常重要的生理参数，如中枢运动传导时间，对于深入认识人体生理功能和一些疾病的检测有重要意义。另一个应用就是评价运动皮质兴奋性。通过测量 TMS 的运动阈值和 MEP 静息期等参数可以对运动皮质的兴奋程度进行衡量，从而描述某些运动神经疾病导致的神经生理变化。此外，它在研究皮质映射和皮质可塑性方面也有很广泛的应用。

2. 改变大脑局部皮质兴奋度 重复 TMS（rTMS）是按一定的频率产生脉冲磁场重复刺激特定的皮质区域，它可以改变皮质神经的兴奋程度，这是 rTMS 独有的效应。Pascual-Leone 等应用 rTMS 作用于运动皮质，发现快速 rTMS 有易化神经元兴奋作用，瞬间提高运动皮质兴奋性。而 Chen 等发现低速 rTMS 有抑制兴奋作用。很多实验都证明了这个结论。目前已经知道，相当一部分神经和精神疾病，如抑郁症、癫痫、精神分裂症等都可归咎于特定大脑皮质区神经细胞兴奋阈值的改变，所以改变皮质兴奋性是成功治疗这些神经和精神疾病的关键。

3. 关闭特定皮质区的活动，实现大脑局部功能的可逆性损毁 研究表明，TMS 可以瞬间在给定皮质区产生可逆性功能障碍，关闭特定皮质区的活动。Pascual Leone 等运用刺激频率为 8~25Hz 的脉冲串，刺激强度为最大输出 60%~80% 的 rTMS 在 6 例成年癫痫患者每侧大脑半球头皮上的 15 个位置连续刺激 10s，结果发现刺激左侧时，可诱发言语中断或产生计算错误，而刺激右侧半球无类似现象发生，从而证实患者的大脑左侧为语言优势半球。

从上面的效应可以看出，TMS 技术可以提高人为干预大脑的能力，为人们更加深入地认识大脑功能结构提供了一个有力的工具。

（三）TMS 的安全性

磁刺激作为一种无痛、无损伤、有效的临床诊断、治疗方法，已经在神经系统传导功能的研究及临床疾病的治疗中得到一定范围的应用。但磁刺激技术起步较晚，许多工作有待于在基础研究和临床中进一步开展。随着磁刺激技术的不断发展，随着基础研究和临床医学研究的不断深入，磁刺激将与临床医学更加紧密地结合。

当然，磁刺激的安全性是仍然在争论的问题，对于癫痫患者，高强度高频率的 TMS 还是具有一定危险性，尤其在连续多次刺激时。应用高频率高强度的磁刺激诱发出癫痫发作的情况确有报道，表明 TMS 还是具有一定危险性。TMS 还可以暂时性抑制大脑皮质功能，如 TMS 作用于优势半球语言中枢时，可抑制被试者的语言功能，使其出现表达错误、重复，甚至停顿。

磁刺激技术将为人类实现对某些脑生理活动的人为调控，探索为脑疾病的诊断、治疗提供新的手段。在临床上，磁刺激可应用于研究大脑皮质神经分布、检测多发性硬化病患者的中枢神经传导延迟以及退化性运动失调，也可用来检测周围神经传导速度，监测中枢神经系统功能状态。磁刺激技术在临床检测、治疗，以及脑科学基础研究中发挥着越来越大的作用，其应用具有广阔的前景。

（四）经颅磁刺激在运动神经功能研究中的应用

磁刺激周围神经，可以在其所支配的肌肉中得到肌肉诱发电位，其中包括深部肌肉动作电位或感觉神经动作电位。磁刺激运动诱发电位是一种新的临床测定方法，已经有人发现当靶肌肉处于轻微收缩状态时，经颅磁刺激所获得的电位波幅较高，潜伏期缩短，对于中枢运动通路和深部的近端的周

围神经功能状态诊断是很有价值的。

1. 中枢运动路径传导测量　经颅磁刺激在临床上首先应用于中枢运动神经传导的测量。TMS刺激对侧运动皮质会产生运动诱发电位（motor evoked potential，MEP）和相应肢体运动。记录MEP是TMS成为探测大脑运动皮质下行路径传导的常规方法。中枢运动传导时间（central motor conduction time，CMCT）可以评价从皮质运动神经元、脊髓、脊髓神经元到周围神经整个运动路径的完整性，CMCT延长意味着中央运动路径脱髓质，少延迟的低幅或没有CMCT意味着神经元或轴突丧失。许多运动神经疾病显示出改变的CMCT，这样TMS为诊断许多运动神经疾病提供了重要信息。缺血性脑卒中患者可以表现为潜伏期、MEP延长，波幅降低以及时限增宽。多发性硬化和颈椎炎脊髓病的CMCT延长、扩散和衰减。肌萎缩侧索硬化表现为MEP低幅但中度延迟。脑卒中、头和脊髓损伤者常伴有运动神经缺陷，TMS可以获得锥体束损伤程度、预后等客观证据。脊髓型颈椎病（cervical spondylotic myelopathy，CSM）患者早期CMCT延长，兴奋其外展拇短肌（APB）、胫前肌（AT）记录得到的MEP如图8-13所示。

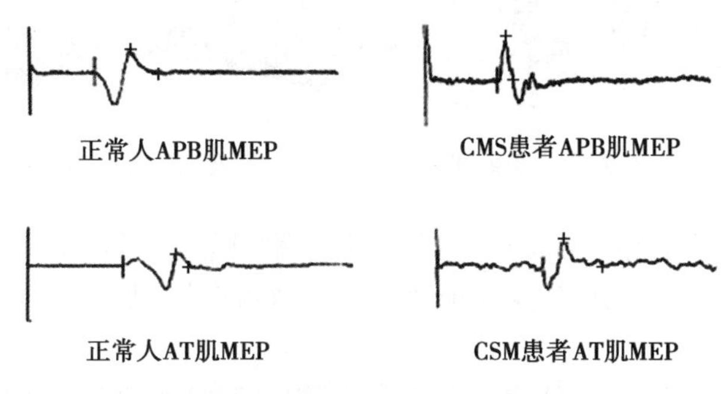

图8-13　脊髓型颈椎患者MEP与正常人对比

2. 运动皮质兴奋性评价　TMS的运动阈值MT、MEP静止期以及配对TMS可以研究运动皮质兴奋性。TMS检查皮质兴奋性可给出不同临床条件下神经生理变化的信息。帕金森病有增强的运动皮质兴奋性；亨廷顿舞蹈症，2~5ms间隔配对TMS发现皮质-皮质抑制显著减少，10~25ms间隔皮质-皮质易化增强；张力失常（dystonia）和抽动秽语综合征（Tourette syndrome）运动阈值和皮质内易化正常，而静止期变短，皮质内抑制减少；癫痫患者运动皮质阈值测量通常显示出增加的运动皮质兴奋性。所以，可根据单脉冲改变的阈值或双脉冲测量的皮质内兴奋性刻画癫痫患者改变的皮质兴奋性。通过对癫痫患者磁刺激MEP的研究，评估癫痫患者运动皮质功能，研究认为癫痫患者在发作间期运动皮质兴奋性降低，抑制增强，MEP的异常改变可反映中枢运动传导通路的功能受损，提示MEP可用于癫痫的诊断。此外TMS在抗癫痫机制、抗癫痫药物研究中得到应用，对脑卒中患者运动功能的恢复也有预测作用。

3. 运动神经功能康复　实验表明，经颅磁刺激可能具有促进受损周围神经再生和修复的作用，因而为临床上周围神经损伤的治疗和功能康复提供了一种新的治疗手段。临床研究发现，rTMS可以改变皮质兴奋性，引起刺激局部和远隔处皮质功能的改变。对抑郁症、帕金森病、难治性癫痫有一定治疗作用；对脑损伤患者也有一定疗效。

rTMS对卒中后抑郁及神经功能康复疗效较好。rTMS康复运动功能疗效肯定，可以提高卒中患者的生活质量。利用rTMS刺激脑卒中患者健康侧大脑的运动前皮质区，发现经刺激后的大脑皮质运动兴奋性明显提高，运动功能显著提高，脑卒中患者症状明显减轻。利用TMS治疗脑卒中患者，患者运动功能的恢复效果显著，同时TMS刺激对患者的认知功能与脑电图无明显影响。另外，研究表明，TMS还可以用于帮助患者戒除毒瘾、烟瘾等成瘾问题。研究发现低频rTMS刺激M1可以有效改善PD患者运动迟缓症状；有效缓解PD的震颤、僵直、少动等临床症状。其对PD患者临床运动功能的影响，于末次刺激后1周内达到高峰，作用时间可持续1个月。

TMS 在治疗神经性疼痛、耳鸣以及其他中枢和周围神经系统的疾病方面也有一定的应用，随着 TMS 研究的不断深入，TMS 在医学治疗方面的应用将会越来越广泛。

三、聚焦经颅磁刺激技术

磁刺激线圈是决定磁刺激脉冲的重要器件，线圈电流和几何尺寸决定磁场的强度和形状，因此也决定了组织内感应电流的密度和聚焦性。常见的磁刺激线圈有圆形线圈和“8”字形线圈，其外形及感应电场分布分别如图 8-14 所示。圆形线圈功率较大，但聚焦性较差；“8”字形线圈在线圈交叉处的感应电流最大，因此聚焦性较好。使用“8”字形线圈可以聚焦刺激大约 $1cm^2$ 的皮质，获得较高空间分辨率和解剖相关的皮质映射。

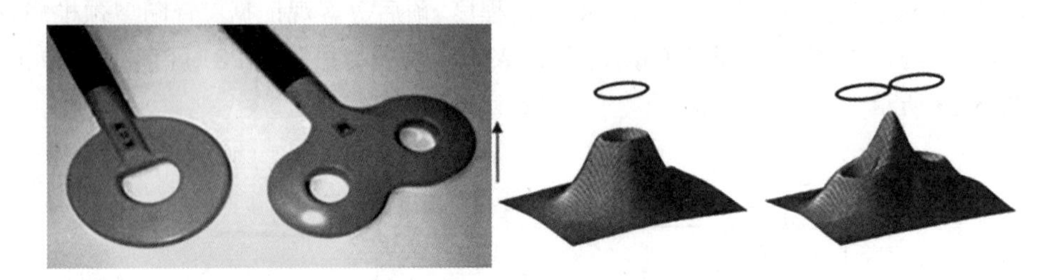

图 8-14　磁刺激常见的圆形和“8”字形线圈及其电场分布示意图

图 8-14 表明圆形线圈的感应电场的最大值位于线圈圆周上，且沿线圈绕线分布各点大小一样。在临床磁刺激实践中一般认为感应电场是磁刺激的激活函数，因此总把线圈边沿置于期待的刺激点上。

由于线圈的形状、材料等参数直接影响刺激效果，因此磁刺激仪线圈的优化设计一直以来都是磁刺激仪研究的热点。经颅磁刺激的应用中，最常用的是“8”字形线圈和圆形线圈，制作简单，方便身体多部位使用，对线圈边缘切线方向的神经组织刺激性能好。但是由于圆形线圈的空间磁场分布是边缘磁场强度大，中间磁场强度小，近似“火山口”形状，刺激范围大，不仅对靶细胞有刺激，对非靶细胞也有较强刺激，造成不必要的伤害。当线圈离病灶区较远的时候，聚焦性有所提高，效果较好，但是刺激深度会变差，可能难以达到脑深部病灶部位，聚焦度与刺激深度成为不可调和的一对矛盾。“8”字形线圈的形状对于刺激头部神经和中心位置结构的神经优势明显，在刺激大脑时，只有线圈中心离脑神经最近，线圈边缘离脑神经组织较远，所以“8”字线形圈的聚焦度与传统圆形线圈相比，聚焦性有很大的提高，但是“8”字形线圈对非靶细胞的刺激性还是很大。

2012 年，P.I.Williams 等提出直径为 300mm 的磁化线圈，使用赫姆霍兹配置，在深部刺激中有很大的灵活性，但是此方法只能提高刺激的深度，而无法提高聚焦性，但可以通过与小线圈的配合提高聚焦性。

2013 年，Ruoli Jiang 等提出一种基于多通道可重构线圈的新型经颅磁刺激系统，可以以任何时间顺序刺激多个脑位置，系统使用金属丝网线圈，这样刺激的位置和范围更加灵活；2013 年，Luis Gomez 等提出的基于遗传算法的多通道线圈阵列，实现了在头部的刺激深度达到 2.4cm，相比于传统的“8”字形线圈，刺激体积减小了 2.6~3 倍，减小刺激区域的体积并达到一定的刺激深度。2014 年，Mai Lu 等提出的对顶圆锥形线圈、H 形线圈、Halo 线圈以及多个同轴的圆形线圈，用电阻抗方法分析电场分布，对顶圆锥形线圈和 H 形线圈可以提高刺激深度但聚焦性比较差，将 Halo 线圈与传统的圆形线圈配合使用可以产生与顶圆锥形线圈和 H 形线圈相同的刺激深度，多个同轴的圆形线圈可以更加灵活地实现刺激深度和聚焦性的共同实现。

2012 年，河北工业大学设计了双“8”字形线圈和同一平面的 7 个线圈组成的线圈阵列，双“8”字形线圈与“8”字形线圈有相同的聚焦性，但刺激强度要大于“8”字形线圈，7 线圈阵列和圆形线圈磁场分布趋势是相似的，而刺激强度要优于圆形线圈，场衰减要低于圆形线圈和“8”字形线圈，同时证

明了圆形线圈适用于深部脑刺激,但圆形线圈聚焦性不如“8”字形线圈。2012 年,西安交通大学设计出双蝶形线圈,实验表明,双蝶形线圈的聚焦性优于蝶形线圈(图 8-15);2013 年,清华大学提出了一种利用屏蔽板的聚焦方法,该屏蔽板使用高磁导率的铜板来使磁场聚焦到很小的区域,能够有效增强聚焦性。2016 年,西安交通大学设计出圆形线圈阵列,其任意相邻的 2 个圆形线圈通入大小相等、方向相反的电流,即可形成以“8”字形线圈为基础的基本工作单元,实现单点刺激(图 8-16)。

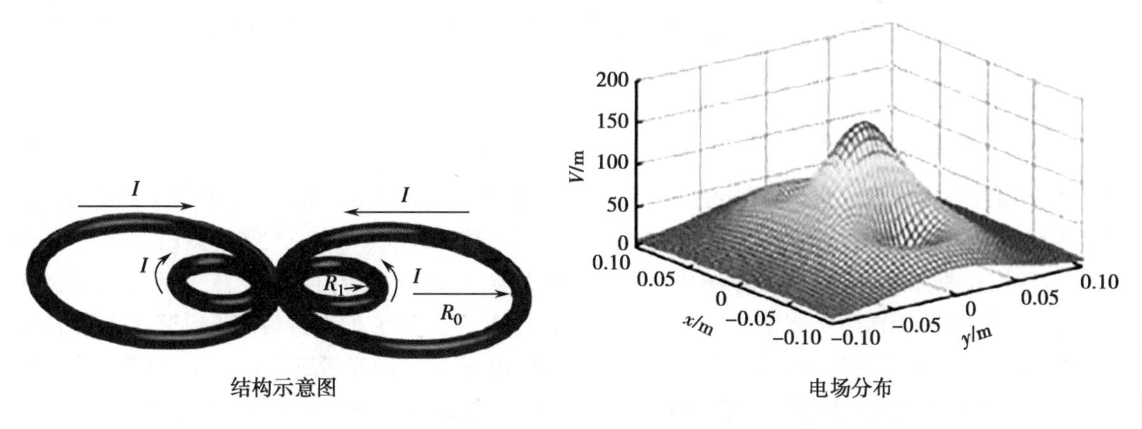

图 8-15　双“8”字形线圈结构示意图与电场分布

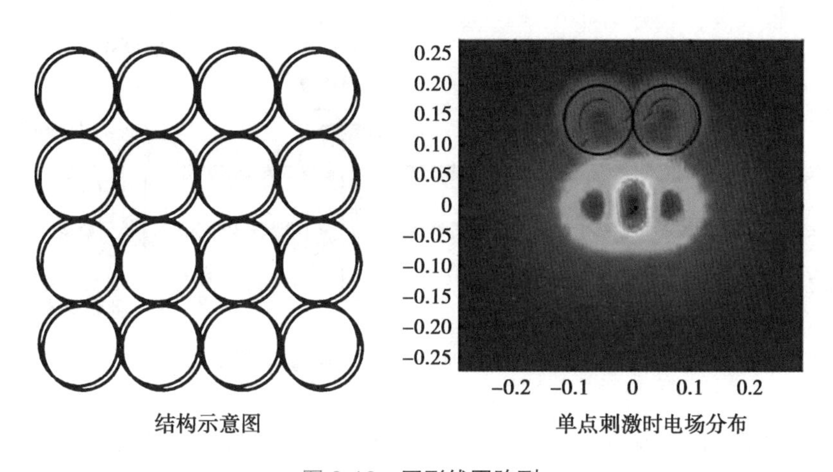

图 8-16　圆形线圈阵列

第四节　神经光刺激

在充分认识电刺激、磁刺激调控神经的基础上,人们还在不断探索新的神经调控技术。神经光刺激是近年来备受关注的一种神经工程新方法,它是由光能量的靶向作用调节神经活动模式,具有非接触、空间选择性好、刺激源 - 神经组织间无电化学连接等电刺激方法不具备的优点,有望作为一种调控神经活动的神经刺激新技术,在神经生理基础研究和神经功能康复领域具有重要的应用前景。以光脉冲刺激神经元的研究有两个重要分支:其中之一是将分子生物学与光能量相结合,通过在神经元表达光敏蛋白(如 channel rhodopsin-2,ChR2)、再以特定波长可见光(如 470nm 蓝光)脉冲刺激,光能通过光敏蛋白的桥梁作用引起神经元动作电位,“光控蠕虫”就是其典型代表;神经光刺激的另一个重要研究方向是以近红外光或中红外光为刺激源,直接用红外光脉冲的能量调节神经元细胞的能量代谢而引起神经元的动作电位,具有风险小、操作简便等优点,并且因近红外电磁波能量的非电离性而避免了电离辐射的危害。

光刺激诱发动作电位是由法国 Allegre 等人发现的，1994 年，他们用紫外激光照射猫的中枢神经纤维，成功记录到神经兴奋。随后，研究发现，脉冲式的低能的中、近红外激光通过耦合到一根光纤上照射神经，也可引起神经兴奋，如美国范德比尔特大学生物医学工程系的 Jonathon Wells 等人，在 2005 年用脉冲中红外激光取代电流刺激老鼠的坐骨神经，成功地触发了神经和肌肉动作电位。该研究组是目前最早开展光刺激神经并取得显著成果的研究小组之一。他们对光刺激诱发动作电位的机制进行了分析，通过测量发现，激光照射使得周围神经表面温度升高（6~10℃），其中 63.8% 的能量集中在轴突，轴突温度升高（3.8~6.4 度），温度差的存在直接或间接激活跨膜离子通道，导致动作电位的产生。

一、光基因及神经调控

光基因技术是将光敏蛋白转染到蠕虫的神经细胞，再以特定波长的激光脉冲"开启"或"关闭"神经细胞离子通道对神经活动进行调控。光敏感蛋白是能够被光激活的一大类膜蛋白，它广泛分布于原核生物、植物以及动物的视觉系统中。可分为两大类，一类为 G 蛋白偶联受体，光照后通过激活 G 蛋白经第二信使起作用，如视紫红质；另一类为光敏感离子通道，它们本身为离子通道，光照激活后通道激活，膜内外离子流动而至膜电位发生改变，如 ChR2、视紫红质光敏感蛋白（NpHR）等。利用遗传学技术使细胞表达光敏感蛋白，可实现对细胞的光学控制，Deisseroth 将这种结合光学和遗传学的方法称为光基因技术。图 8-17 是利用光基因控制离子通道的示意图。

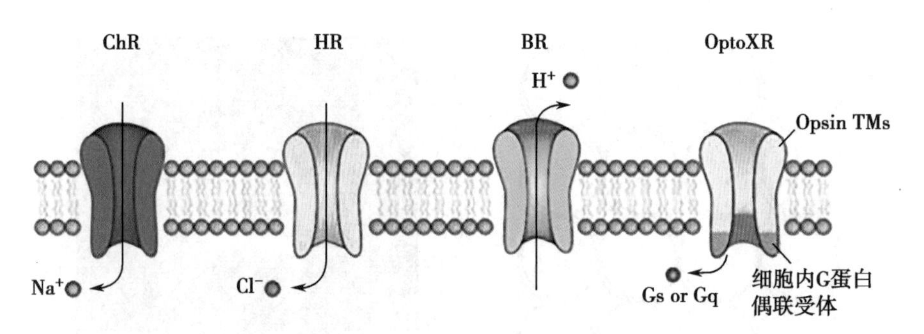

图 8-17　光基因技术的离子通道示意图

光基因技术对细胞的控制具有无损伤、非侵入、时空分辨率高、能定量重复、使用简单等优势，因此在神经系统研究及疾病治疗方面具有广阔的应用前景。ChR2 是从莱茵衣藻（chlamydomonas reinhardtii）细胞上分离的一种光敏感通道蛋白，是一个 7 次跨膜的非选择性阳离子通道蛋白，其活化光谱范围为 350~550nm，中心波长为 470nm。表达 ChR2 的细胞在 470nm 波长光照下，ChR2 通道激活开放，细胞外阳离子（Na^+，Ca^{2+}）进入到细胞内，导致细胞去极化。ChR2 的反应速度很快，给予表达 ChR2 的细胞 470nm 蓝光刺激，50μs 内即可记录到光诱发的内向电流。

光控蠕虫是哈佛大学莱费尔和他的同事将光敏分子植入蠕虫体内特定的神经细胞中，让激光脉冲照射实现开启或关闭细胞，可以用它来让蠕虫左转、停止或是产卵。美国斯坦福大学医学院神经外科和斯坦福卒中中心的研究团队，利用光基因技术刺激小脑外侧核促进卒中后功能恢复。

二、近红外神经刺激

近红外神经刺激（infrared neural stimulation，INS）是近年来正在研究的一项新的神经刺激技术，通过近红外光（near-infrared light）直接照射神经组织引起瞬时的能量积累诱发相应的动作电位。相较于电刺激，近红外神经刺激利用光纤耦合激光对目标位置进行照射，确保了刺激源不直接接触生物组织；同时利用光的高空间分辨率可以精确地定点刺激目标组织或细胞。因其高选择性、高穿透性，脉冲近红外光在神经刺激方面有其独特的优势。近红外光在神经刺激方面的研究最早是用于探讨光照

对电刺激调制作用，Wesselmann 等用脉冲 Nd：YAG 激光器调制脊髓及其末梢神经电刺激诱发响应，发现光照后神经组织局部温度升至 60℃，同时电诱发复合动作电位（compound action potential，CAP）幅值减小。Orchardson 等选用同样波长激光（λ=1 064nm）在脊髓神经进行了类似的实验研究，他们发现 CAP 幅值的减小以及潜伏期延迟和光照辐射剂量是相关的，光照时神经组织温度升高可能阻碍了动作电位在照射区域的传播。

（一）周围神经刺激

2005 年，美国范德比尔特大学的 Wells 研究组第一次提出将由近红外脉冲引起瞬时的光能量积累从而直接诱发动作电位这一刺激方法定义为近红外神经刺激（infrared neural stimulation，INS）。以电刺激实验为对照，Wells 等最先利用 Ho：YAG 激光器产生波长 2.12nm 近红外光刺激 Sprague Dawley（SD）大鼠坐骨神经，研究光刺激的有效性，成功记录诱发了复合神经动作电位和肌肉动作电位（图 8-18），奠定了红外激光神经刺激的基础。Ryan 等在波长 1 400~1 600nm 近红外刺激坐骨神经实验中证明，由于吸收系数、光纤直径等参数的影响，该波段范围内长脉宽（2~200ms）刺激时才会诱发动作电位，且刺激阈值也是 2 120nm 波长红外光的 10 倍以上。

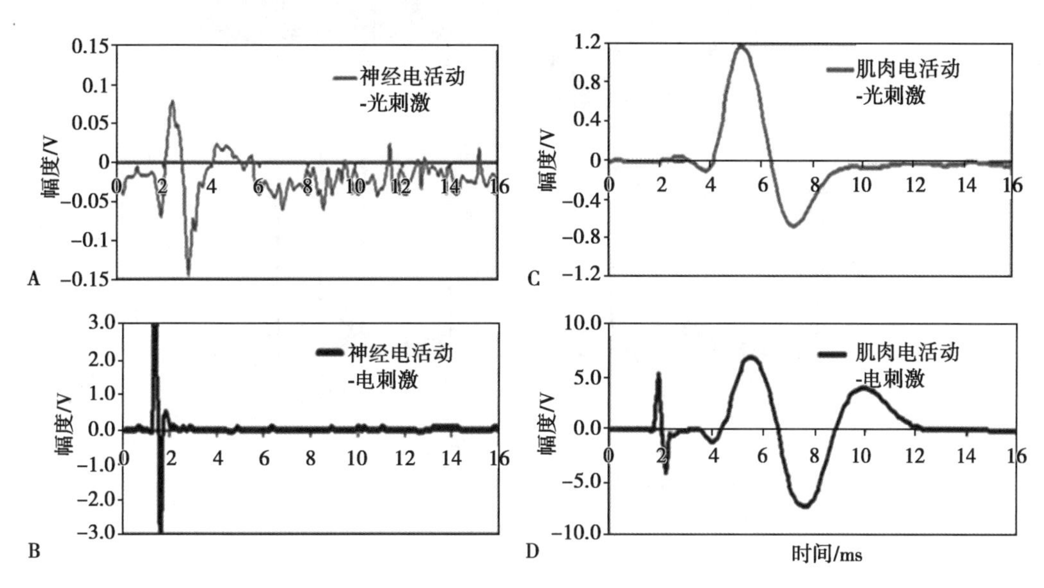

图 8-18　电刺激、光刺激诱发坐骨神经响应

A. 光刺激诱发神经响应；B. 电刺激诱发神经响应；C. 光刺激诱发肌肉电活动；D. 电刺激诱发肌肉电活动。

（二）颅神经刺激

基于 Wells 等的研究，Teudt 等用波长 2 120nm 近红外刺激沙鼠面神经，记录到的诱发肌肉动作电位波形同电刺激响应类似（图 8-19），他们也再次验证了刺激神经不同位置能够单独地诱发对应肌肉动作电位。

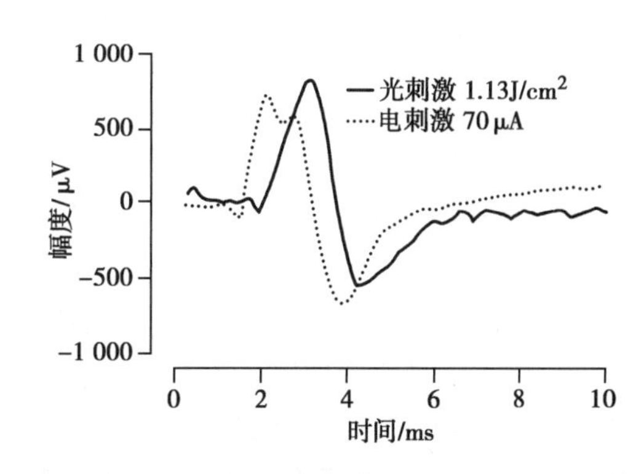

图 8-19　神经刺激面神经诱发肌肉复合动作电位（CMAP），其中虚线为电刺激响应，实线为光刺激响应

鉴于光刺激的高空间分辨率特性，美国西北大学的 Izzo 研究小组将红外激光刺激应用于听觉系统的研究。他们选用 Ho：YAG 激光器将激光耦合到直径 200μm 光纤固定于耳蜗圆窗，刺激沙鼠听觉螺线神经节细胞，成功地记录光诱发 CAP，证明了激光刺激听觉神经系统的可行性。而且，相较于电刺激，光刺激能够选择性刺激不同位置的耳蜗神经细胞，激活较小细胞群体，克服目前电子耳蜗中的技术难题。另外，

美国华盛顿大学 Harris 等在豚鼠前庭神经系统也成功地用波长 1 840nm、脉宽 10us~1ms 的近红外光诱发相应动作电位，为光刺激在前庭神经假体的应用奠定基础。

（三）中枢神经刺激

对比周围神经系统，中枢神经系统从解剖生理学等方面有更为复杂的结构，这使得近红外刺激在大脑皮质神经刺激中的应用面临着新的挑战。美国范德比尔特大学的 Cayce 研究团队在 2010 年首次用近红外光刺激丘脑皮质切片，成功地诱发神经元响应（图 8-20）；他们用波长 1 875nm 近红外光刺激大鼠躯体感觉皮质神经元，通过红外成像和神经电生理记录观察到近红外刺激改变了大脑皮质神经元神经活动模式，为进一步研究近红外光刺激中枢神经系统作用机制提供指导。

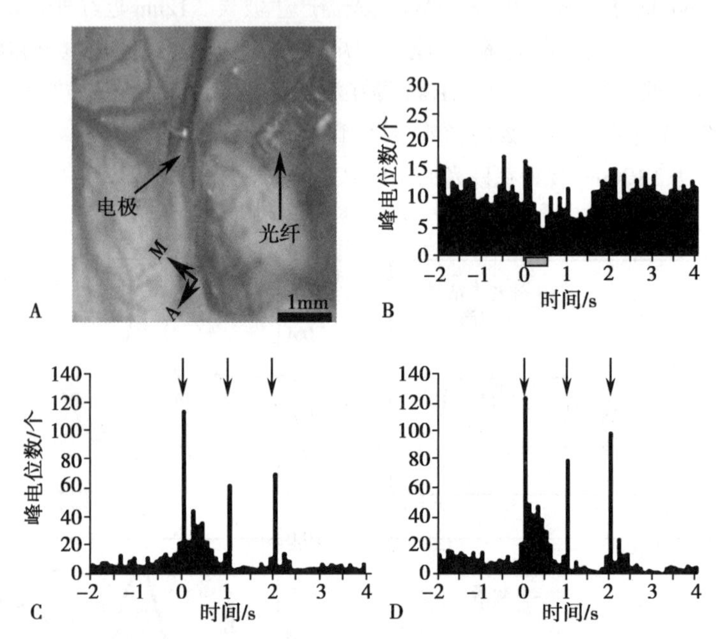

图 8-20 INS 诱发神经元抑制响应

A. 脑组织上的光纤、电极位置；B. 近红外脉冲抑制神经发放；C. 近红外、胡须振动交替刺激神经电活动；D. 胡须振动刺激诱发神经电发放。

（四）近红外神经光刺激作用机制

光脉冲与组织之间的相互作用机制非常复杂，它主要取决于激光参数以及组织的光学特性，包括光斑面积、辐照波长、辐照时间和能量，以及组织对光的吸收和散射等因素。对近红外神经光刺激而言，光与组织间交互作用可能存在的作用机制有光化学作用、光机械作用，以及光热作用。

1. 光化学作用 生物体中，离子通道按激活方式可分为两种，一种是受到膜电位的控制而开放的电活化离子通道，如 Na^+、K^+、Cl^- 等，另一种是通过化学物质与膜上受体进行化学作用控制离子通道，如 Ach 受体通道、氨基酸受体通道等。

光化学作用就是由这些控制离子通道的受体吸收光子而产生的，即光子被细胞中的分子发光团（一种吸光分子）吸收后，光能被转化为化学能，从而控制细胞离子通道开放或关闭的过程。分子发光团可以是细胞内的固有物质，如氨基酸族群、多肽类色素氨基酸等，也可以通过外部介入。目前最经典的案例就是光基因技术，即将感光蛋白转染到细胞上并通过光照来控制细胞离子通道。

一般来说光化学作用产生需要的能量较高，离子键能量范围在 100~1 000kJ/mol，目前多采用 300~500nm 波长的激光来刺激。在近红外光光子能量只有 0.5~1.03eV，即相当于 50~100kJ/mol 键能，基本达不到化学能量需求。因此近红外神经光刺激不可能归结于光化学作用。

2. 光机械作用 光机械作用多发生在短脉冲（纳秒或飞秒级）激光照射组织，当短脉冲激光照射组织时，组织迅速升温产生机械力，由于激光脉冲时间小于机械波在光束内组织中传播时间，导致机

械力在组织中堆积(即组织对光的机械约束),光脉冲结束后,机械力迅速在组织中传播从而改变神经细胞电活动。有报道成功地利用纳米级蓝光脉冲实现了内耳的光机械刺激。而近红外神经光刺激通常采用微秒级的光脉冲光,因此其作用机制也不可能是这类光机械作用。对于微秒级的近红外光刺激而言,还有另外一种形式的机械作用存在,即由光热作用引起的热膨胀机械波。这种热膨胀波是由于光束内组织吸收光子后温度升高引起了该区域组织体积的热膨胀从而产生的。在其他周围神经光刺激中,如坐骨神经、面神经等,这种机械波对组织的影响是可以忽略不计的,但是耳蜗是感受机械振动的特殊器官,这种机械作用是不能被忽略的。

3. 光热作用　目前近红外神经光刺激被普遍接受的作用机制是光热作用,指当光辐照到神经组织时,组织吸收光子能量将其转化为热能,温度及温度梯度的变化使得神经细胞发生去极化。虽然光热作用机制尚不明确,但部分实验显示近红外光刺激的有效性是由于光热作用影响了神经细胞上的热敏离子通道,最受关注的便是瞬时感受器电位离子通道(TRPV)。TRPV 通道常存在于小神经细胞上,例如大鼠坐骨神经、脊神经和三叉神经,以及大鼠和豚鼠的耳蜗听神经等。在 TRPV 热敏感通道族群中最常见的就是 TRPV1 通道,该通道在温度大于 43 ℃时就会开放,Rhee 等人就在体外细胞实验中成功验证了近红外光刺激可以激活 TRPV1 离子通道。此外 Albert 等人也通过全细胞记录方法验证了 TRPV4 通道参与了近红外光对感觉神经的刺激。另外,有研究表明近红外光刺激的有效性是由于光热作用导致了细胞膜电容发生可逆性的改变,这一研究结果从神经生理学以及细胞电生理学角度上解释了光刺激的作用机制。最近一系列研究还表明近红外光脉冲引起的神经细胞响应与钙离子相关。

本章小结

神经调控是神经工程的重要研究和应用领域,本章介绍了神经电刺激、神经磁刺激和神经光刺激的神经调控原理和技术进展。当然,随着工程技术、神经生物学技术的快速进步,神经调控新技术也不断涌现,更多新的信息可持续跟踪神经工程领域相关学术期刊的报道。

思考题

1. 简要说明神经刺激与神经调控的生物学和物理学原理。
2. 功能型神经电刺激和治疗型神经电刺激有哪些异同?
3. 试说明磁刺激影响神经活动的基本原理。
4. 如何提高磁刺激的作用深度和靶向性?
5. 简述和展望神经调控新技术及其应用前景。

(侯文生　陈琳)

第九章 神经工程技术及应用

神经工程(neural engineering)是一个高度交叉的综合性学科,是在神经工程和信息技术的交界面上形成的崭新的多学科交叉研究领域。其主要研究内容包括两个方面:一是研究神经系统信息的产生、编码、存储等过程的机理;二是研究与人类认知相关的计算、控制和行为感知模型。涉及生命科学、信息科学、工程学等多学科的交叉融合,对该领域的研究可以有效地推动神经生物学、认知科学、计算机科学、康复医学、微电子学等学科的整体发展,并且对理解大脑认知过程、智能信息处理及模式识别具有重要的科学意义。随着神经工程技术的发展,相应的数据复杂度越来越高,催生了许多具有广泛应用前景的新型信息感知设备,如脑 - 机接口、神经康复机器人等。甚至在涉及航天、人类认知潜能、国家安全问题等方面都具有重要的社会意义。

第一节 脑 - 机接口技术及应用

一、脑 - 机接口技术:变革性的人机交互

(一) 脑 - 机接口的历史

脑 - 机接口(brain-computer interface,BCI)的历史可以追溯到 20 世纪 20 年代,德国生理与精神病学家 Hans Berger 对人的脑电活动的发现以及脑电图(electroencephalography,EEG)的发展。1924 年,Berger 使用西门子双线圈检流计成功记录了人类大脑活动所产生的脑电,并且通过分析,从这些粗糙的信号中识别出了我们现在所熟知的 Alpha 波(8~13Hz)。1973 年,Jacques Vidal 发表了第一篇关于脑 - 机接口的文章,该文章详细描述了脑电采集的软硬件以及基本的脑电信号处理方法,并且指出了可以用于脑 - 机接口控制的常用脑电信号,包括 Alpha 波,诱发电位,事件相关同步 / 去同步(ERS/ERD)等。在此基础上,脑 - 机接口的研究逐渐成为国际学术界的热潮,从当初几个实验室发展到现在的近 200 个实验室,期间取得了一系列重大研究成果,建立了大量的现代信号处理方法,极大地推动了信息科学、神经科学的发展。脑 - 机接口也从以前基于信号相关性的脑 - 机接口发展成为现在的机器学习型脑 - 机接口。

(二) 脑 - 机接口的定义

按照 Jonathan R. Wolpaw 教授在其著作中所给出的较权威的定义:脑 - 机接口是一种测量中枢神经系统(central nervous system,CNS)的活动并将其转换为人工输出的系统,该输出可以替代、恢复、增强、补充或改善自然 CNS 的输出,从而改变 CNS 与其外部或内部环境之间正在发生的交互作用。通俗地讲,脑 - 机接口可以看作是一种将大脑信号翻译成各种新输出的系统,它能够让人脑不依赖于常规的神经肌肉传导系统而直接与外界环境进行信息交流与控制,其主要通过采集脑电或其他与脑活动相关的信号,按照特定的信号处理方法来获取人脑的想法和意图,进一步编码成相应指令,从而控制外部设备进而实现与内部、外部环境的直接交互。

(三) 脑 - 机接口系统的基本原理

一般的脑 - 机接口系统由信号采集模块、信号处理模块和编译输出模块三部分组成。其中:信号采集模块负责采集与大脑活动相关的信号并进行放大处理;信号处理模块则使用相应信号处理算法对采集到的信号进行预处理、特征提取与模式分类,并且将识别的类别编码为控制外部设备的指令;而编译输出模块主要负责把翻译的指令发送给对应设备,使用户可以按照大脑意图控制外部设备或者恢复、增强用户的功能,同时将结果通过特定形式反馈给用户(图 9-1)。

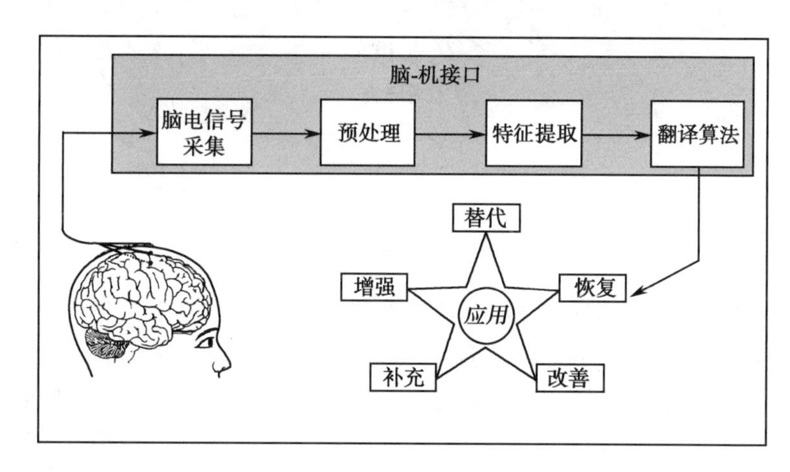

图 9-1 脑 - 机接口系统框图

脑 - 机接口的分类方式很多,从不同角度可以分为不同类型。按照脑信号的获取方式不同,可以分两类:植入式与非植入式。其中:植入式获取脑信号的方式需要进行开颅手术,然后在大脑皮质植入各类生物电信号传感器(图 9-2),如单根微电极(ME)或微电极阵列(MEA),或者微丝阵列、锥形电极等,以采集大脑皮质 ECOG 信号、局部场电位(LFP)信号。

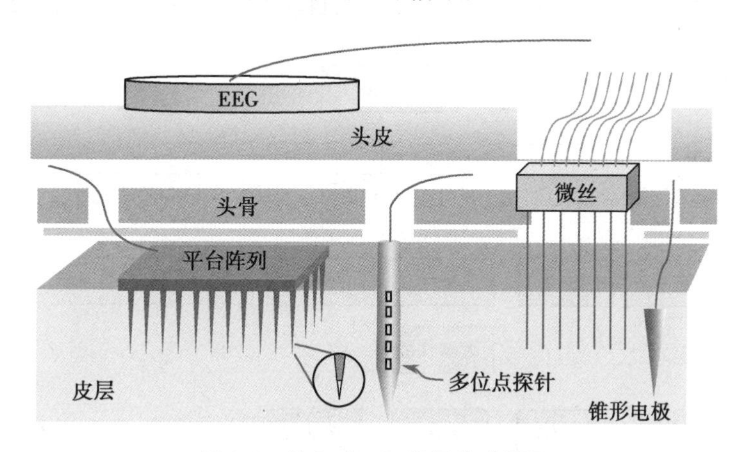

图 9-2 植入式 BCI 常用传感器图

植入式脑信号获取方式的主要优点是其具有较高的分辨率和信噪比。但其缺点也明显,因为需要进行开颅手术,使用者需要面临手术带来的风险,所以限制了这类脑 - 机接口的应用。目前植入式脑 - 机接口只用于特定的患者和场合,如重度瘫痪患者及动物实验等。非植入式脑信号获取方式是目前脑 - 机接口研究的重点,主要包括时间分辨率较高的基于脑电图(EEG)的脑 - 机接口系统以及基于功能磁共振成像(fMRI)、近红外光谱(NIRS)、正电子发射断层成像(PET)等技术的脑功能成像系统。目前使用最广泛的是基于脑电图的非植入式 BCI 系统,但仍局限于实验室环境,商用产品主要针对相关科研工作者。

对于基于脑电图的脑 - 机接口而言,通常使用电极帽从头皮上采集 EEG 信号,电极帽上电极一般按照国际标准 10-20 系统及其拓展放置(图 9-3)。

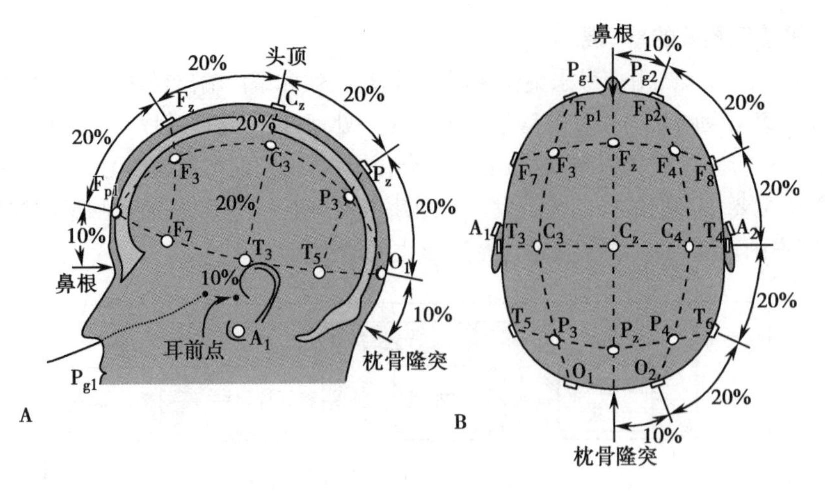

图 9-3　国际 10-20 电极分布图

脑电信号处理模块是核心部分，其涉及大量复杂的数字信号处理知识及模式分类算法，有基于计算机的，也有基于嵌入式系统的，相关知识可以参考对应著作及资料。整个模块大致可以分为以下三个过程：首先要对信号采集模块所采集的脑信号进行降噪处理，包括频率滤波、空间滤波、去除环境干扰和生理伪迹等；二是对去噪后的脑电信号进行特征提取，对连续信号、提取信号的时域特征（峰值检测与融合、相关性和模板匹配）、频谱特征（功率谱估计、FFT 及 AR 模型等）、时频特征（小波分析）等都是标准的特征提取方法；三是对应这些标准特征提取方法的转换算法，目前常用的分类算法包括线性最小二乘判别函数、贝叶斯分类器、支持向量机及神经网络分类器等。输出控制将分类标签翻译为能够反应用户意图的控制信号，进而控制如轮椅、神经假肢、鼠标、计算机软件等外部设备。

（四）脑 - 机接口（brain-computer interface，BCI）的类型

脑 - 机接口的类型从不同角度可以分为多种类型，目前基于 EEG 的脑 - 机接口类型如图 9-4 所示：

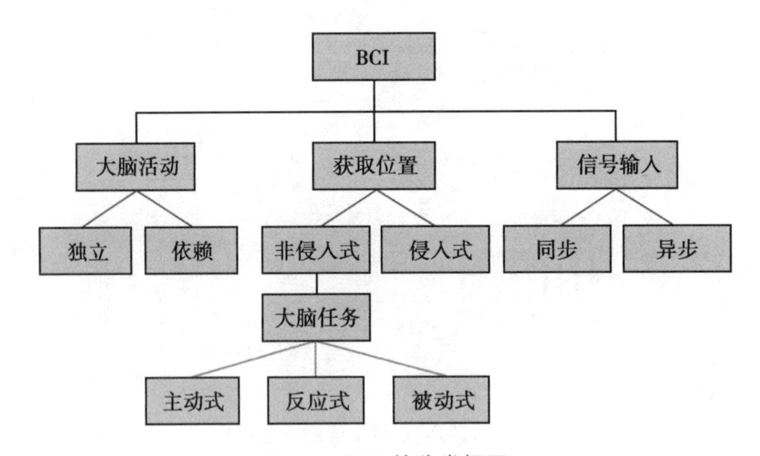

图 9-4　BCI 的分类框图

根据输入数据的处理方式，BCI 系统可以分为同步和异步两类。同步脑 - 机接口在预定的时间窗内分析脑信号。任何超出预定义窗口的 EEG 信号都将被忽略。因此，BCI 系统仅允许用户在特定时段发送命令。异步 BCI 持续分析大脑信号，它提供了比同步 BCI 更自然的人机交互模式。然而，异步脑 - 机接口计算量大、复杂度高。

根据 EEG 活动中编码方式不同。BCI 可分为两类：依赖型和独立型。依赖性 BCI 不使用大脑的正常输出路径来传递信息，但这些路径中的活动（EEG）是产生传递信息的大脑活动所必需的。例如，视觉诱发电位（VEP），大脑的输出通道是 EEG，但是 EEG 信号的产生依赖于注视的方向，因此依赖于激活它们的眼外肌肉和脑神经。依赖性 BCI 本质上是检测大脑正常输出路径中所携带信息的另一种

方法。相反,独立型的脑 - 机接口在任何方面都不依赖于大脑的正常输出途径。周围神经和肌肉通路中的活动不需要产生传递信息的 EEG。例如,P300 诱发电位。在这种情况下,大脑的输出通道是 EEG,EEG 信号的产生主要取决于用户的意图,而不是眼睛的精确方位。

根据信号获取位置的不同,可分为两类:侵入式和非侵入式。非侵入式方法在脑 - 机接口研究中有着突出的应用,但由于需要具有更高分辨率的 EEG 信号,非侵入式 BCI 在运动恢复方面的研究受到限制。相反,侵入式 BCI 可以获得高分辨率的 EEG 信号,但需要在头骨内植入微电极阵列,这面临着巨大的手术风险,从而限制了其只能在实验环境中应用。

此外,在非侵入式 BCI 中,根据大脑执行任务的不同,脑 - 机接口可分为主动式、反应式和被动式三类。在主动式 BCI 中,大脑信号是由用户直接发出的,与外部事件无关,例如:运动意图、运动想象和心理任务都属于这一类。在反应式 BCI 中,大脑信号是在对外部刺激的反应中产生的,例如:音频、视频和疼痛等刺激大脑产生反应性信号。在被动式 BCI 中,BCI 使用的信号是在没有任何目标控制的情况下生成的任意活动,例如,疲劳估计,睡眠监测,情绪监测等。被动 BCI 是监测正常任务期间大脑活动变化的有效工具。

二、脑 - 机接口范式

在一个典型的非植入式脑 - 机接口系统中,被试者通常会被要求执行特定的心理任务或者接受特定的视觉、听觉刺激,同时,通过被试者佩戴的电极帽从被试者头皮上采集相应 EEG 信号,EEG 信号经过去噪、特征提取与分类等实时处理后,以特定形式反馈给用户,形成一个闭环控制系统。根据 EEG 信号的产生方式不同,可分为自发式和诱发式。自发式 EEG 信号中,被试者能主动调节某些特征,如慢皮质电位(SCP),感觉运动节律(SMR)等;而诱发式 EEG 信号不依赖于被试者的自主性,相应的 EEG 特征会被视觉、触觉或听觉等刺激诱发,故称之为诱发电位,如 P300 电位、稳态视觉诱发电位(SSVEP)等。

(一) 基于 P300 事件相关电位的脑 - 机接口

基于 P300 的 BCI 是一种无创、比较可靠且大多数人能够使用的脑 - 机接口。其在拼写器和网页浏览方面有很多应用实例,是最适合严重残疾患者(视觉系统完整)在家庭环境下使用的脑 - 机接口类型,也是第一个走出实验室的脑 - 机接口。具体而言,P300 电位是 EEG 信号中事件相关电位(ERP)的重要内源性成分,在诱发事件的刺激下,可以通过多次平均而提取出该信号。它是一个正向偏移的信号,通常是在被试者接受视觉刺激约 300ms 后出现,其在大脑皮质顶叶与枕叶位置最显著,即 10-20 系统中 Pz 电极附近。如图 9-5 所示,从时域来看,典型的 P300 响应宽度为 150~200ms,波幅通常是 10~20μV,大致为三角形。通过特定的实验范式,可以诱发 P300 信号,利用相关的计算机及电子技术来实现大脑与外部设备的直接交互。

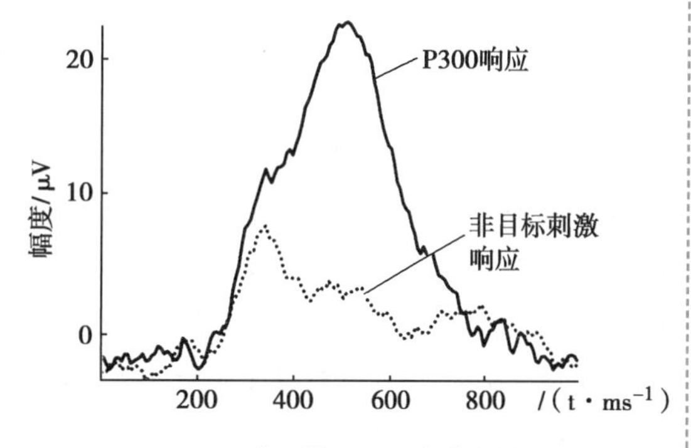

图 9-5 典型的 P300 电位模式图

用于诱发 P300 事件相关电位的实验范式称为"小概率刺激范式 / 新奇刺激范式 / 稀少刺激范式"(oddball 范式),该范式通常采用视觉或听觉刺激的形式,要求呈现给被试者的刺激事件具有以下特点:①刺激事件分为两类。②其中一类事件出现的概率要比另一类低,二者随机出现,且两事件互斥。例如,在图 9-6 中,屏幕上"X"与"O"按该范式出现,被试者要求注意"X"的出现,并且在心里默默计数"X"出现的次数,当用户无法预测"X"的出现时,"X"就能诱发用户的 P300 电位,这也是为什么称此范式为"新奇刺激范式"的原因。

脑 - 机接口是一个系统,在我们找到可以用于控制外部设备的脑电信号的条件下,还要依赖于电

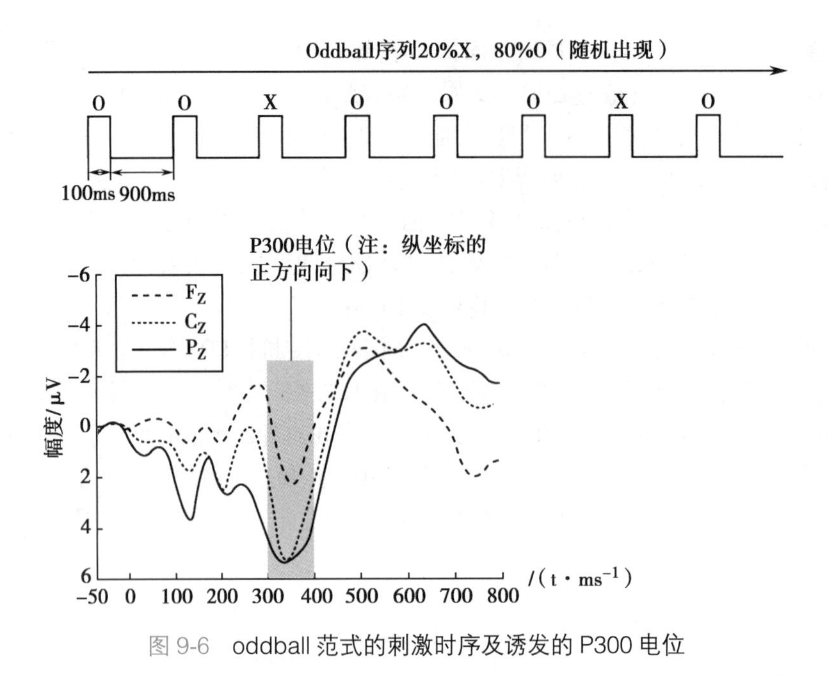

图 9-6　oddball 范式的刺激时序及诱发的 P300 电位

子技术和计算机技术才能搭建一个完整系统。目前，市场上已有很多科研条件下采集脑电信号的设备，使很多没有电子技术背景的研究人员有能力搭建试验用脑 - 机接口，所以在此不介绍涉及的硬件技术，只介绍采集设备所配套的软件中常用的信号处理方法。按照脑 - 机接口的基本原理，当我们获得有效的脑电信号后，需要对其进行信号处理。在预处理阶段，通常大多数设备都会在其软件中配置好相应预处理算法，其中涉及的基本原理如下：因为刺激范式所诱发的 P300 电位是低频信号，频率范围在 2~8Hz，所以在预处理阶段需要对信号进行带通滤波（通常采用 0.5~10Hz 的巴特沃斯滤波器进行滤波），以去除高频环境干扰（50Hz 的交流电）和低频基线漂移（采集设备的电极造成的）。另外，P300 信号中还含有除了脑电信号以外的其他生物电信号，如眼球运动所产生的眼电信号和心电信号，使用独立成分分析（ICA）算法可以有效地去除眼电信号、心电信号的干扰。在特征提取和模式分类模块，要求开发者具有良好的信号处理知识和编程能力。识别 P300 信号的特征，可以根据其时域波形特征进行判断，如波峰的幅值、潜伏期、波面积、波峰宽度等特征与非 P300 信号都有明显区别。例如，我们可事先确定标准的 P300 波形模板，然后计算待检测信号和该模板信号的互相关系数，并设定一个阈值，当互相关系数大于该阈值时信号被标记为 P300，小于该阈值时被标记为非 P300 信号。该方法简便易行，但其缺点也很明显，例如，当面对不同用户时，设置一个合理的阈值是非常困难的。随着信号处理技术、机器学习技术的进步，目前通常采用谱分析、小波分析等现代信号处理技术提取 P300 的时频特征，然后采用机器学习中的支持向量机、Fisher 线性判别等方法进行分类，分类准确率已非常高。但是，由于 P300 信号的幅值低于背景噪声，需要对信号进行多次叠加平均，限制了该类系统的信息传输率，从而导致其不易在实际生活中推广。

（二）基于 SSVEP 的脑 - 机接口

稳态视觉诱发电位（SSVEP）是一种独特的正向和负向偏转的诱发电位（EP），是人体的某个器官受到特定刺激后，由神经系统所产生的特定的脑电信号变化。根据脑电信号的产生方式，可以将诱发电位分为内源性诱发和外源性诱发，内源性诱发电位又可以称为认知因素诱发的电位，例如前面所述的 P300 信号，因其产生与人的认知活动相关，所以在接收特定刺激后，所发生的时间相较于外源性晚。通常，外源诱发电位发生在特定刺激之后的 200ms 之内，信号成分主要包括 200ms 左右的正弦波以及 100ms 左右的一个负波。常见的外源性诱发电位有视觉诱发电位（VEP）、听觉诱发电位（AEP）及体感诱发电位（SEP）等。根据刺激范式中刺激与响应的时间间隔，又可将诱发电位分为瞬态诱发电位和稳态诱发电位，其中，稳态诱发电位是由快速重复的刺激信号所诱发的脑电信号的稳定振荡，

其单次响应时长要比刺激信号的时间间隔长。而视觉诱发电位是指眼睛受到视觉刺激后神经系统产生的特定电活动在大脑皮质和头皮的总体反映，如图 9-7 所示。

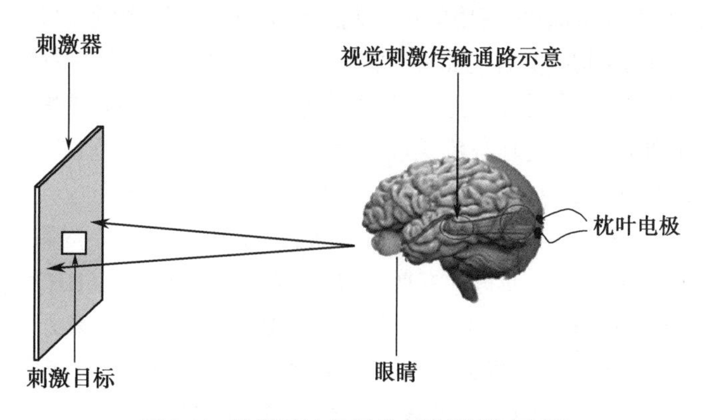

图 9-7 神经系统的视觉刺激通路示意图

由于视觉诱发电位的空间、时间和相位特征都是固定的，与视觉刺激有严格的锁时关系。所以，要诱发 SSVEP 信号，我们一般可以设置视觉刺激的频率大于 6Hz，因为刺激的时间间隔比单次诱发响应的时间间隔短，所以每次刺激所诱发的脑电信号会发生重叠，这些类似信号的重叠响应就会产生稳态振荡，从而形成稳态视觉诱发电位，其频谱在与视觉刺激频率呈整数倍关系的频率成分上会得到增强。如图 9-8 所示，被试者在 8Hz 视觉刺激的条件下，其脑电信号中 8Hz、16Hz 和 24Hz 等频率成分会得到明显增强。这种信号的采集比较简便，最少可利用脑电帽的 3 个电极（参考极、接地极、Oz 极），就可以在大脑皮质的枕部采集到明显的信号。从信号处理的角度讲，根据 SSVEP 信号产生的特点，可以将其看作一种周期性信号，我们就可以使用一系列呈整数倍关系的正弦波组合来表示，而且，此类信号的频谱特征峰值明显，所以提取的方法相对其他类型的脑 - 机接口较简单，容易实现。而 SSVEP 现象在正常人中普遍存在，所以，基于 SSVEP 的脑 - 机接口在未来可能会有广泛的应用前景。

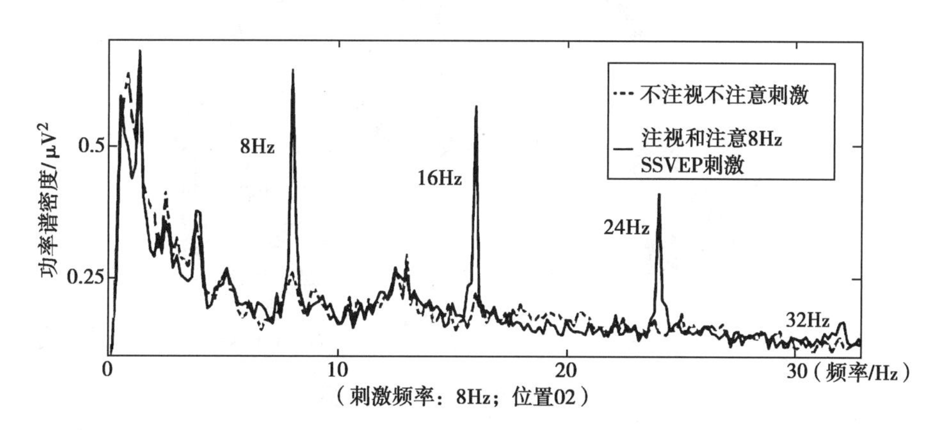

图 9-8 SSVEP 的功率谱密度图

虽然基于 SSVEP 的脑 - 机接口易于实现，但是，在诱发范式的设计中，对视觉刺激频率的准确性和稳定性的要求是相当严格的。特别是在多个注视目标的 SSVEP 脑 - 机接口系统中，如果频率不稳定，自然会造成诱发信号频谱的不稳定，整个系统的识别准确率也会受到影响。同样，由于 SSVEP 信号在经过预处理后所采用的特征提取算法一般是基于频谱分析的，比如快速傅里叶变换（FFT）、自回归模型功率谱估计（AR 模型）等，所以，视觉刺激频率的选择也受到相应限制，例如，刺激频率存在整数倍关系时，会造成识别错误。所以在频率值的选定上要避开这种关系，自然，注视目标的个数就受到限制。除此以外，刺激频率产生方式、人体自发脑电等因素也限制着刺激频率的选择。例如，不宜

选择频率过高的视觉刺激，因为这会造成被试者的视觉疲劳，严重的甚至会诱发被试者产生癫痫类似的脑电。

就具体刺激范式而言，目前最常使用的刺激范式称为频率调制视觉诱发电位（f-VEP）BCI 范式：每个刺激都以特定频率重复，物理载体通常是发光二极管、监视器上呈现的闪烁刺激等。被试者被要求注视目标刺激一定时间，通过特定算法识别被试者所注视的目标，以实现意图输出。除此以外，Bin 等比较研究 f-VEP 与刺激相互独立刺激范式（t-VEP）、伪随机正交刺激范式（c-VEP）等范式的脑 - 机接口，发现 c-VEP 范式的 BCI 性能更好。

现代信号处理技术的进步使基于 SSVEP 的脑 - 机接口的特征提取不局限于频域，而是可以同时关注频域、时域特征，例如采用短时傅里叶变换（STFT）、希尔伯特黄变换（HHT）及小波分析等算法进行特征提取，这使得基于 SSVEP 的 BCI 性能得到进一步提升。在分类决策方面，针对 SSVEP 特殊的刺激范式，目前采用最多的仍是典型相关分析（CCA），可以有效识别出被试者所注视的目标刺激。同时，也由于其刺激范式的特点，快速地闪烁对某些用户是难以接受的，特别是部分老年人群，其要求用户集中视点在目标刺激上也是一个大的缺点。但是，在未来，基于 SSVEP 的脑 - 机接口可能会有很大的应用前景，因为此类脑 - 机接口的信息传输速率非常高，也不需要大量的数据去训练，用户任务简单（虽然容易造成不适），控制维度也优于其他类型的脑 - 机接口。

（三）基于感觉运动的脑 - 机接口

基于感觉运动节律（sensorimotor rhythms，SMRs）的脑 - 机接口不同于前面所述的两类脑 - 机接口，其更接近于“意念控制”，一般不需要设置刺激范式，只需被试者执行特定的想象任务，就可以通过“意念”控制外部设备。感觉运动节律是位于额叶后部和顶叶前部的感觉运动皮质（图 9-9，中央前回、中央沟及中央后回部分）的自发脑电振荡信号，是一种自发的脑电信号，通常可以分为 3 个主要频段：μ 节律（8~12Hz）、β 节律（18~32Hz）及 γ 节律（30~200+Hz），一般的脑电采集设备主要记录 μ、β 节律信号。

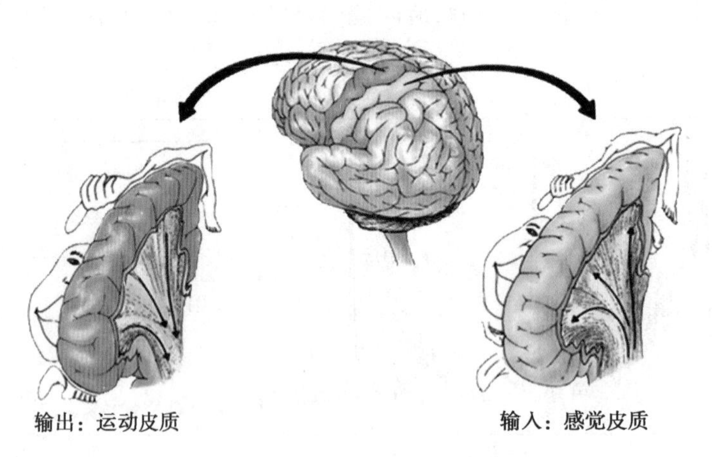

图 9-9　大脑感觉运动皮质分布图

1979 年，Pfurtscheller 等人的研究证实了在感觉运动行为期间，感觉运动皮质的 μ、β 节律信号会受到抑制而下降，并将这一现象命名为事件相关去同步（event-related desynchronization，ERD）。在 1992 年，Pfurtscheller 又发现，在感觉运动结束后，感觉运动皮质的 μ、β 节律信号会相对反弹，并命名为事件相关同步（event-related synchronization，ERS）（图 9-10）。

另外，左侧、右侧肢体运动时存在对侧效应，即左侧肢体运动会造成右侧相应脑区的 ERD 信号更为显著。其中，以基于手部运动所产生的 ERD 信号（μ 和 β 节律）的脑 - 机接口应用最为广泛。同时，许多研究者还发现，当截肢的被试者想象移动自己的肢体时，在对应区域也可以观察到与实际运动相关的 ERD。也就是说，不需要做出实际的运动，就可以获得跟实际运动一样的脑电模式。但是，在进

行运动想象时，必须要对被试者说明要进行的是运动学的运动想象，要想象体验运动的过程，而不是回忆运动的画面。

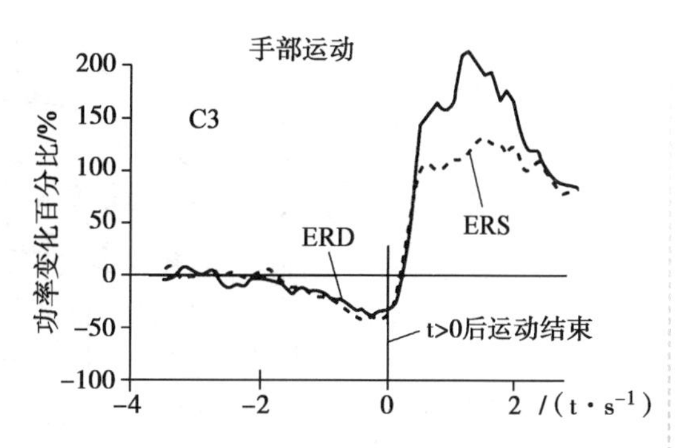

图 9-10　C3 电极处手部运动的 ERD/ERS 波形

运动想象产生的 ERD/ERS，为基于运动想象的脑 - 机接口提供了基础，但是，ERD/ERS 与事件相关电位（ERP）有所区别，虽然在进行运动想象时，ERD 产生的潜伏期大致相同，但起始相位却不一定一致，这使得我们在信号处理时，不能使用时域的方法去提取信号。具体而言，预处理阶段通常使用拉普拉斯空间滤波、共同平均参考滤波（CAR）以及独立成分分析（ICA）等方法去除噪声，同时，基于运动想象脑 - 机接口的肌电伪迹剔除是一个特别困难的问题，特别是对于头部肌电，通常要使用复杂的地形和频谱分析去伪迹。在众多的特征提取算法中，共同空间模式（CSP）是最成熟并且有效的空间滤波算法，几乎所有基于运动想象的脑 - 机接口都采用此算法进行特征提取，使用较多的还有自回归功率谱估计等算法。除此以外，遗传算法也被用到此类 BCI 的特征提取中。在模式分类中，两类运动想象的分类比较简单，使用线性判别分类法具有诸多优点，首先是算法易于实现，其次，它的计算速度非常优良，计算量小。对于多分类，仍采用目前使用最多的支持向量机（SVM）分类器，也有一些采用神经网络的方法分类，但此方法构造的分类器运算量大，一般较少使用。

除了基于 μ/β 节律信号的脑 - 机接口外，与实际运动或想象运动相关联的还有一类：基于皮层慢电位（slow cortical potentials，SCP）的脑 - 机接口，其中，SCP 是在感觉运动区或额叶皮质层记录的一种与实际运动或想象运动、认知任务一致的负的极化脑信号，故而可以通过大量的训练，让使用者学会控制自我调节 SCP。与感觉运动节律不同，SCP 虽然是一种自发的脑电信号，但其是一种事件相关电位，与感觉运动刺激事件锁时、锁向，SCP 一般能够持续 300ms 到几秒，且与认知任务密切相关。比如，执行心算任务可以有效检测到 SCP，更多的范式则是设置特定的反馈，让使用者学会控制 SCP 的产生，由于这个特点，SCP 多用于临床研究中，而很少用作控制。因为基于 SCP 的脑 - 机接口，做出一个选择需要 10s 的时间，尽管目前提高到了 4s，但是其训练期长、控制维度低的缺点严重限制了它的应用，所以此类脑 - 机接口很少得到关注。

（四）基于大脑代谢信号的脑 - 机接口

大脑代谢活动的采集方法较多，目前具有重大潜力的两种方法是功能近红外光谱（functional near-infrared spectroscopy，fNIRS）和功能性磁共振成像（functional magnetic resonance imaging，fMRI）。这两类方法涉及复杂的脑成像技术，在此不做过多介绍。但是，不管是它们搭建的成像系统还是应用，都是基于由特定任务引起的血氧水平依赖（blood oxygen level-dependent，BOLD）响应。由于 BOLD 响应所固有的缓慢性，且采集设备的技术复杂度相较于脑电设备要高，故而基于 fNIRS 和 fMRI 的脑 - 机接口还有很长的路需要探索。但其高空间分辨率的特点，在未来很有可能发展成为辅助基于 EEG 脑 - 机接口电极放置的系统或者应用到脑成像的研究中，克服间接测量脑活动的缺陷，发展成可以为严重残疾人恢复基本通讯的可行系统。

（五）植入式脑 - 机接口

如前所述，按照脑信号的获取方式不同，可以分两类：植入式与非植入式（图 9-11），相比于非植入式脑 - 机接口，植入式脑 - 机接口由于具有时空分辨率高、信息量大、可以实现复杂精细的运动控制等特点，近年来逐渐受到众多研究人员的关注。

1999 年，Chapin 等首次通过大鼠实验证明运动皮质集群神经元信号可以直接控制外部设备。此后，植入式脑 - 机接口进入飞速发展阶段。2000 年，Nicolelis 团队的研究表明猴子运动皮质集群信号可以准确预测一维和三维的手部运动轨迹；2006 年 Donoghue 团队实现瘫痪患者利用皮质脑电控制

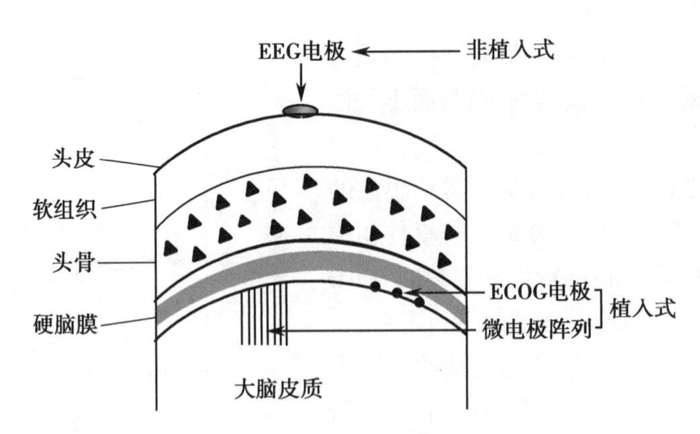

图 9-11　不同 BCI 的脑电记录方式

鼠标收发邮件和看电视等操作；2008 年 Schwartz 团队实现猴子用皮质脑电控制 5 个自由度的机械手，完成自我喂食的任务；2012 年 Donoghue 的团队在瘫痪患者身上实现皮质脑电控制 8 个自由度的机械手，完成自主喝咖啡的任务。

国内方面，在植入式脑 - 机接口方向的研究起步较晚，山东科技大学完成了“机器人鸟”；南京航空航天大学实现了壁虎机器人控制系统；清华大学研究了一种微创式脑 - 机接口，只使用单根 ECOG（electrocorticography）电极，就实现了较高的分类正确率；浙江大学研发了复杂环境下的大鼠导航系统以及猴子用皮质脑电控制机械手完成不同手势的抓握动作。

植入式脑 - 机接口在信号记录时所采用的电极主要有三种：微丝电极、半导体衬底电极以及完全植入式电极。微丝电极由绝缘材料包裹微细金属丝制成，经由手工制作成不同规格的电极阵列，一般有 8~64 根，有些会有上百根。其优点是可手工制作，灵活方便，还可以用于深部脑刺激。但是，金属微丝电极的缺点也非常明显：首先是手工制作致使电极的几何尺寸不一致，由此造成电极表面积的变化，会导致不同的反应特性，使得电极之间的差异性很大；其次是微丝电极刚性不足，在手术植入过程中容易受阻弯曲，从而造成植入位置不准确。半导体衬底电极以硅材料为衬底，运用化学腐蚀技术制成。目前已经商品化的半导体衬底电极有两大类：一类是美国犹他大学开发的针形微电极阵列，称为犹他电极（Utah electrode）；另一类是美国密歇根大学开发的线性微电极阵列，称为密歇根电极（Michigan electrode）。这些电极的特点是可进行高精度的多通道记录、可大批量生产、可制作用于特定大脑区域的电极阵列，而且与微丝电极相比，对组织的损伤较少。因此这些电极多用于猴子以及人的脑 - 机接口实验中。完全植入式电极是新型的电极，它将多通道阵列电极、微型放大器、模数转换器、低功耗数字控制器、无线供电以及红外传输系统集成为一体。解决了之前电极植入后必须与外界连线的问题，不仅减少了头皮植入点被感染的风险，也方便被试者自由活动，减轻负担。目前这个系统只在猴子的短期（少于 1 个月）植入进行了研究。长期植入还在继续探索中，特别是无线传输的带宽和距离等性能还有待提高。

植入式脑 - 机接口在信号处理上与非植入式类似。它在应用上最独特的优势是可以直接将外界信息反馈回大脑。虽然电刺激在大脑中形成的感觉还不太清楚，但学者们在进一步研究。目前脑 - 机接口已经从简单的单向控制向脑 - 机融合方向发展。虽然还有很多关键问题需要解决，但植入式脑 - 机接口的未来是光明的，终将给人类带来福音。

三、脑 - 机接口技术的应用领域

脑 - 机接口给我们带来了“意念控制”的无限想象力，世界上有着数百个实验室和少数公司目前都专注于脑 - 机接口的研究和应用。最初研究脑 - 机接口，是因为它能为神经疾病、外伤、脑卒中等导致的严重运动障碍的人提供一种潜在的解决方案，能为这类人群提供他们所最需要的能力，比如交流、移动，甚至是自主神经控制等。而随着社会的关注，也给正常人群使用 BCI 带来契机，比如娱乐、

增强注意力、情绪调节设备等。特别是近年来“脑计划”的启动及人工智能的发展，几个大的科技公司的关注，给BCI的研究提出了很多课题。目前，BCI的应用主要包括两个方面：一是民用级别的开发；二是军用研究。

民用方面，医疗康复是最重要的应用领域，特别是康复医疗方面，采取主动方式，如前所述的基于感觉运动节律的脑 - 机接口，进而搭建一些临床系统，对患者进行神经反馈训练，进而改善患者运动功能的恢复或者对一些癫痫患者，可以减少其发作的频率；而面对如今越来越多的焦虑人群，应用单模态或多模态（如 EEG+fNIRS）等脑 - 机接口可以给这类人群提供一种新治疗手段，比如结合神经反馈，给予适当的反馈刺激，可以加强他们对情绪的管理和调节；随着虚拟现实（VR）技术的发展，VR 给人类视觉体验带来了新的冲击，但目前的交互方式简单，互动性不够，大多数使用语音控制或者手势识别。未来，将脑 - 机接口与 VR 结合，用户体验将会得到质的飞跃，目前很多公司都在进行这样的尝试。同时，脑 - 机接口、VR 与游戏产业的结合，未来很有可能像电影《阿凡达》描述的那样，在虚拟环境下实现“意念控制”；另外，物联网领域也有脑 - 机接口的应用前景，具体而言，是通过智能家居将脑 - 机接口与物联网结合在一起，实现“意念”对开关、家用电器、家庭服务型机器人的控制等，这种方式对一些残疾人来说是非常重要的；脑 - 机接口在教育科技领域的应用也非常重要，研究表明，课堂上紧跟老师思路的学生与老师之间，大脑激活区域有很大相关性。利用该技术，比如利用基于 fNIRS 的脑 - 机接口，可以对学生的注意力实时探测，实时提供学生与老师大脑互动的情况，进而可以随时调整教学方案，这种教学方法，会对教育科技带来变革性的突破。

脑 - 机接口的军用研究近年来备受重视，特别是美国，在单兵能力提升、增强上，已经秘密研究多年。正如曾华锋在其著作《制脑权——全球媒体时代的战争法则与国家安全战略》中提到：“美苏在冷战期间进行过思想控制武器的研究竞赛”。其中的“思想控制武器”是脑 - 机接口更高级的话题，即“控脑”，是一种双向脑 - 机接口，不但可以将大脑的信息传递出去，还可以读取大脑中的意识甚至控制大脑。当然，目前大部分脑 - 机接口系统仍停留在对外输出层面，或者一些简单的神经反馈，例如一些可以增强士兵注意力和射击准确率的辅助系统等，达到“控脑”程度还有很多问题亟待解决。目前的研究更关注植入式脑 - 机接口，重点在开发先进的植入式神经控制芯片，比如浙江大学研究团队所研发的意念控制小鼠的脑 - 机接口。

目前，脑 - 机接口应用最多的还是在科研实验室，世界各地的研究者们不断探寻着各类合适的系统、改进功能，积极研发可以应用的产品。相信在未来，随着信号采集硬件设备的进步、信号处理稳定性和可靠性的提高、学习型算法的应用，脑 - 机接口将有着无限的商业前景。

四、脑 - 机接口未来的发展趋势

“意念控制”有着无比的吸引力，是人类的一种美好想象，许多科幻小说和电影里都有它的身影。现今，这些科幻的东西，正在有望成为现实。越来越多世界各地的实验室加入到 BCI 的研究中，从简单的控制电脑光标，到控制轮椅、小车等外部设备，再到机械臂、神经义肢的控制等等。正如图 9-12 所描述，目前大多数的脑 - 机接口只能称作“Brain-Computer Interface”，只能提取大脑特定信号，通过电子及计算机技术控制外部设备，随着控制设备的复杂度提高，控制的指令集也逐渐增加，特别是运动想象的指令，已从当初的 2 个指令，发展到现在最多的 7 个指令。另一方面，为了有效扩展指令集，很多研究者也开发了混合脑 - 机接口，如运动想象和 SSVEP 相结合，EEG+fNIRS+fMRI 等，使脑 - 机接口不断地朝着指令数越来越多的方向发展。除了控制电气设备、软件外，控制生物体也有研究团队尝试，国内浙江大学取得了这方面的领先；同时，单一的只是对外输出也难以满足让用户使用方便的条件，交互式的脑 - 机接口——Brain-Computer Interaction 应运

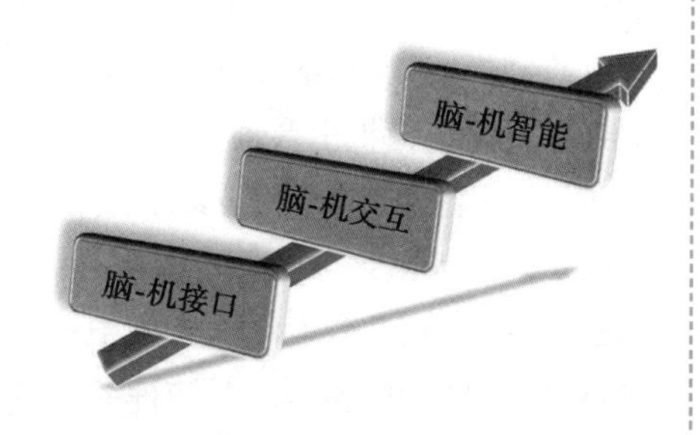

图 9-12 脑 - 机接口发展趋势图

而生，例如神经反馈系统，更重要的，交互式脑 - 机接口不仅可以使用户在使用中更顺利，其在国防、航天等方面也有着重要应用，在未来，随着交互方式的进步，双向脑 - 机接口有望成为现实，离“控脑”也将更进一步。而面对人工智能技术的进步，出现不少人工智能取代人类的呼声，那么，研究神经控制芯片，将人脑与机器融合，形成所谓的“机械人”，将是对这一呼声实际的回应。

脑 - 机接口的终极目标是脑 - 机融合，脑 - 机融合系统可以定义为：基于脑 - 机接口技术，结合生物（包括人类和非人类生物体）智能和机器智能的计算机系统。其核心包括三个显著特征：①对生物体的感知更加全面，包含表观行为理解与神经信号解码；②生物体也作为系统的感知体、计算体和执行体，且与系统其他部分的信息交互通道为双向；③多层次、多粒度地综合利用生物体和机器的能力，达到系统智能的极大增强。正如钱学森教授曾在写给 863 计划专家负责人的信中提到的那样：“我不认为能造出没有人参与的智能计算机，所以奋斗目标不是中国的智能计算机，而是人机相结合的智能计算机体系”。具有自主学习能力的机器可能会令人感到恐惧，但以人脑智能为核心、机器智能辅助的脑 - 机融合系统不会，BCI 的发展，将会有着光明的未来。

第二节　神经形态芯片

人工智能（artificial intelligence，AI）是研究使机器模拟人的某些思维过程和智能行为，并以相似方式做出反应的学科。面对复杂问题时需要大量的运算资源，当问题超过一定规模时，计算机会需要天文数量级的存储器或是运算时间。随着云计算和大数据的发展，探索更深层面的生物智能本质，模拟大脑的计算过程进行类脑计算，进而能够创造出代替人类脑力劳动的智能机器，将人类大脑的功能映射到硬件上的这种方式就称为神经形态芯片。相对于传统的 CPU、图形处理器（GPU）和硅芯片，神经形态芯片实现速度更快，耗能更小，能够大幅提升数据处理能力和机器学习能力，甚至在体积方面也更有优势，它更加注重模拟大脑回路来实现类脑计算，通过认知仿生驱动的类脑智能来逐步实现人工智能。本节将阐述人工神经网络基本概念，以最具有仿生特性的脉冲神经网络为中心，拓展介绍神经元基本模型和 Hebbian 学习规则，重点总结了互补金属氧化物半导体（CMOS）神经形态芯片、现场可编程门阵列（FPGA）数字神经形态芯片、新型的忆阻器神经形态芯片以及光子神经形态芯片。

一、神经形态芯片基本知识

人工神经网络（artificial neural networks，ANNs）模仿人类或动物大脑中神经细胞处理信息的形式，将数据存储于连接权值中，可以随用随取，并采用分布式并行方式处理加工信息，相比于其他机器学习算法，其信息存储量更大，计算速度更快。人工神经网络控制的智能系统能够通过学习适应环境，应对外界不断变化的复杂情况。它计算能耗低、容错性高和不需要编程的特征正好满足高层次人工智能的要求，是进行人工智能计算与学习的重要工具。

脉冲神经网络（spiking neural networks，SNNs）作为新生的人工神经网络计算模型，具有与传统人工神经网络相似的拓扑结构，但更接近生物神经网络的生理机制。动态生物神经网络在传播信息时，只有当神经元的细胞膜电位达到特定值时才被激活，将产生的信号传递给下一神经元，提高或降低其膜电位。脉冲神经网络以脉冲神经元作为处理单元对信息进行加工和处理，采用脉冲时间编码，能够携带更多信息，模拟出各种神经元信号和任意的连续函数，非常适合模拟大脑处理问题的方式。传统人工神经网络在计算时需要逐层进行，计算量非常大，而脉冲神经网络只有当神经元接收到特定脉冲时才会进行计算，大大降低了功耗并提高了计算速度，因而网络计算和信息传递的能力更强。在目前构建的各种类脑和智能计算模型中，脉冲神经网络的模型基础和运算方式被认为是最能仿生哺乳动物机制的神经网络模型。脉冲神经网络作为人工神经网络进一步发展的产物，不仅能够应用在传统人工神经网络的应用领域，还可以处理由于传统人工神经网络的时间局限性所不能解决的问题，现已

被应用于模式识别、图像处理、去除噪声、工程计算以及机器人控制等众多领域，并取得不错的效果。

(一) 突触可塑性

在生物神经系统中，大量的神经元相互连接，形成一个神经回路。突触是神经元之间信息传递与处理的关键。中枢神经系统以谷氨酸作为兴奋性突触传输信息的递质，神经元树突棘中的谷氨酸受体及与其偶联的信号转导途径，通过多种支架蛋白形成突触后致密区，是接收突触前信号并进行加工处理的棘突结构。这种树突棘上有大量不同种类的蛋白质，因此能够对接收到的众多神经元信号进行运算和调整，再根据刺激方式的不同，做出不同的回应，突触的结构和功能因此发生相应的变化，这就是突触可塑性。突触前神经元将谷氨酸释放给突触后的谷氨酸受体，完成了突触前神经元到突触后神经元的信号传递。当递质与 AMPA 受体结合时，会使突触后神经元产生去极化而发放脉冲。当递质与 NMDA 受体结合时，突触前电信号转变为突触后神经元内的 Ca^{2+} 信号，启动一系列生化级联反应，从而使突触的可塑性发生变化。依据突触可塑性变化的性质不同分为长时程增强(long term potentiation，LTP)和长时程抑制(long term depression，LTD)。它们都可以通过选择性地使突触连接增强或减弱来储存海量信息，是学习和记忆的神经基础。突触可塑性又可以分为功能可塑性和结构可塑性。其中，功能可塑性与信息传递效率相关，结构可塑性与信息贮存有关。据估计人脑大约有 1 000 亿个神经元，每一个神经元有 1 万个突触连接，因此总共有 1 000 兆个突触。大脑通过一系列的生化反应调节神经元间的连接突触，从而进行和完成生物体的智能行为。

(二) 脉冲时间依赖可塑性机制(STDP)

加拿大心理学家，认知心理生理学的开创者唐纳德·赫布(Hebbian)于 1949 年提出著名的 Hebbian 假说来说明经验如何塑造某个特定的神经回路。假说认为：在生物的一个学习或记忆过程中，神经元之间的突触强度会随着突触前后神经元的活动而变化，并且其变化量与两个神经元的活性之和成正比。脉冲时间依赖可塑性机制(spike timing dependent plasticity，STDP)根据突触前后神经元放电时刻的差值调节突触权重，因此存在着不同突触前神经元对同一突触后神经元放电时刻控制权竞争的问题。这种竞争性机制促使与同一个突触后神经元连接的一些突触权重增大，其余突触权重减小，所以通过调控权重的分布可以使整个神经网络的分布状态达到稳定。

突触电导值就是突触权重，用来衡量突触前后神经元之间电流传输能力的大小，STDP 机制的调控最终使得突触电导值的分布接近稳定的两端分布。突触权重的改变量取决于突触前后神经元膜电位放电时刻。若神经元是兴奋性神经元，则当突触前神经元先于突触后神经元放电时，两神经元之间的突触连接得到加强；若突触后放电时刻先于突触前时则突触连接受到抑制。抑制性神经元恰恰相反：当突触前神经元先于突触后神经元放电时，突触连接受到抑制；反之，突触连接得到加强。令 Δt 为突触前神经元与突触后神经元放电时刻的差值，突触权重的改变量为 $g(\Delta t)$。

$g(\Delta t)$ 的数学表达式如式(9-1)：

$$g(\Delta t)=\begin{cases}A_{+}\exp(\Delta t/\tau_{+}) & \text{if}\Delta t<0\\ -A_{-}\exp(\Delta t/\tau_{-}) & \text{if}\Delta t\geqslant 0\end{cases}\tag{9-1}$$

参数 τ_+ 表示突触连接增强时，突触前后神经元锋电位间隔的范围；τ_- 表示突触连接减弱时，突触前后神经元锋电位间隔的范围；A_+ 是突触权重改变的最大量；A_- 是突触权重改变的最小量。

STDP 函数图像如图 9-13 所示。

(三) 神经形态芯片的兴起

大数据背景下，传统冯·诺依曼结构的计算机，其计算模块和存储单元是分离的，这造成了命令执行的延时和大量功耗。摩尔定律正在逐渐失效，依靠 CPU、GPU 或数字信号处理器(DSP)进行学习计算，已经不能满足人工智能对存储能力和计算速度的要求。人类解决问题的模式通常是通过快捷、直观的判断，而不是有意识地、一步一步地推导。大脑学习体系结构中，处理单元神经元和内存突触是物理相连的，单个神经元是本地计算，从全局来看神经元是分布式工作的。于是研究者们致力于通

过大脑体系中处理单元神经元和内存突触物理相连的结构改进计算机软硬件的效率和性能。但是许多需要进行现场实时处理的复杂数据(视频、图像等)信息,如果用软件实现神经网络算法来处理数据,不仅速度慢,并行程度低,难以满足对大量数据信息的实时处理要求,还需要体积较大的计算机支持。所以神经网络的硬件化是实现其强大计算能力的重要途径,同时也是类脑计算在硬件层次逼近脑的关键性技术。传统的计算机系统是建立在冯·诺依曼架构的基础上,即中央处理单元独立于主记忆单元,而人类大脑中有大量的神经元和神经突触,既可运算,同时也可记忆。这独特的结构意味着我们只需一点点能量就可以处理情绪、学习和思考。

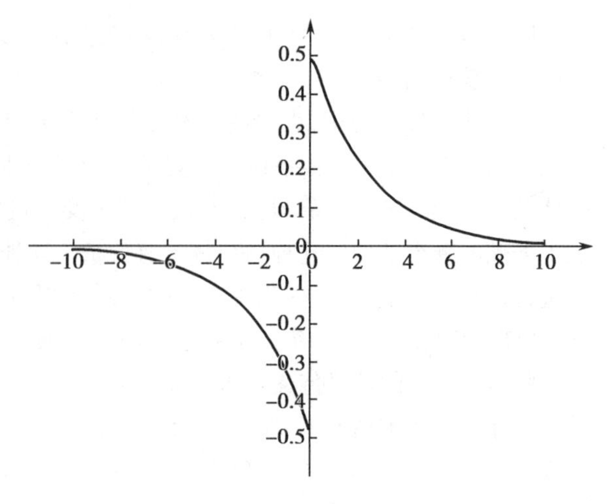

图 9-13　STDP 函数图像

神经芯片正是从仿生学角度出发,通过借鉴人工神经网络信息存储结构和信息处理方式而设计,可以很好地解决现今人工智能面临的物理存储和计算算法的极限问题。神经芯片是一个带有多个处理器、读写 / 只读存储器(RAM 和 ROM)以及通信和 I/O(输入 / 输出)接口的单芯片系统。只读存储器包含一个操作系统、Lon Talk 协议和 I/O 功能库。芯片有用于配置数据和应用程序编程的非易失性存储器,并且两者都可以通过网络下载。在制造过程中,每个神经元芯片都被赋予一个永久的、全世界唯一的一个 48 位码,我们称之为神经元 ID 号(neuron ID)。

芯片运行的原理与大脑神经网络的工作原理类似,当发送到神经元的脉冲或"尖波"达到一定的激活水平时,它会将突触上的信号发送到其他神经元。不过,大部分的活动都发生在"易变化的"突触上,意味着突触可以从这些变化中学到东西并存储这些新信息。不像拥有单独计算和存储器的常规系统,神经形态芯片拥有许多存储器[在这种情况下为静态随机存储器(SRAM)高速缓存],安装在靠近计算引擎的位置。

这些脉冲神经网络中没有全局时钟,只有在神经元达到激活水平时,神经元才会发光。而其余时间神经元都是黑暗状态。这种异步操作使得神经形态芯片比"永远开启"的 CPU 或 GPU 更加节能高效。这也使得脉冲神经网络有望成为其他学习模式的解决方案。GPU 非常适用于监督学习,因为这些深层神经网络可以使用大量标签数据进行离线训练,这些数据可以让大阵列处理器保持忙碌状态。然后,这些模式被转移到所谓的"推理"程序中,在中央处理器、现场可编程门阵列或专用集成电路上运行。神经形态芯片也可以用于监督学习,但是由于它们本质上更有效率,所以脉冲神经网络也应是使用稀疏数据的无监督或强化学习的理想选择。这方面不错的示例就包括智能视频监控和机器人技术。

二、CMOS 神经形态芯片

(一) 互补金属氧化物半导体器件(CMOS)神经形态芯片的研究现状

2011 年 IBM 首先推出了单核含 256 个神经元,256 × 256 个突触和 256 个轴突的芯片,可以处理像 PONG 游戏这样复杂程度的任务。从规模上来说,这样的单核脑容量仅相当于虫脑的水平。IBM 在 2014 年发布的仿人脑芯片 TrueNorth,体积只有邮票大小,是 2011 年发布芯片体积的 1/16,仅重几克,但却集成了 54 亿个硅晶体管,内置 4 096 个内核,模拟了 100 万个"神经元"、2.56 亿个"突触",能力相当于一台超级计算机,功耗却只有 65mW。这种芯片把数字处理器当作神经元,把内存作为突触,跟传统冯·诺依曼结构不一样,它的内存、CPU 和通信部件是完全集成在一起。因此信息的处理完全在本地进行,而且由于本地处理的数据量并不大,传统计算机内存与 CPU 之间的瓶颈不复存在了。

同时神经元之间可以方便快捷地相互沟通，只要接收到其他神经元发过来的脉冲（动作电位），这些神经元就会同时做动作。这种芯片能够实时识别出以 30 帧 /s 的正常速度拍摄的十字路口视频中的人、自行车、公交车、卡车等，准确率达到了 80%。相比之下，如果用一台笔记本编程完成同样的任务用时要慢 100 倍，能耗却是 IBM 芯片的 1 万倍。

跟传统计算机用 FLOPS（每秒浮点运算次数）衡量计算能力一样，IBM 使用 SOP（每秒突触运算数）来衡量这种计算机的能力和能效。其完成 460 亿 SOP 所需的能耗仅为 1W，这样的计算能力相当于一台超级计算机，但是只用一块小小的助听器电池即可驱动。

（二）CMOS 实现突触电路

CMOS 是目前模拟电子电路采用最多的电子器件。基于 CMOS 设计的突触电路如图 9-14 所示，包括 STDP 功能模块和差分对积分电路（diff-pair integrator，DPI）。

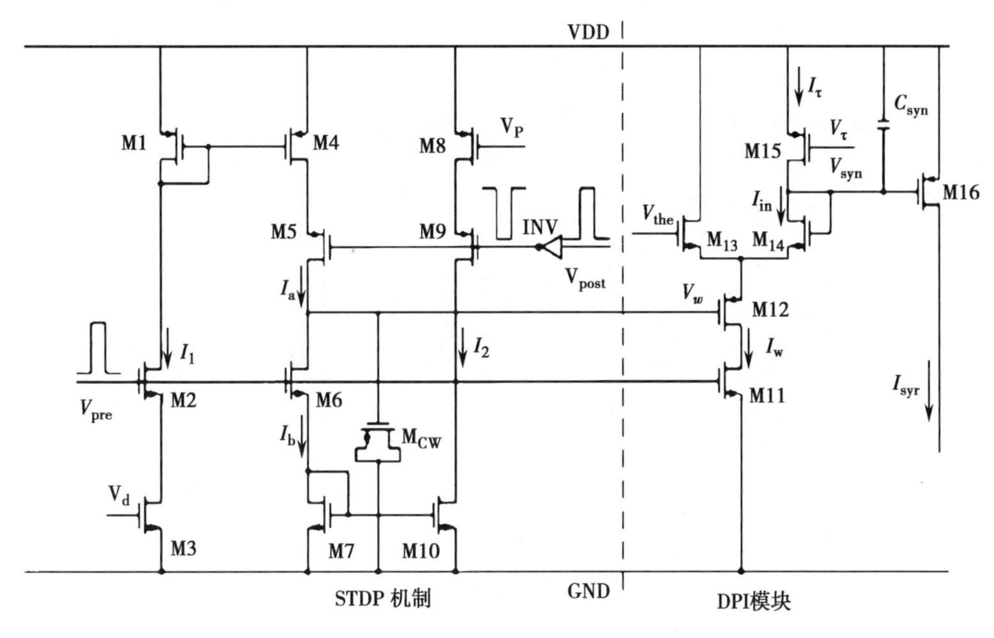

图 9-14　突触电路

图 9-14 中，虚线左边部分可以实现 STDP 功能，V_w 表示突触权值，存储在 MOS 电容 M_{CW} 上，V_d 和 V_p 是决定电路偏置电流的可调参数，V_{pre} 和 V_{post} 分别代表突触前神经元和突触后神经元发放的动作脉冲，动作脉冲由晶体管 M2 和 M9 检测。当一个脉冲到达 M2 时，M2 导通，产生的电流 I_l 通过 M1 和 M4 组成的电流镜产生电流 I_a 给 M_{CW} 充电，使突触权值升高。当 M9 检测到突触后神经元产生的动作电位后也类似，M7 和 M10 镜像产生的电流 I_b 提供 M_{CW} 的放电通路，使突触权值降低。如果突触后神经元的脉冲比突触前神经元脉冲先到达突触，则说明突触前神经元并没有影响到突触后神经元，这时突触权值会降低；反之则会升高。

三、FPGA 数字神经形态芯片

目前，FPGA 已经代替集成电路（ASIC），逐渐成为数字系统设计的核心器件，使用者不需要进行复杂的编程，只需要通过电子设计自动化（EDA）软件进行硬件电路设计，就能够实现某些特定的功能。修改或者升级硬件电路的原有设计，也只需要通过 EDA 软件修改或者升级计算机上的程序，不需要重新制作印制电路板（PCB），简单快捷。

随着电子科学与集成电路制造技术的飞速发展，在硬件电路上实现神经元和神经网络已经成为可能。FPGA 硬件电路需要通过编程实现所需要的功能，编程所使用的语言称为硬件描述语言（hardware description language，HDL），最常用的硬件描述语言有 VHDL 和 Verilog HDL 两种。通过使用

硬件描述语言编程来控制 FPGA 芯片中各种逻辑单元的开关和连接，就能够实现各种逻辑运算，这就是 FPGA 芯片的可编程性。传统 FPGA 芯片主要用于实现各种较为简单的逻辑运算，但是如果想要实现复杂的数学运算，则需要编写更复杂的程序，对于编程的要求很高，比较难以掌握。近年来，随着 FPGA 芯片制造工艺不断提高，FPGA 芯片内逻辑运算单元越来越多，为了简化设计流程，很多 FPGA 芯片生产商都推出了适用于自己公司所生产 FPGA 芯片的 FPGA 辅助设计工具，它们大多采用图形化的设计界面，更容易掌握。

（一）FPGA 构建神经元模型方法

DSPBuilder 是某家公司推出的辅助设计工具，嵌套于 Simulink 仿真软件中，如图 9-15 所示。它可以与各种硬件描述语言混合应用，简化了设计流程，大大缩短了 FPGA 硬件电路设计的周期。在 DSPBuilder 搭建电路模型过程中，需要使用 DSPBuilder 基本库中的各种模块实现所需要的各种功能。模块使用的重点是设置其自身属性，需要设置的属性包括幅值、频率、输入输出位宽、延迟时间等。

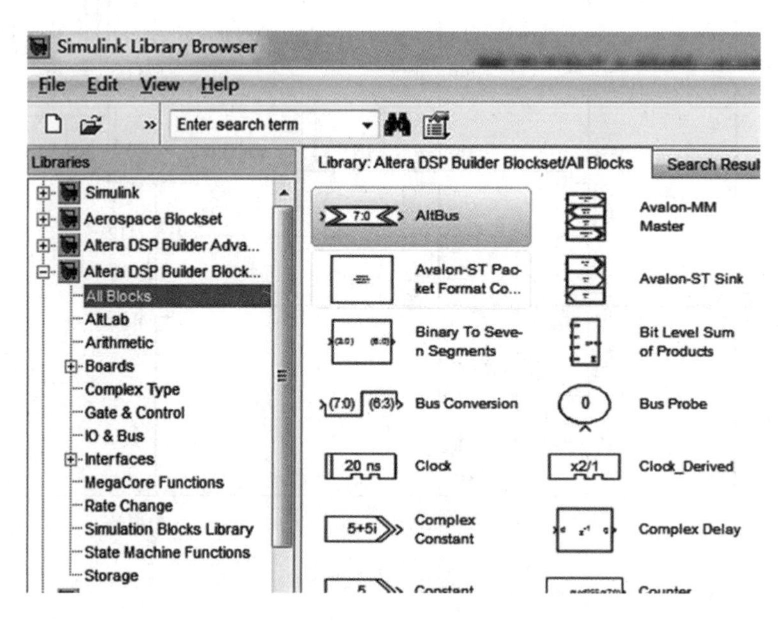

图 9-15　DSPBuilder 辅助设计工具

FPGA 硬件建模实现主要包含两个过程，一个是结构设计过程，另一个是参数调整过程。对于神经元数学模型来说，结构设计过程首先是构建神经元的基本结构，如钠、钾离子通道等，并将这些基本结构通过系统综合构成一个完整的神经元模型。重复上述过程产生多个神经元，再通过神经元突触的耦合构成一个简单的神经网络模型。结构一旦建立，所搭建的模型必须进行各项参数的调整来产生期望的输出。模型参数可以通过自动搜索工具或手动调整进行设置，通常来说，需要不断地对参数设置进行相应的调整，才能产生最佳的输出。

（二）应用 FPGA 构建突触模型

神经元之间是通过突触耦合的方式相互连接的，化学突触耦合是一种非线性的耦合方法，定义化学突触电流如式（9-2）所示：

$$I_{syn}=g_{syn}s\left(V-V_{syn}^{post}\right) \tag{9-2}$$

式（9-2）中，g_{syn} 为化学突触上离子通道的电导率，即神经元耦合强度，s 为连接受体比率，V_{syn}^{post} 为化学突触后膜极限电位，它的值直接决定了该化学突触的耦合类型。当 V_{syn}^{post} 大于后神经元静息电位时，该化学突触为兴奋性突触；当 V_{syn}^{post} 小于后神经元静息电位时，该化学突触为抑制性突触。连接受体比率 s 的定义如式（9-3）所示：

$$\frac{ds}{dt}=\alpha r_{\infty}(V)(1-s)-\beta s \tag{9-3}$$

式(9-3)中,α,β 分别是连接受体比率 s 的上升和下降时间常数。$r_{\infty}(V)$ 是一个(0,1)区间上的单调递增函数,其定义如式(9-4)所示:

$$r_{\infty}(V)=\frac{1}{1+\exp\left[-(V-V_{syn}^{pre})/\sigma\right]} \tag{9-4}$$

式(9-4)中,V_{syn}^{pre} 为化学突触前膜极限电位。σ 为时间常数。由于本节中神经元建模时神经元膜电位限制为 -80mV 到 50mV,为了防止仿真时数据溢出,动作电位波形不准确,所以本节选择典型的抑制性化学突触来搭建脉冲神经网络电路模型。结合实际情况,确定各参数取值如下:V_{syn}^{post}=-70mV,V_{syn}^{pre}=2mV,α=10,β=0.18,σ=4.5。

使用前向欧拉法,对连接受体比率 s 的微分方程进行离散化,得到差分方程式(9-5):

$$s(k+1)=s(k)+\Delta T*\{\alpha r_{\infty}[V(k)][1-s(k)]-\beta s(k)\} \tag{9-5}$$

式(9-5)中涉及连接受体比率 s 的初值选择,即其稳态时的值,由公式(9-6)计算得出:

$$s_{\infty}(V)=\frac{\alpha r_{\infty}(V)}{\alpha r_{\infty}(V)+\beta} \tag{9-6}$$

根据式(9-5)、式(9-6),可以在 DSPBuilder 中搭建出连接受体比率 s 的计算系统,如图 9-16 所示。

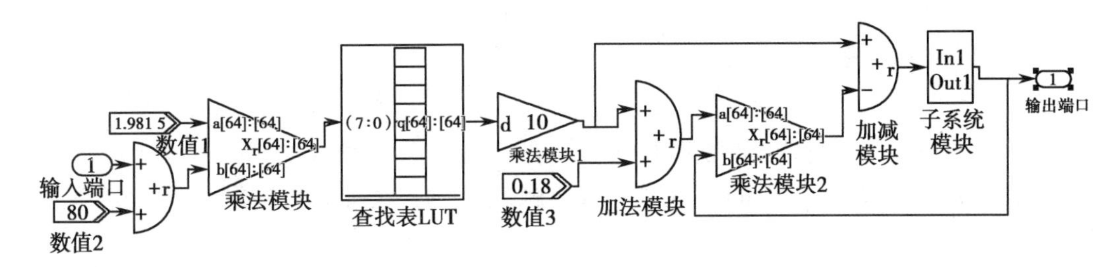

图 9-16 连接受体比率 s 计算系统

图 9-16 中,查找表 LUT 实现 $r_{\infty}(V)$ 的计算。

根据搭建的连接受体比率 s 的计算系统,结合式(9-6),在 DSPBuilder 中综合搭建出化学突触电路模型,如图 9-17 所示。

图 9-17 中,神经元模块 1 和神经元模块 2 表示化学突触前后的两个神经元,突触上离子通道的电导率决定了两神经元之间的耦合强度,本文参考多篇文献,选取 g_{syn} 为 0.5。虚线框中就是在 DSPBuilder 中搭建的化学突触电路模型,s 模块和 s1 模块就是连接受体比率 s 的计算系统。

在国内,寒武纪芯片系列已经建立了覆盖端、边、云的芯片矩阵产品。最早的 DianNao 加速器计算峰值达到 452GOP/s,使用台积电 65nm 工艺制造,面积为 3.02mm,功耗为 485mW。DianNao 基本结构包括输入神经元的输入缓冲区(NBin)、输出神经元的输出缓冲区(NBout)、突触权重缓冲区(SB)以及负责计算神经元突触连接的神经功能单元(NFU)和控制逻辑单元(CP)。DaDianNao 是在 DianNao 的基础之上构建的多核处理器,其处理器核心的规模扩大到 16 个,同时增大了片上内存。DaDianNao 基于 28nm 工艺,运行频率为 606MHz,同时其面积只有 67.7mm^2,功率只有大约 1.6W。DaDianNao 不仅支持推理算法,同时支持训练算法,以及权值预训练环节(RBM)。PuDaDianNao 是 DianNao 系列中,用以支持多种人工智能算法的人工智能芯片。其支持的算法有 k- 近邻、朴素贝叶斯、k- 均值、线性回归、支持向量机、深度神经网络、分类树等。PuDaDianNao 在 1GHz 的频率下,具有每秒 1.056 万亿次运算的峰值性能,但是只有 0.596W 的功耗和 3.51mm^2 的芯片面积。多种人工智能算法在 PuDaDianNao 上运行的平均性能相当于使用通用 GPU 的性能,但是其能量消耗只有 GPU 的大约百分

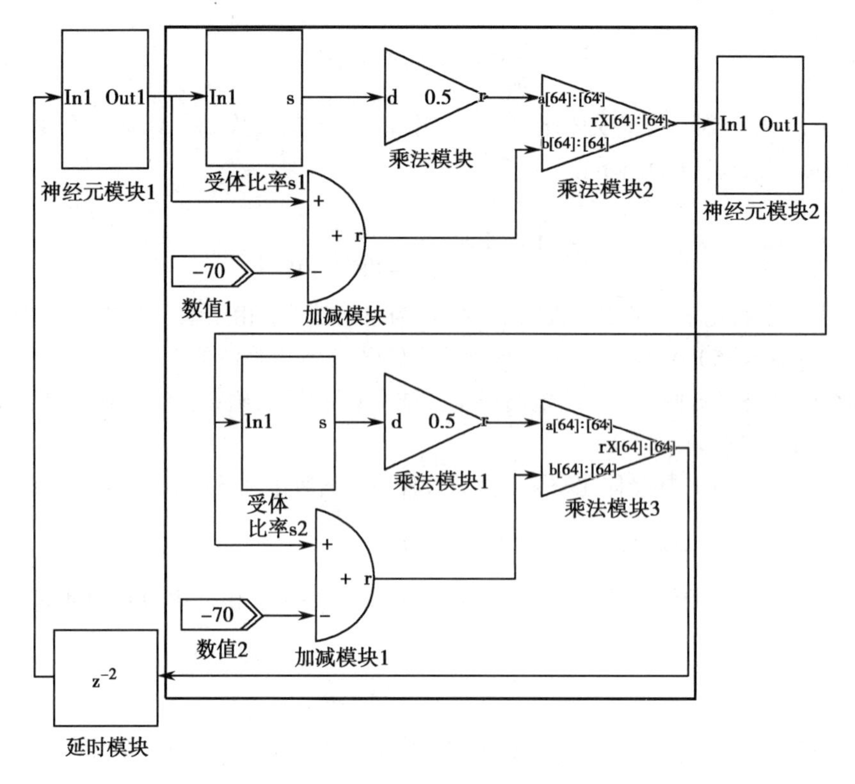

图 9-17 化学突触电路模型

之一。

浙江大学与杭州电子科技大学的科研人员联合研发出了一款类脑芯片——“达尔文”芯片，该芯片集成了 2 048 个神经元和 400 多万个神经突触，是国内首次研制出支持脉冲神经网络的类脑芯片。

四、忆阻器神经形态芯片

如果通过晶体管和电容、电阻相结合的 CMOS 集成硬件电路执行 STDP 学习规则，每个可塑性突触需要大约 30 个晶体管，代价将是十分巨大的，其复杂的制作工艺、高功耗、高集成度等必然会给大规模神经网络的构建增加难度。忆阻器的阻值依附于激励电压变化，可以看作是具有动态特性的电阻，阻值大小与历史流经忆阻器的电荷或电流有关，改变流经它的电流的流向和大小便可以控制其阻值变化，而且即使电流中断记忆阻值也不会消失。这种特性正好类似于生物神经突触连接强度随外来信号变化的特性，所以人们用忆阻器来模拟生物突触，存贮突触权值并进行计算。与晶体管相比，忆阻器占用的空间更小，忆阻器的记忆特性可以记忆存储网络不断变化的迭代累加过程，简化了网络结构并减少了硬件消耗，有利于网络的集成化和规模化。提供有效的 STDP 学习机制是忆阻器的一个关键属性，由于忆阻器架构电路中将数据存储与处理模块合二为一，运用在线 STDP 学习规则模拟大脑神经系统运算，省去了数据的调用过程，显著降低了系统的资源消耗并提高了计算速度。运用忆阻器构建脉冲神经网络具有以下优势：①可以实现突触权值的连续更新；②纳米级忆阻器可以实现超高密度的集成网络；③网络具有学习和记忆的能力；④忆阻器是无源器件且掉电后信息的非易失性使系统能耗更低；⑤交叉阵列结构增强了信息处理能力和扩充了存储空间。在近几年，关于忆阻器的脉冲神经网络硬件电路研究被广泛关注，得到了迅速发展。研究证实忆阻器可以模拟生物突触的许多重要特征，例如：长时程增强（long term potentiation，LTP）、长时程抑制（long term depression，LTD）、短时程增强（short term potentiation，STP）和脉冲时间依赖可塑性（spike timing dependent plasticity，STDP）机制，实现对生物突触如兴奋性突触后电流、非线性传输特性、刺激频率响应特性等多种生物功能的

模拟。

(一) 忆阻器模拟突触

忆阻器(memristor)的概念是蔡少棠教授于1971年根据电路理论的完备性提出的,用来表示磁通量与电荷量之间的变化关系,蔡少棠教授将其称为忆阻器,并用M表示。忆阻器实质上是一种非线性的电阻,是继电感、电容、电阻之后的第四种无源基本电路元件,忆阻器的阻值会随着流经电荷量或电流的变化而改变,通过控制电流的大小方向即可改变其阻值。

在蔡少棠教授提出忆阻器的很长一段时间里,由于技术的限制,对于忆阻器的研究一直停滞在理论阶段。直到2008年,惠普实验室研究人员在做Tio_2交叉阵列实验时,测得一种双层二氧化钛薄膜材料,其电学特性与蔡少棠教授预测的忆阻器特性惊人相似,忆阻器实物被正式发现,引起了世界的关注。

不同于一般的电阻,忆阻器具有非线性电阻的特性,阻值是随着流经电荷量动态变化的,将这一特性应用到忆阻滤波电路、忆阻振荡电路这样的电路当中,使得非线性电路的设计更加灵活多变。忆阻器具有记忆特性,其阻值又是连续可变的,这使得忆阻器不仅能够记住简单的“0”和“1”这两个状态(0表示最小电阻状态,1表示最大电阻状态),而且还能够记住“0”和“1”之间的其他状态,这一特性使得忆阻器非常适合应用到逻辑存储设备当中。除此之外,忆阻器还具备纳米级尺寸、非易失性、低功耗、非挥发性等特性,使得它被很好地应用到神经计算科学、混沌系统、电阻随机存取存储器、智能控制、交叉阵列、信号处理和电路设计等相关领域。

在研究忆阻器的过程之中,研究人员发现忆阻器的记忆功能和可操控性与生物体的神经元突触在刺激下的自适应调节类似,即在信号传递时对信号进行判断和记忆。神经元突触是大脑认知的最基本单元,突触仿生被认为是实现神经形态计算的基础,而忆阻器被认为是目前已知的功能最接近神经元突触的器件,有望用忆阻器代替神经元突触,实现突触的生物特性,完成突触仿生。利用忆阻器实现对生物神经元突触的功能结构仿生,进一步实现人工神经网络,已成为时下相关领域的研究热点。

(二) 忆阻器数学模型及特性

在传统电路理论中有四种基本变量:电流i、电压v、电荷q和磁通量ϕ,从数学角度上分析,其中任意两个变量之间的关系存在着六种可能性,如式(9-7)所示:

$$
\begin{aligned}
&\mathrm{d}v=R\cdot \mathrm{d}i\\
&\mathrm{d}\varphi=L\cdot \mathrm{d}i\\
&\mathrm{d}q=C\cdot \mathrm{d}v\\
&\mathrm{d}\varphi=v\cdot \mathrm{d}t\\
&\mathrm{d}q=i\cdot \mathrm{d}t\\
&\varphi=?\ q
\end{aligned}
\tag{9-7}
$$

以上六种变量关系中,前五种关系早就被确定了,其中R、L和C分别表示现有的三种基本电路元件:电阻、电感、电容,但是磁通量ϕ和电荷q之间的关系一直未被确定。蔡少棠教授根据电路理论的完备性猜想磁通量ϕ和电荷q之间的关系为$\mathrm{d}\varphi=M\mathrm{d}q$。图9-18为电流、电压、电荷、磁通量四种变量对应关系图。

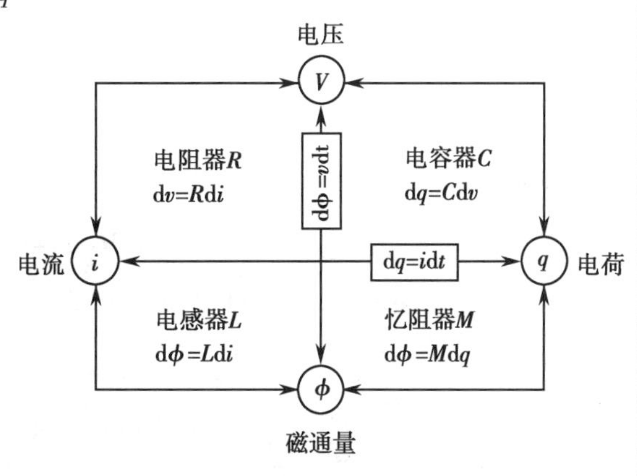

图9-18　四种变量对应关系图

惠普实验室研究人员发现的忆阻器物理模型可用边界迁移模型来模拟其特性。如图9-19、图9-20所示为忆阻器边界迁移模型及其等效模型,

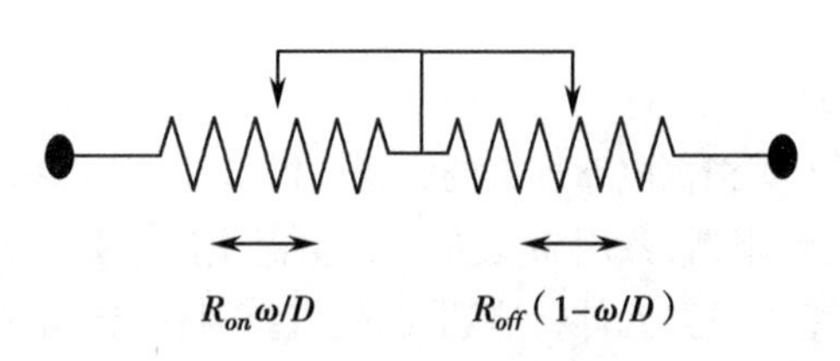

图 9-19　忆阻器边界迁移模型

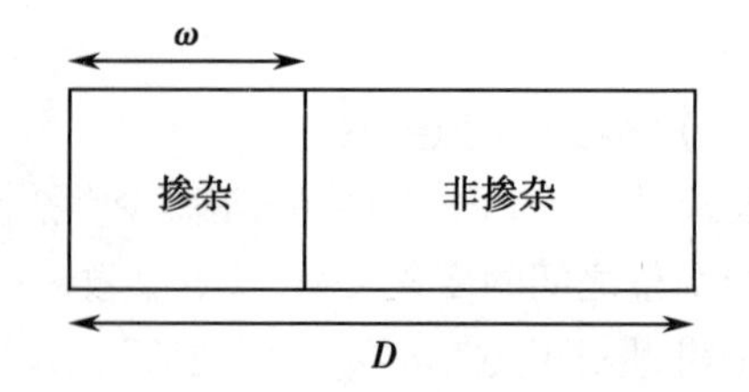

图 9-20　忆阻器等效模型

由掺杂区和非掺杂区两部分组成，将整个忆阻器二氧化钛薄膜的厚度表示为 D，将掺杂区厚度表示为 w。当忆阻器外加电压变化时，掺杂区的氧空穴会在外加电压作用下发生离子迁移，从而引起掺杂区厚度 w 的变化，即掺杂区和非掺杂区之间的边界发生迁移，进而引起整个忆阻器阻值的变化。掺杂区和非掺杂区之间的边界迁移到达极限情况时，即掺杂区的厚度 w 与整个忆阻器的总厚度 D 相等时，将这个状态定义为忆阻器的开通状态，此时的忆阻器阻值表示为 R_{on}；当掺杂区的厚度 w 变为零时，将忆阻器的这个状态定义为断开状态，此时的忆阻器阻值表示为 R_{off}。实质上忆阻器在迁移过程中阻值的变化可以等效为两个滑动变阻器的串联，如图 9-19 等效模型所示。

将忆阻器的阻值设为 $M(q)$，则忆阻器的阻值可以表示为式(9-8)：

$$M(q)=R_{on}\frac{w(t)}{D}+R_{off}\left(1-\frac{w(t)}{D}\right) \tag{9-8}$$

其中 q 为流经忆阻器的电荷，D 为忆阻器薄膜总厚度，R_{on} 为 $w(t)=D$ 时的电阻，R_{off} 为 $w(t)=0$ 时的电阻。$w(t)$ 为忆阻器阻值的状态控制变量，$0\leqslant w(t)/D\leqslant 1$。在边界迁移模型中，$w(t)$ 与电流 i 的关系如式(9-9)所示：

$$\frac{\mathrm{d}w(t)}{\mathrm{d}t}=\mu_v\frac{R_{on}}{D}i(t) \tag{9-9}$$

其中 μ_v 表示离子的平均迁移率。式(9-9)表明，掺杂区与非掺杂区的边界迁移速率与忆阻器流经的电流呈线性关系，因此又将边界迁移模型称为线性漂移模型。将式(9-9)两端积分得式(9-10)：

$$w(t)=w_0+R_{on}\frac{\mu_v}{D}q(t) \tag{9-10}$$

将式(9-10)带入式(9-8)，有式(9-11)：

$$M(q)=R_{off}+(R_{on}-R_{off})\frac{w(0)}{D}+(R_{on}-R_{off})\frac{\mu_vR_{on}}{D^2}q(t) \tag{9-11}$$

忆阻器的初始电阻：

$$M(0)=R_{off}+(R_{on}-R_{off})w(0)/D \tag{9-12}$$

$$k=(R_{on}-R_{off})\mu_vR_{on}/D^2 \tag{9-13}$$

于是可以得到忆阻器的值：

$$M(q)=M(0)+kq(t) \tag{9-14}$$

式(9-14)揭示了忆阻器阻值与电荷之间的关系，称为荷控忆阻器。式(9-14)还可以写为式(9-15)：

$$M(i)=M(0)+k\int_{-\infty}^{t}i(t)\,\mathrm{d}t \tag{9-15}$$

式(9-15)表示的忆阻器，可称为流控忆阻器，其本质与荷控忆阻器是一样的。

（三）忆阻器模型的构建及在神经形态芯片中的应用

根据以上忆阻器的边界迁移模型公式，可以在 MATLAB 的 Simulink 工具中构建忆阻器的模型，进行仿真分析。参数选取如下：R_{on}=20Ω，R_{off}=16KΩ，离子平均迁移速率μ_v =$10^{-14}m^2s^{-1}V^{-1}$，D=10nm，控制参数 P=6，输入电压幅值 1V，频率 1Hz 的正弦电压，x 初始值设为 0.1。仿真图如图 9-21。

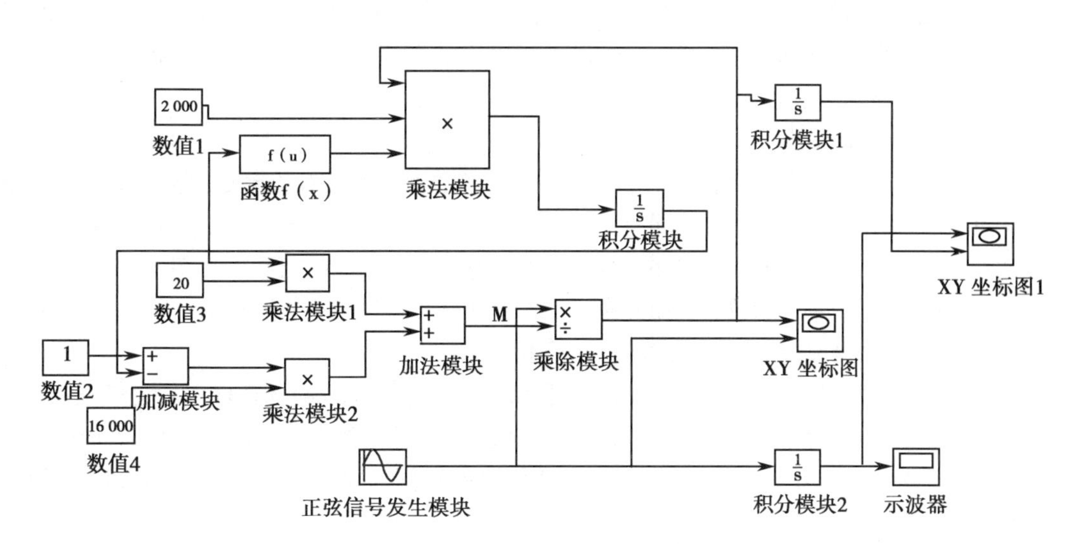

图 9-21　忆阻器 Simulink 仿真图

英国、意大利和瑞士的研究人员共同创建了一个混合神经网络，利用互联网将信号从生物神经元传输到人工神经元。英国南安普敦大学开发了纳米级忆阻器，模仿突触；意大利帕多瓦大学培养了生物神经元；瑞士苏黎世大学与苏黎世联邦理工学院合作，在硅微芯片上创建了人工神经元，通过使用忆阻器创建的混合神经网络，使得人工神经元和生物神经元能够双向实时通信。

清华大学微电子研究所钱鹤、吴华强教授团队通过优化忆阻器材料及内部结构，成功制备出了高性能的忆阻器阵列，搭建了全硬件构成的完整存算一体系统，集成多个忆阻器阵列，能够实现卷积神经网络等算法。

五、光子神经形态芯片

光子神经形态芯片的核心是以光子代替电子，光运算代替电运算。光子比电子速度快，光子计算机的运行速度可高达 1 万亿次。它的存贮量是现代计算机的几万倍，还可以对语言、图形和手势进行识别与合成。光的并行、高速特点，天然地决定了光子芯片的并行处理能力很强，具有超高的运算速度。光子芯片还具有与人脑相似的容错性，系统中某一元件损坏或出错时，并不影响最终的计算结果。光子在光介质中传输所造成的信息畸变和失真极小，光传输、转换时能量消耗和散发热量极低，对环境条件的要求比电子计算机低得多。随着现代光学与计算机技术、微电子技术相结合，在不久的将来，采用光子芯片作计算单元的光子计算机将成为人类普遍的工具。

光计算机的优势是不用电子，用光子做传递信息的载体，就有可能克服前面谈到的那些限制，制造出性能更优异的计算机。用光子做传递信息的载体有以下几方面的好处：

1. 光子不带电荷，它们之间不存在电磁场相互作用。在自由空间中几束光平行传播、相互交叉传播，彼此之间不发生干扰，千万条光束可以同时穿越一只光学元件而不会相互影响。一只 $20 \times 20cm^2$ 的光学系统，能够提供 5×10^5 行传输信息通道；一只质量好的透镜能够提供 10^8 条信息通道。如果用光波导传输，光波导也可以相互穿越，只要它们的交叉角大于 10°左右就不会有明显的交叉耦合。上述的性质又称光信号传输的并行性。

2. 光子没有静止质量，它既可以在真空中传播，也可以在介质中传播，传播速度比电子在导线中

的传播速度快得多(约 1 000 倍),也就是说,光子携带信息传递的速度比电子快。计算机内的芯片之间用光子互连不受电磁干扰影响,互连的密度可以很高。在自由空间进行互连,每平方毫米面积上的连接线数目可以达到 5 万条,如果用光波导方式互连,可以有万条。所以,用光子做信息处理载体,会制造出运算速度极高的计算机,理论上可以达到每秒 1 000 亿次,信息存储量达到 10^{18} 位。

神经网络电路已在计算领域掀起风暴。科学家希望制造出更强大的神经网络电路,其关键在于制造出能像神经元那样工作的电路,或称神经形态芯片,但此类电路的主要问题是要提高速度。光子计算是计算科学领域的“明日之星”。

(一) 硅光子神经形态芯片

硅光子芯片技术是近年随通信行业应运而生的突破性技术。它具有功耗低,成本低,易于大规模集成的优点,在大幅度降低系统功耗的同时提升带宽,是实现光子和电子单片集成的最好方法。随数据流量的快速增长,对承载网提出了新的要求。前传容量、回传容量需求巨大,密集基站和高频段应用需要一个低成本、高效率的承载网。而硅光子技术能满足市场对于速度和集成度的需求,实现更快更高效的互联网体验,同时能够满足承载网对低成本的要求。

硅光子芯片利用硅作为光的介质,采用“芯片到芯片”(chip-to-chip)的通信方法,在传输数据的时候不仅在性能上胜于传统的铜线,在耗能上更是降低到难以置信的水平。目前,IBM 宣布将硅光子技术提升到一个显著的水平,把硅光子芯片集成到与 CPU 相同的封装尺寸。这意味着,超级计算的消费级市场就在不遥远的未来。

到目前为止,硅光子技术在高性能计算(HPC)和“百亿亿次”级计算中,一直是主要的研究领域。而且该技术被认为是超级计算长期发展至关重要的一部分。当前硅光子技术的发展状况,是连接器被集成到主板端。IBM 的最新研究已经成功把硅光子阵列“转移”到 CPU 封装中,尽管还没有将其集成到 CPU 中。

打造硅光子芯片最大的难点是,在芯片封装上引入导波技术(waveguides)。目前的硅光子技术多数是将设备和收发器安装在靠近主板的一端,而没有将布线延伸到封装中。为了引入导波技术,IBM 开发出连接硅和聚合物的导波技术,而不管两者之间巨大的尺寸差异。这是通过逐渐减少硅波导和精确调整来实现的。硅光子技术一直作为百亿亿次级计算研究内容,却没有进行消费级市场铺开的原因是,高性能计算(HPC)所需的宽带和耗能是铜线无法提供支持的。只有那些需要百亿亿次级计算的机构才能承担起高昂的研发成本。

(二) 石墨烯架构神经形态芯片

多年来,科学家们一直在尝试进一步探究神经形态的电路架构。而其中的难点就在于如何处理神经元和硅之间的重叠部分——突触以及逻辑门。从光电子学上讲,就是光子穿过激光晶体管和突触间隙神经递质时的跨越处。

例如,我们知道芯片中的神经元之间是通过电位移动或锋电位来传递信息的,而锋电位是非 0 即 1 的二进制,所以人们必须在时域就对信息进行编码。但一个神经元的放电频率并不仅受限于中央时钟周期,而且神经元的放电频率只有在发送时才会对信号的强度进行编码。

六、石墨烯电容器

石墨烯是由碳原子组成的单层石墨——最早的石墨烯就是用胶带一层一层地把石墨变薄而获得的,是只有一个碳原子厚度的六角形呈蜂巢晶格的平面膜。其具有非常好的导热性、电导性、透光性,而且具有高强度、超轻、超大比表面积等特性,广泛应用于锂离子电池电极材料、太阳能电池电极材料、膜晶体管制备、传感器、半导体器件、复合材料制备、透明显示触摸屏、透明电极等方面,是替代硅的理想材料。

石墨烯是一个非常理想的饱和吸收体,它能够以非常快的速度吸收并释放光子,而且还能在任何波长下工作,所以无论发射何种颜色的激光都可以被完美吸收,并且还不会互相干扰。也就是说,

这种“石墨烯海绵”能够在激光中更好地吸收光电子，而且还可以被用来同时输出多个不同波长的光子，不会受到任何干扰。

石墨烯超级电容器是一种特殊的电容器，拥有异常高的导电性和大的表面积，在能量储存和释放的过程中比同类产品有较高的优越性。

第三节 神经假体

一、神经假体概述

神经假体(neural prosthesis)主要目的是帮助神经损伤后的患者恢复大脑感觉、意识功能、肢体运动或生理代谢功能。它通常以电刺激诱发神经冲动信号，实现感觉的感知，或者代替大脑发出神经冲动信号并通过所构造的神经假体控制相应器官的功能活动，从而达到修复或替代相关功能的目的。神经假体技术是神经工程学在康复医疗领域的一项重要应用，涉及多学科交叉融合，拥有传统康复手段所不具备的功能重建性和功能替代性，是推动神经工程学发展的主要推动力之一。神经假体根据功能可分为运动神经假体、中枢神经假体和感觉神经假体。

运动神经假体(motor neural prosthesis)是一类植入体内帮助神经损伤后恢复运动功能的电子装置，用功能性电刺激方式替代大脑发出的神经控制命令，控制肌肉的收缩、恢复肢体肌肉的活动功能。运动神经假体一般包括排泄神经假体、膈肌起搏器、手功能神经假体和站立行走神经假体。例如皮质脊髓传导束会由于脊髓损伤而受到破坏，导致大脑和损伤平面以下仍存活的脊髓神经细胞失去联系，因而失去了大脑的意识支配，不能根据意愿进行功能活动。运动神经假体即利用功能性电刺激产生一系列的电信号到达运动神经元，诱发运动神经元的动作电位脉冲，进而实现肌肉收缩引起运动的目的。使用运动神经假体的一个必要条件是被刺激肌肉的运动神经元必须是完整的，被刺激的肌肉必须有神经支配，即其脊髓联系通路是完整的，电冲动可沿神经轴突传导引起神经递质的释放，导致支配的肌肉收缩。

中枢神经假体也称为记忆假体，是一种可植入脑部海马区的记忆设备。记忆假体所做的不是将记忆放回大脑内，而是在大脑内放入生成记忆的能力。记忆假体可以在信息编码阶段监测并记录海马区的输入信号，继而准确地预测海马的输出，然后根据预测结果在海马的输出区域施加相应的电脉冲刺激。但是目前记忆假体发展尚不成熟，依旧处于实验室研究阶段，距离应用到人身上还有一定的差距。

感觉神经假体主要针对触觉、视觉、听觉等感知功能的障碍或者缺失，采用人工电刺激的方式帮助患者恢复这部分功能，分别对应了触觉神经假体、视觉神经假体和听觉神经假体。触觉神经假体主要功能是帮助人体恢复受损或丧失的触觉功能，主要涉及人工假肢中的触觉反馈系统与电子皮肤。本节主要针对视觉和听觉假体进行描述，包括介绍视觉、听觉系统的基本工作原理、代表性疾病，以及目前在视觉康复、听觉康复领域所使用的相对成熟的神经假体技术。不论视觉假体还是听觉假体，涉及的都是我们人类身上最为复杂的感觉系统，相关研究和开发牵涉到医学、生理学、材料学、电子学等诸多学科。希望通过本节的介绍，读者可以对视觉、听觉系统神经假体的基本工作原理、已有成熟应用、技术壁垒等有所了解。

二、视觉神经假体

视觉(vision)是通过视觉系统的外周感觉器官(眼)接收外界环境中一定波长范围内的电磁波刺激，经中枢有关部分进行编码加工和分析后获得的主观感觉。通过视觉，人和动物可以感知外界物体的大小、明暗、颜色、动静等，获得对机体生存具有重要意义的各种信息，至少有 80% 的外界信息是经由视觉获得的。

视觉是人类感觉器官系统中最重要的感觉之一，是人类认识客观世界的重要途径。然而，许多致盲疾病剥夺了患者欣赏缤纷世界的权利，对这些疾病目前还缺乏有效的治疗措施。随着科技的进步，科学家们提出了帮助盲人恢复光明的新方案——视觉神经假体（visual prosthesis），即利用人工装置代替视觉通路中某段缺损来修复视觉。

中国是全世界盲人最多的国家，约有 500 万法定盲人，占全世界盲人总数的 18%。中国政府按世界卫生组织发起的“视觉 2020”行动的要求，庄严承诺即到 2020 年人人享有看得见的权利。2006 年全国第二次残疾人抽样调查结果显示，导致视力残疾的前五位眼病是白内障、视网膜色素变性、角膜病、屈光不正和青光眼。如果患者眼底结构都正常的话，那么通过手术治疗通常都可以比较好地恢复视力，比如角膜移植手术或者白内障手术。但是青光眼或者老年黄斑变性等疾病到了严重的失明程度之后就很难通过治疗恢复视力了，而且一些意外伤害也可能使受害者彻底失去视力，而视觉假体的研究发展使不能治愈的眼盲患者有了视力恢复的可能。

视觉假体按照植入部位的不同，可以分为视网膜植入物（retinal implant），视神经植入物（optic nerve implant）和视皮质植入物（visual cortical implant）。各种视觉假体的刺激部位虽不相同，但是它们的硬件结构相似，主要区别在于神经接口处的结合部位不同。图 9-22 是视觉假体系统硬件构造示意图，主要由外部装置和内部装置组成。简单来讲，图像获取装置（如微型摄像机）、视觉信号处理和提取系统、信号和能量无线传送系统都属于外装置，而神经电刺激器和微电极阵列（神经接口）则属于内装置。

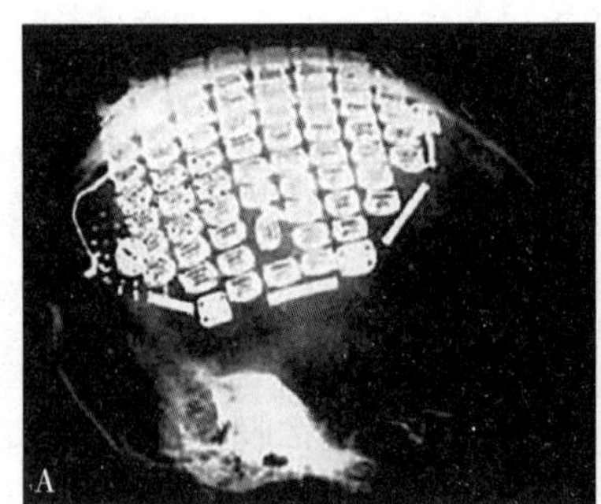
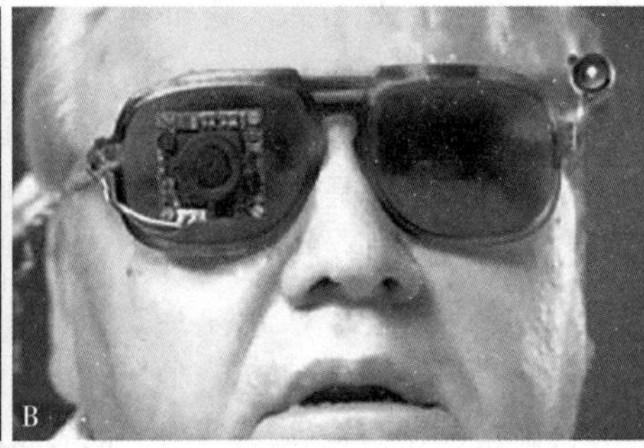
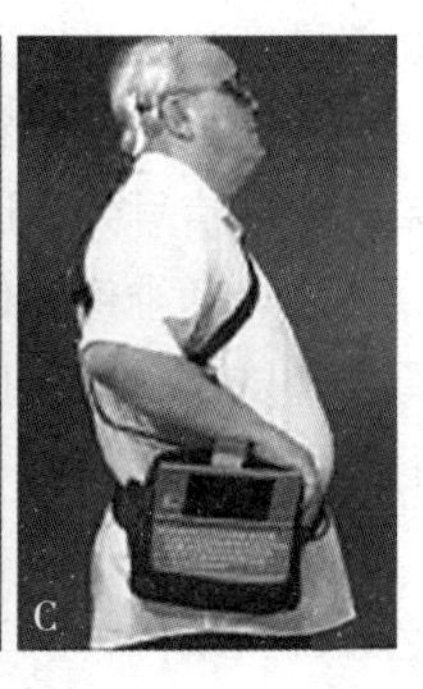

图 9-22　视觉假体系统硬件构造示意图

A. 在视皮质上植入的铂刺激电极阵列；B. 患者眼镜上的数字相机；C. 患者腰带上的处理器及配件。

在人眼内植入一个微电极阵列在操作上不是很困难，难点在于保证其安全性和稳定性。以视网膜假体为例，首先球形的视网膜与平面的电极匹配非常困难。即使把电极外形做成球状，但由于个体眼曲率不一致会造成二者曲率不匹配，还会使微电极阵列与视网膜产生机械压力，进而导致视网膜的损伤。如果由于曲率不匹配导致微电极阵列与视网膜产生分离，就可能需要更大的电流来激活视网膜。所以理想的微电极阵列不仅需要有良好的生物相容性，还要有能灵活地与个体眼曲率保持匹配的能力，从而保证微电极阵列与视网膜之间不会产生机械压力。可以想象，为保证植入微电极阵列的安全性和稳定性，需要充分考虑许多微小细节带来的一系列技术问题。

最早尝试对盲人进行视觉假体植入的先驱是 Brindley 和他的同事 Dobelle，20 世纪初，他们在两名被试者的视皮质上植入了铂刺激电极阵列，通过电刺激视皮质时，可以诱发不连续的“光幻视”，而且这些光点的位置与视野在视皮质的空间定位大体一致。他们还发现，阈值水平的电刺激在中央视野区诱发的“光幻视”为单个的点状，在周边视野区域诱发的为云状的光晕。但同时他们也发现了一些问题，例如诱发光幻视的电流较大时会给被试者带来明显的头痛甚至诱发癫痫，连续的电刺激后光幻视会减弱，而且由于电极之间的间隔较近，电极之间的非线性相互作用会产生干扰，多个电极同时

刺激引起的光幻视重合，不能获得多点的空间视觉感知。这些因素极大限制了假体系统传递视觉信息(例如脸和文字、图像等)的能力。虽然他们的研究没有带来具有实际应用价值的视觉假体，但是这个先驱性的尝试为随后的视觉假体开发奠定了理论和实践的基础。

(一) 视网膜植入物

根据视网膜植入物电极阵列的位置，最常见的视网膜植入物可划分为视网膜前、视网膜下或经脉络膜。通常，视网膜前和脉络膜上植入物使用眼外光传感器，而视网膜下植入物则将光传感器与刺激电极耦合在失去感光体的位置，以确保传感器能够利用自然的眼球运动。

视网膜前植入部位在视网膜神经节细胞层与玻璃体之间，其优势在于植入的过程相对简单，植入物不会将视网膜与视网膜色素上皮和脉络膜分开。2000 年 Hesse 等对猫实施视网膜前假体植入手术，进行电刺激后检测到了大脑皮质的电活动。2003 年 Humayun 等首次对一例视网膜色素变性患者实施了视网膜上视觉假体移植手术，获得了一定的成功，手术 10 周后，被试者对 4×4 的电极阵列中的每一个电极的电流刺激都有“光幻视”。大多数“光幻视”都被描述成圆形亮点，而且患者还描述出了颜色的感觉(如黄色、白色、橘红色和蓝色)。与视网膜前植入相关的主要技术挑战包括该手术对于植入设备的尺寸要求严格，需要使用视网膜钉将电极阵列与视网膜前膜表面长期进行稳定物理连接。这样一来，可能造成的问题有视网膜的机械损伤和手术引发的炎症。

视神经的处理过程主要发生在视网膜神经节细胞外周位置，这是视网膜前植入无法实现的。视网膜下植入则位于视网膜色素上皮质与光感受细胞层之间(健康的眼睛中的自然光感受器位置)，并可以保证玻璃体能够像水槽一样给微控制器进行散热。虽然植入位置是为了取代无法正常工作的感光器，但植入过程却伴随着许多挑战。首先是手术方法非常困难，要求电极阵列和相关电子元件厚度非常小，以最大程度降低视网膜损伤或脱离的可能。此外，视网膜下电极阵列还有可能阻止从脉络膜向存活的视网膜供血。最后，虽然发生在视网膜外层和中层的正常处理过程对于视网膜下神经假体的发展有一定促进作用，但这也成为在光感受器损失后发生重塑之后的一个争议点。

脉络膜植入可以提供稳定的电极位置且手术方法安全简单，因为该方法无须破坏眼睛内的结构便可以对电极阵列进行定位，可最大程度降低临床并发症，故此已经被若干开发团队所采用。与视网膜前和视网膜下植入相对比，脉络膜植入的主要局限性在于电极阵列和视网膜神经元之间的较大距离导致了刺激阈值的增加。但是实验研究表明，该电极安置方式可以在安全水平范围内有效地刺激视网膜。最近，两组成功的临床试验证明，在电荷输入的安全范围内，长期严重眼盲患者可以通过电刺激获得可辨别的感知的响应。

(二) 视皮质植入物

初级视皮质被认为是视觉假体的理想位置，具有足够的空间放置多个植入物。然而，目前尚不清楚绕过所有视网膜内发生视觉处理的假体和外侧膝状体能否包含足够的信息传递给大脑来准确识别电刺激产生的视觉感知。例如，正常视觉处理中存在着大量的衰减曲线调制反馈回路(外侧膝状体大部分输入是通过视皮质来接收)，而皮质类假体将会旁路掉这一处理过程。此外，虽然可塑性脑(plastic brain)在改善视觉假体的临床结果上起重要作用，目前尚不清楚对视皮质的直接刺激是否会引起与视网膜刺激相同程度的塑性重组。

从 20 世纪 60 年代开始，若干关于在深度失明患者中产生光幻视的报告指出患者在视皮质植入后具有阅读盲文图案及真实字母的能力，可以具备在停车场开车以及绕房间走动的能力。2000 年 Dobelle 报道了在盲人视皮质内植入视觉假体 20 余年的观察结果。该系统由一台安装在患者眼镜片上的数字相机，置于患者腰带上的电脑及其电子插件和置于皮质表面的微电极阵列等组成(图 9-23)，

图 9-23　视皮质植入物示意图

各部分用导线相连接。数字相机及电脑把光信号转变成电信号，通过导线输送到皮质上的电极中，结果显示患者可识别眼前人的轮廓。2002 年在葡萄牙进行的临床试验中，Dobelle 在 16 个患者中植入了含 72 个盘状电极的电极阵列，其中一名被试者已经能够自己驾车在无人的公园里行驶。但是迄今为止，没有其他研究人员发表临床研究证据来说明植入视觉假体的患者其视力恢复情况和设备的稳定性情况，该技术最大的障碍是没有找到合适的动物模型来指导设计与开发。

不考虑技术、手术和认知的诸多挑战，视皮质刺激对恢复因不同原因致盲患者的视力有积极的作用（包括那些患有视网膜和视神经损伤的人），不断改进的电极技术也使得该方向的研究得到了长足发展。然而，对于适合使用视网膜假体或视神经刺激的人，皮质视觉假体可能不是首选。使用视皮质假体的患者，需要承担极大的手术风险，同时与其他方法相比，该方法需要进行额外的复杂图像处理。

（三）视神经植入物

视神经假体是在有功能的视网膜神经节细胞轴突的延伸部分植入刺激器。这种方法避免了对大脑造成的侵入性破坏，而且更简便更容易操作。视神经直径为 1~2mm，是视觉场景中所有信息的紧凑导管，这就意味着有望通过电刺激很小面积的视神经来激活大部分的视觉区域。由于电极位于非常密集的神经纤维（神经内约 120 万个纤维）外侧，所以局部刺激和细节感知难以实现。作为完全绕过视网膜的植入技术，这种方法不仅可以用于视网膜变性的患者，与视网膜植入方法相比，它还提供了相对更安全和更容易的植入程序。然而，这种方法还相当不成熟。通过使用视神经刺激会引起空间性相邻光幻视的原因仍不清楚。

如前所述，不同位置的视觉假体各具优缺点，虽然相关研究尚处于初级阶段，但每种视觉假体都有巨大的发展潜力。视觉假体的实现对于失明患者乃至整个社会都有着深远的意义，它使得由于眼部疾病缺乏有效治疗而导致失明的患者有了重见光明的可能，这也是激励着各国研究人员不断对假体结构和性能进行研究和改进的重要原因。目前全世界范围内已经接受视觉假体植入的患者较之佩戴人工耳蜗的患者要少得多。主要原因包括生物相容性问题、电刺激模式与其诱发视觉感知之间的关系问题、视觉假体中最小信息需求问题、电子装置的散热问题等。因此，目前有关视觉假体的研究工作从多电极阵列的改进、电极与神经组织的相互作用、视觉假体的动物模型和动物实验、视觉假体的心理物理学、相关的视频与图像处理等方面展开。

目前，某公司研制的 Argus Ⅱ已经在美国和欧洲分别在 2011 年和 2013 年获得批准进行商业化销售，累计约 45 套设备已经成功植入。作为对比，Retina Implant AG 的 Alpha-IMS 系统已在 40 多例患者的临床试验中植入，并在 2013 年获得欧盟商业销售 CE 认证。除了这两种商业设备，2003 年至 2004 年，智能医疗植入物（IMI）公司开发的 IRIS 装置植入了 20 例患者。此外，多家公司和研究机构都开发了视觉假体并宣布在未来几年内进入临床试验阶段。表 9-1 简要总结了视觉神经假体在短期和长期范围内需要解决的问题和发展方向。

表 9-1　视觉神经假体研究展望

短期目标	长期目标
➢ 提高视网膜前植入光幻视可靠性	➢ 同时提高假体视觉分辨率、视野尺寸
➢ 提高视网膜下植入物的刺激频率	➢ 儿童关键时期进行假体植入的可能性
➢ 提高植入物空间分辨率	➢ 人工视觉中神经可塑性的作用是什么
➢ 提高对比度	➢ 扩展视觉假体对除了色素性视网膜炎患者之外的应用
➢ 图像预处理	➢ 探究植入体是否能够降低视网膜的衰退速度
➢ 完善与标准化视觉假体的性能评判标准	➢ 何时能够存在商业性视皮质植入物

笔记

三、听觉神经假体

在发达国家，大约每 1 000 名新生儿中就有 1 位患有遗传性重度先天性耳聋。在发展中国家，由于子宫内感染这个比例还要高一些。重度听力损失也可能由后天的诸多因素造成，这导致每几百名幼儿中就有一个严重耳聋者。随着年龄的增长，很多人都会听力衰退，尤其是那些长期接触强声音的人。听力损失带来的不仅是感觉功能的缺失，更会引起严重的心理问题。相比于视觉损失，很多人认为听力损失更容易导致社会孤立感。听觉神经假体（auditory prosthesis）的主要功能在于接收环境中的声波信号，随之转换为电讯号，刺激听觉神经或与听觉有关的大脑皮质，从而帮助重度耳聋患者恢复对声音的感知。

声音被耳廓收集，耳道和中耳听小骨将对言语理解起重要作用频率成分放大，最后经由内耳中的毛细胞传入神经系统，形成听觉感知。毛细胞是声传导过程中不可或缺的一个环节，因为它们开启的电化学反应使得螺旋神经节和听神经将声信息以电位的形式进行传递，最终大脑将其解释为声音感知。根据发生的机制，耳聋可分为传导性耳聋、感音神经性耳聋和混合性耳聋。

哺乳动物的毛细胞在死亡以后是不能再生的，这意味着在缺失可用的毛细胞的情况下，如果想向大脑传递声信息，需要一个跨过毛细胞的方法，人工耳蜗（cochlear implant）就是这个原理。人工耳蜗是目前用于治疗重度以上感音神经性耳聋（成人及儿童）最为有效的方法，其应用前提是患者听神经功能完整仅存在内耳毛细胞病变。这样才能通过植入性电极取代毛细胞功能对听神经进行刺激，进而产生听觉。人工耳蜗已经获得的成功应用，极大地激励了其他神经假体（如视网膜假体等）的研究开发。

人工耳蜗包括两个部分：外置部分戴在耳朵上，由麦克风、电池、信号处理器、射频发射器、能量发射器等组成。内置部分通过手术植入到颅骨中，由能量接收器、射频接收器和放置在耳蜗内不同位置上的电极阵列组成。外置部分的信号处理器将接收到的声音分解为不同的频率成分，并将信息传送到植入部分的接收器上，然后刺激对应的电极（图 9-24）。

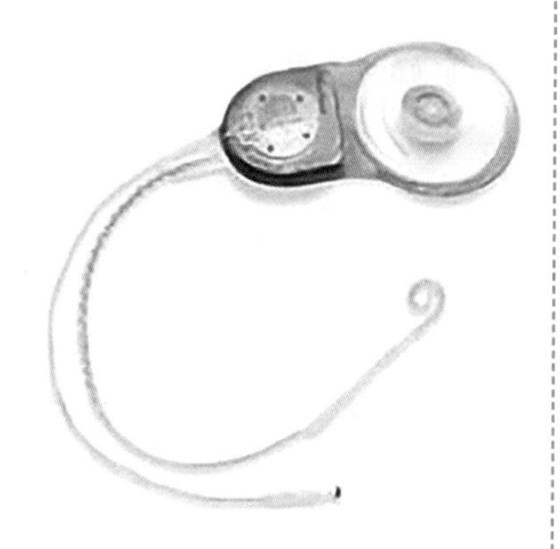
图 9-24 常见人工耳蜗产品

人工耳蜗工作时，麦克风（话筒）从环境中接收声音后将信号通过导线传到言语处理器，经处理选择有用信息按一定言语处理策略进行编码，再将信号在线传至发射线圈；后者把信号经皮肤以发射方式或插座导入方式输入体内，该信号由体内接收器接收并解码后以电刺激信号形式送至插入耳蜗内的电极刺激听神经纤维，最后大脑识别经言语处理编码的电信号并转为声音信息而产生听觉。人工耳蜗通过电极直接刺激与听神经相连的螺旋神经节，来传递对于言语理解最重要的频率成分（通常是 200~8 000Hz），因此旁路了凋亡的毛细胞。另一方面，与毛细胞的正常化学转换不同，人工耳蜗刺激以电的形式开启了神经中的电化学转换过程。每个电极触点被分配了一个频率范围，并且频率和位置的分配关系与正常耳蜗的频率分布方式相仿，高频在耳蜗底部附近，低频位于耳蜗顶部附近。因此人工耳蜗模仿了耳蜗的频率位置关系，提供频率分析的功能。

人工耳蜗内电极可以采用单极或者双极刺激方式，一般来说电极数目决定通道数目。简单而言，通道数目越多，各通道之间的分辨率越高，效果也就越好。不同品牌人工耳蜗产品电极序列的设计理念和具体细节有较大差异，其中最显著的差异是电极植入深度。理论上电极植入耳蜗的位置越深，覆盖的神经组织越多，为患者提供的声音信息的频率范围越大。基于此理论的电极，以全覆盖耳蜗基底膜为目标，将电极长度设计为 31.5mm，接近耳蜗基底膜的长度。由于螺旋神经节细胞的胞体是人工耳蜗电极的主要刺激靶点，仅分布在耳蜗的底部和中部的蜗轴中。主要覆盖螺旋神经节细胞胞体分布的区域的电极产品，电极长度较短，且均有预弯电极产品，使电极植入耳蜗后

更靠近蜗轴中的螺旋神经节细胞胞体。目前广泛用于临床的几种电极以及在耳蜗内的植入深度如表 9-2 所示。

表 9-2　常见人工耳蜗电极

电极型号	电极形状	电极阵列长度/mm	植入深度（角度）
Standard	直型	31.5	蜗内一圈至两圈
FLEXSOFT	直型	31.5	蜗内一圈至两圈
CI 24M	直型	17	鼓阶外侧壁
CI 24R(CS)	直型	15	进入鼓阶
CI 422	直型	25	鼓阶外侧壁
HiFocus 1	圆锥形	17	靠近鼓阶外侧壁
HiFocus 1J	圆锥形	17	靠近鼓阶外侧壁
HiFocus Helix	圆锥形	15.5	贴近蜗轴
HiFocus Mid-Seala	圆锥形	18.5	鼓阶中央
直电极	直型	22	鼓阶外侧壁

良好的人工耳蜗言语处理器应能提取出关键的言语信息并产生适宜的电刺激模式，使用户获得最佳的言语识别能力。其中的关键技术便是人工耳蜗系统信息处理的核心——言语处理策略，同时声音处理技术的提高也是近几十年来人工耳蜗康复效果不断提高的主要助力。声音处理方法作为人 - 机交互界面中机器处理的前提，人们首先设定的思路是“自下而上”，即以正常听觉的完整信息接收端为基准，最大程度上保持信息的完整性。人工耳蜗使用的语音处理方案可大致分为两类：单通道语音编码与多通道语音编码。单通道语音编码借鉴耳蜗听觉神经感知言语的“时间编码”（temporal coding）（即在同一神经纤维上按所接收听神经冲动的声音信息时间顺序进行组合编码）机制，将全频段信息均通过一个通道的信号来传递。单电极刺激能够使人工耳蜗用户感受的频率差别上限为 300Hz，难以满足有效理解正常语言所需要的 3 000Hz 要求，所以逐渐被多通道语音编码方案所取代。多通道语音编码方案的处理依据是“空间编码”（spatial coding）（即在一组神经纤维中按所接收听神经冲动的声音信息将来自耳蜗内基底膜起源的空间位置进行组合编码）机制，产生刺激脉冲的电极取决于采集信号的频率，多通道策略可以获得更好的开放项测试效果。目前多通道语音信号处理方案可以分为波形方案与特征提取方案两大类。各个方案的区别在于提取语音信号信息以及传送给电极的方法不同。波形方案通过不同频带的滤波器将语音信号分解成不同的频段，提取其波形（模拟波形或脉冲波形），传送给电极。特征提取方案依据声音信号中的重要谱征，诸如基频进行处理。随着语音处理技术的发展，很多研究者开始尝试将两种方案结合起来。表 9-3 总结了部分人工耳蜗言语处理方案，随后将简单介绍几种目前广为使用的方案。

表 9-3　人工耳蜗语音编码方案

方案	通道	方法	刺激类型
House/3M Vienna/3M	单通道		脉冲刺激

续表

方案	通道	方法	刺激类型
F0/F2			
F0/F1/F2		特征提取	
MPEAK			
SAS（Simultaneous Analog Stimulation）			模拟刺激
CA（Compressed Analog）	多通道		
CIS（Continuous Interleaved Sampler）		波形	
SPEAK（Spectral Peak）			脉冲刺激（pulsatile stimulation）
ACE（Advanced Confined Encoding）			

近年来，人工耳蜗的植入技术与编码方式等方面出现了显著的进步，很大程度上改善了佩戴者的听力和言语识别能力。这里面，人工耳蜗双侧植入提供的双耳聆听提供了极大的助力。双耳总和效应、双耳压制效应、声源定位能力等效果通过单侧人工耳蜗植入很难达到。随着人工耳蜗电极和言语处理器的发展、言语编码策略的多样化、听神经动作电位测试和电刺激听觉脑干反应测试以及其他相关技术的改进和手术后听觉与言语训练效果的提高，人工耳蜗手术的适应证也在不断扩大，质量逐步提高。至 2020 年，世界上已有近 80 万耳聋患者植入了不同类型的人工耳蜗，其中超过半数是患儿。

随着科技尤其是基因科学的发展，基因疗法、毛细胞再生等手段也在不久的将来有望应用于治疗耳聋。例如 2014 年美国《科学转化医学》报道了新南威尔士大学研究的“电 - 基因输送”疗法，即利用人工耳蜗电脉冲结合基因疗法对完全失聪的豚鼠进行治疗，让其耳蜗细胞产生神经营养蛋白，从而成功让豚鼠的内耳“听神经”再生。他们认为，耳蜗电脉冲结合基因治疗新方法有望利用植入耳蜗产生的神经活动促使受损听神经发生有利变化，获得真正的听力康复，甚至能帮助失聪者听到音乐等更丰富的声音。

总之，人工耳蜗是一种非常有效的听觉假体，它仿照了内耳的声音编码方式，但是其传递信息的能力受到了严重的限制。人工耳蜗研究者面临了一些需要翻越的障碍，有成功的经验也有实际的挑战。人工耳蜗已经激发了一些令人兴奋的新的研究问题，并且已经揭示了一些关于听觉系统的新的谜题。著名的《美国声学学会会刊》几乎每一期都有关于人工耳蜗或人工耳蜗仿真处理的文章。这个领域继续推动着听觉研究的前沿，让我们更好地理解听觉工作原理，并且让我们帮助那些失去或从未有过听力的朋友重建或得到听力。

科技进步必将使未来的视、听觉假体在物理性能和整体功能等各方面产生显著变化。随着微电子技术、纳米技术和生物测量技术的不断引入，我们可以制造出更多新式电子接口、电极、信号处理器，乃至完全不排异和完全可植入的假体设备，令残障人士能够更好地感受有光、有声的美好世界，创造更大的社会价值。

第四节　神经工程在神经系统疾病的诊治方面的应用

神经系统是人体内起主导作用的功能调节系统。人体内各器官、系统的功能和各种生理过程都不是各自孤立地进行，而是在神经系统的直接或间接调节控制下，互相联系、相互影响、密切配合，使人体成为一个完整统一的有机体，实现和维持正常的生命活动。神经系统疾病是严重威胁人类健康的重大疾病，其中包括各种意外或疾病造成的神经系统损伤、各类神经退行性疾病和许多发病原因尚

不明确的精神疾病。这些疾病严重影响着患者的正常生活。许多患者失去了与外界交流或运动控制能力，而长期的生活不能自理给患者和他们的家庭都带来了巨大的痛苦和烦恼。神经系统疾病主要产生感觉与运动两大障碍，常见症状包括：头痛、眩晕、晕厥、昏迷、言语障碍、睡眠障碍、抽搐等。随着医学科学的迅速发展，临床分科越来越细，给患者及时治病就医造成了一定的困难。

一种神经系统疾病可以出现各种不同的症状和体征，反之，一种症状或体征可由不同疾病（病因）引起，而同一疾病因损害部位不同，其临床表现亦不尽相同。出现上述症状的主要疾病包括脑卒中、癫痫、意识障碍、语言障碍、睡眠障碍、帕金森、抑郁症、脑瘤、儿童多动症、认知障碍等。临床上处理神经系统疾病的常规方法是药物和手术治疗。但实践证明，现有的方法和疗效还是十分有限的。面对这样的困境，生物医学工程的研究人员正在设法将现代工程技术方法与医学相结合，在疾病的监测、诊断、康复等方面寻找新方法，而这些工作大都属于神经工程研究的范畴，本节针对神经系统常见疾病，主要介绍神经工程在这些领域的应用。

一、疾病的监测

神经工程可用于意识障碍、睡眠障碍、脑瘤、儿童多动症、认知障碍等疾病的监测，大致机制是通过获取患者一定时间段的电生理信号如脑电图（electroencephalography，EEG）、心电、肌电、眼电等，发现患者与正常人的异同，从而对疾病进行监测。下文在疾病监测方面以意识障碍和睡眠障碍为例进行描述，详细介绍具体的监测方法。

（一）意识障碍的监测

在神经科学领域，意识障碍患者是一类特殊的群体。每年世界上有成千上万的人由于遭遇不幸事故而陷入昏迷，这通常是由于患者颅脑外伤或其他原因引起的，如溺水、脑卒中、窒息等大脑缺血缺氧、神经元退行性改变等。意识障碍患者按照昏迷程度分为轻度意识障碍、中度意识障碍和重度意识障碍。早期区分出不同的意识障碍状态，在临床康复治疗中确定促醒方案非常重要。从减少误诊率和对患者进行有效康复治疗的目的出发，精准评定来制订有效的康复治疗方案并指导医疗资源的合理分配具有重要意义。如对重症颅脑损伤引起的意识障碍患者，精准康复的核心是以重症颅脑损伤患者为中心，精准监测出患者的损伤部位和意识障碍类型等，精准评定出其意识水平和预后情况，找出对其最有效的康复治疗方案。量表评定是一种常用的简单的方法，能够快速简单地初筛出意识障碍的分型，但有很强的主观性和不可预测性。而且在临床中，患者往往伴随运动、感觉、言语和认知功能的损害，甚至是缄默状态，影响了评定结果。常用的其他监测方法如下：

(1) 基于电生理的意识障碍监测：对意识障碍的电生理检查主要包括脑电图 EEG 和诱发电位（体感、听觉、视觉等）检查。EEG 主要用于监测大脑皮质的各种功能改变，可以实时反映脑电的变化，记录皮质电活动的特点。EEG 的异常程度可反映意识状态及脑功能损伤严重程度。因此，临床根据 EEG 的结果可以初步判定患者的意识障碍程度，用于评定患者预后。EEG 作为中枢信号的直接采集方式，可以有效鉴别出有运动障碍且意识存在的患者，减少意识障碍患者的误诊率，为临床意识障碍的准确诊断提供了很好的帮助，是精准康复评定中的重要手段之一。而诱发电位能够反映脑干、丘脑以及大脑皮质的功能改变，并且不受睡眠和麻醉的影响，能够很好地反映意识状态。体感诱发电位是精准评定的重要手段之一。在传导通路完整情况下，N20 可作为判断患者预后的主要指标之一，其波幅高低有重要的预测价值。比如，原本已经消失的 N20 重新出现或者 N13~N20 峰间潜伏期逐渐正常者，则预后良好；若 N13~N20 峰间潜伏期持续延长，则预后不良。因此，诱发电位在重症脑损伤患者的意识障碍程度和预后判断中具有重要的临床价值。

(2) 基于脑 - 机接口的意识障碍监测：脑 - 机接口由于直接从脑信号中提取信息而不依赖于用户的行为，有可能用于意识障碍患者的诊断，就目前来讲，虽然用 BCI 做意识障碍病例的研究是一个很有前景的方向，但是问题还很多，如面临用户认知能力低下的巨大挑战。华南理工大学研究团队实验设计是在电脑上显示两张照片，一张是患者自己的，一张是别人的。让患者执行两个任务，第一个任

务是让他选出自己的照片，第二个任务是让他选别人的照片，不选自己的照片。实验过程中让患者盯着照片看，选自己的照片或者选别人的照片。两张照片以一定的频率闪烁，从 BCI 角度来讲，是两种模态混合的。同时用了两种刺激，一个是相框诱发 P300 波，还有一个是通过照片闪烁来诱发稳态视觉诱发电位（steady-state visual evoked potential，SSVEP）。通过对两种模态脑电信号的分析，确定患者选择和关注的照片。SSVEP 和 P300 等皮质诱发电位信号因易于处理且不需要长时间训练而被广泛应用，这两种系统较相应的单模态脑 - 机接口系统具有更好的监测性能。如果通过 BCI 得到了正的结果，说明患者有意识；但是如果得到负的结果，却不代表他真的没有意识。初步研究成果表明 BCI 在意识监测中的有效性。

（二）睡眠障碍的监测

人的一生中有 1/3 的时间是在睡眠中度过的，5 天不睡人就会死去，可见睡眠是人的基本生理需要。睡眠作为生命所必需的过程，是机体复原、整合和巩固记忆的重要环节，是健康不可缺少的组成部分。据世界卫生组织调查，27% 的人有睡眠问题。在我国的一项调查中，14% 的人患有失眠。失眠即因入睡延迟、频繁觉醒或早醒所致的睡眠不足。失眠患者的身体功能、心理功能和社会功能均与正常人有明显差异，严重影响患者正常的工作、学习及娱乐活动。许多研究表明失眠患者伴有焦虑、抑郁和其他精神病理症状。越来越多的研究者致力于研究睡眠障碍的诊断和治疗。常用的睡眠障碍评估量表是患者与临床医师对于睡眠问题进行的主观评定。其中有些量表由于其合理的结构、良好的信效度，已经被广泛地应用于临床评估中，但具有主观性。基于神经工程技术的监测方法如下：

1. 多导睡眠图监测方法 多导睡眠图（polysomnography，PSG），又称睡眠脑电图，目前 PSG 原理上是通过不同部位的生物电或通过不同传感获得生物信号，经前置放大，输出不同的电信号，记录出不同的图形以供分析。睡眠阶段 EEG 信号频谱会发生变化，如利用小波变换方法进行 EEG 信号的时频域分析。通过对各频段小波能量的分析，发现 Alpha 频段与 Delta 频段的比值能够较好地区分各睡眠分期。也可以分别计算 Delta 波、Theta 波、慢 Alpha 波、Alpha 波、Beta 波（各种波的波形如图 9-25 所示）每个频段的能量值作为特征值，或计算能量比值作为每个频段的特征值。通过时域分析、频域分析、时频分析、非线性动力学分析等方法分析脑电波特征，进行睡眠时相分期，分期效果较好，准确度较高。

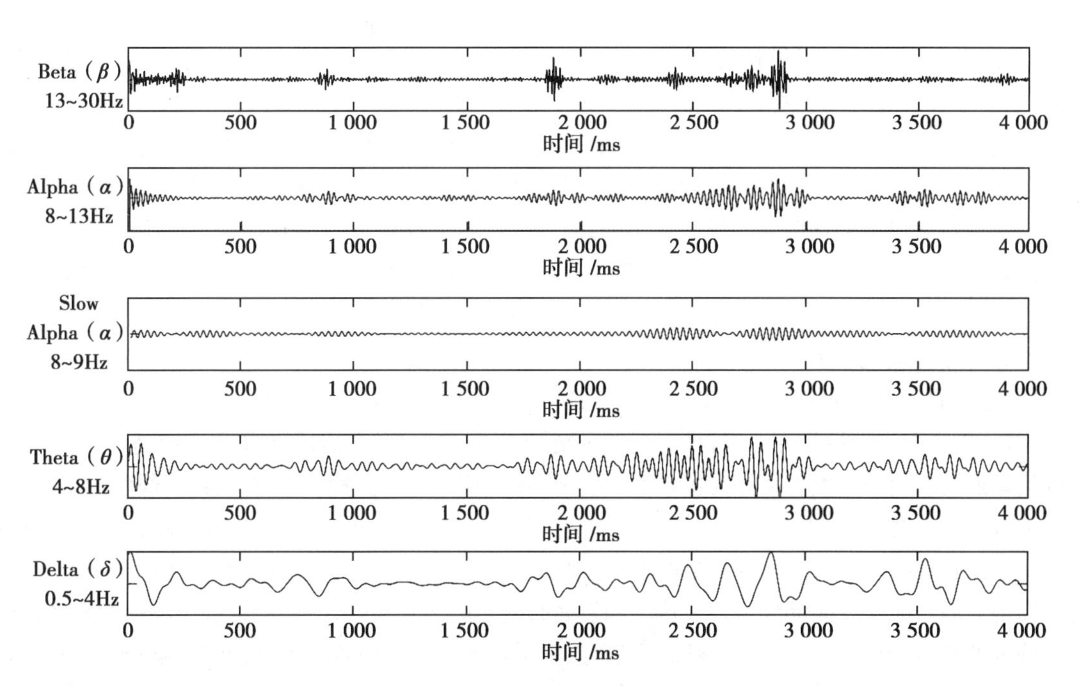

图 9-25 EEG 中不同波段的波形图

2. 基于脑电提取神经递质的监测方法　脑内神经递质与受体作用后，在突触后膜产生突触后电位，大量神经元同步化放电形成脑电波。也就是说，脑电波中含有神经递质的信息，采取适当方法可以把神经递质的信息从脑电信号中提取出来。研究者利用多重频谱分析和非线性特征分析技术通过脑电信号分析，最终计算出脑内神经递质包括 γ- 氨基丁酸（GABA）、谷氨酸（Glu）等各成分含量。有研究通过睡眠障碍患者与健康对照组配对比较，发现慢性失眠患者 GABA 和 Glu 下降。GABA 是脑内重要抑制性神经递质，对睡眠的开始与维持有重要作用，目前常用的镇静催眠类药物是作用于 GABA 受体，加强 GABA 的功能。同时发现失眠患者不仅有 GABA 功能下降，也有兴奋性神经递质功能的下降。不同失眠症状的患者可能有不同的神经递质功能异常。可见，通过脑电计算出相关的神经递质，可以进行睡眠障碍的自动监测。

二、疾病的诊断

和疾病监测相比，诊断主要判断发生哪种疾病，具体疾病类型，甚至发生的位置和时间。神经工程可用于阿尔茨海默病、癫痫、帕金森病、抑郁症、成瘾等疾病的诊断。大致机制是通过设计相关的实验范式，获取患者一定时间段的电生理信号，通过分析提取出与特定疾病相关的生物标志，从而对疾病进行诊断。下文以癫痫、帕金森病、抑郁症为例，进行相关诊断方法的描述。

（一）癫痫病的诊断

癫痫（epilepsy）即俗称的“羊角风”或“羊癫风”，是大脑神经元突发性异常放电，导致短暂的大脑功能障碍的一种慢性疾病，是慢性反复发作性短暂脑功能失调综合征，具有突然性和反复性，不仅对大脑损伤极大，严重时甚至危及生命。据相关资料显示，国内癫痫的总体患病率为 7.0‰，年发病率为 28.8/10 万，1 年内有发作的活动性癫痫患病率为 4.6‰。据此估计中国约有 900 万的癫痫患者，其中 500 万~600 万是活动性癫痫患者，同时每年新增加癫痫患者约 40 万。

癫痫的诊断主要采用脑电分析法，脑电信号是脑神经细胞群的电生理活动在大脑皮质或头皮表面的总体反映，蕴涵着丰富的生理、心理及病理信息，是临床上诊断癫痫的有效手段。目前，癫痫的诊断主要依赖于典型的临床表现及脑电图监测到的非发作期间的异常痫样放电。传统的癫痫临床表现诊断法主要依靠临床病史和视觉检测脑电图的人工方法，该方法检测时间长、效率低，并且根据医生的临床经验判断容易出现不一致的判断情况，须有丰富经验才能无遗漏地识别出所有的癫痫波，费时费力，主观性强，只能作定性分析。研究者不断寻求一种高效、可靠的自动检测方法，不仅可以减轻医生的工作量，还可以使患者得到及时、有效的治疗。通过 EEG 信号自动诊断癫痫的技术受到了广泛关注，很多专家在这一领域做了大量研究。

总之，脑电尤其是动态脑电图应用于临床对癫痫的诊断具有重要的意义，大大提高了疾病的检出率，有效降低了漏诊的发生。长期监测还可以对癫痫患者的病情进行监测，根据监测结果、痫样电波的多少对预后做出正确判断并指导临床用药，对癫痫患者的疾病诊断、病情监测、预后判断及临床用药治疗都有重要的临床应用价值。因此，动态脑电图的广泛应用给癫痫患者带来希望。但 EEG 检测也有不足之处，比如临床检测无法保证 100% 的准确率，有待在今后的临床工作中进一步研究。

（二）帕金森病的诊断

帕金森病（Parkinson disease，PD）是目前仅次于脑卒中、老年性痴呆，严重威胁老年人健康的第三大杀手。PD 属于一种神经变性病，具备进展缓慢、起病隐匿等特征，以肌强直、姿势步态平衡障碍、进行性运动迟缓以及静止性震颤等为主要临床表现。神经病理变化为患者的黑质致密部位的多巴胺的神经元存在选择性缺失、变形，神经出现胶质增生等。在临床诊治中，由于帕金森病的临床早期症状不典型，诊断难度较大，一旦出现典型的临床症状，患者病情多发展到中晚期阶段，严重影响患者的日常工作与生活。帕金森病的病情发展速度和发病时间之间不存在线性关系，且病情早期的发展较快，病情晚期的发展较慢，因此是否早诊断、早治疗、早干预严重影响患者的临床治疗效果、预后与生活质量。目前采用脑电进行早期诊断。

(1) 非运动症状的早期诊断：由于PD缺乏明确的早期诊断指标，患者发病时已发生不可逆转的神经变性，治疗与预后转归都不理想。PD患者常伴有广泛的抑郁、痴呆、执行功能失调、睡眠障碍及神经心理学改变等。神经肌肉刺激(NMS)逐步被证实其对患者生活质量的影响甚至超过了运动症状，对NMS的研究也日益受到重视。在PD出现明显的临床症状前关注NMS，建立早期诊断方案是预防和治疗PD的最佳途径。PD患者的抑郁症状与EEG慢波即 δ 波和 θ 波的活动增多有关，研究发现，伴发抑郁的PD患者EEG异常率明显高于不伴发抑郁的PD患者，并且伴发抑郁的PD患者各脑区的慢波频带功率值均明显升高。伴有智障尤其是痴呆的PD患者其EEG异常率更高。将波幅随时间变化的脑电波变换为脑电功率随频率变化的数字化信号，为检测脑功能状态提供了量化的参数，它可以敏感地探测PD伴随的认知损伤。睡眠障碍是PD的常见伴随症状，主要表现为夜间睡眠障碍和白天过度嗜睡。很多PD睡眠障碍的研究都使用EEG完成。PD患者睡眠的EEG改变包括波形模式的改变或睡眠特征波的数量下降，如睡眠纺锤波数量减少、慢波频率减慢。基于EEG综合分析这些NMS症状，为PD患者的早期诊断提供依据。

(2) 运动症状的早期诊断：前期的PD研究提示，运动功能障碍与EEG信号中低频段能量的改变密切相关。其中冻结步态是PD晚期常见的症状，临床表现为患者企图行走时或前进过程中步伐短暂、突然地中止或明显减少，不仅严重影响患者的步态，还对患者的生存质量产生较大的影响。目前没有任何机制能够有效地预测冻结步态。而EEG具有很高的时间分辨率，可精确到毫秒级，所以能为了解和预测冻结步态提供一个新的突破口。采用EEG技术，一项研究探索了单变量和多变量EEG特征的傅里叶和小波分析对提前预测冻结步态的作用，结果表明从行走到冻结转换的预测，敏感性达到87%，准确率达到73%。因为冻结步态的突发性与EEG的高时间分辨率契合，能够及时准确地预测冻结步态的发生，EEG的技术优势得到了体现，真正做到防大于治。

(三) 抑郁症的诊断

抑郁症是一种以情绪低落、思维迟钝、行为迟缓为主要症状的精神疾病，同时可伴有睡眠减少、体重降低等躯体症状。不可控制的应激也是其产生的重要原因。因此，所有抑郁动物模型共同的特点就是抑郁行为，是由不可控制的负性事件所产生的。抑郁症以明显且长期的心情低下作为主要临床特性，是危害人类健康的常见情感障碍类疾病。目前，全世界大约有3.5亿人患有抑郁症，且抑郁症的发病率在11%左右。在所有的抑郁症患者中，65%~80%会产生自杀的念头，45%~55%已经发生了自杀行为，更有甚者，约15%的患者因自杀而身亡。在全世界，每年因为患有抑郁症而自杀的人数高达100万。

目前，国内外诊断抑郁症的主要方法是评定量表，该方法难以避免出现被测试者主观隐瞒等干扰因素，容易导致结果出现偏差。脑电与机体的情绪是彼此相关联的，当情绪有变化时，脑电也会有不同的电活动的变化。研究表明，抑郁症患者与健康人群相比，其EEG在一些方面上有很大的差异，例如频率、幅度和功率，特别是在 α 波段的差异最为明显。Burger等人的研究表明，抑郁症患者的脑电信号在不同波段上的功率谱存在与正常人不同的特征。研究者首先通过量表筛选出抑郁症患者和正常人这两类群体，然后采集这两类人群的脑电信号，利用现代谱估计中的AR模型Burg算法，对干净的脑电信号进行功率谱估计，并提取绝对平均功率、重心频率、最大功率及功率谱熵四个脑电特征，之后对这四个脑电特征做统计分析。统计结果显示，抑郁组的功率谱与正常组存在着显著性差异。

三、疾病的康复治疗

康复是指综合地应用各种方法，使病、伤、残者(包括先天性残)已经丧失的功能尽快地、能尽最大可能地得到恢复和重建，使他们在体格上、精神上、社会上和经济上的能力得到尽可能地恢复，使他们重新走向生活，重新走向工作，重新走向社会。康复不仅针对疾病而且着眼于整个人，从生理上、心理上、社会上及经济能力进行全面康复。康复治疗是一门促使患者身心功能康复的新的治疗学科，它的目的是使人们能够尽可能地恢复日常生活、学习、工作和劳动，以及社会生活的能力，融入社会，改

善生活质量。很多疾病想要尽快地恢复健康，康复治疗是必不可少的。下文以脑卒中、癫痫病、睡眠障碍、意识障碍、抑郁症为例，介绍相关疾病的康复及治疗方法。

（一）脑卒中的康复治疗

脑卒中是世界上第三大致死致残疾病，严重危害广大人民群众身体健康。2018 年流行病学研究表明，我国每年新发脑卒中约 200 万人，约有 1 200 多万患者，并且发病率仍以接近每年 9% 的速度上升。脑卒中是由于脑部供血受阻而引起脑功能损失的一种疾病，可导致运动、感觉、语言等功能障碍，其中以运动功能障碍最为常见。据世界卫生组织报道，超过 48% 的患者进入慢性期后仍然存在手功能障碍而不能独立生活，给家庭和社会造成沉重的负担。除了常规的药物治疗和手术治疗外，恢复期治疗对于脑卒中后遗症患者来讲非常重要。目的就是为了改善肢体麻木障碍、语言不利等症状，使之达到最佳状态，并降低脑梗死的高复发率。恢复期治疗尤其是在恢复肢体运动障碍方面显得更为突出。因此，为了让存活的患者更好地回归社会和家庭，对于脑卒中患者的康复治疗就变得越来越重要。

而康复治疗是指通过康复手段，使患者机体的部分或者全部的功能得到最大限度的恢复，从而达到最大可能的学习、工作、劳动和生活自理的能力。传统的治疗方法依赖于物理治疗法，它通过患者与治疗医师之间的一对一的物理治疗实现，因而康复医师的临床经验对康复效果具有很大的影响，费时费力，而且受到治疗场地的限制（患者需要到指定的地点如康复训练中心或者专业的医院进行康复训练），这对康复训练产生了一定的限制。近年来，一些新技术也被应用于脑卒中康复领域，使得卒中患者的预后情况得到了极大的改善，下面就来给大家介绍几种已经投入使用并得到较好反馈的新方法和新技术。

1. 基于康复机器人的训练治疗　在现今的脑神经康复医学方面，研究人员对中枢神经系统受损后功能恢复的可能性和可能的机制进行了大量的研究。近 30 年在神经系统疾病康复领域中最重要的研究成果之一，就是人们逐渐认识到中枢神经系统具有高度的可塑性，这是中枢神经损伤后功能恢复的重要理论依据。脑卒中患者通过合理的学习和训练后，脑功能可以得到一定的恢复。传统的康复治疗中，治疗师手把手地对患者进行一对一的康复训练，这种方式的训练效率和训练强度难以保证，训练效果受到治疗师水平的影响，而且缺乏评价训练参数和康复效果关系的客观数据，难以对训练参数进行优化以获得最佳治疗方案。

近年来，随着机器人技术和康复医学的发展，康复机器人已经成为一种新的运动神经康复治疗技术，利用机器人技术进行康复训练对于脑卒中患者肢体功能的恢复具有重要的意义。基于康复机器人的训练治疗通过预先编好和设定的程序，使机器人带动患者的肢体进行康复训练，如上肢康复机器人，带动患者进行肩关节屈曲、内收、外展，肘关节屈、伸，前臂旋前、旋后，手抓握训练。下肢步态训练系统（下肢康复机器人）是由动力平台、减重系统、一个与腿部或足部相连的驱动装置共同组成，可通过计算机来对平台步速实行控制调整，以尽可能提供给患者平滑、准确、协调的腿部运动，并为患者肢体提供外部支持，在步行时使患肢产生正常运动模式。上下肢机器人示意图如图 9-26 所示。目前的步态训练系统分两类：固定于训练平台并与下肢平行的机电外骨骼、固定于足部的机电外骨骼。在训练时，步态训练系统通过不断重复的运动不但可以提高步行能力，同时可以保证训练中患者步态的对称性。

机器人训练治疗优点是安全性好，可重复运动，减轻了治疗师的工作负担，不受发病时间限制，可客观地进行功能评价，所以其治疗方式还是值得肯定的。在今后的研发中，应尽量实现生物反馈控制，以提高康复效果。

2. 基于虚拟现实的训练治疗　虚拟现实（virtual reality，VR）技术是指利用综合技术形成逼真的三维视、听、触一体化的虚拟环境，用户借助必要的设备以自然的方式与虚拟世界中的物体交互，从而产生身临其境般的感受和体验。VR 的最大特点是患者可以用自然方式与虚拟环境进行交互操作，改变了过去人类除了亲身经历，就只能间接了解环境的模式，从而有效地扩展了自己的认知手段和领

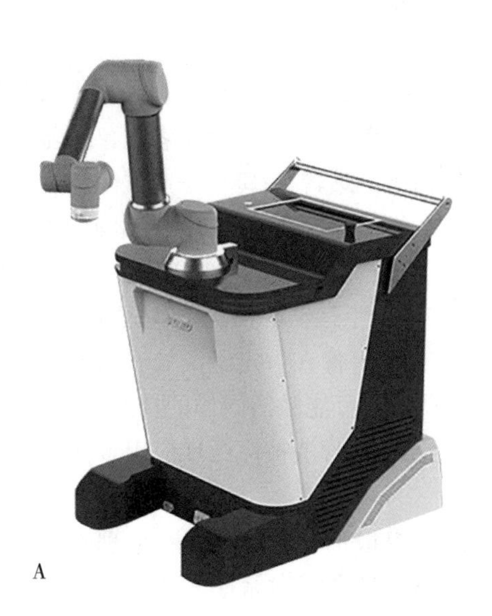
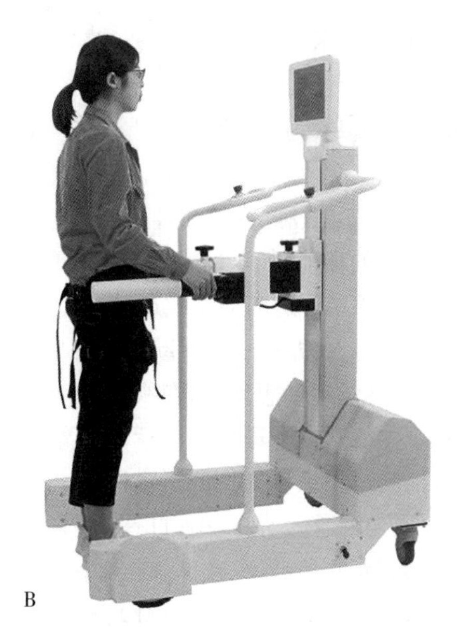

A　　　　　　　　　　B

图 9-26　上肢及下肢康复机器人
A.上肢康复机器人;B.下肢康复机器人。

域。它通过患者自主操控,可进行不同强度的运动训练,并有实时反馈,可制订个性化的训练方案以促进肢体运动的恢复。VR 系统具有沉浸、交互和想象三大特征。

在脑卒中后的手功能康复中,运用 VR 技术,可以针对脑卒中患者手的损伤和功能进行训练,包括改善关节活动度、增强肌力、增加速度和促进分离运动的产生等。应用的 VR 操作系统主要包括计算机、头盔、数据手套和罗格斯控制手套等组件。VR 系统在应用时,首先由计算机软件生成一种极具真实感的三维仿真环境,该环境包括视觉、听觉、触觉甚至嗅觉和味觉等多种刺激信息。头盔可将多媒体图像显示装置和扬声器整合其中,并安装有位置感受器,以输出虚拟环境所需的视觉、听觉等信息,使患者能完全沉浸其中。手持控制器和数据手套上装有位置感受器和力量感受器,一方面可以输出计算机的刺激信息,同时也可以采集患者在虚拟环境中的位置、运动速度等反馈信息,并依据这些数据对输出刺激进行调整。该系统还可以根据患者的表现和运动的结果来确定反馈的特异性和频率。通过在这种强化环境中的训练,脑卒中患者可以逐渐学会运动的技巧,改善上肢和手的精细运动功能。例如,当使用者伸出手向虚拟环境中的物体运动时,感受器会将手指的运动信息和手的位置信息传入该系统的控制中心,使该系统能及时了解使用者的手何时碰到虚拟物体,然后调整显示,模拟对该物体的推、提和旋转等操作。这一虚拟环境根据康复原则建立,通过制订合适的运动训练计划和反馈模式,为使用者提供关于运动形式和运动目的的反馈信息,指导患者的运动训练。同时,借助于 VR 技术,临床医师可以通过力量和位置感受器精确地监测患者的运动表现和运动可塑性的行为参数,及时了解患者的功能情况,为下一阶段训练计划的调整提供依据。

相比于传统的康复疗法,VR 技术可以让患者直观地看到自己在执行的操作,通过身临其境的虚拟环境体验,加强对训练动作的强化认知。VR 优越性主要体现在重复、反馈和动机三个关键环上。重复是学习强化过程的必要手段,积极的反馈,包括 VR 技术中的激励条件,可以给患者训练体验带来正向的驱动力量,给患者更强烈的沉浸感。此外,明确的动机可以让患者在长时间的训练过程中,分化所要实现的目标,逐渐营造循序渐进的训练程序。

随着 VR 技术的应运而生,传统康复方式正遭遇重大挑战。越来越多的临床研究显示,VR 康复技术在运动障碍及认知功能康复方面有明显优势。但是现在国内仍缺少一套完整针对脑卒中后 VR 康复的智能化诊疗系统,如能通过评估的信息智能化为患者提供训练建议,并实现训练评估结果的信息共享与远程协助,及时跟踪患者康复进展。相信随着计算机产业、器械设计及康复医学的不断发展,

将康复需求与VR技术、机电化技术进行跨界交叉融合，能给脑卒中患者带来一套全新、全面、智能化、信息化的，具有革命意义的解决方案。

3. 基于运动想象的训练治疗　首先，运动想象指通过大脑有意识地模拟训练某一动作而不伴有明显的身体或肢体活动。如通过引导患者，最大化地激发患者的想象力，让患者想象之前常规康复训练内容中的动作，如髋、膝、踝的屈伸控制；床上翻身转移；坐—站转移；蹲下—起立等。然后想象自己置身于各种不同的环境（如草地、沙滩、拥挤的街道、坡地、楼梯间等）中行走。在暗示语的指导下，患者头脑中反复想象某种运动动作或运动情境，从而提高运动技能和情绪控制能力。运动想象可分为：①肌肉运动知觉想象，即在肌肉运动知觉想象过程中，在未产生运动的情况下被试者感觉到自己实际完成了动作；②视觉运动想象，即在视觉运动想象中，被试者好像在一定距离处看到自己或者其他人完成了动作。功能影像学证据表明运动想象与实际运动功能可能激活同样的神经网络，即通过运动想象可以激活脑卒中患者损伤的运动网络。近年来，运动想象疗法被广泛地应用于脑卒中偏瘫的临床康复治疗，成为触通运动网络新的治疗手段。

目前对运动想象疗法改善脑卒中患者运动功能最有力的解释是心理神经肌肉理论（psychoneuromuscular theory，PM）。PM理论基于个体中枢神经系统内储存了进行运动的运动计划或“流程图”。由于想象涉及与实际运动同样的运动流程图，所以流程图在运动想象过程中可被强化和完善。脑损伤患者尽管存在身体功能障碍，但运动流程图仍可能保存完整或部分存在。有研究显示，运动想象和实际运动同样活化双侧运动前区、顶叶、基底节和小脑。这些研究表明，脑卒中患者可应用运动想象部分活化损伤的运动网络。通过运动想象来促进瘫痪肢体的康复，较之被动运动肢体可能更符合正常运动由脑到肢体的兴奋传导模式，从而更有效地促进正常运动反射弧的形成。

在患者的功能训练中，首要技巧是产生运动意念，随后发展适应环境需要的运动模式控制能力。当患者对简单活动获得较好控制能力和力量后，对这些活动的直接注意力就会减少。因此治疗师应注意提供适当的训练条件，且应注意引导患者把从特定的康复环境中学会的运动技能应用在其他复杂多变的环境中。另外也可在作业治疗中加入运动想象技术，注重日常生活活动能力的训练。

运动想象疗法目前在脑卒中康复的临床应用还不是很多。但已有的研究表明，此疗法可应用于不同时期及不同程度的偏瘫患者，有利于提高患者手、踝、坐 - 站、日常生活活动能力和功能性任务的再学习（如家务、做饭、购物）等能力，可改善单侧忽略等障碍，尤其对慢性脑卒中患者的功能恢复有较好疗效。总体来说，运动想象在脑卒中后康复中应用潜力巨大，但作为一种辅助方法需要与常规康复训练或其他治疗方法相结合。

4. 基于运动想象脑 - 机接口结合VR的训练治疗　脑 - 机接口的基本原理是当一个人的大脑在进行思维活动、产生意识（如动作意识）或受到外界刺激（如视觉、听觉等）时，伴随其神经系统运行的一系列电活动，这些大脑产生的电活动信号可以通过特定的技术手段加以检测，然后再通过对信号分析处理，从中辨别出当事人的真实意图，并将其大脑思维活动转换为指令信号，以实现对外部物理设备的有效控制。脑 - 机接口依据原理不同有多种类型，其中运动想象脑 - 机接口在康复领域具有独特优势，基本原理就是通过引导患者执行特定的运动想象任务（主要是肢体运动想象，如患者想象自己的左手或右手握拳张开，想象脚步向前走），在患者执行想象任务期间实时采集其脑电波信号，通过模式识别人工智能分析方法，分析患者的运动想象意图，当检测到患者不同想象任务意图时，驱动VR相关虚拟动作或启动相关的电子设备（如电刺激仪、康复机器人等）实现反馈及康复训练。将脑 - 机接口技术结合VR反馈技术通过患者有康复意图时“所想即所动”的实时沉浸式反馈训练，激活大脑自身细胞的可塑潜力，重建受损大脑的皮质，修复外部肢体和大脑之间的功能控制连接，达到促进康复的目的。

运动想象脑 - 机接口中大脑活动信号的检测目前主要是脑电波EEG，核心是EEG的分析处理。首先是EEG的预处理，接着是运动想象意图相关EEG信号特征提取，理论依据是事件相关去同步（event-related desynchronization，ERD）及事件相关同步（event-related synchronization，ERS）现象。最后

是运动想象意图的识别分类,依据不同运动想象任务提取的特征,识别患者是否进行了运动想象及想象发生的具体部位(左手、右手、脚等)。当识别了患者的具体运动想象意图时,转换成相关的命令,用于控制及反馈。

结合运动想象脑-机接口及VR的康复系统(以手功能康复为例)(图9-27)由患者、基于MATLAB技术的信号采集处理系统、基于VR技术的康复系统组成。信号采集处理系统工作过程为采集患者的EEG信号后进行预处理、特征提取和特征识别;康复系统由离线训练、在线更新训练和VR在线训练子系统组成。离线训练子系统:依次呈现黑屏、左/右手动作视频和左/右箭头分别提示患者休息、运动想象准备和左/右手运动想象。训练过程中系统采集患者运动想象期间的EEG信号,并对其进行预处理、特征提取、特征识别,建立识别模型。在线更新训练子系统:呈现刺激箭头,患者根据提示进行左/右手运动想象,采集患者运动想象期间的EEG信号并按照离线训练子系统的模型,实时识别结果,控制左/右手动作视频的呈现,作为视觉反馈,促使患者产生更易识别的EEG信号。该过程依据采集的EEG信号建立更有效的识别模型。VR在线训练子系统:患者进行左/右手运动想象,实时分析患者想象意图,通过TCP/IP协议实时发送给VR系统,控制3D人物左/右手运动,并作为视觉反馈提供给患者,也可以同时结合机器人实现同步的康复训练。

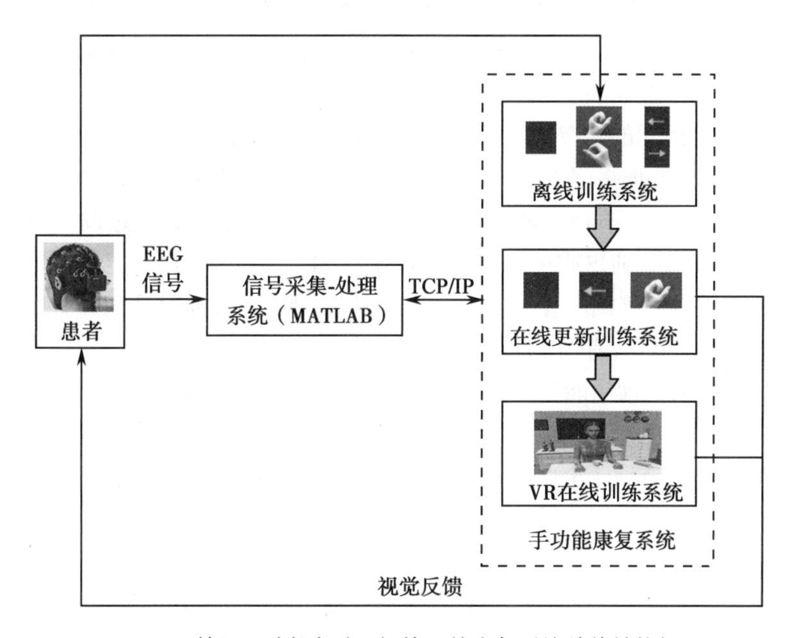

图9-27 基于运动想象脑-机接口的康复系统总体结构框图

脑-机接口作为近十年来得到迅速发展的新技术,结合VR技术用于康复治疗具有潜在的优势,通过患者主动参与到康复训练的闭环系统中实现沉浸式的反馈训练,基于中枢神经系统的可塑性最终促进大脑受损部位的康复。

5. 基于重复经颅磁刺激的治疗 经颅磁刺激(transcranial magnetic stimulation,TMS)从1985年首次创立至今已有30多年,在此期间引起了神经病学家、精神病学家、神经外科医生等专家学者的广泛关注。它是一种在颅外特定部位采用一定强度时变的磁场,在颅内诱发时变的感应电场,并引起感应电流刺激邻近神经组织的电生理技术,目前广泛应用于神经病学基础与临床研究领域,具有无痛、无创、安全、方便且能评价大脑皮质兴奋与抑制功能等优势。TMS主要通过改变大脑局部皮质兴奋性,改变皮质代谢及脑血流来达到治疗目的。高频刺激有易于神经元兴奋作用,瞬间提高运动皮质兴奋性,而低频刺激有抑制兴奋的作用。另外它对皮质代谢、脑血流和神经递质具有调节作用。重复经颅磁刺激(repetitive TMS,rTMS)是在TMS的基础上发展起来的,作为一种非侵入性的治疗技术,具有安全无创、操作简便等优点,被广泛用于治疗多种临床疾病,尤其是应用于脑卒中患者的康复。

目前对脑卒中后运动功能、言语功能、吞咽功能、认知功能、抑郁、单侧空间忽略的研究比较深入。

(1) 运动功能方面，研究发现不同 rTMS 刺激频率、刺激作用方式(单侧、双侧刺激)等对上肢功能和手功能的恢复均有一定的治疗作用，但参数不同导致结果差异性大，尚未明确最佳治疗方案。也有研究表明高频 rTMS 有助于脑卒中后偏瘫患者下肢运动功能的恢复。

(2) 言语功能方面，初步表明低频 rTMS 对不同类型的失语症均具有较好疗效，能够有效改善患者物品命名能力，提高准确率，缩短反应时间，同时对自发性言语和理解能力也有一定的改善。

(3) 吞咽功能方面，证实不同频率 rTMS 对脑卒中半球损伤所致吞咽障碍均具有较好的康复治疗效果，且无副作用。但是治疗模式特别是参数的选择和评价标准差异较大，因此针对脑卒中后吞咽障碍的最佳治疗方案有待整合。

(4) 认知功能方面，认知功能障碍的有效刺激区域主要位于左侧前额叶及其背外侧区或右侧前额叶及其背外侧区。初步研究表明 10Hz 的 rTMS 对认知改善效果最佳，不同刺激模式下的 rTMS 对脑卒中后认知障碍均具有积极效应，但仍需大样本研究进一步检验证实其有效性。

rTMS 在脑卒中康复治疗中已经取得了较好的效果，但参数选择较多，虽然刺激频率是最重要的治疗参数，仍需对其他作用参数做出全面的分析和评价，使之有利于促进 rTMS 技术临床运用的完善和推广。脑卒中康复治疗确切的作用机制目前尚不甚明了，亟待相关基础实验的深入研究并加以阐述。

6. 基于经颅直流电刺激的治疗　经颅直流电刺激(transcranial direct current stimulation，tDCS)是一种非侵入性的，利用恒定、低强度直流电(1~2mA)调节大脑皮质神经元活动的技术。与其他非侵入性脑刺激技术如 TMS 不同，它不是通过阈上刺激引起神经元放电，而是通过调节神经网络的活性而发挥作用。tDCS 通过刺激大脑皮质进行神经功能调节，能提高再学习能力及获取新的执行能力，这可能与潜在神经通路被激活等机制有关。当大脑兴奋性被修饰后，通过易化或加强局部神经元活性并与其他部位脑组织发生联系，有助于再学习能力改善，从而提高认知功能。

近年来治疗脑卒中后运动功能障碍的临床研究逐渐增多。分析发现，采用阳性电极刺激损伤侧上肢运动功能区，能促进慢性脑卒中患者上肢功能恢复，但不同患者间恢复程度差异较大；采用阴性电极刺激损伤对侧 M1 区，有助于上肢瘫痪较重的慢性脑卒中患者运动功能恢复；通过对阴性刺激和阳性刺激的治疗作用进行比较，发现阴性刺激更有利于脑卒中患者手功能恢复，同时有研究发现，双侧刺激治疗效果较单一的阴性或阳性刺激更好。随着在神经领域中的广泛应用，它被逐渐认为是一种能促进认知功能恢复的潜在治疗方法，通过刺激大脑皮质进行神经功能调节，能促进研究对象提高再学习能力及获取新的执行能力，提高注意能力，这可能与潜在神经通路被激活等机制有关。阳性刺激能提高健康被试者的词汇速度、流利程度及命名精确性，联合言语训练能明显改善脑卒中后失语症患者图片命名及理解能力。它可作为吞咽障碍康复治疗的有益补充，也能够改善神经精神疾病患者的情绪。

康复之路虽然漫长，但可造福广大患者。要想使得更多患者可以享受到最优质和最先进的康复治疗，使其更好地回归社会、回归家庭，需要更多的研究学者投入到康复领域，推进相关科技的深入发展。

(二) 癫痫病的治疗

目前，癫痫的主要治疗方法是预防性应用抗癫痫药物，防止癫痫的临床发作，而抗癫痫药物的作用机制多种多样，通常是抑制神经元的离子通道。新的抗癫痫药物主要特点是改善了药物的副作用，但并不比旧的抗癫痫药物更有效。总的来讲，世界范围内的药物难治性癫痫的比例仍然占癫痫患者的 1/3。因此人们仍在不断尝试诸如基因治疗、纳米颗粒(nano particles)细胞内导向治疗以及新的抗癫痫设备。对脑组织功能的准确记录和分析及植入式电刺激器的问世，为癫痫的治疗开辟了一条新的途径，现介绍几种用于临床的癫痫治疗方法。

1. 开放式刺激系统治疗癫痫　电场能够影响神经元的兴奋性，所以电刺激在过去的 20 年时间里不断地被用来尝试治疗癫痫发作。在 19 世纪 70 年代小脑电刺激就被用于癫痫的治疗，之后人们也尝试电刺激丘脑中间核和丘脑前核治疗癫痫。初步研究证明电刺激控制癫痫发作对某些患者是有效和安全的，但这些探索性研究是经验性的，缺乏对照，并且许多研究结果缺乏统计学意义，是有争论的。随后国家监管部门如美国的 FDA 制定了有关这些设备治疗癫痫的安全性和有效性标准，近来有关电刺激设备的临床研究已经进入了一个设计科学、有对照的研究阶段。

2. 迷走神经刺激治疗癫痫　迷走神经刺激（vagus nerve stimulation，VNS）是美国 FDA 在 1997 年批准通过的对部分性癫痫发作的辅助性治疗。VNS 是开放式抗癫痫装置，没有直接的反馈调节作用，它是通过程序性重复性刺激（30s 开，5min 关）迷走神经，间接刺激中枢神经系统而起到治疗作用的。刺激参数可以通过程序修改，包括电压、刺激时间、波宽，开关循环时间等。这种设备类似于早先的心脏起搏器，设计简单而且证明对一些癫痫患者是有效的。VNS 是通过间断性刺激左侧颈部迷走神经而起作用的，刺激电极是一个袖套样的电极，包绕在左侧迷走神经上。右侧迷走神经由于其主要支配心脏房室节的活动，所以不作刺激用，以免引起严重心律失常。目前我们尚不清楚迷走神经刺激控制癫痫发作的确切机制，但是这一技术可以预防癫痫的发作。VNS 可以使癫痫发作次数平均减少 30%~40%，约 10% 的患者可以达到完全控制癫痫发作的目的。

3. 深部脑刺激治疗癫痫　深部脑刺激治疗使用 Kinetra 神经刺激器（Medtronic），通过刺激丘脑前核来控制癫痫的发作。神经刺激器通过脑立体定向方法植入到丘脑前核，采用间断性的刺激而不是持续性的刺激。脉冲发生器植入到锁骨下方的皮下，通过皮下连接线与脑深部电极连接，现在有一拖二刺激器，一套刺激仪器中就包含了两个植入性的脉冲发生器，把它们植入到胸部的一侧即可。选择丘脑前核作为治疗的靶点主要是根据癫痫动物模型的研究结果，以及两项人体预实验结果，这两项预实验证明刺激患者脑前核可以控制急、慢性癫痫发作。这项研究目前正在有计划地进行中，有望在近期看到实验研究的结果。初步研究显示，将 Kinetra 仪器用于刺激海马核团也可控制癫痫发作，也有人将刺激电极植入到人底丘脑核和中央中核尝试治疗癫痫。

4. 反馈式闭路刺激系统治疗癫痫　反馈式闭路刺激系统的设计和应用在癫痫治疗领域是一个新的令人鼓舞的进步。反馈式闭路刺激系统可以实时记录、监测 EEG 信号，当发现有癫痫发作的先兆证据时就会启动开关进行刺激干预。目前有许多类似的仪器在研制中，反馈式神经刺激器系统进入了临床试验阶段。它有颅内电极，能记录颅内脑电的变化，并将这些脑电信号进行计算分析，当出现癫痫发作或者癫痫发作即将开始时，闭路刺激系统会做出判断，并启动开关对大脑局部进行电刺激以预防或阻止癫痫的发作。数字化 EEG 是监测癫痫患者脑电变化的有效方法。信号数字化和先进的计算机处理器使复杂的数学分析处理成为可能，目前，应用计算机可以快速处理分析大量的颅内记录的 EEG 信号。多年来监测棘波和癫痫发作的方法在不断改进，但探测发作的数学算法进步不大，这在一定程度上阻碍了反馈式控制癫痫装置的研发和应用。如果反馈式闭路仪器的检测变得更精确，它对癫痫发作的监测将成为一个有效的反馈机制，既可以缩短也可以终止癫痫的发作。但是反馈式闭路仪器的监测成功，需要一个较早的警告信号，而目前第一代产品在发现癫痫发作开始后干预的时间可能有些晚。解决的办法无疑是更早一点发现癫痫发作的预警信号。

神经病学家早就知道有些癫痫患者可能会很准确地预测他们癫痫的发作，并且近期有证据表明，癫痫患者中有的人确实有可靠的预测能力。这种早期的预测通常也很难在头皮和颅内的 EEG 监测中发现。发作前的 EEG 改变属于相对小的间断性信号，目前用于临床检查的 EEG 系统难以监测到这种信号的频率和空间变化。但是，应用比传统的临床检查系统频率更快的颅内 EEG，在几个患者身上采样发现在癫痫发作很早以前便有客观的 EEG 改变。理论上这种闭路抗癫痫仪器应该能在癫痫临床发作很早之前就鉴别出即将出现的一次癫痫发作，这样就可以将其扼杀在萌芽之中，避免临床发作时损伤更多的神经元。如果在癫痫发作几分钟或更多的时间前能够预测出癫痫发作，我们就有更多的机会应用各种策略去阻止它的发生。

（三）睡眠障碍的治疗

治疗失眠有效的方法应该是能够降低神经系统的兴奋性，肌电生物反馈是一种有效的治疗方法。近年来，临床应用较多的还是催眠药物的治疗手段，但催眠药物大都具有一定程度的副作用。理想的催眠手段应该是：诱导睡眠迅速、维持整夜的生理睡眠、无副作用、无依赖性以及无停止治疗后的反弹，有较高的疗效等。肌电反馈是一种引导机体进行放松的方法，通过自我的调节，可以降低自主神经的兴奋性。临床的观察发现，失眠症患者进入睡眠后，肌肉活动仍然较高，脉搏增快，自主功能亢进，脑 α 波活动增加。这可能是失眠患者深睡眠时间减少，夜间觉醒次数过多的原因。而肌电反馈通过有意识的训练，降低了肌肉兴奋的水平，抑制了神经中枢的觉醒水平，从而达到延长和加深睡眠的目的。实验表明失眠症被试者经过一个疗程的治疗，睡眠状况有所改善。通过治疗前后患者的多导睡眠图对比分析，发现经过治疗患者实际睡眠时间延长，夜间觉醒次数减少，睡眠效率提高。由此可见，肌电反馈确实能够改善患者的睡眠结构，提高患者的睡眠质量。

肌电反馈原理是指把平时察觉不到的微弱肌电信号加以放大，患者可以通过操纵这种信号，达到控制肌肉活动、使之紧张或放松的目的。在进行肌电反馈训练后，患者马上就能够意识到紧张的增加以及如何使自己放松。肌电反馈治疗失眠通常采用额肌生物反馈，其电极放置在两眉的上方、瞳孔的正上方，距眉弓约 2.5cm，参考电极置于两个电极的正中间。额肌的紧张与松弛基本可以代表全身肌肉紧张和放松的程度，而且额肌的放松或紧张状态还能泛化到其他肌群。研究发现，通过肌电反馈引导放松，可以降低自主神经的兴奋性。肌电反馈放松训练对于失眠患者而言是一种间接的治疗方法。失眠与机体的持续高唤醒水平有关，而骨骼肌的电活动水平与机体的唤醒水平是一致的。高度的肌肉放松状态，尤其是眼部和喉部的肌肉放松，常伴有懒洋洋的瞌睡感甚至使患者进入睡眠，从而真正使患者逐渐体验到正常的睡眠。

（四）意识障碍的康复治疗

从功能的角度分析，意识的本质是机体既能感知外界环境，又能感知自身，并且能够整合和处理外界和自身的传入信息，做出有利于该生命体的正确反应。因此，从精准康复角度来看，意识障碍康复的前提和基础是感知能力，通过增加感觉输入和知觉重塑的方法进行康复治疗。原则主要是增强患者感觉的输入和知觉的重塑。意识障碍患者一般会出现卧床或者活动减少等情况，导致外界的感觉输入进一步减少，从而增加了患者觉醒的不利因素。康复干预的多种手段都可以增加患者感觉的输入，这需要康复团队的协作。康复团队可以设计出一系列的物理刺激方案，主要是增加广泛外周感觉输入的方案，比如冷热交替刺激、正中神经电刺激、迷走神经刺激、水疗等。

知觉比感觉更为复杂，在感觉信息传入后，需要多个脑区协同整合和处理才能形成知觉。在康复促醒治疗中，知觉的重塑主要是通过物理能量的输入，直接对中枢神经系统网络的生长进行影响和塑造，促成知觉的重新获得。目前在恢复知觉的研究中，主要的康复方法包括 TMS 和经颅直流电刺激。TMS 可以激活或抑制皮质 - 皮质、皮质 - 皮质下神经网络的活动，从而调节皮质的可塑性，实现知觉的重塑。有研究推测 TMS 的促醒作用可能是促进神经元的轴突修复，从而重新激活处于休眠状态的神经元或重新连接处于孤立状态的脑区。不过这些研究主要还集中在个案报道或者多案例报道，还需要进一步增加临床证据。tDCS 是一种无创、可直接作用于中枢神经系统的持续微弱电流刺激，在 20 世纪 60 年代就开始在动物和临床进行实验，发现其对神经网络有活化或者抑制的调控作用，并可以对知觉产生影响。有病例对照研究发现，tDCS 可以有效提高微弱意识状态患者的意识水平（刺激左侧背外侧前额叶皮质）。

（五）抑郁症的治疗

1. 基于 VR 的治疗　在抑郁症的治疗中，VR 技术被用于建立虚拟的自然情景，患者被置于虚拟社交情景中接受治疗。虚拟社交情景中需要设置虚拟人物，并且这些虚拟人物应具有一定的“知觉”和适当的“表情反应”来实现与患者的社交活动。在治疗过程中发现，患者在各种虚拟社交情景中出现的心理与生理反应和现实生活中的基本相同，经过一段时间治疗，患者的社交焦虑症状得到了明显

的减轻，随后的复查也表明治疗效果相当稳定。

2. 基于经颅直流电的治疗　经颅直流电刺激是一种无创的神经刺激技术，利用细小的电极传递恒定的低压电流到特定的脑区，通过调节大脑皮质兴奋性，引起大脑功能变化，已有的实验研究表明，tDCS 对抑郁症治疗效果良好，为患者的康复提供了新的希望，是一种非常有前景的治疗方法。tDCS 作为一种新的抑郁症治疗干预手段，需要对特定脑区施加刺激，以此引起相应脑区的功能变化，达到减轻抑郁症状的目的。认知神经科学、临床医学等学科对抑郁症患者脑神经结构及功能进行研究，发现抑郁症患者在前额叶皮质结构和功能上存在异常。tDCS 调节前额叶活动对抑郁症的治疗特别重要。使用 tDCS 治疗抑郁症，通常选取背外侧前额叶皮质（dorsolateral prefrontal cortex，dlPFC）作为刺激区域。有研究已经证实，通过增强左侧 dlPFC 的活动或者降低右侧 dlPFC 的活动来治疗抑郁症是安全有效的。一些临床研究表明，tDCS 治疗在疗效上与药物治疗相当，比药物治疗起效更快，副作用更小，并且疗效同样有稳定的持续性。

神经工程技术作为多学科交叉的新兴领域，将各学科工程技术应用于生物神经系统的研究，由此来理解生物神经系统的构成及其工作机制，并从本质上来解读神经系统错综复杂的动态特性。本小节从疾病的监测、诊断和康复治疗三个方面着手，以常见的典型神经系统疾病包括脑卒中、癫痫病、意识障碍、睡眠障碍、帕金森、抑郁症为例，介绍相关的最新神经工程技术在这些疾病的诊断与治疗中的基本原理和实际应用情况。将神经工程中的前沿技术和方法如脑 - 机接口等应用于不同神经疾病的诊断治疗，开发研制相关的医疗器械，促进医工结合产品落地应用，造福更多的患者将是神经工程技术的主要目标，神经工程新技术研究正在不断创造奇迹。

第五节　基于脑电和眼电信号融合的警觉度估计

随着可穿戴干电极脑电信号采集设备的商业化以及深度学习的迅猛发展，脑 - 机接口的性能得到了持续提升，各类脑 - 机接口的验证系统正在从实验室走向实际应用。在医学领域，基于脑 - 机接口的脑卒中患者康复治疗已经进入临床研究。在非医学领域，基于脑 - 机接口的疲劳驾驶检测和情绪识别技术，也将会在不远的将来应用于高铁司机和民航客机飞行员的主动安全管理。这些脑 - 机接口的非医学应用将大大拓展脑 - 机接口的应用范围，推动脑 - 机接口技术的发展。

一、引言

随着工业和经济的不断发展，全球汽车的数量在不断增加，交通安全已成为各国所关心的重要问题。据不完全统计，全世界每年死于交通事故的人数约为 60 万，因车祸受伤的人更多，每年平均约有 1 000 万人。2019 年 2 月美国国家安全委员会发布的数据显示，2018 年美国道路交通事故死亡人数连续三年超过 4 万人。英国交通研究实验室认为：疲劳驾驶导致的道路交通事故占全部交通事故的 10%。法国国家事故报告表明，因疲劳驾驶而发生的车祸占人身伤亡事故的 14.9%，占死亡事故的 20.6%。尽管我国交通事故量近几年呈下降趋势，但 2018 年全国发生交通事故 24 4937 起，死亡人数为 63 194 人，造成直接财产损失为 13.8 亿元。

疲劳驾驶的危害不仅仅体现在汽车等小型交通工具上，铁路运输和民航中也存在着极大的疲劳驾驶安全隐患。我国的铁路发展十分迅猛，尤其是高速铁路，2019 年底中国高铁运营里程达 3.5 万公里，占全球高铁运营里程的 70%。高铁运输的安全意义重大，尤其是高铁司机在驾驶过程中的疲劳状态是安全运行管理系统需要实时掌控的重要信息。然而，目前对于疲劳驾驶尚无可靠的检测手段和定量的评价体系，从驾驶时间上很难准确判定驾驶员的疲劳程度，不仅执法人员无法对疲劳驾驶采取有效的监管措施，而且科研人员也很难准确、便捷地检测驾驶员的疲劳状态。

在临床医学领域，如何实时、准确地检测医护人员的疲劳状态，不仅对保证医护人员各类诊断和操作的准确性和可靠性至关重要，也能对科学管理医护人员的自身健康发挥重要作用。例如，在

2020年2月武汉爆发新型冠状病毒肺炎疫情的高峰时期，大量来自全国各地的医护人员，为了节约防护服，他们需要在ICU连续工作6h甚至更长时间。如果有微型、舒适的疲劳与情绪检测装置供他们佩戴，那么我们就可以实时、客观地知道每位医护工作人员的身心状态，从而更科学、合理地为每位医护人员分配工作任务，以保证他们在艰苦环境下的诊断和操作水准以及他们自身的健康。

另一方面，近年来，脑-机接口技术正在从实验室走向脑卒中患者的康复治疗、难治性抑郁症的脑深部电刺激治疗以及抑郁症的客观评估等临床研究。在这些脑-机接口的临床应用中，如何准确、实时地检测患者的疲劳程度，对于设计更加自然和人性化的治疗方案和提高治疗效果都是必不可少的客观指标。因此，对于疲劳的产生机制、定量描述和检测方法的研究已经成为神经科学、临床医学、生物医学工程、信息科学和智能交通等领域的一项重要研究课题。本文将不加区分地使用疲劳驾驶检测、疲劳检测或警觉度估计三种术语，以保持与不同领域技术术语的一致性。它们在本节中的含义是等价的。

二、警觉度

疲劳状态的研究在很大程度上就是要分析出哪些因素与人的疲劳程度有关，哪些因素直接反映了人的疲劳程度，从而根据这些因素判断人的疲劳状态。判断疲劳程度最常用的方法就是判断人集中精力执行一项操作任务时所表现出的灵敏程度，也就是我们所指的警觉度（vigilance）。许多人机交互系统需要操作人员保持一定的警觉度。一些特殊的工作，如高速公路上的长途客车驾驶员、高速列车司机、飞行员和机场空中管制中心的管制员，都需要保持很高的警觉度。

早期的警觉度估计主要是从医学角度开展研究，借助医疗器械对疲劳驾驶的实质性研究始于20世纪80年代。为了真正解决实用的机动车驾驶员疲劳驾驶检测问题，世界上许多专家和学者进行了各种各样的探索，提出了一些解决方案。其中，最具代表性的是1996年Knipling等人通过测量眼睛开闭、眼睛运动和眼睛的生理学表现形态来研究机动车驾驶员的疲劳问题。他们认为利用眼睛来判断疲劳是非常恰当的，并且也是一种行之有效的方法。Dinges认为，单位时间内眼睛闭合时间所占的百分比也能相当准确地反映驾驶员的疲劳状态。Ji等人的研究表明，通过对人脸瞳孔、嘴、鼻等进行精确定位，使用眼睛闭合程度、闭合时间、眨眼频率、点头频率、人脸的朝向、人眼注视方向以及嘴的张开程度等特征，能够实现对人的警觉度进行估计。20世纪90年代，警觉度测量方法的研究有了比较大的发展，许多国家开展了疲劳驾驶车载电子测量装置的研究与开发。这些研究成果中具有代表性的产品是美国研制的驾驶员疲劳检测系统。该系统采用多普勒雷达和数字信号处理技术，获取驾驶员的眨眼频率和持续时间等生理数据，用以判断驾驶员是否打瞌睡或睡着。

目前，国际上对警觉度估计研究的主流是以视频信号和脑电信号为主，同时结合其他生理信号，如眼电、血流量、脉搏等。视频信号的优点是获取人脸图像方便、设备成本低。而脑电信号则能更客观、快速地反映出驾驶员当前的警觉度状态，驾驶员无法伪装。缺点是需要佩戴脑电帽，舒适性差，脑电信号受环境影响大，而且脑电帽价格比较贵。

驾驶员的警觉度估计根据其描述驾驶员信息的类型可分为三类：基于对驾驶员驾驶行为分析的估计，基于驾驶员人脸信息尤其是眼部状态信息的估计，以及基于驾驶员生理指标的估计。前两种方法在商业上已经有一定的应用，它们的好处在于不需要驾驶员佩戴额外的设备，整个警觉度估计过程不会对驾驶员造成干扰。但是，这两种方式也存在一些缺点。基于驾驶行为的警觉度估计由于其信息来源比较单一，因此具有较大的局限性。同时它还受个人驾驶习惯的影响，容易造成误判。而基于图像的警觉度估计则容易受光照条件变化和驾驶员容貌差异等复杂因素的影响。相比之下，基于生理指标的估计最能直接反映驾驶员的疲劳状态，受到外部条件影响更少，鲁棒性更高。在各种生理指标中，脑电图（electroencephalography，EEG）信号因其信息量大、实时性强，以及能直接反应大脑活动状态等特点，被认为是最适合于构建警觉度估计模型的生理信号之一。

三、警觉度标注

驾驶员的警觉度标注是一个非常困难的问题，因为很难用一个定量的指标来表示。直观来讲，警觉度表达了人的疲劳程度：当人处于完全清醒状态时，警觉度最高；当人在昏睡状态下，警觉度为 0。从完全警觉到完全昏睡之间的连续状态变化，可以被赋予连续的警觉度数值。通常有下列几种警觉度标注方法：

(1) 被试者对自身警觉度进行自评。虽然这种方法简单，但很少单独使用，原因是自评的方式过于主观，且很难做到实时标注。

(2) 通过主试观察被试者在实验过程中的视频图像，对被试者的警觉度进行评估。这种做法的一个问题是比较耗费人力和时间。另一个问题是主观性比较强，警觉度的评估精度不高。

(3) 通过控制被试者实验之前的睡眠时间，人为制造出不同的警觉度状态。这种方法的缺点是人的警觉度应该是连续变化的，仅仅通过控制睡眠时间是无法真实反映被试者在实验过程中的警觉度变化规律。同时，由于不同被试者对于睡眠剥夺的耐受力不同，这样也会带来警觉度标注的个体偏差。

(4) 通过在模拟驾驶实验中引入一个次要任务，以被试者完成次要任务的表现来度量被试者的警觉度。比如，可以设计模拟驾驶系统不定时地随机偏移原先的驾驶路线，记录被试者从开始路线偏移到开始修正路线的反应时间。被试者的反应时间越短表示被试者的警觉度越高。这种标注方法的问题是只能用于模拟驾驶环境，要在真实环境里开展实验存在很大的安全风险。另外，强行加入的任务对被试者的警觉度乃至心理生理状态都会产生影响，破坏了实验内容的单一性。

(5) 基于行为和生理特征的警觉度标注。被试者不需要完成特定的任务，警觉度标注是通过对被试者的一些行为或生理信号进行测量和统计得到。大量实验结果表明，人眼的闭合时间在一定程度上反映了人的疲劳程度：闭合时间越长，则疲劳程度越深。因此，有研究者提出了度量疲劳程度的 PERCLOS（percentage of eyelid closure over the pupil over time）指数。PERCLOS 指数定义为一段时间内眼睛闭合一定程度的时间所占的比例：

$$\text{PERCLOS}=\frac{\text{眼睛闭合超过一定程度时长}}{\text{总时长}}\times 100\%$$

从上式容易看出，PERCLOS 指数的取值范围在 0 到 1 之间，数值越大对应的疲劳程度越深。所谓眼睛闭合超过一定程度，是一个预先设置好的阈值，称为眼睑遮盖瞳孔面积百分比。常用的三个阈值分别是半遮盖、遮盖 70% 和遮盖 80% 时开始计入闭合时间。

传统的疲劳驾驶检测方法通过分析面部视频来计算 PERCLOS 指数。但是，无论是通过视频的人工标注还是使用图像识别方法进行自动标注，其精度都会受到各种环境因素的影响。为了提高 PERCLOS 标注的精度，可以使用眼动仪眼镜以获得更精确的闭眼时间。在模拟驾驶实验的整个过程中，需要被试者佩戴眼动仪眼镜。眼动仪眼镜会准确地记录被试者在实验过程中的眼动信息，实验结束后可以通过统计各项眼动数据获得各个时段对应的 PERCLOS 数值。

综合分析以上五种警觉度标注方式，可以发现 PERCLOS 指数相对其他方法具有显著的优势：精度高、人力成本低、相对客观、时间采样率较高。因此，本节介绍的警觉度估计方法均采用 PERCLOS 指标作为被试者的警觉度标注。

四、警觉度估计

驾驶员的疲劳状态通常会表现在多种生理信号上。因此，在对驾驶员的疲劳状态进行检测时，如果能使用多种不同的信号，则可在一定程度上保证疲劳驾驶检测的准确性与可靠性。下面介绍一种基于前额眼电和脑电信号融合的多模态警觉度估计方法。

（一）前额眼电

眼电信号产生于视网膜标准电位差变化，它能实时反映眼部的运动状态。通过眼电信号的特定模式，可以对眼部的主要活动进行判断和识别。眼部作为获取人体信号的重要来源，眼部的活动与人的疲劳状态有着紧密的联系。因此，传统的眼电信号也被用于疲劳检测的研究。但是，传统的眼电信号采集方式需要在眼睛四周布置电极，它有三个缺点：①需要佩戴眼镜或墨镜的司机不便于布置电极；②电极会影响司机的视线；③因为电极在眼眶附近，长时间佩戴会产生不适感。为了克服传统眼电信号采集方式的缺点，我们设计开发了前额眼电采集方法。

这里我们采用前额眼电信号替代传统眼电信号。如图 9-28 所示，带有数字标注的圆点表示电极位置。传统眼电的电极配置对应数字 1、2、3、4，而前额眼电的配置对应数字 4、5、6、7。容易发现，相对于传统眼电，前额眼电的配置位置避免了大范围覆盖面部，佩戴感更舒适，对人的干扰更小，更适合干电极的使用。当然，这样做会牺牲一部分眼电信号的信息量，也就是说会略微降低疲劳驾驶检测的精度。

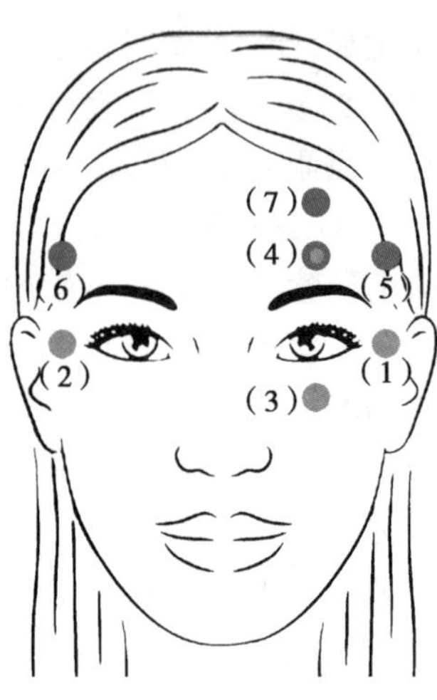

图 9-28　传统眼电和前额眼电的电极配置示意图

在眼电信号中，对于疲劳检测最重要的两个成分是水平眼电（horizontal EOG，HEO）和垂直眼电（vertical EOG，VEO）。水平眼电主要包含了人眼水平方向扫视的信息，而垂直眼电则包含了人上下扫视和睁闭眼的信息。在传统眼电电极配置下，可以简单地使用“相减法”处理原始眼电信号以得到这两种信号：电极 1 和电极 2 的信号相减得到水平眼电；电极 3 和电极 4 的信号相减得到垂直眼电。

使用前额眼电的疲劳驾驶检测实验结果表明，前额眼电的水平眼电和垂直眼电，与传统眼电采集的两种眼电信号的相关系数分别达到了 0.86 和 0.78。同时，使用前额眼电提取的眨眼、扫视、注视等多种眼电特征，在使用支持向量机作为分类器的情况下达到了平均 88% 的疲劳驾驶检测精度。

（二）前额脑电

脑电和眼电信号在驾驶员警觉度估计任务中都发挥着重要的作用。对于脑电信号，以往的研究主要集中在枕部和颞叶这两个脑区，因为这里的脑电信号被认为和人的疲劳状态相关性较大。这里，我们使用前额脑电信号作为多模态输入的脑电成分，主要基于以下两点考虑。第一，前额脑电信号可以和前额眼电信号同时采集，且只需要配置四个电极即可，这样更方便数据的获取，同时也最大化了可穿戴性，符合真实场景下的应用条件。第二，我们的研究结果表明，通过比较前额，颞叶和枕部脑电各自参与多模态融合后达到的警觉度估计精度，实际上并没有太大差距，相对于使用前额脑电带来的干电极可穿戴的优势，可以接受微小的性能下降。

（三）模拟驾驶

为了获得接近真实驾驶环境下的实验数据，我们在实验室搭建了模拟驾驶系统，如图 9-29 所示。该系统由一辆经过改装的未装发动机的真实汽车、一块超大的液晶显示装置、虚拟驾驶软件以及多种数据采集仪器构成。驾驶员在车内可以自由控制汽车的油门、刹车以及转向，而液晶屏幕则会对应地更新显示状态，从而真实地还原汽车驾驶环境。

总共 23 名健康的被试者参加了实验，被试者的平均年龄是 23.3 岁，其中 12 名被试者为女性。所有被试者都具有正常或矫正视力。被试者在参加实验之前禁止饮用咖啡或服用任何干扰神经功能的药物。在实验开始之前，所有的被试者都接受了有关模拟驾驶方法的说明，以保证实验的顺利进行。为了确保被试者在模拟驾驶过程中能产生困倦感，大多数实验都安排在午餐后的 13:30 进行。模拟驾驶系统的道路被设计成单调的超长环形道路，同时设置了不同的天气和道路状况，整个实验持续约 2h。

在实验过程中，我们记录了被试者枕部和颞部的两个脑区的脑电信号以及前额眼电信号。脑电

图 9-29 模拟驾驶环境

信号的采集使用了 64 导 Neuroscan 脑电采集系统，电极与皮肤之间的阻抗调整到 5kΩ 以内。同时，为了验证提出的多模态模型的有效性，这里使用了上文中提到的眼动仪眼镜记录被试者的眨眼和闭眼数据，并根据这些数据计算出 PERCLOS 作为疲劳驾驶标签。本实验使用 SMI 公司生产的头戴式眼动仪眼镜采集眼动信号。

（四）数据处理

数据处理包括三部分：时间窗分割、前额眼电信号处理和脑电信号处理。

为了获得时间上相邻的连续数据，首先把整个时序信号以 8s 的时间窗分割为 885 个连续不重叠的片段，用于疲劳驾驶检测的特征和疲劳度标签将围绕着每一个片段进行。因此，在最后的数据集中，每个被试者拥有 885 个样本。

为了从前额眼电中提取横向眼电信号和纵向眼电信号，我们提出了两种方案。第一种是使用传统的“相减法”，即两侧电极信号相减来求得横向眼电信号，呈上下分布的两个电极信号相减求得纵向眼电信号。然而，由于电极配置不同于传统眼电，这种传统方法不一定满足需求。因此，我们提出了使用独立成分分析来替代相减操作，从而各自分离出横向眼电和纵向眼电信号。通过实际对比前额眼电配置下两种方法分离出的眼电信号和传统眼电配置下的眼电信号，实验结果显示在垂直眼电分离中使用独立成分分析方法要比使用相减法更优，而水平眼电分离相反。

一旦获得了垂直眼电和水平眼电信号，可以通过边沿检测来提取眨眼和扫视信息。我们使用 Mexican Hat 小波变换方法将边沿检测简化为峰值检测问题，并通过使用合适的阈值提取眨眼和扫视信息。接下来，对于每一个 8s 样本片段，计算出 36 个眼电特征。

由于前额部位采集的信号既包含眼电也包含脑电，我们进而提出用独立成分分析法从前额眼电信号中分离出脑电信号以供后续使用。首先分离出四个电极信号的四个独立成分，然后丢掉其中眼电信号的两个成分，最后使用分离矩阵的逆矩阵重新合成四导信号。通过剥离眼电成分，新的信号主要成分变成了前额脑电信号。

对于脑电信号，我们使用不同频段下信号的微分熵（differential entropy）特征。当脑电符合正态分布假设时，微分熵特征可以用式（9-16）计算：

$$h(X) = -\int_{-\infty}^{+\infty} f(x)\,log(f(x))\,dx = \frac{1}{2}log(2\pi e\,\sigma^2) \tag{9-16}$$

其中 $h(X)$ 表示信号 X 的微分熵，$f(x)$ 为脑电的概率分布函数，σ^2 为方差。在频段选择上，我们使用了两种选择模式。一种是经典的 delta、theta、alpha、beta 和 gamma 波段，另一种是从 1Hz 到 50Hz 之间的 2Hz 带宽的 25 个频带。因此，在第一种频带选择中，每个电极对应 5 个特征，在第二种频带选择中，每个电极对应 25 个特征。

（五）评价指标

为了客观、全面地评价模型性能，我们使用均方根误差（root mean square error）和皮尔森相关系数（Pearson correlation coefficient）两个指标：

$$\text{rmse} = \frac{1}{N}\sum_{i=1}^{N}\sqrt{(y_i - \hat{y}_i)^2},$$

$$\text{corr} = \frac{\sum_{i=1}^{N}(y_i - \bar{y}_i)(\hat{y}_i - \bar{\hat{y}}_i)}{\sqrt{\sum_{i=1}^{N}(y_i - \bar{y}_i)^2}\sqrt{\sum_{i=1}^{N}(y_i - \bar{y}_i)^2}}$$

其中 y_i 为第 i 个数据片段的标签，$\hat{y}_i$为模型的第 i 个数据片段预测的值，横杠表示平均值，N 表示数据片段个数（即样本数）。均方根差从局部上描述了模型对疲劳驾驶预测的误差大小，而相关系数从整体上描述了模型预测值和真实值之间的结构相似性。

（六）单模态模型

这里使用支持向量回归（support vector regression，SVR）模型进行疲劳驾驶检测。为了对比不同脑区，不同模态在疲劳驾驶检测上的作用，这里对以下四种情况分别训练 SVR 模型，并使用 5 折交叉验证得到可靠的模型性能参数：

1. 只使用前额眼电特征。
2. 只使用前额脑电特征。
3. 只使用枕部脑电特征。
4. 只使用侧颞脑电特征。

通过训练，得到的实验结果如图 9-30 所示。

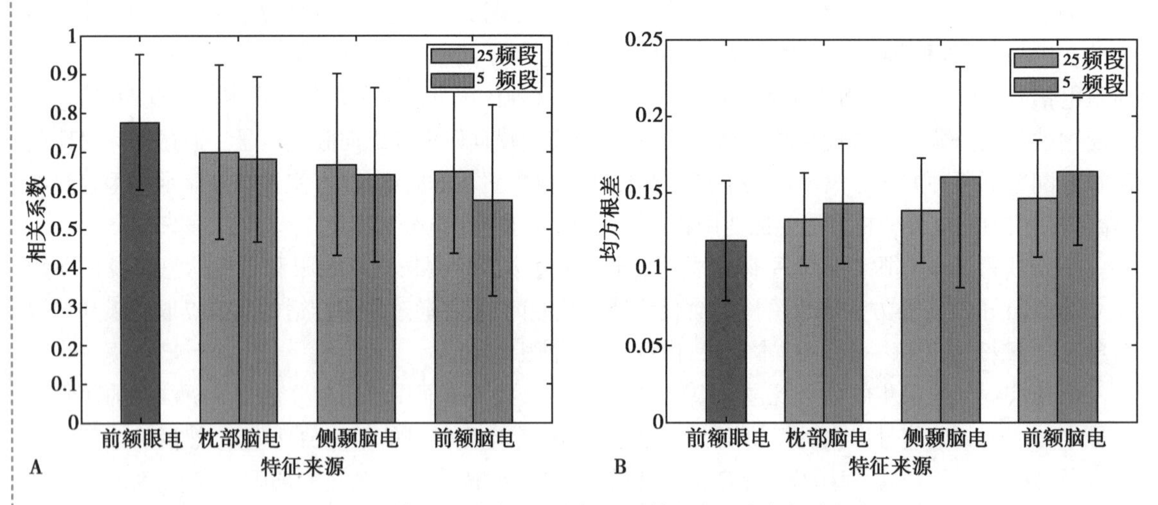

图 9-30　单模态训练所得的相关系数（A）和均方根差（B）

（七）多模态模型

为了同时使用来自多个模态的特征，我们使用特征级别的模态融合，即把来自不同模态的特征拼接到一起，生成一个新的特征向量。多模态组合包括：

1. 前额眼电特征与枕部脑电特征拼接。
2. 前额眼电特征与侧颞脑电特征拼接。
3. 前额眼电特征与前额脑电特征拼接。

通过对上述不同的模态组合训练 SVR 模型，并使用 5 折交叉验证，得到了不同组合的模型性能如图 9-31 所示，其中 CCRF 和 CCNF 分别表示连续条件随机场模型和连续条件神经场模型。

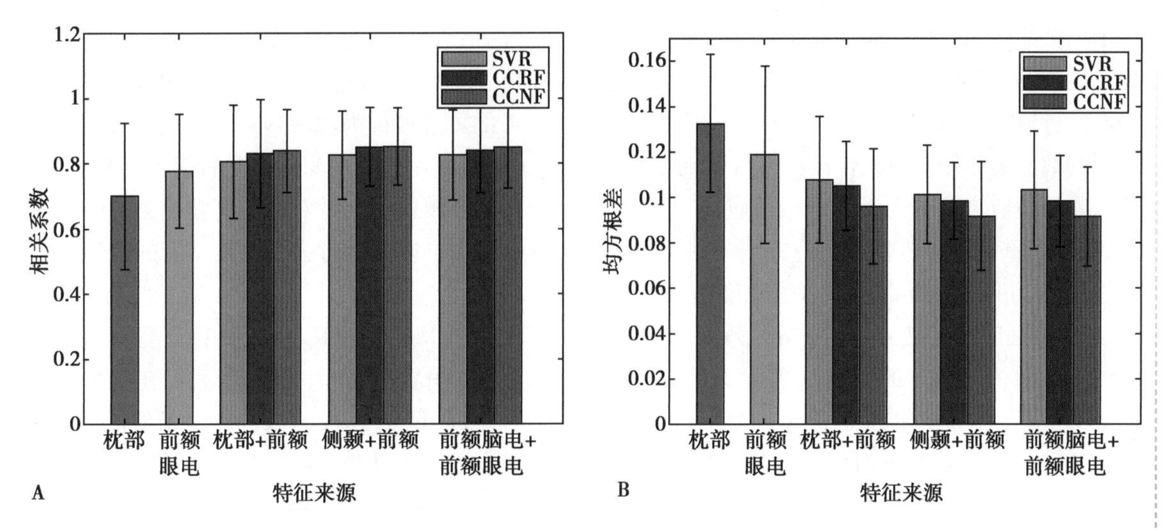

图 9-31 多模态训练所得的相关系数(A)和均方根差(B)

(八) 考虑时间依赖的模型

由于驾驶员的疲劳状态是一个连续变化的过程,因此将时间依赖关系纳入模型能够提高模型的性能。这里使用了连续条件神经场和连续条件随机场,并使用之前的模态组合进行训练,实验结果如图 9-31 所示。我们可以看到,考虑时间依赖关系的连续条件神经场取得了最好的性能。

通过分析上面的结果,我们可以得出如下结论:①在基于 EEG 的单模态疲劳驾驶估计实验中,不同区域的 EEG 信号用于疲劳驾驶估计的性能由高到低依次是:枕部、侧颞和前额,且使用 2Hz 频率分辨率的 EEG 特征比采用 5 个频段的特征效果更好;②在单模态实验中,前额 EOG 比枕部 EEG 的性能更好,且前额 EOG 更利于区分清醒和昏昏欲睡两种状态,而枕部区域 EEG 则更利于识别疲劳状态,因此二者具有较好的互补作用;③在多模态实验中,将前额 EEG 与前额 EOG 结合效果最好,此时仅需使用前额四个电极,因此更利于实际应用。

(九) 从模拟驾驶系统到真实场景

为了验证基于前额眼电疲劳驾驶检测方法在真实场景的有效性,我们使用自己开发的干电极和眼电信号放大器,招募了 20 名被试者参加模拟驾驶实验,10 人参加真实场景实验,其中参加模拟驾驶实验的 20 名被试者中有 6 人同时也参加了真实场景的实验。为了保证安全,被试者要坐在副驾驶。实验场景是某大学校区,我们挑选了路人少、直行路段比较长的一圈路段,总共 3.5km。电动车以每小时 30km 的速度行驶,每次实验持续 1.5h。实验结果显示,在模拟驾驶系统和真实场景的疲劳驾驶检测准确率分别为 71.18% 和 66.20%。尽管这个准确率离实际应用还有一定的差距,需要通过改进干电极、眼电信号放大器和疲劳检测模型的性能来提升,但我们从实验结果可以看出,基于前额眼电的疲劳驾驶检测方法是可行的。

五、跨被试者警觉度估计

前面介绍的方法和实验结果是针对单个驾驶员的警觉度估计,这需要在训练模型之前获得驾驶员大量的脑电数据和对应的警觉度标签。然而,警觉度估计问题中带标签的脑电数据采集既费时又费力,是导致目前大多数模型很难直接应用于解决实际问题的原因之一。为了解决上述问题,本节介绍如何应用迁移学习方法消除驾驶员之间生理信号的特征分布差异,构建跨被试者的警觉度估计模型。所谓跨被试模型是指用其他被试者的数据建立模型并应用于另一个被试者,而不是为每个被试者单独构建一个模型。

(一) 域适应

迁移学习(transfer learning)是一类机器学习方法,它关注如何利用已有的数据和任务帮助解决另

一个相关的问题。域适应(domain adaptation)是迁移学习的一个分支,它关注在边缘分布不同的数据集上,对相同任务对应的标签预测函数进行建模,使得即使其中一个数据集没有标签,标签预测函数仍能保持较好的预测性能。这里标签完整的数据集和任务的集合被称为源域(source domain),而没有标签的数据集和任务的集合被称为目标域(target domain)。根据学习过程中目标域是否携带标签信息,可以将域适应方法分为无监督域适应,半监督域适应和有监督域适应。针对疲劳驾驶检测的应用场景,我们着重讨论无监督域适应方法。利用无监督域适用方法可以完全省去目标被试者的疲劳度标注过程,从而降低构筑跨被试者警觉度模型的难度。

1. 域适应的定义 为了更好地理解域适应方法,首先给出“域”的定义:域 D 是特征空间 X 和其中的一个随机变量 X 的集合,X 符合边缘分布 $X \sim P(X)$,记做 $D=\{X,P(X)\}$。相应地,我们在这个域上定义“任务”:任务 T 由标签空间 y 和标签分布函数 $f(Y|X)$ 组成,记做 $T=\{y,f(Y|X)\}$。对于随机变量 X 的一个取值 x,我们有其对应的标签分布为 $f(Y|X=x)$。因此,常规的机器学习问题就是通过一系列数据样本和对应标签的观察值 $\{(x_i,y_i)|i=1,2,3,\cdots,n\}$ 来逼近标签分布函数 $f(Y|X)$。

在迁移学习中,我们则是使用一个迁移学习问题 $\{D_S,T_S\}$ 来优化另一个迁移学习问题 $\{D_T,T_T\}$ 的求解,其中 $D_S \neq D_T$ 或者 $T_S \neq T_T$。其中 $D_S \neq D_T$ 但 $T_S \neq T_T$ 的情况称为转导学习,而相反的情况则称为归纳学习。更进一步,满足 $X_S=X_T$ 的转导学习问题就被称为域适应问题。

2. 深度域适应模型 由于深度网络的结构灵活,任务适应性强等特点,基于深度网络的域适应模型通常同时具备了特征适应和标签预测能力。深度域适应网络的训练和测试过程类似于普通的深度网络。在训练过程中,我们要向网络输入源域和目标域的特征作为输入,网络通过正向传播得到预测值,并由源域的标签获得预测损失,同时也通过某些途径获得源域和目标域之间的域间差异损失。结合两种损失,通过反向传播得到优化网络的梯度方向,从而对网络进行更新。获得域间差异的途径是各种深度域适应网络之间的关键区别,很大程度上决定了模型的域适应能力。在测试过程中,则直接输入目标域数据,通过正向传播得到预测值。图 9-32 展示了这种模型的训练和测试过程。我们采用留一交叉验证法对模型进行评估,以充分利用数据集。横向比较,我们是基于各种域适应方法的警觉度估计模型的性能。

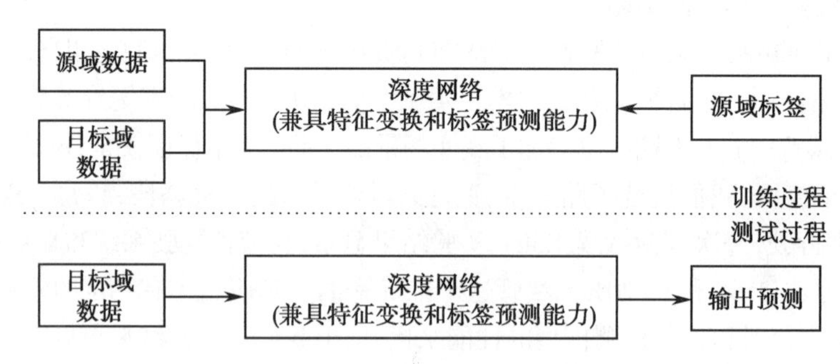

图 9-32 深度域适应模型训练和测试流程图

3. 对抗域适应 对抗域适应方法是一种基于深度学习的域适应网络,它的工作机制主要取决于三个属性:模型类别,参数约束形式和对抗损失。模型类别决定了网络的基本结构和训练方式,参数约束保证限制网络的自由度以防止过拟合,而对抗损失则决定了模型的训练目标。

在判别模型中,特征映射是由一对子网络完成的,这里我们称这对子网络为特征抽出器,其网络函数记为 $f(.;\theta_{S,f})$ 和 $f(.;\theta_{T,f})$,分别对应源域和目标域。源域和目标域的数据经过源域和目标域特征抽出器处理后得到的输出分别为 $f(x;\theta_{S,f})$ 和 $f(x;\theta_{T,f})$。其次,为了保证特征抽出器得到的特征具有跨域的泛化性,我们需要引入对抗训练的思想,训练一个域判别器和特征抽出器形成对抗,网络函数记为 $d(.;\theta_d)$。域判别器的任务是要区分特征抽出器的输出特征是来自哪一个域,因此一般来讲是一个分类器。

显然，如果特征抽出器得到的特征分布不具备跨域泛化性，也就是说由不同的域抽出的特征存在域间差异，那么我们总可以训练一个域判别器使得它对域的分类性能高于随机的类别猜测。我们可以发现，特征抽出器和域判别器二者的目标是截然相反的：域判别器希望抽出不带有域特定信息的特征，而域判别器则努力从特征中寻找域特定信息从而进行分类。因此，我们可以同时训练二者，不断地使它们的能力越来越强。最终，当特征抽出器完全地消除了特征域间差异时，域判别器将再也无法有效地对域进行区分，系统达到稳态。而此时的特征抽出器就是一个消除了域间差异的特征映射，因而具有良好的跨域泛化性。图 9-33 展示了判别模型中特征抽出器和域判别器之间的竞争关系。

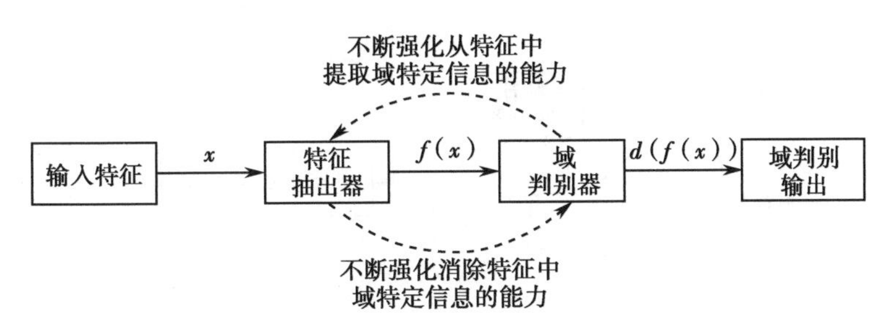

图 9-33　特征抽出器和域判别器之间的竞争关系示意图

除此之外，特征抽出器还肩负着另一个使命，就是抽出对学习任务 T 有用的特征。为了使特征抽出器具备保留目标任务相关信息的能力，在训练中不能完全只考虑上面的特征抽出器和域判别器之间的对抗，还要把学习任务相关的优化也放在训练中。要达到这个目的，最简单的就是在特征抽出器后面再加一个子网络用来对学习任务建模：如果是一个分类任务，则可以使用多层感知机加归一化指数函数作为最后一层的激活函数；如果是一个回归任务，则可以直接使用多层感知机和恒等函数作为最后一层的激活函数。我们这里称这个子网络为标签预测器，其对应的网络函数为 $p(.;\theta_p)$。

综合上面的讨论，我们给出对抗域适应的一般化框架如图 9-34 所示。图中上半部分表示对抗域适应网络的架构，下半部分表示决定对抗域适应网络性质的三个属性。整个框架包含了四类子网络：生成器、特征抽出器、域判别器和标签预测器。数据通过特征抽出器得到的特征，一方面会传送给域判别器进行对域的分类，另一方面会传送给标签预测器进行任务相关的预测，而生成器的存在与否取决于网络是否基于生成模型。几乎所有的现有对抗域适应模型都可以认为是这个框架的一个特化样本，因此，它可以帮助我们理解一个新的模型，并分析和比较不同模型的特点。

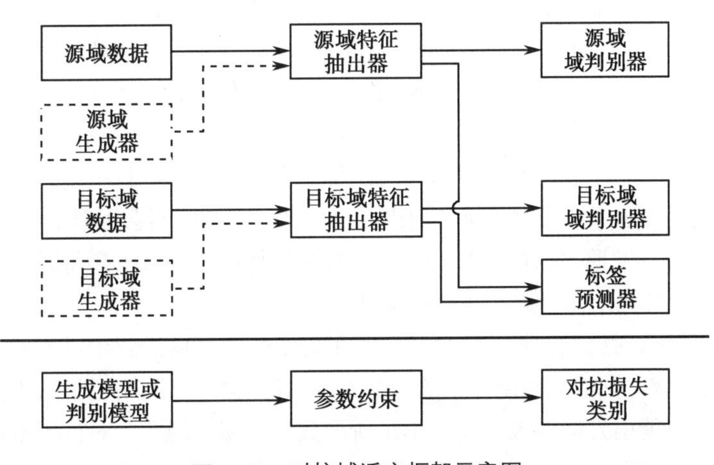

图 9-34　对抗域适应框架示意图

（二）域对抗网络

域对抗网络使用完全共享的特征抽出器和基于梯度反转层的对抗损失，其网络结构如图 9-35 所示。在网络的前向传播过程中，源域和目标域数据通过相同的特征抽出器得到相应的特征 $f(x;\theta_f)$。随后，标签预测器对输出的特征进一步处理得到预测值（只有源域数据会经过这里），并计算出对应的标签预测损失 $J_p(p(f(x)),y)$。而域判别器则是对输出特征的所属域进行区分，得到域判别损失 $J_d(d(f(x)),1_{X_S}(x))$。

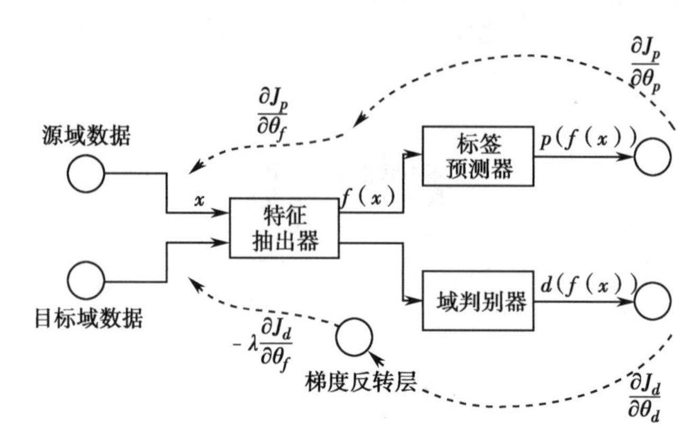

图 9-35　域对抗网络结构示意图

在反向传播过程中，标签预测器和特征抽出器根据标签预测损失利用链式法则计算出各个参数对应的梯度，这一点和常规的多层感知机的反向推导一致。域判别器根据域判别损失利用链式法则计算自己各个参数的梯度，随后将梯度传递到梯度反转层。在梯度反转层的作用下，原先的梯度被乘上一个系数 -λ，而后再传递给特征抽出器。特征抽出器则根据这个反转后的梯度计算自己参数的梯度，并与之前标签预测损失对应的梯度相加来获得最终的梯度。这样我们就得到了整个网络所有参数的当前梯度方向，进而可以利用各种优化方法对网络进行优化。

（三）对抗判别域适应

对抗判别域适应网络的特征抽出器是源域和目标各自私有的，并且在过程中不做明确的参数约束。它使用基于标签反转的对抗损失函数。对抗判别性域适应的训练过程可以分为三个步骤，如图 9-36 所示。下面我们对其进行分步说明。

第一步，使用源域的带标签数据训练源域特征抽出器和标签预测器，训练方法和普通的神经网络相同，使用反向传播算法优化两个子网络直到收敛。当网络收敛以后，源域特征抽出器可以抽出任务相关的特征，而标签预测器也可以较好地完成源域上的任务。而在此之后，源域特征抽出器被冻结，其参数不再变化。

第二步，使用源域特征抽出器当前的参数初始化目标域特征抽出器。现在，源域和目标域都有了自己的特征抽出器，而且它们之间没有任何的参数约束。最后，进行对抗训练。源域和目标域的抽出特征被传入域判别器进行处理，得到域判别损失 $J_d(d(f(x;\Theta_f(x));\theta_d),1_{X_S}(x))$ 和对抗损失 $J_d(d(f(x;\Theta_f(x));\theta_d),1-1_{X_S}(x))$。使用反向传播算法分别计算域判别损失对域判别器、对抗判别损失对目标域特征抽出器参数求导的结果，并使用优化算法对参数进行更新。这里不再对源域特征抽出器进行更新，这是为了保证目标域特征抽出器得到的特征空间不会因对抗训练而畸变，保证其稳定性。事实上，我们可以发现，在对抗训练过程中，目标域特征抽出器不断将其抽出的特征向源域靠拢，这可以理解为对特征抽出器参数的一种微调过程。

相对于域对抗网络，对抗判别域适应网络最大的特点是在训练过程中没有对特征抽出器的参数进行任何约束。由于域对抗网络采用完全的参数共享，导致同一个网络要抽取不同域的数据特征并消除其域间差异，这可能引发网络拟合能力不足所导致的欠拟合问题。对抗判别域适应网络由于其结构特点则没有这个问题，但是它面临着过于倾向于消除域间差异从而导致特征发生畸变的过拟合

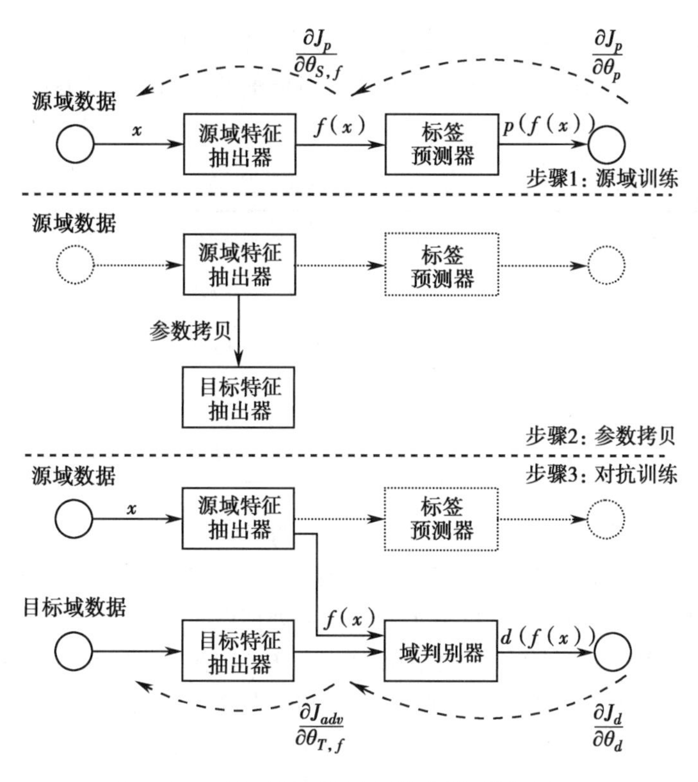

图 9-36　对抗判别域适应网络训练过程示意图

问题。两种方法都有各自的优缺点，具体的使用应该依实际任务而定。关于对抗判别域适应网络学习算法的详细介绍，请参照文献。

（四）跨被试者警觉度估计

1. 数据划分　为了充分地利用数据集，我们采用留一交叉验证法对数据进行划分。由于我们有23个被试者对应的23组数据和标签，因此评估的过程要循环23次。在每一次循环中，我们选取其中一组数据作为目标域的数据。在源域的选择上，我们将所有其他数据合并作为源域使用，这样做的目的是最大化地利用这些数据，这符合真实场景中的应用：在实际应用中，我们希望尽可能利用所有的已知的带有标签的数据来帮助训练跨被试者模型。由于我们使用无监督域适应的范式，目标域数据的标签在整个训练过程中是不可见的。

2. 超参数设置　由于域适应方法几乎都具备超参数，而不当的超参数设置会在很大程度上影响模型性能，导致评估结果的可信度降低。因此，这里为每一种域适应方法设定了一个较大的超参数搜索范围来对其进行搜索。虽然最好的办法是穷举搜索范围内所有的超参数组合，但是对于一些域适应方法，其超参数较多，导致穷举的复杂度呈指数式上升，使得评估实验难以完成。因此，我们采用另一种方法，即随机采样法，进行超参数的搜索。所以，在我们留一交叉验证法的循环外层，又有另一层循环。在每个外层循环中，我们从超参数的空间中随机采样出一组超参数设置给模型，再对该模型进行交叉验证。在整个外层循环结束后，我们挑选性能最佳的超参数设置作为最终结果。

3. 实验结果　表9-4给出了基于基线方法（baseline）、转导参数迁移（TPT）、测地线核（GFK）、子空间对齐（SA）、迁移成分分析（TCA）、最大不相关域适用（MIDA）、域对抗网络（DANN）和对抗判别域适应（ADDA）的实验结果，包含了皮尔森相关系数和均方根误差的平均值（AVG）和标准偏差（STD）。对抗域适应网络（ADDA）相对于基线方法显著提高了跨被试者警觉度估计的精度。域对抗网络和对抗判别域适应网络分别在皮尔森相关系数达到了0.840 2和0.844 2，相较基线方法的0.760 6约有8%的提升（对应p-value分别为0.012 1和0.009 1）。同时，它们的均方根误差也达到了0.142 7和0.140 5，相比于基线方法的0.168 9约有15%以上的下降（对应p-value分别为0.055 7和0.013 1）。作为对比

的五种常规方法都在皮尔森相关系数上超过了基线方法，尤其是转导参数迁移法，大幅超过了其他常规方法，近乎达到了和对抗域适应方法相当的性能。但是在均方根误差上，这些方法相对基线方法没有体现出性能优势。

表 9-4　实验结果比较

		Baseline	TPT	GFK	SA	TCA	MIDA	DANN	ADDA
PCC	AVG	0.760 6	0.838 5	0.790 7	0.770 7	0.778 6	0.785 8	0.840 2	0.844 2
	STD	0.231 4	0.110 9	0.126 0	0.074 5	0.215 2	0.190 0	0.153 5	0.133 6
RMSE	AVG	0.168 9	0.170 2	0.191 0	0.166 7	0.159 6	0.184 0	0.142 7	0.140 5
	STD	0.067 3	0.073 7	0.063 6	0.074 5	0.054 4	0.075 3	0.058 8	0.051 4

4. 分析与讨论　为了观察域适应方法对数据分布的影响，我们使用主成分分析法降低数据的维数，将原始特征向量和经过特征空间变换的特征向量中对应的最大特征值的分量绘制成散点图（图 9-37、图 9-38）。对于常规的域适应方法，我们直接使用处理后的特征；对于对抗域适应方法，则使用特征抽出器的输出。我们将 23 名被试者的原始特征分布绘制在图 9-37A，其中不同颜色的点代表不同被试者的样本。同时，为了强调单个被试者的分布和所有被试者之间的关系，我们随机选取三名被试者，将其特征分布（用红色点表示）分别显示在图 9-37B、9-37C 和 9-37D 里。经过观察可以发现，不同被试者的原始特征分布具有较大的差异，而正是这种差异造成了构建跨被试者警觉度估计模型的障碍，也是域适应方法所要解决的问题。

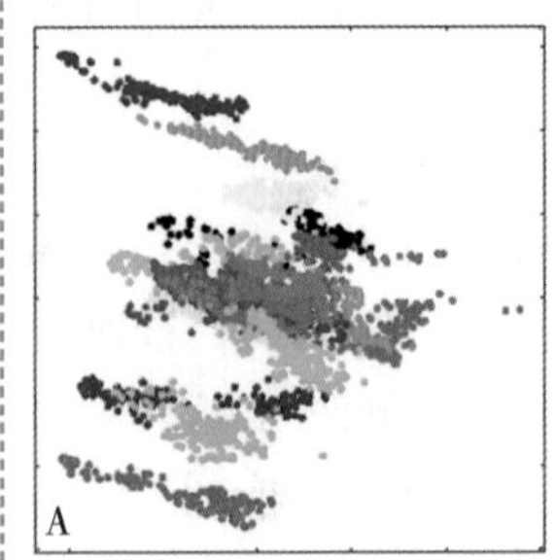

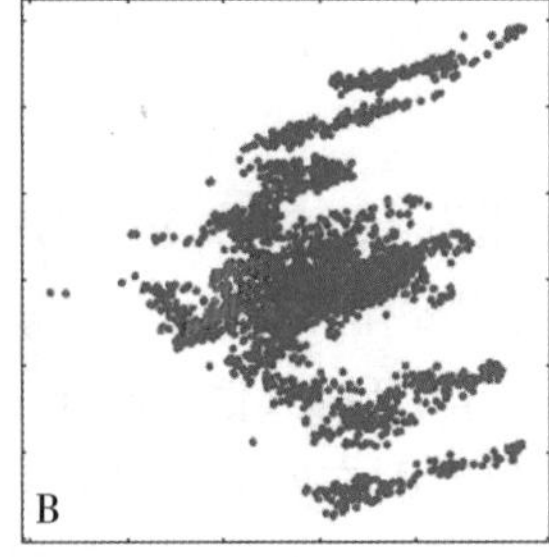

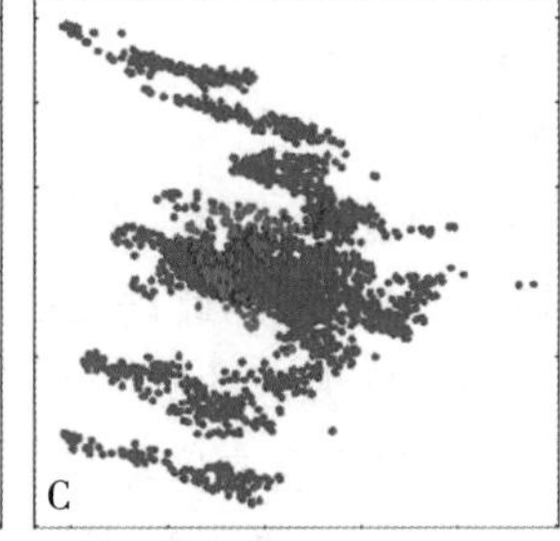

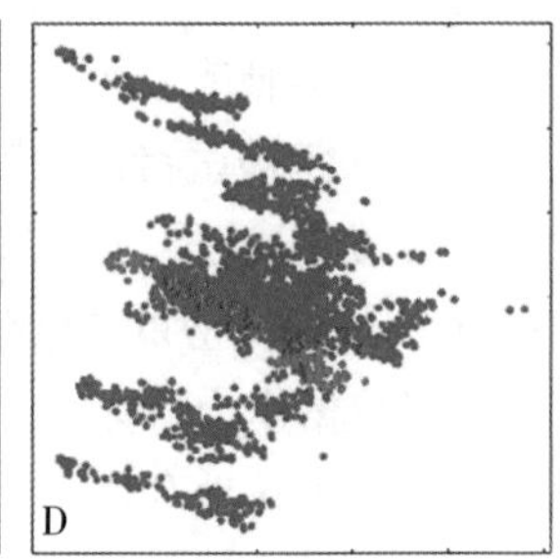

图 9-37　原始特征分布散点图

在图 9-38 中，我们随机选取其中一名被试者，将其在经过域适应方法处理后得到的特征分布绘制成散点图。从图中可以看出，相对于原始分布，如图 9-38A 所示，对抗域适应很好地将原本聚集在一起的目标域数据比较均匀地分布到源域之中，如图 9-38B 和图 9-38C 所示。

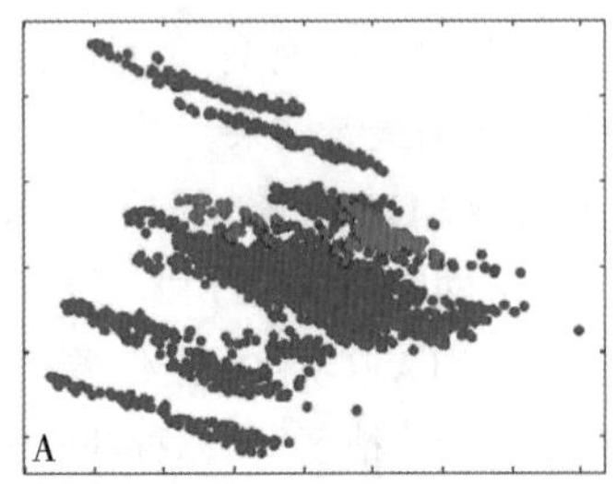

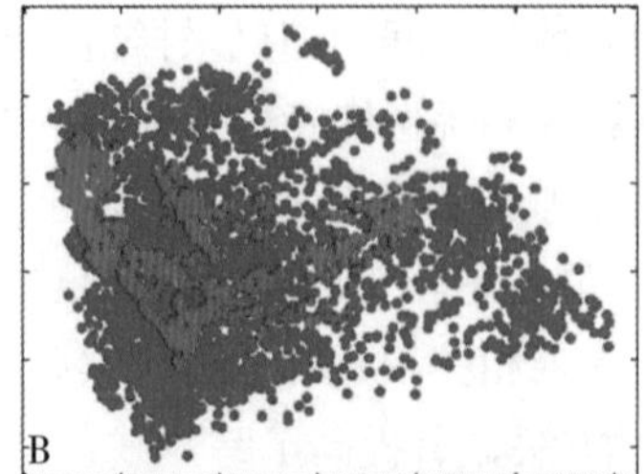

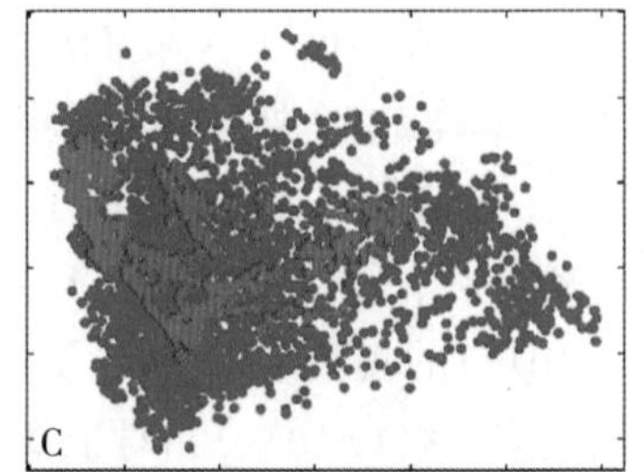

图 9-38　原始特征与域适用特征分布散点图
A. 原始特征；B. DANN；C. ADDA。

本章小结

本章分别介绍了几种典型的神经工程技术包括神经工程领域典型的脑 - 机接口技术、神经形态芯片技术、神经假体等，后半部分则分别从医学应用和非医学应用两个角度介绍了神经工程在应用举例，神经工程在医学领域的应用主要是从神经系统疾病的监测、诊断与康复治疗三方面进行了介绍，而非医学应用则是以警觉度检测为例，介绍了一种典型的基于脑电和眼电信号的检测方法。

思考题

1. 脑 - 机接口的核心部分是什么？其主要工作过程包括哪些环节？
2. 脑 - 机接口有哪些应用领域？
3. 神经假体按照功能可以分为哪几类？
4. 运动神经假体主要包含哪些？运动神经假体的基本原理是什么？
5. 神经工程技术有哪些典型的应用例子，它们的神经机制是什么？
6. 简述神经工程技术在神经信息监测方面的研究进展和典型应用。

（明东　伏云发　徐桂芝　倪广健　杨帮华　吕宝粮）

笔记

推荐阅读

[1] 明东 . 神经工程学 . 北京:科学出版社,2019.

[2] 尧德中 . 脑功能探测的电学理论与方法 . 北京:科学出版社,2003.

[3] RAJESH PN R. 脑 - 机接口导论 . 张莉,陈民铀,译 . 北京:机械工业出版社,2016.

[4] JONATHAN RW,ELIZABETH WW. 脑 - 机接口原理与实践 . 伏云发,杨秋红,徐保磊,等,译 . 北京:国防工业出版社,2017.

[5] 柏树令 . 系统解剖学 .7 版 . 北京:人民卫生出版社,2008.

[6] BEAR MF,CONNORS BW,PARADISO MA. Neuroscience:exploring the brain. 2nd ed. Baltimore:Lippincott Williams & Wilkins,2001.

[7] KANDEL E R,SCHWARTZ J H,JESSELL T M,et al. Principle of Neural Science. 5th ed. Blacklick:McGraw-Hill Publishing,2012.

[8] SIEGELA,SAPRU H N. Essential Neuroscience. Baltimore:Lippincott Williams & Wilkins,2006.

[9] 梅锦荣 . 神经心理学 . 北京:中国人民大学出版社,2011.

[10] 隋南 . 生理心理学 . 北京:中国人民大学出版社,2010.

[11] 郭起浩,洪震 . 神经心理评估 . 上海:上海科学技术出版社,2016.

[12] 王建,王圣安 . 认知心理学 . 北京大学出版社,1992.

[13] 王庭槐 . 生理学 .9 版 . 北京:人民卫生出版社,2018.

[14] 韩济生 . 神经科学原理 . 3 版 . 北京:北京大学医学出版社,2009.

[15] 王玉龙 . 康复功能评定学 .2 版 . 北京:人民卫生出版社,2013.

[16] 励建安,许光旭 . 实用脊髓损伤康复学 . 北京:人民军医出版社,2013.

[17] 倪朝民 . 神经康复学 .2 版 . 北京:人民卫生出版社,2013.

[18] 燕铁斌 . 物理治疗学 .2 版 . 北京:人民卫生出版社,2013.

[19] 窦祖林 . 作业治疗学 .2 版 . 北京:人民卫生出版社,2013.

[20] 王刚 . 社区康复学 . 北京:人民卫生出版社,2013.

[21] BEAR ME,CONNORS BW,PARADISO MA. 神经科学——探索脑 . 王建军,译 . 北京:高等教育出版社,2004.

[22] STANLEY MD,ALKIS C,PRABHAS VM. 数值方法在生物医学工程中的应用 . 封洲燕,译 . 北京:机械工业出版社,2009.

[23] 郑筱祥 . 定量生理学 . 杭州:浙江大学出版社,2013.

[24] KOCH C. Biophysics of computation:information processing in single neurons. New York:Oxford University Press,1999.

[25] 雷旭,尧德中 . 同步脑电 - 功能磁共振(EEG-fMRI)原理与技术 . 北京:科学出版社,2014.

[26] 李少林,王荣福 . 核医学 .8 版 . 北京:人民卫生出版社,2013.

[27] 罗程,李其富,尧德中 . 癫痫磁共振成像研究 . 海口:海南出版社,2017.

[28] 杨力,吕永刚 . 组织修复生物力学 . 上海:上海交通大学出版社,2017.

[29] BERNHARD G,BRENDAN A,GERT P. 脑 - 机接口:变革性的人机交互 . 伏云发,郭衍龙,张夏冰,等,译 . 北京:国防工业出版社,2020.

[30] 曾凡钢,ARTHUR NP,RICHARD RF. 人工听觉新视野. 平利川,沈翌,孟庆林,等,译. 北京:科学出版社,2015.
[31] QIANG J,YANG XJ. Real-time eye,gaze,and face pose tracking for monitoring driver vigilance. Real-Time Imaging,2002,8,(5):357-377.
[32] LIN CT,WU RC,LIANG SF,et al. EEG-based drowsiness estimation for safety driving using independent component analysis. IEEE Transactions on Circuits and Systems I:Regular Papers,2005,52(12):2726-2738.

中英文名词对照索引

M

N

P

Q

R

S

T

W

X

Y

Z